国际信息工程先进技术译丛

认知无线电通信与组网：原理与应用

（美） Robert C. Qiu　Zhen Hu　Husheng Li　Michael C. Wicks　编著

郎为民　张国峰　张锋军　陈　红　等译

机 械 工 业 出 版 社

本书紧紧围绕认知无线电发展过程中的热点问题，以认知无线电理论、技术与应用为核心，比较全面和系统地介绍了认知无线电技术的基本原理和应用实践的最新成果。全书共分为12章，分为理论、技术与应用3个部分。理论部分包括大维随机矩阵、凸优化、机器学习、博弈论等内容；技术部分包括频谱感知（基础技术、经典检测、非交换随机矩阵的假设检验）、多输入多输出（MIMO）和正交频分复用（OFDM）等内容；应用部分包括认知无线电网络和认知无线电传感器网络等内容。本书全面介绍了与认知无线电有关的基本数学工具，描述了认知无线电的基础知识，演示了从理论到实践的诸多实例，并列出了可供课外阅读的大量参考文献。本书材料权威丰富，体系科学完整，内容新颖翔实，知识系统全面，行文通俗易懂，兼备知识性、系统性、可读性、实用性和指导性。

本书可作为无线通信运营商、网络运营商、应用开发人员、技术经理和电信管理人员的技术参考书或培训教材，也可作为高等院校通信与信息系统专业的高年级本科生或研究生的教材。

图书在版编目（CIP）数据

认知无线电通信与组网：原理与应用/（美）李虎生（Husheng Li）等编著；郎为民等译. —北京：机械工业出版社，2013.10

书名原文：Cognitive radio communications and networking- principles and practice

（国际信息工程先进技术译丛）

ISBN 978-7-111-43741-3

Ⅰ.①认… Ⅱ.①李…②郎… Ⅲ.①无线电通信-通信网 Ⅳ.①TN92

中国版本图书馆CIP数据核字（2013）第196932号

机械工业出版社（北京市百万庄大街22号 邮政编码100037）

策划编辑：张俊红 责任编辑：赵 任

版式设计：霍永明 责任校对：刘怡丹

封面设计：赵颖喆 责任印制：李 洋

中国农业出版社印刷厂印刷

2013年11月第1版第1次印刷

169mm×239mm·25印张·558千字

0001—2500册

标准书号：ISBN 978-7-111-43741-3

定价：99.00元

凡购本书，如有缺页、倒页、脱页，由本社发行部调换

电话服务	网络服务
社服务中心:(010)88361066	教材网:http://www.cmpedu.com
销售一部:(010)68326294	机工官网:http://www.cmpbook.com
销售二部:(010)88379649	机工官博:http://weibo.com/cmp1952
读者购书热线:(010)88379203	封面无防伪标均为盗版

译　者　序

无线频谱是不可再生的宝贵资源。提高频谱资源利用率以满足日益增长的无线通信业务需求是无线通信领域永恒的课题。可以说，无线通信的发展历史就是解决频谱高效利用的历史。传统提高频谱利用率的方法是采用先进的通信理论与技术，但受限于香农信道容量理论极限值，并不能从根本上解决频谱资源紧缺的问题。随着未来无线通信宽带化的发展趋势，物联网、云计算、移动互联网等新技术、新业务不断涌现，频谱需求呈指数迅猛增长。频谱资源的供需矛盾限制了无线通信业务应用的持续发展。

与此同时，近期国内外大量研究表明，在传统“条块分割”的静态频谱分配政策下，全球频谱资源的利用表现出高度的不均衡性。一方面，一些非授权频段业务繁忙、占用拥挤；另一方面，一些授权频段，尤其是信号传播特性比较好的低频段，其频谱利用率极低，频谱资源存在巨大的“浪费”。这就迫切需要一种新的技术将“浪费”的频谱资源充分利用起来，认知无线电技术应运而生。它通过对授权频谱的“二次利用”，可有效缓解频谱资源紧缺问题，因而被预言为未来最热门的无线技术之一。

认知无线电技术是无线通信发展过程中的一个新的里程碑，其将来的广泛应用必将带来无线通信领域历史性的变革。目前认知无线电的研究正在全世界范围内积极开展，且发展迅速，无论是专家学者还是国内外频率管理委员会、标准化组织、研究机构、企业均给予了极大的关注。但认知无线电技术本身是一个有相当难度的课题，如何准确感知频谱、有效估测干扰，如何组建认知无线电网络，这些问题一直以来都困扰着广大的研究者。

在这种背景下，为促进我国认知无线电技术的发展和演进，在国家自然科学基金项目“节能无线认知传感器网络协同频谱感知安全研究”（编号：61100240）和国防信息学院预先研究项目资金的支持下，结合自己多年来在无线通信技术领域的研究成果和经验，笔者特翻译此外文原著，以期抛砖引玉，为我国无线通信的发展尽一份微薄之力。

本书对认知无线电理论、技术与应用进行了全面系统的介绍，共分为12章，涉及引言、频谱感知基础技术、经典检测、非交换随机矩阵的假设检验、大维随机矩阵、凸优化、机器学习、多输入多输出（MIMO）、正交频分复用（OFDM）、博弈论、认知无线电网络和认知无线电传感器网络等内容。本书全面介绍了与认知无线电有关的基本数学工具，描述了认知无线电的基础知识，演示了从理论到实践的诸多实例，并列出了可供课外阅读的大量参考文献。

本书由郎为民、张国峰、张锋军、陈红等翻译，解放军国防信息学院的刘建国、苏泽友、钟京立、刘勇、王卉、夏白桦、蔡理金、毛炳文、靳焰、王逢东、任殿龙、刘素清、邹祥福、李建军、陈于平、瞿连政、徐延军、高泳洪、胡东华、孙月光、孙少兰参与了本书部分章节的翻译工作，李海燕、马同兵、胡喜飞、余亮琴、王会涛、张丽红、于海燕绘制了本书的全部图表。和湘、郑红艳、王大鹏、李官敏、陈林、王昊对本书的初稿进行了审校，并更正了不少错误。在此一并向他们表示衷心的感谢。同时，本书是译者在尽量忠实于原书的基础上翻译而成的，书中的意见和观点并不代表译者本人及所在单位的意见和观点。

感谢本书原作者之一、我的导师——李虎生教授。在田纳西大学电子工程与计算机科学系留学期间，李教授渊博的专业知识、严谨的治学态度、精益求精的工作作风、诲人不倦的高尚师德令我受益匪浅。同时也要感谢本书原作者之一——田纳西理工大学的邱才明教授，作为李教授的挚友，邱教授像指导自己学生一样指导我，令我在认知无线电领域的研究能力突飞猛进。

机械工业出版社的张俊红老师作为本书的策划编辑，为本书的出版付出了辛勤的劳动，机械工业出版社对本书的出版给予了大力支持，在此一并表示感谢。同时需要特别说明的是，本书英文原版书的最后列出了大量的英文参考文献，达1475个之多，为了给中文版图书合理“瘦身”以减轻读者之负担，尤其是为了更加方便读者参考查阅，机械工业出版社专门把这些英文参考文献做成了电子版文件，有需要的读者可通过电子邮件 buptzjh@163.com 与本书编辑联系。希望我们的这个尝试，能为读者的阅读带来更多方便。

由于认知无线电技术还在不断完善和深化发展之中，新的标准和应用不断涌现，加之译者水平有限，翻译时间仓促，因而本书翻译中的错漏之处在所难免，恳请各位专家和读者不吝指出。

谨以此书献给我聪明漂亮、温柔贤惠的老婆焦巧，以及活泼可爱、机灵过人的宝贝郎子程！

郎为民

2013年初秋于武汉

原书前言

写这本书的想法至少始于5年前，当时第一作者正在讲授与通信/无线通信有关的一年级研究生课程。课程结束后，一些学生在开始其博士（Doctor of Philosophy，PhD）研究之前，继续学习前沿课题（如凸优化）。硕士生（Master Student，MS）在开始设计无线系统之前，想知道更多与该领域有关的知识。第一作者定期讲授这些高级课程，其中的一部分材料为本书提供了起点。当本书项目开始后，其他作者加入，使得我们能够满足最后期限要求，并在课题结题之前出版。本书的另一个题名可以是高级无线通信。

最困难的部分是要决定放弃哪些内容。经过20年的增长，无线行业还在迅速扩大。在他的大学时代，第一作者研究了第二代（Second Generation，2G）系统——码分多址（Code Division Multiple Access，CDMA）和全球移动通信系统（Global System for Mobile Communication，GSM）。现在，3G（WCDMA）和4G（LTE）系统都已可用。每个系统都有其核心概念，并要求独特的分析技能。一般来说，教授们发现，他们最重要的职责是向学生传授所需的最难的数学工具，来分析和设计基本系统概念。例如，在GSM（TDMA）系统中，均衡器是系统的核心。对于CDMA系统来说，RAKE接收机是核心（功率控制也是）。对于长期演进（Long Term Evolution，LTE）系统来说，多输入多输出（Multiple Input Multiple Output，MIMO）系统与正交频分复用（Orthogonal Frequency Division Multiplexing，OFDM）是核心。

我们这本书中就采用了这种方法。书中涵盖了下一代认知无线电网络（Cognitive Radio Network，CRN）的核心系统概念。我们认为以下三种分析工具是CRN的核心：①大维随机矩阵；②凸优化；③博弈论。统一的视图是所谓的“大数据”——高维数据处理。由于认知无线电的独特性质，我们面临着无可比拟的挑战——需要处置的数据太多。在当前的数字化时代，实时搞清数据的意思不仅是像Facebook、谷歌和亚马逊等主要参与者的核心，而且也是我们电信供应商的核心。但是，要成功地解决大数据问题，仍然存在许多障碍。一方面，当前的工具是不够的。具备数据分析技能的科学家和工程师也是稀缺的。未来电子与计算机工程（Electrical and Computer Engineering，ECE）学生必须学会从研究大数据中获得的分析技能。除了传统领域，这本书还包含了来自多学科领域（机器学习、金融工程、统计学、量子计算等）的结果。社交网络和智能电网需要更多的资源。研究人员必须变得更具成本意识。上面提到的其他领域的投资可以降低解决这些问题的成本。抽象的数学连接是实现这一目标的最佳切入点。这证明了我们教给学生在离校后不易学到的最难的分析技能的理念是合理的。通过本书的学习，有实际经验的工程师将理解系统的概念，并可能与其他领域联系起来。同行的研究人员可以将本书作为参考书。

与以前的系统相比，认知无线电网络（CRN）包含高度可编程的无线电设备，其调制波形迅速发生变化，其频率更加敏捷，其射频（Radio Frequency，RF）前端使用的是宽带（高达几 GHz）。除了物理层功能的高度可编程性质之外，CRN 无线电使用前所未有的低信噪比（Signal to Noise Ratio，SNR），对频谱进行感知（例如，采用美国通信委员会所要求的 -21dB）。为了支持这种基本的频谱感知功能，系统分配计算资源，最终目标是达成实时运算。从另一个角度来看，无线电设备是一款功能强大的传感器，具有几乎无限的计算和组网能力。将这两种观点结合起来，可以把通信和传感合并成一个功能，它可以发射、接收和处理可编程调制波形。实时分布式计算被嵌入到这两种功能之中。

我们认为，缺乏一种对众多应用都适用的一致网络理论。相反，当前网络是针对特殊需求而设计的，当新需求出现时，必须重新设计网络。由于缺乏网络理论，因而导致了成本的浪费。认知无线电网络为组网领域带来了独特的挑战。

无线技术正在迅速增值，无处不在的无线计算、通信、传感和控制的愿景提供了许多社会和个人利益的承诺。认知无线电通过动态频谱接入，提供的是一种颠覆性技术的承诺。

认知无线电是完全可编程的无线设备，它可以：①感知其环境；②动态调整其传输波形、信道接入方式、频谱使用和组网协议。预计认知无线电技术将成为一种通用可编程无线电，可充当无线系统开发的通用平台，与微处理器在计算中发挥的作用类似。然而，在拥有一台灵活的认知无线电、一个有效的构成模块和能够动态优化频谱使用的认知无线电网络大规模部署之间还存在着很大差距。试验平台是至关重要的，但被完全忽略了，因为在本书出版时，材料已经变得过时。我们将重点关注持续有效的材料。

本书的目标之一是研究大规模认知无线电网络。特别是，我们需要研究使用量子信息和机器学习技术的新型认知算法，来将现场可编程门阵列（Field Programmable Gate Array，FPGA）、中央处理器（Central Processing Unit，CPU）和图形处理单元（Graphics Processor Unit，GPU）技术集成到当前的无线电平台中去，并在现实世界大学环境中部署这些网络作为试验平台。我们的应用范围包含从通信到雷达/传感和智能电网技术等领域。由于无人机的高度移动性，因而针对无人机（Unmanned Aerial Vehicle，UAV）的认知无线电组网/传感也非常有趣，且非常具有挑战性。同步是至关重要的。无人机可以由机器人来替代。

一项任务将推行一个把 CRN 看作是传感器的新举措，并探索基于认知无线电网络的军民两用传感/通信系统的愿景。动机是推动传感系统和通信系统融合成统一的认知组网系统。认知无线电网络是一种集成了控制、通信和计算能力的信息物理系统。

由于认知无线电网络中的协同频谱感知嵌入式功能，因而可以获得与无线电环境相关的丰富信息。CRN 的独特信息可用于在 CRN 覆盖区域内检测、显示、识别或跟踪目标或入侵者。这种信息系统的数据本质上是高维和随机的。因此，在新举措中，我们可以采用量子探测、量子状态估计、量子信息论，将 CRN 作为传感器。采用这种方式，可以提高 CRN 的感知能力，大大改善网络性能。

人们往往认为认知无线电具有两项基本功能：①频谱感知；②频谱感知资源分配。在第二项功能中，凸优化起到了核心的作用。优化源于人类的本能。我们总是喜欢以最好的方式完成某件事情。优化理论为我们提供了一种实现人类本能的方式。随着计算能力的增强，优化理论（尤其是凸优化）是一种用于处理大数据的、功能强大的信号处理工具。如果可以将数据挖掘问题看作是一个凸优化问题，则可以实现全局最优。结果或性能是毫无疑问的。但是，确保优化算法在上百万甚至上万亿元素的数据集上具有可扩展性，仍然是一个挑战。因此，在我们获得优化理论的效益之前，需要人们进一步研究优化理论。

我们对节点的集合进行了研究。这些节点（与人类相似）既可以合作，又可以竞争。博弈论抓住了资源竞争的基础性作用。当然，可以将博弈论中的许多算法归结为凸优化问题。对于 CRN 中的博弈论来说，我们已经提供了一般博弈论的大量工作知识，使得读者不需要阅读与博弈论相关的具体书籍，即可开展研究。我们给出了 CRN 中的几个典型实例，来说明如何使用博弈论来分析认知无线电。此外，我们还解释了认知无线电中博弈论的许多独特问题，以激发新的研究方向。

我们将采用逐层的方式来解释 CRN 中的组网问题。我们解释了仅与 CRN 相关的特定挑战，以区别于传统的通信网络。我们希望，对应的章节不仅解释了 CRN 的现状，而且还能激发 CRN 的新型设计思路。

本书的概貌如图 P-1 所示。CRN 的新型应用包括：

1）智能电网，安全性是一大挑战。

2）无人机的无线组网，同步是一大挑战。

3）云计算与 CRN 的集成。

4）可将 CRN 用于分布式感知。

本书共包含 12 章。

第 1 章是本书的综述。

第 2 章介绍了频谱感知的基础技术。这些技术可以在当前的系统中实现。能量检测是基础。基于二阶统计量的检测是非常重要的。也可使用奇异值分解（Singular Value Decomposition，SVD）来提取特征。循环平稳检测用于处理完整性。

第3章是频谱感知的核心。它也是理解第4章新算法的基础。广义似然比检验（Generalized Likelihood Ratio Test，GLRT）是整个第3章的核心。我们重点关注三种主要分析工具：①多元正态分布统计；②属于随机矩阵的样本协方差矩阵；③广义似然比检验（GLRT）。本章也为我们学习第5章（大维随机矩阵）做好了准备。

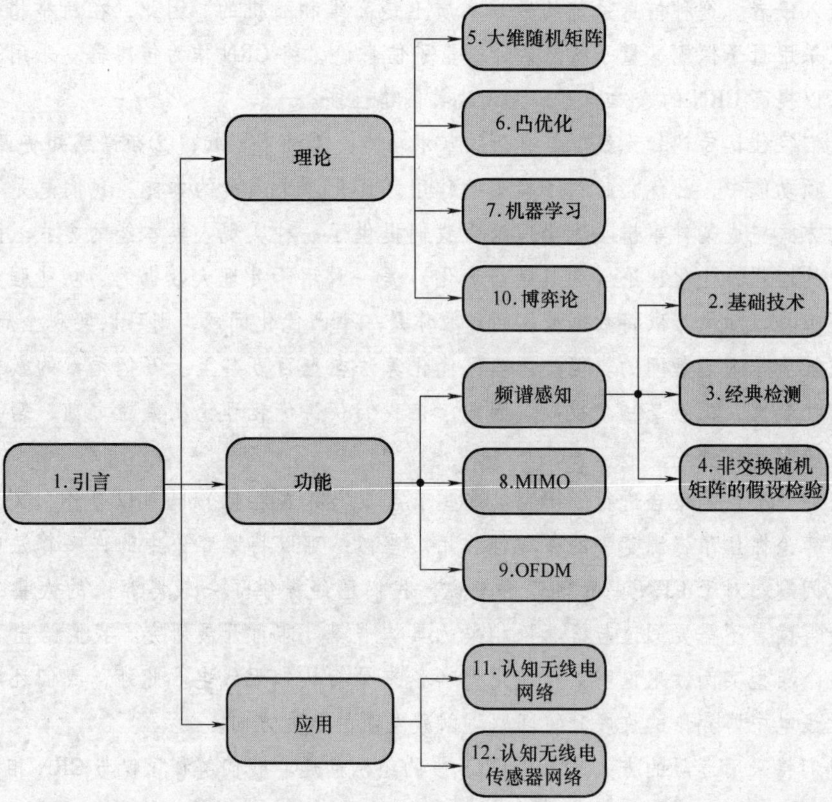

图 P-1 本书各章之间的关系

第4章研究了非交换随机矩阵及其检测。本章的本质是探索性的。它将我们与量子计算、应用线性代数和机器学习方面的一些最新文献联系起来。基本的数学对象是随机矩阵——矩阵值随机变量，它们是诸如 C^* 代数的代数空间中的元素。本章设计的目的不仅具有现实意义，而且还有概念意义。当我们处理机器学习中的大数据时，这些概念是基本的。我们处理了大量随机矩阵。与第3章中涉及的经典算法相比，新算法能够实现更好的性能。

第5章非常长。但是，它甚至没有包含在最初的创作中。在本书项目的最后阶段，我们充分认识到它在我们大数据的统一视图中的根本意义。在第4章中，我们建立的基本数学对象是协方差矩阵及其相关的样本协方差矩阵。我们可以根据数据渐近地估计前者。最近的发展趋势却是使用非渐近样本协方差矩阵。数据是海量的，但不是无限的。核心困难来自于样本协方差矩阵的随机性，该矩阵使用了有限数据样本。当对这些样本协方差矩阵的大集合进行研究时，需要用到所谓的随机矩阵理论。另外，量子信息对于检测是必要的。在这种背景下，当使用量子检测时，用到了第4章的有关知识。早在1999年，Tse和Verdu就在无线通信中使用大维随机矩阵来研究CDMA系统。后来，大维随机矩阵被用于研究MIMO系统。它们对我们的通信与传感融合愿景尤为关键。大维随机矩阵是用于收集内在（量子）信息的理想数学对象，这些信息来自于能够感知、计算和推理的认知节点的大型网络。为了研究这个大维随机矩阵的集合，需要用到所谓的随机矩阵理论。本章阐明了如何在大型传感网络中应用随机矩阵理论（也可参见第12章）。在编写本书时，如何将该理论应用于诸如路由、物理层优化等跨层应用仍然是难以捉摸的，是仅适用本章的另一个基本概念，全面研究超出了我们的范围。我们重点指出了压缩感知的相关性。压缩感知利用物理信号的稀疏结构，大维随机矩阵利用随机项的结构。不知何故人们认为两种理论必须结合在一起。针对这个问题，我们只触及到表面，仍需要进一步地开展研究。

第6章将给出优化理论的一些背景信息。优化源于人类的本能。我们总是喜欢以最好的方式来完成一些事情。依托数学，可以将人类的本能记录下来。凸优化是优化理论的一个子域。凸优化的优势在于如果存在一个局部最小值，则它就是全局最小值。因此，如果实际问题可归结为凸优化问题，则可以得到全局最优值。这也是凸优化近年来变得流行的原因。本章涵盖了线性规划、二次规划、几何规划、拉格朗日对偶、优化算法、鲁棒优化和多目标优化等内容，并将介绍一些实例，来展现优化理论的优势和效益。

第7章将提供机器学习的一些背景资料。机器学习可以使系统变得更加智能。为了给读者提供机器学习的概貌，本章几乎涵盖了与机器学习相关的所有主题，其中包括无监督学习、监督学习、半监督学习、直推、迁移学习、主动学习、强化学习、基于核的学习、降维、集合学习、元学习、卡尔曼滤波、粒子滤波、协同滤波、贝叶斯网络等。机器学习是认知无线电网络的基本引擎。

第8章将介绍MIMO传输技术。无线通信中的MIMO利用发射端和接收端的多副天线，以提高无线通信性能，而无须额外的无线带宽。可以实现阵列增益、分集增益和复用增益。本章涵盖了空时编码、多用户MIMO、MIMO网络等内容。MIMO可以使用空间无线资源来支持认知无线电网络中的频谱接入和频谱共享。

第9章介绍了OFDM传输技术。OFDM是一种基于多载波调制的数字数据传输技术。本章讨论了包括OFDM实现、同步、信道估计、峰值功率问题、自适应传输、频谱成形、正交频分复用多址（Orthogonal Frequency Division Multiplexing Access，OFDMA）等在内的OFDM系统关键问题。频谱接入和频谱共享也可以在OFDM认知无线电网络中得到很好的支持。

第10章专门介绍了博弈论在认知无线电中的应用。频谱中存在着竞争和合作，从而导致了认知无线电中的各种博弈。在本书中，我们将对博弈论进行简要的介绍，然后将其应用到认知无线电的几种典型博弈类型中去。

第11章对认知无线电组网设计问题进行了系统介绍。我们将对认知无线电网络各层中的算法和协议进行解释。特别是，我们将提到认知无线电机制带来的独特挑战。

我们还将讨论认知无线电网络中的复杂网络现象。

第12章将描述一个认知无线电传感器网络的新举措。这一构想试图探索基于认知无线电网络的军民两用传感/通信系统的愿景。认知无线电网络是一种集成了控制、通信和计算能力的信息物理系统。认知无线电网络可以为下一代情报、监视和侦察系统提供信息高速公路和强有力的支撑。本章将对认知无线电传感器网络中的开放问题和潜在应用进行研究。

作者邱才明教授要感谢他的博士毕业生在校对时提供的帮助，他们是田纳西理工大学（Tennessee Tech University，TTU）的 Jason Bonier、Shujie Hou、Xia Li、Feng Lin 和 Changchun Zhang，尤其是 Changchun Zhang 绘制了大量的图形。Qiu 和 Hu 还要感谢他们在 TTU 的同事——Kenneth Currie、Nan Terry Guo 和 P. K. Rajan 多年的帮助。Qiu 和 Hu 要感谢他们的项目总监——海军研究办公室（ONR）的 Santanu K. Das 博士对本书中各项研究的支持。此项研究工作得到了两项美国国家自然科学基金项目（ECCS-0901420 和 ECCS-0821658）以及海军研究办公室（ONR）两大项目（N00010-10-1-0810 和 N00014-11-1-0006）资助。作者们想感谢编辑 Mark Hammond 在整个书籍编写过程中给予的鼓励。作者们每天都会得到来自其他编辑的帮助：最初是 Sophia Travis 和 Sarah Tilley，之后是 Susan Barclay。

目　　录

第1章　引　　言

1.1　愿景:“大数据”

“大数据”[1]是指那些规模超出典型数据库软件工具获取、存储、管理和分析能力之外的数据集。

围绕实现某种控制目标，通信、感知和计算存在着融合趋势。尤其需要指出的是，云计算大有可为。传感器成本越来越低。网络规模越来越大。特别是受互联网协议驱动，智能电网(一种巨网络，规模远大于传统网络)正在变成一种“能源互联网”。

对于诸多应用来说，通信正变得越来越像“骨干”。在未来的物联网中，感知是一种无缝的构成要素。尤其需要强调的是，“大数据”愿景需要以数据采集机制为支撑。计算将成为一种日常应用普通需求能负担得起的商品。

经济正在向“数字经济”演进，这意味着工作与“软实力”的关系越来越密切。“软实力”并不一定意味着软件编程。相反，它意味着越来越多的工作职能将由智能系统来完成，该系统是由复杂的数学理论来驱动的。虽然工作职能变得越来越“软”，但是需求分析变得越来越迫切。因此，分析技巧这一容易被我们大多数人所忽略的事物，将成为典型研究生终身教育中最有用的工具。大多数情况下，如果我们的学生掌握了正确的数学方法，则他们就知道如何进行编程。这是问题的核心或困境。分析工具类似于我们的体育运动。除非我们专注于训练，否则我们不会成为优秀的运动员。

本书旨在重点关注认知无线电(Cognitive Radio，CR)网络的基础知识，尤其是数学工具。我们主要涵盖了认知无线电网络的关键内容，但如果不努力学习，也是很难掌握的。

1.2　认知无线电：系统概念

在现代社会中，与房地产类似，无线电频谱是世界上最稀缺和最宝贵的资源之一。围绕这些稀缺资源的竞争是电信业的根本驱动力。

从最一般的意义上说，认知无线电充分利用摩尔定律的优势，来实现半导体行业计算能力的最大化[2]。如果数字域中的信息是可访问的，则这种新颖无线电背后的驱动力是计算智能算法。机器学习和人工智能已经成为实现模拟机器人这一愿景的新兴前沿领域。在这一愿景中，将信息从模拟域转换到数字域发挥着核心作用：革命性压缩感知对于拓展这种新型系统的领域至关重要。根据算法执行的敏捷软件无线电(Software Defined Radio，SDR)是基本的构成模块。当某一节点在计算上堪称智能时，无线组网将面临一场新的革命。在系统级，诸如认知无线电、认知雷达和抗干扰性(甚至是电子战)

等功能不存在本质区别，可以统一到涉及跨学科知识的单一框架中。应当将雷达和通信统一起来，因为它们都需要用到动态频谱接入(Dynamic Spectrum Access, DSA)，这容易成为系统的瓶颈。频谱敏捷/认知无线电是无线通信中的一种新范式，也是上述通用无线电的一种特殊应用。

认知无线电[3]充分利用了波形可编程硬件平台(即所谓的软件无线电)的优势。信号处理和机器学习是整个无线电的核心，称为认知核(引擎)。究其本质，认知无线电是一种“数学密集型”无线电，它是基于策略的。可以通过认知引擎推出该策略。从某种意义上说，本书的重点围绕认知引擎的基础知识展开。这里，我们所说的无线电代表一种广义概念。无线电可用于通信网络或传感器网络。从这个意义上讲[2]，所谓的认知雷达甚至也包含在内[4]。我们可以将整本书看作是 Haykin 愿景[3,4]的一种详细描述。与 Haykin 类似，我们的风格在本质上以数学为主。在编著本书时，与认知无线电有关的 IEEE 802.22[5]已于 2011 年 7 月发布，可以将本书看作是诸如频谱感知(随机矩阵是统一的主题)、无线资源分配(以凸优化引擎为支撑)、博弈论(理解组网中无线节点的竞争与合作)等关键系统概念的数学证明。

1.3 频谱感知接口和数据结构

在时域和空域，动态频谱共享是一个基本的系统构成模块。智能无线通信系统将估计或预测频谱可用性和信道容量，并自适应地对自身进行重新配置，以解决在干扰缓解的情况下，实现资源利用率最大[6]。认知无线电[3]是在该方向上的一种尝试，它充分利用了波形可编程硬件平台(即所谓的软件无线电)的优势。

在系统概念层面，接口和数据结构具有重要意义。例如，我们采纳了如图 1-1 所示的 IEEE 1900.6 视图[6]，并定义了如下基本术语：

1. 传感器。传感器有时是独立，或者形成一个协作传感器的小型网络，通过这些传感器可以推断出可用频谱的相关信息。

2. 数据档案(Data Archive, DA)。传感器与数据档案进行通信，可以将数据档案看作是一种数据库，它可存储和提供频谱占用情况的感知信息。

3. 认知引擎(Cognitive Engine, CE)。认知引擎是一种实体，它可利用包括意识、推理、方案选择和优化在内的认知能力，这些能力主要用于自适应无线电控制和频谱接入策略实现。这种认知引擎与人脑类似[3]。

4. 接口。传感器需要一种能够用来互相通信的接口，认知引擎(CE)和数据档案(DA)也是如此。有必要改变传感器、认知引擎(CE)和数据档案(DA)之间的信息，以传播频谱可用性，降低对主频谱使用者的干扰。

5. 分布式感知。在分布式场景中，认知引擎(CE)和数据档案(DA)必须通过接口与通信设备建立连接，因而需要对接口进行通用但精确的定义。

6. IEEE 1900.6。IEEE 1900.6 开发了接口和数据结构，它们支持各种实体之间的信息流。

7. 频谱感知。频谱感知是 DSA 网络的核心技术。近年来，它不仅可以作为一项独

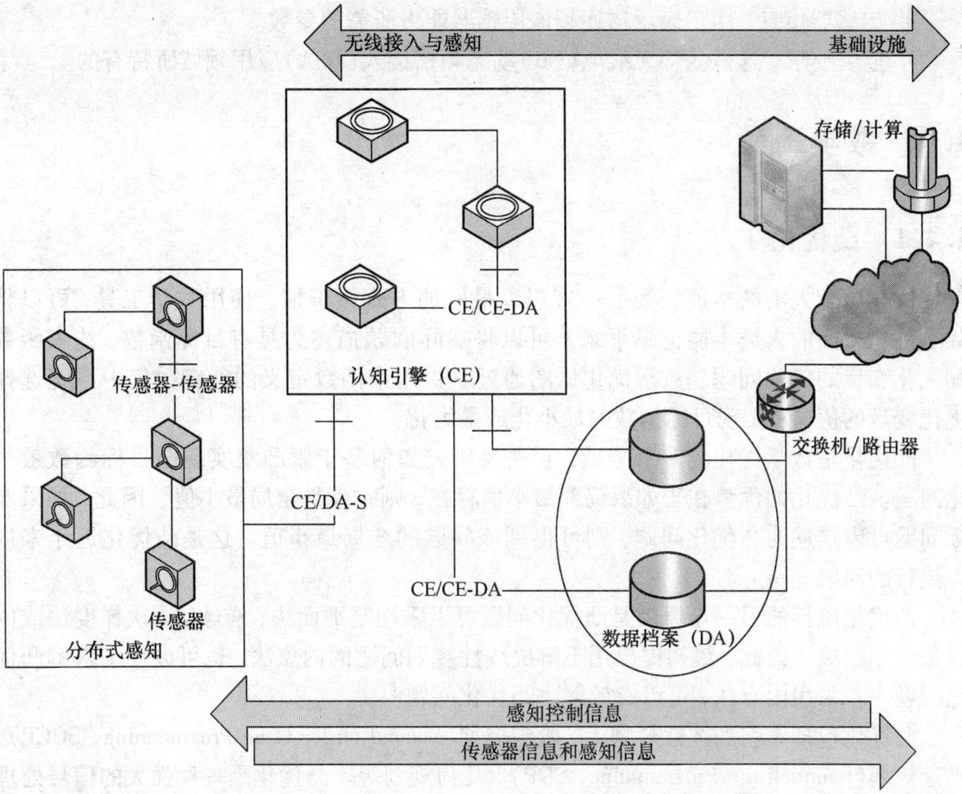

图1-1 IEEE 1900.6分布式射频感知系统的样本拓扑[6]

立的实时技术来使用，而且正在成为一种用于持续更新地理定位频谱图的必要工具。分布式移动或固定认知设备支持频谱感知，该架构允许设备对频谱占用情况和干扰总体水平进行高准确度及时监测。

频谱感知是认知无线电的基础。从某种意义上说，认知无线电包括两部分：频谱感知和使用可用感知频谱信息对无线资源进行“认知”分配。在未来的演进方案中，每个连接到互联网的“物体”能够提供感知功能。这种方法既适用于物联网(Internet of Things，IoT)，又适用于绿色通信范式[6]。这种方法也可用于生成反映频谱使用情况的动态广域图，该图可以进行动态更新，以优化总体电磁辐射和全局干扰。在这一层面，涉及正在出现的认知无线电网络和智能电网融合的理念。后者是一种电网的巨网络(包含诸多传感器，既有移动的，又有固定的)。网络规模要比常规无线通信网络大许多倍。研究人员对融合的理念进行了探讨[该理念首次出现在Robert Qiu为海军研究办公室(Office of Naval Research，ONR)撰写的申报书中][7]。

与感知相关的信息基本上可分为以下4类：

1. 感知信息，用于表示可从频谱传感器处获取的任意测量信息。

2. 感知控制信息，用于表示描述状态或配置所需的任意信息，以及用于控制或配置频谱传感器数据采集与射频(Radio Frequency，RF)感知过程的任意信息。

3. 传感器信息，用于表示描述频谱传感器能力所需的参数。
4. 监管要求，这是认知无线电（CR）动态频谱接入（DSA）应用领域所特有的。

1.4 数学工具

1.4.1 凸优化

优化源于人类的本能。我们一直想以最好的方式做事情。使用数学工具，可以将数学优化方面的人类本能记录下来。可以将实际问题描述为具有目标函数、约束函数和优化变量的优化问题。数学优化试图通过从由约束函数定义的特定数集中系统选择优化变量的值，来实现目标函数的最小化或最大化。

凸优化是数学优化的一个子域，它主要研究如何基于紧凸集实现凸目标函数最小化问题。凸优化的优势在于如果局部最小值存在，则它就是全局最小值。因此，如果实际问题可以描述为凸优化问题，则可得到该问题的全局最小值。这是凸优化近年来广为流行的原因之一。

凸优化流行的另一个原因是凸优化问题可以采用割平面法、椭球法、次梯度法或内点法得到解决。因此，最初提出用于解决线性规划问题的内点法，也可以用来求解凸优化问题[8]。采用内点法，可以有效解决凸优化问题[8]。

凸优化包括著名的线性规划、二阶锥规划（Second Order Cone Programming，SOCP），半定规划（Semidefinite Programming，SDP）、几何规划等。凸优化是一种强大的信号处理工具，可以随处使用（如系统控制、机器学习、运筹学、物流、金融、管理、电信等），因为凸优化问题在实践中非常流行。

除了凸优化，数学优化还包括整数规划、组合规划、非线性规划、分式规划、随机规划、鲁棒规划、多目标优化等。

遗憾的是，在现实世界中，仍然存在着大量非凸优化问题。松弛是解决非凸优化问题常见的方法。可以将非凸优化问题放宽为凸优化问题。基于凸优化问题的全局最优值，我们可以发现原始非凸优化问题的次优解。解决非凸优化问题的第二种策略是采用随机方法。随机方法利用随机变量来获取最优化问题的解决方案。随机方法不需要探讨目标函数和约束条件的结构。随机方法包括模拟退火、随机爬山、遗传算法、蚁群优化（Ant Colony Optimization，ACO）、粒子群优化等。

当我们尽情享受数学优化的美妙和优势时，我们不能忘记在数学优化领域做出卓越贡献的专家和重要研究人员。Joseph Louis Lagrange 发现了一种确定最优解的方法。Carl Friedrich Gauss 和 Isaac Newton 提供了一种寻找最优解的迭代方法。1939 年，Leonid Kantorovich 发表了一篇题为《组织和规划生产的数学方法》的论文，引入了线性规划的概念和理论。1947 年，George Bernard Dantzig 开发了一种用于线性规划的单纯形法，同年 John von Neumann 提出了线性规划的对偶定理。Von Neumann 提出的算法可以看作是线性规划的第一个内点法。1984 年，Narendra Karmarkar 引入一种新型多项式时间内点法用于线性规划。1994 年，Yurii Nesterov 和 Arkadi Nemirovski 出版了《凸规划中的内点多项式算法》一书。一般说来，针对大规模优化问题，内点法的速度要比单纯形法快。此外，David Luenberger、Stephen P. Boyd、Yinyu Ye、Lieven Vandenberghe 和 Dimitri P. Bertsekas 等人也对数学优化有着突出的贡献。

数学优化(尤其是凸优化)大大改善了当前电信系统的性能。对于下一代无线通信系统(即认知无线电网络)来说，数学优化将发挥至关重要的作用。认知无线电网络为数学优化开启了另一个舞台。优化将是认知引擎的核心。在认知无线电网络的频谱感知、频谱共享、编解码、波形分集、波束赋形、无线资源管理、跨层设计和安全领域中，我们可以体验到数学优化之美。

1.4.2 博弈论

博弈论是认知无线电中的一种重要分析工具。从本质上讲，一次博弈涉及多个玩家，每个玩家独立做出决策，以实现收益最大化。由于每个玩家的收益与其他玩家的行为有关，因而玩家需要将其他玩家可能做出的响应考虑在内。在平衡点上，所有玩家的需求都能得到满足，此时任何玩家偏离平衡点都会导致收益降低。一个问题自然而然地出现，即认知无线电为何需要用到博弈论?

博弈论必要性的根本原因是:在认知无线电中，存在着冲突或合作。下面给出一些例子:

- PUE 攻击: 主用户模仿(Primary User Emulation, PUE)攻击是认知无线电网络面临的一种严重威胁。在这种攻击中，攻击者冒充主用户，并发送干扰信号将次用户吓跑。因此，次用户逃避 PUE 攻击。如果存在多个可供选择的信道，则次用户需要做出使用哪条信道的决策，而攻击者需要决定堵塞哪条信道(如果他无法堵塞所有信道的话)，这样就形成了一种博弈。
- 信道同步: 控制信道在认知无线电中举足轻重。两个次用户需要通过控制信道传送控制消息。如果控制通道也位于未授权频段，则主用户可以轻而易举地使其中断。因此，如果当前的控制信道不再可用，则两个次用户需要合作来寻找一条新的控制信道。这种合作也是一种博弈。
- 可疑的合作者: 协同频谱感知可以改善频谱感知的性能。但是，如果合作者实际上是一个恶意攻击者的话，则来自于合作者的报告可能是虚假的。因此，诚信次用户需要做出是否信任合作者的决定。同时，攻击者还需要决定与诚信次用户共享何种类型的报告，以确保它能够同时达到欺骗诚信用户和伪装自身目标。

上述实例涉及了零和博弈、一般和博弈、贝叶斯博弈、随机博弈。在本书中，我们将解释如何分析博弈(尤其是纳什均衡的计算)，并将博弈论应用于上述实例。

1.4.3 将“大数据”建模为高维随机矩阵

事实证明，由于可以将“大数据”建模为高维随机矩阵，因而随机矩阵正在成为统一的主题。当前，随着数据采集和存储变得越来越容易，统计学家经常碰到样本量 n 和变量数 p 都很大的数据集[9]：如在网络搜索问题中，n 和 p 的值为百级、千级、百万级甚至十亿级。这种现象称为“大数据”。采用经典多元统计分析方法对这些数据集进行分析存在一定困难。在无线通信场景中，网络变得越来越密集。认知无线电频谱感知采集的数据集要比传统的多输入多输出(Multiple Input Multiple Output，MIMO)-正交频分复用(Orthogonal Frequency Division Multiplexing，OFDM)和码分多址接入(Code Division Multiple Access，CDMA)系统大得多。例如，当持续时间为4.85ms时，包含超过105个采样点的数据记录(数字电视)可用于数据处理。我们可以将这一较长的数据记录分割为仅包含p个采样点的矢量。n个传感器可以协同进行频谱感知。表1-1给出了传感器与粒子的类比结果。另外，我们可以将$n \times p = 10^5$看作是仅使用了一个传感器来记录长数据记录的结果。因此，在当前实例中，我们有$p = 100$和$n = 1000$。在本例中，n和p都比较大，且属于同一量级。

表1-1 传感器和粒子的类比

粒子	传感器	随机矩阵
总能量	信息	自由度
能级		特征值

假定X_{ij}是$p \times n$矩阵$\boldsymbol{X}$的独立同分布(Independent and Identically Distributed，IID)标准正态变量，即

$$\boldsymbol{X} = \begin{bmatrix} X_{11} & X_{12} & \cdots & X_{1n} \\ X_{21} & X_{22} & \cdots & X_{2n} \\ \vdots & \vdots & & \vdots \\ X_{p1} & X_{p2} & \cdots & X_{pn} \end{bmatrix}_{p \times n} \tag{1-1}$$

样本协方差矩阵定义为

$$\boldsymbol{S}_n = \left(\frac{1}{n}\sum_{k=1}^{n} X_{ik}X_{jk}\right)_{i,j=1}^{p} = \frac{1}{n}\boldsymbol{X}\boldsymbol{X}^H \tag{1-2}$$

其中，p维零均值随机向量的n个向量样本拥有总体(或真协方差)矩阵$\boldsymbol{I}$，H代表矩阵的共轭转置(厄米特)。

经典极限定理不再适用于处理高维数据分析。传统方法采用一种隐含假设，即假定p是固定的，且n趋于无穷大，它可表示为

$$p\text{是固定的},\ n \to \infty \tag{1-3}$$

在提出这些思路时，这种渐近假设式(1-3)与统计实践一致，因为对包含大量变量的数据集进行研究非常困难。但是，针对现代数据集的一种较好理论框架(即p取大值)是采用所谓的“大n，大p”的渐近假设。

$$p \to \infty,\ n \to \infty,\ \text{但}\frac{p}{n} \to c > 0 \tag{1-4}$$

其中，c是正常数。

当p和n都趋于∞时(式(1-4))，人们围绕样本协方差矩阵$\boldsymbol{S}_n$特征值的极限行为展开了大量的研究。一个基本结果就是马尔琴科-帕斯图尔等式，它将样本协方差矩阵特征值的渐近特性与“大n，大p”渐近设置的总体协方差关联起来。我们必须改变观点：

从向量到测量值。

需要解决的首要问题之一是要找到一种数学上有效的方式，来表示趋于∞的向量极限（回忆一下，在我们的问题中存在 p 个特征值，且 p 趋于∞）。解决该问题的一种自然方式是将任意向量与概率测度关联起来。更确切地说，假设$\mathbb{R}^p$中存在一个向量$(y_1,\cdots,y_p)$。我们可以将其与如下测量值建立关联：

$$\mathrm{d}G_p(x) = \frac{1}{p}\sum_{i=1}^{p}\delta_{y_i}(x)$$

其中，δ_{y_i}为 x 处的狄拉克 Δ 函数。因此，G_p是一个测量值，它包含了具有相等权重的 p 个质点，每个点都有一个向量坐标。关注点从向量转到测量值意味着收敛概念（概率测度的弱收敛）中的焦点发生变化。

根据参考文献[10]，我们将可用技术分为 3 类：力矩法、Stieltjes 变换和自由概率。本书涵盖了与这些基础技术应用有关的内容。

正如对于中心极限定理来说，概率分布的特征函数是一种功能强大的工具一样，在研究矩阵（或算子）频谱分布收敛性时，Stieltjes 变换是一种非常方便、功能强大的工具。更为重要的是，矩阵频谱分布的 Stieltjes 变换与其特征值之间存在着一种简单关系。根据定义，我们将$\mathbb{R}$上测量值 G 的 Stieltjes 变换定义为

$$m_G(z) = \int\frac{1}{x-z}\mathrm{d}G(x),\ z\in\mathbb{C}^+$$

其中，$\mathbb{C}^+\triangleq\mathbb{C}\cap\{z:\mathrm{Im}(z)>0\}$是具有严格正虚部的复数集。有时也将 Stieltjes 变换称为 Cauchy 或 Abel-Stieltjes 变换。与 Stieltjes 变换相关的较好参考书包括参考文献[11]和[12]。

值得注意的是，样本协方差矩阵的频谱分布是渐近非随机的。此外，它是通过马尔琴科-帕斯图尔等式，由真实总体频谱分布表征的。总体中的特征值极限分布知识 $\boldsymbol{\Sigma}$，完全描述了样本协方差矩阵 $\boldsymbol{S}$ 的特征值极限行为。

在无线通信市场中，除了由 Tulino 和 Verdu 于 2011 年编著的图书[13]之外，另一本由 Couillet 和 Debbah 于 2011 年编著的书[12]刚刚面世。本书旨在以认知无线电（尤其是频谱感知）为背景，介绍随机矩阵理论的关联性。我们的处理方法比上述两本书更加务实。虽然本书中也给出了一些定理，但我们并未进行证明。我们通过大量实例来强调如何应用这些理论。我们相信，未来的工程师必须熟悉随机矩阵方法，因为“大数据”是无线网络各层的主旋律。

“尤其是对高维随机矩阵理论方法来说，其关键特征之一，是能够预测产品的经验特征值分布与矩阵和。与维数适当矩阵的仿真结果相比，这些结果在准确度方面是非常显著的[12]。”

“事实上，由于频谱无处不在，因而 20 世纪的工程教育项目大多关注傅里叶变换理论。目前，由于空间模式无处不在，21 世纪的工程师意识到空间是下一个前沿领域，因而将关注点调整到 Stietjes 变换理论上[12]。”

在工程师看来，Bai 和 Silverstein 于 2010 年撰写的专著[14]、Hiai 和 Petz 于 2000 年撰写的专著[11]、Forrester 于 2010 年撰写的专著[15]是所有数据文献中阅读价值最高的。

Anderson 于 2010 年撰写的专著[16]比较容易理解，Girko 于 1998 年撰写的专著[17]内容比较全面。对于大量文献来说，一篇优秀的综述[10]是很好的起点。目前，该论文仍是最好的综述。两篇综述[18]和[19]具有很高的可读性。

20 世纪 80 年代初，极限谱分布(Limiting Spectral Distribution, LSD)存在性研究方面取得了重大进展。近年来，针对随机矩阵理论的研究已经转向二阶极限定理，如针对线性频谱统计的中心极限定理、频谱间距的极限分布和极特征值。

许多应用问题需要对协方差矩阵和/或其逆矩阵进行估计，与样本量相比，此类矩阵维数较高[20]。在此类情形中，常规估计器和样本协方差矩阵表现不佳是众所周知的。当矩阵维数 p 大于可用观测值数目时，样本协方差矩阵甚至是不可逆的。当 p/n 小于 1 但不可忽略不计时，样本协方差矩阵是可逆的，但在数值上处于病态，这意味着对该矩阵求逆会大大提高估计误差。对于大 p 来说，寻找足够多的观测值来确保 p/n 忽略不计是非常困难的，因而针对诸如参考文献[20]中的高维协方差矩阵，开发一种状态良好的估计器非常重要。

随机矩阵理论为何会如此成功?

在核物理领域，随机矩阵理论是非常成功的[21]。这里给出若干条原因:

1. 灵活性。该理论支持我们构建诸如时间反转、自旋、手征对称性等额外全局对称性，并针对所有特征值的相关函数，在保持其合理可分解性的同时，对若干个矩阵进行处理。

2. 普遍性。随机矩阵理论通常可用作一种简单的、可分解模式，它可以获取理论的基本自由度。在可能包含或不包含随机矩阵的非对易环境中，经典极限定理中正态分布的作用是通过随机矩阵理论中出现的分布(Tracy- Widom 分布、正弦分布等)来发挥的。

3. 预测能力。通过将数据拟合到随机矩阵理论的预测中去，可以非常有效地提取规模或物理耦合。

4. 丰富的数学结构。这来自大 n 极限的许多方面。在数学的各个领域，随机矩阵理论的多种关系使其成为几乎不相关领域(概率和分析、代数、代数几何、微分系统、组合数学)之间的理想桥梁。更一般地说，这些成熟技术可以非常流畅地被应用于其他分支科学中去。

1.5 样本协方差矩阵

在多元分析中，样本协方差矩阵的研究是基础。拥有现代数据，矩阵往往非常大，变量数目与样本量相当(即所谓的“大数据”)[22]。在这种环境中，最大特征值或主成分方差的分布往往鲜为人知。在数学物理和概率域，随机矩阵理论的一个惊喜是:对于相对较小的 n 和 p 来说，这些结果似乎能够提供与主成分有关的有用信息。

假定式(1-1)中定义的 $\boldsymbol{X}$ 是一个 $p \times n$ 数据矩阵。人们通常考虑 p 维列向量(其协方差矩阵为 $\boldsymbol{\Sigma}$)的 n 个观测值或情形 x_i。为明确起见，我们假定行 x_i 服从独立高斯分布 $N(0, \boldsymbol{\Sigma})$。特别是，平均值已被减去。如果我们也不用担心被 n 除，则我们将 $\boldsymbol{XX}^H$ 称为式(1-2)中定义的样本协方差矩阵。在高斯假设下，我们称 $\boldsymbol{XX}^H$ 符合 Wishart 分布 $W(n,\boldsymbol{\Sigma})$。如果 $\boldsymbol{\Sigma}=\boldsymbol{I}$，则属于“空”情形，我们称其为白色 Wishart，类似于时间序列设置，在该设置中，白色频谱在所有频率处具有相同的方差。

多元分析中的大样本工作历来假定 n/p(每个变量对应的观测值数)取值较大。现在，p 取大值甚至巨值都是常见的，因而 n/p 取值范围为从中到小。在极端情况下，甚至小于1。

样本协方差矩阵的特征值和特征向量分解过程可表示为

$$\boldsymbol{S}=\frac{1}{n}\boldsymbol{XX}^H=\boldsymbol{ULU}^H=\sum_i l_i\boldsymbol{u}_i\boldsymbol{u}_i^H$$

该矩阵包含对角矩阵 $\boldsymbol{L}$ 中的特征值和作为矩阵 $\boldsymbol{U}$ 列采集的正交特征向量。存在对应的总体(或真)协方差矩阵

$$\Sigma=\boldsymbol{\gamma\Lambda\gamma}^H$$

该矩阵包含特征值 λ_i 和作为矩阵 $\boldsymbol{\gamma}$ 列采集的正交特征向量。

一个基本的现象是，相同的特征值 l_i 要比特征值 λ_i 应用范围更广。在空的情形中，当所有总体特征值相同时，这一效果最为明显。

在统计学、信号处理和无线通信领域，服从复高斯分布的数据矩阵是非常有趣的。假定 $\boldsymbol{X}=(X_{ij})_{p\times n}$ 中

$$\mathrm{Re}X_{ij},\ \mathrm{Im}X_{ij}\sim\mathcal{N}\left(0,\ \frac{1}{2}\right)$$

所有这些变量都相互独立。矩阵 $\boldsymbol{S}=\boldsymbol{XX}^H$ 服从复 Wishart 分布，且其(真)特征值是有序的 $l_1>\cdots>l_p$。

我们将 μ_{np} 和 σ_{np} 定义为

$$\mu_{np}=(\sqrt{n}+\sqrt{p})^2$$

$$\sigma_{np}=(\sqrt{n}+\sqrt{p})\left(\frac{1}{\sqrt{n}}+\frac{1}{\sqrt{p}}\right)^{1/3}$$

假定 $n=n(p)$ 随着 p 的增加而增加，这样 μ_{np} 和 σ_{np} 都随着 p 的增加而增加。

定理1.1(Johansson(2000)[23]) 在上述条件下，如果 $n/p\to c\geqslant 1$，则有

$$\frac{l_1-\mu_{np}}{\sigma_{np}}\xrightarrow{\mathcal{D}}W_2\sim F_2$$

其中，$\mathcal{D}$ 代表分布收敛。

本质上，中心和规模与真实案例相同，但极限分布为

$$F_2(s)=\exp\left(-\int_s^{\infty}(x-s)q^2(x)\mathrm{d}x\right)$$

其中，q 仍为 Painleve Ⅱ 函数，其定义为

$$q''(x)=xq(x)+2q^3(x)$$

$$\text{当 } x\to+\infty \text{ 时，} q(x)\sim Ai(x)$$

这里，$Ai(x)$ 表示 Airy 函数。Tracy 和 Widom[24, 25] 发现了这种分布，并将其作为 p/n 高斯对称矩阵(Wigner 矩阵)最大特征值的极限定律。

仿真结果表明，当 n 和 p 取类似 5 这样的小值时，近似值是比较翔实的。

1.6 尖峰总体模型的高维样本协方差矩阵

目前，人们对尖峰总体模型(在该模型中，除了几个固定的特征值外，其他所有总体特征值都为 1)进行了广泛研究[26, 27]。在许多实例中，样本协方差矩阵的几个特征值与其余特征值分离。为了支持马尔琴科-帕斯图尔密度，通常将后者进行打包。在语音识别、数理金融、无线通信、混合物理、数据分析和统计学习领域，此类实例不胜枚举。

最简单的非空情形是总体协方差 $\boldsymbol{\Sigma}$ 是常数倍单位矩阵 $\boldsymbol{I}$ 的一种有限秩扰动。换句话说，我们有

$$\mathcal{H}_0 : \boldsymbol{\Sigma} = \boldsymbol{I}$$

$$\mathcal{H}_1 : \boldsymbol{\Sigma} = \Delta + \boldsymbol{I},\ \Delta = \text{有限秩}$$

如前所述，Johnstone 于 2001 年发表的论文[22]推导出了在符合高斯特性的单位矩阵 I 设置下最大样本特征值的渐近分布。Soshnikov 于 2002 年发表的论文[28]除推导出第 k 个(k 固定但任意取值)最大特征值的分布极限，还证明了弱假设条件下的分布极限。

当协方差为单位矩阵 $\boldsymbol{I}$ 时，$\mathcal{H}_1$ 假设检验下几个样本特征值的极限行为与$\mathcal{H}_0$ 不同。

一个关键问题是相变现象的发现。简单地说，如果非单位值接近 1，则其样品版本工作方式是将真特征值作为单位矩阵来处理。但是，当真特征值大于 $1+\sqrt{n/p}$时，样本特征值具有不同的渐近性质。特征向量也经历了一次相变。通过将样本特征向量自然分解为“信号”和“噪声”部分，这表明，当 $l_i > 1+\sqrt{n/p}$时，特征向量的“信号”部分是渐近正态的[27]。

1.7 随机矩阵和非交换随机变量

随机矩阵是不可交换的随机变量[11]，与一个 $N\times N$ 随机矩阵 $\boldsymbol{H}$ 的数学期望，即

$$\tau_N(\boldsymbol{H}) = \frac{1}{N}\sum_{i=1}^{N} \mathbb{E}(H_{ii})$$

有关。其中，$\mathbb{E}$ 为经典随机变量的数学期望。它是 Wigner 定理的一种形式

$$\tau_N(\boldsymbol{H}^{2k}(N)) \to \frac{1}{k+1}\binom{2k}{k},\ N\to\infty$$

如果 $N\times N$ 实对称随机矩阵 $\boldsymbol{H}(N)$ 具有独立相同的高斯分布$\mathcal{N}(0, 1/N)$，则有

$$\tau_N(\boldsymbol{H}^2(N)) = 1$$

半圆律是 $\boldsymbol{H}(N)$ 极限特征值分布密度。它也是自由中心极限的极限定律。Voiculescu 阐明了其中的原因。假定

$$\boldsymbol{X}_1(N),\ \boldsymbol{X}_2(N),\ \cdots,\ \boldsymbol{X}_N(N)$$

是具有与 $\boldsymbol{X}(N)$ 相同分布的独立随机矩阵。从高斯特性可以推出，随机矩阵的分布为

$$\frac{\boldsymbol{X}_1(N)+\boldsymbol{X}_2(N)+\cdots+\boldsymbol{X}_N(N)}{\sqrt{N}}$$

与$\boldsymbol{X}(N)$的分布相同。在这个意义上，可以将半圆律的矩收敛理解为

$$\boldsymbol{X}_1(N),\ \boldsymbol{X}_2(N),\ \cdots,\ \boldsymbol{X}_N(N)$$

它们之间存在自由关系。自由关系的条件包括

$$\tau_N([\boldsymbol{X}_1^k(N)-\tau_N^k(\boldsymbol{X}_1(N))])\tau_N([\boldsymbol{X}_2^l(N)-\tau_N^l(\boldsymbol{X}_2(N))])=0$$

该条件可等价表示为

$$\tau_N([\boldsymbol{X}_1^k(N)\boldsymbol{X}_2^l(N)])=\tau_N(\boldsymbol{X}_1^k(N))\tau_N(\boldsymbol{X}_1^l(N))$$

独立对称高斯矩阵和独立 Haar 分布酉矩阵是渐近自由的。渐近自由的概念可以充当连接随机矩阵理论和自由概率论的桥梁。

1.8 主成分分析

每过20~30年，经过细微修订的主成分分析(Principal Component Analysis, PCA)都要重新进行发布。它有许多不同的名称。我们将通信信号或噪声建模为随机场。Karhunen-Loeve 分解(Karhunen-Loeve Decomposition, KLD)又被称为主成分分析(PCA)、本征正交分解(Proper Orthogonal Decomposition, POD)和经验正交函数(Empirical Orthogonal Function, EOF)。其核心版本(即核主成分分析)非常受欢迎。我们将 PCA 应用于频谱感知。

主成分分析(PCA)是一种标准的降维工具。主成分分析(PCA)能够发现具有最大数据方差的正交方向，并使用在这些方向上的线性投影来给出其低维表示。降维是一种典型的预处理设置。尖峰协方差模型[29-32]表明，基础数据是低维的，但每个样本被加性高斯噪声所破坏。

1.9 广义似然比检验

广义似然比检验(Generalized Likelihood Ratio Test, GLRT)是频谱感知理论的顶峰，与主成分分析相比，其核心版本(核 GLRT)的性能更好。

GLRT 和 PCA(其核心版本核 PCA)将样本协方差矩阵作为出发点。因此，高维随机矩阵自然是数学研究的对象。

1.10 针对矩阵最佳逼近的布雷格曼发散

在处理随机矩阵问题时，我们还需要随机矩阵之间的一些距离测度。矩阵接近问题需要用到从给定矩阵到具有某种特性的最近矩阵的距离。例如，在 Dhillon 和 Tropp 于2007年发表的论文[33]中，提出使用布雷格曼发散来替代矩阵范数。布雷格曼发散相当于量子信息(参见参考文献[34]第203页)。假定$\mathcal{C}$为 Banach 空间中的凸集。对于平滑函数 $\Psi:\mathcal{C}\rightarrow\mathbb{R}$ 来说，我们称

$$D_\Psi(\boldsymbol{X},\ \boldsymbol{Y})\triangleq\Psi(\boldsymbol{Y})-\Psi(\boldsymbol{X})-\lim_{t\rightarrow+0}t^{-1}(\Psi(\boldsymbol{Y}+t(\boldsymbol{X}-\boldsymbol{Y}))-\Psi(\boldsymbol{Y}))$$

为$\boldsymbol{X},\ \boldsymbol{Y}\in\mathcal{C}$的布雷格曼收敛。现在，假定$\mathcal{C}$为密度矩阵集合，且

$$\Psi(\rho) = \mathrm{Tr}\rho \lg \rho$$

密度矩阵是一种迹等于 1 的正定矩阵。可以证明，布雷格曼发散是量子相对熵，它是测量量子信息的基础。布雷格曼发散问题可以表示为凸优化问题。当我们处理“大数据”问题时，会涉及半圆律、自由（矩阵值）随机变量和量子熵[11]。

在本书中，许多问题（如频谱感知）的研究往往会用到矩阵函数。矩阵函数工具箱包含用于计算矩阵函数的 MATLAB 实现方案[35]。读者可以从 http://www.maths.manchester.ac.uk/~higham/mftoolbox/获取这些方案。

第 2 章　频谱感知：基础技术

2.1　挑战

实际上，认知无线电中的频谱感知面临诸多挑战，如表 2-1 和表 2-2 所示[36, 37]。

表 2-1　802.22 无线区域网（Wireless Regional Area Network，WRAN）的接收机参数

参数	模拟电视	数字电视	无线话筒
带宽	6MHz	6MHz	200kHz
检测概率	0.9	0.9	0.9
虚警概率	0.1	0.1	0.1
信道检测时间	≤2s	≤2s	≤2s
授权检测阈值	−94dBm	−116dBm	106dBm
信噪比①	1dB	−21dB	−12dB

① IEEE802.11 工作组假定接收机噪声系数为 11dB。

表 2-2　频谱感知面临的挑战

实际挑战	后果	评论
感知要求非常严格	参见表 2-1	为了避免“隐藏节点”问题
未知的传播信道和非同步	使得相干检测不可靠	为了减轻主用户的负担
噪声/干扰的不确定性	难于估计噪声/干扰功率	随时间和地点发生变化

2.2　能量检测：不存在确定或随机信号的先验信息

能量检测是最简单的频谱感知技术。它是一种盲技术，因为不需要信号的先验信息。它只是简单地把主信号看作是噪声，并根据观测信号的能量来确定主信号是否存在。它不涉及复杂的信号处理，计算开销比较低。在实践中，能量检测尤其适用于宽带频谱感知。通过对接收到的宽带信号进行扫描，可以实现多个频带的同步感知。

理想情况下，感知分为两个阶段。第一阶段使用最简单的能量检测。第二阶段采用先进的技术。

我们依据参考文献[38]和[39～42]来说明如下过程。通常情况下，虽然人们接触到的过程是带通的，但是他们仍可对其低通等价形式进行处理，并最终将其转换回带通类型[43]。此外，相关文献[38]已经证实，从统计的角度来看，低通过程和我们重点关注的带通过程是等价的。因此，方便起见，我们仅根据参考文献[41, 42]来解决针对低通过程的问题。

2.2.1 白噪声检测：低通情况

该检测是一种如下假设的检验问题：

1. $\mathcal{H}_0$：输入为纯噪声

(1) $y(t)=n(t)$

(2) $E[n(t)]=0$

(3) 噪声谱密度 $=N_0$（双侧）

(4) 噪声带宽 $=W$Hz

2. $\mathcal{H}_1$：输入为信号加噪声

(1) $y(t)=s(t)+n(t)$

(2) $E[s(t)+n(t)]=s(t)$

积分器的输出用Y表示。我们重点研究特定时间间隔（即$(0, T)$）内的情形，并将Y或任何随Y单调变化的量作为检验统计量。我们会发现，采用相关量来表示虚警概率和检测概率是非常简便的，即

$$\tilde{Y}=\frac{1}{N_0}\int_0^T y^2(t)\,\mathrm{d}t \tag{2-1}$$

采样周期T的选择是一件方便的事情。任何连续时间区间都将满足要求。

众所周知，当采样过程持续时间为T、带宽为W（频带外的忽略不计）时，采样函数可用一组数目为$2TW$的样本值来近似描述。在低通采样过程的情形中，这些值可通过在每个$1/2W$的整倍点上采样得到。在相对窄带带通过程的情形中，这些值可根据在每个$1/W$的整倍点处采样的同相位和正交调制分量推出。

合理选择时间原点，我们可以将每个噪声样本表示为[44]

$$n(t)=\sum_{i=-\infty}^{\infty} n_i \operatorname{sinc}(2Wt-i) \tag{2-2}$$

其中，$\operatorname{sinc}(x)=\sin\pi x/\pi x$，且

$$n_i=n\left(\frac{i}{2W}\right) \tag{2-3}$$

显然，每个n_i都是一个零均值的高斯随机变量，其方差相同（都为σ_i^2，这是$n(t)$的方差），即

$$\sigma_i^2=2N_0W,\ 对于所有\ i \tag{2-4}$$

基于

$$\int_{-\infty}^{\infty}\operatorname{sinc}(2Wt-i)\operatorname{sinc}(2Wt-k)\,\mathrm{d}t=\begin{cases}\dfrac{1}{2W}, & i=k\\ 0, & i\neq k\end{cases} \tag{2-5}$$

这一事实，我们可以得出

$$\int_{-\infty}^{\infty} n^2(t)\,\mathrm{d}t=\frac{1}{2W}\sum_{i=-\infty}^{\infty} n_i^2 \tag{2-6}$$

在区间(0, T)上，$n(t)$可近似表示为 $2TW$ 个如下项的有限和：

$$n(t) = \sum_{i=1}^{2TW} n_i \operatorname{sinc}(2Wt - i),\ 0 < t < T \tag{2-7}$$

同理，采样时间 T 内的能量可由式(2-6)右边的 $2TW$ 项来近似表示，即

$$\int_0^T n^2(t)\,\mathrm{d}t = \frac{1}{2W}\sum_{i=1}^{2TW} n_i^2 \tag{2-8}$$

更严格的表达式可通过使用 Karhunen-Loeve 扩展(也称为变换)来实现。在将式(2-7)代入式(2-8)的左侧或使用第 2.2.5 节中的式(2-39)和结论来证明只使用式(2-6)中 $2TW$ 项的合理性后，可以将式(2-8)看作是一个近似值，它适用于 T 比较大的情形。

可以看出，式(2-8)等于 $N_0\tilde{Y}$，其中 $\tilde{Y}$ 代表假设$\mathcal{H}_0$下的检验统计量。于是有

$$\frac{n_i}{\sqrt{2WN_0}} = \xi_i \tag{2-9}$$

$$\tilde{Y} = \sum_{i=1}^{2TW} \xi_i^2 \tag{2-10}$$

于是，$\tilde{Y}$ 等于 $2TW$ 个高斯随机变量的二次方和，每个变量都具有零均值和单位方差。我们称 $\tilde{Y}$ 服从自由度为 $2TW$ 的卡方分布，存在着针对该分布的大量表格[45~47]。

现在，我们考虑假设$\mathcal{H}_1$(输入 $y(t)$ 中包含信号 $s(t)$)下的情形。在信号持续时间 T 内，信号部分可以表示为 $2TW$ 项的有限和，即

$$s(t) = \sum_{i=1}^{2TW} s_i \operatorname{sinc}(2Wt - i),\ 0 < t < T \tag{2-11}$$

其中

$$s_i = s(i/2W) \tag{2-12}$$

按照上面的推理方法，我们可以将区间(0, T)内的信号能量近似表示为

$$\int_0^T s^2(t)\,\mathrm{d}t = \frac{1}{2W}\sum_{i=1}^{2TW} s_i^2 \tag{2-13}$$

定义系数

$$\beta_i = s_i / \sqrt{2WN_0} \tag{2-14}$$

于是有

$$\frac{1}{N_0}\int_0^T s^2(t)\,\mathrm{d}t = \sum_{i=1}^{2TW} \beta_i^2 \tag{2-15}$$

利用式(2-11)和式(2-2)，则包含当前信号的总输入 $y(t)$ 可以表示为

$$y(t) = \sum_{i=1}^{2TW} (\xi_i + s_i)\operatorname{sinc}(2Wt - i) \tag{2-16}$$

2.2.2　决策统计的时域表示

在区间(0, T)内，$y(t)$的能量可以近似表示为

$$\int_0^T y^2(t)\,\mathrm{d}t = \frac{1}{2W}\sum_{i=1}^{2TW}(n_i + s_i)^2 \tag{2-17}$$

在假设$\mathcal{H}_1$下，检验统计量$\tilde{Y}$为

$$\tilde{Y} = \frac{1}{N_0}\int_0^T y^2(t)\,\mathrm{d}t = \sum_{i=1}^{2TW}(\xi_i + \beta_i)^2 \tag{2-18}$$

我们称式(2-18)中的和服从自由度为$2TW$、非中心参数为γ的非中心卡方分布，非中心参数γ可表示为

$$\gamma = \sum_{i=1}^{2TW}\beta_i^2 = \frac{1}{N_0}\int_0^T s^2(t)\,\mathrm{d}t \equiv \frac{E_s}{N_0} \tag{2-19}$$

其中，γ表示信号能量与噪声谱密度之比，它提供了信噪比(Signal to Noise Ratio, SNR)的一种简便定义形式。

2.2.3 决策统计的谱表示

每个兴趣频谱子带上的频谱分量可以通过采样接收信号的快速傅里叶变换(Fast Fourier Transform, FFT)得到。在M个连续段内，能量检测的检验统计量可以通过对能量观测值求和得到

$$Y = \begin{cases} \sum_{m=1}^{M} |W(m)|^2, & \mathcal{H}_0 \\ \sum_{m=1}^{M} |S(m) + W(m)|^2, & \mathcal{H}_1 \end{cases} \tag{2-20}$$

其中，$S(m)$和$W(m)$分别表示第m段中兴趣子频带上接收主信号和白噪声的频谱分量。为简化分析，式(2-20)并未将干扰考虑在内。兴趣子频带能量检测决策由下式给出

$$\hat{\theta} = \begin{cases} \mathcal{H}_0, & Y > \lambda \\ \mathcal{H}_1, & Y < \lambda \end{cases} \tag{2-21}$$

其中，需要对阈值λ进行选择，以满足目标虚警概率。

为不失一般性，我们假设噪声$W(m)$是均值为0和方差为2的白色复高斯噪声。在M个连续段内，我们将接收主信号的信噪比(SNR)定义为

$$\gamma = \frac{1}{2M}\sum_{m=1}^{M}|S(m)|^2 \tag{2-22}$$

在假设$\mathcal{H}_0$下，能量检测的检验统计量Y服从自由度为$2M$的中心卡方分布。在假设$\mathcal{H}_1$下，能量检测的检验统计量Y服从自由度为$2M$、非中心参数为

$$\mu = \sum_{m=1}^{M}|S(m)|^2 = 2M\gamma \tag{2-23}$$

的非中心卡方分布。

换言之,我们有

$$f_Y(y) \sim \begin{cases} \chi_{2M}^2, & \mathcal{H}_0 \\ \chi_{2M}^2(\mu), & \mathcal{H}_1 \end{cases} \tag{2-24}$$

其中，$f_Y(y)$表示 Y 的概率密度函数(Probability Density Function, PDF)；χ^2_{2M}，$\chi^2_{2M}(\mu)$分别表示中心和非中心卡方分布。

于是，Y 的概率密度函数(PDF)可表示为

$$f_Y(y)=\begin{cases}\dfrac{1}{2^u\Gamma(u)}y^{u-1}\mathrm{e}^{-\frac{y}{2}}, & \mathcal{H}_0\\ 2\left(\dfrac{y}{2\gamma}\right)^{\frac{u-1}{2}}\mathrm{e}^{-\frac{2\gamma+y}{2}}I_{u-1}(\sqrt{2\gamma y}), & \mathcal{H}_1\end{cases} \tag{2-25}$$

其中，$\Gamma(\cdot)$为伽玛函数；$I_u(\cdot)$为伽玛函数第 1 类 u 阶修正贝塞尔函数[45, 48]。

2.2.4　AWGN 信道上的检测和虚警概率

可以将检测概率和虚警概率分别定义为

$$P_D=P(Y>\lambda\,|\,\mathcal{H}_1) \tag{2-26}$$

$$P_F=P(Y>\lambda\,|\,\mathcal{H}_0) \tag{2-27}$$

其中，λ 是判决阈值。使用式(2-25)来计算式(2-27)，可以得到精确闭合形式表达式为

$$P_F=\frac{\Gamma\left(M,\dfrac{\lambda}{2}\right)}{\Gamma(M)} \tag{2-28}$$

其中，$\Gamma(\cdot,\cdot)$是上不完全伽玛函数[45, 48]。

给定目标虚警概率，可以使用式(2-28)唯一确定阈值 λ。一旦 λ 确定，则通过如下方式得到检测概率

$$\begin{aligned}P_D&=\int_0^{+\infty}P(Y>\lambda\,|\,\mathcal{H}_1,\mu)f_\mu(\mu)\,\mathrm{d}\mu\\&=\int_0^{+\infty}Q_M(\sqrt{\mu},\sqrt{\lambda})f_\mu(\mu)\,\mathrm{d}\mu\end{aligned} \tag{2-29}$$

其中

$$\begin{aligned}Q_M(a,b)&=\mathrm{e}^{-(a^2+b^2)/2}\sum_{n=0}^{\infty}\left(\frac{a}{b}\right)^n I_n(ab)\\&=\int_0^{+\infty}x\exp\left[-\frac{a^2+x^2}{b^2}\right]I_0(x)\,\mathrm{d}x\end{aligned} \tag{2-30}$$

是 μ 的广义 Marcum Q 函数和概率密度函数(PDF)。利用参考文献[43]中的式(2-1 ~ 2-124)，针对自由度为偶数的情况(在我们的例子中，自由度为 $2u$)，可以计算出闭合形式的 Y 的累积分布函数(Cumulative Distribution Function, CDF)，即

$$F_Y(y)=1-Q_u(\sqrt{2\gamma},\sqrt{y}) \tag{2-31}$$

其中，$Q_u(\cdot,\cdot)$是广义 Marcum Q 函数[49]。因此，我们有

$$P_D=Q_u(\sqrt{2\gamma},\sqrt{\lambda}) \tag{2-32}$$

2.2.5　具备不相关系数的正交序列中随机过程的扩展形式：Karhunen-Loeve 扩展

随机过程表示是信号处理的基础。平稳和非平稳过程需要不同的处理方式，如

表2-3所示。

表 2-3　随机过程的数学表示

随机过程	平稳过程	非平稳过程
连续时间	傅里叶变换	Karhunen-Loeve 变换
离散时间	离散傅里叶变换(DFT)	离散 Karhunen-Loeve 变换
快速算法	快速傅里叶变换(FFT)	奇异值分解(SVD)
算法复杂性	$O(N\log_2(N))$	$O(N^3)$[①]

①快速算法。

Karhunen-Loeve 扩展[50~55]用于证明在具有平坦功率谱密度的有限带宽过程的有限持续时间样本中，其能量由 $2TW$ 项近似表示就已足够。这一证明比使用抽样定理来证明更为严格。该结果尤其适用于超宽带(Ultra-Wideband，UWB)系统。对于窄带实例，$W=1\text{kHz}$，$T=5\text{ms}$，因而 $2TW=10$。对于超宽带(UWB)实例，$W=1\text{GHz}$，$T=5\text{ns}$，因而 $2TW=10$。参考文献[52，53]给出了严格的信号检测处理方法。对于估计、检测、光学、量子力学、激光模式来说，$2TW$ 定理[56-66]是至关重要的，此类实例不胜枚举。对于瞬态 UWB 信号来说，它们满足非平稳随机过程的条件：傅里叶分析无法满足要求。Van Tree 于 1968 年出版的专著[54]提供了一种针对该问题的、可读性强的处理方案。

考虑一种分布在频率间隔$(-W, W)$上，具有平坦功率谱密度的零均值、广义稳态高斯随机过程 $n(t)$。其自相关函数 $R(\tau)$ 可表示为

$$R(\tau)=\operatorname{sinc}(2W\tau) \tag{2-33}$$

其中，$\operatorname{sinc}(x)=\sin(\pi x)/\pi x$。区间$(0, T)$内的过程 $n(t)$ 可表示为正交函数 $\phi_i(t)$ 的扩展形式：

$$n(t)=\sum_{i=1}^{\infty}\lambda_i\phi_i(t) \tag{2-34}$$

其中，λ_i由

$$\lambda_i=\int_0^T n(t)\phi_i(t)\,\mathrm{d}t \tag{2-35}$$

给出；$\phi_i(t)$是积分方程

$$\int_0^T R(t-\tau)\phi_i(\tau)\,\mathrm{d}t=\kappa_i\phi_i(t) \tag{2-36}$$

的特征函数，其中 κ_i是方程的特征值。扩展系数 λ_i是不相关的：统计独立的高斯随机变量。这种情形正是扩展最重要的应用场景[54]。式(2-36)的形式容易让人联想到矩阵方程

$$\lambda\varphi=R_n\varphi \tag{2-37}$$

其中，R_n是一个对称非负定矩阵。这正是式(2-36)的离散解的应用场合。

采用有限项数以实现理想近似所需的式(2-34)项数，取决于与特征值到达一定值后的下降速度。式(2-36)的特征值是参考文献[61~64，66]所考虑的长圆球形函数。所引的参考文献表明，$2TW$ 项后的特征值迅速下降($TW=1$ 的情况除外)。表 2-4 给出

了这种快速下降情况[54]。因此，我们将式(2-34)近似表示为

$$n(t) \approx \sum_{i=1}^{2TW} \lambda_i \phi_i(t) \tag{2-38}$$

表 2-4　带限频谱的特征值

$2TW=2.55$	$2TW=5.10$
$\lambda_1=0.996\frac{P}{2W}$	$\lambda_1=1.0\frac{P}{2W}$
$\lambda_2=0.912\frac{P}{2W}$	$\lambda_2=0.999\frac{P}{2W}$
$\lambda_3=0.519\frac{P}{2W}$	$\lambda_3=0.997\frac{P}{2W}$
$\lambda_4=0.110\frac{P}{2W}$	$\lambda_4=0.961\frac{P}{2W}$
$\lambda_5=0.009\frac{P}{2W}$	$\lambda_5=0.748\frac{P}{2W}$
$\lambda_6=0.0004\frac{P}{2W}$	$\lambda_6=0.321\frac{P}{2W}$
	$\lambda_7=0.061\frac{P}{2W}$
	$\lambda_8=0.006\frac{P}{2W}$
	$\lambda_9=0.0004\frac{P}{2W}$

式(2-38)的近似效果要比基于抽样函数的式(2-7)更为理想，因为各项的下降速度是根据 $2TW$ 项后特征值 λ_i 下降幅度来判断的。

由于 $\phi_i(t)$ 是正交的，因而应用式(2-38)，区间$(0, T)$内 $n(t)$ 的能量可表示为

$$\int_0^T n^2(t)\,\mathrm{d}t \simeq \sum_{i=1}^{2TW} \lambda_i^2 \tag{2-39}$$

由于过程具有高斯特性，因而 λ_i 具有高斯特性。λ_i 的方差为 κ_i，当 $i \leqslant 2TW$ 时，这些值几乎是相同的。因此，$n(t)$ 在有限持续时间内的能量等于 $2TW$ 个具有相同方差的零均值高斯变量的二次方和。通过恰当的归一化处理，我们可以得到卡方分布。

定义[54]。高斯白噪声是一种高斯过程，其协方差函数为 $\sigma^2\delta(t-u)$。通过使用任意正交函数 $\phi_i(t)$ 集，可以在区间$[0, T]$上将高斯白噪声进行分解。每个坐标函数的系数是方差全部等于 σ^2 的理想统计独立高斯变量。

2.3 使用二阶统计量的频谱感知

2.3.1 信号检测描述

关于如何描述频谱感知，目前存在两种不同的框架，即信号检测和信号分类。

问题是根据观测信号来确定是否存在主用户信号(确定性或随机过程)。它可描述为如下两个假设：

$$y(t)=\begin{cases}i(t)+w(t), & \mathcal{H}_0\\ x(t)+i(t)+w(t), & \mathcal{H}_1\end{cases} \tag{2-40}$$

其中，$y(t)$是认知无线电(CR)用户接收到的信号；$x(t)=s(t)*h(t)$中的$s(t)$表示主信号；$h(t)$表示信道响应；$i(t)$表示干扰；$w(t)$ 表示加性高斯白噪声(Additive White Gaussian Noise，AWGN)。在式(2-40)中，$\mathcal{H}_0$ 和$\mathcal{H}_1$ 分别代表对应于主信号不存在和存在的假设。因此，根据观测值$y(t)$，认知无线电(CR)需要在$\mathcal{H}_0$ 和$\mathcal{H}_1$ 之间做出选择。假设信号$x(t)$独立于噪声$w(t)$和干扰$i(t)$。

当确认信号波形已知时，感知滤波器能够与信号波形相匹配。一种更为现实的情况是信号为一种用于检测的、包含二阶统计量的随机信号。

2.3.2 广义稳态随机过程：连续时间

由于未知传播和非同步，因而相干检测是不可行的。一种理想模型是式(2-40)中的接收信号$x(t)$ 是一个随机过程——广义稳态(Wide Sense Stationary，WSS)随机过程或不是广义稳态随机过程，但独立于噪声$w(t)$和干扰$i(t)$。噪声$w(t)$和干扰$i(t)$也是相互独立的。因此，可以推出

$$R_{yy}(\tau)=\begin{cases}R_{ii}(\tau)+R_{ww}(\tau), & \mathcal{H}_0\\ R_{xx}(\tau)+R_{ii}(\tau)+R_{ww}(\tau), & \mathcal{H}_1\end{cases} \tag{2-41}$$

协方差函数$R_{ff}(\tau)$ 可定义为$R_{ff}(\tau)=\int_{-\infty}^{\infty}f(t)f(t+\tau)\,\mathrm{d}t$ 。为深入洞察，我们将干扰忽略，可以得到

$$R_{yy}(\tau)=\begin{cases}R_{ww}(\tau), & \mathcal{H}_0\\ R_{xx}(\tau)+R_{ww}(\tau), & \mathcal{H}_1\end{cases} \tag{2-42}$$

对于高斯白噪声来说，$R_{ww}(\tau)=\frac{N_0}{2}\delta(\tau)$，其中$N_0$是双侧功率谱密度(单位为W/Hz)。或者

$$R_{yy}(\tau)=\begin{cases}\frac{N_0}{2}\delta(\tau), & \mathcal{H}_0\\ R_{xx}(\tau)+\frac{N_0}{2}\delta(\tau), & \mathcal{H}_1\end{cases} \tag{2-43}$$

在频域，可以推出

$$S_{yy}(f) = \begin{cases} \dfrac{N_0}{2}, \mathcal{H}_0 \\ S_{xx}(f) + \dfrac{N_0}{2}, \mathcal{H}_1 \end{cases} \tag{2-44}$$

其中，$S_{yy}(f)$和$S_{xx}(f)$分别是$R_{yy}(\tau)$和$R_{xx}(\tau)$的傅里叶变换。遗憾的是，在低 SNR 的情况下，$S_{xx}(f)$远小于本底噪声$N_0/2$。实际上，通过对频谱形状$S_{xx}(f)$进行可视化处理（在大多数情况下，这是最有效的方法），我们无法开展频谱感知。

2.3.3　非平稳随机过程：连续时间

考虑式(2-40)中的模型$y(t)=x(t)+n(t)$，$0\leqslant t\leqslant T$，其中$n(t)$是高斯白噪声。这里，$x(t)$可能是一种非平稳随机过程。于是，可以推出（参见文献[54]第 201 页式(143)）

$$C_y(t,s)=\frac{N_0}{2}\delta(t-s)+C_x(t,s) \tag{2-45}$$

Karhunen- Loeve 扩展给出（参见文献[54]第 181 页式(50)）

$$C_x(t,s) = \sum_{i=1}^{\infty}\lambda_i\phi_i(t)\phi_i(s),\ 0\leqslant t,\ s\leqslant T \tag{2-46}$$

高斯过程意味着（参见文献[54]第 198 页式(128)）

$$\delta(t-s) = \sum_{i=1}^{\infty}\phi_i(t)\phi_i(s),\ 0\leqslant t,\ s\leqslant T \tag{2-47}$$

综合式(2-45)、式(2-46)和式(2-47)，可以得到

$$C_y(t,s) = \sum_{i=1}^{\infty}\left(\frac{N_0}{2}+\lambda_i\right)\phi_i(t)\phi_i(s),\ 0\leqslant t,\ s\leqslant T \tag{2-48}$$

其中，高斯白噪声均匀扰动所有自由度上的特征值。当$x(t)$ 拥有带限频谱时，有

$$S_x(\omega) = \begin{cases} \dfrac{P}{2W}, & |f|\leqslant W \\ 0, & |f|>W \end{cases} \tag{2-49}$$

根据参考文献[54]第 192 页，可以得出

$$C_x(t,s)=P\frac{\sin 2\pi W(t-s)}{2\pi W(t-s)} \tag{2-50}$$

$y(t)$的协方差为

$$\begin{aligned} C_y(t,s) &= \frac{N_0}{2}\delta(t-s)+P\frac{\sin 2\pi W(t-s)}{2\pi W(t-s)} \\ &= \sum_{i=1}^{2TW+1}\left(\frac{N_0}{2}+\lambda_i\right)\phi_i(t)\phi_i(s),\ 0\leqslant t,\ s\leqslant T \end{aligned} \tag{2-51}$$

其中，特征函数和特征值可表示为（参见参考文献[54]第 192 页）

$$\lambda\phi(t) = \int_{-T/2}^{T/2}P\frac{\sin 2\pi W(t-s)}{2\pi W(t-s)}\phi(s)\,\mathrm{d}s \tag{2-52}$$

当$2TW=2.55$和$2TW=5.1$时，表 2-4 列出了特征值。

实例: $2TW=2.55$。

考虑前两个特征值: $\lambda_1=0.996\frac{P}{2W}$和 $\lambda_2=0.912\frac{P}{2W}$。式(2-51)变为

$$C_y(t,\ s)=\left(\frac{N_0}{2}+0.996\frac{P}{2W}\right)\phi_1(t)\phi_1(s)+\left(\frac{N_0}{2}+0.912\frac{P}{2W}\right)\phi_2(t)\phi_2(s)+\sum_{i=3}^{2TW+1}\left(\frac{N_0}{2}+\lambda_i\right)\phi_i(t)\phi_i(s) \tag{2-53}$$

对于第 1 项, SNR 定义为 $\gamma_0=\frac{P}{WN_0}$, 它最低可达 -21dB。式(2-53)中的第 1 项变为 $(1+0.996\gamma_0)\frac{N_0}{2}\phi_1(t)\phi_1(s)$, 或近似等于$\frac{N_0}{2}\phi_1(t)\phi_1(s)$(因为 $\gamma_0\cong0.01$)。同样, 式(2-53)中的第 2 项变为$(1+0.992\gamma_0)\frac{N_0}{2}\phi_2(t)\phi_2(s)$ 或$\frac{N_0}{2}\phi_2(t)\phi_2(s)$。

我们面临着 3 个现实的挑战: 信噪比(SNR)γ_0 最低可达 -21dB; 信号功率 P 随时间发生变化; 噪声功率为 σ_n^2。噪声功率存在着不确定性, 这意味着 σ_n^2是时间的函数。

基于上述原因, 信噪比 $\gamma=\frac{P}{2W\sigma_n^2}$随时间的变化而变化, 具有不确定性。因此, 信噪比(SNR)有时并非是性能的最佳衡量标准。理想情况下, 式(2-53)中的 SNR 项应当是不变的。幸运的是, 归一化相关系数满足这个条件。归一化相关系数可定义为

$$\rho(f,\ g)=\frac{\int_{-\infty}^{\infty}f(t)g(t)\,\mathrm{d}t}{\sqrt{\int_{-\infty}^{\infty}f^2(t)\,\mathrm{d}t}\sqrt{\int_{-\infty}^{\infty}g^2(t)\,\mathrm{d}t}} \tag{2-54}$$

其中, $0\leqslant|\rho|\leqslant1$, 且函数$f(t)$和 $g(t)$在旋转和扩张时不发生变化。对于式(2-51)中低 SNR 的情形, 通过忽略信号特征值项 λ_i, 并使用不确定的噪声方差 σ_n^2替代 $N_0/2$, 可以得到

$$\begin{aligned}C_y(t,\ s)&\approx\sigma_n^2\left(\phi_1(t)\phi_1(s)+\phi_2(t)\phi_2(s)+\sum_{i=3}^{2TW+1}\phi_i(t)\phi_i(s)\right)\\&=\sigma_n^2\left(\sum_{i=1}^{2TW+1}\phi_i(t)\phi_i(s)\right)\\&\cong\sigma_n^2C_x(t,\ s),\ \text{如果当}\ 1\leqslant i\leqslant2TW+1\ \text{时, 有}\ \lambda_i\approx1\end{aligned} \tag{2-55}$$

其中, 在某些特殊情况下, 等式的第 3 行是成立的。根据式(2-55), $C_x(t,\ s)$ 可用作相似性量测(在式(2-54)中进行了定义)的一种特征, 它与噪声功率项 σ_n^2是相互独立的。这一特征提取计算成本低, 因为没有明确要求特征函数。

总之, 相对于式 (2-40) 中定义的协方差函数 $C_x(t,\ s)$ 的第 1 个特征函数(第 1 特征)和第 2 个特征函数(第 2 特征)来说, 感知滤波器对接收到随机信号的相似性进行测量。在计算低阶特征函数时, 其计算数值可能会更加准确。我们可以首先提取协方差函数 $C_y(t,\ s)$ 的特征函数作为特征。于是, 式(2-54)的相似性函数可用作分类。在尝试进行识别时, 将未分类的图像(或波形矢量)依次与数据库图像进行比较, 根据式

(2-54)中定义的归一化互相关函数，返回一个匹配分值的矢量(每个特征对应一个匹配分值)。于是，将不明身份的人定位为获得累计分最高的人[67]。

平坦衰落信号

让我们考虑式(2-40)中的模型：$y(t)=x(t)+n(t)$，其中$x(t)$属于一种平坦衰落信号。根据式(2-55)，$C_x(t,s)$可以用作频谱感知的特征。幸运的是，对于平坦衰落信号或窄带衰落模型[68]来说，可以得到闭合形式的$C_x(t,s)$。通过仔细检查此类实践，我们可以进一步加深对该问题的研究认识。

依据参考文献[68]，传输信号是一种未调制载波，即

$$s(t)=\mathrm{Re}\{\mathrm{e}^{\mathrm{j}(2\pi f_c t+\phi_0)}\}=\cos(2\pi f_c t+\phi_0) \tag{2-56}$$

其中，f_c是载波的中心频率；ϕ_0为随机相位偏移。

对于窄带平坦衰落信道来说，接收信号变为

$$\begin{aligned}x(t)&=\mathrm{Re}\left\{\left[\sum_{n=0}^{N(t)}\alpha_n(t)\mathrm{e}^{-\mathrm{j}\phi_n(t)}\right]\mathrm{e}^{\mathrm{j}2\pi f_c t}\right\}\\&=x_I(t)\cos 2\pi f_c t-x_Q(t)\sin 2\pi f_c t\end{aligned} \tag{2-57}$$

其中，同相分量和正交分量可以分别表示为

$$\begin{aligned}x_I(t)&=\sum_{n=0}^{N(t)}\alpha_n(t)\cos\phi_n(t)\\x_Q(t)&=\sum_{n=0}^{N(t)}\alpha_n(t)\sin\phi_n(t)\end{aligned} \tag{2-58}$$

存在$N(t)$个分量，每个分量包括幅度$\alpha_n(t)$和相位$\phi_n(t)$。它们是随机的。如果$N(t)$值较大，则为将$x_I(t)$和$x_Q(t)$近似看作是联合高斯随机过程，针对不同分量，$\alpha_n(t)$和相位$\phi_n(t)$是相互独立的，此时中心极限定理是失效的。因此，根据高斯近似算法，可以推出同相和正交接收信号分量$x_I(t)$和$x_Q(t)$同相和正交信号分量的自相关和互相关函数。

可以推导出如下属性[68]：

1. $x_I(t)$和$x_Q(t)$分别都是零均值高斯过程。
2. $x_I(t)$和$x_Q(t)$分别都是广义稳态(WSS)随机过程。
3. $x_I(t)$和$x_Q(t)$是不相关的，即

$$E[x_I(t)x_Q(t)]=0 \tag{2-59}$$

4. 接收信号$x(t)=x_I(t)\cos 2\pi f_c t-x_Q(t)\sin 2\pi f_c t$也是广义稳态(WSS)随机过程，其自相关函数为

$$R_x(\tau)=E[x(t)x(t+\tau)]=R_{xI}(\tau)\cos(2\pi f_c t) \tag{2-60}$$

这里，$x_I(t)$和$x_Q(t)$的自相关函数是相等的，即

$$R_{xI}(\tau)=R_{xQ}(\tau)=P_x J_0(2\pi f_D t) \tag{2-61}$$

其中，P_x是接收信号总功率；f_D是多普勒频率，且

$$J_0(x)=\frac{1}{\pi}\int_0^{\pi}\mathrm{e}^{-\mathrm{j}x\cos\theta}d\theta \tag{2-62}$$

是零阶贝塞尔函数。

5. $x_I(t)$和$x_Q(t)$的功率谱密度(Power Spectral Density, PSD)分别用$S_{xI}(f)$和$S_{xQ}(f)$来表示，可以通过对与各自时延参数τ有关的自相关函数进行傅里叶变换，得到：

$$S_{xI}(f)=S_{xQ}(f)=\begin{cases}\dfrac{2P_x}{\pi f_D}\dfrac{1}{\sqrt{1-(f/f_D)^2}}, & |f|\leqslant f_D\\ 0, & \text{其他}\end{cases}\tag{2-63}$$

接收到的平坦衰落信号$x(t)$的功率谱密度(PSD)为

$$\begin{aligned}S_x(f)&=0.25[S_{xI}(f-f_c)+S_{xI}(f+f_c)]\\&=\begin{cases}\dfrac{P_x}{\pi f_D}\dfrac{1}{\sqrt{1-(|f-f_c|/f_D)^2}}, & |f-f_c|\leqslant f_D\\ 0, & \text{其他}\end{cases}\end{aligned}\tag{2-64}$$

从式(2-64)看出，可以将平坦衰落信号建模为功率谱密度(PSD)为$N_0/2$的两个独立高斯白噪声源。通过频率响应为$H(f)$的低通滤波器，满足条件

$$S_{xI}(f)=S_{xQ}(f)=\frac{N_0}{2}|H(f)|^2\tag{2-65}$$

该过滤器的输出对应于功率谱密度(PSD)为$S_{xI}(f)$和$S_{xQ}(f)$的窄带衰落过程的同相分量和正交分量。

让我们回到使用二阶统计量的频谱感知问题上。由于衰落信号为零均值WSS，只有使用二阶统计量才能对其进行表征。因为它是零均值的，所以协方差函数与自相关函数相同。将式(2-61)代入到式(2-60)中，可以得到

$$R_x(\tau)=E[x(t)x(t+\tau)]=P_xJ_0(2\pi f_D\tau)\cos(2\pi f_c\tau)\tag{2-66}$$

依据式(2-55)，可得

$$C_y(\tau)\approx\sigma_n^2C_x(\tau)=\sigma_n^2P_xJ_0(2\pi f_D\tau)\cos(2\pi f_c\tau)\tag{2-67}$$

这需要f_c和$f_D=v/\lambda_c$(其中v为载波的移动速度，λ_c为载波波长)。如果使用相似性作为分类标准，则不需要不确定噪声功率σ_n^2和接收到的平坦衰落信号总功率(不确定)P_x。在实践中，真正的挑战是要知道移动速度v，这可以从$v_{\min}\leqslant v\leqslant v_{\max}$窗口中搜索得到。算法步骤为：首先，测量平坦衰落信号加高斯白噪声的自相关函数$C_y(\tau)$；其次，测量$C_y(\tau)$和$(2\pi f_D\tau)\cos(2\pi f_c\tau)$之间的相似性。如果相似性高于预设阈值$\rho_0$，则我们分配假设$\mathcal{H}_1$；否则，我们分配假设$\mathcal{H}_0$。需要注意的是，必须提前知道阈值$\rho_0$。

2.3.4　针对WSS随机信号的、基于谱相关的频谱感知：启发式方法

一般情况下，存在3种针对频谱感知的信号检测方法：能量检测、匹配滤波器(相干检测)和特征检测。如果仅知局部噪声功率，则能量检测是最优的[69]。如果已知主信号的一种确定性模式(如导频、前同步码或训练序列)，则最优检测器通常应用一种匹配滤波结构来实现检测概率的最大化。根据主信号可用的先验信息，人们可以选择不同的方法。当信噪比(SNR)非常低时，能量检测易受到噪声不确定性的影响，而匹配滤波器面临失步问题。循环平稳检测利用调制方案中的周期性，但计算复杂度比较高。可以将基于协方差矩阵的频谱感知看作是二阶统计量在时域内的离散时间表达式。

虽然第 2.3.2 和 2.3.3 节使用了连续时间，但是这两节中的结果仍然有利于我们深入研究如何使用二阶统计量。这些经典结果仍然是我们研究的起点和基础。这里，我们给出频域中的离散时间二阶统计量。本节与第 2.3.2 和 2.3.3 节的关系我们将在后面给出。在本节中，我们将基于参考文献[70]来阐述相关理论。实用性可见一斑。

基本策略是：首先，将接收信号的周期图与所选频谱特征关联起来。例如，在传输过程中，可以选择一套特定的电视传输方案作为一项恒定特征。然后，开展相关性检查以用于决策。

可以将式(2-40)的离散时间形式建模为第 l 个时刻，即

$$\begin{aligned}\mathcal{H}_0 &: y(l) = n(l),\ l = 0, 1, 2, \cdots \\ \mathcal{H}_1 &: y(l) = x(l) + n(l),\ l = 0, 1, 2, \cdots\end{aligned} \tag{2-68}$$

其中，$y(l)$表示次用户的接收信号；$x(l)$表示传输的主信号；$n(l)$是零均值的复杂加性高斯白噪声(AWGN)，即 $n(l) \sim \mathcal{CN}(0, \sigma_n^2)$。与式(2-40)中的假设检验问题一样，我们假设信号和噪声是相互独立的。因此，接收信号 $S_Y(\omega)$的 PSD 可以表示为

$$\begin{aligned}\mathcal{H}_0 &: S_Y(\omega) = \sigma_n \\ \mathcal{H}_1 &: S_Y(\omega) = S_X(\omega) + \sigma_n,\ 0 \leqslant \omega \leqslant 2\pi\end{aligned} \tag{2-69}$$

其中，$S_X(\omega)$是所传输主信号的 PSD 函数。我们的任务是通过利用 $S_X(\omega)$中唯一的频谱特征，来区分$\mathcal{H}_0$ 和$\mathcal{H}_1$。

对于 WSS 来说，自相关函数及其傅里叶变换(即 PSD)，是可用于研究的良好统计数据。由于 $x(t)$独立于 $n(t)$，可以得出

$$\begin{aligned}\mathcal{H}_0 &: \int_0^{2\pi} S_Y(\omega) S_X(\omega)\,\mathrm{d}\omega = \sigma_n \int_0^{2\pi} S_X(\omega)\,\mathrm{d}\omega \\ \mathcal{H}_1 &: \int_0^{2\pi} S_Y(\omega) S_X(\omega)\,\mathrm{d}\omega = \sigma_n \int_0^{2\pi} S_X(\omega) S_X(\omega)\,\mathrm{d}\omega + \sigma_n \int_0^{2\pi} S_X(\omega)\,\mathrm{d}\omega\end{aligned} \tag{2-70}$$

自然地，我们针对谱相关定义检验量 T_{SC}，有

$$T_{SC} = \int_0^{2\pi} S_Y(\omega) S_X(\omega)\,\mathrm{d}\omega \tag{2-71}$$

并将 T_{SC}与阈值

$$\gamma = \sigma_n \int_0^{2\pi} S_X(\omega)\,\mathrm{d}\omega$$

进行比较，其中 $\int_0^{2\pi} S_X(\omega)\,\mathrm{d}\omega$ 为离散时间随机变量 X 的平均功率[71]。换句话说，我们有

$$T_{SC} = \int_0^{2\pi} S_Y(\omega) S_X(\omega)\,\mathrm{d}\omega \underset{\mathcal{H}_0}{\overset{\mathcal{H}_1}{\gtrless}} \sigma_n \int_0^{2\pi} S_X(\omega)\,\mathrm{d}\omega = \gamma \tag{2-72}$$

其中，阈值是噪声 PSD 和随机信号平均功率的函数。

在第 2.3.2 节和 2.3.3 节中，我们认为自相关函数是用于分类的一个良好特征。当 $x(t)$既是 WSS，又是非平稳过程时，这些结果仍然有效。本节中的结果仅适用于 WSS。但我们显然考虑了离散时间。

2.3.4.1　功率谱密度估计

实际上，我们必须得到 $S_X(\omega)$的估计值。原始或“经典”方法是直接基于傅里叶变

换。该方法是优选的，理由有两个：可使用快速算法（FFT 计算引擎）；对于低信噪比（SNR）区域（如 -20dB），频谱估计器必须有效。所谓的“现代”谱估计方法[72]（具有基于其他项模型、参数、数据自适应和高分辨率等特性），似乎无法应用于我们的低信噪比区域。最近提出的“子空间方法”与频谱感知关联密切，我们将在本章进行讨论。因此，我们不将这些方法视为“频谱估计器”，而将其看作是频谱感知方法。详情参见参考文献[73, 74]。

频谱估计的经典方法是基于数据序列或其相关函数的傅里叶变换。虽然更新、更“现代”的技术在不断发展，但是当数据序列较长且处于稳态时，人们往往选择使用传统方法。这些方法简单易用，无须针对观测数据序列做任何假设（除了平稳性之外），即这些方法是非参数的[72]。我们将 PSD 定义为自相关函数的傅里叶变换。由于存在用于估计相关函数的简单方法（参见参考文献[72]第 6 章），因而通过估计相关函数来估计 PSD 是非常自然的。

假设数据样本总数为 N。有偏样本自相关函数可定义为

$$\hat{R}_x[l] = \frac{1}{N}\sum_{n=0}^{N-1-l} x[n+l]x*[n];0 \leqslant l \leqslant N \tag{2-73}$$

当 $0\leqslant l$ 时，$\hat{R}_x[l]=\hat{R}_x^*[-l]$。该估计是渐近无偏和一致的（参见参考文献[72]第 586 页）。估计的数学期望由

$$E\{\hat{R}_x[l]\}=\frac{N-|l|}{N}R_x[l] \tag{2-74}$$

给出，当延迟值较小时，其方差随着 $1/N$ 增加而减小。这里，$R_x[l]$ 为离散时间自相关函数。将谱估计定义为

$$\hat{S}_x[\mathrm{e}^{\mathrm{j}\omega}] = \sum_{l=-N+1}^{N-1}\hat{R}_x[l]\mathrm{e}^{-\mathrm{j}\omega l};L<N \tag{2-75}$$

我们将这种 PSD 的估计值称为相关图。它通常会与较大的 N 值和相对较小的 L 值（$L\leqslant 10\% N$）一起使用。

现在，假设最大延迟值取为 $N-1$。我们有

$$\hat{S}_x[\mathrm{e}^{\mathrm{j}\omega}] = \sum_{l=-N+1}^{N-1}\hat{R}_x[l]\mathrm{e}^{-\mathrm{j}\omega l} = \frac{1}{N}\left|X[\mathrm{e}^{\mathrm{j}\omega}]\right|^2 \tag{2-76}$$

其中

$$X(\mathrm{e}^{\mathrm{j}\omega}) = \sum_{n=0}^{N-1}x[n]\mathrm{e}^{-\mathrm{j}\omega n} \tag{2-77}$$

是数据序列的离散时间傅里叶变换。我们称该估计为周期图。频谱的 N 点 DFT 可近似表示为

$$S_X^{(N)}(k)=\hat{S}_x(\mathrm{e}^{\mathrm{j}\omega})\Big|_{\omega=2\pi k/N},\ k=0,1,\cdots,N-1 \tag{2-78}$$

2.3.4.2 使用估计频谱的谱相关函数

正如第 2.3.2 和 2.3.3 节中针对连续时间所讨论的那样，我们假定式（2-78）定义的信号（N 点抽样）功率谱密度 $S_X^{(N)}(k)$ 在接收机处属于先验信息。我们进行如下检验：

$$T_N = \frac{1}{N}\sum_{k=0}^{N-1}S_Y^{(N)}(k)S_X^{(N)}(k)\underset{\mathcal{H}_0}{\overset{\mathcal{H}_1}{\gtrless}}\gamma \tag{2-79}$$

其中，γ 为判决阈值。

在假设$\mathcal{H}_1$下，我们有

$$E[T_{N,0}] = \frac{1}{N}\sigma_n^2\sum_{k=0}^{N-1}S_X^{(N)}(k) = \sigma_n^2 P_x \tag{2-80}$$

其中

$$P_x = \frac{1}{N}\sum_{k=0}^{N-1}S_X^{(N)}(k) \tag{2-81}$$

为整个带宽上的平均传输功率。同理，我们有

$$\begin{aligned} E[T_{N,1}] &= \frac{1}{N}\sum_{k=0}^{N-1}E[S_Y^{(N)}(k)]S_X^{(N)}(k) \\ &\approx \sigma_n^2 P_x + \frac{1}{N}\sum_{k=0}^{N-1}[S_X^{(N)}(k)]^2 \end{aligned} \tag{2-82}$$

此处,我们用到了周期图是功率谱密度(PSD)[75, 76]的渐近无偏估计这一事实[75, 76]。这里，我们可以使用 $E[T_N, 1]$和 $E[T_N, 0]$之间的差值来确定检测性能。

2.3.5　离散时间 WSS 随机信号的似然比检验

这里，我们主要依据参考文献[69, 70, 77]。考虑 N 个样本的感知间隔，我们可以采用矢量形式来表示接收信号和发送信号，即

$$\boldsymbol{y} = [y(0), y(1), \cdots, y(n-1)]^T$$
$$\boldsymbol{x} = [x(0), x(1), \cdots, x(n-1)]^T$$

一些无线信号会沿着多条路径进行传播，根据第 2.3.3 节针对平坦衰落信号推出的结论，将它们近似建模为二阶稳态零均值高斯随机过程可能是合理的。从形式上看

$$\boldsymbol{x} \sim \mathcal{CN}(0, \boldsymbol{R}_{\mathbf{x}}) \tag{2-83}$$

其中，$\boldsymbol{R}_{\mathbf{x}} = \boldsymbol{E}(\boldsymbol{x}\boldsymbol{x}^T)$是协方差矩阵。于是，式(2-69)可等价表示为

$$\begin{aligned} &\mathcal{H}_0 : \mathcal{CN}(0, \boldsymbol{R}_{\mathbf{x}}) \\ &\mathcal{H}_1 : \mathcal{CN}(0, \boldsymbol{R}_{\mathbf{x}} + \sigma_n^2\boldsymbol{I}) \end{aligned} \tag{2-84}$$

其中，$\boldsymbol{I}$ 是单位矩阵。

奈曼-皮尔逊定理指出，二元假设检验使用似然比

$$L(y) = \frac{p(\boldsymbol{y}|\mathcal{H}_1)}{p(\boldsymbol{y}|\mathcal{H}_0)} \underset{\mathcal{H}_0}{\overset{\mathcal{H}_1}{\gtrless}} \gamma \tag{2-85}$$

其中，$\boldsymbol{y}$ 是观测值。当虚警概率给定时，该假设检验实现了检测概率的最大化。对于 WSS 高斯随机过程来说，可以得到

$$L(\boldsymbol{y}) = \frac{p(\boldsymbol{y}|\mathcal{H}_1)}{p(\boldsymbol{y}|\mathcal{H}_0)} = \frac{\dfrac{1}{(2\pi)^{N/2}\det^{1/2}(\boldsymbol{R}_{\mathbf{x}} + \sigma_n^2\boldsymbol{I})}\exp[(\boldsymbol{R}_{\mathbf{x}} + \sigma_n^2\boldsymbol{I})^{-1}\boldsymbol{y}]}{\dfrac{1}{2(\pi\sigma_n^2)^{N/2}}\exp\left[-\dfrac{1}{2\sigma_n^2}\boldsymbol{y}^T\boldsymbol{y}\right]} \underset{\mathcal{H}_0}{\overset{\mathcal{H}_1}{\gtrless}} \gamma \tag{2-86}$$

似然比算法可以表示为[78]

$$\lg L(\boldsymbol{y}) = 2N\lg\sigma_n - \lg\det(\boldsymbol{R}_{\mathbf{x}} + \sigma_n^2\boldsymbol{I}) - \boldsymbol{y}^T[(\boldsymbol{R}_{\mathbf{x}} + \sigma_n^2\boldsymbol{I})^{-1} + \sigma_n^{-2}\boldsymbol{I}]\boldsymbol{y} \tag{2-87}$$

可以将常数项包含在阈值 T_{LRT} 中。从奈曼-皮尔逊准则的角度来看，最佳检测方案仅需要正交形式的对数似然比检验(Likelihood Ratio Test, LRT)，即

$$T_{LRT}=\boldsymbol{y}^T[\sigma_n^{-2}\boldsymbol{I}-g(\boldsymbol{R}_x+\sigma_n^2\boldsymbol{I})^{-1}]\boldsymbol{y}\underset{\mathcal{H}_0}{\overset{\mathcal{H}_1}{\gtrless}}\gamma' \tag{2-88}$$

2.3.5.1 估计器—相关器结构

使用矩阵求逆引理，有

$$(\boldsymbol{A}+\boldsymbol{BCD})^{-1}=\boldsymbol{A}^{-1}-\boldsymbol{A}^{-1}\boldsymbol{B}(\boldsymbol{DA}^{-1}\boldsymbol{B}+\boldsymbol{C}^{-1})^{-1}\boldsymbol{DA}^{-1} \tag{2-89}$$

式中，$\boldsymbol{A}=\sigma_n^2\boldsymbol{I}$，$\boldsymbol{B}=\boldsymbol{D}=\boldsymbol{I}$，$\boldsymbol{C}=\boldsymbol{R}_x$，于是有

$$(\boldsymbol{R}_x+\sigma_n^2\boldsymbol{I})^{-1}=\frac{1}{\sigma_n^2}\boldsymbol{I}-\frac{1}{\sigma_n^4}\left(\frac{1}{\sigma_n^2}\boldsymbol{I}+\boldsymbol{R}_x^{-1}\right)^{-1} \tag{2-90}$$

这样

$$T_{LRT}=\boldsymbol{y}^T\frac{1}{\sigma_n^2}\left(\frac{1}{\sigma_n^2}\boldsymbol{I}+\boldsymbol{R}_x^{-1}\right)^{-1}\boldsymbol{y}=\frac{1}{\sigma_n^2}\boldsymbol{y}^T\hat{\boldsymbol{x}} \tag{2-91}$$

其中

$$\hat{\boldsymbol{x}}=\frac{1}{\sigma_n^2}\left(\frac{1}{\sigma_n^2}\boldsymbol{I}+\boldsymbol{R}_x^{-1}\right)^{-1}\boldsymbol{y}$$

它可以改写为

$$\begin{aligned}\hat{\boldsymbol{x}}&=\frac{1}{\sigma_n^2}\left(\frac{1}{\sigma_n^2}\boldsymbol{I}+\boldsymbol{R}_x^{-1}\right)^{-1}\boldsymbol{y}=\frac{1}{\sigma_n^2}\left(\frac{1}{\sigma_n^2}(\boldsymbol{R}_x+\sigma_n^2\boldsymbol{I})+\boldsymbol{R}_x^{-1}\right)^{-1}\boldsymbol{y}\\&=\boldsymbol{R}_x(\boldsymbol{R}_x+\sigma_n^2\boldsymbol{I})^{-1}\boldsymbol{y}\end{aligned} \tag{2-92}$$

可以将其看作是 $\boldsymbol{x}$ 的最小均方误差(Minimum Mean Square Error, MMSE)估计。因此，如果

$$T_{LRT}=\sigma_n^2\boldsymbol{y}^T\hat{\boldsymbol{x}}>\gamma' \tag{2-93}$$

或

$$T_{LRT}=\sigma_n^2\sum_{n=0}^{N-1}y(n)\hat{x}(n) \tag{2-94}$$

我们选择$\mathcal{H}_1$。

2.3.5.2 高斯白信号假设

在式(2-84)中，如果我们假定 $\boldsymbol{x}\sim\mathcal{CN}(0,E_s\boldsymbol{I})$ 或 $\boldsymbol{R}_{\mathbf{x}}=E_s\boldsymbol{I}$，$\{x[n]\}_{n=0,1,\cdots,N-1}$ 是一个独立序列，则由估计器—相关器结构式(2-91)可得到检验统计为

$$\frac{E_s}{E_s+2\sigma_n^2}\sum_{n=0}^{N-1}\|x[n]\|^2 \tag{2-95}$$

它相当于能量检测器。因此，最佳检测器是当

$$T_{ED}=\sum_{n=0}^{N-1}\|x[n]\|^2>\gamma \tag{2-96}$$

时，选择假设$\mathcal{H}_1$。

2.3.5.3 低信噪比

从泰勒级数展开式可得

$$(\boldsymbol{R}_x+\sigma_n^2\boldsymbol{I})^{-1}=(\boldsymbol{I}+\sigma_n^{-2}\boldsymbol{R}_x)^{-1}\sigma_n^{-2}$$

$$= (\boldsymbol{I} - \sigma_n^{-2}\boldsymbol{R}_x + - \sigma_n^{-4}\boldsymbol{R}_x^2 - \cdots)\sigma_n^{-2} \tag{2-97}$$

这里，我们使用了针对所有 $n \times n$ 实数或复数矩阵 $\boldsymbol{A}$ 的无穷级数（参见参考文献[79]第 705 页），即

$$(\boldsymbol{I} + \boldsymbol{A})^{-1} = \boldsymbol{I} - \boldsymbol{A} + \boldsymbol{A}^2 - \boldsymbol{A}^3 + \boldsymbol{A}^4 + \cdots \tag{2-98}$$

使得

$$\text{sprad}(\boldsymbol{A}) < 1 \tag{2-99}$$

其中

$$\text{sprad}(\boldsymbol{A}) \triangleq \max\{ |\lambda| : \lambda \in \text{spec}(\boldsymbol{A}) \}$$

表示矩阵的特征值 λ 属于矩阵 $\boldsymbol{A}$ 的频谱 spec（$\boldsymbol{A}$）。如果最大特征值 $\sigma_n^{-2}\boldsymbol{R}_x$ 小于式(2-99)所要求的 1，则可保证序列式(2-97)的收敛性。在

$$\det{}^{1/N}(\boldsymbol{A}) \ll \sigma_n^2 \tag{2-100}$$

的低信噪比区域，该条件恒成立。在式(2-97)中，通过保留前两个主项，可近似为

$$(\boldsymbol{R}_x + \sigma_n^2\boldsymbol{I})^{-1} = (\boldsymbol{I} - \sigma_n^{-2}\boldsymbol{R}_x)\sigma_n^{-2} \tag{2-101}$$

通过使用式(2-101)，可以将式(2-88)改写为一种更为简便的形式，即

$$T_{LRT} = \boldsymbol{y}^T[\ \sigma_n^{-2}\boldsymbol{I} - g(\boldsymbol{R}_x + \sigma_n^2\boldsymbol{I})^{-1}]\boldsymbol{y} \approx \sigma_n^{-4}\boldsymbol{y}^T\boldsymbol{R}_x\boldsymbol{y} \underset{\mathcal{H}_0}{\overset{\mathcal{H}_1}{\gtrless}} \gamma' \tag{2-102}$$

或者，我们有

$$T_{LRT,\,N} \approx \frac{1}{N}\boldsymbol{y}^T\boldsymbol{R}_x\,\boldsymbol{y} \underset{\mathcal{H}_0}{\overset{\mathcal{H}_1}{\gtrless}} \gamma_{LRT} \tag{2-103}$$

和 $\gamma_{LRT} = \sigma_n^4\gamma'/N$，它与噪声功率 σ_n^4 有关。在实践中，这种噪声相关性面临着挑战。

2.3.6　频谱相关性和似然比检验之间的渐近等价关系

下面，我们给出低信噪比区域频谱相关性和似然比检验之间的渐近等价关系。考虑式(2-104)中所定义的一个最佳似然比检验（LRT）检测器序列：

$$T_{LRT,\,N} \approx \frac{1}{N}\boldsymbol{y}^T\boldsymbol{R}_x\boldsymbol{y} \underset{\mathcal{H}_0}{\overset{\mathcal{H}_1}{\gtrless}} \gamma_{LRT},\ N = 1,\ 2,\ \cdots \tag{2-104}$$

类似地，我们定义一个谱相关检测器序列为

$$T_N = \frac{1}{N}\sum_{k=0}^{N-1} S_Y^{(N)}(k)S_X^{(N)}(k),\ N = 1,\ 2,\ \cdots \tag{2-105}$$

需要注意的是，似然比检验（LRT）检测器工作在时域，而谱相关检测器工作在频域。

在非常低的信噪比（SNR）区域，式(2-105)中定义的谱相关检测器序列 $\{T_N\}$ 与式(2-104)中定义的最佳似然比检验（LRT）检测器序列 $\{T_{LRT,\,N}\}$ 渐近等价，即

$$\lim_{N\to\infty} |\ T_{LRT,\,N} - T_N| = 0 \tag{2-106}$$

式(2-107)的证明非常简单。根据两个检验统计量的定义，可以得出

$$\lim_{N\to\infty} |\ T_{LRT,\,N} - T_N| = \lim_{N\to\infty}\frac{1}{N}|\ \boldsymbol{y} * \boldsymbol{R}_x\boldsymbol{y} - \boldsymbol{y} * \boldsymbol{W}_N^* \boldsymbol{\Lambda}\boldsymbol{W}_N\boldsymbol{y}| \tag{2-107}$$

其中

$$\boldsymbol{\Lambda}=\begin{pmatrix} S_X^{(N)} & (0) & \cdots & 0 \\ \vdots & & \ddots & \vdots \\ 0 & \cdots & S_X^{(N)} & (N-1) \end{pmatrix} \tag{2-108}$$

是一种对角矩阵，对角线是主信号的功率谱密度(PSD)，且 $\boldsymbol{W}_N$是离散时间傅里叶变换(DFT)矩阵，其定义为

$$\boldsymbol{W}_N=\begin{pmatrix} 1 & & & & 1 \\ 1 & w_N & w_N^2 & \cdots & w_N^{N-1} \\ 1 & w_N^2 & w_N^4 & \cdots & w_N^{2(N-1)} \\ & \vdots & & \ddots & \vdots \\ 1 & w_N^{N-1} & w_N^{2(N-1)} & \cdots & w_N^{(N-1)(N-1)} \end{pmatrix} \tag{2-109}$$

其中，$w_N=\mathrm{e}^{-\mathrm{j}2\pi/N}$是 1 的第 n 个原根。因此，有

$$\lim_{N\to\infty}\left| T_{LRT,\,N}-T_N \right| = \lim_{N\to\infty}\frac{1}{N}\left| \boldsymbol{y}*(\boldsymbol{R}_x-\boldsymbol{W}_N^*\boldsymbol{\Lambda}\boldsymbol{W}_N)\boldsymbol{y} \right| = \lim_{N\to\infty}\frac{1}{N}\left| \boldsymbol{y}*(\boldsymbol{R}_x-\boldsymbol{C}_N)\boldsymbol{y} \right| \tag{2-110}$$

这里 $\boldsymbol{C}_N \triangleq \boldsymbol{W}_N^*\boldsymbol{\Lambda}\boldsymbol{W}_N$是循环矩阵。正如参考文献[80]中所证明的，由于 $\boldsymbol{R}_x-\boldsymbol{C}_N$的弱范数(希尔伯特-施密特范数)趋近于 0，因而 Toeplitz 矩阵 $\boldsymbol{R}_x$与循环矩阵是渐近等价的，即

$$\lim_{N\to\infty}\|\boldsymbol{R}_x-\boldsymbol{C}_N\|=0 \tag{2-111}$$

因此，从式(2-107)可以推出式(2-106)。

2.3.7 噪声中连续时间随机信号的似然比检验：塞林提出的方法

2.3.7.1 似然比的推导

我们给出一种最初由塞林于 1965 年提出的方法(参见参考文献[81]第 8 章)。

中心频率为f_c的调制信号

$$s(t)=\mathrm{Re}[\,S(t)\mathrm{e}^{\mathrm{j}2\pi f_c t}\,]$$

通过多径衰落信道进行传输。接收到的随机信号可表示为

$$x(t)=\mathrm{Re}[\,X(t)\mathrm{e}^{\mathrm{j}2\pi f_c t}\,]$$

且

$$E[X(t)X*(u)]=2R_X(t,\,u)$$

噪声过程可表示为

$$n(t)=\mathrm{Re}[\,N(t)\mathrm{e}^{\mathrm{j}2\pi f_c t}\,]$$

根据塞林提出的方法[81]，我们考虑平坦单侧功率谱密度(PSD)为 $2N_0$ 的高斯白噪声。本节的方法适用于噪声功率谱密度(PSD)不平坦的情况。

将 $Y(t)$定义为接收波形 $y(t)$的复包络表达式，即

$$y(t)=\mathrm{Re}[\,Y(t)\mathrm{e}^{\mathrm{j}2\pi f_c t}\,]$$

假设检验可以表示为

$$\mathcal{H}_0: Y(t) = N(t)$$
$$\mathcal{H}_1: Y(t) = X(l) + N(t)$$

可以将当前的假设检验看作是对 $Y(t)$ 协方差函数的检验：

$$\mathcal{H}_0: E[\ Y(t) Y*(u)\ ] = 2N_0\delta(t-u)$$
$$\mathcal{H}_1: E[\ Y(t) Y*(u)\ ] = 2R_X(t,\ u) + 2N_0\delta(t-u) \tag{2-112}$$

如果信号过程的高斯包络经过某种确定性调制，则信号过程是非平稳的。

在表征似然比方面，Karhunen-Loeve 扩展是一种很好的理论工具。在实践中，数值计算可以在 MATLAB 中进行。

我们寻找随机信号的表示方法为

$$Y(t) = \sum_{k=1}^{\infty} y_k \phi_k(t)$$

我们希望 $\phi_k(t)$ 满足如下条件：

(1) 时间的确定性函数；

(2) 为方便起见，假设 $\phi_k(t)$ 是正交的，即

$$\int_0^T \phi_k(t) \phi_l^*(t) \mathrm{d}t = \delta_{kl}$$

(3) 随机系数应当是归一化且不相关的，即

$$E[\ x_k x_l^*\ ] = \delta_{kl}$$

(4) 如果 $Y(t)$ 具有高斯特性，则 $\{y_k\}$ 也应当具有高斯特性。幸运的是，Karhunen-Loeve 扩展提供了这些属性。

将似然比考虑在内，并使得 K 趋于无穷大，我们有

$$L[\ Y(t)\ ] = \exp\left[\sum_{k=1}^{\infty} \frac{\lambda_k \mid y_k \mid^2}{4N_0(\lambda_k + N_0)}\right] \prod_{k=1}^{\infty} \left(\frac{1}{1 + \dfrac{\lambda_k}{N_0}}\right)^{1/2} \tag{2-113}$$

乘积项的收敛条件是

$$\sum_{k=1}^{\infty} (\lambda_k / N_0)$$

换言之，收敛条件是信噪比是有限的。检验统计量为

$$U(Y) = \sum_{k=1}^{\infty} \frac{\lambda_k^2}{\lambda_k + N_0} \mid y_k \mid^2 \tag{2-114}$$

2.3.7.2　误差概率

如果$\mathcal{H}_0$ 为真，则有

$$E_0[U] = E\left[\sum_{k=1}^{\infty} \frac{\lambda_k}{\lambda_k + N_0} \mid n_k \mid^2\right]$$
$$= 2N_0\left[\sum_{k=1}^{\infty} \frac{\lambda_k}{\lambda_k + N_0}\right] \tag{2-115}$$

$$\mathrm{Var}_0[U] = E\left[\sum_{k=1}^{\infty} \frac{\lambda_k}{\lambda_k + N_0} (\mid n_k \mid^2 - 2N_0)\right]$$

$$= 8(N_0)^2 \sum_{k=1}^{\infty} \left(\frac{\lambda_k}{\lambda_k + N_0} \right)^2$$

$$= 2 \sum_{k=1}^{\infty} \left(\frac{2N_0 \lambda_k}{\lambda_k + N_0} \right)^2 \tag{2-116}$$

如果$\mathcal{H}_1$为真，则有

$$E_1[U] = E\left[\sum_{k=1}^{\infty} \frac{\lambda_k}{\lambda_k + N_0} \mid x_k + n_k \mid^2 \right]$$

$$= \sum_{k=1}^{\infty} \frac{\lambda_k}{\lambda_k + N_0}(2N_0 + \lambda_k)$$

$$= \sum_{k=1}^{\infty} 2\lambda_k \tag{2-117}$$

$$\mathrm{Var}_1[U] = E\left[\sum_{k=1}^{\infty} \frac{\lambda_k}{\lambda_k + N_0}(\mid n_k + x_k \mid^2 - 2(N_0 + \lambda_k)) \right]^2$$

$$= 2 \sum_{k=1}^{\infty} (2\lambda_k)^2 \tag{2-118}$$

根据中心极限定理，如果有

$$\sum_{k=1}^{\infty} \lambda_k^2 / K \ll N_0$$

则U近似服从正态分布。

对于低信噪比区域中非常微弱的信号，有

$$\sum_{k=1}^{\infty} \left(\frac{N_0 \lambda_k}{\lambda_k + N_0} \right)^2 \approx \sum_{k=1}^{\infty} \lambda_k^2 \tag{2-119}$$

且$\mathrm{Var}_0[U] \approx \mathrm{Var}_1[U]$。信号检测概率仅与信噪(功率)比$d$有关，它可以表示为

$$d \approx \frac{[E_1[U] - E_0[U]]^2}{\mathrm{Var}[U]}$$

$$= \frac{\left[\sum_{k=1}^{\infty} 2\lambda_k - \sum_{k=1}^{\infty} \frac{2N_0 \lambda_k}{\lambda_k + N_0} \right]^2}{8 \sum_{k=1}^{\infty} \lambda_k^2}$$

$$= \frac{\left[\sum_{k=1}^{\infty} \frac{\lambda_k^2}{\lambda_k + N_0} \right]^2}{2 \sum_{k=1}^{\infty} \lambda_k^2}$$

$$\approx \frac{1}{2N_0^2} \sum_{k=1}^{\infty} \lambda_k^2 \tag{2-120}$$

它近似等于

$$T \frac{1}{N_0^2} \int_{-\infty}^{\infty} \mid S_x(f) \mid^2 \mathrm{d}f \tag{2-121}$$

如果该过程是平稳的，则$S_x(f)$是信号过程的功率谱密度(PSD)。式(2-121)本质上等

同于第 2.3.4 节中的频谱相关规则。在推导式(2-121)过程中，我们使用了如下结论

$$\begin{aligned}\sum_{k=1}^{\infty}\lambda_k^2 &= \sum_k \lambda_k \sum_l \lambda_l \int_0^T \phi_k(t)\phi_l^*(t)\,\mathrm{d}t \int_0^T \phi_k^*(u)\phi_l(u)\,\mathrm{d}u \\ &= 2\int_0^T \mathrm{d}t \int_0^{T+t} \left| R_x(t) \right|^2 \mathrm{d}\tau \\ &= 2\int_0^T \mathrm{d}t \int_{-\infty}^{\infty} \left| S_x(f) \right|^2 \mathrm{d}f(\text{当 } T \text{ 较大时}) \\ &= 2T\int_{-\infty}^{\infty} \left| S_x(f) \right|^2 \mathrm{d}f \end{aligned} \tag{2-122}$$

2.4　统计模式识别：通过机器学习利用信号的先验信息

2.4.1　连续时间随机信号的 Karhunen-Loeve 分解

我们将通信信号或噪声建模为随机场。Karhunen-Loeve(KLD)分解又称主成分分析(PCA)、本征正交分解(POD)和经验正交函数(EOF)。我们依据参考文献[82, 83]对流体湍流的基本模型进行阐述——这是一门在科学和技术领域有着重大意义的学科，但也是人们知之甚少的学科之一。与湍流类似，无线电信号涉及空间和时间尺度较大范围内多种自由度的相互作用。

本征正交分解(POD)基于统计，支持提取，源自电磁场，属于空间和时间结构(相干结构)判决要素。本征正交分解(POD)是一种用于从信号集合中提取模态分解的过程。其强大之处体现在能够表明它是首选基础的数学属性上。含有大部分能量的相干结构的存在，表明尺寸在大幅减小。一种合适的模态分解只保留这些结构，并借助平均或建模来说明非相干波动。

假设我们有一个湍流速度场或电磁场的观测值(实验测量或数值仿真)集合$\{\boldsymbol{u}^k\}$。我们假设每个$\{\boldsymbol{u}^k\}$属于一个点积(希尔伯特)空间 X。我们的目标是得到 X 的一个正交基 φ_j，这样几乎集合中每个成员都可以针对 φ_j进行分解

$$\boldsymbol{u} = \sum_{j=0}^{\infty} a_j \varphi_j \tag{2-123}$$

其中，a_j是合适的模态系数。在经验基函数的定义和推导中，不存在用于区分空间和时间的先验理由，但我们最终想要一种相干结构的动态模型。我们寻找空间矢量值函数 φ_j，并随后确定时变标量模态系数，即

$$\boldsymbol{u}(\boldsymbol{x}, t) = \sum_j a_j(t)\varphi_j(\boldsymbol{x}) \tag{2-124}$$

本征正交分解(POD)的核心是平均运算 $<\cdot>$ 的概念。可以将平均运算 $<\cdot>$ 简单看作是诸多独立实验的平均值，或者说，如果我们采用遍历性，则可以将平均运算 $<\cdot>$ 看作是单一实验运行期间不同时刻处得到的观测集的时间平均。我们把自己限制在二次方可积的空间函数 X 上，或者从物理术语来看，局限于此区间包含有限能量的场。我们需要用到内积

$$(f, g) = \int_X f(x)g(x)\,\mathrm{d}x$$

和范数

$$\|f\| = (f, f)^{1/2}$$

2.4.1.1 经验函数的推导

我们从观测集$\{\boldsymbol{u}\}$入手，并研究哪个(确定性)要素与$\{\boldsymbol{u}\}$成员的平均值最相似。在数学上，“最相似”的概念对应于寻找一个元素φ，使得

$$\max_{\varphi \in X} \langle |(\boldsymbol{u}, \varphi)|^2 \rangle / (\varphi, \varphi) \tag{2-125}$$

其中，$|\cdot|$表示模数。换句话说，我们寻找φ中能够实现与场$\{\boldsymbol{u}\}$(归一化)内积最大化的成员，在函数空间中，这是近乎并行的。这是变分法中的一种经典问题。在变分法中，可以重新对该问题进行描述，使用函数来表示约束变分问题

$$J[\varphi] = \langle |(\boldsymbol{u}, \varphi)|^2 \rangle - \lambda(\|\varphi\|^2 - 1) \tag{2-126}$$

其中，$\|\varphi\|^2 = (\varphi, \varphi)$是$L^2$范数。极值的必要条件是：对于所有变分$\varphi + \varepsilon\psi \in X$来说，函数导数趋等于0，即

$$\frac{\mathrm{d}}{\mathrm{d}\varepsilon} J[\varphi + \varepsilon\psi] \Big|_{\varepsilon = 0} = 0 \tag{2-127}$$

某些代数知识以及$\psi(\boldsymbol{x})$是任意变分的事实，证明式(2-127)中的条件可以简化为

$$\int_\Omega \underbrace{\langle \boldsymbol{u}(\boldsymbol{x}, t)\boldsymbol{u}^*(\boldsymbol{x}', t) \rangle}_{R(\mathbf{x}, \mathbf{x}')} \varphi(\boldsymbol{x}')\,\mathrm{d}\boldsymbol{x}' = \lambda\varphi(\boldsymbol{x}) \tag{2-128}$$

这里$\boldsymbol{x} \in \Omega$，其中$\Omega$表示实验的空间域。这是一种第二类 Fredholm 积分方程，其核心是平均自相关张量$R(\boldsymbol{x}, \boldsymbol{x}') = \langle \boldsymbol{u}(\boldsymbol{x}, t)\boldsymbol{u}^*(\boldsymbol{x}', t) \rangle$，我们可以将该张量改写为算子方程$\boldsymbol{R}\varphi = \lambda\varphi$。我们将最优基称为经验特征函数，因为最优基是从观测集$\boldsymbol{u}^k$中推导出来的。显而易见，算子R具有自伴性和紧凑性，因而希尔伯特-施密特理论确保了存在特征值$\{\lambda_j\}$和特征函数$\{\varphi_j\}$的可数无穷值。不失一般性，对于式(2-128)的解，我们可以通过归一化使得$\|\varphi_j\| = 1$以及重排特征值使得$\lambda_j \geqslant \lambda_{j+1}$。我们重点考虑前$N$个特征值(或特征函数)，即$\lambda_1, \lambda_2, \cdots, \lambda_N$(或$\varphi_1, \varphi_2, \cdots, \varphi_N$)。需要注意的是，$R$的半正定特性意味着$\lambda_j \geqslant 0$。于是，该表达式提供了自相关函数的一种对角线分解

$$R(\boldsymbol{x}, \boldsymbol{x}') = \sum_{j=1}^{\infty} \lambda_j \varphi_j(\boldsymbol{x}) \varphi_j^*(\boldsymbol{x}') \tag{2-129}$$

我们在上述模型分解式(2-124)中用到的正是这些经验函数。两点相关张量的对角表达式(2-129)确保了这些模态幅度是不相关的，即

$$\langle a_i a_j^* \rangle = \delta_{ij}\lambda_j \tag{2-130}$$

在实践中，我们仅对具有严格正值的特征函数感兴趣。那些空间结构具备有限能量的平均水平。我们对这些φ_j的跨度S进行定义，为

$$S = \left\{ \sum a_j\varphi_j \,\Big|\, \lambda_j > 0,\ \sum |a_j|^2 < \infty \right\} \tag{2-131}$$

跨度S的本质是什么？哪些功能可以被这些经验特征函数的收敛线性组合所复制？事实证明，几乎原集合$\{\boldsymbol{u}^k\}$的每个成员都属于S。除了零测集之外，特征函数的跨度恰好是$\boldsymbol{u}(\boldsymbol{x})$所有实现方案的跨度。

2.4.1.2　最优性

假设我们有一个$\boldsymbol{u}(\boldsymbol{x},t)$的成员集合，按照任意正交基$\psi_j$进行分解

$$\boldsymbol{u}(\boldsymbol{x},t)=\sum_j b_j(t)\psi_j(\boldsymbol{x}) \tag{2-132}$$

利用ψ_j的正交性，平均能量可以表示为

$$\int_{\Omega}\langle \boldsymbol{u}(\boldsymbol{x},t)\boldsymbol{u}^*(\boldsymbol{x},t)\rangle \mathrm{d}\boldsymbol{x}=\sum_j \langle b_j(t)b_j^*(t)\rangle \tag{2-133}$$

正如式(2-130)所给出的，对于本征正交分解(POD)的特殊情况，第j种模式下的能量为$\boldsymbol{\lambda}_j$。

最优性可表述如下：对于任意N来说，本征正交分解前N种模式中的能量至少与任何其他N维投影中的能量一样大，即

$$\|\boldsymbol{u}_N\|^2=\sum_j \langle a_j(t)a_j^*(t)\rangle=\sum_{j=1}^{N}\boldsymbol{\lambda}_j \geqslant \sum_{j=1}^{N}\langle b_j(t)b_j^*(t)\rangle \tag{2-134}$$

从一般线性自伴算子可以推出：$\boldsymbol{R}$的前N个特征值之和是大于或等于$\boldsymbol{R}$的任何N维投影中的对角线项之和。式(2-134)表明，在所有线性分解中，本征正交分解(POD)是信号$\boldsymbol{u}(\boldsymbol{x},t)$建模或重构分解方法中效率最高的，从获取这个意义上讲，它也是用于向已知数模式投影中最节能的方案。这种结论有助于推广本征正交分解(POD)在相干结构低维建模(降维)领域的应用。$\boldsymbol{\lambda}_j$的衰减率给出了快速有限维表达式如何平均收敛，以及具体截断函数如何更好地获取这些结构。

2.5　特征模板匹配

从模式识别的角度来看，可以将特征向量看作是特征。我们将主特征向量定义为信号特征，因为对于非白噪声广义稳态(WSS)信号来说，它相对于噪声表现得比较鲁棒，且不随时间发生变化[84]。主特征向量是由具有最大信号能量的方向确定的[84]。

假设我们拥有2×1随机向量$\boldsymbol{x}_{s+n}=\boldsymbol{x}_s+\boldsymbol{x}_n$，其中$\boldsymbol{x}_s$为向量化正弦序列，$\boldsymbol{x}_n$为向量化高斯白噪声(WGN)序列。信噪比(SNR)设置为0dB。在图2-1中，针对每个随机向量，存在1000个样本。现在，针对每个随机向量样本，我们使用特征分解来对新的X轴进行设置，使得λ_1是沿着对应的新X轴上最强的。可以看出，针对$\boldsymbol{x}_s$(SNR=∞dB)的新X轴与针对$\boldsymbol{x}_{s+n}$(SNR=0dB)的新X轴几乎是相同的。但是，针对$\boldsymbol{x}_n$的新X轴(SNR=−∞dB)旋转了某个任意角。这是因为高斯白噪声(WGN)在每个方向上的能量分布几乎相同。针对噪声的新X轴将是随机的、不可预测的，但信号的方向是非常鲁棒的。

基于主特征向量，可以探索将特征模板匹配用于频谱感知。次用户接收到信号$y(t)$。基于接收信号，存在两种假设：一种假设是主用户存在$\mathcal{H}_1$，另一种假设是主用户不存在$\mathcal{H}_0$。在实践中，频谱感知包括依据$y(t)$的离散样本来检测主用户是否存在，即

$$y(n)=\begin{cases} w(n), & \mathcal{H}_0 \\ x(n)+w(n), & \mathcal{H}_1 \end{cases} \tag{2-135}$$

其中，$x(n)$表示主用户信号样本；$w(n)$表示零均值高斯白噪声样本。通常情况下，频

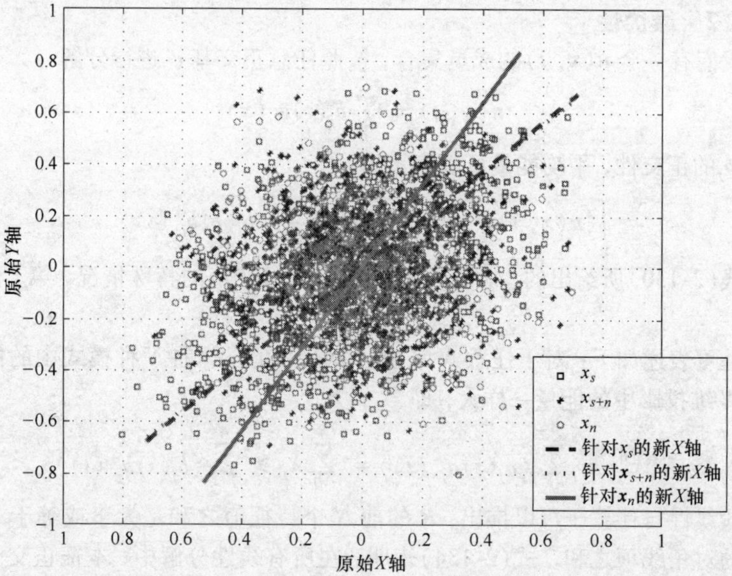

图 2-1　主特征向量是由具有最大信号能量的方向确定的[84]

谱感知算法旨在确保计算复杂度较低的前提下，当虚警概率一定时，实现相应检测概率的最大化。检测概率 P_d 和虚警概率 P_f 分别定义为

$$P_d = prob(\text{检测}\mathcal{H}_1 \mid y(n) = x(n) + w(n))$$

$$P_d = prob(\text{检测}\mathcal{H}_1 \mid y(n) = w(n)) \tag{2-136}$$

这里，*prob* 代表概率。

假设检测为

$$\mathcal{H}_0: \boldsymbol{y} = \boldsymbol{w}$$

$$\mathcal{H}_1: \boldsymbol{y} = \boldsymbol{x} + \boldsymbol{w} \tag{2-137}$$

假设主用户号是完全已知的。给定训练集的 d 维向量 $\boldsymbol{x}_1$, $\boldsymbol{x}_2$, …, $\boldsymbol{x}_M$，该集合是由主用户信号构建的，样本协方差矩阵可以表示为

$$\boldsymbol{R}_x = \frac{1}{M}\sum_{i=1}^{M}\boldsymbol{x}_i\boldsymbol{x}_i^T \tag{2-138}$$

这里假设样本均值为 0，即

$$\boldsymbol{u} = \frac{1}{M}\sum_{i=1}^{M}\boldsymbol{x}_i = 0 \tag{2-139}$$

$\boldsymbol{R}_x$ 的主特征向量可以通过对 $\boldsymbol{R}_x$ 进行特征分解来提取，即

$$\boldsymbol{R}_x = \boldsymbol{V\Lambda V}^T \tag{2-140}$$

其中，$\Lambda = diag(\lambda_1, \lambda_2, \cdots, \lambda_d)$ 是对角矩阵，λ_i, $i = 1, 2, \cdots, d$ 是 $\boldsymbol{R}_x$ 的特征值；$\boldsymbol{V}$ 是一个正交矩阵，该矩阵的列 $\boldsymbol{v}_1$, $\boldsymbol{v}_2$, …, $\boldsymbol{v}_d$ 是对应于特征值 λ_i, $i = 1, 2, \cdots, d$ 的特征向量。为简单起见，我们假设 $\boldsymbol{v}_1$ 是对应于最大特征值的特征向量。主特征向量 $\boldsymbol{v}_1$ 是主成分分析(PCA)的模板。

对于测量向量 $\boldsymbol{y}_i$, $i = 1, 2, \cdots, M$ 来说，样本协方差矩阵 $\boldsymbol{R}_y = \frac{1}{M}\sum_{i=1}^{M}\boldsymbol{y}_i\boldsymbol{y}_i^T$ 的主特征

向量是$\tilde{v}_1$。因此，主信号是否存在取决于[84, 85]

$$\rho = \max_{l=0,1,\cdots,d}\left|\sum_{k=1}^{d} v_1[k]\tilde{v}_1[k+l]\right| > T_{pca} \tag{2-141}$$

目前，已经基于经典 PCA 方法提出了主成分分析(PCA)非线性版本，即核主成分分析(KPCA[86])。核主成分分析采用核函数将数据隐式地映射到高维特征空间中，假定 PCA 在该空间的执行效果比在原空间好。通过引入核函数，在不增加太多计算复杂度的情况下，不需要明确知道映射 φ 即可获得更好的性能。

核 PCA 中的训练集 $\boldsymbol{x}_i(i=1,2,\cdots,M)$和接收信号集 $\boldsymbol{y}_i(i=1,2,\cdots,M)$可采用与 PCA 框架相同的方式来得到。

特征空间中的训练集为 $\varphi(\boldsymbol{x}_1)$，$\varphi(\boldsymbol{x}_2)$，…，$\varphi(\boldsymbol{x}_M)$，可以假定其均值为 0，即 $\frac{1}{M}\sum_{i=1}^{M}\varphi(\boldsymbol{x}_i)=0$。$\varphi(\boldsymbol{x}_i)$ 的样本协方差矩阵为

$$\boldsymbol{R}_{\varphi(\mathbf{x})} = \frac{1}{M}\sum_{i=1}^{M}\varphi(\boldsymbol{x}_i)\varphi(\boldsymbol{x}_i)^T \tag{2-142}$$

同理，$\varphi(\boldsymbol{y}_i)$的样本协方差矩阵为

$$\boldsymbol{R}_{\varphi(\mathbf{y})} = \frac{1}{M}\sum_{i=1}^{M}\varphi(\boldsymbol{y}_i)\varphi(\boldsymbol{y}_i)^T \tag{2-143}$$

在核 PCA 的框架下，具有主特征向量的检测算法可归纳如下[85]：

1. 选择一个核函数 k。给定主用户信号的训练集 $\boldsymbol{x}_1$，$\boldsymbol{x}_2$，…，$\boldsymbol{x}_M$，核矩阵为 $\boldsymbol{K}=(k(\boldsymbol{x}_i,\boldsymbol{x}_j))_{ij}$，$\boldsymbol{K}$ 是半正定矩阵。对 $\boldsymbol{K}$ 进行特征分解以得到主特征向量 β_1。

2. 接收到的向量是 $\boldsymbol{y}_1$，$\boldsymbol{y}_2$，…，$\boldsymbol{y}_M$。基于所选的核函数，可以得到核矩阵$\tilde{\boldsymbol{K}}=(k(\boldsymbol{x}_i,\boldsymbol{x}_j))_{ij}$。通过对$\tilde{\boldsymbol{K}}$进行特征分解，也可以得到主特征向量$\tilde{\beta}_1$。

3. $\boldsymbol{R}_{\varphi(x)}$ 和 $\boldsymbol{R}_{\varphi(y)}$的主特征向量可以分别表示为

$$\begin{aligned} \boldsymbol{v}_1^f &= (\varphi(\boldsymbol{x}_1),\varphi(\boldsymbol{x}_2),\cdots,\varphi(\boldsymbol{x}_M))\beta_1 \\ \tilde{\boldsymbol{v}}_1^f &= (\varphi(\boldsymbol{y}_1),\varphi(\boldsymbol{y}_2),\cdots,\varphi(\boldsymbol{y}_M))\tilde{\beta}_1 \end{aligned} \tag{2-144}$$

4. 将 $\boldsymbol{v}_1^f$和$\tilde{\boldsymbol{v}}_1^f$归一化到尺寸 β_1和$\tilde{\beta}_1$。

5. $\boldsymbol{v}_1^f$和$\tilde{\boldsymbol{v}}_1^f$之间的相似性为

$$\rho = \beta_1^T\boldsymbol{K}^t\tilde{\beta}_1 \tag{2-145}$$

6. 通过估计 $\rho > T_{kpca}$ 是否成立，来确定主信号是否存在。可以推导出 ρ 的表达式为

$$\begin{aligned} \rho &= \left\langle \boldsymbol{v}_1^f, \tilde{\boldsymbol{v}}_1^f \right\rangle = \left\langle \sum_{i=1}^{M}\beta_i\varphi(\boldsymbol{x}_i), \sum_{i=1}^{M}\tilde{\beta}_i\varphi(\boldsymbol{x}_i) \right\rangle \\ &= \{(\varphi(\boldsymbol{x}_1),\varphi(\boldsymbol{x}_2),\cdots,\varphi(\boldsymbol{x}_M))\beta_1\}^T\{(\varphi(\boldsymbol{y}_1),\varphi(\boldsymbol{y}_2),\cdots,\varphi(\boldsymbol{y})_M))\tilde{\beta}_1\} \\ &= \beta_1^T\begin{pmatrix}\varphi(\boldsymbol{x}_1)^T \\ \varphi(\boldsymbol{x}_2)^T \\ \vdots \\ \varphi(\boldsymbol{x}_M)^T\end{pmatrix}(\varphi(\boldsymbol{y}_1),\varphi(\boldsymbol{y}_2),\varphi(\boldsymbol{y}_M))\tilde{\beta}_1 \end{aligned}$$

$$
= \boldsymbol{\beta}_1^T \begin{pmatrix} k(\boldsymbol{x}_1, \boldsymbol{y}_1), k(\boldsymbol{x}_1, \boldsymbol{y}_2)\cdots, k(\boldsymbol{x}_1, \boldsymbol{y}_M) \\ k(\boldsymbol{x}_2, \boldsymbol{y}_1), k(\boldsymbol{x}_2, \boldsymbol{y}_2)\cdots, k(\boldsymbol{x}_2, \boldsymbol{y}_M) \\ \cdots\cdots \\ k(\boldsymbol{x}_M, \boldsymbol{y}_1), k(\boldsymbol{x}_M, \boldsymbol{y}_2)\cdots, k(\boldsymbol{x}_M, \boldsymbol{y}_M) \end{pmatrix} \tilde{\boldsymbol{\beta}}_1
$$

$$
= \boldsymbol{\beta}_1^T \boldsymbol{K}^t \tilde{\boldsymbol{\beta}}_1 \tag{2-146}
$$

其中,$\boldsymbol{K}^t$是$\varphi(\boldsymbol{x}_i)$和$\varphi(\boldsymbol{y}_i)$之间的核矩阵。基于式(2-146),在未给出$\boldsymbol{v}_1^f$和$\tilde{\boldsymbol{v}}_1^f$的情况下,仍可得到$\boldsymbol{v}_1^f$和$\tilde{\boldsymbol{v}}_1^f$之间的相似性度量。

T_{kpca}是核 PCA 算法的阈值。在核 PCA 框架下,可以将使用主特征向量的检测简称为核 PCA 检测。

在华盛顿特区捕获的数字电视(Digital TV, DTV)信号[87]将用于本节中的频谱感知实验。长度$L=500$的数字电视(DTV)第 1 段将被视为主用户信号$x(n)$的样本。

首先,在 PCA 和核 PCA 的框架下,测试 DTV 信号第 1 段和其他段之间样本协方差矩阵主特征向量的相似性。得到长度为10^5的 DTV 信号后,将其分成 200 段,每段的长度为 500。由 PCA 和核 PCA 推出的 DTV 信号第 1 段和其余 199 段之间主特征向量的相似性如图 2-2 所示。结果表明,不同段 DTV 信号主特征向量的相似性非常高(全部大于 0.94),另一方面,核 PCA 比 PCA 更稳定。

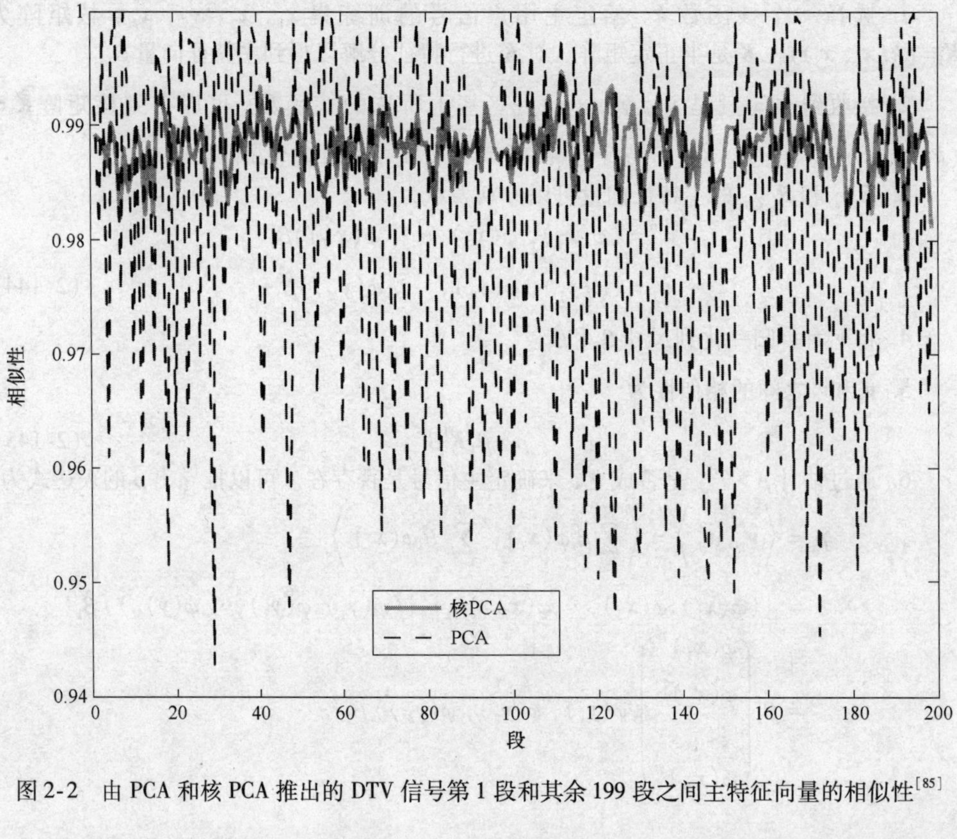

图 2-2 由 PCA 和核 PCA 推出的 DTV 信号第 1 段和其余 199 段之间主特征向量的相似性[85]

在 1000 次实验中，当 $P_f = 10\%$ 时，核 PCA、PCA、估计相关器（Estimation Correlator，EC）和最大最小特征值（Maximum Minimum Eigenvalue，MME）对比的检测概率随信噪比（SNR）变化情况如图 2-3 所示。

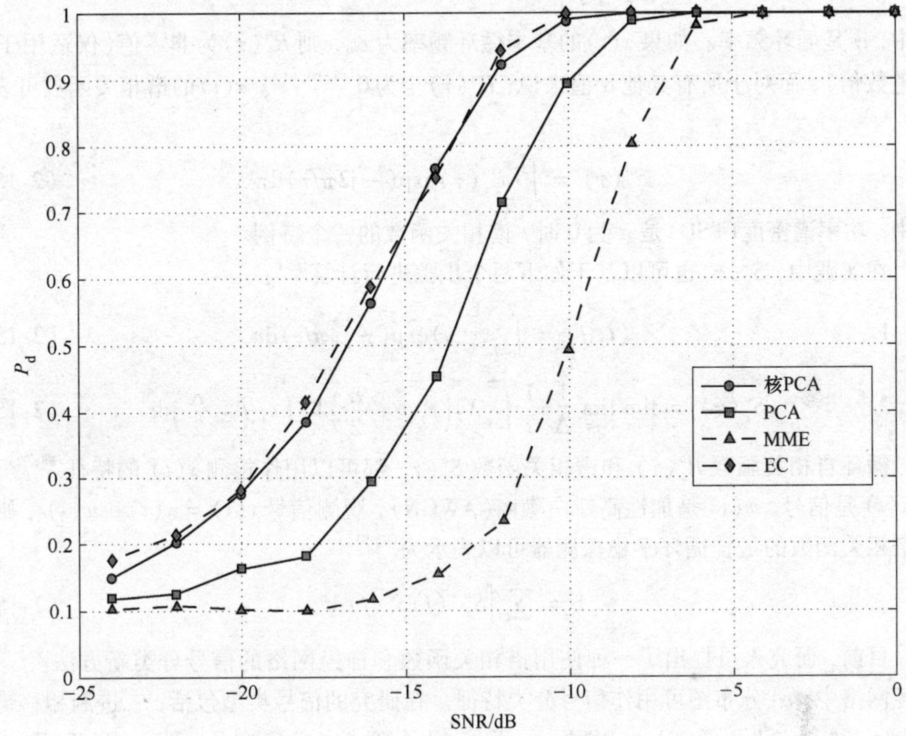

图 2-3　对于 DTV 信号来说，当 $P_f = 10\%$ 时，核 PCA、PCA、EC 和 MME 对比的检测概率[85]

实验结果表明，核方法比对应的线性方法性能优越 4dB。核方法可以与 EC 方法竞争。

2.6　循环平稳检测

一般来说，可以将通信系统中的噪声视为广义稳态过程。广义稳态过程具有时不变自相关函数。从数学上来说，如果 $x(t)$ 是一个广义稳态过程，则 $x(t)$ 的自相关函数为

$$R_x(t, \tau) = E\{x(t)x^*(t-\tau)\} \tag{2-147}$$

$$R_x(t, \tau) = R_x(\tau), \ \forall t \tag{2-148}$$

通常，人工信号并不是广义稳态过程，但其中有些信号属于循环平稳过程[88]。一个循环平稳过程是一种信号，它具有随时间周期性发生变化的统计特性[89]。因此，如果 $x(t)$ 是一个循环平稳过程，则有

$$R_x(t, \tau) = R_x(t+T_0, \tau) \tag{2-149}$$

其中,T_0 是在 t 内但不在 τ 内的周期。

将 $x(t)$ 的循环自相关函数定义为

$$R_x^{\alpha}(\tau) = \lim_{T\to\infty}\frac{1}{T}\int_{-\frac{T}{2}}^{\frac{T}{2}} x\left(t+\frac{\tau}{2}\right)x^*\left(t-\frac{\tau}{2}\right)\exp(-\mathrm{j}2\pi\alpha t)\,\mathrm{d}t \tag{2-150}$$

其中,α 是循环频率。如果 $x(t)$ 的基本循环频率为 α_0,则 $R_x^{\alpha}(\tau)$ 为非零值(仅适用于 α_0 的整数倍),而对于所有其他 α 值来说,$R_x^{\alpha}(\tau)$ 全为 0[88, 90, 91]。$x(t)$ 的谱相关函数可表示为

$$S_x^{\alpha}(\tau) = \int_{-\infty}^{\infty} R_x^{\alpha}(\tau)\exp(-\mathrm{j}2\pi f\tau)\,\mathrm{d}\tau \tag{2-151}$$

其中,功率谱密度(PSD)是 α 为 0 时,谱相关函数的一个特例。

在实践中,$S_x^{\alpha}(\tau)$ 也可以基于如下两个步骤进行计算[92]:

1.
$$X_T(t,f) = \int_{t-\frac{T}{2}}^{t+\frac{T}{2}} x(v)\exp(-\mathrm{j}2\pi fv)\,\mathrm{d}v \tag{2-152}$$

2.
$$S_x^{\alpha}(\tau) = \lim_{\Delta\to\infty}\lim_{T\to\infty}\frac{1}{\Delta}\frac{1}{T}\int_{-\frac{\Delta}{2}}^{\frac{\Delta}{2}} X_T\left(t,f+\frac{\alpha}{2}\right)X_T^*\left(t,f-\frac{\alpha}{2}\right)\mathrm{d}t \tag{2-153}$$

循环自相关函数 $R_x^{\alpha}(\tau)$ 和谱相关函数 $S_x^{\alpha}(\tau)$ 都可以用作检测 $x(t)$ 的特征[88, 92]。假设 $x(t)$ 是信号,$w(t)$ 是加性高斯白噪声(AWGN),观测信号 $y(t)=x(t)+w(t)$,则基于谱相关函数的最佳循环平稳探测器可以表示为[92-94]

$$z = \sum_{\alpha}\int S_x^{\alpha *}(f)S_y^{\alpha}(f)\,\mathrm{d}f \tag{2-154}$$

目前,研究人员提出了一种使用谱相关函数和神经网络的信号分类新方法[95]。在神经网络中,α-分布图可用作信号分类特征。在研究的信号类型包括:二进制相移键控(Binary Phase Shift Keying, BPSK)、正交相移键控(Quadrature Phase Shift Keying, QPSK)、频移键控(Frequency Shift Keying, FSK)、最小移频键控(Minimum Shift Keying, MSK)和调幅(Amplitude Modulation, AM)[95]。α-分布图定义为[95]

$$\text{profile}(\alpha) = \max_f\{C_x^{\alpha}(f)\} \tag{2-155}$$

其中,$C_x^{\alpha}(f)$ 是 $x(t)$ 的谱相干函数[95],即

$$C_x^{\alpha}(f) = \frac{S_x^{\alpha}(f)}{\left(S_x^0\left(f+\frac{\alpha}{2}\right)S_x^0\left(f-\frac{\alpha}{2}\right)\right)^{\frac{1}{2}}} \tag{2-156}$$

类似地,在认知无线电中,参考文献[96]提出了基于谱相关分析和支持向量机(Support Vector Machine, SVM)的信号分类方法。

针对超宽带(UWB)和全球微波接入互操作性(Worldwide Interoperability for Microwave Access, WiMAX)共存的情形,参考文献[97]提出了一种基于低复杂度循环平稳的频谱感知方案。由于使用了循环前缀,因而 WiMAX 信号具有循环平稳性[97]。参考文献[94, 98]对认知无线电中的协同循环平稳频谱感知问题进行了讨论。通过多用户分集,协同频谱感知能够改善性能[94]。循环平稳检测器需要较长的检测时间以获取特征,这会导致频谱利用效率不高[99]。为了解决此问题,可以将序贯检测框架与循环平稳检测

器结合使用[99]。

在基于正交频分复用(Orthogonal Frequency Division Multiplexing，OFDM)的认知无线电系统中，有意嵌入在通信信号中的循环平稳特征，可以用于解决一些与同步、盲信道识别、频谱共享和网络协调相关的问题[100~102]。因此，我们可以针对各种情况和应用，设计循环平稳特征及相应的谱相关估计器。

此外，在源信号是循环平稳过程的假设下，参考文献[103]对盲源分离问题进行了研究。参考文献[104]研究了循环平稳信号广义欠抽样的最小均方误差(MMSE)重构问题。参考文献[105]研究了宽带循环平稳源的信号选择性到达方向(Direction of Arrival，DOA)跟踪问题。基于多循环频率，参考文献[106]对到达时间差(Time Difference of Arrival，TDOA)和循环平稳信号的多普勒估计进行了研究。

第3章 经典检测

3.1 量子信息描述

基本事实：噪声存在于高维空间；相比之下，信号存在于较低维的空间。

如果一个随机矩阵 $\boldsymbol{A}$ 具有独立同分布的行 $\boldsymbol{A}_i$，则 $\boldsymbol{A}^*\boldsymbol{A}=\sum_i \boldsymbol{A}_i\boldsymbol{A}_i^T$，其中 $\boldsymbol{A}^*$ 是 $\boldsymbol{A}$ 的伴随矩阵。我们经常通过 $n\times n$ 对称、半正定矩阵(即 $\boldsymbol{A}^*\boldsymbol{A}$)来研究 $\boldsymbol{A}$。因此，$|\boldsymbol{A}|=\sqrt{\boldsymbol{A}*\boldsymbol{A}}$的特征值是非负实数。

随机矩阵的一个直接应用是高维分布协方差矩阵估计的根本问题[107]。可以将行独立模型分析解释为对样本协方差矩阵的研究。对于$\mathbb{R}^n$中的一般分布，可以根据从分布得出的样本量 $N=O(n\log n)$来估计其协方差。对于亚高斯分布，我们有一个更好的范围 $N=O(n)$。对于低维分布，需要的样本更少：如果一个分布靠近$\mathbb{R}^n$中的 r 维子空间，则使用 $N=O(r\log n)$个样本来估计协方差即可满足。

随机矩阵理论中存在着诸多深奥的结果。本章的主要目的是利用该领域现有成果和非渐近结果，更好地指导协方差矩阵[107]。

3.2 协同感知的假设检验

密度算子(矩阵)ρ 是基本构成模块。算子 ρ 应满足以下条件：①ρ 的迹等于 1，即 $\mathrm{Tr}\,\rho=1$(迹条件)；②ρ 是一个正算子，即 $\rho\geqslant0$(正性)。我们将使用术语“正的”代表“半正定(表示 $A\geqslant0$)”。协方差矩阵满足两个必要条件。当 $\boldsymbol{A}$ 为正定矩阵时，我们称 $\boldsymbol{A}>0$；$\boldsymbol{B}>\boldsymbol{A}$ 意味着 $\boldsymbol{B}-\boldsymbol{A}$ 为正定矩阵。同理，$\boldsymbol{B}-\boldsymbol{A}\geqslant0$ 意味着 $\boldsymbol{B}-\boldsymbol{A}$ 为非负定矩阵。假设检验问题可以表示为

$$\begin{aligned}&\mathcal{H}_0:\boldsymbol{A}=\boldsymbol{R}_n\\&\mathcal{H}_1:\boldsymbol{B}=\boldsymbol{R}_s+\boldsymbol{R}_n\end{aligned}\tag{3-1}$$

其中，$\boldsymbol{R}_n$是噪声的协方差矩阵，$\boldsymbol{R}_s$是信号的协方差矩阵。假定信号与噪声是不相关的。从式(3-1)推出，$\boldsymbol{R}_s\geqslant0$ 和 $\boldsymbol{R}_n\geqslant0$。在我们的应用中，这种噪声被建模为加性噪声，这样如果 $x(n)$是“信号”，$w(n)$是“噪声”，则所记录的信号为

$$y(n)=x(n)+w(n)$$

通常情况下，假定这种加性噪声具有零均值，且与信号不相关。在这种情形中，实测数据 $y(n)$的协方差等于 $x(n)$和 $w(n)$协方差之和。具体来说，注意到

$$\begin{aligned}r_y(k,l)&=E\{y(k)y^*(l)\}=E\{[x(k)+w(k)][x(l)+w(l)]^*\}\\&=E\{x(k)x^*(l)\}+E\{w(k)w^*(l)\}+E\{x(k)w^*(l)\}+E\{w(k)x^*(l)\}\end{aligned}$$

如果 $x(n)$ 和 $w(n)$ 不相关，则

$$E\{x(k)w^*(l)\}=E\{w(k)x^*(l)\}=0$$

且可以推出

$$r_y(k,l)=r_x(k,l)+r_w(k,l) \tag{3-2}$$

离散时间随机过程往往用矩阵形式来表示。如果

$$\boldsymbol{x}=[x(0),x(1),\cdots,x(p)]^T$$

是过程 $x(n)$ 的 $p+1$ 个矢量值，则外积

$$\boldsymbol{xx}^H=\begin{pmatrix} x(0)x^*(1) & x(0)x^*(1) & \cdots & x(0)x^*(p) \\ x(1)x^*(0) & x(1)x^*(1) & & \\ & \vdots & \ddots & \vdots \\ x(p)x^*(0) & x(p)x^*(1) & \cdots & x(p)x^*(p) \end{pmatrix}$$

是一个 $(p+1)\times(p+1)$ 矩阵。如果 $x(n)$ 是广义稳态的，计算其期望值，并应用协方差序列的 Hermitian 对称性 $r_x(k)=r_x^*(k)$，则可得到协方差值的 $(p+1)\times(p+1)$ 矩阵

$$\boldsymbol{R}_x=E\{\boldsymbol{xx}^H\}=\begin{pmatrix} r_x(0)r_x^*(1) & \cdots & r_x^*(p) \\ r_x(1)r_x(0) & & r_x^*(p-1) \\ \vdots & \ddots & \vdots \\ r_x(p)r_x(p-1) & \cdots & r_x(0) \end{pmatrix} \tag{3-3}$$

我们称之为协方差矩阵。相关矩阵 $\boldsymbol{R}_x$ 具有如下结构：

$$\boldsymbol{R}_x=r_x(0)\boldsymbol{I}+\overline{\boldsymbol{R}}_x,\ \mathrm{Tr}\overline{\boldsymbol{R}}_x=0 \tag{3-4}$$

其中，$\boldsymbol{I}$ 为单位矩阵；Tr$\boldsymbol{A}$ 为 $\boldsymbol{A}$ 的迹。协方差矩阵具有如下基本结构：

1. 广义稳态(WSS)随机过程的协方差矩阵是一个 Hermitian Toeplitz 矩阵，即 $\boldsymbol{R}_x=\boldsymbol{R}_x^*$。

2. 广义稳态(WSS)随机过程的协方差矩阵是一个半正定的，即 $\boldsymbol{R}_x\geqslant 0$。换句话说，该协方差矩阵的特征值 λ_k 是实值，且非负，即 $\lambda_k\geqslant 0$。

表3-1给出了一个完整的特性列表。当均值 m_x 和 m_y 都为零时，自协方差和矩阵是相等的。我们总是假定所有随机过程的均值为0。因此，我们交替使用两种定义。

表3-1 相关函数和协方差矩阵的定义和属性(参见文献[108]第39页)

自相关函数和协方差	$\boldsymbol{R}_x=\mathbb{E}\{xx^*\}$	$\boldsymbol{C}_x=\mathbb{E}\{(x-\mathbb{E}x)(x-\mathbb{E}x)^*\}$
对称性	$\boldsymbol{R}_x=\boldsymbol{R}_x^*$	$\boldsymbol{C}_x=\boldsymbol{C}_x^*$
半正定	$\boldsymbol{R}_x\geqslant 0$	$\boldsymbol{C}_x\geqslant 0$
相互关系	$\boldsymbol{R}_x=\boldsymbol{C}_x+m_xm_x^*$	$m_x=\mathbb{E}\{x\},\ m_y=\mathbb{E}\{y\}$
互相关函数和互协方差	$\boldsymbol{R}_{xy}=\mathbb{E}\{xy^*\}$	$\boldsymbol{C}_{xy}=\mathbb{E}\{(x-m_x)(x-m_y)^*\}$
$\boldsymbol{R}_{yx}$ 和 $\boldsymbol{C}_{yx}$ 的关系	$\boldsymbol{R}_{xy}=\boldsymbol{R}_{yx}$	$\boldsymbol{C}_{xy}=\boldsymbol{C}_{yx}$

（续）

相互关系	$\boldsymbol{R}_{xy}=\boldsymbol{C}_{xy}+m_x m_y^*$	$m_x=\mathbb{E}\{x\}$，$m_y=\mathbb{E}\{y\}$
正交性和不相关性	x、y 正交：$\boldsymbol{R}_{xy}=0$	x、y 不相关：$\boldsymbol{C}_{xy}=0$
x、y 之和	如果 x、y 正交，则 $\boldsymbol{R}_{xy}=\boldsymbol{R}_x+\boldsymbol{R}_y$	如果 x、y 不相关，则 $\boldsymbol{C}_{xy}=\boldsymbol{C}_x+\boldsymbol{C}_y$

例 3.1（正弦信号和复指数的协方差矩阵）

雷达和通信中的一个重要随机过程是谐波过程。实值谐波过程的一个实例是随机相位正弦信号，它可定义为

$$x(n)=A\sin(n\omega_0+\phi)$$

其中，A 和 ω_0 是固定常数；ϕ 是一个均匀分布在区间$[-\pi,\pi]$的随机变量。很容易证明该过程的均值是0。因此，$x(n)$是一个零均值过程，其协方差为

$$r_x(k,l)=E\{x(k)x^*(l)\}=E\{A\sin(k\omega_0+\phi)A\sin(l\omega_0+\phi)\}$$

利用三角恒等式

$$2\sin A\sin B=\cos(A-B)-\cos(A+B)$$

我们有

$$r_x(k,l)=\frac{1}{2}|A|^2E\{\cos[(k-l)\omega_0]\}-\frac{1}{2}|A|^2E\{\cos[(k+l)\omega_0+2\phi]\}$$

需要注意的是，上式的第 1 项是一个常数的期望值，第 2 项等于0。因此有

$$r_x(k,l)=\frac{1}{2}|A|^2\cos[(k-l)\omega_0]$$

作为另一个实例，我们考虑复谐波过程

$$x(n)=Ae^{\mathrm{j}(n\omega_0+\phi)}$$

其中，采用随机相位正弦信号，ϕ 是均匀分布在区间$[-\pi,\pi]$上的随机变量。该过程的均值为0。协方差为

$$r_x(k,l)=E\{x(k)x^*(l)\}=E\{Ae^{\mathrm{j}(k\omega_0+\phi)}A^*e^{-(l\omega_0+\phi)}\}=|A|^2E\{e^{\mathrm{j}(k-l)\omega_0}\}=|A|^2e^{\mathrm{j}(k-l)\omega_0}$$

考虑由 L 个正弦信号构成的谐波过程，有

$$x(n)=\sum_{l=1}^{L}A_l\sin(n\omega_l+\phi_l)$$

假定随机变量 ϕ_l和 A_l是不相关的，则协方差序列为

$$r_x(k)=\sum_{l=1}^{L}\frac{1}{2}E\{A_l^2\}\cos(k\omega_l)$$

$L=1$ 正弦信号的 2×2 协方差矩阵为

$$R_s=\frac{1}{2}|A|^2\begin{bmatrix}1 & \cos\omega_0\\ \cos\omega_0 & 1\end{bmatrix}=\frac{1}{2}|A|^2(I+\sigma_1\cos\omega_0)$$

L 个正弦信号的 2×2 协方差矩阵为

$$R_x = \sum_{l=1}^{L} \frac{1}{2}E\{A_l^2\} \begin{bmatrix} 1 & \frac{1}{\sum_{l=1}^{L}\frac{1}{2}E\{A_l^2\}}\sum_{l=1}^{L}\frac{1}{2}E\{A_l^2\}\cos(\omega_l) \\ \frac{1}{\sum_{l=1}^{L}\frac{1}{2}E\{A_l^2\}}\sum_{l=1}^{L}\frac{1}{2}E\{A_l^2\}\cos(\omega_l) & 1 \end{bmatrix}$$

$$= a(\boldsymbol{I} + b\sigma_1)$$

其中，$a = \sum_{l=1}^{L}\frac{1}{2}E\{A_l^2\}$；$b = \frac{1}{\sum_{l=1}^{L}\frac{1}{2}E\{A_l^2\}}\sum_{l=1}^{L}\frac{1}{2}E\{A_l^2\}\cos(\omega_l)$。

作为另一个实例，考虑由两个复指数之和构成的复值过程，有

$$y(n) = A\mathrm{e}^{\mathrm{j}(n\omega_1+\phi)} + A\mathrm{e}^{\mathrm{j}(n\omega_2+\phi_2)}$$

两个不相关过程的协方差序列为

$$r_x(k) = |A|^2\mathrm{e}^{\mathrm{j}k\omega_1} + |A|^2\mathrm{e}^{\mathrm{j}k\omega_2}$$

两个复指数的2×2协方差矩阵为

$$\boldsymbol{R}_x = |A|^2\begin{bmatrix} 2 & \mathrm{e}^{-\mathrm{j}\omega_1}+\mathrm{e}^{-\mathrm{j}\omega_2} \\ \mathrm{e}^{-\mathrm{j}\omega_1}+\mathrm{e}^{-\mathrm{j}\omega_2} & 2\end{bmatrix} = \frac{1}{2}|A|^2\left[\boldsymbol{I} + \left(\frac{\mathrm{e}^{-\mathrm{j}\omega_1}+\mathrm{e}^{-\mathrm{j}\omega_2}}{2}\right)\sigma_1\right]$$

例3.2(白噪声的协方差矩阵)

加性白噪声的2×2协方差矩阵为

$$\boldsymbol{R}_w = \sigma_w^2\begin{pmatrix}1 & 0\\ 0 & 1\end{pmatrix} = \sigma_w^2\boldsymbol{I}$$

在实践中，我们必须处理这种形式

$$\boldsymbol{R}_w = \sigma_w^2\boldsymbol{I} + \sigma_w^2\begin{pmatrix}x_{11} & x_{12}\\ x_{21} & x_{22}\end{pmatrix} = \sigma_w^2\boldsymbol{I} + \sigma_w^2\boldsymbol{X}$$

其中，$\boldsymbol{X}$的元素是近似为零均值的随机变量，其方差比$\boldsymbol{R}_w$的对角元素低10dB。在低信噪比(如-20dB)区域，这些随机变量使得$\boldsymbol{R}_w$成为一个随机矩阵。一个实现例子是

$$\boldsymbol{X} = \begin{pmatrix}0.043579 & 0.10556\\ 0.10556 & 0.14712\end{pmatrix}$$

假设$\boldsymbol{A}$是一个满足$q\boldsymbol{I} \leqslant \boldsymbol{A} \leqslant Q\boldsymbol{I}$的Hermitian算子。矩阵$Q\boldsymbol{I}-\boldsymbol{A}$和$\boldsymbol{A}-q\boldsymbol{I}$是正定矩阵，且可相互交换(参见参考文献[109]第95页)。由于$\boldsymbol{R}_w$是正定矩阵(当然也是Hermitian矩阵)，因而我们有

$$q\boldsymbol{I} \leqslant \boldsymbol{R}_w \leqslant Q\boldsymbol{I}$$

随机矩阵$\boldsymbol{X} = \frac{1}{\sigma_w^2}\boldsymbol{R}_w - \boldsymbol{I}$是Hermitian矩阵，但不一定是正定矩阵。$\boldsymbol{X}$是Hermitian矩阵，因为其特征值一定是实数。在这种背景中，Hoffman-Wielandt是相关的。

引理3.1(Hoffman-Wielandt)(参见文献[16]第21页)假定$\boldsymbol{A}$和$\boldsymbol{B}$是$N\times N$ Hermitian矩阵，其特征值分别为$\lambda_1^A \leqslant \lambda_2^A \leqslant \cdots \leqslant \lambda_N^A$和$\lambda_1^B \leqslant \lambda_2^B \leqslant \cdots \leqslant \lambda_N^B$。于是，有

$$\sum_{i=1}^{N}\left|\lambda_i^A - \lambda_i^B\right| \leqslant \mathrm{Tr}(\boldsymbol{A}-\boldsymbol{B})^2 \tag{3-5}$$

其中，$\boldsymbol{X}$ 和 $\boldsymbol{Y}$ 是随机对称矩阵。

式(3-5)可用于约束 $\boldsymbol{A}$ 和 $\boldsymbol{B}$ 间的特征值之差。

3.3 样本协方差矩阵

在第3.2节中，假设检验需要真协方差矩阵。在实践中，我们只需考虑随机矩阵的样本协方差矩阵。我们先介绍一些与样本协方差矩阵相关的基本定义和性质。随机矩阵 $\boldsymbol{S}$ 的行列式 $\det\boldsymbol{S}$(又称广义方差)具有非常特殊的意义。在多维统计分析中，它是衡量传播的一项重要指标。

3.3.1 数据矩阵

通常，我们将 $n \times N$ 数据矩阵记为 $\boldsymbol{X}$ 或 $\boldsymbol{X}(n \times N)$。第 i 行第 j 列对应的元素可表示为 x_{ij}。我们将矩阵表示为 $\boldsymbol{X} = (x_{ij})$。$\boldsymbol{X}$ 的行可以表示为

$$\boldsymbol{x}_1^T, \boldsymbol{x}_2^T, \cdots, \boldsymbol{x}_n^T$$

或者

$$\boldsymbol{X} = \begin{bmatrix} \boldsymbol{x}_1^T \\ \boldsymbol{x}_2^T \\ \vdots \\ \boldsymbol{x}_n^T \end{bmatrix} = [\boldsymbol{x}_{(1)}, \boldsymbol{x}_{(2)}, \cdots, \boldsymbol{x}_{(N)}]$$

其中

$$\boldsymbol{x}_i = \begin{bmatrix} x_{i1} \\ x_{i2} \\ \vdots \\ x_{iN} \end{bmatrix} (i=1, 2, \cdots, n), \boldsymbol{x}_{(j)} = \begin{bmatrix} x_{1j} \\ x_{2j} \\ \vdots \\ x_{Nj} \end{bmatrix} (j=1, 2, \cdots, N)$$

例3.3(随机矩阵)

MATLAB代码：$N=1000$，$X=randn(N, N)$。该代码生成一个 1000×1000 的随机矩阵。

$r=randn(n)$ 返回一个 $n \times n$ 矩阵，该矩阵包含从标准正态分布得到的伪随机值。*randn* 返回一个标量。*randn*(*size*(*A*))返回一个与 A 大小相同的阵列。

(1)从均值为1、标准差为2的正态分布生成系列值。$r=1+2.*randn(100, 1)$。

(2)从指定均值向量和协方差矩阵的二元正态分布生成系列值。*mu* = [1, 2]; *Sigma* = [1　.5;.5　2]; *R* = *chol*(*Sigma*); *z* = *repmat*(*mu*, 100, 1) + *randn*(100, 2) * *R*。

3.3.1.1 平均向量和协方差矩阵

第 i 个变量的样本均值是

$$\bar{x}_i = \frac{1}{n}\sum_{l=1}^{n} x_{1i} \tag{3-6}$$

且第 i 个变量的样本方差为

$$s_{ii} = \frac{1}{n}\sum_{l=1}^{n}(x_{li} - \bar{x}_i) = s_i^2,\ i = 1,\ \cdots,\ N \tag{3-7}$$

第 i 个变量和 j 个变量之间的样本协方差为

$$s_{ij} = \frac{1}{n}\sum_{l=1}^{n}(x_{li} - \bar{x}_i)(x_{lj} - \bar{x}_j) \tag{3-8}$$

向量 $\boldsymbol{x}$ 的均值为

$$\bar{\boldsymbol{x}} = \begin{bmatrix} \bar{x}_1 \\ \bar{x}_2 \\ \vdots \\ \bar{x}_N \end{bmatrix} \tag{3-9}$$

称为样本均值向量，或简称为“均值向量”。$N \times N$ 矩阵

$$\boldsymbol{S} = (s_{ij})$$

称为样本协方差矩阵，或简称为“协方差矩阵”。使用矩阵符号来表示统计量更为简便。与式(3-6)和式(3-9)式相对应，我们有

$$\bar{\boldsymbol{x}} = \frac{1}{n}\sum_{l=1}^{n}\boldsymbol{x}_l = \frac{1}{n}\boldsymbol{X}^T\boldsymbol{1} \tag{3-10}$$

其中，$\boldsymbol{1}$ 是 n 个 1 的列向量。另一方面，由于

$$s_{ij} = \frac{1}{n}\sum_{l=1}^{n}x_{li}x_{lj} - \bar{x}_i\bar{x}_j$$

于是有

$$\boldsymbol{S} = \frac{1}{n}\sum_{l=1}^{n}(\boldsymbol{x}_l - \bar{\boldsymbol{x}})(\boldsymbol{x}_l - \bar{\boldsymbol{x}})^T = \frac{1}{n}\sum_{l=1}^{n}\boldsymbol{x}_l\boldsymbol{x}_l^T - \bar{\boldsymbol{x}}\,\bar{\boldsymbol{x}}^T \tag{3-11}$$

使用式(3-10)，它可以表示为

$$\boldsymbol{S} = \frac{1}{n}\boldsymbol{X}^T\boldsymbol{X} - \bar{\boldsymbol{x}}\,\bar{\boldsymbol{x}}^T = \frac{1}{n}(\boldsymbol{X}^T\boldsymbol{X} - \frac{1}{n}\boldsymbol{X}11^T\boldsymbol{X})$$

记

$$\boldsymbol{H} = \boldsymbol{I} - \frac{1}{n}11^T$$

其中，$\boldsymbol{H}$ 称为中心矩阵，我们得到如下标准形式

$$\boldsymbol{S} = \frac{1}{n}\boldsymbol{X}^T\boldsymbol{H}\boldsymbol{X} \tag{3-12}$$

这是样本协方差矩阵的一种简便矩阵表达式。我们总计需要 nN 个样本点来估计样本协方差矩阵 $\boldsymbol{S}$。转向表格，我们可以将 nN 个样本点的信息“归纳”到单一矩阵 $\boldsymbol{S}$ 中。在频谱感知中，我们会得到某些随机变量的长记录数据或大数据维度的一个随机向量。

例 3.4（样本协方差矩阵表达式）

假定样本量总计为 10^5 个点，那么需要多少个样本协方差矩阵？采集一个由 1024 个点构成的数据段，形成 $N(N=32)$ 维向量。这些 N 维数据向量可用于形成 $N \times N$ 样本协方差矩阵 $\boldsymbol{S}$。

这样，我们有 $K = 10^5/1025 = 97$ 个数据段。依据每个数据段，我们可以对本协方差

矩阵进行估计。因此,我们有 $K=97$ 的样本协方差矩阵。换言之,可以得到 K 个矩阵 $\boldsymbol{S}_1, \boldsymbol{S}_2, \cdots, \boldsymbol{S}_K$。

让我们对 $\boldsymbol{S}$ 最重要的性质进行检查:$\boldsymbol{S}$ 是一个半正定矩阵。由于 $\boldsymbol{H}$ 是对称幂等矩阵:$\boldsymbol{H}=\boldsymbol{H}^T$,$\boldsymbol{H}=\boldsymbol{H}^2$,对于任意 N 向量 $\boldsymbol{a}$,有

$$\boldsymbol{a}^T\boldsymbol{S}\boldsymbol{a}=\frac{1}{n}\boldsymbol{a}^T\boldsymbol{X}^T\boldsymbol{H}^T\boldsymbol{H}\boldsymbol{X}\boldsymbol{a}=\frac{1}{n}\boldsymbol{y}^T\boldsymbol{y}\geqslant 0$$

其中,$\boldsymbol{y}=\boldsymbol{H}\boldsymbol{X}\boldsymbol{a}$。因此,协方差矩阵 $\boldsymbol{S}$ 是半正定的,即

$$\boldsymbol{S}\geqslant 0$$

对于连续数据来说,如果 $n\geqslant N+1$,则我们希望 $\boldsymbol{S}$ 不仅是半正定的,而且是正定的,即

$$\boldsymbol{S}>0$$

通常定义除数为 $n-1$ 的协方差矩阵要比除数为 n 的协方差矩阵要简便。设定

$$\boldsymbol{S}_u=\frac{1}{n-1}\boldsymbol{X}^T\boldsymbol{H}\boldsymbol{X}=\frac{n}{n-1}\boldsymbol{S}$$

如果数据形成一个服从多元分布(该多元分布包含有限二阶矩)的随机向量样本,则 $\boldsymbol{S}_u$ 是真协方差矩阵的无偏估计。参见文献[110]第 50 页中的定理 2.8.2。

第 i 个和第 j 个变量之间的样本相关系数是

$$\rho_{ij}=\frac{s_{ij}}{s_i s_j}$$

与 s_{ij} 不同,当第 i 个变量和第 j 个变量的尺度和原点都发生变化时,样本相关系数是**不变**的。这一性质是随机向量之间相关结构检测的基础。显然

$$0\leqslant|\rho_{ij}|\leqslant 1$$

其中,$|a|$ 表示 a 的绝对值。样本相关矩阵可定义为

$$\sum=(\rho_{ij})$$

且 $\rho_{ii}=1$,可以推出

$$\sum\geqslant 0$$

如果 $\sum=\boldsymbol{I}$,则我们称变量不相关。这就是高斯白噪声的情形。如果 $\boldsymbol{D}=diag(s_i)$,则有

$$\sum=\boldsymbol{D}^{-1}\boldsymbol{S}\boldsymbol{D}^{-1},\ \boldsymbol{S}=\boldsymbol{D}\sum\boldsymbol{D}$$

3.3.1.2 多元散射测量

矩阵 $\boldsymbol{S}$ 是变量单元概念多元生成的一种可能结果,用于对高于均值的散射进行测量。在物理上,方差等价于随机向量的力量功率。例如,对于一个高斯白噪声随机变量来说,其方差等于功率。

有时对于假设检验问题,我们宁愿使用单一数字来衡量多元散射。当然,矩阵 S 包含比单一实数更多的结构("信息")。两种常见的量度是

1. 广义方差 $\det\boldsymbol{S}$ 或 $|\boldsymbol{S}|$。

2. 总方差 Tr$\boldsymbol{S}$。

大体上，这些量度的动机是我们将在后续章节提到的主成分分析（PCA）。对于这两种量度，数值越大，表明平均向量 $\bar{\boldsymbol{x}}$ 的散射度越高（即物理功率较大）。数值越小，代表平均向量 $\bar{\boldsymbol{x}}$ 的集中度。两种不同的量度从不同方面反映了数据变化。在最大似然（ML）估计中，广义方差起着重要的作用；而在主成分分析中，总方差是一个非常有用的概念。在低信噪比检测的背景下，当决定两个备择假设时，总方差似乎是一种更为敏感的量度。

在20世纪50年代期间，当研究人员试图为多元数据散射寻找一种标量量度时，就产生了研究统计量的（经验）统计样本协方差矩阵的必要性（参见文献[111]第2章）。在假设检验的背景下，散射的标量量度是相关的。

3.3.1.3 线性组合

线性变换能够简化协方差矩阵的结构，使得对数据的解释更加简单。考虑一个线性组合

$$y_l = a_1 x_{l1} + a_2 x_{l2} + \cdots + a_N x_{lN}, \ l = 1, 2, \cdots, n$$

其中，$a_1, \cdots, a_N$已知。根据式(3-10)，均值为

$$\bar{y} = \frac{1}{n}\sum_{l=1}^{n} y_l = \frac{1}{n}\boldsymbol{a}^T\sum_{l=1}^{n}\boldsymbol{x}_l = \boldsymbol{a}^T\bar{\boldsymbol{x}}$$

方差为

$$s_y^2 = \frac{1}{n}\sum_{l=1}^{n}(y_l - \bar{y})^2 = \frac{1}{n}\sum_{l=1}^{n}\boldsymbol{a}^T(\boldsymbol{x}_l - \bar{\boldsymbol{x}})(\boldsymbol{x}_l - \bar{\boldsymbol{x}})^T\boldsymbol{a} = \boldsymbol{a}^T\boldsymbol{S}_x\boldsymbol{a}$$

此时用到了式(3-11)。

对于 q 维的线性变换，我们有

$$\boldsymbol{y}_l = \boldsymbol{A}\boldsymbol{x}_l + \boldsymbol{b}, \ l = 1, 2, \cdots, n$$

它可表示为

$$\boldsymbol{Y} = \boldsymbol{X}\boldsymbol{A}^T + \boldsymbol{I}\mathrm{b}^T$$

其中，$\boldsymbol{Y}$ 为 $q\times q$ 矩阵；$\boldsymbol{b}$ 是一个 q 向量。通常情况下，$q \leqslant N$。

新对象 $\boldsymbol{y}_l$的平均向量和协方差矩阵是

$$\bar{\boldsymbol{y}} = \bar{\boldsymbol{x}} + \boldsymbol{b}$$

$$\boldsymbol{S}_y = \frac{1}{n}\sum_{l=1}^{n}(\boldsymbol{y}_l - \bar{\boldsymbol{y}})(\boldsymbol{y}_l - \bar{\boldsymbol{y}})^T = \boldsymbol{A}\boldsymbol{S}_x\boldsymbol{A}^T$$

如果 $\boldsymbol{A}$ 是非奇异的（特别是当 $q = N$ 时），则有

$$\boldsymbol{S}_x = \boldsymbol{A}^{-1}\boldsymbol{S}_y(\boldsymbol{A}^T)^{-1} = \boldsymbol{A}^{-1}\boldsymbol{S}_y\boldsymbol{A}^{-T}$$

这里，我们给出3个最重要的实例：标度变换；马氏变换；主成分变换（或分析）。

3.3.1.4 标度变换

我们的研究对象为 N 维的 n 个向量。标度变换可定义为

$$\boldsymbol{y}_l = \boldsymbol{D}^{-1}(\boldsymbol{x}_l - \bar{\boldsymbol{x}}), \ l = 1, 2, \cdots, n$$

$$\boldsymbol{D} = diag(s_i)$$

这种变换规定每个变量都具有单位方差，从而消除了标度选择中的任意性。例如，

如果 $\boldsymbol{x}_{(1)}$ 测量长度，则 $\boldsymbol{y}_{(1)}$ 也是如此。我们有

$$\boldsymbol{S}_y = \sum$$

3.3.1.5 马氏变换

如果 $\boldsymbol{S}>0$，则 $\boldsymbol{S}^{-1}$ 具有一个唯一对称正定平方根 $\boldsymbol{S}^{-1/2}$。参见文献[110]中的 A.6.15。我们将马氏变换定义为

$$z_l = \boldsymbol{S}_x^{-1/2}(\boldsymbol{x}_l - \bar{\boldsymbol{x}}),\ l=1,\ 2,\ \cdots,\ n$$

于是有

$$\boldsymbol{S}_z = \boldsymbol{I}$$

这样该变换消除了变量之间的相关性，并实现了每个变量方差的标准化。

3.3.1.6 主成分分析

在高维数据处理时代，主成分分析(PCA)对于数据降维是极其重要的。人们可以通过使用低维数据来归纳总方差。在这种背景下，数据矩阵秩的概念应运而生。对于零平均随机向量，从式(3-12)可以推出

$$\boldsymbol{S} = \frac{1}{2}\boldsymbol{X}^T\boldsymbol{X}$$

这种数学结构在其应用中起着关键性作用。根据谱分解定理，协方差矩阵 $\boldsymbol{S}$ 可以表示为

$$\boldsymbol{S} = \boldsymbol{U}\boldsymbol{\Lambda}\boldsymbol{U}^T$$

其中，$\boldsymbol{U}$ 是正交矩阵，Λ 是由 $\boldsymbol{S}$ 特征值构成的对角矩阵，即

$$\Lambda = diag[\ \lambda_1\ \lambda_2 \cdots\ \lambda_N]$$

主成分变换可由酉旋转进行定义

$$\boldsymbol{w}_l = \boldsymbol{U}^T(\boldsymbol{x}_l - \bar{\boldsymbol{x}}),\ l=1,\ 2,\ \cdots,\ N$$

由于

$$\boldsymbol{S}_w = \boldsymbol{U}^T\boldsymbol{S}_x\boldsymbol{U} = \Lambda$$

因而 $\boldsymbol{W}$ 的列(称为主成分)可用于表示变量的不相关线性组合。在实践中，人们希望仅使用具有最高方差的主成分来归纳数据的主要变化，从而降低维度。这种方法是降维的基准。

主成分是不相关的，其方差分别为

$$\lambda_1,\ \lambda_2,\ \cdots,\ \lambda_N$$

采用某种关于 $\lambda_1, \lambda_2, \cdots, \lambda_n$(诸如几何平均和算术平均)的对称单调递增函数来定义数据的"整体"传播似乎是很自然的事情

$$\prod_{i=1}^{N}\lambda_i \text{ 或 } \sum_{i=1}^{N}\lambda_i$$

利用线性代数的性质，我们有

$$\det\boldsymbol{S}_x = \det\Lambda = \prod_{i=1}^{N}\lambda_i$$

$$\mathrm{Tr}\boldsymbol{S}_x = \mathrm{Tr}\Lambda = \sum_{i=1}^{N}\lambda_i$$

我们使用了一个事实，即对于 $N\times N$ 矩阵来说

$$\det\boldsymbol{A} = \prod_{i=1}^{N}\lambda_i,\ \mathrm{Tr}\boldsymbol{A} = \sum_{i=1}^{N}\lambda_i$$

其中，λ_i是矩阵 $\boldsymbol{A}$ 的特征值。参见文献[110] 第 A. 6 节或参考文献[112]，由于非负序列的几何平均总是小于非负序列的算术平均，或者依据参考文献[113]，有

$$(a_1a_2\cdots a_n)^{1/n}\leqslant\frac{a_1+a_2+\cdots+a_n}{n}$$

其中，a_i为非负实数。此外，$\boldsymbol{S}\geqslant 0$ 的特殊结构，意味着所有特征值都是非负的(参见文献[114]第 160 页)

$$\lambda_i(S)\geqslant 0$$

因此，在我们的情形中，算术平均-几何平均不等式是有效的。最后，我们得到

$$(\det\boldsymbol{S}_x)^{\frac{1}{N}}\leqslant\frac{1}{N}\mathrm{Tr}\boldsymbol{S}_x \tag{3-13}$$

主成分的旋转为测量多元散射提供了动机。让我们考虑频谱感知中的一种应用。基于协方差的主用户信号检测背后的核心思想是由于色射信道、多接收天线的效用，甚至是过采样，因而认知无线电(CR)用户处接收到的主用户信号通常是相关的。认知无线电(CR)用户可利用这种相关性，将主信号与白噪声区分开来。

由于 $\boldsymbol{S}_x$是一个随机矩阵，因而 $\det\boldsymbol{S}_x$和 $\mathrm{Tr}\boldsymbol{S}_x$都是标量随机变量。Girko 对随机行列式进行了研究[111]。式(5-21)将行列式与随机矩阵 $\boldsymbol{S}_x$的迹关联起来。在第 4 章中，经常会遇到 $\boldsymbol{S}_x$的迹函数。

例 3. 5(基于协方差的检测)

接收信号为

$$y(n) = \theta s(n) + w(n),\ 0\leqslant n\leqslant N-1$$

其中，$\theta=1$ 和 $\theta=0$ 分别表示主信号存在和不存在。接收信号的样本协方差矩阵可估计为

$$\hat{\boldsymbol{R}}_y = \frac{1}{N}\sum_{n=1}^{N}\boldsymbol{y}[n]\boldsymbol{y}^H[n]$$

$$\boldsymbol{y}[n] = [y[n]y[n-1],\ \cdots,\ y[n-L+1]]^T \tag{3-14}$$

当样本数 N 趋近于无穷大时，$\hat{\boldsymbol{R}}_y$的收敛概率为

$$\boldsymbol{R}_y = E\{[n]\boldsymbol{y}[n]^H\} = \theta\boldsymbol{R}_s + \boldsymbol{R}_w$$

式中，$\boldsymbol{R}_s$和 $\boldsymbol{R}_w$分别是主信号向量 $\boldsymbol{s}[n]=[s[n],\ s[n-1],\ \cdots,\ s[n-L+1]]^T$和噪声向量 $\boldsymbol{w}[n]=[w[n],\ w[n-1],\ \cdots,\ w[n-L+1]]^T$的 $L\times L$ 协方差矩阵。

我们的标准问题是

$$\begin{aligned}\mathcal{H}_0&:\boldsymbol{R}_x = \boldsymbol{R}_w\\ \mathcal{H}_1&:\boldsymbol{R}_x = \boldsymbol{R}_s + \boldsymbol{R}_w\end{aligned} \tag{3-15}$$

其中，$\boldsymbol{R}_s$和 $\boldsymbol{R}_w$分别是信号和噪声的协方差矩阵。

基于样本协方差矩阵$\hat{\boldsymbol{R}}_y$，可以使用各种检验统计量。假定 $\mu_{\min}$和 $\mu_{\max}$分别表示$\hat{\boldsymbol{R}}_y$的最小和最大特征值。于是，有

$$\mathcal{H}_0: \sigma_n^2 \leqslant \lambda_i \leqslant \sigma_n^2$$

$$\mathcal{H}_1: \alpha_{\min} + \sigma_n^2 \leqslant \lambda_i \leqslant \alpha_{\max} + \sigma_n^2$$

其中，设 $\alpha_{\min}$ 和 $\alpha_{\max}$ 分别是 $\boldsymbol{R}_s$ 和 $\boldsymbol{R}_w = \sigma_n^2 \boldsymbol{I}_L$ 的最大和最小特征值；σ_n^2 是噪声功率；$\boldsymbol{I}_L$ 是 $L \times L$ 单位矩阵。由于抽样信号之间存在相关性 $\alpha_{\max} > \alpha_{\min}$，因而如果主信号不存在，则有

$$\frac{\mu_{\max}}{\mu_{\min}} = 1$$

否则

$$\frac{\mu_{\max}}{\mu_{\min}} > 1$$

基于上述启发式，最大最小特征值算法可表述如下：

1. 根据式(3-14)来估计接收信号的协方差矩阵。
2. 计算的最大特征值和最小特征值之比。
3. 如果比值 $\frac{\mu_{\max}}{\mu_{\min}} > 1$，则选择假设 $\mathcal{H}_1$；否则，选择假设 $\mathcal{H}_0$。

在低信噪比(SNR)背景下，最大最小特征值算法比较简单，且在性能方面有着不俗的表现。当信噪比极低(如 -25dB)时，计算出来的样本协方差矩阵特征值是随机的，且看上去相同。作为该现象的结果，可以对该算法进行分解。需要注意的是，特征值是主成分的方差。问题是该算法与一维方差(与最小或最大特征值相关)有关。

不同分量的方差是不相关的随机变量。因此，使用总方差或全变差更为自然。

3.4　具有独立行的随机矩阵

我们重点研究随机矩阵的通用模型。在该模型中，我们假定各行(而不是各项)相互独立。这些矩阵可由高维分布自然产生。事实上，给定 $\mathbb{R}^n$ 中的任一概率分布，我们可以找到一个由 N 个独立点构成的样本，并将其作为 $N \times n$ 矩阵 $\boldsymbol{A}$ 的行。n 是概率空间的维数。

设 X 是 $\mathbb{R}^n$ 中的一个随机向量。简单起见，我们假定 $\boldsymbol{X}$ 是中心向量，或 $\mathbb{E}\boldsymbol{X} = 0$。这里，$\mathbb{E}\boldsymbol{X}$ 表示 $\boldsymbol{X}$ 的期望值。$\boldsymbol{X}$ 的协方差矩阵是 $n \times n$ 矩阵 $\boldsymbol{\Sigma} = \mathbb{E}\boldsymbol{X}\boldsymbol{X}^T$。估计 $\boldsymbol{\Sigma}$ 最简单的方法是从分布中选取 N 个独立样本 X_i，形成样本协方差矩阵 $\boldsymbol{\Sigma}_N = \frac{1}{N}\sum_{i=1}^{N} \boldsymbol{X}_i \boldsymbol{X}_i^T$。根据大数定律，可以确保得到我们想要的协方差矩阵估计值。但是，这并未解决定量问题，即为确保达到给定准确度近似值所需的最小样本量是多少?

当我们将样本 $\boldsymbol{X}_i =: A_i$ 作为 $N \times n$ 随机矩阵 $\boldsymbol{A}$ 的行时，则该问题与随机矩阵理论之间的关系就变得比较清晰。于是，样本协方差矩阵可表示为 $\boldsymbol{\Sigma}_N = \frac{1}{N}\boldsymbol{A}^* \boldsymbol{A}$。需要注意的是，$\boldsymbol{A}$ 是一个具有独立行的矩阵，但它通常无法保证各项都独立。参考文献[107]对此类分别服从亚高斯分布和一般分布的矩阵进行了分析。

由于高斯噪声的存在，因而我们经常会遇到亚高斯分布的方差估计问题。考虑 $\mathbb{R}^n$

中协方差为 $\boldsymbol{\Sigma}$ 的亚高斯分布，并假定 $\varepsilon \in (0, 1)$，$t \geqslant 1$。于是，概率至少为 $1-2\exp(-t^2 n)$

$$\text{如果 } N \geqslant C(t/\varepsilon)^2 n\text{，则} \|\boldsymbol{\Sigma}_N - \boldsymbol{\Sigma}\| \leqslant \varepsilon \tag{3-16}$$

这里，C 仅与从该分布得到的随机向量的亚高斯范数有关，$\boldsymbol{A}$ 的谱范数可表示为 $\|\boldsymbol{A}\|$，它等于 $\boldsymbol{A}$ 的最大奇异值，即 $s_{\max} = \|\boldsymbol{A}\|$

在采用一般噪音干扰模型时，同样会碰到任意分布的方差估计问题。考虑$\mathbb{R}^n$中协方差矩阵为 $\boldsymbol{\Sigma}$ 的亚高斯分布，一些中心欧氏球（半径用$\sqrt{m}$表示）支持这一分布。假定 $\varepsilon \in (0, 1)$，$t \geqslant 1$。于是，概率至少为 $1-n^{-t^2}$，我们得到

$$\text{如果 } N \geqslant C(t/\varepsilon)^2 \|\boldsymbol{\Sigma}\|^{-1} m\log n\text{，则} \|\boldsymbol{\Sigma}_N - \boldsymbol{\Sigma}\| \leqslant \varepsilon \|\boldsymbol{\Sigma}\| \tag{3-17}$$

这里，C 为绝对常数，log 表示自然对数。在式(3-17)中，典型情况下，有 $m = O(\|\boldsymbol{\Sigma}\| n)$。所需样本量为 $N \geqslant C(t/\varepsilon)^2 n\log n$。

我们使用了低秩估计，因为$\mathbb{R}^n$中信号的分布靠近低维子空间。在这种情况下，更小的样本量即可满足协方差估计的需要。分布的本征维数可用矩阵 $\boldsymbol{\Sigma}$ 的有效秩来衡量，其定义为

$$r(\boldsymbol{\Sigma}) = \frac{\mathrm{Tr}(\boldsymbol{\Sigma})}{\|\boldsymbol{\Sigma}\|} \tag{3-18}$$

其中，$\mathrm{Tr}(\boldsymbol{\Sigma})$表示$\boldsymbol{\Sigma}$ 的迹。$r(\boldsymbol{\Sigma}) \leqslant rank(\boldsymbol{\Sigma}) \leqslant n$ 总成立，且界限清晰。有效秩 $r = r(\boldsymbol{\Sigma})$ 始终控制着 $\boldsymbol{X}$ 的典型范数，因为 $E\|X\|_2^2 = \mathrm{Tr}(\boldsymbol{\Sigma}) = r\boldsymbol{\Sigma}$。在半径为$\sqrt{m}$（$m = O(r\|\boldsymbol{\Sigma}\|)$）的球中，大多数分布得到支持。当样本量 $N \geqslant C(t/\varepsilon)^2 r\log n$ 时，式(3-17)的结论成立。

归纳上述讨论结果，式(3-16)表明，$N = O(n)$的样本量完全可以满足用样本协方差矩阵来近似估计$\mathbb{R}^n$中亚高斯分布协方差矩阵的需要。而对于任意分布，$N = O(n\log n)$的样本量完全可以满足需要。对于近似低维的分布（如信号的分布）来说，更小的样本量完全可以满足需要。也就是说，如果 $\boldsymbol{\Sigma}$ 的有效秩等于 r，则充分样本量为 $N = O(r\log n)$。

样本协方差矩阵的每个测量值都是一个随机矩阵。我们可以研究观测随机矩阵的期望值。由于随机矩阵的期望值可以看作是一个凸组合，且半正定锥也是凸的（参见文献[115]第459页），因而期望值保留半定顺序[116]：

$$\boldsymbol{B} \geqslant \boldsymbol{A} \geqslant 0\text{，意味着} \mathbb{E}\boldsymbol{B} \geqslant \mathbb{E}\boldsymbol{A} \tag{3-19}$$

两个样本协方差矩阵的不可交换性：如果正定矩阵 $\boldsymbol{X}$ 和 $\boldsymbol{Y}$ 交换，则对称积为 $\boldsymbol{X} \circ \boldsymbol{Y} = \frac{1}{2}(\boldsymbol{XY} + \boldsymbol{YX}) \geqslant 0$，如果涉及两个样本协方差，则这不为真㊀。一个使用两个随机矩阵的简单 MATLAB 仿真可以验证这一结论。事实证明，该结论有一个基本特性：量子信息基于算子（矩阵）的不可交换性。如果矩阵 A 和 B 交换，则式(3-1)表示的假设检验问题等价于经典似然比检验问题[117]。这里提出了包括经典假设检验和量子假设检验（参考文献[117] 首次提出）在内的统一框架。

㊀ 如果我们已知真协方差矩阵，而不是样本协方差矩阵，则该命题为真。

当只有 N 个样本可用时,样本协方差矩阵可用于逼近实际矩阵。随机向量 $\boldsymbol{X} \in \mathbb{R}^n$ 用于噪声或干扰建模。同样,随机向量 $\boldsymbol{S} \in \mathbb{R}^n$ 用于信号建模。换言之,式(3-1)变为

$$\mathcal{H}_0: \boldsymbol{A} = \frac{1}{N}\sum_{i=1}^{N} \boldsymbol{X}_i \boldsymbol{X}_i^T = \hat{\boldsymbol{R}}_n$$

$$\begin{aligned}\mathcal{H}_1: \boldsymbol{B} &= \frac{1}{N}\sum_{i=1}^{N} \boldsymbol{S}_i \boldsymbol{S}_i^T + \frac{1}{N}\sum_{i=1}^{N} \boldsymbol{X}_i \boldsymbol{X}_i^T + \frac{1}{N}\sum_{i=1}^{N} \boldsymbol{S}_i \boldsymbol{X}^T + \frac{1}{N}\sum_{i=1}^{N} \boldsymbol{X}_i \boldsymbol{S}_i^T \\ &= \hat{\boldsymbol{R}}_s + \hat{\boldsymbol{R}}_n + \hat{\boldsymbol{R}}_{SX} + \hat{\boldsymbol{R}}_{XS} \end{aligned} \tag{3-20}$$

其中,$\hat{\boldsymbol{R}}_s \geqslant 0$,$\hat{\boldsymbol{R}}_n > 0$,$\boldsymbol{A} > 0$。

对于任意 $\boldsymbol{A} \geqslant 0$,$\boldsymbol{A}$ 的所有特征值都是非负的。由于 $\hat{\boldsymbol{R}}_{sx}$ 和 $\hat{\boldsymbol{R}}_{xs}$ 的一些特征值是负值,因而它们是小迹值的不定矩阵。在信噪比极低的情况下,与式(3-20)中的其他 3 项相比,正项(信号)$\hat{S}$是极小的。所有这些矩阵都是维度为 n 的随机矩阵。

我们的动机是利用式(3-19)中的基本关系。考虑随机矩阵 $\boldsymbol{A}$ 和 $\boldsymbol{B}$ 的(足够大)K 个独立同分布的测量值:

$$\mathcal{H}_0: \mathbb{E}\boldsymbol{A} \approx \frac{1}{K}\sum \boldsymbol{A}_k$$

$$\mathcal{H}_1: \mathbb{E}\boldsymbol{B} \approx \frac{1}{K}\sum \boldsymbol{B}_k \tag{3-21}$$

当前的问题是,融合中心如何合并来自于这 K 个测量值的信息使用。使用期望值的理由基于式(3-20)中的基本测量值:期望提高了有效信噪比。对于这 K 个测量值来说,需要对信号项进行相干求和,而其他 3 个随机矩阵则需要进行非相干求和。

仿真:在式(3-20)中,$\mathrm{Tr}\hat{\boldsymbol{R}}_{SX} + \mathrm{Tr}\hat{\boldsymbol{R}}_{XS}$不大于 0.5,因而它们对 $\mathrm{Tr}(\hat{\boldsymbol{R}}_S + \hat{\boldsymbol{R}}_n)$ 和 $\mathrm{Tr}\hat{\boldsymbol{R}}_n$之间的差距影响不大。图 3-1 表明,这种差距是非常稳定的。我们采用的是窄带信号。协方差矩阵 $\hat{\boldsymbol{R}}_S$是 4×4 矩阵。大约需要 25 个测量值即可以可接受的准确度恢复该矩阵。为了得到 $\hat{\boldsymbol{R}}_n$和 $\hat{\boldsymbol{R}}_{n_0}$,需要进行两次独立实验。在我们的算法中,需要针对$\mathcal{H}_1$ 假设检验预先设置阈值;在$\mathcal{H}_0$ 假设检验中,我们预先设置 $\hat{\boldsymbol{R}}_{n_0}$的阈值。为了得到图中的每个点,式(3-20)中使用的 $N=600$。

正定矩阵的集合记为$\mathbb{F}^{n \times n}$。下面的定理(参见参考文献[115]第 529 页)提供了一种框架:假设 $A, B \in \mathbb{F}^{n \times n}$,$\boldsymbol{A}$ 和 $\boldsymbol{B}$ 是半正定的,且 $\boldsymbol{A} \leqslant \boldsymbol{B}$,同时假设$f(0)=0$,$f$ 是连续递增的。于是,有

$$\mathrm{Tr} f(\boldsymbol{A}) \leqslant \mathrm{Tr} f(\boldsymbol{B}) \tag{3-22}$$

一种简单的情况是:$f(x)=x$。如果 $\boldsymbol{A}$ 和 $\boldsymbol{B}$ 是随机矩阵,将式(3-22)和式(3-19)结合起来,可得到最终结果

$$\mathrm{Tr} f(\mathbb{E}\boldsymbol{A}) \leqslant \mathrm{Tr} f(\mathbb{E}\boldsymbol{B}) \tag{3-23}$$

算法 3.1 (1)如果矩阵不等式(3-22)成立,则选择假设$\mathcal{H}_1$;(2)否则,选择假设$\mathcal{H}_0$。

考虑一般高斯检测问题:

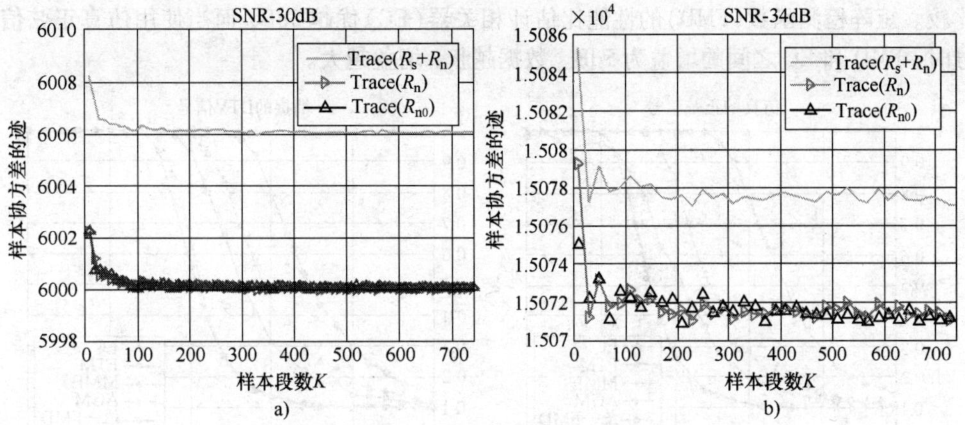

图 3-1 当信噪比极低时，协方差的迹是 K 个测量值的函数

a）SNR = −30dB b）SNR = −34dB

$$\mathcal{H}_0: \boldsymbol{x}=\boldsymbol{w}$$
$$\mathcal{H}_1: \boldsymbol{x}=\boldsymbol{s}+\boldsymbol{w}$$

其中

$$\boldsymbol{w} \sim \mathcal{N}(0, \boldsymbol{C}_w)$$
$$\boldsymbol{x} \sim \mathcal{N}(\mu_s, \boldsymbol{C}_s)$$

且 $\boldsymbol{s}$ 和 $\boldsymbol{w}$ 相互独立。如果$\dfrac{p(\boldsymbol{x};\mathcal{H}_0)}{p(\boldsymbol{x};\mathcal{H}_1)}>\gamma$，则奈曼-皮尔森检测器选择$\mathcal{H}_1$。这种似然比检验（LRT）会在估计相关器（EC）之后增加一种预白化结构（参见文献[118]第 167 页）。在我们的仿真中，我们假设信号和噪声的协方差矩阵是完全已知的。这可以作为似然比检验（LRT）检测器的上限。算法 3.1 竟然比似然比检验（LRT）算法优越若干 dB。这一发现是令人惊异的。

相关工作：在频谱感知中，研究人员已经提出了若干种基于样本协方差矩阵的算法。最大最小特征值（MME）[119] 和算术几何平均（Arithmetic-to-Geometric Mean，AGM）[120] 用到了特征值信息，而特征模板匹配（Feature Template Matching，FTM）[121] 使用特征向量作为先验知识。所有这些算法都是基于协方差矩阵的。所有阈值是由虚警概率确定的。

使用算法 3.1 的初步结果：研究人员使用了在华盛顿采集的正弦信号和数字电视信号。对于每次仿真，根据不同的 SNR 值添加零均值独立同分布高斯噪声。在每种 SNR 水平上进行 2000 次仿真。蒙特卡洛仿真得到的阈值与根据表达式推导出的阈值完全一致。数据段中包含的总样本数为 $N_s=100000$（对应于约 5ms 的采样时间）。所选的平滑因子 L 为 32。虚警概率是固定不变的 $P_{fa}=10\%$。对于模拟正弦信号，参数设置相同。

使用矩阵检测函数（Function of Matrix Detection，FMD）的假设检测基于式（3-23）。更多详细信息，读者可参见文献[122]。图 3-2 将矩阵检测函数（FMD）与基准估计相关器（EC）、算术几何平均（AGM）、特征模板匹配（FTM）、最大最小特征值（MME）进行了比较。矩阵检测函数(FMD)的性能比估计相关器(EC)优越3dB，而当使用仿真正弦信号时，FMD和EC之间的增益为5dB。数据越长，增益越大。

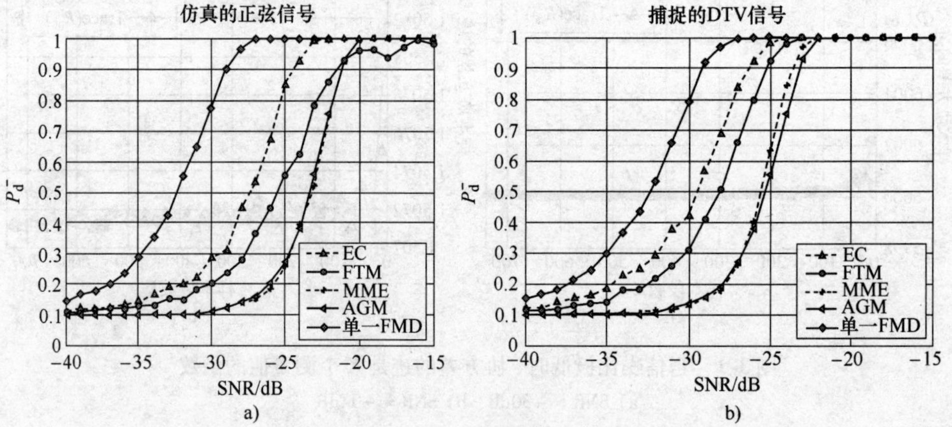

图3-2 检测概率

a）仿真窄带信号 b）实测DTV数据

3.5 多元正态分布

多元正态(Multivariate Normal, MVN)分布是科学与工程领域最重要的分布(参见文献[123]第55页)。其原因是多方面的：中心极限定理使其成为随机变量的某些和的极限分布，其边际分布是正态的，多元正态分布的线性变换也是正态的。假定

$$\boldsymbol{X} = [X_1 \quad X_2 \quad \cdots \quad X_N]^N$$

表示 $N \times 1$ 的随机向量。$\boldsymbol{X}$ 的均值为

$$\boldsymbol{m} = E\boldsymbol{X} = [m_1 \quad m_2 \cdots m_N]^T$$

$$m_i = EX_i$$

$\boldsymbol{X}$ 的协方差矩阵为

$$\boldsymbol{R} = E(\boldsymbol{X}-\boldsymbol{m})(\boldsymbol{X}-\boldsymbol{m})^T = \{r_{ij}\}$$

$$r_{ij} = E(X_i - m_i)(X_j - m_j)$$

我们将随机向量 $\boldsymbol{X}$ 称为多元正态分布，如果其密度函数满足

$$f(\boldsymbol{x}) = \frac{1}{(2\pi)^{N/2}(\det\boldsymbol{R})^{1/2}}\exp\left[-\frac{1}{2}(\boldsymbol{x}-\boldsymbol{m})^T\boldsymbol{R}^{-1}(\boldsymbol{x}-\boldsymbol{m})\right] \tag{3-24}$$

我们假定非负定矩阵 $\boldsymbol{R}$ 是非奇异的。由于密度函数的积分为1，从而有

$$\int\exp\left[-\frac{1}{2}(\boldsymbol{x}-\boldsymbol{m})^T\boldsymbol{R}^{-1}(\boldsymbol{x}-\boldsymbol{m})\right]dx = (2\pi)^{N/2}(\det\boldsymbol{R})^{1/2}$$

二次型

$$d^2 = (\boldsymbol{x}-\boldsymbol{m})^T\boldsymbol{R}^{-1}(\boldsymbol{x}-\boldsymbol{m})$$

是一种称为从 $\boldsymbol{x}$ 到 $\boldsymbol{m}$ 马氏距离的加权范数。

特征函数

$\boldsymbol{X}$ 的特征函数是密度的多维傅里叶变换，即

$$\Phi(\omega) = E\mathrm{e}^{-\mathrm{j}\omega^T x} = \int \mathrm{d}\boldsymbol{x} \frac{1}{(2\pi)^{N/2}(\det \boldsymbol{R})^{1/2}} \exp\left[-\mathrm{j}\omega^T \boldsymbol{X} - \frac{1}{2}(\boldsymbol{x}-\boldsymbol{m})^T \boldsymbol{R}^{-1}(\boldsymbol{x}-\boldsymbol{m})\right]$$

经过一些处理[123]，我们有

$$\omega = \exp\left\{-\mathrm{j}\omega^T \boldsymbol{m} - \frac{1}{2}\omega^T \boldsymbol{R}\omega\right\} \tag{3-25}$$

特征函数本身是频率变量 ω 的一个多元正态函数。

线性变换

假设 Y 是多元正态随机变量的线性变换，即

$$\boldsymbol{Y} = \boldsymbol{A}^T \boldsymbol{X}$$

$$\boldsymbol{A}^T : m \times N(m \leqslant N)$$

$\boldsymbol{Y}$ 的特征函数为

$$\Phi(\omega) = E\mathrm{e}^{-\mathrm{j}\omega^T Y} = E\mathrm{e}^{-\mathrm{j}\omega^T A^T x} = \exp\left\{-\mathrm{j}\omega^T \boldsymbol{A}^T \boldsymbol{m} - \frac{1}{2}\omega^T \boldsymbol{A}^T \boldsymbol{R}\boldsymbol{A}\omega\right\}$$

因此，如果矩阵 $\boldsymbol{A}^T\boldsymbol{R}\boldsymbol{A}$ 是非奇异的，则 $\boldsymbol{Y}$ 也是一个具有新均值矢量和新方差矩阵的多元正态随机变量，即

$$\boldsymbol{Y} = \boldsymbol{A}^T\boldsymbol{X} : \mathcal{N}[\boldsymbol{A}^T\boldsymbol{m}, \boldsymbol{A}^T\boldsymbol{R}\boldsymbol{A}]$$

对角化变换

相关矩阵是对称和非负定的。换言之，$R \geqslant 0$。因此，存在一个正交矩阵 $\boldsymbol{U}$，使得

$$\boldsymbol{U}^T\boldsymbol{R}\boldsymbol{U} = diag[\lambda_1^2 \cdots \lambda_N^2]$$

向量 $\boldsymbol{Y} = \boldsymbol{U}^T\boldsymbol{X}$ 的分布为

$$\boldsymbol{Y} = \boldsymbol{U}^T\boldsymbol{X} : \mathcal{N}[\boldsymbol{U}^T\boldsymbol{m}, diag[\lambda_1^2 \cdots \lambda_N^2]]$$

随机变量 $Y_1, Y_2, \cdots, Y_N$ 是不相关的，因为

$$E(\boldsymbol{Y} - \boldsymbol{U}^T\boldsymbol{m})(\boldsymbol{Y} - \boldsymbol{U}^T\boldsymbol{m})^T = \boldsymbol{U}^T\boldsymbol{R}\boldsymbol{U} = diag[\lambda_1^2 \cdots \lambda_N^2]$$

事实上，Y_n 是独立正态随机变量，其均值为 $\boldsymbol{U}^T\boldsymbol{m}$，方差为 λ_n^2：

$$f(\boldsymbol{y}) = \prod_{n=1}^{N} (2\pi\lambda_n^2)^{-1/2} \exp\left\{-\frac{1}{2\lambda_n^2}[y_n - (\boldsymbol{U}^T\boldsymbol{m})_n]^2\right\}$$

我们将这种变换 $\boldsymbol{Y} = \boldsymbol{U}^T\boldsymbol{X}$ 称为卡亨南-拉维变换或霍特林变换。它只是简单地实现了协方差矩阵的对角化

$$\boldsymbol{R} : \boldsymbol{U}^T\boldsymbol{R}\boldsymbol{U} = \Lambda^2$$

这种变换可以使用一种称为 *eig* 或 *svd* 的函数在 MATLAB 中实现。

多元正态（MVN）随机变量的二次型

多元正态（MVN）随机变量的线性函数仍然服从多元正态（MVN）分布。在广义似然比检验（GLRT）中，涉及多元正态（MVN）的二次型。人们自然会提出问题：多元正态（MVN）的二次型是什么？在一些重要的情况下，二次型具有 χ^2 分布。假定 $\boldsymbol{X}$ 表示一个 $\mathcal{N}[\boldsymbol{m}, \boldsymbol{R}]$ 随机变量。分布

$$Q=(\boldsymbol{X}-\boldsymbol{m})^T\boldsymbol{R}^{-1}(\boldsymbol{X}-\boldsymbol{m})$$

服从χ_N^2分布。Q 的特征函数是

$$\begin{aligned}\Phi(\omega) &= E\mathrm{e}^{-\mathrm{j}\omega Q} = \int \mathrm{d}\boldsymbol{x}\exp[-\mathrm{j}\omega(\boldsymbol{X}-\boldsymbol{m})^T\boldsymbol{R}^{-1}(\boldsymbol{X}-\boldsymbol{m})] \\ &\quad \times \frac{1}{(2\pi)^{N/2}(\det\boldsymbol{R})^{1/2}}\exp\left[-\frac{1}{2}(\boldsymbol{x}-\boldsymbol{m})^T\boldsymbol{R}^{-1}(\boldsymbol{x}-\boldsymbol{m})\right] \\ &\quad \int \mathrm{d}\boldsymbol{x}\frac{1}{(1+2\mathrm{j}\omega)^{N/2}}\frac{1}{(2\pi)^{N/2}(\det\boldsymbol{R})^{1/2}}(1+2\mathrm{j}\omega)^{N/2} \\ &\quad \times\exp\left[-\frac{1}{2}(\boldsymbol{x}-\boldsymbol{m})^T\boldsymbol{R}^{-1}(\boldsymbol{I}+2\mathrm{j}\omega\boldsymbol{I})(\boldsymbol{x}-\boldsymbol{m})\right] \\ &= \frac{1}{(1+2\mathrm{j}\omega)^{N/2}}\end{aligned}$$

它是自由度为 N 的卡方分布(用χ_N^2表示)的特征函数。Q 的密度函数是傅里叶逆变换

$$f(q)=\frac{1}{\Gamma(N/2)2^{N/2}}q^{(N/2)-1}\mathrm{e}^{-q/2};q\geqslant 0$$

Q 的均值和方差可由特征函数得到,即

$$EQ=N$$
$$\mathrm{Var}Q=2N$$

有时,我们会遇到对称矩阵 $\boldsymbol{P}$ 中更一般的二次型:

$$Q=(\boldsymbol{X}-\boldsymbol{m})^T\boldsymbol{P}(\boldsymbol{X}-\boldsymbol{m})$$
$$\boldsymbol{X}:N[\boldsymbol{m},\boldsymbol{R}]$$

Q 的均值和方差分别为

$$EQ=\mathrm{Tr}\boldsymbol{PR}$$
$$\mathrm{Var}=2\mathrm{Tr}(\boldsymbol{PR})^2$$

Q 的特征函数为

$$\begin{aligned}\Phi(\omega) &= \int \mathrm{d}\boldsymbol{x}\frac{1}{(2\pi)^{N/2}(\det\boldsymbol{R})^{1/2}}\exp\left[-\frac{1}{2}(\boldsymbol{x}-\boldsymbol{m})^T(\boldsymbol{I}+2\mathrm{j}\omega\boldsymbol{PR})(\boldsymbol{x}-\boldsymbol{m})\right] \\ &= \int \mathrm{d}\boldsymbol{x}\frac{1}{(2\pi)^{N/2}}\frac{1}{\{\det[\boldsymbol{R}(\boldsymbol{I}+2\mathrm{j}\omega\boldsymbol{PR})^{-1}]\}^{1/2}}\frac{1}{[\det(\boldsymbol{I}+2\mathrm{j}\omega\boldsymbol{PR})]^{1/2}} \\ &\quad \times\exp\left[-\frac{1}{2}(\boldsymbol{x}-\boldsymbol{m})^T(\boldsymbol{I}+2\mathrm{j}\omega\boldsymbol{PR})(\boldsymbol{x}-\boldsymbol{m})\right] \\ &= \frac{1}{[\det(\boldsymbol{I}+2\mathrm{j}\omega\boldsymbol{PR})]^{1/2}}\end{aligned}$$

如果 $\boldsymbol{PR}$ 是对称的:$\boldsymbol{PR}=\boldsymbol{RP}$,则特征函数为

$$\Phi(\omega)=\frac{1}{\prod_{n=1}^{N}(1+2\mathrm{j}\omega\lambda_n)^{1/2}}$$

其中,λ_n是 $\boldsymbol{PR}$ 的特征值。这是χ_r^2随机变量的特征函数,当且仅当

$$\lambda_n=\begin{cases}1, & n=1,2,\cdots,r\\0, & n=r+1,\cdots,N\end{cases}$$

如果 $\boldsymbol{R}=\boldsymbol{I}$，这意味着 $\boldsymbol{X}$ 由独立分量构成的，则二次型 Q 服从 χ_r^2 分布，当且仅当 $\boldsymbol{P}$ 是幂等的，即

$$\boldsymbol{P}^2=\boldsymbol{P}$$

我们称该矩阵为投影矩阵。我们有如下结果：如果 $\boldsymbol{X}$ 服从 $\mathcal{N}[0,\boldsymbol{I}]$ 分布，$\boldsymbol{P}$ 是一个秩为 r 的投影，线性变换 $\boldsymbol{Y}=\boldsymbol{PX}$ 服从 $\mathcal{N}[0,\boldsymbol{P}]$ 分布，二次型 $\boldsymbol{Y}^T\boldsymbol{Y}=\boldsymbol{Y}^T\boldsymbol{PX}$ 服从 χ_r^2 分布。更一般地，如果 X 服从 $\mathcal{N}[0,\boldsymbol{R}]$ 分布，$\boldsymbol{R}=\boldsymbol{U\Lambda}_r^{-1}\boldsymbol{U}^T$，$\boldsymbol{\Lambda}^2=diag[\lambda_1^2\lambda_2^2\cdots\lambda_N^2]$，则 $\boldsymbol{PRP}=\boldsymbol{UI}_r\boldsymbol{U}^T$ 和二次型 $\boldsymbol{Y}^T\boldsymbol{Y}$ 服从 χ_r^2 分布。

假设 $Q=(\boldsymbol{X}-\boldsymbol{m})^TR^{-1}(\boldsymbol{X}-\boldsymbol{m})$，其中 $\boldsymbol{X}$ 服从 $\mathcal{N}[0,\boldsymbol{R}]$ 分布。等价地，

$$Q=\sum_{n=1}^{N}(X_n-\mu)^2/\sigma^2$$

是独立同分布 $\mathcal{N}[\mu,\sigma^2]$ 随机变量 $X_1,X_2,\cdots,X_N$ 中的二次型。我们已经证明，Q 服从 χ_N^2 分布。形成如下随机变量

$$V=\frac{Q-N}{\sqrt{2N}}$$

新随机变量 V 渐近均值为0，方差为1，即渐近服从 $\mathcal{N}[0,1]$ 分布。

矩阵正态分布

假定 $\boldsymbol{X}$ $(n\times N)$ 是一个矩阵，其行 $\boldsymbol{x}_1^T,\cdots,\boldsymbol{x}_n^T$ 相互独立，且服从 $\mathcal{N}(\mu,\boldsymbol{R})$ 分布。于是，$\boldsymbol{X}$ 具有矩阵正态分布，且代表来自于 $\mathcal{N}(\mu,\boldsymbol{R})$ 的随机矩阵测量值。使用式(3-24)，我们发现 $\boldsymbol{X}$ 的密度函数为[110]

$$\begin{aligned}f(\boldsymbol{X})&=[\det(2\pi R)]^{-n/2}\exp\left\{-\frac{1}{2}\sum_{i=1}^{n}(\boldsymbol{x}_i-\boldsymbol{\mu})^T\boldsymbol{R}^{-1}(\boldsymbol{x}_i-\boldsymbol{\mu})\right\}\\&=[\det(2\pi R)]^{-n/2}\exp\left\{-\frac{1}{2}\mathrm{Tr}[\boldsymbol{R}^{-1}(\boldsymbol{X}-\boldsymbol{1}\boldsymbol{\mu}^T)\boldsymbol{R}^{-1}(\boldsymbol{X}-\boldsymbol{1}\boldsymbol{\mu}^T]\right\}\end{aligned}$$

其中，$\boldsymbol{1}$ 是一个元素为数字1的列向量。

正态数据矩阵变换

我们经常会碰到随机向量。假定

$$\boldsymbol{x}_1,\cdots,\boldsymbol{x}_n$$

是一个来自于 $\mathcal{N}(\mu,\boldsymbol{\Sigma})$ 的随机样本[110]。我们称

$$\boldsymbol{X}=\begin{bmatrix}\boldsymbol{x}_1^T\\\vdots\\\boldsymbol{x}_n^T\end{bmatrix}$$

为来自于 $\mathcal{N}(\mu,\boldsymbol{\Sigma})$ 的数据矩阵或简称为"正态数据矩阵"。该矩阵是频谱感知中的一个基本构成模块。我们必须彻底了解它。在实践中，我们需要对高维数据进行处理。我们在数据处理中使用该概念作为我们的基本信息元素。

考虑线性函数

$$\boldsymbol{Y}=\boldsymbol{AXB}$$

其中，$A(m\times n)$和$B(p\times q)$是固定的实数矩阵。最重要的线性函数为样本均值，即

$$\bar{\boldsymbol{x}}=\frac{1}{n}\sum_{i=1}^{n}\boldsymbol{x}_i=n^{-1}\boldsymbol{1}^T\boldsymbol{X}$$

其中，$\boldsymbol{A}=n^{-1}\boldsymbol{1}^T$；$\boldsymbol{B}=\boldsymbol{I}_p$。

定理 3.1（样本均值是正态的） 如果 $X(n\times p)$ 为来自于$\mathcal{N}_p(\mu,\boldsymbol{\Sigma})$的数据矩阵，且 $n\bar{\boldsymbol{x}}=\boldsymbol{X}^T\boldsymbol{1}$，则 $\bar{\boldsymbol{x}}$ 服从$\mathcal{N}_p(\mu,n^{-1}\boldsymbol{\Sigma})$分布。

定理 3.2（$\boldsymbol{Y}=\boldsymbol{AXB}$ 是正态数据矩阵） 如果 $X(n\times p)$ 为来自于$\mathcal{N}_p(\mu,\boldsymbol{\Sigma})$的数据矩阵，且 $\boldsymbol{Y}=\boldsymbol{AXB}$，则 $\boldsymbol{Y}$ 是正态数据矩阵，当且仅当

1. 对于某些标量 α 来说，$\boldsymbol{A1}=\alpha\boldsymbol{1}$ 或者 $\boldsymbol{B}^T\mu=\boldsymbol{0}$；
2. 对于某些标量 β 来说，$\boldsymbol{AA}^T=\beta\boldsymbol{1}$ 或者 $\boldsymbol{B}^T\boldsymbol{\Sigma B}=\boldsymbol{0}$。

当两个条件都得到满足时，则 $\boldsymbol{Y}$ 是一个来自于$\mathcal{N}_q(\mu,\boldsymbol{\Sigma})$的正态数据矩阵

定理 3.3 $\boldsymbol{Y}=\boldsymbol{AXB}$ 的元素与 $\boldsymbol{Z}=\boldsymbol{CXD}$ 的元素是相互独立的。如果 $X(n\times p)$ 为来自于$\mathcal{N}_p(\mu,\boldsymbol{\Sigma})$的数据矩阵，且 $\boldsymbol{Y}=\boldsymbol{AXB}$，$\boldsymbol{Z}=\boldsymbol{CXD}$，则 $\boldsymbol{Y}$ 的元素独立于 $\boldsymbol{Z}$ 的元素，当且仅当

1. $\boldsymbol{B}^T\boldsymbol{\Sigma D}=\boldsymbol{0}$；
2. $\boldsymbol{AC}^T=\boldsymbol{0}$。

在定理 3.3 的条件下，$\bar{\boldsymbol{x}}=n^{-1}\boldsymbol{X}^T\boldsymbol{1}$ 独立于 $\boldsymbol{HX}$，因而也独立于 $\boldsymbol{S}=n^{-1}\boldsymbol{X}^T\boldsymbol{HX}$。

威沙特分布

我们经常会遇到类似 $\boldsymbol{X}^T\boldsymbol{CX}$ 的形式，其中 $\boldsymbol{C}$ 是对称矩阵。这是一个矩阵值的二次函数。最重要的特例是通过计算 $\boldsymbol{C}=n^{-1}\boldsymbol{H}$ 得到样本协方差矩阵，其中 $\boldsymbol{H}$ 是中心矩阵。这些二次型往往服从威沙特分布，这是一个单变量卡方分布的矩阵推广，且两者存在诸多相似的性质。

如果 $\boldsymbol{M}(p\times p)$ 是

$$\boldsymbol{M}=\boldsymbol{X}^T\boldsymbol{X}$$

如果 $\boldsymbol{X}(m\times p)$ 为来自于$\mathcal{N}[0,\boldsymbol{\Sigma}]$的数据矩阵，则我们称 $\boldsymbol{M}$ 拥有标度矩阵 $\boldsymbol{\Sigma}$、自由度参数 m 的威沙特分布。我们有

$$\boldsymbol{M}\sim \boldsymbol{W}_p(\boldsymbol{\Sigma},m)$$

当 $\boldsymbol{\Sigma}=\boldsymbol{I}_p$ 时，我们称该分布为标准形式。

当 $p=1$ 时，$W_1(\sigma^2,m)$ 分布由 $\boldsymbol{x}^T\boldsymbol{x}$ 给出，其中 $\boldsymbol{x}(m\times 1)$ 的元素是独立同分布的$\mathcal{N}[0,\sigma^2]$变量，即 $W_1(\sigma^2,m)$ 分布与 $\sigma^2\chi_m^2$ 分布相同。

在威沙特分布中，标度矩阵 $\boldsymbol{\Sigma}$ 的作用与 $\sigma^2\chi_m^2$ 分布中的 σ^2 相同。我们通常假设

$$\boldsymbol{\Sigma}>0$$

定理 3.4（在线性变换下，威沙特矩阵的类是封闭的） 如果 $\boldsymbol{M}\sim \boldsymbol{W}_p(\boldsymbol{\Sigma},m)$，$\boldsymbol{B}$ 是一个 $(p\times q)$ 矩阵，则

$$\boldsymbol{B}^T\boldsymbol{MB}\sim \boldsymbol{W}_p(\boldsymbol{B}^T\boldsymbol{\Sigma B},m)$$

$\boldsymbol{M}$ 本身的对角子矩阵服从威沙特分布。另外

$$\boldsymbol{\Sigma}^{-1/2}\boldsymbol{M}\boldsymbol{\Sigma}^{-1/2} \sim \boldsymbol{W}_p(\boldsymbol{I}, m)$$

如果 $\boldsymbol{M} \sim \boldsymbol{W}_p(\boldsymbol{I}, m)$，$\boldsymbol{B}$ $(p \times q)$满足 $\boldsymbol{B}^T\boldsymbol{B} = \boldsymbol{I}_q$，则

$$\boldsymbol{B}^T\boldsymbol{M}\boldsymbol{B} \sim \boldsymbol{W}_q(\boldsymbol{I}, m)$$

定理 3.5(比率变换) 如果 $\boldsymbol{M} \sim \boldsymbol{W}_p(\boldsymbol{\Sigma}, m)$，$\boldsymbol{a}$ 是任意满足 $\boldsymbol{a}^T\boldsymbol{\Sigma}\boldsymbol{a} \neq 0$ 的固定 p 向量，则

$$\frac{\boldsymbol{a}^T\boldsymbol{M}\boldsymbol{a}}{\boldsymbol{a}^T\boldsymbol{\Sigma}\boldsymbol{a}} \sim \chi_m^2$$

此外，我们还有 $m_{ii} \sim \sigma_i^2\chi_m^2$。

定理 3.6(在加法下，威沙特矩阵的类是封闭的) 如果 $\boldsymbol{M}_1 \sim \boldsymbol{W}_p(\boldsymbol{\Sigma}, m_1)$，$\boldsymbol{M}_2 \sim \boldsymbol{W}_q(\boldsymbol{\Sigma}, m_2)$，则

$$\boldsymbol{M}_1 + \boldsymbol{M}_2 \sim \boldsymbol{W}_p(\boldsymbol{\Sigma}, m_1 + m_2)$$

定理 3.7(Cochran，1934) 如果 $\boldsymbol{X}(n \times p)$ 为来自于 $\mathcal{N}_p(0, \boldsymbol{\Sigma})$ 的数据矩阵，且 $\boldsymbol{C}(n \times n)$ 为对称矩阵，则

1. $\boldsymbol{X}^T\boldsymbol{C}\boldsymbol{X}$ 具有与独立 $\boldsymbol{W}_p(\boldsymbol{\Sigma}, 1)$ 矩阵加权和相同的分布，其中权重是 $\boldsymbol{C}$ 的特征值。
2. $\boldsymbol{X}^T\boldsymbol{C}\boldsymbol{X}$ 具有威沙特分布，当且仅当 $\boldsymbol{C}$ 是幂等的，在这种情况下

$$\boldsymbol{X}^T\boldsymbol{C}\boldsymbol{X} \sim \boldsymbol{W}_p(\boldsymbol{\Sigma}, r)$$

其中，r 是秩，$r = \mathrm{Tr}\boldsymbol{C} = \mathrm{rank}\boldsymbol{C}$。

3. $\boldsymbol{S} = n^{-1}\boldsymbol{X}^T\boldsymbol{H}\boldsymbol{X}$ 是样本协方差矩阵，于是有

$$n\boldsymbol{S} \sim \boldsymbol{W}_p(\boldsymbol{\Sigma}, n-1)$$

定理 3.8(Craig，1943；Lancaster，1969，p. 23) 如果 $\boldsymbol{X}(n \times p)$ 的行是独立同分布 $\mathcal{N}_p(\boldsymbol{\mu}, \boldsymbol{\Sigma})$ 变量，且如果 $\boldsymbol{C}_1, \cdots, \boldsymbol{C}_k$ 是对称矩阵，则

$$\boldsymbol{X}^T\boldsymbol{C}_1\boldsymbol{X}, \cdots, \boldsymbol{X}^T\boldsymbol{C}_k\boldsymbol{X}$$

是联合独立的，如果对于所有 $r \neq s$ 来说，$\boldsymbol{C}_r\boldsymbol{C}_s = 0$。

霍特林 T^2 分布

让我们研究诸如 $\boldsymbol{d}^T\boldsymbol{M}^{-1}\boldsymbol{d}$ 的函数(参见参考文献[110]第 73 页)，其中，$\boldsymbol{d}$ 服从正态分布，$\boldsymbol{M}$ 服从威沙特分布，且 $\boldsymbol{d}$ 和 $\boldsymbol{M}$ 是相互独立的。例如，$\boldsymbol{d}$ 可能是样本均值，它与样本协方差矩阵成正比。霍特林于 1931 年启动了推导二次型一般分布的研究工作。

如果用 α 代表 $m\boldsymbol{d}^T\boldsymbol{M}^{-1}\boldsymbol{d}$，其中 $\boldsymbol{d}$ 和 $\boldsymbol{M}$ 是相互独立的，且分别服从 $\mathcal{N}_p(0, \boldsymbol{I})$ 和 $\boldsymbol{W}_p(\boldsymbol{I}, m)$ 分布，则我们称 α 服从参数 p 和 m 的霍特林 T^2 分布。我们写作 $\alpha \sim T^2(p, m)$。

定理 3.9(T^2 分布) 如果 $\boldsymbol{x}$ 和 $\boldsymbol{M}$ 相互独立，且分别服从 $\mathcal{N}_p(\boldsymbol{\mu}, \boldsymbol{\Sigma})$ 和 $\boldsymbol{W}(\boldsymbol{\Sigma}, m)$ 分布，则

$$m(\boldsymbol{x}-\boldsymbol{\mu})^T\boldsymbol{M}^{-1}(\boldsymbol{x}-\boldsymbol{\mu}) \sim T^2(p, m)$$

如果 $\bar{\boldsymbol{x}}$ 和 $\boldsymbol{M}$ 是来自于 $\mathcal{N}_p(\mu, \boldsymbol{\Sigma})$ 和 $\boldsymbol{S}_u = (n/(n-1))\boldsymbol{S}$、样本量为 n 的均值向量和协方差矩阵，则

$$(n-1)(\bar{\boldsymbol{x}}-\boldsymbol{\mu})^T\boldsymbol{S}^{-1}(\bar{\boldsymbol{x}}-\boldsymbol{\mu}) = n(\bar{\boldsymbol{x}}-\boldsymbol{\mu})^T\boldsymbol{S}_u^{-1}(\bar{\boldsymbol{x}}-\boldsymbol{\mu}) \sim T^2(p, n-1).$$

在任意非奇异线性变换 $\boldsymbol{x} \to \boldsymbol{A}\boldsymbol{x} + \boldsymbol{b}$ 下，T^2 统计量是不变的。$\dfrac{\det\boldsymbol{M}}{\det(\boldsymbol{M}+\boldsymbol{d}\boldsymbol{d}^T)} \sim B\left(\frac{1}{2}(m-p+1), \frac{1}{2}p\right)$，其中 $B(\cdot, \cdot)$ 是一个 β 变量。

定理 3.10($\boldsymbol{d}^T\boldsymbol{M}\boldsymbol{d}$ 独立于 $\boldsymbol{M}+\boldsymbol{d}^T\boldsymbol{d}$) 如果 $\boldsymbol{d}$ 和 $\boldsymbol{M}$ 相互独立，且分别服从 $\mathcal{N}_p(0, \boldsymbol{I})$ 和 $W(\boldsymbol{I}, m)$ 分布，则 $\boldsymbol{d}^T\boldsymbol{M}\boldsymbol{d}$ 独立于 $\boldsymbol{M}+\boldsymbol{d}^T\boldsymbol{d}$。

维尔克斯的 λ 分布

定理 3.11(维尔克斯的 λ 分布) 如果 $\boldsymbol{A} \sim W(\boldsymbol{\Sigma}, m)$，$\boldsymbol{B} \sim W(\boldsymbol{\Sigma}, n)$ 相互独立，且 $m \geqslant p$，$n \geqslant p$，则

$$\phi = \det(\boldsymbol{A}^{-1}\boldsymbol{B}) = \frac{\det\boldsymbol{B}}{\det\boldsymbol{A}}$$

与 p 个独立 F 变量的积成正比，其中第 i 个变量的自由度分别为 $n-i+1$ 和 $m-i+1$。

如果 $\boldsymbol{A} \sim W(\boldsymbol{\Sigma}, m)$，$\boldsymbol{B} \sim W(\boldsymbol{\Sigma}, n)$ 相互独立，且 $m \geqslant p$，我们称

$$\Lambda = \frac{\det\boldsymbol{A}}{\det(\boldsymbol{A}+\boldsymbol{B})} = \frac{1}{\det(\boldsymbol{I}+\boldsymbol{A}^{-1}\boldsymbol{B})} \sim \Lambda(p, m, n)$$

是服从参数为 p、m、n 的维尔克斯的 λ 分布。

分布的 Λ 家族经常在似然比检验的背景下发生。参数 p 表示维度。参数 m 表示自由度“误差”，n 代表自由度“假设”。因此，$m+n$ 表示“总”自由度。与 T^2 统计量一样，当 $\boldsymbol{A}$ 和 $\boldsymbol{B}$ 的尺度参数发生变化时，维尔克斯的 λ 分布不变。

定理 3.12(独立变量维尔克斯的 λ 分布)

$$\Lambda(p, m, n) \sim \prod_{i=1}^{n} u_i$$

其中，u_i，…，u_n 是独立变量，且

$$u_i \sim B\left(\frac{1}{2}(m+i-p), \frac{1}{2}p\right), i=1, \cdots, n$$

定理 3.13(总自由度) $\Lambda(p, m, n)$ 分布和 $\Lambda(n, m+n-p, p)$ 分布是相同的。

如果 $\boldsymbol{A} \sim W(\boldsymbol{\Sigma}, m)$，$\boldsymbol{B} \sim W(\boldsymbol{\Sigma}, n)$ 相互独立，且 $m \geqslant p$，则我们将 $(\boldsymbol{A}+\boldsymbol{B})^{-1}\boldsymbol{B}$ 的最大特征值 θ 称为最大根统计量，并将其分布表示为 $\theta(p, m, n)$。

如果 λ 是 $\boldsymbol{A}^{-1}\boldsymbol{B}$ 的特征值，则 $\frac{\lambda}{1+\lambda}$ 是 $(\boldsymbol{A}+\boldsymbol{B})^{-1}\boldsymbol{B}$ 的特征值。由于这是一个关于 λ 的单调函数，因而 θ 可表示为

$$\theta = \frac{\lambda_1}{1+\lambda_1}$$

其中，λ_1 是 $\boldsymbol{A}^{-1}\boldsymbol{B}$ 的最大特征值。由于 $\lambda_1 > 0$，因而我们看到，$0 \leqslant \theta \leqslant 1$。

对于多样本假设，读者可参考文献[110]第 138 页。

几何思想

N 维多元正态分布在以椭圆或椭球形式表示时具有恒定的密度

$$(\boldsymbol{x}-\boldsymbol{\mu})^T\boldsymbol{\Sigma}^{-1}(\boldsymbol{x}-\boldsymbol{\mu}) = c^2 \tag{3-26}$$

其中，c 为常数。我们将这些椭球称为分布的轮廓或等集中度的椭球。当 $\mu=0$ 时，这些轮廓的中心在 $\boldsymbol{x}=0$ 处；当 $\boldsymbol{\Sigma}=\boldsymbol{I}$ 时，这些轮廓是圆或位于高维球或超球中。

主成分变换有助于解释等集中度的椭球。使用谱分解

$$\boldsymbol{\Sigma} = \boldsymbol{\Gamma}\boldsymbol{\Lambda}\boldsymbol{\Gamma}^T$$

其中，$\boldsymbol{\Lambda}=\mathrm{diag}(\lambda_1,\lambda_2,\cdots,\lambda_N)$ 是 $\boldsymbol{\Sigma}$ 的特征值矩阵；$\boldsymbol{\Gamma}$ 是一个正交矩阵，其列是相应的特征向量。正如第3.3.1节所述，主成分变换可定义为

$$\boldsymbol{y}=\boldsymbol{\Gamma}^T(\boldsymbol{x}-\boldsymbol{\mu})$$

用 $\boldsymbol{y}$ 来表示，式(3-26)变为

$$\sum_{i=1}^{N}\frac{y_i^2}{\lambda_i}=c^2$$

从而使 $\boldsymbol{y}$ 的分量代表椭球的轴。

在广义似然比检验(GLRT)中，会遇到如下两个椭球之差：

$$(\boldsymbol{x}-\boldsymbol{\mu})^T\Sigma_1^{-1}(\boldsymbol{x}-\boldsymbol{\mu})-(\boldsymbol{x}-\boldsymbol{\mu})\Sigma_0^{-1}(\boldsymbol{x}-\boldsymbol{\mu})=(\boldsymbol{x}-\boldsymbol{\mu})^T(\Sigma_1^{-1}-\Sigma_0^{-1})(\boldsymbol{x}-\boldsymbol{\mu})=d^2 \tag{3-27}$$

其中，d 是常数。当实际协方差矩阵 $\boldsymbol{\Sigma}_1$ 和 $\boldsymbol{\Sigma}_0$ 完全已知时，问题迎刃而解。技术困难源于使用样本协方差矩阵 $\hat{\boldsymbol{\Sigma}}_1$ 和 $\hat{\boldsymbol{\Sigma}}_0$ 来替代 $\boldsymbol{\Sigma}_1$ 和 $\boldsymbol{\Sigma}_0$ 的事实。根本问题是保证式(3-27)具有几何意义，换言之，这意味着

$$(\boldsymbol{x}-\boldsymbol{\mu})^T(\boldsymbol{\Sigma}_1^{-1}-\boldsymbol{\Sigma}_0^{-1})(\boldsymbol{x}-\boldsymbol{\mu})\geqslant 0 \tag{3-28}$$

正如本书附录第A.3节所述，对于矩阵 $\boldsymbol{A}$、$\boldsymbol{B}$、$\boldsymbol{C}$、$\boldsymbol{D}$、$\boldsymbol{X}$ 和标量 α 来说，迹函数 $\mathrm{Tr}\boldsymbol{A}=\sum_i a_{ii}$ 满足下列性质：

$$\mathrm{Tr}\alpha=\alpha,\ \mathrm{Tr}(\boldsymbol{A}\pm\boldsymbol{B})=\mathrm{Tr}\boldsymbol{A}\pm\mathrm{Tr}\boldsymbol{B},\ \mathrm{Tr}\alpha\boldsymbol{A}=\alpha\mathrm{Tr}\boldsymbol{A}$$

$$\mathrm{Tr}\boldsymbol{CD}=\mathrm{Tr}\boldsymbol{DC}=\sum_{i,j}c_{ij}d_{ji} \tag{3-29}$$

$$\mathrm{Tr}[(\boldsymbol{x}-\boldsymbol{\mu})^T(\Sigma_1^{-1}-\Sigma_0^{-1})(\boldsymbol{x}-\boldsymbol{\mu})]=\mathrm{Tr}[(\Sigma_1^{-1}-\Sigma_0^{-1})(\boldsymbol{x}-\boldsymbol{\mu})(\boldsymbol{x}-\boldsymbol{\mu})^T]\geqslant 0$$

利用当 $\boldsymbol{A}$，$\boldsymbol{B}\geqslant 0$ 时，我们有

$$\mathrm{Tr}(\boldsymbol{A}\pm\boldsymbol{B})=(\mathrm{Tr}\boldsymbol{A})(\mathrm{Tr}\boldsymbol{B})\geqslant\mathrm{Tr}(\boldsymbol{AB})\geqslant 0$$

这一事实，我们可以得到式(3-28)成立的必要条件

$$\mathrm{Tr}[(\Sigma_1^{-1}-\Sigma_0^{-1})]\geqslant 0 \tag{3-30}$$

由于

$$\mathrm{Tr}[(\boldsymbol{x}-\boldsymbol{\mu})^T(\boldsymbol{x}-\boldsymbol{\mu})]\geqslant 0 \tag{3-31}$$

当实际协方差矩阵 $\boldsymbol{\Sigma}_1$ 和 $\boldsymbol{\Sigma}_0$ 已知时，必要条件式(3-30)很容易得到满足。在实践中，当样本协方差矩阵 $\hat{\boldsymbol{\Sigma}}_1$ 和 $\hat{\boldsymbol{\Sigma}}_0$ 已知的时，问题反而出现

$$\mathrm{Tr}[(\hat{\boldsymbol{\Sigma}}_1^{-1}-\hat{\boldsymbol{\Sigma}}_0^{-1})]\geqslant 0 \tag{3-32}$$

这自然会导致样本协方差矩阵估计和相关广义似然比检验(GLRT)问题。根本问题是广义似然比检验(GLRT)需要针对两种备择假设的精确概率分布函数。这一条件在实践中很难满足。另一个问题是直觉上随机向量应当精确地拟合概率分布函数。事实上，经验概率分布函数无法满足这个条件。当我们处理高维(如 $N=10^5$，10^6)数据(这在现实世界频谱感知问题中是普遍可行的)时，该问题显得更加突出。例如，$N=100000$ 对应于4.65ms的采样时间。

3.6 样本协方差矩阵估计与矩阵压缩感知

基本事实:噪声存在于高维空间;相比之下,信号存在于较低维空间。

如果随机矩阵 $\boldsymbol{A}$ 拥有独立同分布的列 A_i,则

$$\boldsymbol{A}^*\boldsymbol{A} = \sum_i A_i A_i^T$$

其中,$\boldsymbol{A}^*$ 是 $\boldsymbol{A}$ 的伴随矩阵。我们经常通过 $n \times n$ 对称、半正定矩阵 $\boldsymbol{A}^*\boldsymbol{A}$ 来研究矩阵 $\boldsymbol{A}$,换言之

$$\boldsymbol{A}^*\boldsymbol{A} \geqslant 0$$

绝对矩阵可定义为

$$\left|\boldsymbol{A}\right| = \sqrt{\boldsymbol{A}^*\boldsymbol{A}}$$

矩阵 $\boldsymbol{C}$ 是半正定的,则

$$\boldsymbol{C} \geqslant 0$$

当且仅当矩阵 $\boldsymbol{C}$ 的所有特征值 λ_i 都是非负的

$$\lambda_i \geqslant 0$$

因此,$\left|\boldsymbol{A}\right|$ 的特征值是非负实数,或者

$$\boldsymbol{D} = \left|\boldsymbol{A}\right| \geqslant 0$$

随机矩阵的一个直接应用是高维分布协方差矩阵估计的根本问题[107]。可以将行独立模型分析解释为对样本协方差矩阵的研究。

随机矩阵理论中存在着诸多深奥的结果。本小节的主要动机是利用该领域现有成果和非渐近结果,来更好地指导协方差矩阵[107]。

我们重点研究随机矩阵的通用模型,在该模型中,我们假定各行(而不是各项)相互独立。这些矩阵可由高维分布自然产生。事实上,给定 $\mathbb{R}^n$ 中的任一概率分布,我们可以找到一个由 N 个独立点构成的样本,并将其作为 $N \times n$ 矩阵 $\boldsymbol{A}$ 的行。n 是概率空间的维数。

设 X 是 $\mathbb{R}^n$ 中的一个随机向量。为简单起见,我们假定 $\boldsymbol{X}$ 是中心向量,或 $\mathbb{E}\boldsymbol{X}=0$。这里,$\mathbb{E}\boldsymbol{X}$ 表示 $\boldsymbol{X}$ 的期望值。$\boldsymbol{X}$ 的协方差矩阵是 $n \times n$ 矩阵

$$\boldsymbol{\Sigma} = \mathbb{E}\,\boldsymbol{X}\boldsymbol{X}^T$$

估计 $\boldsymbol{\Sigma}$ 最简单的方法是从分布中选取 N 个独立样本 X_i,形成样本协方差矩阵

$$\boldsymbol{\Sigma}_N = \frac{1}{N}\sum_{i=1}^{N} \boldsymbol{X}_i\boldsymbol{X}_i^T$$

根据大数定律,当 $N \to \infty$ 时

$$\boldsymbol{\Sigma}_N \to \boldsymbol{\Sigma}$$

几乎必然成立。因此,使用尽可能多的样本,可以确保得到我们想要的协方差矩阵估计值。但是,这并未解决定量问题:为确保达到给定精度近似值所需的最小样本量是多少?

当我们将样本

$$\boldsymbol{X}_i =: A_i, \; i = 1, 2, \cdots, N$$

作为 $N \times n$ 随机矩阵 $\boldsymbol{A}$ 的行时，则该问题与随机矩阵理论之间的关系就变得比较清晰。于是，样本协方差矩阵可表示为

$$\boldsymbol{\Sigma}_N = \frac{1}{N}\boldsymbol{A}^*\boldsymbol{A}$$

需要注意的是，$\boldsymbol{A}$ 是一个具有独立行的矩阵，但它通常无法保证各项都独立。参考文献[107]对此类分别服从亚高斯分布和一般分布的矩阵进行了分析。

我们经常会遇到因高斯噪声的存在而导致的亚高斯分布协方差矩阵估计问题。考虑$\mathbb{R}^n$中协方差矩阵为 $\boldsymbol{\Sigma}$ 的亚高斯分布，且假设 $\varepsilon \in (0, 1)$，$t \geqslant 1$。于是，概率至少为

$$1 - 2\exp(-t^2 n)$$

我们有

$$\text{如果 } N \geqslant C(t/\varepsilon)^2 n\text{，则 } \|\boldsymbol{\Sigma}_N - \boldsymbol{\Sigma}\| \leqslant \varepsilon \tag{3-33}$$

其中，C 仅与从该分布中提取的随机向量的亚高斯范数有关。$\boldsymbol{A}$ 的谱范数可表示为 $\|\boldsymbol{A}\|$，它等于 $\boldsymbol{A}$ 的最大奇异值，即

$$s_{\max} = \|\boldsymbol{A}\|$$

当使用一般噪声干扰模型时，也会遇到任意分布的协方差矩阵估计问题。考虑$\mathbb{R}^n$中协方差矩阵为 $\boldsymbol{\Sigma}$ 的亚高斯分布，一些中心欧氏球（半径用$\sqrt{m}$表示）支持这一分布。假设 $\varepsilon \in (0, 1)$，$t \geqslant 1$。于是，概率至少为 $1 - n^{-t^2}$，我们有

$$\text{如果 } N \geqslant C(t/\varepsilon)^2 \|\boldsymbol{\Sigma}\|^{-1} m\log n\text{，则 } \|\boldsymbol{\Sigma}_N - \boldsymbol{\Sigma}\| \leqslant \varepsilon \|\boldsymbol{\Sigma}\| \tag{3-34}$$

这里，C 是绝对常数；log 表示自然对数。典型地，在式(3-34)中，有

$$m = O(\|\boldsymbol{\Sigma}\| n)$$

因此，所需的样本量是

$$N \geqslant C(t/\varepsilon)^2 n\log n$$

经常会用到低秩估计，因为$\mathbb{R}^n$中信号的分布靠近到低维子空间。在这种情况下，更小的样本量即可满足协方差估计的需要。分布的本征维数可以用矩阵 $\boldsymbol{\Sigma}$ 的有效秩来衡量，其定义为

$$r(\boldsymbol{\Sigma}) = \frac{\mathrm{Tr}(\boldsymbol{\Sigma})}{\|\boldsymbol{\Sigma}\|} \tag{3-35}$$

其中，$\mathrm{Tr}(\boldsymbol{\Sigma})$ 表示 $\boldsymbol{\Sigma}$ 的迹。下式恒成立

$$r(\boldsymbol{\Sigma}) \leqslant \mathrm{rank}(\boldsymbol{\Sigma}) \leqslant n$$

且此界限清晰。有效秩 $r = r(\boldsymbol{\Sigma})$ 始终控制着 $\boldsymbol{X}$ 的典型范数，因为 $E\|X\|_2^2 = \mathrm{Tr}(\boldsymbol{\Sigma}) = r\boldsymbol{\Sigma}$ 在半径为$\sqrt{m}$的球中，其中 $m = O(r\|\boldsymbol{\Sigma}\|)$

大多数分布得到支持

当样本量

$$N \geqslant C(t/\varepsilon)^2 r\log n$$

时，式(3-34)的结论成立。

归纳上述讨论结果，式(3-34)表明 $N = O(n)$ 的样本量完全可以满足用样本协方差矩阵来近似估计$\mathbb{R}^n$中亚高斯分布协方差矩阵的需要。而对于任意分布 $N = O(n\log n)$ 的

样本量完全可以满足需要。对于近似低维的分布(如信号的分布)来说，更小的样本量完全可以满足需要。也就是说，如果 $\boldsymbol{\Sigma}$ 的有效秩等于 r，则充分样本量为 $N=O(r\log n)$。

正如第 3.3.1 节所讨论的，我们的标准问题式(3-15)为

$$\mathcal{H}_0: \boldsymbol{R}_x=\boldsymbol{R}_w$$
$$\mathcal{H}_1: \boldsymbol{R}_x=\boldsymbol{R}_s+\boldsymbol{R}_w$$

其中，$\boldsymbol{R}_s$ 和 $\boldsymbol{R}_w$ 分别是信号和噪声的协方差矩阵。当使用样本协方差矩阵来替代实际协方差矩阵时，我们有

$$\mathcal{H}_0: \hat{\boldsymbol{R}}_x=\hat{\boldsymbol{R}}_w$$
$$\mathcal{H}_1: \hat{\boldsymbol{R}}_x=\hat{\boldsymbol{R}}_s+\hat{\boldsymbol{R}}_w \tag{3-36}$$

我们必须利用 $\hat{\boldsymbol{R}}_s$ 仅需要 $O(r\log n)$ 个样本，而 $\hat{\boldsymbol{R}}_s$ 则需要 $O(n)$ 个样本这一基本事实。这里 $\boldsymbol{R}_s$ 的有效秩 r 比较小。对于实正弦信号来说，秩仅为 2，即 $r=2$。我们可以计算 K(例如 $K=200$)个样本协方差之和 $\bar{\boldsymbol{R}}_x=\sum_{k=1}^{K}\hat{\boldsymbol{R}}_{x,k}$。让我们考虑 3 步算法：

1. 将数据长记录总共分解为 K 段。每段的长度为 p。换言之，可用于信号处理的数据段总长度为 pK。

$$\mathcal{H}_0: \hat{\boldsymbol{R}}_{x,k}=\hat{\boldsymbol{R}}_{w,k}$$
$$\mathcal{H}_1: \hat{\boldsymbol{R}}_{x,k}=\hat{\boldsymbol{R}}_{s,k}+\hat{\boldsymbol{R}}_{w,k},\ k=1,2,\cdots K \tag{3-37}$$

2. 选择 p 值，使得 $p>O(r\log n)$，因而样本协方差矩阵 $\hat{\boldsymbol{R}}_{s,k}$ 能够精确地逼近实际协方差矩阵：

$$\mathcal{H}_0: \hat{\boldsymbol{R}}_{x,k}=\hat{\boldsymbol{R}}_{w,k}$$
$$\mathcal{H}_1: \hat{\boldsymbol{R}}_{x,k}\approx\hat{\boldsymbol{R}}_{s,k}+\hat{\boldsymbol{R}}_{w,k},\ k=1,2,\cdots K \tag{3-38}$$

3. 我们计算出 K 个样本协方差矩阵估计值 $\hat{\boldsymbol{R}}_{x,k}$ 之和：

$$\mathcal{H}_0: \bar{\boldsymbol{R}}_{x,k}=\sum_{k=1}^{K}\hat{\boldsymbol{R}}_{x,k}=\sum_{k=1}^{K}\hat{\boldsymbol{R}}_{w,k}$$
$$\mathcal{H}_1: \hat{\boldsymbol{R}}_{x,k}=\sum_{k=1}^{K}\hat{\boldsymbol{R}}_{x,k}\approx K\boldsymbol{R}_{s,1}+\sum_{k=1}^{K}\hat{\boldsymbol{R}}_{w,k} \tag{3-39}$$

为不失一般性，这里我们假设 $\boldsymbol{R}_{s,k}=\boldsymbol{R}_{s,1}$。

在第 3 步中，信号部分相干相加，随机噪声部分随机相加。这一步提高了信噪比(SNR)，在低信噪比信号检测中，这一点尤其重要。本章的基本理念是量子检测。

另一个基本思路是提出一套非渐近信号检测理论。给定有限个(复值)数据样本，并将其集中到随机向量 $\boldsymbol{x}\in\mathbb{C}^n$ 中，该向量长度 n 非常大，但不是无穷大，换言之，$n<\infty$。我们不能简单地使用中心极限定理来推断向量 $\boldsymbol{x}$ 的概率分布函数服从高斯分布，因为该定理要求 $n\to\infty$。

关于压缩感知的最新研究工作与此总是高度相关。给定 n 值，我们可以提出一种具有压倒性概率的有效理论。因此，我们这里研发的基石之一是用于从 n 个数据点 $\boldsymbol{x}$ 恢复“信息”的压缩感知。另一个基石是用于研究随机矩阵之和的测量值集中度。例如，生

成的随机矩阵统计量 $\overline{\boldsymbol{R}}_x = \sum_{k=1}^{K} \hat{\boldsymbol{R}}_{x,k}$ 是什么?

此问题与经典多变量分析密切相关(参见参考文献[110]第108页)。第3.6.1节将证明,随机矩阵之和是实际协方差矩阵的最大似然(ML)估计。

3.6.1 最大似然估计

本节的问题与经典多变量分析密切相关(参见参考文献[110]第108页)。给定 k 个独立数据矩阵

$$\boldsymbol{X}_1, \boldsymbol{X}_2, \cdots, \boldsymbol{X}_k$$

其中,行 $\boldsymbol{X}_i(n\times p)$的行是独立同分布的

$$\mathcal{N}_p(\boldsymbol{\mu}_i, \boldsymbol{\Sigma}_i),\ i=1, 2, \cdots, k$$

样本协方差矩阵的最大似然(ML)估计是什么?

在实践中,最常见的约束条件是

$$(\mathrm{a}):\boldsymbol{\Sigma}_1 = \cdots = \boldsymbol{\Sigma}_k$$

或者

$$(\mathrm{b}):\boldsymbol{\Sigma}_1 = \cdots = \boldsymbol{\Sigma}_k \text{且} \boldsymbol{\mu}_1 = \cdots = \boldsymbol{\mu}_k$$

如果(b)成立,我们可以将所有数据矩阵看作是由单种群(分布)构成的矩阵向量样本。

假设 $\boldsymbol{x}_1, \boldsymbol{x}_2, \cdots, \boldsymbol{x}_k$是由单种群(分布)构成的、概率密度函数(PDF)为$f(\boldsymbol{x}, \theta)$,其中 $\boldsymbol{\theta}$ 是一个参数向量。整个样本的似然函数是

$$L(\boldsymbol{X};\theta) = \prod_{i=1}^{n} f(\boldsymbol{x}_i;\theta)$$

$$l(\boldsymbol{X};\theta) = \log L(\boldsymbol{X};\theta) = \sum_{i=1}^{n} \log f(\boldsymbol{x}_i;\theta)$$

给定的矩阵样本 $\boldsymbol{X}$,我们可以将 $l(\boldsymbol{X};\theta)$和 $L(\boldsymbol{X};\theta)$都看作是向量参数 $\boldsymbol{\theta}$ 的函数。

假设 $\boldsymbol{x}_1, \boldsymbol{x}_2, \cdots, \boldsymbol{x}_k$是服从$\mathcal{N}_p(\boldsymbol{\mu}, \boldsymbol{\Sigma})$分布的随机样本。我们有

$$L(\boldsymbol{X};\boldsymbol{\mu};\boldsymbol{\Sigma}) = [\det(2\pi\boldsymbol{\Sigma})]^{-n/2}\exp\left[-\frac{1}{2}\sum_{i=1}^{n}(\boldsymbol{x}_i-\boldsymbol{\mu})^T\Sigma^{-1}(\boldsymbol{x}_i-\boldsymbol{\mu})\right]$$

和

$$l(\boldsymbol{X};\boldsymbol{\mu};\boldsymbol{\Sigma}) = \log L(\boldsymbol{X};\boldsymbol{\mu};\boldsymbol{\Sigma}) = -\frac{n}{2}\log\det(2\pi\boldsymbol{\Sigma}) - \frac{1}{2}\sum_{i=1}^{n}(\boldsymbol{x}_i-\boldsymbol{\mu})^T\Sigma^{-1}(\boldsymbol{x}_i-\boldsymbol{\mu}) \quad (3\text{-}40)$$

让我们简化这些等式。当恒等式

$$(\boldsymbol{x}_i-\boldsymbol{\mu})^T\Sigma^{-1}(\boldsymbol{x}_i-\boldsymbol{\mu}) = (\boldsymbol{x}_i-\overline{\boldsymbol{x}})^T\Sigma^{-1}(\boldsymbol{x}_i-\overline{\boldsymbol{x}}) + (\overline{\boldsymbol{x}}-\boldsymbol{\mu})^T\Sigma^{-1}(\overline{\boldsymbol{x}}-\boldsymbol{\mu}) + 2(\overline{\boldsymbol{x}}-\boldsymbol{\mu})^T\Sigma^{-1}(\boldsymbol{x}_i-\overline{\boldsymbol{x}})$$

按索引 $i=1, \cdots, n$ 求和时,右侧最后一项消失,从而得到

$$\sum_{i=1}^{n}(\boldsymbol{x}_i-\boldsymbol{\mu})^T\Sigma^{-1}(\boldsymbol{x}_i-\boldsymbol{\mu}) = \sum_{i=1}^{n}(\boldsymbol{x}_i-\overline{\boldsymbol{x}})^T\Sigma^{-1}(\boldsymbol{x}_i-\overline{\boldsymbol{x}}) + n(\overline{\boldsymbol{x}}-\boldsymbol{\mu})^T\sum{}^{-1}(\overline{\boldsymbol{x}}-\boldsymbol{\mu}) \quad (3\text{-}41)$$

由于每一项$(\boldsymbol{x}_i-\overline{\boldsymbol{x}})^T\Sigma^{-1}(\boldsymbol{x}_i-\overline{\boldsymbol{x}})$都是标量,因而它等于自身的迹。于是,使用

$$\mathrm{Tr}\boldsymbol{AB} = \mathrm{Tr}\boldsymbol{BA}$$

我们有

$$(\boldsymbol{x}_i-\bar{\boldsymbol{x}})^T\Sigma^{-1}(\boldsymbol{x}_i-\bar{\boldsymbol{x}})=\mathrm{Tr}\Sigma^{-1}(\boldsymbol{x}_i-\bar{\boldsymbol{x}})(\boldsymbol{x}_i-\bar{\boldsymbol{x}})^T \tag{3-42}$$

按索引 i 对式(3-42)求和，并代入式(3-41)中，得到

$$\sum_{i=1}^{n}(\boldsymbol{x}_i-\boldsymbol{\mu})^T\Sigma^{-1}(\boldsymbol{x}_i-\boldsymbol{\mu}) = \mathrm{Tr}\Sigma^{-1}\sum_{i=1}^{n}(\boldsymbol{x}_i-\bar{\boldsymbol{x}})(\boldsymbol{x}_i-\bar{\boldsymbol{x}})^T+n(\bar{\boldsymbol{x}}-\boldsymbol{\mu})^T\Sigma^{-1}(\bar{\boldsymbol{x}}-\boldsymbol{\mu})^T \tag{3-43}$$

记

$$\sum_{i=1}^{n}(\boldsymbol{x}_i-\bar{\boldsymbol{x}})(\boldsymbol{x}_i-\bar{\boldsymbol{x}})^T=n\boldsymbol{S}$$

并在式(3-43)中应用式(3-40)，我们有

$$l(\boldsymbol{X};\boldsymbol{\mu};\boldsymbol{\Sigma}) = -\frac{1}{2}\log\det(2\pi\boldsymbol{\Sigma})-\frac{n}{2}(\bar{\boldsymbol{x}}-\boldsymbol{\mu})^T\Sigma^{-1}(\bar{\boldsymbol{x}}-\boldsymbol{\mu})^T \tag{3-44}$$

针对 $\boldsymbol{\Sigma}=\boldsymbol{I}$ 和 $\mu=\theta$ 的特殊情况，式(3-44)变为

$$l(\boldsymbol{X};\theta) = -\frac{np}{2}\log(2\pi)-\frac{n}{2}\mathrm{Tr}\boldsymbol{S}-\frac{n}{2}(\bar{\boldsymbol{x}}-\boldsymbol{\theta})^T\boldsymbol{\Sigma}^{-1}(\bar{\boldsymbol{x}}-\boldsymbol{\theta})^T \tag{3-45}$$

如果(a)成立，为了根据式(3-44)计算最大似然(ML)估计，我们有

$$l = \sum_{l=1}^{k}[n_i\log\det(2\pi\boldsymbol{\Sigma})+n_i\mathrm{Tr}\boldsymbol{\Sigma}^{-1}(\boldsymbol{S}_i+\boldsymbol{d}_i\boldsymbol{d}_i^T)] \tag{3-46}$$

式中，$\boldsymbol{S}_i$是第 i 个($i=1,\cdots,n$)矩阵样本的协方差矩阵；$\boldsymbol{d}_i=\bar{\boldsymbol{x}}_i-\boldsymbol{\mu}_i$。由于在总体均值方面不存在约束条件，因而$\boldsymbol{\mu}_i$的最大似然(ML)估计是$\bar{\boldsymbol{x}}_i$。设置

$$n = \sum_{i=1}^{k}n_i$$

式(3-46)变为

$$l = -\frac{1}{2}n\log\det(2\pi\boldsymbol{\Sigma})-\frac{1}{2}\mathrm{Tr}\boldsymbol{\Sigma}^{-1}\boldsymbol{W}$$

$$\boldsymbol{W} = \sum_{i=1}^{k}n_i\boldsymbol{S}_i \tag{3-47}$$

在式(3-47)中对 $\boldsymbol{\Sigma}$ 求微分，并令其等于0，可以得到

$$\boldsymbol{\Sigma} = n^{-1}\boldsymbol{W} = n^{-1}\sum_{i=1}^{k}n_i\boldsymbol{S}_i \tag{3-48}$$

这是规定条件下的最大似然(ML)估计。

3.6.2　多重采样假设的似然比检验（维尔克斯检验）

考虑 k 个独立正态矩阵样本 $\boldsymbol{X}_1=\cdots=\boldsymbol{X}_k$，第 3.6.1 节对样本的似然估计进行了讨论。

$$\mathcal{H}_0:\boldsymbol{X}:\mathcal{N}_p(\mu,\boldsymbol{\Sigma}),\ \mu_1=\cdots=\mu_k,\ \text{假定}\ \boldsymbol{\Sigma}_1=\cdots=\boldsymbol{\Sigma}_k$$

$$\mathcal{H}_1:\mu_1\neq\cdots\neq\mu_k,\ \text{假定}\ \boldsymbol{\Sigma}_1=\cdots=\boldsymbol{\Sigma}_k$$

在第 3.6.1 节中，$\mathcal{H}_1$ 下的最大似然(ML)估计为 $\bar{\boldsymbol{x}}$ 和 $\boldsymbol{S}$，由于$\mathcal{H}_1$ 下的测量值可以看作是构成了单一随机矩阵样本。在备择假设$\mathcal{H}_0$ 下，μ_i的最大似然(ML)估计为第 i 个

样本均值 $\bar{x}_i$，常见样本协方差矩阵的最大似然(ML)估计为 $n^{-1}\boldsymbol{W}$。其中，根据式(3-47)，我们有

$$\boldsymbol{W}=\sum_{i=1}^{k}n_i\boldsymbol{S}_i$$

它是“组内”平方和与乘积和(Sum of Squares and Products, SSP)矩阵，且 $n=\sum_{i=1}^{k}n_i$。利用式(3-46)，似然比检验(LRT)可表示为

$$\lambda=\left\{\frac{\det\boldsymbol{W}}{\det(n\boldsymbol{S})}\right\}^{n/2}=[\det(\boldsymbol{T}^{-1}\boldsymbol{W})]^{n/2} \tag{3-49}$$

这里

$$\boldsymbol{T}=n\boldsymbol{S}$$

是 SSP“总”矩阵，是由所有相关数据矩阵推出的，就好像它们构成了一个单一矩阵样本。与此相反，矩阵 $\boldsymbol{W}$ 是“组内”SSP，且可以将

$$\boldsymbol{B}=\boldsymbol{T}-\boldsymbol{W}=\sum_{i=1}^{k}n_i(\bar{\boldsymbol{x}}_i-\bar{\boldsymbol{x}})(\bar{\boldsymbol{x}}_i-\bar{\boldsymbol{x}})^T$$

视为“组间”SSP 矩阵。因此，根据式(3-49)，我们有

$$\lambda^{2/n}=\frac{\det\boldsymbol{W}}{\det(\boldsymbol{B}+\boldsymbol{W})}=\frac{1}{\det(\boldsymbol{I}+\boldsymbol{W}^{-1}\boldsymbol{B})}$$

矩阵 $\boldsymbol{W}^{-1}\boldsymbol{B}$ 显然是单变量方差比的推广。如果$\mathcal{H}_0$ 为真，则它将趋于0。

如果 $n\geqslant p+k$，在假设$\mathcal{H}_0$ 下

$$[\det(\boldsymbol{I}+\boldsymbol{W}^{-1}\boldsymbol{B})]^{-1}\sim\Lambda(p,n-k,k-1) \tag{3-50}$$

其中威尔克斯的 Λ 统计量我们已经在第3.5节中进行了描述。

让我们对式(3-50)中的统计量进行推导。将 k 个矩阵样本作为单一数据矩阵

$$\boldsymbol{X}=\begin{bmatrix}\boldsymbol{X}_1\\ \vdots\\ \boldsymbol{X}_k\end{bmatrix}$$

其中，$\boldsymbol{X}_i(n_i\times p)$是第 i 个矩阵样本，$i=1,\cdots,k$。假定 $\boldsymbol{1}_i$是1位于对应第 i 个样本的位置，0位于其他位置的 n-向量，设置 $\boldsymbol{I}_i=diag(\boldsymbol{1}_i)$。于是，$\boldsymbol{I}=\sum\boldsymbol{I}_i$，$\boldsymbol{1}=\sum\boldsymbol{1}_i$。假设

$$\boldsymbol{H}_i=\boldsymbol{I}_i-n_i^{-1}\boldsymbol{1}_i\boldsymbol{1}_i^T$$

是第 i 个矩阵样本的中心矩阵。样本协方差矩阵可表示为

$$n_i\boldsymbol{S}_i=\boldsymbol{X}_i^T\boldsymbol{H}_i\boldsymbol{X}$$

设

$$\boldsymbol{C}_1=\sum\boldsymbol{H}_i,\ \boldsymbol{C}_2=\sum n_i^{-1}\boldsymbol{1}_1\boldsymbol{1}_i^T-n^{-1}\boldsymbol{1}\boldsymbol{1}^{\mathrm{T}}$$

我们可以很容易地验证

$$\boldsymbol{W}=\boldsymbol{X}^T\boldsymbol{C}_1\boldsymbol{X},\ \boldsymbol{B}=\boldsymbol{X}^T\boldsymbol{C}_2\boldsymbol{X}$$

此外，$\boldsymbol{C}_1$ 和 $\boldsymbol{C}_2$ 分别是秩为 $n-k$ 和 $k-1$ 的幂等矩阵，且 $\boldsymbol{C}_1\boldsymbol{C}_2=0$。

在假设$\mathcal{H}_0$ 下，$\boldsymbol{H}$ 是来自于$\mathcal{N}(\boldsymbol{\mu},\boldsymbol{\Sigma})$的数据矩阵。因此，根据定理3.7和定理3.8，我们有

$$\boldsymbol{W}=\boldsymbol{X}^T\boldsymbol{C}_1\boldsymbol{X}\sim \boldsymbol{W}_p(\boldsymbol{\mu},\ n-k)$$
$$\boldsymbol{B}=\boldsymbol{X}^T\boldsymbol{C}_2\boldsymbol{X}\sim \boldsymbol{W}_p(\boldsymbol{\mu},\ k-1)$$

此外，$\boldsymbol{W}$ 和 $\boldsymbol{B}$ 是相互独立的。因此，可以推出式(3-50)。

3.7 似然比检验

3.7.1 广义高斯检测和估计器-相关器结构

最常见的信号假设是允许信号是由确定性分量和随机分量组成的。这样，当信号协方差矩阵给定时，即可将信号建模为一个包含确定性部分和随机部分的随机过程，其中确定性部分对应于非零均值随机过程，随机部分对应于零均值随机过程。不失一般性，我们假定噪声协方差矩阵是任意的。这些假设导致广义高斯检测问题[118, 167]的出现，它在数学上可表示为

$$\mathcal{H}_0: y[n]=w[n],\ n=0,\ 1,\ \cdots,\ N-1$$
$$\mathcal{H}_1: y[n]=x[n]+w[n],\ n=0,\ 1,\ \cdots,\ N-1$$

定义列向量为

$$\boldsymbol{y}=[y[0]y[1]\cdots y[N]]^T \tag{3-51}$$

同样，对于 $\boldsymbol{x}$ 和 $\boldsymbol{w}$，我们也可以定义其列向量。在矢量和矩阵形式

$$\mathcal{H}_0: \boldsymbol{y}=\boldsymbol{w};\ \boldsymbol{C}_y=\boldsymbol{C}_w=\boldsymbol{A}$$
$$\mathcal{H}_1: \boldsymbol{y}=\boldsymbol{x}+\boldsymbol{w};\ \boldsymbol{C}_y=\boldsymbol{C}_x+\boldsymbol{C}_w=\boldsymbol{B}$$

中，$\boldsymbol{w}\sim\mathcal{N}(0,\ \boldsymbol{C}_w)$，$\boldsymbol{x}\sim\mathcal{N}(0,\ \boldsymbol{C}_x)$，且 $\boldsymbol{x}$ 和 $\boldsymbol{w}$ 相互独立。似然比检验(LRT)选择$\mathcal{H}_1$，如果

$$\Lambda(\boldsymbol{y})=\frac{p(\boldsymbol{y};\mathcal{H}_1)}{p(\boldsymbol{y};\mathcal{H}_0)}>\gamma$$

其中

$$p(\boldsymbol{y};\mathcal{H}_1)=\frac{1}{(2\pi)^{N/2}\det^{1/2}(\boldsymbol{C}_x+\boldsymbol{C}_w)}\exp\left[-\frac{1}{2}(\boldsymbol{y}-\boldsymbol{\mu}_x)^*(\boldsymbol{C}_x+\boldsymbol{C}_w)^{-1}(\boldsymbol{y}-\boldsymbol{\mu}_x)\right]$$
$$p(\boldsymbol{y};\mathcal{H}_0)=\frac{1}{(2\pi)^{N/2}\det^{1/2}(\boldsymbol{C}_w)}\exp\left[-\frac{1}{2}\boldsymbol{y}^*\boldsymbol{C}_w^{-1}\boldsymbol{y}\right]$$

取对数，仅保留与数据有关的项，缩放生成检验统计量

$$\begin{aligned}T(\boldsymbol{y})&=\boldsymbol{y}^*\boldsymbol{C}_w^{-1}\boldsymbol{y}-(\boldsymbol{y}-\boldsymbol{\mu}_x)^*(\boldsymbol{C}_x+\boldsymbol{C}_w)^{-1}(\boldsymbol{y}-\boldsymbol{\mu}_x)\\&=\boldsymbol{y}^*\boldsymbol{C}_w^{-1}\boldsymbol{y}-\boldsymbol{y}^*(\boldsymbol{C}_x+\boldsymbol{C}_w)^{-1}\boldsymbol{y}+2\boldsymbol{y}^*(\boldsymbol{C}_x+\boldsymbol{C}_w)^{-1}\boldsymbol{\mu}_x-\boldsymbol{\mu}_x^*(\boldsymbol{C}_x+\boldsymbol{C}_w)^{-1}\boldsymbol{\mu}_x\end{aligned} \tag{3-52}$$

根据矩阵求逆引理(参见参考文献[114]第43页以及参考文献[118, 167])，有

$$\boldsymbol{C}_w^{-1}-(\boldsymbol{C}_x+\boldsymbol{C}_w)^{-1}=\boldsymbol{C}_w^{-1}\boldsymbol{C}_x(\boldsymbol{C}_x+\boldsymbol{C}_w)^{-1} \tag{3-53}$$

当 $\boldsymbol{\mu}_x=0$ 时，式(3-52)可改写为

$$T(\boldsymbol{y})=\frac{1}{2}\boldsymbol{y}^*[\boldsymbol{C}_w^{-1}-(\boldsymbol{C}_x+\boldsymbol{C}_w)^{-1}]\boldsymbol{y}=\frac{1}{2}\boldsymbol{y}^*\boldsymbol{C}_w^{-1}\boldsymbol{C}_x(\boldsymbol{C}_x+\boldsymbol{C}_w)^{-1}\boldsymbol{y}=\frac{1}{2}\boldsymbol{y}^*\boldsymbol{C}_w^{-1}\hat{\boldsymbol{x}}$$

其中，$\hat{\boldsymbol{x}}=\boldsymbol{C}_x(\boldsymbol{C}_x+\boldsymbol{C}_w)^{-1}\boldsymbol{y}$ 是 $\boldsymbol{x}$ 的最小均方误差(MMSE)估计器。这是估计器-相关器之

后的一个预白化器。

应用迹运算性质(参见第 A. 3 节)有

$$\mathrm{Tr}\alpha=\alpha,\ \mathrm{Tr}(\boldsymbol{A}\pm\boldsymbol{B})=\mathrm{Tr}\boldsymbol{A}\pm\mathrm{Tr}\boldsymbol{B},\ \mathrm{Tr}\alpha\boldsymbol{A}=\alpha\mathrm{Tr}\boldsymbol{A},\ \mathrm{Tr}\boldsymbol{A}\boldsymbol{B}=\mathrm{Tr}\boldsymbol{B}\boldsymbol{A} \tag{3-54}$$

其中，α 是一个常数。我们有

$$\begin{aligned} T(\boldsymbol{y})&=\mathrm{Tr}[T(\boldsymbol{y})]=\frac{1}{2}\mathrm{Tr}\{\boldsymbol{y}^*[\boldsymbol{C}_w^{-1}-(\boldsymbol{C}_x+\boldsymbol{C}_w)^{-1}]\boldsymbol{y}\}\\ &=\frac{1}{2}\mathrm{Tr}\{[\boldsymbol{C}_w^{-1}-(\boldsymbol{C}_x+\boldsymbol{C}_w)^{-1}]\boldsymbol{y}\boldsymbol{y}^*\}\overset{\mathcal{H}_1}{>}T_0 \end{aligned} \tag{3-55}$$

其中，$\boldsymbol{y}\boldsymbol{y}^*$ 的大小为 $N\times N$，秩为 1。我们可以很容易地选择 $T_0>0$，因为由后面内容可知，$T(y)>0$ 是显而易见的。因此，式(3-55)可以改写为

$$2\sqrt{\mathrm{Tr}\{[\boldsymbol{C}_w^{-1}-(\boldsymbol{C}_x+\boldsymbol{C}_w)^{-1}]\boldsymbol{y}\boldsymbol{y}^*\}}>T_1 \tag{3-56}$$

假设 $\boldsymbol{A}\geqslant 0$，$\boldsymbol{B}\geqslant 0$，且大小相同。于是，根据参考文献[112, 329](参见第 A. 6. 2 节)有

$$\begin{aligned} &0\leqslant\mathrm{Tr}\boldsymbol{A}\boldsymbol{B}\leqslant(\mathrm{Tr}\boldsymbol{A})(\mathrm{Tr}\boldsymbol{B})\\ &0\leqslant 2\sqrt{\mathrm{Tr}\boldsymbol{A}\boldsymbol{B}}\leqslant\mathrm{Tr}\boldsymbol{A}+\mathrm{Tr}\boldsymbol{B} \end{aligned} \tag{3-57}$$

一方面，应用式(3-57)，将式(3-56)变为

$$\mathrm{Tr}[\boldsymbol{C}_w^{-1}-(\boldsymbol{C}_x+\boldsymbol{C}_w)^{-1}]+\mathrm{Tr}(\boldsymbol{y}\boldsymbol{y}^*)\geqslant 2\sqrt{\mathrm{Tr}\{[\boldsymbol{C}_w^{-1}-(\boldsymbol{C}_x+\boldsymbol{C}_w)^{-1}]\boldsymbol{y}\boldsymbol{y}^*\}}>T_1$$

或者

$$\mathrm{Tr}(\boldsymbol{y}\boldsymbol{y}^*)\geqslant T_1-\mathrm{Tr}[\boldsymbol{C}_w^{-1}-(\boldsymbol{C}_x+\boldsymbol{C}_w)^{-1}] \tag{3-58}$$

如果

$$\mathrm{Tr}[\boldsymbol{C}_w^{-1}-(\boldsymbol{C}_x+\boldsymbol{C}_w)^{-1}]>0 \tag{3-59}$$

另一方面，应用式(3-57)，将式(3-55)变为

$$\mathrm{Tr}[\boldsymbol{C}_w^{-1}-(\boldsymbol{C}_x+\boldsymbol{C}_w)^{-1}]\mathrm{Tr}(\boldsymbol{y}\boldsymbol{y}^*)\geqslant\mathrm{Tr}\{[\boldsymbol{C}_w^{-1}-(\boldsymbol{C}_x-\boldsymbol{C}_w)^{-1}]\boldsymbol{y}\boldsymbol{y}^*\}\underset{\mathcal{H}_0}{\overset{\mathcal{H}_1}{\gtrless}}T_1 \tag{3-60}$$

$$\mathrm{Tr}(\boldsymbol{y}\boldsymbol{y}^*)\underset{\mathcal{H}_0}{\overset{\mathcal{H}_1}{\gtrless}}\frac{T_1}{\mathrm{Tr}[\boldsymbol{C}_w^{-1}-(\boldsymbol{C}_x+\boldsymbol{C}_w)^{-1}]}=\frac{T_1}{\mathrm{Tr}(\boldsymbol{A}^{-1}-\boldsymbol{B}^{-1})} \tag{3-61}$$

如果

$$\mathrm{Tr}[\boldsymbol{C}_w^{-1}-(\boldsymbol{C}_x+\boldsymbol{C}_w)^{-1}]=\mathrm{Tr}(\boldsymbol{A}^{-1}-\boldsymbol{B}^{-1})>0 \tag{3-62}$$

(这与式(3-59)相同)，其有效的必要条件为

$$\boldsymbol{A}\leqslant\boldsymbol{B}\text{ 或 }\boldsymbol{C}_w<\boldsymbol{C}_x+\boldsymbol{C}_w \tag{3-63}$$

由于存在如下事实：如果当 $A\geqslant 0$，$B\geqslant 0$ 时，$A\leqslant B$，则有(参见第 A. 6. 2 节)

$$\boldsymbol{A}^{-1}\geqslant\boldsymbol{B}^{-1} \tag{3-64}$$

需要注意的是，$\boldsymbol{A}^{-1}+\boldsymbol{B}^{-1}\neq(\boldsymbol{B}+\boldsymbol{A})^{-1}$。

从式(3-53)开始，我们有

$$\begin{aligned} \mathrm{Tr}[\boldsymbol{C}_w^{-1}-(\boldsymbol{C}_x+\boldsymbol{C}_w)^{-1}]&=\mathrm{Tr}[\boldsymbol{C}_w^{-1}\boldsymbol{C}_x(\boldsymbol{C}_x+\boldsymbol{C}_w)^{-1}]=\mathrm{Tr}[\boldsymbol{C}_x(\boldsymbol{C}_x+\boldsymbol{C}_w)^{-1}\boldsymbol{C}_w^{-1}]\\ &=\mathrm{Tr}\{[\boldsymbol{C}_w(\boldsymbol{C}_x+\boldsymbol{C}_w)]^{-1}\boldsymbol{C}_x\}=\mathrm{Tr}(\boldsymbol{A}^{-1}\boldsymbol{B}) \end{aligned} \tag{3-65}$$

且

$$\boldsymbol{A}=\boldsymbol{C}_w(\boldsymbol{C}_x+\boldsymbol{C}_w),\ \boldsymbol{B}=\boldsymbol{C}_x,\ \boldsymbol{A}>0,\ \boldsymbol{B}>0 \tag{3-66}$$

其中，第2步中使用了式(3-54)，在第2步中，我们使用下式(参见参考文献[114]第43页)

$$(\boldsymbol{AB})^{-1}=\boldsymbol{B}^{-1}\boldsymbol{A}^{-1}$$

假设$\boldsymbol{A}>0$，$\boldsymbol{B}>0$，且大小相同。于是有(参见参考文献[114]第181页)

$$\mathrm{Tr}\boldsymbol{A}^{-1}\boldsymbol{B}\geqslant\frac{\mathrm{Tr}\boldsymbol{A}}{\lambda_{\max}(\boldsymbol{A})}\geqslant\frac{\mathrm{Tr}\boldsymbol{B}}{\mathrm{Tr}\boldsymbol{A}},\ \mathrm{Tr}\boldsymbol{A}>0,\ \mathrm{Tr}\boldsymbol{B}>0 \tag{3-67}$$

其中，$\lambda_{\max}(\boldsymbol{A})$是$\boldsymbol{A}$的最大特征值。由于式(3-66)中给定$\boldsymbol{A}>0$，$\boldsymbol{B}>0$的事实，应用式(3-65)和式(3-67)，式(3-61)变为

$$\mathrm{Tr}(\boldsymbol{yy}^*)\underset{\mathcal{H}_0}{\overset{\mathcal{H}_1}{\gtrless}}\frac{T_1}{\mathrm{Tr}(\boldsymbol{A}^{-1}\boldsymbol{B})}\geqslant T_1\frac{\mathrm{Tr}\boldsymbol{A}}{\mathrm{Tr}\boldsymbol{B}}=T_1\frac{\mathrm{Tr}[\boldsymbol{C}_w(\boldsymbol{C}_x+\boldsymbol{C}_w)]}{\mathrm{Tr}\boldsymbol{C}_x} \tag{3-68}$$

综合式(3-65)和式(3-67)，得到

$$\mathrm{Tr}[\boldsymbol{C}_w^{-1}-(\boldsymbol{C}_x-\boldsymbol{C}_w)^{-1}]\geqslant\frac{\mathrm{Tr}\boldsymbol{C}_x}{\mathrm{Tr}[\boldsymbol{C}_w(\boldsymbol{C}_x+\boldsymbol{C}_w)]}>0 \tag{3-69}$$

应用式(3-69)，式(3-58)变为

$$\left|\mathrm{Tr}(\boldsymbol{yy}^*)-T_1\right|>\mathrm{Tr}[\boldsymbol{C}_w^{-1}-(\boldsymbol{C}_x+\boldsymbol{C}_w)^{-1}]\geqslant\frac{\mathrm{Tr}\boldsymbol{C}_x}{\mathrm{Tr}[\boldsymbol{C}_w(\boldsymbol{C}_x+\boldsymbol{C}_w)]}$$

因为

$$\mathrm{Tr}[\boldsymbol{C}_w^{-1}-(\boldsymbol{C}_x+\boldsymbol{C}_w)^{-1}]>0$$

这里，$|a|$表示a的绝对值。即使与噪声$\boldsymbol{C}_w$的协方差矩阵相比，信号$\boldsymbol{C}_x$的协方差矩阵极其小，式(3-63)的必要条件也能得到满足。这一点对我们当前研究的问题至关重要：在感兴趣的频谱对极弱信号进行感知。乍一看，式(3-63)的必要条件似乎极易得到满足，然而这种直觉是错误的。在极低信噪比的背景下，这个条件太苛刻了，以至于无法满足。缺乏足够的样本来估计协方差矩阵$\boldsymbol{C}_w$和$\boldsymbol{C}_x$是技术难点的根源。幸运的是，信号协方差矩阵$\boldsymbol{C}_x$存在的空间秩数要比噪声协方差矩阵$\boldsymbol{C}_w$存在的空间秩数低。这种秩数方面的根本区别是第4章中大多数研究工作的出发点。

在实践中，式(3-68)可用一种简便形式来表示。此时只需要用到这些协方差矩阵的迹！当然，这些迹是正标量实数(通常情况下是随机变量)。式(3-68)成立的必要条件是式(3-63)$\boldsymbol{C}_w<\boldsymbol{C}_x+\boldsymbol{C}_w$。

3.7.1.1 散度

假设$\boldsymbol{y}:\mathcal{N}(0,\boldsymbol{C}_y)$表示一个$N\times1$正态随机向量，其均值为0，协方差矩阵为$\boldsymbol{C}_y$。这里考虑的问题是假设检验：

$$\mathcal{H}_0:\boldsymbol{C}_y=\boldsymbol{C}_0$$

$$\mathcal{H}_1:\boldsymbol{C}_y=\boldsymbol{C}_1$$

特别是，我们有$\boldsymbol{C}_0=\boldsymbol{C}_w$和$\boldsymbol{C}_1=\boldsymbol{C}_w+\boldsymbol{C}_x$。散度[123]是一种粗略衡量对数似然如何区分$\mathcal{H}_0$和$\mathcal{H}_1$的指标：

$$J=E_{\mathcal{H}_1}L(\boldsymbol{y})-E_{\mathcal{H}_0}L(\boldsymbol{y})$$

其中

$$L(\boldsymbol{y})=\boldsymbol{y}^*\boldsymbol{Q}\boldsymbol{y},\ \boldsymbol{Q}=\boldsymbol{C}_0^{-1}-\boldsymbol{C}_1^{-1}$$

矩阵 $\boldsymbol{Q}$ 可以改写为

$$\boldsymbol{Q}=\boldsymbol{C}_0^{-T/2}(\boldsymbol{I}-\boldsymbol{S})\boldsymbol{C}_0^{-1/2}$$

$$\boldsymbol{C}_0=\boldsymbol{C}_0^{1/2}\boldsymbol{C}_0^{T/2};\boldsymbol{C}_0^{-T/2}=(\boldsymbol{C}_0^{-1/2})^T$$

$$\boldsymbol{S}=\boldsymbol{C}_0^{-1/2}\boldsymbol{C}_1\boldsymbol{C}_0^{-T/2};\boldsymbol{C}_0^{-T/2}=(\boldsymbol{C}_0^{-1/2})^T$$

对数似然比可改写为

$$L(\boldsymbol{y})=\boldsymbol{z}^*(\boldsymbol{I}-\boldsymbol{S}^{-1})\boldsymbol{z}$$

$$\boldsymbol{z}=\boldsymbol{C}_0^{-1/2}\boldsymbol{y}$$

变化后的向量 $\boldsymbol{z}$ 服从$\mathcal{N}(0,\boldsymbol{C}_z)$分布。在假设$\mathcal{H}_0$下，$\boldsymbol{C}_z=\boldsymbol{I}$；在假设$\mathcal{H}_0$下，$\boldsymbol{C}_z=\boldsymbol{S}$。我们称 $\boldsymbol{S}$ 为信噪比矩阵。

3.7.1.2　正交分解

矩阵 $\boldsymbol{S}$ 拥有正交分解

$$\boldsymbol{S}=\boldsymbol{C}_0^{-1/2}\boldsymbol{C}_1\boldsymbol{C}_0^{-T/2}=\boldsymbol{U}\boldsymbol{\Lambda}\boldsymbol{U}^T$$

$$\boldsymbol{S}\boldsymbol{U}=\boldsymbol{U}\boldsymbol{\Lambda}$$

其中，$\boldsymbol{\Lambda}$ 是对角元素为 λ_i 的对角矩阵，$\boldsymbol{U}$ 满足 $\boldsymbol{U}\boldsymbol{U}^T=\boldsymbol{I}$。这意味着$(\boldsymbol{C}_0^{-T/2}\boldsymbol{U},\boldsymbol{\Lambda})$是广义特征值问题的解，即

$$\boldsymbol{C}_1(\boldsymbol{C}_0^{-T/2}\boldsymbol{U})-\boldsymbol{C}_0(\boldsymbol{C}_0^{-T/2}\boldsymbol{U})\boldsymbol{\Lambda}=0$$

应用这种 $\boldsymbol{S}$ 表达式，对数似然比可表示为

$$L(y)=\boldsymbol{z}^*\boldsymbol{U}(\boldsymbol{I}-\boldsymbol{\Lambda}^{-1})\boldsymbol{U}^T\boldsymbol{z}$$

其中，随机向量 $\boldsymbol{y}$ 在假设$\mathcal{H}_1$下的协方差矩阵为 $\boldsymbol{U}\boldsymbol{\Lambda}\boldsymbol{U}^T$；在假设$\mathcal{H}_0$下的协方差矩阵为 $\boldsymbol{I}$。于是有

$$E_{\mathcal{H}_1}\boldsymbol{z}\boldsymbol{z}^*=\boldsymbol{S}$$

$$E_{\mathcal{H}_0}\boldsymbol{z}\boldsymbol{z}^*=\boldsymbol{I}$$

3.7.1.3　降秩

对数似然比的降秩版本为

$$L_r(\boldsymbol{y})=\boldsymbol{z}*\boldsymbol{U}(\boldsymbol{I}_r-\boldsymbol{\Lambda}_r^{-1})\boldsymbol{U}^T\boldsymbol{z}$$

其中，$\boldsymbol{I}_r$和 $\boldsymbol{\Lambda}_r^{-1}$分别是 $\boldsymbol{I}$ 和 $\boldsymbol{\Lambda}^{-1}$ 的降秩版本，它保留了 r 个非零项和 $N-r$ 个零项。

这种降秩非常有效，只要丢弃的特征值 λ_i是1(噪声分量)。问题是非1的特征值有时也会被丢弃，而面临较多处罚。我们引入一种新标准——散度，这是一种粗略衡量对数似然如何区分$\mathcal{H}_0$和$\mathcal{H}_1$的指标。

$$\begin{aligned}J&=E_{\mathcal{H}_1}L(\boldsymbol{y})-E_{\mathcal{H}_0}L(\boldsymbol{y})=\mathrm{Tr}\boldsymbol{U}(\boldsymbol{I}-\boldsymbol{\Lambda}^{-1})\boldsymbol{U}^T\boldsymbol{U}\boldsymbol{\Lambda}\boldsymbol{U}^T-\mathrm{Tr}\boldsymbol{U}(\boldsymbol{I}-\boldsymbol{\Lambda}^{-1})\boldsymbol{U}^T\boldsymbol{U}\boldsymbol{U}^T\\&=\mathrm{Tr}(\boldsymbol{\Lambda}+\boldsymbol{\Lambda}^{-1}-2\boldsymbol{I})\\&=\sum_{n=1}^{N}(\boldsymbol{\Lambda}_n+\boldsymbol{\Lambda}_n^{-1}-2)=\mathrm{Tr}(\boldsymbol{S}+\boldsymbol{S}^{-1}-2\boldsymbol{I})\end{aligned}$$

我们强调决定特征值贡献的是 $\boldsymbol{\Lambda}_n+\boldsymbol{\Lambda}_n^{-1}$之和，而不是 $\boldsymbol{\Lambda}_n$。当我们将小特征值丢弃

时,将面临处罚。当信噪比极低时,特征值几乎服从均匀分布,此时很难进行降秩处理。必须将 $\boldsymbol{S}$ 和 $\boldsymbol{S}^{-1}$ 的迹和视为一个整体。显然,我们要求

$$\frac{1}{2}(\boldsymbol{S}+\boldsymbol{S}^{-1})\geqslant \boldsymbol{I}$$

因为

$$\boldsymbol{A}\geqslant \boldsymbol{B}\Rightarrow \mathrm{Tr}\boldsymbol{A}\geqslant \mathrm{Tr}\boldsymbol{B}$$

其中,$\boldsymbol{A}$、$\boldsymbol{B}$ 是 Hermitian 矩阵。矩阵不等式条件 $\frac{1}{2}(\boldsymbol{S}+\boldsymbol{S}^{-1})\geqslant \boldsymbol{I}$ 意味着

$$J=\mathrm{Tr}(\boldsymbol{S}+\boldsymbol{S}^{-1}-2\boldsymbol{I})\geqslant 0$$

或者

$$J=\mathrm{Tr}[(\boldsymbol{C}_0^{-1}-\boldsymbol{C}_1^{-1})\boldsymbol{C}_1]-\mathrm{Tr}[(\boldsymbol{C}_0^{-1}-\boldsymbol{C}_1^{-1})\boldsymbol{C}_0]=\mathrm{Tr}[(\boldsymbol{C}_0^{-1}-\boldsymbol{C}_1^{-1})(\boldsymbol{C}_0-\boldsymbol{C}_1)]\geqslant 0$$

当原始对角矩阵 $\boldsymbol{\Lambda}$ 中 $N-r$ 个特征值为 1 时,秩 r 的散度等价于满秩散度。为了说明这一点,考虑如下情形:

$$\mathcal{H}_0:\boldsymbol{C}_0=\boldsymbol{Q}+\sum_{i=1}^{p}\sigma_i^2 u_i u_i^*$$

$$\mathcal{H}_1:\boldsymbol{C}_1=\boldsymbol{Q}+\sum_{i=1}^{p}\sigma_i^2 v_i v_i^*$$

$\boldsymbol{C}_1$ 和 $\boldsymbol{C}_0$ 之差为

$$\boldsymbol{C}_1-\boldsymbol{C}_0=\sum_{i=1}^{p}\sigma_i^2 v_i v_i^*-\sum_{i=1}^{p}\sigma_i^2 u_i u_i^*=\boldsymbol{LDL}^*$$

$$\boldsymbol{L}=[v_{p+1},v_{p+2},\cdots v_{p+q},u_1,\cdots,u_p]$$

$$\boldsymbol{D}=diag[\sigma_{p+1}^2,\sigma_{p+2}^2,\cdots,\sigma_{p+q}^2,-\sigma_1^2,-\sigma_2^2\cdots,\sigma_p^2]$$

假设 $\sigma_i^2>0$,则 $\mathrm{rank}(\boldsymbol{R}_1-\boldsymbol{R}_0)=\mathrm{rank}(\boldsymbol{L})$,且 $\mathrm{rank}(\boldsymbol{L})$ 检测器与满秩检测器具有相同的散度。

例 3.6(最佳秩 1 检测器)

当观测数据在假设 $\mathcal{H}_0$ 下服从 $\mathcal{N}(0,\boldsymbol{R}_0)$ 分布、在假设 $\mathcal{H}_1$ 下服从 $\mathcal{N}(0,\boldsymbol{R}_1)$ 分布时,考虑针对 $\mathcal{H}_0$ 和 $\mathcal{H}_1$ 构建一个低秩检测器:

$$\mathcal{H}_0:\boldsymbol{C}_0=\sigma^2\boldsymbol{I}+\beta^2\boldsymbol{ww}^*$$

$$\mathcal{H}_1:\boldsymbol{C}_1=\sigma^2\boldsymbol{I}+\beta^2\boldsymbol{ww}*+\boldsymbol{vv}*$$

经过一些运算,我们可得到如下信噪比矩阵:

$$\boldsymbol{S}=\boldsymbol{I}+\boldsymbol{U\Sigma v}^*$$

$$\boldsymbol{\Sigma}=\mathrm{diag}[\boldsymbol{v}^*\boldsymbol{C}_0\boldsymbol{v},0,0,\cdots,0]$$

$\boldsymbol{S}$ 的特征值为

$$\lambda_1=1+\boldsymbol{v}*\boldsymbol{C}_0\boldsymbol{v},\ \lambda_2=1,\ \lambda_3=1,\ \cdots,\ \lambda_N=1$$

针对该问题,秩 1 检测器是最佳解决方案。它使用对应于 λ_1 的特征向量来构建。当信噪比极低时,与特征值相比,特征向量是一种更为可靠的检测特征。在 N 维几何项中,特征向量代表数据点的方向,而特征值是该数据点的长度。

例 3.7(高斯信号加高斯噪声)

我们可以将上例推广到广义高斯信号问题

$$\mathcal{H}_0 : \boldsymbol{C}_0$$

$$\mathcal{H}_1 : \boldsymbol{C}_1 = \boldsymbol{C}_0 + \boldsymbol{C}_S$$

得到

$$\boldsymbol{S} = \boldsymbol{I} + \boldsymbol{C}_0^{-1/2} \boldsymbol{C}_S \boldsymbol{C}_0^{-T/2}$$

显然，所有特征值都大于1。然而，这并不意味着在使用低秩检波器逼近对数似然时，接近1的特征值将不会被丢弃。当信噪比极低时，这种近似经常不起作用，因为也许所有特征值都接近1。

3.7.2 采用重复观测进行检验

考虑一个关于独立分布随机向量序列的 $\boldsymbol{y}_k \in \mathcal{C}^N$ 的二元假设问题[124]。如果

$$\Lambda(\boldsymbol{y}) = \frac{p(\boldsymbol{y};\mathcal{H}_1)}{p(\boldsymbol{y};\mathcal{H}_0)}$$

表示单次测量的似然比函数，该问题的似然比检验(LRT)采取如下形式：

$$\prod_{k=1}^{K} \Lambda(\boldsymbol{y}_k) \underset{\mathcal{H}_0}{\overset{\mathcal{H}_1}{\gtrless}} \tau(K) \tag{3-70}$$

其中，$\tau(K)$ 表示可能与测量值数 K 有关的阈值。在式(3-70)两侧取对数，并表示为 $Z_k = \ln(\Lambda(\boldsymbol{y}_k))$，我们发现

$$S_K = \frac{1}{K}\sum_{k=0}^{K-1} Z_k \underset{\mathcal{H}_0}{\overset{\mathcal{H}_1}{\gtrless}} \gamma(K) = \frac{\ln(\tau(K))}{K}$$

当 $K \to \infty$ 时，$\tau(K)$ 趋于某个常数，$\gamma(K) \triangleq = \lim_{K\to\infty} \gamma(K) = 0$。

取对数，仅保留与数据有关的项，定标生成检验统计量(为简单起见，设置 $\boldsymbol{\mu}_x$)，即

$$T(\boldsymbol{y}) = \frac{1}{2}\sum_{k=0}^{K-1} \boldsymbol{y}_k^* [\boldsymbol{C}_w^{-1} - (\boldsymbol{C}_x + \boldsymbol{C}_w)^{-1}] \boldsymbol{y}_k \underset{\mathcal{H}_0}{\overset{\mathcal{H}_1}{\gtrless}} T_0 \tag{3-71}$$

使用如下事实

$$\mathrm{Tr} \sum_{k=0}^{K-1} \boldsymbol{x}_k^* \boldsymbol{A} \boldsymbol{x}_k = \mathrm{Tr}(\boldsymbol{A}\boldsymbol{X}), \text{其中 } \boldsymbol{X} = \sum_{k=0}^{K-1} \boldsymbol{x}_k \boldsymbol{x}_k^* \tag{3-72}$$

式(3-71)变为

$$\mathrm{Tr}\left\{[\boldsymbol{C}_w^{-1} - (\boldsymbol{C}_x + \boldsymbol{C}_w)^{-1}] \frac{1}{K}\sum_{k=0}^{K-1} \boldsymbol{y}_k^* \boldsymbol{y}_k\right\} \underset{\mathcal{H}_0}{\overset{\mathcal{H}_1}{\gtrless}} \frac{T_1}{K} \tag{3-73}$$

如果下面针对重复观测的似然比检验(LRT)充分条件

$$\boldsymbol{C}_w^{-1} - (\boldsymbol{C}_x + \boldsymbol{C}_w)^{-1} > 0 \tag{3-74}$$

得到满足，则意味着(参见第 A.6.2 节)

$$\mathrm{Tr}[\boldsymbol{C}_w^{-1} - (\boldsymbol{C}_x + \boldsymbol{C}_w)^{-1}] > 0$$

应用式(3-57)，我们有

$$\mathrm{Tr}\{[\boldsymbol{C}_w^{-1} - (\boldsymbol{C}_x + \boldsymbol{C}_w)^{-1}]\} \mathrm{Tr}\left(\frac{1}{K}\sum_{k=0}^{K-1} \boldsymbol{y}_k^* \boldsymbol{y}_k\right) \overset{\mathcal{H}_1}{>} \frac{1}{K} T_0 \tag{3-75}$$

或者

$$\mathrm{Tr}\left(\frac{1}{K}\sum_{k=0}^{K-1}\boldsymbol{y}_k^*\boldsymbol{y}_k\right)\overset{\mathcal{H}_1}{>}\frac{1}{K}\frac{1}{\mathrm{Tr}[\boldsymbol{C}_w^{-1}-(\boldsymbol{C}_x+\boldsymbol{C}_w)^{-1}]}T_0 \tag{3-76}$$

$\boldsymbol{y}$ 的协方差矩阵可定义为

$$\boldsymbol{C}_y=\mathbb{E}(\boldsymbol{y}\boldsymbol{y}^*)$$

$K\to\infty$ 的渐近情形为

$$\mathrm{Tr}\boldsymbol{C}_y\overset{\mathcal{H}_1}{>}\frac{1}{K}\frac{1}{\mathrm{Tr}[\boldsymbol{C}_w^{-1}-(\boldsymbol{C}_x+\boldsymbol{C}_w)^{-1}]}T_0\to 0 \tag{3-77}$$

由于样本协方差矩阵收敛到真协方差矩阵，即

$$\boldsymbol{C}_y=\lim_{K\to\infty}\frac{1}{K}\sum_{k=0}^{K-1}\boldsymbol{y}_k^*\boldsymbol{y}_k$$

为了保证式(3-74)成立，由于式(3-64)的存在，下面更严格的条件即可满足需要

$$\boldsymbol{C}_w\leqslant\boldsymbol{C}_x+\boldsymbol{C}_w \tag{3-78}$$

3.7.2.1 情形1. 假设$\mathcal{H}_0$ 下的对角协方差矩阵：等方差

当$x[n]$是一个均值为0、协方差矩阵为$\boldsymbol{C}_x$的复高斯随机过程，$w[n]$是一个方差矩阵为σ_n^2的复高斯白噪声(Complex White Gaussian Noise, CWGN)时，概率分布函数(PDF)可表示为

$$p(\boldsymbol{y};\mathcal{H}_1)=\frac{1}{\pi^N\det(\boldsymbol{C}_x+\sigma_n^2\boldsymbol{I})}\exp[-\boldsymbol{y}^*(\boldsymbol{C}_x+\sigma_n^2\boldsymbol{I})^{-1}\boldsymbol{y}]$$

$$p(\boldsymbol{y};\mathcal{H}_0)=\frac{1}{\pi^N\sigma_n^{2N}}\exp\left[-\frac{1}{\sigma_n^2}\boldsymbol{y}^*\boldsymbol{y}\right]$$

其中，$\boldsymbol{I}$为$N\times N$单位矩阵，且$\mathrm{Tr}\boldsymbol{I}=N$。

对数似然比是

$$\ln L(\boldsymbol{y})=-\boldsymbol{y}^*\left[(\boldsymbol{C}_x+\sigma_n^2\boldsymbol{I})^{-1}-\frac{1}{\sigma_n^2}\boldsymbol{I}\right]\boldsymbol{y}-\ln\det(\boldsymbol{C}_x+\sigma_n^2\boldsymbol{I})+\ln\det\sigma_n^{2N}$$

考虑以下特殊情况

$$\boldsymbol{C}_w^{-1}=\frac{1}{\sigma_n^2}\boldsymbol{I};\boldsymbol{C}_x=\sigma_s^2\boldsymbol{I};(\boldsymbol{C}_x+\boldsymbol{C}_w)^{-1}=(\sigma_s^2\boldsymbol{I}+\sigma_n^2\boldsymbol{I})^{-1}=\frac{1}{\sigma_s^2+\sigma_n^2}\boldsymbol{I}$$

和

$$\mathrm{Tr}\boldsymbol{C}_w^{-1}\mathrm{Tr}\boldsymbol{C}_x\mathrm{Tr}(\boldsymbol{C}_x+\boldsymbol{C}_w)^{-1}=\frac{N\sigma_s^2}{\sigma_n^2(\sigma_s^2+\sigma_n^2)}$$

式(3-76)的似然比检验(LRT)变为

$$\mathrm{Tr}\left(\frac{1}{K}\sum_{k=0}^{K-1}\boldsymbol{y}_k^*\boldsymbol{y}_k\right)\overset{\mathcal{H}_1}{>}\frac{1}{K}\frac{1}{\{[\boldsymbol{C}_w^{-1}-(\boldsymbol{C}_x+\boldsymbol{C}_w)^{-1}]\}}T_0 \tag{3-79}$$

利用矩阵求逆引理

$$\boldsymbol{C}_w^{-1}-(\boldsymbol{C}_x+\boldsymbol{C}_w)^{-1}=\boldsymbol{C}_w^{-1}\boldsymbol{C}_x(\boldsymbol{C}_x+\boldsymbol{C}_w)^{-1}$$

我们有

$$\mathrm{Tr}\left(\frac{1}{K}\sum_{k=0}^{K-1}\boldsymbol{y}_k^*\boldsymbol{y}_k\right)\overset{\mathcal{H}_1}{>}\frac{1}{K}\frac{T_0}{\mathrm{Tr}\boldsymbol{C}_w^{-1}\mathrm{Tr}\boldsymbol{C}_x\mathrm{Tr}(\boldsymbol{C}_x+\boldsymbol{C}_w)^{-1}}=\frac{1}{K}T_0\frac{\sigma_n^2(\sigma_s^2+\sigma_n^2)}{N\sigma_s^2}\approx T_0\frac{\sigma_n^4}{KN\sigma_s^2} \tag{3-80}$$

当信号非常弱或者 $\sigma_s^2\ll\sigma_n^2$时，$\mathrm{Tr}\boldsymbol{C}_y$是接收信号加噪声的总功率(变化量)。需要注意的是，$\boldsymbol{y}_k$ 是长度为 N 的向量。

考虑单个测量值($K=1$)的情况，我们有

$$\mathrm{Tr}(\boldsymbol{y}\boldsymbol{y}^*)=\sum_{i=0}^{N-1}\left|y[i]\right|^2$$

这是能量检测器。直观上，如果主信号存在，则接收数据的能量增加。事实上，可以将等价检验统计量 $T=\frac{1}{N}\sum_{i=0}^{N-1}\left|y[i]\right|^2$ 看作是方差估计器。将该统计量与阈值相比，可以得出在假设$\mathcal{H}_0$下，方差是 σ_n^2；但在假设$\mathcal{H}_1$下，方差是 $\sigma_s^2+\sigma_n^2$。

3.7.2.2 情形2. 相关信号

现在假设 $N=2$，且

$$\boldsymbol{C}_x=\sigma_s^2\begin{pmatrix}1&\rho\\\rho&1\end{pmatrix}$$

其中，ρ 为 $x[0]$和 $x[1]$之间的相关系数。

$$\boldsymbol{C}_w^{-1}=\frac{1}{\sigma_n^2}\boldsymbol{I};(\boldsymbol{C}_x+\boldsymbol{C}_w)^{-1}=\begin{pmatrix}\sigma_s^2+\sigma_n^2&\rho\sigma_s^2\\\rho\sigma_s^2&\sigma_s^2+\sigma_n^2\end{pmatrix}^{-1}=[(\sigma_s^2+\sigma_n^2)\boldsymbol{I}+\rho\sigma_s^2\boldsymbol{Q}]^{-1}$$

这里

$$\boldsymbol{Q}=\begin{pmatrix}0&1\\1&0\end{pmatrix}$$

$$\boldsymbol{A}=\begin{pmatrix}a&b\\b&a\end{pmatrix},\ \boldsymbol{A}^{-1}=\frac{1}{a^2-b^2}\begin{pmatrix}a&-b\\-b&a\end{pmatrix},\ \mathrm{Tr}\boldsymbol{A}^{-1}=\mathrm{Tr}(\boldsymbol{C}_x+\boldsymbol{C}_w)^{-1}=\frac{2a}{a^2-b^2}$$

其中

$$\boldsymbol{A}=\boldsymbol{C}_x+\boldsymbol{C}_w,\ a=\sigma_s^2+\sigma_n^2,\ b=\rho\sigma_s^2$$

如果 $\boldsymbol{A}>0$，则有

$$\left(\sum_{i=1}^{n}a_{ii}\right)^{-1}\leqslant\mathrm{Tr}\boldsymbol{A}^{-1}$$

显然，$\boldsymbol{C}_w+\boldsymbol{C}_x>0$。根据式(3-77)，我们有

$$\mathrm{Tr}\left(\frac{1}{K}\sum_{k=0}^{K-1}\boldsymbol{y}_k^*\boldsymbol{y}_k\right)\overset{\mathcal{H}_1}{>}\frac{1}{K}\frac{1}{\mathrm{Tr}[\boldsymbol{C}_w^{-1}-(\boldsymbol{C}_x+\boldsymbol{C}_w)^{-1}]}T_0 \tag{3-81}$$

3.7.3 采用样本协方差矩阵进行检测

如果我们完全知道协方差矩阵，则我们有

$$\mathcal{H}_0:\boldsymbol{R}_y=\boldsymbol{A},\ \boldsymbol{A}\geqslant 0$$

$$\mathcal{H}_1:\boldsymbol{R}_x=\boldsymbol{A}+\boldsymbol{B},\ \boldsymbol{B}>0$$

在实践中，必须使用诸如样本协方差矩阵的估计协方差矩阵：

$$\mathcal{H}_0: \boldsymbol{R}_y = \boldsymbol{A}_0,\ \boldsymbol{A}_0 \geqslant 0$$

$$\mathcal{H}_1: \boldsymbol{R}_y = \boldsymbol{A}_1 + \boldsymbol{B},\ \boldsymbol{A}_1,\ \boldsymbol{B} > 0$$

其中，$\boldsymbol{A}_0$ 和 $\boldsymbol{A}_1$ 是噪声的样本协方差矩阵，而 $\boldsymbol{B}$ 是信号的样本协方差矩阵

$$(\boldsymbol{A}+\boldsymbol{B})^{-1}\boldsymbol{A}$$

其特征值 λ_i（其中 $\boldsymbol{A}$ 为半正定矩阵和 $\boldsymbol{B}$ 为正定矩阵）满足

$$0 \leqslant \lambda_i \leqslant 1$$

假定 $\boldsymbol{A}$ 是正定矩阵和 $\boldsymbol{B}$ 是对称矩阵，使得 $\det(\boldsymbol{A}+\boldsymbol{B}) \neq 0$，则

$$(\boldsymbol{A}+\boldsymbol{B})^{-1}\boldsymbol{B}(\boldsymbol{A}+\boldsymbol{B}) \leqslant \boldsymbol{A}^{-1} - (\boldsymbol{A}+\boldsymbol{B})^{-1}$$

我们将该不等式称为 Olkin 不等式，当且仅当 $\boldsymbol{B}$ 是非奇异矩阵时，该不等式是严格的。

威尔克斯的 λ 检验统计量（参见参考文献[110]第 335 页）

$$\Lambda = \frac{\det \boldsymbol{A}}{\det(\boldsymbol{A}+\boldsymbol{B})} = \prod_{j=1}^{p}(1+\lambda_j)^{-1}$$

其中，λ_j是 $\boldsymbol{A}^{-1}\boldsymbol{B}$ 的特征值。

等价相关矩阵（参见参考文献[112]第 241 页）为

$$\boldsymbol{E} = \begin{pmatrix} 1 & \rho\cdots & \rho \\ \rho & 1\cdots & \rho \\ \vdots & \vdots & \vdots \\ \rho & \rho\cdots & 1 \end{pmatrix}$$

或

$$\boldsymbol{E} = (1-\rho)\boldsymbol{I} + \rho\boldsymbol{J}$$

其中，ρ 为任意实数；$\boldsymbol{J}$ 为单位矩阵，$\boldsymbol{J}_p = \boldsymbol{1}\boldsymbol{1}^T$，$\boldsymbol{1} = (1,\ \cdots,\ 1)^T$。于是当 $i \neq j$ 时，$e_{ii} = 1$，$e_{ij} = \rho$。针对统计目的，当 $-(p-1)^{-1} < \rho < 1$ 时，该矩阵最为有用。直接验证表明，如果$\rho \neq 1$，$-(p-1)^{-1}$，则 $\boldsymbol{E}^{-1}$存在，且可表示为

$$\boldsymbol{E}^{-1} = (1-\rho)^{-1}\{\boldsymbol{I} - \rho[1+(p-1)\rho]^{-1}\boldsymbol{J}\}$$

其行列式可表示为

$$\det \boldsymbol{E} = (1-\rho)^{p-1}[1+(p-1)\rho]$$

由于 $\boldsymbol{J}$ 的秩为 1，特征值为 p，对应的特征向量为 $\boldsymbol{1}$，因而我们看到，等价相关矩阵 $\boldsymbol{E} = (1-\rho)\boldsymbol{I} + \rho\boldsymbol{J}$ 拥有特征值：

$$\lambda_1 = 1 + (p-1)\rho,\ \lambda_2 = \cdots = \lambda_p = 1 + (p-1)\rho$$

且特征向量与 $\boldsymbol{J}$ 相同。log det$\boldsymbol{A}$ 是有界的，即

$$\frac{\det \boldsymbol{A}}{\det(\boldsymbol{A}+\boldsymbol{B})} \leqslant \exp(\mathrm{Tr}(\boldsymbol{A}^{-1}\boldsymbol{B}))$$

其中，$\boldsymbol{A}$ 和 $\boldsymbol{A}+\boldsymbol{B}$ 是正定的，当且仅当 $\boldsymbol{B}=0$ 时两者相等。如果 $\boldsymbol{A} \geqslant 0$ 且 $\boldsymbol{B} \geqslant 0$，则有[112, 329]

$$0 \leqslant \mathrm{Tr}\boldsymbol{A}\boldsymbol{B} \leqslant (\mathrm{Tr}\boldsymbol{A})(\mathrm{Tr}\boldsymbol{B})$$

$$\sqrt{\mathrm{Tr}\boldsymbol{A}\boldsymbol{B}} \leqslant (\mathrm{Tr}\boldsymbol{A} + \mathrm{Tr}\boldsymbol{B})/2$$

3.7.4 多随机向量的广义似然比检验

可以将数据建模为复高斯随机向量 $\boldsymbol{x}:\Omega\to\mathbb{C}^N$，其概率密度函数为

$$p(\boldsymbol{x})=\frac{1}{\pi^N\det\boldsymbol{R}_{xx}}\exp[-(\boldsymbol{x}-\boldsymbol{\mu}_x)^H\boldsymbol{R}_{xx}^{-1}(\boldsymbol{x}-\boldsymbol{\mu}_x)]$$

均值为 $\boldsymbol{\mu}_x$，协方差矩阵为 $\boldsymbol{R}_{xx}$。考虑从该分布得到的 M 个独立同分布(IID)随机向量为

$$\boldsymbol{x}=[\boldsymbol{x}_1,\boldsymbol{x}_2,\cdots,\boldsymbol{x}_M]$$

这些向量的联合概率密度函数可表示为

$$\begin{aligned}p(\boldsymbol{x})&=\frac{1}{\pi^{MN}(\det\boldsymbol{R}_{xx})^M}\exp\left[-\sum_{m=1}^{M}(\boldsymbol{x}_m-\boldsymbol{\mu}_x)^H\boldsymbol{R}_{xx}^{-1}(\boldsymbol{x}_m-\boldsymbol{\mu}_x)\right]\\&=\pi^{-MN}(\det\boldsymbol{R}_{xx})^{-M}\exp[-M\mathrm{Tr}(\boldsymbol{R}_{xx}^{-1}\boldsymbol{S}_{xx})]\end{aligned}$$

其中，$\boldsymbol{S}_{xx}$ 为样本协方差矩阵，即

$$\boldsymbol{S}_{xx}=\frac{1}{M}\sum_{m=1}^{M}(\boldsymbol{x}_m-\boldsymbol{\mu}_x)(\boldsymbol{x}_m-\boldsymbol{\mu}_x)^H=\frac{1}{M}\boldsymbol{x}\boldsymbol{x}^H-\boldsymbol{m}_x$$

$\boldsymbol{m}_x$ 为样品均值向量，即

$$\boldsymbol{m}_x=\frac{1}{M}\sum_{m=1}^{M}\boldsymbol{x}_m$$

我们的任务是要检验 $\boldsymbol{R}_{xx}$ 是具有结构 0，还是具有可选结构 1.

$$\mathcal{H}_0:\boldsymbol{R}_{xx}\in\mathbb{R}_0$$
$$\mathcal{H}_1:\boldsymbol{R}_{xx}\in\mathbb{R}_1$$

广义似然比检验(GLRT)统计量为

$$L=\frac{\max\limits_{\boldsymbol{R}_{xx}\in\mathbb{R}_0}p(\boldsymbol{x})}{\max\limits_{\boldsymbol{R}_{xx}\in\mathbb{R}_1}p(\boldsymbol{x})}$$

实际协方差矩阵是未知的，它们可由其最大似然(ML)估计来替代，而后者是使用 M 个随机向量计算出来的。如果我们用 $\hat{\boldsymbol{R}}_0$ 来表示假设 $\mathcal{H}_0$ 下 $\boldsymbol{R}_{xx}$ 的最大似然(ML)估计，用 $\hat{\boldsymbol{R}}_1$ 来表示假设 $\mathcal{H}_1$ 下 $\boldsymbol{R}_{xx}$ 的最大似然(ML)估计，则我们有

$$L=\det{}^M(\hat{\boldsymbol{R}}_0^{-1}\hat{\boldsymbol{R}}_1)\exp[-M\mathrm{Tr}(\hat{\boldsymbol{R}}_0^{-1}\boldsymbol{S}_{xx}-\hat{\boldsymbol{R}}_1^{-1}\boldsymbol{S}_{xx})]$$

如果我们进一步假设 $\mathbb{R}_1$ 表示正定矩阵集(不附加任何特殊约束条件)，则 $\hat{\boldsymbol{R}}_1=\boldsymbol{S}_x x$，且

$$L=\det{}^M(\hat{\boldsymbol{R}}_0^{-1}\boldsymbol{S}_{xx})\exp[MN-\mathrm{Tr}(\hat{\boldsymbol{R}}_0^{-1}\boldsymbol{S}_{xx})]$$

用于检验 $\boldsymbol{R}_{xx}$ 是否具有结构 $\mathbb{R}_0$ 的广义似然比是

$$l=L^{1/(MN)}=g\exp(1-a)$$

其中，a 和 g 是 $\hat{\boldsymbol{R}}_0^{-1}\boldsymbol{S}_{xx}$ 特征值的算术和几何均值，即

$$a=\frac{1}{N}\mathrm{Tr}(\hat{\boldsymbol{R}}_0^{-1}\boldsymbol{S}_{xx})$$

$$g=\left[\det(\hat{\boldsymbol{R}}_0^{-1}\boldsymbol{S}_{xx})\right]^{1/N}$$

基于理想虚警概率或检测概率，我们可以选择一个阈值 l_0。因此，如果 $l>l_0$，则我们接受假设$\mathcal{H}_0$；如果 $l<l_0$，则我们拒绝$\mathcal{H}_0$。考虑一种特例

$$\mathbb{R}_0=\{\boldsymbol{R}_{xx}=\sigma_x^2\boldsymbol{I}\}$$

这里 σ_x^2是 $\boldsymbol{x}$ 每个分量的方差。假设$\mathcal{H}_0$ 下 $\boldsymbol{R}_{xx}$的最大似然(ML)估计为 $\hat{\boldsymbol{R}}_0=\hat{\sigma}_x^2\boldsymbol{I}$，其中，方差估计值为$\hat{\sigma}_x^2=\frac{1}{N}\mathrm{Tr}\boldsymbol{S}_{xx}$。因此，广义似然比检验(GLRT)为

$$l=\frac{(\det\boldsymbol{S}_{xx})^{1/N}}{\frac{1}{N}\mathrm{Tr}\boldsymbol{S}_{xx}}$$

在尺度变换和酉变换下，该检验是不变的。

3.7.5 线性判别函数

两个随机向量可以通过使用其似然比进行随机排序。当在假设$\mathcal{H}_i$下检验 $\boldsymbol{y}:\mathcal{N}(0,\ \boldsymbol{C}_i)$时，线性判别可用于逼近一个二次似然比。$\mathcal{H}_0$ 对$\mathcal{H}_1$ 的奈曼-皮尔森检验使我们将对数似然比与阈值进行比较，即

$$L(\boldsymbol{y})=\ln\frac{f_{\theta_1}(\boldsymbol{y})}{f_{\theta_0}(\boldsymbol{y})}\underset{\mathcal{H}_0}{\overset{\mathcal{H}_1}{\gtrless}}\eta$$

平均来说，我们希望在假设$\mathcal{H}_1$ 下，$L(\boldsymbol{y})$大于 η；在假设$\mathcal{H}_0$ 下，$L(\boldsymbol{y})$小于 η。关于$\mathcal{H}_0$ 对$\mathcal{H}_1$ 的检验如何开展的一项不完整指标是两种假设下的 $L(\boldsymbol{y})$之差：

$$J=E_{\theta_1}L(\boldsymbol{y})-E_{\theta_0}L(\boldsymbol{y})=E_{\theta_1}\ln\frac{f_{\theta_1}(\boldsymbol{y})}{f_{\theta_0}(\boldsymbol{y})}-E_{\theta_0}\ln\frac{f_{\theta_1}(\boldsymbol{y})}{f_{\theta_0}(\boldsymbol{y})}$$

该函数是第 3.7.1 节中已经介绍了$\mathcal{H}_0$ 与$\mathcal{H}_1$ 之间的 J 散度。它与随机样本能导致假设$\mathcal{H}_i$的信息有关。多元正态分布问题$\mathcal{H}_i:\boldsymbol{y}:\mathcal{N}(0,\ \boldsymbol{C}_i)$的 J 散度。可以通过展开期望值进行计算：

$$\begin{aligned}J&=\mathrm{Tr}\left[(\boldsymbol{C}_0^{-1}-\boldsymbol{C}_1^{-1})\boldsymbol{C}_1\right]-\mathrm{Tr}\left[(\boldsymbol{C}_0^{-1}-\boldsymbol{C}_1^{-1})C_0\right]\\&=\mathrm{Tr}\left[(\boldsymbol{C}_0^{-1}-\boldsymbol{C}_1^{-1})(\boldsymbol{C}_0-\boldsymbol{C}_1)\right]\\&=\mathrm{Tr}(\boldsymbol{C}_1\boldsymbol{C}_0^{-1}+\boldsymbol{C}_0\boldsymbol{C}_1^{-1}-2I)\geqslant 0\end{aligned}$$

该表达式并未完整描述似然比统计的性能，但它确实带来了与$\mathcal{H}_0$ 与$\mathcal{H}_1$ 之间“距离”有关的有用信息。

3.7.5.1 线性判别

假设数据 $\boldsymbol{y}$ 可用于形成线性判别函数(或统计量)，即

$$z=\boldsymbol{w}^*\boldsymbol{y}$$

在假设$\mathcal{H}_i$下，该统计量服从$\mathcal{N}(0,\ \boldsymbol{w}^*\boldsymbol{R}_i\boldsymbol{w})$分布。如果使用新变量 z 来形成对数似然比，则$\mathcal{H}_0$ 与$\mathcal{H}_1$ 之间的散度为

$$J=\frac{1}{2}\left(\frac{\boldsymbol{w}*\boldsymbol{R}_1\boldsymbol{w}}{\boldsymbol{w}*\boldsymbol{R}_0\boldsymbol{w}}+\frac{\boldsymbol{w}*\boldsymbol{R}_0\boldsymbol{w}}{\boldsymbol{w}*\boldsymbol{R}_1\boldsymbol{w}}-2\right)$$

我们定义如下二次型比值

$$\lambda[Q]=\frac{\boldsymbol{w}^*Q\boldsymbol{w}}{\boldsymbol{w}^*\boldsymbol{R}_0\boldsymbol{w}}$$

于是，我们可以将散度改写为

$$J=\frac{1}{2}\left[\lambda[\boldsymbol{R}_1]+\frac{1}{\lambda[\boldsymbol{R}_1]}-2\right]$$

值得注意的是，对能够实现散度最大化的判别式 w 选择过程，也是选择能够实现二次型函数最大化的过程。二次型的最大化可描述为一种广义特征值问题(参见参考文献[123]第163页)。我们将散度改写为

$$J=\frac{1}{2}\left[\lambda[\boldsymbol{R}_1]+\frac{1}{\lambda[\boldsymbol{R}_1]}-2\right]=\frac{1}{2}\left[\lambda^{1/2}[\boldsymbol{R}_1]-\frac{1}{\lambda^{1/2}[\boldsymbol{R}_1]}\right]^2$$

J 函数在 λ 内是凸的。它在 $\lambda_{\max}$ 或 $\lambda_{\min}$ 处取得最大值，其中 $\lambda_{\max}$ 或 $\lambda_{\min}$ 分别代表

$$\boldsymbol{C}_1\boldsymbol{C}_0^{-1}$$

的最大值和最小值。散度最大值如下：

$$\boldsymbol{w}=\begin{cases}\boldsymbol{w}_{\max}, \text{如果 } \lambda_{\max}>\dfrac{1}{\lambda_{\min}}\\ \boldsymbol{w}_{\min}, \text{如果 } \lambda_{\max}<\dfrac{1}{\lambda_{\min}}\end{cases}$$

线性判别函数要么是 $\boldsymbol{C}_1\boldsymbol{C}_0^{-1}$ 的最大特征向量，要么是 $\boldsymbol{C}_1\boldsymbol{C}_0^{-1}$ 的最小特征向量，这取决于最大值和最小值的性质。它并不总是最大特征向量。我们也将 $\boldsymbol{w}=\boldsymbol{w}_{\max}$ 或 $\boldsymbol{w}=\boldsymbol{w}_{\min}$ 的选择称为主成分分析(PCA)。不失一般性，$\boldsymbol{w}$ 可以归一化为 $\boldsymbol{w}^*\boldsymbol{w}=1$。于是，如果 $\boldsymbol{R}_0=\boldsymbol{I}$，则线性判别函数服从如下分布：

$$z=\boldsymbol{w}^*\boldsymbol{y}=\begin{cases}\mathcal{N}[0, 1], \mathcal{H}_0\\ \mathcal{N}[0, \lambda_{\max}]\text{或}\mathcal{N}[0, \lambda_{\min}], \mathcal{H}_1\end{cases}$$

3.7.6 复随机向量的相关结构检测

针对两个复随机向量 $\boldsymbol{x}$ 和 $\boldsymbol{y}$ 之间的多元关联评估，我们这里的解决方案取材自参考文献[125, 126]。考虑两个均值为0、相关矩阵为

$$\boldsymbol{R}_{xx}=E\boldsymbol{x}\boldsymbol{x}^T, \boldsymbol{R}_{yy}=E\boldsymbol{y}\boldsymbol{y}^T$$

的零均值实向量 $\boldsymbol{x}\in\mathbb{R}^m$ 和 $\boldsymbol{y}\in\mathbb{R}^m$。我们假设两个相关矩阵是可逆的。$\boldsymbol{x}$ 和 $\boldsymbol{y}$ 之间的互相关特性可由互相关矩阵

$$\boldsymbol{R}_{xy}=E\boldsymbol{x}\boldsymbol{y}^T$$

来描述。但该矩阵通常是难以解释的。为了说明基本结构，诸多相关性分析技术将。$\boldsymbol{x}$ 和 $\boldsymbol{y}$ 变换成 $p(p=\min\{m, n\})$ 维内部表达式，为

$$\boldsymbol{\xi}=\boldsymbol{A}\boldsymbol{x}, \boldsymbol{w}=\boldsymbol{B}\boldsymbol{y}$$

选择满秩矩阵 $\boldsymbol{A}$、$\boldsymbol{B}$，使得在相关绝对值上的所有部分和

$$k_i=E\xi_i\omega_i$$

实现最大化

$$\max_{A,B}\sum_{i=1}^{r}\left|k_i\right|,\quad r=1,\cdots,p \tag{3-82}$$

从最大化问题的解式(3-82)可以得到$\boldsymbol{\xi}$和$\boldsymbol{w}$之间的对角互相关矩阵

$$\boldsymbol{K}=E\xi\omega^T=diag(k_1,k_2,\cdots,k_p) \tag{3-83}$$

其中

$$k_1\geqslant k_2\geqslant\cdots>k_p\geqslant 0$$

为了归纳$\boldsymbol{x}$和$\boldsymbol{y}$之间的相关性，我们将总相关系数定义为对角相关性$\{k_i\}$的函数。该相关系数共享$\{k_i\}$的不变性。考虑到最大化表达式(3-82)，我们允许相关性的评估在秩

$$r\leqslant p=\min\{m,n\}$$

的低维子空间中进行。

当秩r给定时，基于前r个典型相关性$\{k^r_{c,i_{i=1}}\}$可以定义各种可能的相关系数。

$$\rho_{C_1}=\frac{1}{p}\sum_{i=1}^{r}k_{C,i}^2$$

$$\rho_{C_2}=1-\prod_{i=1}^{r}(1-k_{C,i}^2)$$

$$\rho_{C_3}=\frac{\sum_{i=1}^{r}\frac{k_{C,i}^2}{1-k_{C,i}^2}}{\sum_{i=1}^{r}\frac{1}{1-k_{C,i}^2}+(p-r)}$$

当$r=p$时，这些系数可由原始相关矩阵来表示，即

$$\rho_{C_1}=\frac{1}{p}\mathrm{Tr}(\boldsymbol{R}_{xx}^{-1}\boldsymbol{R}_{xy}\boldsymbol{R}_{yy}^{-1}\boldsymbol{R}_{xy}^T)=\frac{1}{p}\mathrm{Tr}(\boldsymbol{C}\boldsymbol{C}^T),$$

$$\rho_{C_2}=1-\det(\boldsymbol{I}-\boldsymbol{R}_{xx}^{-1}\boldsymbol{R}_{xy}\boldsymbol{R}_{yy}^{-1}\boldsymbol{R}_{xy}^T)=1-\det(\boldsymbol{I}-\boldsymbol{C}\boldsymbol{C}^T)$$

$$\rho_{C_3}=\frac{\mathrm{Tr}[\boldsymbol{R}_{xy}\boldsymbol{R}_{yy}^{-1}\boldsymbol{R}_{xy}^T(\boldsymbol{R}_{xx}-\boldsymbol{R}_{xy}\boldsymbol{R}_{yy}^{-1}\boldsymbol{R}_{xy}^T)^{-1}]}{\mathrm{Tr}[\boldsymbol{R}_{xx}(\boldsymbol{R}_{xx}-\boldsymbol{R}_{xy}\boldsymbol{R}_{yy}^{-1}\boldsymbol{R}_{xy}^T)^{-1}]}=\frac{\mathrm{Tr}[\boldsymbol{C}\boldsymbol{C}^T(\boldsymbol{I}-\boldsymbol{C}\boldsymbol{C}^T)^{-1}]}{\mathrm{Tr}(\boldsymbol{I}-\boldsymbol{C}\boldsymbol{C}^T)^{-1}}$$

其中

$$\boldsymbol{C}=\boldsymbol{R}_{xx}^{-1/2}\boldsymbol{R}_{xy}\boldsymbol{R}_{yy}^{-T/2}$$

这些系数共享典型相关的不变性，即在$\boldsymbol{x}$和$\boldsymbol{y}$的非奇异线性变换下，它们是不变的。对于联合高斯$\boldsymbol{x}$和$\boldsymbol{y}$来说，ρ_{C_2}决定了$\boldsymbol{x}$和$\boldsymbol{y}$之间的相互信息，即

$$I(\boldsymbol{x};\boldsymbol{y})=-\frac{1}{2}\sum_{i=1}^{r}\log(1-k_{C,i}^2)=-\frac{1}{2}\log(1-\rho_{C_2})$$

参考文献[125，126]对相关性分析的复杂版本进行了讨论。

第 4 章　非交换随机矩阵的假设检验

4.1　为什么采用非交换随机矩阵

量子信息是最基本的构成模块，是协方差矩阵。我们研究构成元素为协方差矩阵的矩阵空间。一个矩阵是协方差矩阵的充分必要条件是该矩阵是半正定矩阵。因此，我们处理的基本元素是半定规划(SDP)矩阵。当然，在这种背景下，凸优化(SDP 矩阵当然凸的)是新的微积分学。

对于任意两个元素(矩阵)$\boldsymbol{A}$ 和 $\boldsymbol{B}$，我们需要定义基本度量来为其排序。如果它们是随机矩阵，举例来说，如果 $\boldsymbol{B}$ 随机大于 $\boldsymbol{A}$，即

$$\boldsymbol{B} \overset{st}{\geqslant} \boldsymbol{A}$$

则我们称该顺序为随机顺序。

更一般地，与标量随机变量相比，$\boldsymbol{A}$ 和 $\boldsymbol{B}$ 是两个矩阵值的随机变量。回想一下，$\boldsymbol{A}$ 和 $\boldsymbol{B}$ 的每一项都是标量随机变量。当前工程类课程的重点是标量随机变量。当我们应对高维向量空间中的“大数据”[1]，最自然的数学运算对象是这种(SDP)矩阵值随机变量。

矩阵运算与标量矩阵的运算迥然不同，因为矩阵乘法是不可交换的。量子力学建立在这个数学事实基础之上。

在本章中，当我们处理数据时，我们认为必须对所谓的量子信息[127]进行保存和提取。数据挖掘是关于量子信息处理的[128, 129]。更多的细节信息，读者可查阅标准文本[128]。

现在，我们感兴趣的新对象是随机矩阵。我们将专门用一整章的篇幅来研究这一关系。对于我们来说，研究随机矩阵的根本原因是样本协方差矩阵(在实践中，我们无法准确知道协方差矩阵)是一种大维随机矩阵。随机矩阵是非交换(矩阵值㊀)随机变量的一种特殊情况。

关于非交换矩阵值随机变量的详细信息，请参阅附录 A.5：随机矩阵是它们的特例。

4.2　协方差矩阵的偏序：$\boldsymbol{A} < \boldsymbol{B}$

例 4.1(协方差矩阵的正性)

考虑形式为

$$\boldsymbol{R}_s = \begin{pmatrix} 1 & \xi \\ \xi & 1 \end{pmatrix}$$

㊀ 当我们习惯于这一概念后，我们将省略“矩阵值”这一词。

的 2×2 协方差矩阵。保证 $\boldsymbol{R}_s$ 正性的条件是什么？厄米特矩阵 $\boldsymbol{A}$ 是正的，当且仅当 $\boldsymbol{A}$ 的所有特征值是正的。$\boldsymbol{R}_s$ 的特征值为

$$\lambda_1 = 1 + \xi$$

$$\lambda_2 = 1 + \xi$$

确保两个特征值非负，条件 $|\xi| \leqslant 1$ 是充分的，因而 $\boldsymbol{R}_s$ 是正的。例 3.1 中所示的协方差矩阵是本实例的特殊情况。

对于一般的 2×2 矩阵，很容易检查正性，即

$$\boldsymbol{R}_s = \begin{pmatrix} a & b \\ \bar{b} & c \end{pmatrix} \geqslant 0 \text{，如果 } a \geqslant 0 \text{，且 } b\bar{b} \leqslant ac$$

由于

$$\lambda_1 = a/2 + c/2 + \frac{1}{2}(a^2 - 2ac + c^2 + 4b\bar{b})^{1/2}$$

$$\lambda_2 = a/2 + c/2 - \frac{1}{2}(a^2 - 2ac + c^2 + 4b\bar{b})^{1/2}$$

如果这些项是 $n \times n$ 矩阵，则正性的条件类似，但它更为复杂。我们将包含矩阵项的矩阵称为块矩阵。

定理 4.1（块矩阵的正性） 自伴随块矩阵

$$\begin{pmatrix} \boldsymbol{A} & \boldsymbol{B} \\ \boldsymbol{B}^* & \boldsymbol{C} \end{pmatrix}$$

是正的，当且仅当 $\boldsymbol{A}$，$\boldsymbol{C} \geqslant 0$，且存在一个算子 $\boldsymbol{X}$，使得 $\|\boldsymbol{X}\| \leqslant 1$，$\boldsymbol{B} = \boldsymbol{C}^{\frac{1}{2}} \boldsymbol{X}^{\frac{1}{2}}$。当 $\boldsymbol{A}$ 可逆时，这个条件等价于

$$\boldsymbol{B}\boldsymbol{A}^{-1}\boldsymbol{B}^* \leqslant \boldsymbol{C}$$

定理 4.2（舒尔） 假设 $\boldsymbol{A}$ 和 $\boldsymbol{B}$ 是正 $n \times n$ 矩阵，则

$$\boldsymbol{C}_{ij} = \boldsymbol{A}_{ij}\boldsymbol{B}_{ij} \, (1 \leqslant i, j \leqslant n)$$

确定一个正矩阵。

我们将前面定理中的矩阵 $\boldsymbol{C}$ 称为矩阵 $\boldsymbol{A}$ 和 $\boldsymbol{B}$ 的哈达玛（或舒尔）积，用符号表示为 $\boldsymbol{C} = \boldsymbol{A} \circ \boldsymbol{B}$。

假定 $\boldsymbol{A}$ 和 $\boldsymbol{B}$ 是自伴随算子。如果 $\boldsymbol{B} - \boldsymbol{A}$ 是正的，则 $\boldsymbol{A} \leqslant \boldsymbol{B}$。不等式 $\boldsymbol{A} \leqslant \boldsymbol{B}$ 意味着对每个 $\boldsymbol{X}$ 来说，算子 $\boldsymbol{X}\boldsymbol{A}\boldsymbol{X}^* \leqslant \boldsymbol{X}\boldsymbol{B}\boldsymbol{X}^*$。我们可对 $\boldsymbol{A}$ 和 $\boldsymbol{B}$ 之间的偏序进行定义，我们称其为 Loewner 序[109, 114, 130-133]。通常情况下，可以针对两个随机算子 $\boldsymbol{A}$ 和 $\boldsymbol{B}$ 定义随机序[132]。

例 4.2（协方差矩阵的假设检验）

在第 3 章例 3.2 中，我们有

$$\begin{aligned} \mathcal{H}_0 &: \boldsymbol{A} = \sigma_w^2 \boldsymbol{I} + \sigma_w^2 \boldsymbol{X} \\ \mathcal{H}_1 &: \boldsymbol{B} = \boldsymbol{R}_x + \sigma_w^2 \boldsymbol{I} + \sigma_w^2 \boldsymbol{X} \end{aligned} \tag{4-1}$$

其中，$\boldsymbol{R}_x$ 是信号的协方差矩阵。对于复指数函数，例 3.1 给出了 $\boldsymbol{R}_x$。因此，我们有

$$\mathcal{H}_0 : \boldsymbol{A} = \sigma_w^2 \boldsymbol{I} + \sigma_w^2 \boldsymbol{X}$$

$$\mathcal{H}_1 : \boldsymbol{B} = \boldsymbol{R}_x + \sigma_w^2 \boldsymbol{I} + \sigma_w^2 \boldsymbol{X} = \frac{1}{2}|A|^2(\boldsymbol{I} + a\sigma_1) + \sigma_w^2 \boldsymbol{I} + \sigma_w^2 \boldsymbol{X}$$

为不失一般性，我们设置 $\sigma_w^2=1$。可以推出

$$\begin{aligned}\mathcal{H}_0:\boldsymbol{A}&=\boldsymbol{I}+\boldsymbol{X}\\ \mathcal{H}_1:\boldsymbol{B}&=SNR(\boldsymbol{I}+a\sigma_1)+\boldsymbol{I}+\boldsymbol{Y}\end{aligned}\tag{4-2}$$

参见例 4.2 的说明，可以将假设检验问题视为两种假设下，两个协方差矩阵 $\mathcal{H}_0:\boldsymbol{A}$ 和 $\mathcal{H}_1:\boldsymbol{B}$ 的偏序问题。矩阵不等式是形式化方案的基础。通常情况下，我们的研究对象是埃尔米特矩阵(或有限维自伴随算子)。量子信息理论提出的许多最新研究结果都要求这些矩阵具有正性。这里强调的是协方差矩阵正性的基础性作用。

对于正算子 $\boldsymbol{A}$ 和 $\boldsymbol{B}$ 来说

$$\|\boldsymbol{A}-\boldsymbol{B}\|_1^2+4(\mathrm{Tr}(\boldsymbol{A}^{1/2}\boldsymbol{B}^{1/2}))^2\leqslant(\mathrm{Tr}(\boldsymbol{A}+\boldsymbol{B}))^2\tag{4-3}$$

假定 $\boldsymbol{A}$ 和 $\boldsymbol{B}$ 是正算子，则对于 $0\leqslant s\leqslant1$，有

$$\mathrm{Tr}(\boldsymbol{A}^{1/2}\boldsymbol{B}^{1/2})\geqslant\mathrm{Tr}(\boldsymbol{A}+\boldsymbol{B}-|\boldsymbol{A}-\boldsymbol{B}|)/2\tag{4-4}$$

或

$$2\mathrm{Tr}(\boldsymbol{A}^{1/2}\boldsymbol{B}^{1/2})+\mathrm{Tr}|\boldsymbol{A}-\boldsymbol{B}|=2\mathrm{Tr}(\boldsymbol{A}^{1/2}\boldsymbol{B}^{1/2})+\|\boldsymbol{A}-\boldsymbol{B}\|_1\geqslant\mathrm{Tr}(\boldsymbol{A}+\boldsymbol{B})\tag{4-5}$$

如果 f 是凸的，则有

$$f(x)-f(y)-(x-y)f'(y)\geqslant0$$

和

$$\mathrm{Tr}f(\boldsymbol{B})\geqslant\mathrm{Tr}f(\boldsymbol{A})+\mathrm{Tr}(\boldsymbol{B}-\boldsymbol{A})f'(\boldsymbol{B})\tag{4-6}$$

特别地，对于函数 $f(t)=t\log t$ 来说，两种状态的相对熵为正：

$$S(\boldsymbol{A}\|\boldsymbol{B})=\mathrm{Tr}\boldsymbol{A}\log\boldsymbol{A}-\mathrm{Tr}\boldsymbol{B}\log\boldsymbol{B}\geqslant\mathrm{Tr}(\boldsymbol{B}-\boldsymbol{A})\tag{4-7}$$

这是原始克莱不等式。可以根据

$$S(\boldsymbol{A}\|\boldsymbol{B})\geqslant\frac{1}{2}\mathrm{Tr}(\boldsymbol{B}-\boldsymbol{A})^2\tag{4-8}$$

得到更为精确的估计(参见参考文献[34]第 174 页)。

从式(4-3)到式(4-8)，唯一的要求是 $\boldsymbol{A}$ 和 $\boldsymbol{B}$ 是正算子(矩阵)。当然，在 $\boldsymbol{A}<\boldsymbol{B}$ 时，它们是有效的。

设 $\boldsymbol{A},\boldsymbol{B}\in M_n$ 是半正定的。于是，对于任意复数 z 和任何酉不变范数[133]来说

$$\|\boldsymbol{A}-|z|\boldsymbol{B}\|\leqslant\|\boldsymbol{A}-z\boldsymbol{B}\|\leqslant\|\boldsymbol{A}+|z|\boldsymbol{B}\|$$

4.3　完全正映射的偏序：$\Phi(A)<\Phi(B)$

长期以来，人们一直认为保迹和完全正映射似乎是在量子通信通道和量子计算机中，为噪声建模所需的恰当的数学结构[134]。

我们定义一种量子运算，作为从输入空间 Q_1 密度算子到输出空间 Q_2 密度算子的映射，该映射具有如下三种公理性质[128]：

- **A1**：首先，$\mathrm{Tr}[\Phi(\rho)]$ 是变换 $\rho\to\Phi_\rho$ 发生的概率；对于任意状态 ρ 来说，$0\leqslant\mathrm{Tr}[\Phi(\rho)]\leqslant1$。
- **A2**：第二，Φ 是密度集上的凸线性映射，即对于状态 ρ_i 的概率来说，有

$$\Phi\left(\sum_i p_i\rho_i\right) = \sum_i p_i\Phi(\rho_i) \tag{4-9}$$

- **A3**：第三，Φ 是一个完全正映射。也就是说，如果 Φ 将系统 Q_1 的密度算子映射到系统 Q_2 的密度算子，则对于任意正算子 $\boldsymbol{A}$ 来说，$\Phi(\boldsymbol{A})$必须为正。此外，如果我们引入任意维额外系统 R，则在组合系统 RQ_1 上，对于任意正算子 $\boldsymbol{A}$ 来说，$(\mathcal{I}\otimes\Phi)(\boldsymbol{A})$必须为正，其中，$I$ 表示系统 R 上的恒等映射。

对于所采纳的形式化表征来说，下面的定理是最根本的：对于将输入希尔伯特空间映射到输出希尔伯特空间的某个算子 $\boldsymbol{E}_i$集合来说，映射满足公理 A1、A2、A3，当且仅当

$$\Phi(\rho) = \sum_i E_i\rho E_i^* \tag{4-10}$$

和 $\sum_i \boldsymbol{E}_i\boldsymbol{E}_i^* \leqslant \boldsymbol{I}$，其中 $\boldsymbol{I}$ 表示恒等算子，$*$ 表示共轭转置。显然，Φ 是线性的。映射 Φ 将密度矩阵发送到另一个密度矩阵中，因而 $\Phi\boldsymbol{A}$ 和 $\Phi\boldsymbol{B}$ 是满足式(3-22)条件的密度矩阵。因此，通过使用映射 Φ 来替代期望值，假设检验式(3-22)可推广为：

$$\mathrm{Tr}\Phi\boldsymbol{A} \leqslant \mathrm{Tr}\Phi\boldsymbol{B} \tag{4-11}$$

算法4.1(1)如果矩阵不等式(4-11)成立，则选择假设$\mathcal{H}_1$；(2)否则，选择假设$\mathcal{H}_0$。

式(4-11)中的映射非常通用。可以代用量子信息理论的整体知识[127]。两个映射意义深远：(1)正线性映射；(2)完全正映射。参考文献[109，130]提供了数学基础知识。可以将正线性映射(也是酉映射)看作是期望映射的非交换模拟。

由于正性是一种有用且有趣的性质，人们自然要问何种线性变换能够确保正性(参见参考文献[109]第 2 章)。将正映射看作是非交换(矩阵)平均运算是非常具有指导性的[109, 115, 130, 133]。

在本节中，我们用符号 Φ 来表示从$\mathcal{M}_n$到$\mathcal{M}_k$的线性映射。当 $k=1$ 时，我们称这种映射为线性函数，并使用小写符号 φ 来表示。如果 $\Phi(\boldsymbol{A})\geqslant 0$，则我们称线性映射 $\Phi:\mathcal{M}_n\to\mathcal{M}_n$是正的，其中$\boldsymbol{A}\geqslant 0$，$\mathcal{M}_n$为 $n\times n$ 矩阵空间。如果 $\Phi(\boldsymbol{I})=\boldsymbol{I}$，则我们称其为酉映射。如果 $\Phi(\boldsymbol{A})>0$，则我们称 Φ 是严格正的，其中 $\boldsymbol{A}>0$。很容易看出，当且仅当 $\Phi(\boldsymbol{I})>0$ 时，正线性映射是严格正的。

任何正映射的正线性组合是正的。任何正的、酉映射的凸组合都是正的、酉映射。参考文献[109]第2 章给出了10 个基本实例。这些基本映射的组合，允许我们形成多个满足认知无线电网络特定跨层需求的组合。该子任务需要进一步探讨。

根据式(4-11)，它要求：(1)映射是正的：将正定矩阵映射到正定矩阵上，即对于任意 $\boldsymbol{A}\geqslant 0$ 来说，$\Phi\boldsymbol{A}\geqslant 0$；(2)映射是保迹的，即 $\mathrm{Tr}\Phi\boldsymbol{A}=\mathrm{Tr}\boldsymbol{A}$。我们将这种特殊类型的正映射称为完全正的保迹(Completely Positive Trace Preserving，CPTP)线性映射(参见参考文献[109]第 3 章)，是建议研究的核心。式(4-10)中的映射就是这种映射。CPTP 线性运算是从统计算子到统计算子。在量子信息理论中，式(4-10)的这种映射也被称为量子信道。

4.4　利用优化的矩阵偏序关系：$A \prec B$

当信噪比(SNR)极低(如 -20dB)时，$B > A$ 是非常苛刻的条件。对于所有 k 来说，弱优化 $A \prec_w B$ 等价于 $\sigma_k(A) < \sigma_k(B)$。当信噪比(SNR)极低时，由于存在两个随机矩阵(如(4-2)中的 X 和 Y)，因而这一条件难以得到满足。对于某个 $a \in \mathcal{R}$ 来说，优化 $A \prec_w B$ 成立，当且仅当

$$A + aI \prec B + aI \tag{4-12}$$

通过自伴随矩阵变换，我们可以使其总为正。在讨论优化性质时，我们可以限制在正定矩阵范围内。

定理 4.3(优化) 设 ρ_1 和 ρ_2 表示状态。下面的陈述是等价的。

1. $\rho_1 \prec \rho_2$。
2. ρ_1 比 ρ_2 混合度更高。
3. 对于某些凸组合 λ_i 和某些酉 U_i 来说，$\rho_1 = \sum_{i=1}^{n} \lambda_i U_i \rho_2 U_i^*$ 。
4. 对于任意凸函数 $f:\mathcal{R} \to \mathcal{R}$ 来说，$\mathrm{Tr} f(\rho_1) \leqslant \mathrm{Tr} f(\rho_2)$。

定理 4.4(Wehrl) 设 ρ 为有限量子系统 $B(\mathbb{H})$ 的密度矩阵，$f: \mathbb{R}^+ \to \mathbb{R}^+$ 为凸函数，$f(0)=0$。ρ 由密度进行优化

$$\rho_f = \frac{f(\rho)}{\mathrm{Tr} f(\rho)} \tag{4-13}$$

定理 4.5(非负递增凸函数的优化[135]) 对于所有 $A, B \geqslant 0$，若 f 是在区间 $[0, \infty]$ 上非负递增凸函数，且 $f(0)=0$，则

$$\lambda(f(A) + f(B)) \prec_w \lambda(f(A+B)) \tag{4-14}$$

或等价地表示为

$$|||(f(A) + f(B))||| \prec_w |||f(A+B)||| \tag{4-15}$$

这里，$|||\cdot|||$ 代表对称的酉不变范数。给定两个协方差矩阵 $\overline{A}$ 和 $\overline{B}$，这些协方差矩阵受到经历衰落和网络控制的随机信号的影响。很难保证噪声或干扰的协方差矩阵 $\overline{B} = R_w$ 是已知的(因为噪声功率的不确定性)。我们可以研究算法上的“盲”版本。可以使用协方差矩阵的迹对协方差矩阵进行归一化处理。Wehrl 定理中的式(4-13)对该归一化过程进行了描述。

例 4.3(正算子值假设检验)

该实例是例 3.1 和例 4.2 的继续。对于正弦信号，我们有

$$\mathcal{H}_0: A = \sigma_w^2 I + \sigma_w^2 X$$

$$\mathcal{H}_1: B = \frac{1}{2}|A|^2 \begin{bmatrix} 1 & \cos\omega_0 \\ \cos\omega_0 & 1 \end{bmatrix} + \sigma_w^2 I + \sigma_w^2 Y = \frac{1}{2}|A|^2 (I + \overline{R}_x) + \sigma_w^2 I + \sigma_w^2 Y$$

其中，$\overline{R}_x = \sigma_1 \cos\omega_0$。显然，由于 $\mathrm{Tr}\sigma_1 = 0$。如果我们设置 $\sigma_w^2 = 1$，则我们可以将 SNR 定义为 $\mathrm{SNR} = \frac{|A|^2}{2\sigma_w^2}$。

采用式(3-4)的结构，并考虑加性噪声的单位功率(不失一般性)，$\sigma_w^2=1$，我们有

$$\begin{aligned}&\mathcal{H}_0: \boldsymbol{A}=\boldsymbol{R}_w=\boldsymbol{I}+\boldsymbol{X},\ \boldsymbol{A}>0,\ \mathrm{Tr}\boldsymbol{X}=0\\&\mathcal{H}_1: \boldsymbol{B}=\boldsymbol{R}_s+\boldsymbol{R}_w=SNR(\boldsymbol{I}+\widetilde{R}_x)+\boldsymbol{I}+\boldsymbol{Y},\ \boldsymbol{B}>0,\ \mathrm{Tr}\,\widetilde{R}_x=0,\ \mathrm{Tr}\boldsymbol{Y}=0\end{aligned} \tag{4-16}$$

$$\begin{aligned}&\boldsymbol{B}+\boldsymbol{A}=(2+SNR)\boldsymbol{I}+\boldsymbol{X}+\boldsymbol{Y}\\&\boldsymbol{B}-\boldsymbol{A}=SNR\boldsymbol{I}+SNR\,\widetilde{R}_x+\boldsymbol{Y}-\boldsymbol{X},\ \mathrm{Tr}(\boldsymbol{B}-\boldsymbol{A})=SNR\end{aligned} \tag{4-17}$$

借助式(4-17)和 $\mathrm{Tr}(\boldsymbol{A}+\boldsymbol{B})=\mathrm{Tr}\boldsymbol{A}+\mathrm{Tr}\boldsymbol{B}$，一种使用预置阈值 η_0 的检测算法可以表示如下：

算法 4.2(使用两种假设迹的阈值检测算法)

1. 如果 $\mathrm{Tr}\boldsymbol{B}>\mathrm{Tr}\boldsymbol{A}+\eta_0$，$\eta_0=SNR$，则选择$\mathcal{H}_1$。
2. 否则，选择$\mathcal{H}_0$。

算法 4.2 的妙处在于，$\mathrm{Tr}(\boldsymbol{A})$独立于实测号。我们可以使用加性噪声(干扰)的统计量 $\mathrm{Tr}(\boldsymbol{A})$(随机变量)，来设置实测信号加噪声的阈值 $\mathrm{Tr}(\boldsymbol{B})$(也是随机变量)。

如果我们拥有 $\boldsymbol{R}_s$的先验知识，则我们可以考虑

$$\begin{aligned}&\mathcal{H}_0: \boldsymbol{R}_s^*\boldsymbol{R}_w,\ \boldsymbol{R}_s>0,\ \boldsymbol{R}_w>0\\&\mathcal{H}_1: \boldsymbol{R}_s^*(\boldsymbol{R}_s+\boldsymbol{R}_w)=\boldsymbol{R}_s^*\boldsymbol{R}_s+\boldsymbol{R}_s^*\boldsymbol{R}_w=\left|\boldsymbol{R}_s\right|^2+\boldsymbol{R}_s^*\boldsymbol{R}_w,\ \boldsymbol{R}_s>0,\ \boldsymbol{R}_w>0\end{aligned} \tag{4-18}$$

其中，$\boldsymbol{R}_s^*$ 用于匹配信号协方差矩阵 $\boldsymbol{R}_s$，以得到绝对值 $\left|\boldsymbol{R}_s\right|^2$。回想一下，$\left|\boldsymbol{A}\right|=(\boldsymbol{A}^*\boldsymbol{A})^{\frac{1}{2}}$。

考虑 K 个独立的副本 $\boldsymbol{A}_k(k=1,2,\cdots,K)$有

$$\begin{aligned}&\mathcal{H}_0: \boldsymbol{A}_k=\boldsymbol{B}_{w,k},\ \boldsymbol{A}_k>0,\\&\mathcal{H}_1: \boldsymbol{B}_k=\boldsymbol{R}_{s,k}+\boldsymbol{R}_{w,k},\ \boldsymbol{B}_k>0\end{aligned} \tag{4-19}$$

假设 $\boldsymbol{C}_k\geqslant 0$ 和 $\boldsymbol{D}_k\geqslant 0$ 拥有相同的大小。于是(参见参考文献[114]第 166 页)有

$$\boldsymbol{C}_k+\boldsymbol{D}_k\geqslant\boldsymbol{D}_k,\ k=1,2,\cdots,K \tag{4-20}$$

对于$\mathcal{H}_1$ 来说，借助式(4-20)，将式(4-19)中 K 个不等式的两边相加得到

$$\sum_{k=1}^{K}\boldsymbol{B}_k=(R_{s,1}+R_{s,2}+\cdots+R_{s,K})+(R_{w,1}+R_{w,2}+\cdots+R_{w,K})\geqslant R_{w,1}+R_{w,2}+\cdots+R_{w,K} \tag{4-21}$$

算法 4.3(使用两种假设迹的阈值检测算法(多副本))

1. 如果 $\mathrm{Tr}(\boldsymbol{B}_1+\boldsymbol{B}_2+\boldsymbol{B}_K)>\mathrm{Tr}(\boldsymbol{A}_1+\boldsymbol{A}_2+\cdots+\boldsymbol{A}_K)+\eta$(其中 $\eta=\sum_{k=1}^{K}\boldsymbol{R}_{s,k}>0$)，则选择$\mathcal{H}_1$。
2. 否则，选择$\mathcal{H}_0$。

$$\mathrm{Tr}\left|\boldsymbol{B}_1+\boldsymbol{B}_2+\boldsymbol{B}_K\right|>\mathrm{Tr}\left|\boldsymbol{A}_1+\boldsymbol{A}_2+\cdots+\boldsymbol{A}_K\right|+\eta \tag{4-22}$$

$$\mathrm{Tr}\left|\boldsymbol{A}_1\boldsymbol{A}_2\boldsymbol{A}_K\right|\leqslant\mathrm{Tr}\left|\boldsymbol{A}_1\right|+\mathrm{Tr}\left|\boldsymbol{A}_2\right|+\cdots+\mathrm{Tr}\left|\boldsymbol{A}_K\right| \tag{4-23}$$

首先使用 Wehrl 定理中的式(4-13)，对两个协方差矩阵$\overline{\boldsymbol{A}}$ 和$\overline{\boldsymbol{B}}$ 进行归一化处理，得到

$$\mathcal{H}_0: \boldsymbol{A}=\frac{\overline{\boldsymbol{A}}}{\mathrm{Tr}\boldsymbol{A}}=\frac{1}{N}\boldsymbol{I}+\boldsymbol{X},\ \mathrm{Tr}\boldsymbol{A}=1,\ \boldsymbol{A}>0$$

$$\mathcal{H}_1: \boldsymbol{B} = \frac{\overline{\boldsymbol{B}}}{\mathrm{Tr}\boldsymbol{B}} = \frac{1}{N}\boldsymbol{I} + \widetilde{\boldsymbol{R}}_x + \boldsymbol{Y},\ \mathrm{Tr}\boldsymbol{B} = 1,\ \boldsymbol{B} > 0 \tag{4-24}$$

其中，$\boldsymbol{X}$、$\boldsymbol{Y}$ 和 $\widetilde{\boldsymbol{R}}_x$ 是自伴随机矩阵，且 $\mathrm{Tr}\boldsymbol{X}=0$，$\mathrm{Tr}\boldsymbol{Y}=0$，$\mathrm{Tr}\widetilde{\boldsymbol{R}}_x=0$，$N=\mathrm{Tr}\boldsymbol{I}$ 表示单位矩阵的维度 $\boldsymbol{I}$。$\boldsymbol{X}$ 和 $\boldsymbol{Y}$ 是两个独立同分布副本，其行是相互独立的(参见第 3.4 节)。可以推出

$$\boldsymbol{A} + \boldsymbol{B} = \frac{2}{N}\boldsymbol{I} + \widetilde{\boldsymbol{R}}_x + \boldsymbol{Y} + \boldsymbol{X} \tag{4-25}$$

$$\boldsymbol{B} - \boldsymbol{A} = \widetilde{\boldsymbol{R}}_x + \boldsymbol{Y} - \boldsymbol{X}$$

需要注意的是，$\mathrm{Tr}(\boldsymbol{B}-\boldsymbol{A})=0$，这意味着 $\mathrm{Tr}\boldsymbol{U}*(\boldsymbol{B}-\boldsymbol{A})\boldsymbol{U}=0$，其中 $\boldsymbol{U}$ 是任意酉矩阵。考虑

$$|\boldsymbol{B}-\boldsymbol{A}| = |\widetilde{\boldsymbol{R}}_x + \boldsymbol{Y} - \boldsymbol{X}|$$

使用式(A-6)(参见参考文献[114]第 239 页)：$\mathrm{Tr}|\boldsymbol{A}+\boldsymbol{B}| \leqslant \mathrm{Tr}|\boldsymbol{A}| + \mathrm{Tr}|\boldsymbol{B}|$，可以推出

$$\mathrm{Tr}|\boldsymbol{B}-\boldsymbol{A}| = \sum_i |\lambda_i(\boldsymbol{B}) - \lambda_i(\boldsymbol{A})| \leqslant \mathrm{Tr}|\widetilde{\boldsymbol{R}}_x| + \mathrm{Tr}|\boldsymbol{Y}-\boldsymbol{X}| \tag{4-26}$$

其中，$\|\boldsymbol{X}-\boldsymbol{Y}\|_1 = \mathrm{Tr}|\boldsymbol{Y}-\boldsymbol{X}|$ 是两个随机矩阵之间的距离(也称为迹范数)。λ_i 表示第 i 个特征值。如果 $\mathrm{Tr}|\widetilde{\boldsymbol{R}}_x|=0$，且 $\mathrm{Tr}|\boldsymbol{Y}-\boldsymbol{X}|=0$，则 $\mathrm{Tr}|\boldsymbol{B}-\boldsymbol{A}|=0$，这意味着无法将 $\boldsymbol{A}$ 和 $\boldsymbol{B}$ 区分开来。

在式(4-25)中，我们一般无法要求 $\boldsymbol{B}-\boldsymbol{A}$ 是正的，虽然 $\boldsymbol{B}-\boldsymbol{A}$ 仍是厄米特矩阵。设 $\boldsymbol{A}$ 和 $\boldsymbol{B}$ 是正算子，则当 $0 \leqslant s \leqslant 1$ 时

$$\mathrm{Tr}(\boldsymbol{B}^s\boldsymbol{A}^{1-s}) \geqslant \mathrm{Tr}(\boldsymbol{A}+\boldsymbol{B}-|\boldsymbol{B}-\boldsymbol{A}|)/2 \tag{4-27}$$

通常情况下，如果 $\boldsymbol{A},\ \boldsymbol{B} \geqslant 0$，则我们有

$$\mathrm{Tr}\boldsymbol{AB} \geqslant 0 \tag{4-28}$$

然而，$\boldsymbol{AB}$ 之积不是一个厄米特矩阵。需要注意的是，虽然 $\boldsymbol{AB}+\boldsymbol{BA}$ 是厄米特矩阵，但是它一般不是半正定矩阵。在式(4-27)中，根据 $\|\boldsymbol{A}-\boldsymbol{B}\|_1 = \mathrm{Tr}|\boldsymbol{B}-\boldsymbol{A}|$，我们仅对 $\boldsymbol{B}-\boldsymbol{A}$ 的绝对值感兴趣。迹范数 $\|\boldsymbol{A}-\boldsymbol{B}\|_1$ 是复 $n \times n$ 矩阵 $\boldsymbol{A}$ 和 $\boldsymbol{B}$ 的自然距离，$\boldsymbol{A},\ \boldsymbol{B} \in M_n(\mathbb{C})$。同样

$$\|\boldsymbol{A}-\boldsymbol{B}\|_2 = \left(\sum_{i,j} |\boldsymbol{A}_{i,j} - \boldsymbol{B}_{i,j}|^2\right)^{1/2}$$

也是一种自然距离。我们可以将 p-范数定义为

$$\|\boldsymbol{X}\|_p = (\mathrm{Tr}(\boldsymbol{X}*\boldsymbol{X})^{2/p})^{1/p},\ 1 \leqslant p,\ \boldsymbol{X} \in M_n(\mathbb{C})$$

冯·诺依曼首次证明，在矩阵背景下，Hoelder 不等式仍然成立

$$\|\boldsymbol{AB}\|_1 \leqslant \|\boldsymbol{A}\|_p \|\boldsymbol{B}\|_q,\ \frac{1}{p} + \frac{1}{q} = 1$$

对于 $\boldsymbol{A} \in M_n(\mathcal{C})$，我们将绝对值 $|\boldsymbol{A}|$ 定义为 $\sqrt{\boldsymbol{A}*\boldsymbol{A}}$，且它是正矩阵。如果 $\boldsymbol{A}$ 是自伴随矩阵，且可表示为

$$A = \sum_i \lambda_i e_i e_i^*$$

其中，向量 e_i 形成一个正交基，则可将其定义为

$$\{A \geqslant 0\} = A_+ = \sum_{i:\lambda_i \geqslant 0} \lambda_i e_i e_i^*,\ \{A < 0\} = A_- = \sum_{i:\lambda_i < 0} \lambda_i e_i e_i^*$$

于是，$A = \{A \geqslant 0\} + \{A < 0\} = A_+ + A_-$，$|A| = \{A \geqslant 0\} - \{A < 0\} = A_+ - A_-$。我们将该分解过程称为 A 的乔丹分解。

4.5 酉不变范数的偏序：$|||A||| < |||B|||$

定理 4.6（矩阵非负函数的矩阵可加不等式[136]） 设 A，$B \geqslant 0$，f: $[0, \infty] \to [0, \infty]$是凸函数，且 $f(0) = 0$。于是，对所有对称（或酉不变）范数来说

$$|||f(A+B)||| \geqslant |||f(A) + f(B)||| \tag{4-29}$$

设 A，$B \geqslant 0$，g: $[0, \infty] \to [0, \infty]$是凹函数，且 $g(0) = 0$。于是，对所有对称范数来说

$$|||g(AB)||| \leqslant |||g(A) + g(B)||| \tag{4-30}$$

对于迹范数，定理 4.6 是一个经典不等式。回想一下，$\|A\|_1 = \mathrm{Tr}\left|A^* A\right|^{\frac{1}{2}} = \sum_i \sigma_i$，其中 σ_i是奇异值。特例：(1) $f(t) = t^m$，$m = 1, 2, \cdots$；(2) $g(t) = \sqrt{t}$。

4.6 多副本正定矩阵的偏序：$\sum_{k=1}^{K} A_k \leqslant \sum_{k=1}^{K} B_k$

定理 4.7（非负凸/凹函数的酉不变范数[135]） 设 A_1，A_2，…，$A_K \geqslant 0$。于是，对于区间$[0, \infty]$上的每个非负凸函数 f($f(0) = 0$)和每个酉不变范数$|||\cdot|||$来说，有

$$|||f(A_1) + f(A_2) + \cdots f(A_K)||| \leqslant |||f(A_1 + A_2 + \cdots A_K)||| \tag{4-31}$$

如果 g 是一个非负凹函数，则式(4-31)中的不等式方向相反，即

$$|||g(A_1) + g(A_2) + \cdots g(A_K)||| \geqslant |||g(A_1 + A_2 + \cdots A_K)||| \tag{4-32}$$

由 $f(x) = \frac{1}{2}((x-1) + |x-1|)$定义的函数 f: $[0, \infty] \to \mathbb{R}$，满足式(4-32)中的不等式。我们将定理 4.7 解释为标量不等式 $f(a) + f(b) \geqslant f(a+b)$，其中 a，$b \geqslant 0$，f: $[0, \infty] \to [0, \infty]$是凸函数，且 $f(0) = 0$。

4.7 正算子值随机变量的偏序：Prob$(A \leqslant X \leqslant B)$

考虑 K 个矩阵值的观测值：

$$\begin{aligned} &\mathcal{H}_0: A_k = R_{n,k} = \sigma_{n,k}^2 (I + X_k),\ \mathrm{Tr}X_k = 0 \\ &\mathcal{H}_1: B_k = R_{s,k} + R_{n,k} = \sigma_{s,k}^2 (I + S_k) + \sigma_{n,k}^2 (I + Y_k),\ \mathrm{Tr}S_k = 0,\ \mathrm{Tr}Y_k = 0 \end{aligned} \tag{4-33}$$

其中，X_k、Y_k和 S_k迹全为 0，且表示协方差矩阵的非对角元素。

$$\mathcal{H}_0: \sum_{k=1}^{K} \boldsymbol{A}_k = \left(\sum_{k=1}^{K} \sigma_{n,k}^2\right)\boldsymbol{I} + \sum_{k=1}^{K} \sigma_{n,k}^2 \boldsymbol{X}_k = \left(\mathrm{Tr}\sum_{k=1}^{K} \sigma_{n,k}^2 \boldsymbol{X}_k\right)$$

$$\mathcal{H}_1: \sum_{k=1}^{K} \boldsymbol{B}_k = \left[\sum_{k=1}^{K} (\sigma_{s,k}^2 + \sigma_{n,k}^2)\right]\boldsymbol{I} + \sum_{k=1}^{K} \sigma_{s,k}^2 \boldsymbol{S}_k + \sum_{k=1}^{K} \sigma_{n,k}^2 \boldsymbol{Y}_k \tag{4-34}$$

$$= \left(\mathrm{Tr}\sum_{k=1}^{K} \boldsymbol{B}_k\right)\boldsymbol{I} + \sum_{k=1}^{K} \sigma_{s,k}^2 \boldsymbol{S}_k \sum_{k=1}^{K} \sigma_{n,k}^2 \boldsymbol{Y}_k$$

其中，对角线项与 $\boldsymbol{I}$ 相关，且

$$\mathrm{Tr}\sum_{k=1}^{K} \boldsymbol{A}_k = \sum_{k=1}^{K} \mathrm{Tr}\boldsymbol{A}_k = \sum_{k=1}^{K} \sigma_{n,k}^2,\ \mathrm{Tr}\sum_{k=1}^{K} \boldsymbol{B}_k = \sum_{k=1}^{K} \mathrm{Tr}\boldsymbol{B}_k = \sum_{k=1}^{K} (\sigma_{s,k}^2 + \sigma_{n,k}^2)$$

使用中心极限定理，总迹（或总功率）可以简化为（标量）高斯随机变量。

算法 4.4（使用协方差矩阵和的迹进行检测）

1. 如果 $\mathrm{Tr}\sum_{k=1}^{K} \boldsymbol{A}_k = \xi \leqslant \mathrm{Tr}\sum_{k=1}^{K} \boldsymbol{B}_k$，则选择$\mathcal{H}_1$。
2. 否则，选择$\mathcal{H}_0$。

在算法 4.3 中，只用到了对角元素；但是，在式(4-34)中，非对角元素 $\sum_{k=1}^{K} \sigma_{s,k}^2 \boldsymbol{S}_k$ 包含了检测使用的信息。矩阵的指数提供了一种工具。参见例 4.4。特别地，我们有

$$\mathrm{Tr}e^{A+B} \leqslant \mathrm{Tr}e^{A}e^{B}$$

已经证明，下面的矩阵不等式

$$\mathrm{Tr}e^{A+B+C} \leqslant \mathrm{Tr}e^{A}e^{B}e^{C}$$

是不成立的。

设 $\boldsymbol{A}$ 和 $\boldsymbol{B}$ 是两个大小相同的厄米特矩阵。如果 $\boldsymbol{A}-\boldsymbol{B}$ 是半正定的，则我们有[114]

$$\boldsymbol{A} \geqslant \boldsymbol{B} \text{ 或 } \boldsymbol{B} \leqslant \boldsymbol{A} \tag{4-35}$$

$\geqslant$是一种偏序，简称为厄米特矩阵集上的 Lowner 偏序，即

1. 对于每个厄米特矩阵来说，$\boldsymbol{A} \geqslant \boldsymbol{A}$。
2. 如果 $\boldsymbol{A} \geqslant \boldsymbol{B}$，$\boldsymbol{B} \leqslant \boldsymbol{A}$，则 $\boldsymbol{A} = \boldsymbol{B}$。
3. 如果 $\boldsymbol{A} \geqslant \boldsymbol{B}$，$\boldsymbol{B} \geqslant \boldsymbol{C}$，则 $\boldsymbol{A} \geqslant \boldsymbol{C}$。

对于每个复矩阵 $\boldsymbol{X}$ 来说，结论 $\boldsymbol{A} \geqslant 0 \Leftrightarrow \boldsymbol{X}^* \boldsymbol{A}\boldsymbol{X} \geqslant 0$ 可以推广为

$$\boldsymbol{A} \geqslant \boldsymbol{B} \Leftrightarrow \boldsymbol{X}^* \boldsymbol{A}\boldsymbol{X} \geqslant \boldsymbol{X}^* \boldsymbol{B}\boldsymbol{X} \tag{4-36}$$

对于单个假设来说，可以将假设检测问题看作是实测矩阵的偏序问题。如果实测矩阵 $\boldsymbol{A}_k$ 和 $\boldsymbol{B}_k$ 的多个（K 个）副本由我们处理，我们自然会问一个基本问题：

从统计的角度看，$\boldsymbol{B}_1 + \boldsymbol{B}_2 + \cdots + \boldsymbol{B}_K > \boldsymbol{A}_1 + \boldsymbol{A}_2 + \cdots + \boldsymbol{A}_K$ 吗？

回答该问题是这一节的主要动机。事实证明，需要一种新理论。我们自由使用文献[137]，它包含了与该主题相关的、比较完整的附录。

当涉及独立随机变量和时，实随机变量理论为大部分现代概率论（大数定律、极限定理、大偏差的概率估计）提供了理论框架。在实数的代数结构被更一般的结构（如群、向量空间等）所替代的情况下，研究人员提出了相似理论。

在我们当前正在研究的假设检测问题中，我们重点关注与量子概率论密切相关的

一种结构,该结构用于在(复)希尔伯特空间上对算子代数[⊖]进行命名。特别是,可以将自伴随算子(厄米特矩阵)的实向量空间视为实数的偏序推广,因为实数被嵌入到复数之中。

矩阵值随机变量 $X:\Omega \to \boldsymbol{A}_s$,其中

$$\boldsymbol{A}_s = \{\boldsymbol{A} \in \mathcal{A}: \boldsymbol{A} = \boldsymbol{A}^*\} \tag{4-37}$$

是 C^*-代数 A 的自伴随部分[138],这是一个实向量空间。更多详情,请参阅附录 A.4。假设 $L(\mathcal{H})$ 是复希尔伯特空间 $\mathcal{H}$ 的完全算子代数。我们假定 $d = \dim(\mathcal{H})$ 是有限的。这里 dim 表示向量空间的维度。通常情况下,$d = \mathrm{Tr}\boldsymbol{I}$,可以将其作为代数嵌入到 $\mathcal{L}(\mathcal{C}^d)$ 中,来实现保迹的目标。

实锥

$$\mathcal{A}_+ = \{\boldsymbol{A} \in \mathcal{A}: \boldsymbol{A} = \boldsymbol{A}^* \geqslant 0\} \tag{4-38}$$

在 $\mathcal{A}_S$ 中诱发一个偏序。我们可以引入一些简便的表示法:对于 $\boldsymbol{A}, \boldsymbol{B} \in \mathcal{A}_S$ 来说,可以将闭区间 $[\boldsymbol{A}, \boldsymbol{B}]$ 定义为

$$[\boldsymbol{A}, \boldsymbol{B}] = \{\boldsymbol{X} \in \boldsymbol{A}_s: \boldsymbol{A} \leqslant \boldsymbol{X} \leqslant \boldsymbol{B}\} \tag{4-39}$$

同样,我们也可以定义开区间 $(\boldsymbol{A}, \boldsymbol{B})$ 和半开区间 $[\boldsymbol{A}, \boldsymbol{B})$ 等。

为简单起见,空间 Ω 上的随机变量是离散的。在算子顺序方面有如下注意事项:

1. 除非 $\mathcal{A} = \mathcal{C}$(在这种情况下,$\mathcal{A}_S = \mathcal{R}$),否则 $\leqslant$ 不是一个全序。因此,在这种情形(经典情形)中,下面提出的理论可简化为对实随机变量的研究。

2. $\boldsymbol{A} \geqslant 0$ 等价于所有 $\boldsymbol{A}$ 的特征值都是非负的。存在 d 个非线性不等式:

$$\begin{aligned} \boldsymbol{A} \geqslant 0 &\Leftrightarrow \forall \rho \text{ 密度算子 } \mathrm{Tr}(\rho \boldsymbol{A}) \geqslant 0 \\ &\Leftrightarrow \forall \pi \ 1-\text{投影维度 } \mathrm{Tr}(\pi \boldsymbol{A}) \geqslant 0 \end{aligned} \tag{4-40}$$

3. 在 $\mathcal{A}_+$ 上定义算子映射 $\boldsymbol{A} \mapsto \boldsymbol{A}^s (s \in [0, 1])$ 和 $\boldsymbol{A} \mapsto \log \boldsymbol{A}$,这两种映射都是单调算子和凹算子。相比之下,$\boldsymbol{A} \mapsto \boldsymbol{A}^s (s > 2)$ 和 $\boldsymbol{A} \mapsto \exp \boldsymbol{A}$ 既不是单调算子,又不是凹算子。值得注意的是,$\boldsymbol{A} \mapsto \boldsymbol{A}^s (s \in [1, 2])$ 是凸算子(虽然不是单调算子)。

4. 映射 $\boldsymbol{A} \mapsto \mathrm{Tr}\exp\boldsymbol{A}$ 是单调和凸的。

5. Golden-Thompson 不等式:对 $\boldsymbol{A}, \boldsymbol{B} \in \mathcal{A}_S$ 来说

$$\mathrm{Tr}\exp(\boldsymbol{A} + \boldsymbol{B}) \leqslant \mathrm{Tr}((\exp\boldsymbol{A})(\exp\boldsymbol{B})) \tag{4-41}$$

需要注意的是,仅有极少的映射(函数)是凸(凹)算子或单调算子。幸运的是,我们重点研究拥有更大集合的迹函数。例如,我们可以观察式(4-42)。在式(4-33)中,由于 $\mathcal{H}_0: \boldsymbol{A} = \boldsymbol{I} + \boldsymbol{X}$,且 $\boldsymbol{A} \in \mathcal{A}_S$(甚至更强的 $\boldsymbol{A} \in \mathcal{A}_+$),因而可以推出式(4-42)

$$\mathcal{H}_0: \mathrm{Tr}\exp(\boldsymbol{A}) = \mathrm{Tr}\exp(\boldsymbol{I} + \boldsymbol{X}) \leqslant \mathrm{Tr}((\exp\boldsymbol{I})(\exp\boldsymbol{X})) \tag{4-42}$$

对于广义稳态(WSS)随机过程来说,由于所有对角元素是相等的(参见式(3-4)),因而使用式(4-42)允许我们对噪声协方差矩阵的对角部分和非对角部分独立进行研究。在低信噪比处,我们的目标是在大量蒙特卡洛试验中,找到统计稳定的某个比值或阈值。

算法 4.5(使用迹指数的比值检测算法)

1. 如果 $\xi = \dfrac{\mathrm{Tr}\exp(\boldsymbol{A})}{\mathrm{Tr}((\exp\boldsymbol{I})(\exp\boldsymbol{X}))} \geqslant 1$,则选择 $\mathcal{H}_1$,其中,$\boldsymbol{A}$ 是信号存在或不存在时的

⊖ 有限维算子和矩阵可以交替使用。

实测协方差矩阵，$\boldsymbol{X}=\frac{\boldsymbol{R}_w}{\sigma_w^2}-\boldsymbol{I}$。

2. 否则，选择$\mathcal{H}_0$。

例 4.4（2×2 矩阵的指数）

对于例 3.1 中的 L 个正弦信号来说，2×2 协方差矩阵具有对称结构，且对角元素相同

$$\boldsymbol{R}_s=\mathrm{Tr}\boldsymbol{R}_s(\boldsymbol{I}+b\sigma_1)$$

其中

$$\sigma_1=\begin{pmatrix}0 & 1\\ 1 & 0\end{pmatrix}$$

b 是正数。显然，$\mathrm{Tr}\sigma_1=0$。我们可以将对角元素和非对角元素分开研究。2×2 矩阵

$$A=\begin{pmatrix}a & b\\ c & d\end{pmatrix}$$

的两个特征值[126]为

$$\lambda_{1,2}=\frac{1}{2}\mathrm{Tr}\boldsymbol{A}\pm\frac{1}{2}\sqrt{\mathrm{Tr}^2\boldsymbol{A}-4\det\boldsymbol{A}}$$

对应的特征向量分别为

$$u_1=\frac{1}{\|u_1\|}\begin{pmatrix}b\\ \lambda_1-a\end{pmatrix};u_2=\frac{1}{\|u_2\|}\begin{pmatrix}b\\ \lambda_2-a\end{pmatrix}$$

为了研究迹为 0 的 2×2 矩阵 σ_1 如何影响指数，考虑

$$\boldsymbol{X}=\begin{pmatrix}0 & b\\ a^{-1} & 0\end{pmatrix}$$

矩阵的指数 $\boldsymbol{X}$ 和 $e^{\boldsymbol{X}}$ 拥有正项，且事实上[139]

$$e^{\boldsymbol{X}}=\begin{pmatrix}\cosh\sqrt{\frac{b}{a}} & \sqrt{ab}\sinh\sqrt{\frac{b}{a}}\\ \frac{1}{\sqrt{ab}}\sinh\sqrt{\frac{b}{a}} & \cosh\sqrt{\frac{b}{a}}\end{pmatrix}$$

定理 4.8（马尔可夫不等式） 设 X 是在$\mathcal{A}_+$中取值的随机变量，其期望值为

$$M=\mathbb{E}X=\sum_x\Pr\{X=x\}x \tag{4-43}$$

且 $\boldsymbol{A}\geqslant 0$。于是，有

$$\Pr\{\boldsymbol{X}>\boldsymbol{A}\}\leqslant\mathrm{Tr}(\boldsymbol{M}\boldsymbol{A}^{-1}) \tag{4-44}$$

定理 4.9（切比雪夫不等式） 设 X 是在$\mathcal{A}_S$中取值的随机变量，其期望值为 $\boldsymbol{M}=\mathbb{E}\boldsymbol{X}$，方差为

$$\mathrm{Var}\boldsymbol{X}=\boldsymbol{S}^2=\mathbb{E}((\boldsymbol{X}-\boldsymbol{M})^2)=\mathbb{E}(\boldsymbol{X}^2)-\boldsymbol{M}^2 \tag{4-45}$$

当 $\Delta\geqslant 0$ 时

$$\Pr\{|\boldsymbol{X}-\boldsymbol{M}|>\Delta\}\leqslant\mathrm{Tr}(\boldsymbol{S}^2\Delta^{-2}) \tag{4-46}$$

回想一下

$$\left| X-M \right| \leqslant \Delta \Leftarrow (X-M)^2 \leqslant \Delta^2$$

因为$\sqrt{(\cdot)}$是单调算子。

如果 $\boldsymbol{X}$ 和 $\boldsymbol{Y}$ 是独立的，则 $\mathrm{Var}\left| \boldsymbol{X}+\boldsymbol{Y} \right| = \mathrm{Var}\boldsymbol{X}+\mathrm{Var}\boldsymbol{Y}$。这与经典情形相同，但人们必须要注意到非交换性所导致的技术困难。

推论 4.1（弱大数定律） 设 $\boldsymbol{X}, \boldsymbol{X}_1, \boldsymbol{X}_2, \cdots, \boldsymbol{X}_n$是在$\mathcal{A}_S$中取值的独立同分布（IID）随机变量，期望值为 $\boldsymbol{M}=\mathbb{E}\boldsymbol{X}$，方差 $\mathrm{Var}\boldsymbol{X}=\boldsymbol{S}^2$。当 $\Delta \geqslant 0$ 时，有

$$\Pr\left\{\frac{1}{n}\sum_{n=1}^{n} X_i \notin [M-\Delta, M+\Delta]\right\} \leqslant \frac{1}{n}\mathrm{Tr}(\boldsymbol{S}^2\Delta^{-2})$$

$$\Pr\left\{\sum_{n=1}^{n} X_i \notin [nM-\sqrt{n}\Delta, nM-\sqrt{n}\Delta]\right\} \leqslant \frac{1}{n}\mathrm{Tr}(\boldsymbol{S}^2\Delta^{-2}) \tag{4-47}$$

引理 4.1（大偏差和伯恩斯坦策略） 对于随机变量 $\boldsymbol{Y}$, $\boldsymbol{B}\in\mathcal{A}_S$和 $\boldsymbol{T}\in\mathcal{A}$（满足 $\boldsymbol{T}*\boldsymbol{T}>0$）来说，有

$$\Pr\{\boldsymbol{Y}>\boldsymbol{B}\} \leqslant \mathrm{Tr}(\mathbb{E}\exp(\boldsymbol{TYT}^*-\boldsymbol{TBT}^*)) \tag{4-48}$$

定理 4.10（独立同分布随机变量） 设 $\boldsymbol{X}, \boldsymbol{X}_1, \cdots, \boldsymbol{X}_n$是在$\mathcal{A}_S$中取值的独立同分布（IID）随机变量，$\boldsymbol{A}\in\mathcal{A}_S$。于是，对于 $\boldsymbol{T}\in\mathcal{A}$（满足 $\boldsymbol{T}^*\boldsymbol{T}>0$），有

$$\Pr\left\{\sum_{n=1}^{n}\boldsymbol{X}_i > n\boldsymbol{A}\right\} \leqslant d\cdot\|\mathrm{Tr}(\varepsilon\exp(\boldsymbol{TXT}^*-\boldsymbol{TAT}^*))\|^n \tag{4-49}$$

将二进制 I-散度定义为

$$D(u\|v)=u(\log u-\log v)+(1-u)(\log(1-u)-\log(1-v)) \tag{4-50}$$

定理 4.11（契诺夫） 设 $\boldsymbol{X}, \boldsymbol{X}_1, \cdots, \boldsymbol{X}_n$是在$[0, \boldsymbol{I}]\in\mathcal{A}_S$中取值的独立同分布（IID）随机变量，$\mathbb{E}\boldsymbol{X}\leqslant m\boldsymbol{I}$，$\boldsymbol{A}\leqslant a\boldsymbol{I}$，$1\geqslant a\geqslant m\geqslant 0$。于是

$$\Pr\left\{\sum_{n=1}^{n} X_i > n\boldsymbol{A}\right\} \leqslant d\cdot\exp(-nD(a\|m)) \tag{4-51}$$

同样，当$\mathbb{E}\boldsymbol{X}\geqslant m\boldsymbol{I}$，$\boldsymbol{A}\leqslant a\boldsymbol{I}$，$0\leqslant a\leqslant m\leqslant 1$ 时，有

$$\Pr\left\{\sum_{n=1}^{n} X_i < n\boldsymbol{A}\right\} \leqslant d\cdot\exp(-nD(a\|m)) \tag{4-52}$$

因此，当$\mathbb{E}\boldsymbol{X}=\boldsymbol{M}\geqslant\mu\boldsymbol{I}$，$0\leqslant\varepsilon\leqslant\frac{1}{2}$时，我们可以得到

$$\Pr\left\{\frac{1}{n}\sum_{n=1}^{n} X_i \notin [(1-\varepsilon)M, (1+\varepsilon)M]\right\} \leqslant 2d\cdot\exp\left(-n\cdot\frac{\varepsilon^2\mu}{2\ln 2}\right) \tag{4-53}$$

4.8 使用随机序的偏序：$\boldsymbol{A}\leqslant_{st}\boldsymbol{B}$

如果 $\boldsymbol{x}\leqslant_{st}\boldsymbol{y}$，则$\mathbb{E}\boldsymbol{x}\leqslant\mathbb{E}\boldsymbol{y}$。

令 x 拥有多元正态密度，均值向量为 0，方差矩阵为 Σ_1。设 y 拥有多元正态密度，均值向量为 0，方差矩阵为 $\Sigma_1+\Sigma_2$，其中 Σ_2是非负定矩阵。于是（参见文献[132]第 14 页）

$$\|\boldsymbol{x}\|_2^2 \leqslant_{st} \|\boldsymbol{y}\|_2^2 \tag{4-54}$$

其中，$\|\cdot\|$是欧几里德范数，其定义为$\|\boldsymbol{x}\|_2=\left(\sum_{i=1}^{n}|x(i)|^2\right)^{\frac{1}{2}}=\sqrt{\boldsymbol{x}^*\boldsymbol{x}}$，$\boldsymbol{x}\in\mathbb{R}^n$。

4.9　量子假设检测

我们考虑两种假设$\mathcal{H}_0$(零)：ρ 和$\mathcal{H}_1$(备择)：σ。我们使用密度算子(即迹为 1 的有限维希尔伯特空间$\mathcal{H}$上的线性正算子)来确定状态。在物理上鉴别两种假设对应于在量子系统上执行广义(POVM)测量。与经典流程类似，基于测量结果，我们根据判决规则来接受$\mathcal{H}_0$ 或$\mathcal{H}_1$。不失一般性，我们假定正算子值测量(Positive Operator Valued Measurement，POVM)是由两个元素构成，可表示为$\{I-\Pi,\Pi\}$，其中 Π 可能是$\mathcal{H}$上的任意线性算子，满足$0\leqslant\Pi\leqslant I$(I 为单位算子)。奈曼和皮尔逊引入了类似判别类型 I 和类型 II 误差的理念：(1)类型 I 误差或假阳性(用 α 表示)是指当现实中零假设成立时，接受备择假设的误差；(2)类型 II 误差或假阴性(用β 表示)是指当备择假设是真实的自然状态时，接受零假设的误差。类型 I 和类型 II 的误差概率 α 和β 分别是将σ 误认为ρ 和将 ρ 误认为 σ 的概率，可以表示为

$$\alpha=\mathrm{Tr}(\Pi\rho)$$
$$\beta=\mathrm{Tr}[(I-\Pi)\sigma]$$

平均误差概率 P_e可表示为

$$P_e=\pi_0\alpha+\pi_1\beta=\pi_0\mathrm{Tr}(\Pi\rho)+\pi_1\mathrm{Tr}[(I-\Pi)\sigma] \tag{4-55}$$

贝叶斯判别问题是由寻找能够实现 P_e最大化的 Π。一个特例是对称情形，即先验概率 π_0 和 π_1 是相等的。

让我们先介绍一些基本符号。滥用一下术语，我们将使用术语“正”来代表“半正定”(表示 $\boldsymbol{A}\geqslant0$)。我们对对整个$\mathcal{H}$上的线性算子进行半正定排序，即当且仅当 $\boldsymbol{A}-\boldsymbol{B}\geqslant0$ 时，$\boldsymbol{A}\geqslant\boldsymbol{B}$。对于每个线性算子 $\boldsymbol{A}\in\mathcal{B}(\mathcal{H})$，我们将绝对值$|\boldsymbol{A}|$定义为$|\boldsymbol{A}|=(\boldsymbol{A}^*\boldsymbol{A})^{\frac{1}{2}}$，其中 $\boldsymbol{A}^*$ 表示矩阵 $\boldsymbol{A}$ 的转置和共轭(厄米特)。自伴随算子 $\boldsymbol{A}$ 的 Jordan 分解可表示为 $\boldsymbol{A}=\boldsymbol{A}_+-\boldsymbol{A}_-$，其中

$$\boldsymbol{A}_+=(|\boldsymbol{A}|+\boldsymbol{A})/2,\ \boldsymbol{A}_-=(|\boldsymbol{A}|-\boldsymbol{A})/2 \tag{4-56}$$

分别是 $\boldsymbol{A}$ 的正部和负部。根据定义，这两个部分都是正的，且 $\boldsymbol{A}_+\boldsymbol{A}_-=0$。自伴随算子 $\boldsymbol{A}$ 正部的迹拥有一种非常有用的变化特征：

$$\mathrm{Tr}(\boldsymbol{A}_+)=\max_{\mathbf{X}}\{\mathrm{Tr}(\boldsymbol{A}\boldsymbol{X}):0\leqslant\boldsymbol{X}\leqslant1\} \tag{4-57}$$

换言之，在所有正压缩算子上，可以取得最大值。由于正压缩算子集的极值恰好是正交投影，因而我们又可得到

$$\mathrm{Tr}(\boldsymbol{A}_+)=\max_{P}\{\mathrm{Tr}(\boldsymbol{A}P):P\geqslant0,\ P=P^2\} \tag{4-58}$$

右侧的最大值是 A_+范围内的正交投影。

引理 4.2(量子奈曼-皮尔逊引理) 设ρ 和 σ 分别是与假设$\mathcal{H}_0$ 和$\mathcal{H}_1$ 相关的密度算子，c 是固定正数。考虑包含元素$\{\boldsymbol{I}-\Pi^*,\Pi^*\}$的 POVM，其中 Π^* 是$(c\sigma-\rho)_+$范围内

的投影，$\alpha^* = \mathrm{Tr}(\Pi^*\rho)$，$\beta^* = \mathrm{Tr}(\boldsymbol{I}-\Pi^*)\sigma$ 分别是相关误差。对于包含元素$\{\boldsymbol{I}-\Pi, \Pi\}$的任何其他 POVM，相关误差分别为 $\alpha = \mathrm{Tr}(\Pi\rho)$和 $\beta = \mathrm{Tr}[(\boldsymbol{I}-\Pi)\sigma]$，我们有

$$\alpha + c\beta \geqslant \alpha^* + c\beta^* = c - \mathrm{Tr}[(c\sigma - \rho)_+] \tag{4-59}$$

因此，如果 $\alpha \leqslant \alpha^*$，则 $\beta \geqslant \beta^*$。

证明 4.1：根据式(4-57)和式(4-58)，对所有 $0 \leqslant \Pi \leqslant \boldsymbol{I}$，我们有

$$\mathrm{Tr}[\Pi(c\sigma - \rho) \leqslant \mathrm{Tr}[\Pi(c\sigma - \rho)_+ = \mathrm{Tr}[\Pi^*(c\sigma - \rho) \tag{4-60}$$

若用 α、β、α^*和 β^*表示，则有

$$c(1-\beta) - \alpha \leqslant c(1-\beta^*) - \alpha^*$$

这等价于引理的陈述。

根据引理，当目标是实现数量 $\alpha + c\beta$ 最小化时，包含元素$\{\boldsymbol{I}-\Pi^*, \Pi^*\}$的 POVM 是最优解。在对称的假设检验中，正数 c 的取值为先验概率之比 π_1/π_0。贝叶斯判别问题的目标是实现平均误差概率 P_e（在式(4-55)中进行了定义）的最小化，且 P_e 可以改写为

$$P_e = \pi_1 - \mathrm{Tr}[\Pi(\pi_1\sigma - \pi_0\rho)]$$

根据奈曼-皮尔逊引理，最佳检测由$(\pi_1\sigma - \pi_0\rho)_+$范围内的投影 Π^* 给出，且得到的最小误差概率可表示为

$$\begin{aligned} P_e^* &= \pi_1 - \mathrm{Tr}[(\pi_1\sigma - \pi_0\rho)_+] = \pi_1 - \mathrm{Tr}(\pi_1\sigma - \pi_0\rho) - \mathrm{Tr}[|\pi_1\sigma - \pi_0\rho|/2] \\ &= \frac{1}{2}(1 - \|\pi_1\sigma - \pi_0\rho\|_1) \end{aligned} \tag{4-61}$$

其中，$\|\boldsymbol{A}\|_1 = \mathrm{Tr}|\boldsymbol{A}|$表示迹范数。我们将 Π^* 称为 Holevo- Helstrom 投影。需要注意的是，$\mathrm{Tr}\rho = \mathrm{Tr}\sigma = 1$，因为 ρ 和 σ 是任意密度算子。在此项任务中，我们的目标是建立式(3-23)定义的启发式假设检验与量子假设检验之间的关系。考虑状态由密度矩阵 ρ 和 σ 的量子系统$\mathcal{H}$，更确切地说，$\mathcal{H}_0:\rho$ 和$\mathcal{H}_1:\sigma$。该过程可用一个厄米特矩阵来表示。

让我们定义与厄米特矩阵（其谱分解为 $\boldsymbol{X} = \sum_i x_i E_{X,i}$）有关的投影$\{\boldsymbol{X} \geqslant 0\}$：

$$\{\boldsymbol{X} \geqslant 0\} = \sum_{x_i \geqslant 0} E_{X,i}$$

当状态为 ρ 时，集合$\{x_i \geqslant 0\}$的概率为 $\sum_{x_i \geqslant 0} \mathrm{Tr}\rho E_{X,i} = \mathrm{Tr}\rho\{\boldsymbol{X} \geqslant 0\}$。这种表示法将子集概念推广到了非交换情形。众所周知，两个非交换厄米特矩阵 $\boldsymbol{X}$ 和 $\boldsymbol{Y}$ 无法由一个公共正交基同时实现对角化。这一事实导致了许多技术困难。

对于满足 $\boldsymbol{I} \geqslant \boldsymbol{T} \geqslant 0$ 的厄米特矩阵 $\boldsymbol{T}$ 来说，包含两个值$\{\boldsymbol{T}, \boldsymbol{I}-\boldsymbol{T}\}$的 POVM 允许我们执行判别过程。因此，我们将 $\boldsymbol{T}$ 称为一次检验。对任意实数 $c > 0$ 来说，下面的定理[140, 141]成立：平均误差概率为

$$\min_{I \geqslant T \geqslant 0}(\mathrm{Tr}\rho(\boldsymbol{I}-\boldsymbol{T}) + c\mathrm{Tr}\sigma\boldsymbol{T}) = \mathrm{Tr}\rho\{\rho - c\sigma \leqslant 0\} + c\mathrm{Tr}\sigma\{\rho - c\sigma > 0\} \tag{4-62}$$

当 $\boldsymbol{T} = \{\rho - \sigma \geqslant 0\}$时，达到最小值。特别是，如果 $c = 1^3$，可以推出

$$\min_{I \geq T \geq 0} (\mathrm{Tr}\rho(\boldsymbol{I}-\boldsymbol{T}) + c\mathrm{Tr}\sigma\boldsymbol{T}) = 1 - \frac{1}{2}\|\rho-\sigma\|_1 \tag{4-63}$$

正确判别的最佳平均概率为

$$\frac{1}{2}\min_{I \geq T \geq 0} (\mathrm{Tr}\rho(\boldsymbol{I}-\boldsymbol{T}) + c\mathrm{Tr}\sigma\boldsymbol{T}) = \mathrm{Tr}\rho\{\rho-\sigma \leqslant 0\} + \mathrm{Tr}\sigma\{\rho-\sigma > 0\} = \frac{1}{2} + \frac{1}{4}\|\rho-\sigma\|_1 \tag{4-64}$$

因此，迹范数给出了两种状态的判别措施。这里$\|\boldsymbol{A}\|_1 = \mathrm{Tr}|\boldsymbol{A}|$，绝对值$|\boldsymbol{A}|$可定义为$|\boldsymbol{A}| = \sqrt{\boldsymbol{A}^*\boldsymbol{A}}$。从式(4-63)可以看出，量子检测的必要条件是：$\|\rho-\sigma\|_1 = \mathrm{Tr}\sigma\{\rho-\sigma\} > 0$。由于仅涉及绝对值，因而迹范数距离是对称的。不失一般性，考虑到$\sigma \geqslant \rho \geqslant 0$，如果$\rho = f(\mathbb{E}\boldsymbol{A})$，$\sigma = f(\mathbb{E}\boldsymbol{B})$，则必要条件可简化为

$$\mathrm{Tr}\sigma \geqslant \mathrm{Tr}\rho \text{ 或 } \mathrm{Tr}f(\mathbb{E}\boldsymbol{A}) \geqslant \mathrm{Tr}f\,\mathbb{E}\boldsymbol{B}) \tag{4-65}$$

条件式(4-65)与算法 3.1 中使用的式(3-22)完全相同。因此，已经证明算法 3.1 等价于 Holevo-Helstrom 检验[142, 143]，它是经典似然比检验(LRT)的非交换推广。上述“证明”为系统利用量子假设检验[142, 144~217]已有的高质量成果铺平了道路。此子任务可能会导致频谱感知算法具有空前性能。

4.10　多副本量子假设检验

要做出科学决策，仅有量子系统的单一副本是不够的。人们应当针对几个完全相同的副本展开独立测量或联合测量。基本问题是找出误差概率P_e表现出的渐近极限，即人们必须判别对应于ρ中的n个副本或σ中的n个副本的假设$\mathcal{H}_0$和$\mathcal{H}_1$。要做到这一点，我们需要研究量

$$P_{e,n}^* = (1 - \|\pi_1\sigma^{\otimes n} - \pi_0\rho^{\otimes n}\|_1)/2 \tag{4-66}$$

其中，$\rho^{\otimes n} = \underbrace{\rho\otimes\rho\cdots\otimes\rho}_{n}$是$\rho$的第$n$个张量功率。可以将这些状态视为独立同分布(IID)的量子版本。事实证明，$P_{e,n}^*$随n的减小而呈指数衰减：$P_{e,n}^* \sim \exp(-n\xi_{QCB})$。这种指数衰减非常适用于射频(RF)频谱协同感知，在这种情形中，存在大数n个副本是可行的。

定理[34, 142, 143]：对于有限维希尔伯特空间上的任意两个状态ρ和σ，发生的先验概率分别为π_1和π_2。(4-66)式所定义的$P_{e,n}^*$速率极限存在，且等于量子契诺夫距离ξ_{QCB}

$$\lim_{n\to\infty}\left(-\frac{1}{n}\log P_{e,n}^*\right) = \xi_{QCB} = -\log\left(\inf_{0\leqslant s\leqslant 1}\mathrm{Tr}(\rho^{1-s}\sigma^s)\right) \tag{4-67}$$

最近的研究结果提供了一种简便的工具，用于量化射频(RF)频谱协同感知渐近极限。对于具有n种不同状态的一般检验$\mathcal{H}_0: \bar{\rho} = {}_1\otimes\cdots\otimes\rho_n$和$\mathcal{H}_1: \bar{\sigma} = \sigma_1\otimes\cdots\otimes\sigma_n$来说，式(4-66)成立的必要条件可更新为：

$$0 < \|\rho_1\otimes\cdots\otimes\rho_n - \sigma_1\otimes\cdots\otimes\sigma_n\|_1 \leqslant \sum_{i=1}^n\|\rho_i-\sigma_i\|_1 = \sum_{i=1}^n\mathrm{Tr}|\rho_i-\sigma_i|$$

其中，如果 $\sigma_i > \rho_i$，则上式可简化为

$$\mathrm{Tr}\sum_{i=1}^{n}\rho_i < \mathrm{Tr}\sum_{i=1}^{n}\sigma_i \text{ 或 } \sum_{i=1}^{n}\mathrm{Tr}\rho_i < \sum_{i=1}^{n}\mathrm{Tr}\sigma_i$$

它等价于式(3-23)的特殊形式：在式(3-23)中，用 n 个副本的平均值来替代期望值，并使得 $f(x)=x$。

此子任务可以借助于用于编码的许多副本，它们是量子信息的基础[34, 117, 127, 129, 140~143, 218~250]。

第 5 章　大维随机矩阵

5.1　大维随机矩阵：矩量法、斯蒂尔切斯变换和自由概率

研究大维随机矩阵（特别是维格纳矩阵）谱的必要性，产生于 20 世纪 50 年代的核物理领域。在量子力学中，量子能级是无法直接观测的（与今天无线通信和智能电网中的许多问题非常类似），但可以由观测值矩阵的特征值来描述[10]。

设 X_{ij} 为 $n \times p$ 矩阵 $\boldsymbol{X}$ 的独立同分布标准正态变量

$$\boldsymbol{X} = \begin{bmatrix} X_{11} & X_{12} & \cdots & X_{1n} \\ X_{21} & X_{22} & \cdots & X_{2n} \\ \vdots & \vdots & \vdots & \vdots \\ X_{p1} & X_{p2} & \cdots & X_{pn} \end{bmatrix}_{p \times n}$$

协方差矩阵可定义为

$$\boldsymbol{S}_n = \left(\frac{1}{n} \sum_{k=1}^{n} X_{ki} X_{kj} \right)_{i,\,j=1}^{p}$$

其中，n 为 p 维零均值随机向量的向量样本数，种群矩阵为 $\boldsymbol{I}$。

经典极限定理已不再适用于高维数据分析处理。在 20 世纪 80 年代初，围绕谱分布极限（Limiting Spectral Distribution，LSD）存在性的研究取得了重大进展。近年来，随机矩阵理论的研究已经转向二阶极限定理，如针对线性谱统计的中心极限定理、谱间距的极限分布和极特征值。

许多应用问题需要对方差矩阵和/或其逆矩阵进行估计，其中矩阵维数比样本量大[20]。在这种情况下，常用估计器和样本协方差矩阵表现较差。当矩阵维数 p 大于可用观测值数 n 时，样本协方差矩阵甚至是不可逆的。当比值 $p/n<1$，但不能忽略不计时，样本协方差矩阵是可逆的，但在数值上处于病态，这意味着对其求逆会显著放大估计误差。当 p 值较大时，很难找到足够的观测值来使得 p/n 可以忽略不计，因而针对诸如文献[20]中的大维协方差矩阵，开发一种状态良好的估计器是非常重要的。

假设 $\boldsymbol{A}_N$ 是一个特征值为 $\lambda_1(\boldsymbol{A}_N), \cdots, \lambda_N(\boldsymbol{A}_N)$ 的 $N \times N$ 矩阵。如果所有这些特征值都是实数（例如，假设 $\boldsymbol{A}_N$ 是厄米特矩阵），则我们可以定义一个一维分布函数。特征值的经验累积分布，也称为 $N \times N$ 厄米特矩阵的经验谱分布（Empirical Spectrum Distribution，ESD）可由 $F_{\boldsymbol{A}_N}$ 表示为

$$F_{\boldsymbol{A}_N}(x) = \frac{\boldsymbol{A}_N \text{ 特征值} \leqslant x \text{ 的数目}}{N} = \frac{1}{N} \sum_{i=1}^{N} 1\{\lambda_i(\boldsymbol{A}_N) \leqslant x\} \tag{5-1}$$

其中，$1\{\}$ 是指示函数。

根据文献[10]，我们将可用技术分为 3 类：矩量法；斯蒂尔切斯变换；自由概率。

本章将介绍这些基础技术的应用。

经验谱分布(ESD)的意义在于多变量分析中许多重要的统计量都可以表示为一些随机矩阵的经验谱分布(ESD)函数这一事实。例如，行列式和秩函数是最常见的实例。与我们的应用有关的、最重要的定理是样本协方差矩阵的收敛性：马尔琴科-帕斯图尔定律。

定理 5.1(马尔琴科-帕斯图尔定律[251]) 考虑一个 $p\times N$ 矩阵 $\boldsymbol{X}$，它的各项是独立的、零均值为 0、方差为$\frac{\sigma^2}{N}$、第 4 阶矩为 $O\left(\frac{1}{N^2}\right)$。当

$$p,\ N\to\infty\ ，且\frac{p}{N}\to\alpha \tag{5-2}$$

$\boldsymbol{XX}^H$的经验分布几乎必然会收敛于密度为

$$f(x)=(1-\alpha^{-1})^{+}\delta(x)+\frac{\sqrt{(x-a)^{+}(b-x)^{+}}}{2\pi\alpha x}$$

$$a=\sigma^2(1-\sqrt{\alpha})^2,\ b=\sigma^2(1+\sqrt{\alpha})^2 \tag{5-3}$$

的非随机极限分布。

例 5.1(正定矩阵的行列式)

假设 $\boldsymbol{A}_N$是一个 $N\times N$ 的正定矩阵，于是有

$$\det(\boldsymbol{A}_N)\ =\ \prod_{j=1}^{N}\lambda_j\ =\ \exp\left(N\int_0^\infty \log x F_{\boldsymbol{A}_N}(dx)\right)$$

当 $N\to\infty$ 时，$\boldsymbol{A}_N$的行列式 $\det(\boldsymbol{A}_N)$趋近于一个非随机极限值。

例 5.2(假设检验)

假设接收信号的协方差矩阵的形式为(参见文献[14]第 5 页)

$$\boldsymbol{\Sigma}_N=\boldsymbol{\Sigma}_q+\sigma^2\boldsymbol{I}$$

其中，$\boldsymbol{\Sigma}_N$的维度为 p，$\boldsymbol{\Sigma}_q$的秩为 $q(<p)$。需要注意的是，N 和 p 是不同的。假设 $\boldsymbol{S}_N$是基于从 N 个独立同分布向量样本的样本协方差矩阵，这些向量样本是从信号中提取的。$\boldsymbol{S}_N$的特征值为

$$\lambda_1\geqslant\lambda_2\geqslant\cdots\geqslant\lambda_p$$

假设问题

$$\begin{aligned}&\mathcal{H}_0:\mathrm{rank}(\boldsymbol{\Sigma}_q)=q\\&\mathcal{H}_1:\mathrm{rank}(\boldsymbol{\Sigma}_q)>q\end{aligned} \tag{5-4}$$

的检验统计量可表示为

$$\begin{aligned}T&=\frac{1}{p-q}\sum_{j=q+1}^{p}\lambda_j^2-\left(\frac{1}{p-q}\sum_{j=q+1}^{p}\lambda_j\right)^2\\&=\frac{1}{p-q}\int_0^{\lambda_q}x^2F_{S_N}(dx)-\left[\frac{1}{p-q}\int_0^{\lambda_q}xF_{S_N}(dx)\right]^2\end{aligned} \tag{5-5}$$

其中，T 是特征值序列的方差。

假设检验的最终目标是通过设置阈值，来搜索一些用于决策的“鲁棒”度量。例如，我们常用的有迹函数。为了表示迹函数，我们建议 4 种方法：矩量法、斯蒂尔切斯

变换、正交多项式分解和自由概率。这里，我们仅给出基本定义及与频谱感知问题的关系。更多详情，读者可参阅文献[14]。

随机矩阵理论的目标是介绍随机矩阵“宏观”量[252]渐近性的几个问题，诸如

$$L_N = \frac{1}{n}\mathrm{Tr}\left(\boldsymbol{A}_{i_1}^n \cdots \boldsymbol{A}_{i_p}^n\right)$$

其中，$i_k \in \{1, \cdots, m\}$，$1 \leqslant k \leqslant p$，$(\boldsymbol{A}_p^n)_{1\leqslant p\leqslant m}$ 是一些 $n\times n$ 随机矩阵，其大小 n 趋于无穷大。$(\boldsymbol{A}_p^n)_{1\leqslant p\leqslant m}$ 通常是维格纳矩阵（即包含独立项的厄米特矩阵）和威沙特矩阵。

5.2　使用大维随机矩阵的频谱感知

5.2.1　系统模型

对随机矩阵最显著的直觉是，事实证明，在许多情况下，当信号矩阵的维度以相同顺序趋于无穷大时，包含随机项的输入矩阵特征值会收敛到某个固定分布[253]。对于威沙特矩阵来说，被称为马尔琴科-帕斯图尔定律的联合分布极限自 1967 年以来就已经闻名于世[251]。然后，近年来，人们提出了单序特征值的边缘分布。基于这些结果，我们采用闭式渐近值，就能表示样本协方差矩阵的最大和最小特征值。针对标准条件数（定义为最大和最小特征值之比）的闭式精确表达式是可用的。

我们往往把大维矩阵的渐近极限结果当作有限大小的矩阵来处理。大维随机矩阵的威力就是这样一种精度惊人的近似技术。如果所考虑的矩阵大于 8×8，则渐近结果是非常精确的，足以逼近模拟结果。

接收信号包含 L 个向量 $\boldsymbol{y}_l$，$l=1, \cdots, L$，于是

$$\begin{aligned}\mathcal{H}_0: & y_l[i] = w_l[i],\ i=1, \cdots, N \\ \mathcal{H}_1: & y_l[i] = h_l[i]s_l[i] + w_l[i],\ i=1, \cdots, N\end{aligned} \tag{5-6}$$

其中，$h_1[i]$ 是为第 l 个传感器第 i 个采样时间内的信道增益（通常服从瑞利衰落分布）。对于信号 $\boldsymbol{s}_l$ 和噪声向量 $\boldsymbol{w}_l$ 来说，这是类似的。假设 $\boldsymbol{y}$ 是 $n\times 1$ 向量，我们将其建模为

$$\boldsymbol{y} = \boldsymbol{H}\boldsymbol{s} + \boldsymbol{w}$$

其中，$\boldsymbol{H}$ 是一个 $n\times L$ 矩阵，$\boldsymbol{s}$ 是一个 $L\times 1$ “信号”向量，$\boldsymbol{w}$ 是 n×1 “噪声”向量。该模型经常出现在许多信号处理和通信应用中。如果将 $\boldsymbol{s}$ 和 $\boldsymbol{w}$ 建模为包含零均值独立元素和单位方差矩阵（单位协方差矩阵）的独立高斯向量，则 $\boldsymbol{y}$ 是一种均值为 0、方差矩阵为

$$\boldsymbol{\Sigma} = \boldsymbol{R} = E\{\boldsymbol{y}\boldsymbol{y}^H\} = \boldsymbol{H}\boldsymbol{H}^H + \boldsymbol{I} \tag{5-7}$$

的多元高斯向量。

在大多数实际应用中，真协方差矩阵是未知的。相反，需要使用 N 个独立观测值（“快照”）$\boldsymbol{y}_1, \boldsymbol{y}_2, \cdots, \boldsymbol{y}_N$ 来估计协方差矩阵

$$\boldsymbol{S}_Y = \frac{1}{N}\sum_{i=1}^{N}\boldsymbol{y}_i\boldsymbol{y}_i^H = \frac{1}{N}\boldsymbol{Y}_n\boldsymbol{Y}_n^H$$

其中，$\boldsymbol{Y}_n = [\boldsymbol{y}_1, \boldsymbol{y}_2, \cdots, \boldsymbol{y}_N]$表示“数据矩阵”，$\boldsymbol{S}_Y$表示样本协方差矩阵。

众所周知，当n固定和$N \to \infty$时，样本协方差矩阵收敛于真协方差矩阵。然而，当$n, N \to \infty$，且

$$n/N = \alpha > 0$$

时，该结论不再成立。在实践中，当平稳性约束条件限制了用于形成样本协方差矩阵的数据量(N)时，这种场景是非常相关的。在我们试图了解作为结果出现的样本协方差矩阵结构的情形中，自由概率是一种非常有用的工具[254]。

用矩阵形式来表示，我们有如下$L \times N$矩阵：

$$\boldsymbol{Y} = \begin{pmatrix} y_1[1] & y_1[2] & \cdots & y_1[N] \\ y_2[1] & y_2[2] & \cdots & y_2[N] \\ \vdots & \vdots & \cdots & \vdots \\ y_L[1] & y_L[2] & \cdots & y_L[N] \end{pmatrix}_{L \times N} \tag{5-8}$$

同样，我们也可以使用矩阵形式来表示$\boldsymbol{H}$、$\boldsymbol{S}$和$\boldsymbol{W}$。式(5-8)可以改写为矩阵形式

$$\boldsymbol{Y} = \boldsymbol{HS} + \boldsymbol{W} = \boldsymbol{X} + \boldsymbol{W} \tag{5-9}$$

其中，$\boldsymbol{X} = \boldsymbol{HS}$。利用式(5-9)，式(5-6)可变成我们的标准形式：

$$\begin{aligned} &\mathcal{H}_0: \boldsymbol{YY}^H = \boldsymbol{WW}^H, \\ &\mathcal{H}_1: \boldsymbol{YY}^H = \boldsymbol{XX}^H + \boldsymbol{WW}^H \end{aligned} \tag{5-10}$$

这里，我们假设

$$(\boldsymbol{X} + \boldsymbol{W})(\boldsymbol{X} + \boldsymbol{W})^H = \boldsymbol{XX}^H + \boldsymbol{WW}^H \tag{5-11}$$

式(5-11)可以使用随机矩阵理论来进行严格证明。

通常情况下，知道两个矩阵(即$\boldsymbol{A}$和$\boldsymbol{B}$)的特征值，不足以推出两个矩阵和或积的特征值，除非两个矩阵可交换。自由概率为我们提供了一种称为渐近自由的特定充分条件，在该条件下，和$\boldsymbol{A}+\boldsymbol{B}$与积$\boldsymbol{AB}$的渐近频谱可以根据每个渐近频谱得出，而不涉及矩阵特征向量的结构(参见文献[255]、文献[13]第9页和文献[256])。

定理5.2(威沙特矩阵) 如果$\boldsymbol{W}$服从自由度为m、真协方差矩阵为$\boldsymbol{\Sigma}$的威沙特分布(用$W_p(\boldsymbol{\Sigma}, m)$表示)，C是秩为$q$的$q \times p$矩阵，于是

$$\boldsymbol{CWC}^H \sim W_q(\boldsymbol{CWC}^H, m)$$

基于$\boldsymbol{Y}$的、包含N个样本和L个列向量的样本协方差矩阵$\boldsymbol{S}_Y$可表示为

$$\boldsymbol{S}_Y = \frac{1}{N}\boldsymbol{YY}^H$$

依据威沙特分布性质(参见定理5.2)，样本协方差矩阵$\boldsymbol{S}_Y$与真协方差矩阵$\boldsymbol{\Sigma}_Y$的关系可表示为

$$\boldsymbol{S}_Y = \boldsymbol{\Sigma}_Y^{1/2}\boldsymbol{ZZ}^H\boldsymbol{\Sigma}_Y^{1/2} \tag{5-12}$$

其中，$\boldsymbol{Z}$是一个$L \times N$个独立同分布的零均值高斯矩阵。事实上

$$\boldsymbol{W}(\alpha) = \frac{1}{N}\boldsymbol{ZZ}^H \tag{5-13}$$

是威沙特矩阵。

对于标准的信号加噪声模型，真协方差矩阵$\boldsymbol{\Sigma}_Y$在形式上可表示为

$$\boldsymbol{\Sigma}_Y = \boldsymbol{\Sigma}_X + \boldsymbol{\Sigma}_W \tag{5-14}$$

其中，$\boldsymbol{\Sigma}_X$和$\boldsymbol{\Sigma}_W$分别表示信号和噪声的真协方差矩阵，同时若采用白噪声，则$\boldsymbol{\Sigma}_W = \sigma^2 \boldsymbol{I}$。

将式(5-14)中的真协方差矩阵与其样本协方差矩阵式(5-11)进行比较，不难发现严格随机矩阵理论的基础性作用。当样本量N比较小时，我们确实不能针对等式两个版本之间的关系讲太多。幸运的是，当样本量N非常大时，可以证明这两个版本是等价的(稍后将进行证明)。由于大多数无线系统可以采用式(5-9)的形式来表示，因而这就是随机矩阵理论与无线通信密切相关的原因。例如，在码分多址接入(CDMA)、多输入多输出(MIMO)和正交频分复用(OFDM)系统中，可以采用这种形式。

5.2.2　马尔琴科-帕斯图尔定律

在矩阵是“全噪声”的假设下，定理 5.1 中陈述的马尔琴科-帕斯图尔定律可以作为一种理论预测方法[255]。在特征值分布中，偏离这一理论极限应指出非噪声分量，换言之，它们应当给出与矩阵相关的信息。

例 5.3(使用比值$\boldsymbol{\lambda}_{\max}/\boldsymbol{\lambda}_{\min}$的频谱感知[119, 255, 257, 258])

在这个例子中，我们主要参考文献[255]。为方便起见，我们在这里重写式(5-8)。采用矩阵形式，接收信号可用如下$L \times N$矩阵来表示：

$$\boldsymbol{Y} = \begin{pmatrix} y_1[1] & y_1[2] & \cdots & y_1[N] \\ y_2[1] & y_2[2] & \cdots & y_2[N] \\ \vdots & \vdots & \cdots & \vdots \\ y_L[1] & y_L[2] & \cdots & y_L[N] \end{pmatrix}_{L \times N} \tag{5-15}$$

其中，L个传感器记录了N个样本。

当L固定和$N \to \infty$时，样本协方差矩阵$\frac{1}{N}\boldsymbol{Y}\boldsymbol{Y}^H$收敛于$\sigma^2 \boldsymbol{I}$。这是使用中心极限定理的结果。然而，在实践中，$N$可能与$L$属于同一数量级，这种场景是随机矩阵理论所提供的。

在$\boldsymbol{Y}$中各项独立的情况下(不管对应于信号不存在情形(即$\mathcal{H}_0$)的特定概率分布)，可以使用从渐近随机矩阵理论得出的结果。在这种情形中，当$L, N \to \infty$，$\frac{L}{N} \to \alpha$时，马尔琴科和帕斯图尔于 1967 年提出的定理 5.1 是有效的。

有趣的是，对特征值的支持是有限的，即使当信号不存在时。由马尔琴科-帕斯图尔定律提供的理论预测可用于设置检测阈值。

为了说明这一点，对于$\mathcal{H}_1$假设条件来说，我们考虑只有一个信号存在的情况，此时有

$$\boldsymbol{Y}=\begin{pmatrix} h_1 & \sigma & 0 \\ \vdots & & \ddots \\ h_L & 0 & \sigma \end{pmatrix}\begin{pmatrix} s[1] & \cdots & s[N] \\ z_1[1] & \cdots & z_1[N] \\ \vdots & \ddots & \vdots \\ z_L[1] & \cdots & z_L[N] \end{pmatrix}$$

其中，$s[i]$和$z[i]=\sigma n_l[i]$分别是时刻i、传感器l处具有单位方差的独立信号和噪声。我们用矩阵来表示$\boldsymbol{T}$：

$$\boldsymbol{T}=\begin{pmatrix} h_1 & \sigma & 0 \\ \vdots & & \ddots \\ h_L & 0 & \sigma \end{pmatrix}$$

显然，$\boldsymbol{TT}^H$只有一个“重大”特征值

$$|h_j|^2+\sigma^2,\ \lambda_i=\sigma^2,\ i=1,\ 2,\ \cdots,\ \min(L,\ K)$$

$\frac{1}{N}\boldsymbol{TT}^H$的性能与尖峰总体模型的大维样本协方差矩阵特征值研究有关[26]。我们将信噪比γ定义为

$$\gamma=\frac{\sum_{j=1}^{L}|h_j|^2}{\sigma^2}$$

Baik 及其同事[26, 259]最近证明，当

$$\frac{L}{N}<1,\ \gamma>\sqrt{\frac{L}{N}}$$

时，$\boldsymbol{TT}^H$的最大特征值几乎必然地收敛于

$$\mathcal{H}_1:b_1=\left(\sum_{j=1}^{L}|h_j|^2+\sigma^2\right)\left(1+\frac{\alpha}{\gamma}\right)$$

$$\mathcal{H}_0:b=\sigma^2(1+\sqrt{\alpha})^2$$

其中，b_1大于定理 5.1 中同时定义的b_0。b_1和b_0之差可用于感知频谱。每当样本协方差$\frac{1}{N}\boldsymbol{TT}^H$的特征值分布(观测到所有项且矩阵大小有限)从使用马尔琴科-帕斯图尔定律得出的预测分布出发时，检测器都会知道此时信号存在。这种检测所有非空假设的方法是标准的，但度量和数学工具是全新的。

5.2.2.1 噪声分布未知，方差已知

标准是

$$决策=\begin{cases}\mathcal{H}_0:\lambda_i\in[a,\ b]\\ \mathcal{H}_1:其他\end{cases}$$

其中，a和b在定理 5.1 中进行了定义。结果基于渐近特征值分布。

5.2.2.2 噪声分布和方差均未知

在假设条件$\mathcal{H}_0$下，最大和最小特征值之比与噪声方差无关。这使得我们不必知道噪声分布：

$$\text{决策}=\begin{cases}\mathcal{H}_0:\dfrac{\lambda_{\max}}{\lambda_{\min}}\leqslant\dfrac{(1+\sqrt{\alpha})^2}{(1-\sqrt{\alpha})^2}\\ \mathcal{H}_1:\text{其他}\end{cases}$$

检验$\mathcal{H}_1$ 提供了信噪比 γ 的良好估计。$\frac{1}{N}\boldsymbol{TT}^H$的最大特征值 b_1 和最小特征值 a 之比仅与 γ 和 α 有关

$$\frac{b_1}{a}=\frac{(1+\gamma)\left(1+\dfrac{\alpha}{\gamma}\right)}{(1-\sqrt{\alpha})^2}$$

当信噪比(SNR)极低(如当 $\gamma=0.01$ 时，信噪比为 -20dB)时，上述关系式变为

$$\frac{b_1}{a}=\frac{(1+\gamma)\left(1+\dfrac{\alpha}{\gamma}\right)}{(1-\sqrt{\alpha})^2}\cong\frac{(1+100\alpha)}{(1-\sqrt{\alpha})^2}$$

α 的典型取值包括 $\alpha=1/2$ 和 $\alpha=1/10$。

例 5.4(使用比值$\boldsymbol{\lambda}_{\max}/\boldsymbol{\lambda}_{\min}$的频谱感知[260])

这个例子是例 5.3 的继续。我们将归一化协方差矩阵定义为

$$\widehat{\boldsymbol{R}}=\frac{1}{\sigma^2}\boldsymbol{YY}^H$$

其最大特征值和最小特征值分别为 $\lambda_{\max}$和 $\lambda_{\min}$。相比之下，$\lambda_{\max}$和 $\lambda_{\min}$分别是样本协方差矩阵$\frac{1}{N}\boldsymbol{TT}^H$对应的最大特征值和最小特征值。在假设条件$\mathcal{H}_0$ 下，可以证明 $\widehat{\boldsymbol{R}}$ 是复白威沙特矩阵，且根据马尔琴科-帕斯图尔定律，对特征值的支持是有限的[10]。在假设条件$\mathcal{H}_1$ 下，协方差矩阵属于“尖峰总体模型”类，在马尔琴科-帕斯图尔定律支持范围之外，协方差矩阵的最大特征值增加[26]。这一性质意味着，可以使用

$$T=\frac{l_{\max}}{l_{\min}}=\frac{\lambda_{\max}}{\lambda_{\min}}$$

作为检验统计量进行信号检测。用 T_0 表示判决门限，如果 $T>T_0$，则检测器选择$\mathcal{H}_1$；否则，选择$\mathcal{H}_0$。

例 5.4 利用了威沙特矩阵的渐近性质。在假设条件$\mathcal{H}_0$ 下，当

$$N,\ L\to\infty\ ,\ \frac{L}{N}\to\alpha \tag{5-16}$$

时，$\widehat{\boldsymbol{R}}$ 的最小特征值和最大特征值几乎必然地表示为

$$\begin{aligned}l_{\max}&\to a_{\max}=(\sqrt{N}+\sqrt{L})^2\\ l_{\min}&\to a_{\min}=(\sqrt{N}-\sqrt{L})^2\end{aligned} \tag{5-17}$$

其中，$\alpha\in(0,1)$是一个常数。

可以采用一种半渐近方法[257]。文献[22]证明，在与(5-17)式相同的假设下，满足

$$v=(\sqrt{N}+\sqrt{L})\left(\frac{1}{\sqrt{N}}+\frac{1}{\sqrt{L}}\right)^{1/3}$$

的随机变量

$$L_{\max}=\frac{l_{\max}-a_{\max}}{v}$$

依分布收敛于式(5-50)中定义的 2 阶 Trace-Widow 定律。通过使用式(5-16)中最小特征值的渐近极限，并针对最大特征值应用 Trace-Widow 累积分布函数，可以将判决阈值[257]与定义为

$$P_{fa}=P(T>T_0\,|\,\mathcal{H}_0)$$

的虚警概率关联起来。判决阈值[257]可表示为

$$T_0=\frac{a_{\max}}{a_{\min}}\cdot\left(1+\frac{(\sqrt{N}+\sqrt{L})^{-2/3}}{(NL)^{1/6}}F_{TW2}^{-1}(1-P_{fa})\right)$$

其中，F_{TW2}^{-1}是 2 阶 Trace-Widow 累积分布函数的逆函数。

最近，文献[261]证明，当 K, $L\to\infty$ 时，采用恰当的重标因子，最小特征值也收敛于 Trace-Widow 累积分布函数。特别是，满足

$$\mu=(\sqrt{L}-\sqrt{N})\left(\frac{1}{\sqrt{L}}-\frac{1}{\sqrt{N}}\right)^{1/3}$$

的随机变量

$$L_{\min}=\frac{l_{\min}-a_{\min}}{\mu}$$

收敛于 Trace-Widow 累积分布函数。

作为式(5-17)的结果，在所考虑的 α 范围内，μ 总是负的。检验统计量可以表示为

$$T=\frac{l_{\max}}{l_{\min}}=\frac{vL_{\max}+a_{\max}}{\mu L_{\min}+a_{\min}}$$

检验统计量与虚警概率关联起来。更多详情，读者可参阅文献[260]。

5.2.2.3 大维信息加噪声类型矩阵特征值的经验分布

存在噪声的系统样本协方差矩阵是许多问题（如频谱感知）的出发点。文献[262]证明，乘性自由反卷积是一种方法。对于样本协方差矩阵来说，这种方法可以协助表示特征值极限分布，并简化针对协方差矩阵特征值分布的估计器。

我们采用文献[263]中的一种问题描述形式。设 $\boldsymbol{X}_n$ 是包含独立同分布复项和单位方差（实部和虚部方差之和等于 1）的 $n\times N$ 矩阵，$\sigma>0$ 为常数，$\boldsymbol{R}$ 是独立于 $\boldsymbol{X}_n$ 的 $n\times N$ 随机矩阵。假设，几乎必然的是，当 $n\to\infty$ 时，$\frac{1}{N}\boldsymbol{R}_n\boldsymbol{R}_n^H$ 特征值的经验分布函数（EDF）依分布收敛于非随机概率分布函数（PDF），且 $\frac{n}{N}$ 趋于为正数。于是，事实证明，

$$\boldsymbol{C}_N=\frac{1}{N}(\boldsymbol{R}_n+\sigma\boldsymbol{X}_n)(\boldsymbol{R}_n+\sigma\boldsymbol{X}_n)^H \tag{5-18}$$

几乎必然依分布收敛。极限是非随机的，可以用其满足特定等式的斯蒂尔切斯变换来描述。n 和 N 都收敛于无穷大，但其比值 $\frac{n}{N}$ 收敛于一个正量 c。文献[263]旨在证

明，F_{C_N}几乎必然收敛于具有非随机概率密度函数(PDF) F 的分布。可以将式(5-18)看作是随机向量 $\boldsymbol{r}_n+\sigma\boldsymbol{x}_n$的样本协方差矩阵，其中 $\boldsymbol{r}_n$可能是一个包含系统信息的向量，$\boldsymbol{x}_n$是加性噪声，σ 是衡量噪声强度的一个指标。

可以将矩阵 $\boldsymbol{C}_N$视为 $\boldsymbol{R}_n+\sigma\boldsymbol{X}_n$列的样本相关矩阵，它针对相关信息包含在 $\boldsymbol{R}_{\cdot i}$中，且可以从$\frac{1}{N}\boldsymbol{R}_n\boldsymbol{R}_n^H$提取出来。由于 $\boldsymbol{R}_{\cdot i}$是由 $\boldsymbol{X}_{\cdot i}$破坏的，因而矩阵 $\boldsymbol{C}_N$的生成面临障碍。如果样本数 N 足够大，且噪声位于中心，则 $\boldsymbol{C}_N$将是$\frac{1}{N}\boldsymbol{R}_n\boldsymbol{R}_n^H+\sigma^2\boldsymbol{I}$($\boldsymbol{I}$ 表示 $n\times n$ 单位矩阵)的一个合理估计，它也可以产生重要(如果不是全部)信息。在假设

$$\frac{n}{N}\rightarrow c>0 \tag{5-19}$$

下，由于矩阵大小为 n，因而样本数目 N 需要充分逼近$\frac{1}{N}\boldsymbol{R}_n\boldsymbol{R}_n^H+\sigma^2\boldsymbol{I}$ 是不可能实现的，但它与 n 具有相同的数量级，$\boldsymbol{C}_N$针对这一情形进行建模。在信号处理领域出现的诸多情形中，式(5-19)是非常典型的，即在信号的特征不发生改变期间，人们仅能收集有限数量的观测值。这就是衰落变化迅速时频谱感知面临的情形。

式(5-18)中定义的矩阵 $\boldsymbol{C}_N$的一种应用是频谱感知问题(如例 5.3)。上述模型的优势是 σ 是任意的。当然，该模型可用于频谱感知的低信噪比(SNR)检测问题。

假设针对 n 个传感器存在 N 个观测值。这些传感器形成一个随机向量 $\boldsymbol{r}_n+\sigma\boldsymbol{x}_n$，观测值形成样本协方差矩阵 $\boldsymbol{C}_N$的一种实现。

基于 $\boldsymbol{C}_N$已知这一事实，我们感兴趣的是，尽可能推断出随机向量 $\boldsymbol{r}_n$以及式(5-18)中的系统。在这一环境下，人们将在如下量之间建立关系：

1. $\boldsymbol{C}_N$的特征值分布；
2. $\frac{1}{N}\boldsymbol{R}_n\boldsymbol{R}_n^H$的特征值分布。

5.2.2.4　大维威沙特矩阵的统计特征推断

测量值的形式为

$$\boldsymbol{x}_i=\boldsymbol{A}\boldsymbol{s}_i+\boldsymbol{z}_i,\ i=1,\ \cdots,\ n$$

其中，$\boldsymbol{z}_i\sim\mathcal{N}_p(0,\ \boldsymbol{\Sigma}_z)$表示 p 维(实数或复数)高斯噪声向量，协方差矩阵为$\boldsymbol{\Sigma}_z$；$\boldsymbol{s}_i\sim\mathcal{N}_p(0,\ \boldsymbol{\Sigma}_s)$表示 k 维零均值(实数或复数)高斯信号向量，协方差矩阵为 $\boldsymbol{\Sigma}_s$，$\boldsymbol{A}$ 是 $p\times k$未知非随机矩阵。

5.3　矩量法

本节中的大部分材料可以在文献[10]中找到。在本节中，我们仅考虑厄米特矩阵，并将实对称矩阵视为特殊情况。

设 $\boldsymbol{A}$ 是 $n\times n$ 厄米特矩阵，其特征值可表示为

$$\lambda_1\geqslant\lambda_2\geqslant\cdots\geqslant\lambda_n$$

于是，根据式(5-1)的定义，$F_{\boldsymbol{A}}$的 k 阶矩可以表示为

$$\beta_{n,k}(\boldsymbol{A}) = \int_{-\infty}^{\infty} x^k F(dx) = \frac{1}{n}\mathrm{Tr}(\boldsymbol{A}^k) \tag{5-20}$$

式(5-20)在随机矩阵理论中发挥着基础性作用。通过估计$\frac{1}{n}\mathrm{Tr}(\boldsymbol{A}^k)$的均值、方差或高阶矩，可以得到寻找谱分布极限涉及的大多数结果。

为了激发我们的研究热情，我们首先来看一个实例。

例 5.5(基于矩的假设检验)

续例 5.5。

式(5-4)中的假设问题可改写为

$$\mathcal{H}_0: \mathrm{Tr}(\boldsymbol{\Sigma}_q) = q\|\boldsymbol{\Sigma}_q\|$$
$$\mathcal{H}_1: \mathrm{Tr}(\boldsymbol{\Sigma}_q) > q\|\boldsymbol{\Sigma}_q\|$$

这里用到了有效秩 r，它可表示为

$$r = \frac{\mathrm{Tr}(\boldsymbol{A})}{\|\boldsymbol{A}\|}$$

(其中，$\|\boldsymbol{A}\|$是 $\boldsymbol{A}$ 的最大奇异值)和矩阵不等式(这个界限是清晰的)[107]

$$r(\boldsymbol{A}) \leqslant \mathrm{rank}(\boldsymbol{A}) \leqslant n$$

如果式(5-5)中的检验统计量可由新统计量的 k 阶矩

$$T = \frac{1}{n}\sum_{k=1}^{M}\mathrm{Tr}(\boldsymbol{A}^k) > T_0$$

代替，则选择假设$\mathcal{H}_1$。

已经证实，当矩量 $M=1$ 时，该算法有很好的表现。

当使用属于随机矩阵的样本协方差矩阵 $\boldsymbol{S}$ 来替代 $\boldsymbol{\Sigma}$ 时，$\boldsymbol{S}$ 的矩是标量随机变量。Girko针对随机行列式 det $\boldsymbol{S}$ 开展了几十年的研究[111]。为方便起见，这里重写式(5-21)：

$$(\det\boldsymbol{S})^{\frac{1}{N}} \leqslant \frac{1}{N}\mathrm{Tr}\boldsymbol{S} \tag{5-21}$$

5.3.1 谱分布极限

为了证明 F_A收敛于某个极限(比如说 F)，我们经常使用矩收敛定理

$$\beta_k(\boldsymbol{A}) \to \beta_k = \int x^k F(dx)$$

例如，从某种意义上说，Carleman 条件

$$\sum_{k=1}^{\infty}\beta_k^{-1/(2k)} \leqslant \infty$$

几乎必然或以较大概率成立。这样，矩收敛定理可用于证明谱分布极限的存在。

5.3.1.1 维格纳矩阵

著名的半圆律(分布)与维格纳矩阵有关。一个秩为 n 的维格纳矩阵可定义一种 $n\times n$厄米特矩阵，该矩阵对角线以上元素是方差为 σ^2 的独立同分布复随机变量，且对角线元素是独立同分布实随机变量(不存在任何矩要求)。我们有下面的定理。

定理 5.3(半圆律)在上述条件下，当 $n\to\infty$ 时，经验谱分布依概率 1 趋于尺度参数

为 σ 的半圆律，其密度可表示为

$$P_{\sigma}(x)=\begin{cases}\dfrac{1}{2\pi\sigma^{2}}\sqrt{4\sigma^{2}-x^{2}}, & |x|\leqslant 2\sigma\\ 0, & \text{其他}\end{cases} \tag{5-22}$$

对于每个 n，$\boldsymbol{W}$ 对角线上方的项是均值为 0、方差为 σ^2 的独立复随机变量，但它们可能不是同分布的，且与 n 有关。我们有下面的定理。

定理 5.4 如果 $\mathbb{E}(w_{jk}^{(n)})=0$，$\mathbb{E}\left|w_{jk}^{(n)}\right|^{2}=\sigma^{2}$，且对于任意 $\delta>0$，有

$$\lim_{n\to\infty}\frac{1}{\delta^{2}n^{2}}\sum_{jk}\mathbb{E}\left|w_{jk}^{(n)}\right|^{2}I_{(|w_{jk}^{(n)}|>\delta\sqrt{n})}=0 \tag{5-23}$$

其中，$\boldsymbol{I}(\cdot)$ 是指示函数，则定理 5.3 的结论成立。

在 1990 年出版的、Girko 编著的书[111]中，式(5-23)是作为定理 5.4 成立的充分必要条件出现的。

5.3.1.2　样本协方差矩阵

假设 $x_{jn}(j,n=1,2,\cdots)$ 是均值为 0、方差为 σ^2 的、独立同分布复随机变量的双数组。记

$$\boldsymbol{x}_{n}=[x_{1n},\cdots,x_{pn}]^{T},\ \boldsymbol{X}=[\boldsymbol{x}_{1},\cdots,\boldsymbol{x}_{N}]$$

样本协方差矩阵可定义为

$$\boldsymbol{S}\triangleq\frac{1}{N}\sum_{n=1}^{N}\boldsymbol{x}_{n}\boldsymbol{x}_{n}^{H}=\frac{1}{N}\boldsymbol{X}\boldsymbol{X}^{H}$$

1967 年，马尔琴科和帕斯图尔[251]首次成功发现 $\boldsymbol{S}$ 的极限谱分布。该研究成果同时提供了一种斯蒂尔切斯变换工具。随后，Bai 和 Yin 于 1988 年[264]、Grenander 和 Silverstein 于 1977 年[265]、Jonsson 于 1982 年[266]、Wachter 于 1978 年[267]、Yin 于 1986 年[268]对样本协方差矩阵进行了深入研究。

定理 5.5(文献[268]) 假设 $\dfrac{p}{N}\to c\in(0,\infty)$。在本小节开始描述的假设下，$\boldsymbol{S}$ 的经验谱分布趋于一个极限分布，其密度为

$$f(x)=\begin{cases}\dfrac{1}{2\pi c\sigma^{2}x}\sqrt{(b-x)(x-a)}, & a\leqslant x\leqslant b\\ 0, & \text{其他}\end{cases}$$

且如果 $c>1$，则其在原点的点质量为 $1-c^{-1}$，其中

$$a=\sigma^{2}(1-\sqrt{c})^{2},\ b=\sigma^{2}(1+\sqrt{c})^{2}$$

我们将定理 5.5 的极限分布称之为比值指数为 c、标度指数为 σ^2 的马尔琴科-帕斯图尔定律(分布)。由于极限谱分布包含了参数 σ^2，因而这些项的 2 阶矩的存在是马尔琴科-帕斯图尔定律的充分必要条件。零均值的条件可以适当放宽为具有共同均值。

在实际应用中，$\boldsymbol{X}$ 的项有时与 N 有关，且对于每个 N 来说，它们是独立的，但不服从同一分布。我们有下面的定理。

定理 5.6　假设对每个 N 来说，$\boldsymbol{X}_N$ 的项是具有共同均值和方差 σ^2 的独立复变量。

假设$\frac{p}{N}\to c\in(0,\infty)$，且对于任意$\delta>0$来说

$$\frac{1}{\delta^2 Np}\sum_{jk}\mathbb{E}\left|x_{jk}^{(N)}\right|^2 I_{(|x_{jk}^{(N)}|>\delta\sqrt{N})}\to 0 \tag{5-24}$$

于是，F_S几乎必然趋于比值指数为c、标度指数为σ^2的马尔琴科-帕斯图尔分布。

现在考虑$p\to\infty$但$\frac{p}{N}\to 0$的情况。几乎所有特征值趋于1，因而$\boldsymbol{S}$的经验谱分布趋于一个退化分布。为方便起见，我们考虑矩阵

$$\boldsymbol{W}=\sqrt{\frac{p}{N}}(\boldsymbol{S}-\sigma^2\boldsymbol{I})=\frac{1}{\sqrt{pN}}(\boldsymbol{X}\boldsymbol{X}^H-N\sigma^2\boldsymbol{I})$$

当$\boldsymbol{X}$是实矩阵时，在4阶矩存在的情况下，Bai和Yin[264]于1988年证明，当$p\to\infty$时，其经验谱分布几乎必然趋于半圆律。Bai和Yin[10]于1988年给出了该结果的一种推广。

定理5.7（文献[10]）假设对于每个N来说，矩阵$\boldsymbol{X}_N$的项是具有共同均值和方差σ^2的独立复变量，且对于任意常数$\delta>0$，当虑$p\to\infty$、$\frac{p}{N}\to 0$时，有

$$\frac{1}{p\delta^2\sqrt{Np}}\sum_{jk}\mathbb{E}\left|x_{jk}^{(N)}\right|^2 I_{(|x_{jk}^{(N)}|>\delta^4\sqrt{Np})}=o(1) \tag{5-25}$$

和

$$\frac{1}{Np^2}\sum_{jk}\mathbb{E}\left|x_{jk}^{(N)}\right|^4 I_{(|x_{jk}^{(N)}|>\delta^4\sqrt{Np})}=o(1) \tag{5-26}$$

则$\boldsymbol{W}$的经验谱分布依概率1趋于标度指数为σ^2的半圆律。

条件式(5-25)和式(5-26)成立，如果$\boldsymbol{X}$的项具备有界的第4矩。

定理5.8（文献[14]中的定理4.10）假设$\boldsymbol{F}=\boldsymbol{S}_{N_1}\boldsymbol{S}_{N_2}^{-1}$，其中$\boldsymbol{S}_{N_1}$和$\boldsymbol{S}_{N_2}$是$p$维样本协方差矩阵，样本量分别为$N_1$和$N_2$，具有均值为0、方差为1的基本分布。如果$\boldsymbol{S}_{N_1}$和$\boldsymbol{S}_{N_2}$是独立的，且

$$p/N_1\to y_1\in(0,\infty),\ p/N_2\to y_2\in(0,1)$$

于是，$\boldsymbol{F}$的极限谱密度F_{y_1,y_2}存在，且具有密度

$$F'_{y_1,y_2}(x)=\begin{cases}\dfrac{(1-y_2)\sqrt{(b-x)(x-a)}}{2\pi x(y_1+xy_2)}, & a<x<b\\ 0, & 其他\end{cases}$$

另外，如果$y_1>0$，则F_{st}在原点处拥有点质量$1-1/y_1$。

例5.6

考虑一个应用定理5.8的实例。考虑

$$\mathcal{H}_0:\boldsymbol{S}_N=\boldsymbol{W}_N$$
$$\mathcal{H}_1:\boldsymbol{S}_N=\boldsymbol{B}_N+\boldsymbol{W}_N$$

其中，$\boldsymbol{W}_N$是均值为0、方差为1的基本分布，且

$$\mathcal{H}_0:\boldsymbol{S}_{N1}\boldsymbol{S}_{N2}^{-1}:\boldsymbol{W}_N$$
$$\mathcal{H}_1:\boldsymbol{S}_{N1}\boldsymbol{S}_{N2}^{-1}:\boldsymbol{B}_N+\boldsymbol{W}_N$$

在假设条件$\mathcal{H}_0$下，我们可以应用定理 5.8 来得到密度函数。假设条件$\mathcal{H}_1$下的密度与假设条件$\mathcal{H}_0$下的密度不同。

5.3.1.3　两个随机矩阵的积

研究两个随机矩阵的积的动机来自真协方差矩阵$\boldsymbol{\Sigma}$不是单位矩阵$\boldsymbol{I}$和多变量$\boldsymbol{F}=\boldsymbol{S}_1\boldsymbol{S}_2^{-1}$的倍数这一事实。当$\boldsymbol{S}_1$和$\boldsymbol{S}_2$是独立威沙特矩阵时，$\boldsymbol{F}$的极限谱分布可以从沃特于1980 年撰写的论文[267]中得到。

定理 5.9（文献[10]）假设$\boldsymbol{X}$的项是满足式(5-24)的独立复随机变量，并假设$\boldsymbol{T}(=\boldsymbol{T}_N)$是独立于$\boldsymbol{X}$的$p\times p$厄米特矩阵的一个序列，使得其经验谱分布以某一概率（或几乎必然）趋于一个非随机、非退化分布H。另外，假设

$$\frac{p}{N}\to c\in(0,\ \infty)$$

于是，矩阵积$\boldsymbol{ST}$的经验谱分布依概率趋于一个非随机极限。

5.3.2　极特征值极限

5.3.2.1　维格纳矩阵的极特征值极限

下面定理的实数情形可以从文献[269]中得到，复数情形可以从文献[10]中得到。

定理 5.10（文献[10，269]）假设维格纳矩阵$\boldsymbol{W}$的对角项是独立同分布实随机变量，对角线以上的项是独立同分布复随机变量，且这些变量都是独立的。于是，当且仅当如下 4 个条件全为真时：

1. $\mathbb{E}\left((w_{11}^{+})^2\right)<\infty$；
2. $\mathbb{E}(w_{12})$是实数，且$\mathbb{E}(w_{12})\leqslant 0$；
3. $\mathbb{E}\left(\left|(w_{12}-\mathbb{E}(w_{12})\right|^2\right)=\sigma^2$；
4. $\mathbb{E}\left(\left|w_{12}^4\right|\right)<\infty$。

$N^{-\frac{1}{2}}\boldsymbol{W}$的最大特征值以概率 1 趋于$2\sigma>0$。其中，$x^+=\max(x,\ 0)$。

对于维格纳矩阵来说，最大和最小特征值之间存在对称性。因此，定理 5.10 实际上证明了如下结论：具备有限极限的充要条件（对于最大和最小特征值来说）几乎必然是：(1)对角项具备有限二阶矩；(2)非对角项具有零均值和有限 4 阶矩。

5.3.2.2　样本协方差矩阵的极特征值极限

杰曼于 1980 年撰写的论文[270]证明，当$\frac{p}{N}\to c$时，给定基本分布矩上的增长条件，样本协方差矩阵的最大特征值几乎必然趋于$b(c)$，其中$b(c)=\sigma^2(1+\sqrt{c})^2$（定理5.5 对其进行了定义）。下面定理的实数情形来自文献[271]，其结果可扩展到文献[10]中的复数情形。

定理 5.11（文献[10，271]）除了定理 5.5 的假设之外，我们假设$\boldsymbol{X}$的项具备有限 4 阶矩。于是

$$-2c\sigma^2\leqslant\lim_{N\to\infty}\inf\lambda_{\min}(\boldsymbol{S}-\sigma^2(1+c)\boldsymbol{I})\leqslant\lim_{N\to\infty}\inf\lambda_{\max}(\boldsymbol{S}-\sigma^2(1+c)\boldsymbol{I})\leqslant 2c\sigma^2，几乎必然$$

当$p>N$时，如果我们将最小特征值定义为$\boldsymbol{S}$的第$(p-N+1)$个最小特征值，则根

据定理5.11，我们立即可以得到如下结论：

定理5.12（文献[10]）在定理5.11的假设下，我们有

$$\lim_{N\to\infty}\lambda_{\min}(\boldsymbol{S})=\sigma^2(1-\sqrt{c})^2,\ \text{几乎必然}$$

$$\lim_{N\to\infty}\lambda_{\max}(\boldsymbol{S})=\sigma^2(1+\sqrt{c})^2,\ \text{几乎必然}$$

将定理5.12用于频谱感知的首项成果是文献[258]，该论文的会议版发表于2007年。$\boldsymbol{S}_N$的特征值用$\lambda_1\leqslant\lambda_2\leqslant\cdots\leqslant\lambda_N$。记$\lambda_{\max}=\lambda_N$且

$$\lambda_{\min}=\begin{cases}\lambda_1, & p\leqslant N\\ \lambda_{p-N+1}, & p\leqslant N\end{cases}$$

使用上述公约，对于所有$c\in(0,\infty)$，定理5.12成立[14]。

定理5.13（文献[14]中的定理5.9）假设矩阵$\boldsymbol{X}_N$的项$\boldsymbol{X}_N=\{x_{jkN}, j\leqslant p, k\leqslant N\}$是独立的（不一定服从同一分布），并满足

1. $\mathbb{E}(x_{jkN})=0$；
2. $x_{jkN}\leqslant\sqrt{N}\delta_N$；
3. 当$N\to\infty$时，$\max_{j,k}\left|\mathbb{E}\left|(x_{jkN})\right|^2-\sigma^2\right|\to0$；
4. 对于所有$l\geqslant3$来说，$\mathbb{E}\left|x_{jkN}\right|^l\leqslant b(\sqrt{N}\delta_N)^{l-3}$。

其中，$\delta_N\to0$，$b>0$。假设$\boldsymbol{S}_N=\frac{1}{N}\boldsymbol{X}_N\boldsymbol{X}_N^H$。于是，对于任意$x>\varepsilon>0$和整数$j, k\geqslant2$，当某个常数$C>0$时，我们有

$$p[\lambda_{\max}(S_N)\geqslant\sigma^2(1+\sqrt{c})^2+x]\leqslant CN^{-k}[\sigma^2(1+\sqrt{c})^2+x-\varepsilon]^{-k}$$

5.3.2.3 特征向量的极限性质

与特征值的极限性质相比，针对特征向量的极限性质的研究相对较少。参阅[272]了解与该主题有关的最新研究成果。

大量证据表明，大维随机矩阵的特性是渐近分布自由的。换言之，假如某些矩要求得到满足，则它渐近等价于基本项服从独立同分布零均值正态分布的情形。

5.3.2.4 杂记

范数$(N^{-1/2}\boldsymbol{X})^k$有时非常重要。

定理5.14（文献[269]）如果$\mathbb{E}(|w_{11}^4|)<\infty$，则

$$\lim_{N\to\infty}\sup\|(N^{-1/2}\boldsymbol{X})^k\|\leqslant(1+k)\sigma^k,\ \text{几乎必然，对所有}k\text{来说}$$

文献[273]和[269]分别独立地对下面的定理进行了证明。

定理5.15（文献[269, 273]）如果$\mathbb{E}(|w_{11}^4|)<\infty$，则

$$\lim_{N\to\infty}\sup\max_{j\leqslant N}\left|\lambda_j(N^{-1/2}\boldsymbol{X})\right|\leqslant\sigma,\ \text{几乎必然}$$

5.3.2.5 圆律——非厄米特矩阵

我们考虑非厄米特矩阵。假定

$$\boldsymbol{Q}=\frac{1}{\sqrt{N}}(x_{jn})$$

是由均值为 0、方差为 1 的独立同分布项 x_{jn} 构成的 $N\times N$ 复矩阵。$\boldsymbol{Q}$ 的特征值是复数，因而我们在复平面中定义 $\boldsymbol{Q}$ 的经验谱分布(用 $F_N(x, y)$ 表示)。自 20 世纪 50 年代以来，人们一直推测，在复平面单位圆上，$F_N(x, y)$ 均匀分布，我们称之为圆律。问题一直是开放的，直到 Bai 于 1997 年发表了论文[274]为止。

定理 5.16(圆律[274]) 假设项中具备有限 $(4+\varepsilon)$ 阶矩，且各项的实部和虚部的联合分布或者在给定虚部的情况下实部的条件分布，具备一致有界的密度。此时，圆律成立。

5.3.3 谱分布的收敛速度

5.3.3.1 维格纳矩阵

考虑定理 5.4 的模型，假设 $\boldsymbol{W}$ 对角线以上或对角线上的各项是独立的，并满足

$$\begin{aligned}&\mathbb{E}(w_{jk})=0, \text{对于所有 } 1\leqslant k\leqslant j\leqslant N\\&\mathbb{E}(|w_{jk}^2|)=1, \text{对于所有 } 1\leqslant k\leqslant j\leqslant N\\&\mathbb{E}(|w_{jj}^2|)=1, \text{对于所有 } 1\leqslant j\leqslant N\\&\sup_N \max_{1\leqslant k\leqslant j\leqslant N}\mathbb{E}(|w_{jk}^4|)\leqslant M<\infty.\end{aligned}\tag{5-27}$$

定理 5.17(文献[275]) 在式(5-27)中的条件下，我们有

$$\left|\mathbb{E}F_{(N^{-1/2}\mathbf{W})}-F\right|=O(N^{-1/4})$$

其中，F 是标量参数为 1 的半圆律。

定理 5.18(文献[276]) 在式(5-27)中的 4 个条件下，我们有

$$\left|F_{(N^{-1/2}\mathbf{W})}-F\right|=O_p(N^{-1/4})$$

其中，“p”代表概率。

5.3.3.2 样本协方差矩阵

假设如下条件为真

$$\begin{aligned}&\mathbb{E}(x_{jk})=0, \mathbb{E}(|x_{jk}^2|)=1, \text{对于所有 } j, k, n\\&\sup_N \sup_{j,k}\mathbb{E}(|w_{jk}^4|)I_{(|x_{jk}|\geqslant M)}\to 0, \text{当 } M\to\infty \text{ 时}\end{aligned}\tag{5-28}$$

定理 5.19(文献[275]) 在式(5-28)中的假设下，对于 $0<\theta<\Theta<1$ 或 $1<\theta<\Theta<\infty$

$$\sup_{c_p\in(\theta,\Theta)}\|\mathbb{E}F_s-F_{c_p}\|=O(N^{-1/4})$$

其中，$c_p=p/N$，F_C 是尺寸比为 c 和参数 $\sigma^2=1$ 的马尔琴科-帕斯图尔分布。

定理 5.20(文献[275]) 在式(5-28)中的假设下，对于任意 $0<\varepsilon<1$ 来说

$$\sup_{c_p\in(1-\varepsilon, 1+\varepsilon)}\|\mathbb{E}F_s-F_{c_p}\|=O(N^{-5/48})$$

定理 5.21(文献[275]) 在式(5-28)中的假设下，定理 5.19 和 5.20 中的结论可以改进为

$$\sup_{c_p\in(\theta,\Theta)}\|F_s-F_{c_p}\|=O_p(N^{-1/4})$$

和

$$\sup_{c_p\in(1-\varepsilon, 1+\varepsilon)}\|F_s-F_{c_p}\|=O_p(N^{-5/48})$$

考虑 $\boldsymbol{S}_N=\dfrac{1}{N}\boldsymbol{T}_N^{1/2}\boldsymbol{X}_N\boldsymbol{X}_N^H\boldsymbol{T}_N^{1/2}$，其中 $\boldsymbol{X}_N=(x_{ij})$ 是由均值为 0、方差为 1 的独立复项构成

的$p\times p$复矩阵，$\boldsymbol{T}_N$是在p中具备一致有界谱范数的$p\times p$非随机正定厄米特矩阵。如果

$$\sup_N \sup_{j,k} \mathbb{E}\left(\left|x_{ij}\right|\right)^8 < \infty$$

且当$N\to\infty$时，$c_N=p/N<1$是相同的，从文献[277]中我们可以得到，收敛于其极限谱分布的$\boldsymbol{S}_N$预期经验谱分布为$O(N^{-\frac{1}{2}})$。可以证明，在相同的假设下，对于任何$\eta>0$，$\boldsymbol{S}_N$预期经验谱分布的收敛速度和几乎必然收敛的收敛速度分别为$O(N^{-\frac{2}{5}})$和$O(N^{-\frac{2}{5}+\eta})$。

5.3.4 标准向量输入向量输出模型

在信号处理中，随机向量是我们的基本构建模块。我们将标准向量输入向量输出(Vector In Vector Out，VIVO)模型[⊖]定义为

$$\boldsymbol{y}_n=\boldsymbol{H}\boldsymbol{x}_n+\boldsymbol{w}_n,\ n=1,\ \cdots,\ N$$

其中，$\boldsymbol{y}_n$是一个从M个传感器处采集观测值的$M\times 1$复向量，$\boldsymbol{x}_n$是一个发射波形的$K\times 1$复向量，$\boldsymbol{H}$是一个$M\times K$矩阵，$\boldsymbol{w}_n$是加性高斯噪声(均值为0、方差为σ_w^2)的一个$M\times 1$复向量。

定义

$$\boldsymbol{Y}=[\boldsymbol{y}_1,\ \cdots,\ \boldsymbol{y}_N],\ \boldsymbol{X}=[\boldsymbol{x}_1,\ \cdots,\ \boldsymbol{x}_N],\ \boldsymbol{W}=[\boldsymbol{w}_1,\ \cdots,\ \boldsymbol{w}_N]$$

我们有

$$\boldsymbol{Y}=\boldsymbol{H}\boldsymbol{X}+\boldsymbol{W}$$

协方差矩阵可定义为

$$\boldsymbol{S}=\frac{1}{N}\boldsymbol{Y}\boldsymbol{Y}^H=\frac{1}{N}(\boldsymbol{H}\boldsymbol{X}+\boldsymbol{W})(\boldsymbol{H}\boldsymbol{X}+\boldsymbol{W})^H$$

对于无噪声的情况(即$\sigma_w^2=0$时)，我们有

$$\boldsymbol{S}=\frac{1}{N}(\boldsymbol{H}\boldsymbol{X})(\boldsymbol{H}\boldsymbol{X})^H=\frac{1}{N}\boldsymbol{H}\boldsymbol{X}\boldsymbol{X}^H\boldsymbol{H}^H$$

我们可以将该问题描述为一个假设检验问题

$$\mathcal{H}_0:\boldsymbol{S}=\frac{1}{N}\boldsymbol{W}\boldsymbol{W}^H$$

$$\mathcal{H}_1:\boldsymbol{S}=\frac{1}{N}(\boldsymbol{H}\boldsymbol{X}+\boldsymbol{W})(\boldsymbol{H}\boldsymbol{X}+\boldsymbol{W})^H$$

5.3.5 广义密度

在广义密度中，矩阵的矩发挥着关键作用。假设矩阵$\boldsymbol{A}$的密度为

$$p_N(A)=H(\lambda_1,\ \cdots,\ \lambda_n)$$

其特征值的联合密度函数形式为

$$P_N(\lambda_1,\ \cdots,\ \lambda_n)=cJ(\lambda_1,\ \cdots,\ \lambda_n)H(\lambda_1,\ \cdots,\ \lambda_n)$$

$$H(\lambda_1,\ \cdots,\ \lambda_n)=\prod_{k=1}^{n}g(\lambda_k)$$

$$J=\prod_{i<j}(\lambda_i-\lambda_j)^\beta\prod_{k=1}^{n}h_n(\lambda_k)$$

⊖ 在无线通信中，多输入多输出(MIMO)具有特殊意义。。

例如，对于实高斯矩阵来说，$\beta=1$，$h_n=1$；对于复高斯矩阵来说，$\beta=2$，$h_n=1$；对于四元数高斯矩阵来说，$\beta=4$，$h_n=1$；对于 $n\geqslant p$ 的威沙特矩阵来说，$\beta=1$，$h_n=x^{n-p}$。下面的例子说明了这一点。

1. 实高斯矩阵（即对称矩阵），$\boldsymbol{A}^{\mathrm{T}}=\boldsymbol{A}$：

$$P_N(\boldsymbol{A})=c\exp\left(-\frac{1}{4\sigma^2}\mathrm{Tr}(\boldsymbol{A}^2)\right)$$

$\boldsymbol{A}$ 的对角项是服从 $\mathcal{N}(0,\ 2\sigma^2)$ 的独立同分布实变量，对角线以上的项是服从 $\mathcal{N}(0,\sigma^2)$ 的独立同分布实变量。

2. 复高斯矩阵（即厄米特矩阵），$\boldsymbol{A}^*=\boldsymbol{A}$：

$$P_N(\boldsymbol{A})=c\exp\left(-\frac{1}{2\sigma^2}\mathrm{Tr}(\boldsymbol{A}^2)\right)$$

$\boldsymbol{A}$ 的对角项是服从 $\mathcal{N}(0,\ \sigma^2)$ 的独立同分布实变量，对角线以上的项是服从 $\mathcal{N}(0,\ \sigma^2)$ 的独立同分布复变量（其实部和虚部是服从 $\mathcal{N}(0,\ \sigma^2/2)$ 的独立同分布变量）。

3. $p\times n$ 实威沙特矩阵：

$$P_N(\boldsymbol{A})=c\exp\left(-\frac{1}{2\sigma^2}\mathrm{Tr}(\boldsymbol{A}^*\boldsymbol{A})\right)$$

$\boldsymbol{A}$ 的项是服从 $\mathcal{N}(0,\ \sigma^2)$ 的独立同分布实变量。

4. $p\times n$ 复威沙特矩阵：

$$P_N(\boldsymbol{A})=c\exp\left(-\frac{1}{\sigma^2}\mathrm{Tr}(\boldsymbol{A}^*\boldsymbol{A})\right)$$

$\boldsymbol{A}$ 的项是服从 $\mathcal{N}(0,\ \sigma^2)$ 的独立同分布复变量。

对于广义密度，我们有

1. 对称矩阵：

$$P_N(\boldsymbol{A})=c\exp(-\mathrm{Tr}G(\boldsymbol{A}))$$

其中，$G(t^2)$ 是一个具有正首项系数的偶数阶多项式，如 $G(t^2)=4t^4+2t^2+3$。

2. 厄米特矩阵：

$$P_N(\boldsymbol{A})=c\exp(-\mathrm{Tr}G(\boldsymbol{A}))$$

其中，$G(t^2)$ 是一个具有正首项系数的偶数阶多项式。

3. 自由度为 n 的 p 维实协方差矩阵：

$$P_N(\boldsymbol{A})=c\exp(-\mathrm{Tr}G(\boldsymbol{A}^T\boldsymbol{A}))$$

其中，$G(t)$ 是一个具有正首项系数的多项式，如 $G(t)=4t^3+2t^2+3t+5$。

4. 自由度为 n 的 p 维复协方差矩阵：

$$P_N(\boldsymbol{A})=c\exp(-\mathrm{Tr}G(\boldsymbol{A}^*\boldsymbol{A}))$$

其中，$G(t)$ 是一个具有正首项系数的多项式。

参考文献[14]重点关注未假定密度条件的结果。

5.4　斯蒂尔切斯变换

关于斯蒂尔切斯变换的定义，我们重点借鉴文献[10]。设 G 是定义在实直线上的

有界变差函数。这样，斯蒂尔切斯变换可定义为

$$m(z) \triangleq \int_{-\infty}^{\infty}\left[\frac{1}{x-z}G(dx)\right] \tag{5-29}$$

其中，$z=u+iv$，$v>0$。式(5-29)中的被积函数受到$1/v$的限制，积分始终存在，且

$$\frac{1}{\pi}\mathrm{Im}(m(z)) = \int_{-\infty}^{\infty}\frac{v}{\pi[(x-u)^2+v^2]}G(dx)$$

这是具有柯西密度(尺度参数为v)的G卷积。如果G是一个分布函数，则其斯蒂尔切斯变换始终具有正虚数部分。因此，我们很容易验证，对于G的任意连续点$x_1<x_2$，有

$$\lim_{v\to 0}\int_{x_1}^{x_2}\frac{1}{\pi}\mathrm{Im}(m(z))du = G(x_2)-G(x_1) \tag{5-30}$$

式(5-30)在分布函数族及其斯蒂尔切斯变换族之间提供了一个连续性定理。

此外，如果$\mathrm{Im}(m(z))$在x_0+i0处是连续的，则$G(x)$在$x=x_0$处是可微的，且其导数等于$\frac{1}{\pi}\mathrm{Im}(m(x_0+i0))$。如果某个分布函数的斯蒂尔切斯变换已知，则式(5-30)给出了一种寻找该分布函数密度的简便方法。

设G是$N\times N$厄米特矩阵的经验谱分布。可以看出

$$m_G(z) = \frac{1}{N}\mathrm{Tr}(\boldsymbol{A}-z\boldsymbol{I})^{-1} = \frac{1}{N}\sum_{i=1}^{N}\frac{1}{A_{ii}-z-\boldsymbol{\alpha}_i^H(\boldsymbol{A}_i-z\boldsymbol{I}_{N-1})^{-1}\boldsymbol{\alpha}_i} \tag{5-31}$$

其中，$\boldsymbol{\alpha}_i$为去除第i项后$\boldsymbol{A}$的第i个列向量，$\boldsymbol{A}_i$是从$\boldsymbol{A}$中删除第i行和第i列后得到的矩阵。在分析大维随机矩阵频谱时，式(5-31)是一种功能强大的工具。如上所述，从分布函数到其斯蒂尔切斯变换的映射是连续的。

例5.7(维格纳矩阵的谱分布极限)

为了说明如何使用式(5-31)，让我们将维格纳矩阵作为研究对象，考虑如何寻找其谱分布极限。

假定$m_N(z)$为$N^{-1/2}\boldsymbol{W}$经验谱分布的斯蒂尔切斯变换。根据式(5-31)，注意到$w_{ii}=0$，我们有

$$\begin{aligned} m_N(z) &= \frac{1}{N}\sum_{i=1}^{N}\frac{1}{-z-\frac{1}{N}\alpha_i^H(N^{-1/2}\boldsymbol{W}_i-z\boldsymbol{I}_{N-1})^{-1}\alpha_i} \\ &= \frac{1}{N}\sum_{i=1}^{N}\frac{1}{-z-\sigma^2 m_N(z)+\varepsilon_i} = -\frac{1}{-z+\sigma^2 m_N(z)}+\delta_N \end{aligned}$$

其中

$$\varepsilon_i = \sigma^2 m_N(z) - \frac{1}{N}\alpha_i^H(N^{-1/2}\boldsymbol{W}_i-z\boldsymbol{I}_{N-1})^{-1}\alpha_i$$

$$\delta_N = \frac{1}{N}\sum_{i=1}^{N}\frac{-\varepsilon_i}{(-z-\sigma^2 m_N(z)+\varepsilon_i)(-z-\sigma^2 m_N(N))}$$

对于任何固定的$v_0>0$和$B>0$，应用$z=u+\mathrm{i}v$，我们有(证明略)

$$\sup_{|u|\leqslant B,\ v_0\leqslant v\leqslant B}\left|\delta_N(z)\right| = o(1)\text{，几乎必然} \tag{5-32}$$

省略中间步骤，我们有

$$m_N(z) = -\frac{1}{2\sigma^2}\left[z+\delta_N\sigma^2 - \sqrt{(z-\delta_N\sigma^2)^2-4\sigma^2}\right] \tag{5-33}$$

从式(5-33)和式(5-32)可以推出，对于每个 $v>0$ 的固定 z 来说

$$m_N(z)\rightarrow m(z) = -\frac{1}{2\sigma^2}\left[z-\sqrt{z^2-4\sigma^2}\right]$$

成立的概率为 1。假设 $v\rightarrow 0$，我们找到式(5-22)所给出的半圆律的密度。

假设 $\boldsymbol{A}_N$是 $N\times N$ 厄米特矩阵，$F_{\boldsymbol{A}_N}$是其经验谱分布。如果测度 $\boldsymbol{\mu}$ 采用 $\boldsymbol{\Omega}$ 上的密度函数 $f(x)$：

$$d\boldsymbol{\mu}(x)=f(x)dx，在\ \boldsymbol{\Omega}\ 上$$

于是，对于复宗量来说，$F_{\boldsymbol{A}_N}$的斯蒂尔切斯变换可表示为

$$\begin{aligned} S_{\boldsymbol{A}_N}(z) &= \boldsymbol{\Psi}_u(z) = \int\frac{1}{x-z}dF_{\boldsymbol{A}_N}(x) = \frac{1}{N}\mathrm{Tr}(\boldsymbol{A}_N - z\boldsymbol{I})^{-1} \\ &= -\sum_{k=0}^{\infty} z^{-(k+1)}\left(\int_{\Omega}x^k f(x)dx\right) = -\sum_{k=0}^{\infty} z^{-(k+1)}M_k \end{aligned} \tag{5-34}$$

其中，$M_k=\int_{\Omega}x^k f(x)dx$ 是 $\boldsymbol{F}$ 的 k 阶矩。这主要为 $\boldsymbol{A}_N$的斯蒂尔切斯变换和 $\boldsymbol{A}_N$的矩之间提供了一种联系。如果直接应用斯蒂尔切斯变换比较困难，则随机厄米特矩阵的矩变得实用。

假设 $\boldsymbol{A}\in\mathbb{C}^{N\times M}$，$\boldsymbol{B}\in\mathbb{C}^{N\times M}$，使得 $\boldsymbol{AB}$ 是厄米特矩阵。这样，针对 $z\in\mathbb{C}\backslash\mathbb{R}$，我们有(参见文献[12]第 37 页)

$$\frac{M}{N}m_{F_{\boldsymbol{BA}}}(z)=m_{F_{\boldsymbol{BA}}}(z)+\frac{N-M}{N}\frac{1}{z}$$

特别是，我们可以应用 $\boldsymbol{AB}=\boldsymbol{XX}^H$。

假设 $\boldsymbol{X}\in\mathbb{C}^{N\times N}$是厄米特矩阵，$a$ 是一个非零实数。于是，针对 $z\in\mathbb{C}\backslash\mathbb{R}$，我们有

$$M_{F_{a\boldsymbol{X}}}(z)=\frac{1}{a}M_{F_{\boldsymbol{X}}}(z)$$

仅存在几种对应渐近特征值分布显式已知的随机矩阵[278]。然而，对于更广泛的随机矩阵类来说，矩的显式计算已被证明是不可行的。在给定矩值的情况下，可以将寻找未知概率分布的任务看作是矩问题。1894 年，斯蒂尔切斯使用式(5-34)中定义的积分变换解决了该问题。斯蒂尔切斯变换的核心——一个简单的泰勒级数展开式

$$-\lim_{s\to\infty}\frac{d^{\mathrm{m}}}{dx^{\mathrm{m}}}\frac{G(s^{-1})}{s} = m!\int x^m dF(x)$$

说明了如何在给定斯蒂尔切斯变换的情况下寻找矩量，该过程不需要进行积分运算。概率密度函数可以通过简单地求极限，从斯蒂尔切斯变换中得到

$$P(x) = \lim_{y\to 0+}\frac{1}{\pi}\mathrm{Im}G(x+jy)$$

这就是所谓的斯蒂尔切斯反演公式[11]。

根据文献[279]，我们可以得到如下性质：

1. 虚部的符号相同

$$\mathrm{Im}\boldsymbol{\Psi}_{\mu}(z) = \mathrm{Im}(z)\int_{\Omega}\frac{f(\lambda)}{(\lambda - x)^2}d\lambda$$

它表示 $z\in\mathbb{C}$ 的虚部。

2. 单调性。如果 $\boldsymbol{z}=\boldsymbol{x}\in\mathbb{R}\setminus\Omega$，则 $\boldsymbol{\Psi}_{\mu}(z)$ 定义明确，且

$$\boldsymbol{\Psi}'_{\mu}(z) = \int_{\Omega}\frac{f(\lambda)}{(\lambda - x)^2}d\lambda > 0 \Rightarrow \boldsymbol{\Psi}'_{\mu}(z)\nearrow \text{在 } R\setminus\Omega \text{ 上}$$

3. 反演公式

$$f(x) = \frac{1}{\pi}\lim_{y\to 0^+}\mathrm{Im}\boldsymbol{\Psi}(x+jy) \tag{5-35}$$

需要注意的是，如果 $x\in\mathbb{R}\setminus\Omega$，则 $\boldsymbol{\Psi}_{\mu}(z)\in\mathbb{R}\Rightarrow f(x)=0$。

4. 狄拉克测度。假设 δ_x 表示 x 处的狄拉克测度

$$\delta_x(A) = \begin{cases}1, & x\in A\\ 0, & \text{其他}\end{cases}$$

于是

$$\boldsymbol{\Psi}_{\delta_x}(z) = \frac{1}{x-z};\ \boldsymbol{\Psi}_{\delta_0}(z) = -\frac{1}{z}$$

一个重要的例子是

$$L_M = \frac{1}{M}\sum_{k=1}^{M}\delta_{\lambda k}\Rightarrow \boldsymbol{\Psi}_{L_M}(z) = \frac{1}{M}\sum_{k=1}^{M}\frac{1}{\lambda_k - z}$$

5. 与预解的联系。假设 $\boldsymbol{X}$ 是 $M\times M$ 厄米特矩阵

$$\boldsymbol{X} = \boldsymbol{U}\begin{pmatrix}\lambda_1 & & 0\\ & \ddots & \\ 0 & & \lambda_M\end{pmatrix}\boldsymbol{U}^H$$

考虑其预解 $\boldsymbol{Q}(z)$ 和谱测度 L_M

$$\boldsymbol{Q}(z) = (\boldsymbol{X} - z\boldsymbol{I})^{-1},\ L_M = \frac{1}{M}\sum_{k=1}^{M}\delta_{\lambda k}$$

谱测度的斯蒂尔切斯变换是预解的归一化迹

$$\boldsymbol{\Psi}_{L_M}(z) = \frac{1}{M}\mathrm{Tr}\boldsymbol{Q}(z) = \frac{1}{M}\mathrm{Tr}(\boldsymbol{X} - z\boldsymbol{I})^{-1}$$

高斯工具[280]非常有用。假设 Z_i 是独立复高斯随机变量，用 $z=(Z_1,\ \cdots,\ Z_n)$ 来表示。

1. 分部积分公式

$$\mathbb{E}\,(Z_k\Phi(z,\bar{z})) = \mathbb{E}\,\left|Z_k\right|^2\,\mathbb{E}\left(\frac{\partial\Phi}{\partial\bar{Z}_k}\right)$$

2. Poincaré- Nash 不等式

$$\mathrm{var}\,(\Phi(z,\bar{z})) \leqslant \sum_{k=1}^{n}\left|Z_k\right|^2\left(\left|\frac{\partial\Phi}{\partial Z_k}\right|^2 + \left|\frac{\partial\Phi}{\partial\bar{Z}_k}\right|^2\right)$$

5.4.1 基本定理

定理 5.22（文献[281]） 假设 $m_F(z)$ 是分布函数 F 的斯蒂尔切斯变换，则

1. m_F在$\mathbb{C}^+$上是解析的；

2. 如果$z\in\mathbb{C}^+$，则$m_F(z)\in\mathbb{C}^+$；

3. 如果$z\in\mathbb{C}^+$，则$\left|m_F(z)\right|\leqslant\frac{1}{\mathrm{Im}(z)}$，$\mathrm{Im}\left(\frac{1}{m_F(z)}\right)\leqslant-\mathrm{Im}(z)$；

4. 如果$F(0^-)=0$，则m_F在$\mathbb{C}\setminus\mathbb{R}^+$上是解析的。此外，$z\in\mathbb{C}^+$意味着$zm_F(z)\in\mathbb{C}^+$，我们有不等式

$$\left|m_F(z)\right|\leqslant\begin{cases}\frac{1}{\left|\mathrm{Im}(z)\right|}, & z\in\mathbb{C}\setminus\mathbb{R}\\ \frac{1}{\left|z\right|}, & z<0\\ \frac{1}{\mathrm{dist}(z,\mathbb{R}^+)}, & z\in\mathbb{C}\setminus\mathbb{R}^+\end{cases}$$

其中，dist表示欧几里得距离。

相反，假若$m_F(z)$在$\mathbb{C}^+$上是功能可解析的，如果$z\in\mathbb{C}^+$，则满足$m_F(z)\in\mathbb{C}^+$，且

$$\lim_{y\to\infty}-iym_F(iy)=1$$

则$m_F(z)$是分布函数F的斯蒂尔切斯变换，可表示为

$$F(b)-F(a)=\lim_{y\to0}\frac{1}{\pi}\int_a^b\mathrm{Im}(m_F(x+jy))dx$$

此外，对于$z\in\mathbb{C}^+$来说，如果$zm_F(z)\in\mathbb{C}^+$，则$F(0^-)=0$，在这种情况下，$m_F(z)$在$\mathbb{C}\setminus\mathbb{R}^+$上具有解析延拓。

我们提供的上述定理版本与文献[12]非常接近，只是符号表示上略有不同。

假设$t>0$和$m_F(z)$是分布函数F的斯蒂尔切斯变换。于是，对于$z\in\mathbb{C}^+$来说，我们有[12]

$$\left|\frac{1}{1+tm_F(z)}\right|\leqslant\frac{\left|z\right|}{\mathrm{Im}(z)}$$

假设$\boldsymbol{x}\in\mathbb{C}^N$，$t>0$且$\boldsymbol{A}\in\mathbb{C}^{N\times N}$为非负定厄米特矩阵。于是，对于$z\in\mathbb{C}^+$来说，我们有[12]

$$\left|\frac{1}{1+t\boldsymbol{x}^H(\boldsymbol{A}-z\boldsymbol{I})^{-1}\boldsymbol{x}}\right|\leqslant\frac{\left|z\right|}{\mathrm{Im}(z)}$$

下面定理[282]中的基本结果表明了斯蒂尔切斯变换逐点收敛和概率测度弱收敛之间的等价性。

定理5.23（等价性） 设(μ_n)是$\mathbb{R}$和(Ψ_{μ_n})上的概率测度，Ψ_{μ_n}是相关的斯蒂尔切斯变换。于是，下面两种说法是等价的：

1. 对于所有$z\in\mathbb{C}^+$来说，$\Psi_{\mu_n}(z)\xrightarrow[n\to\infty]{}\Psi_\mu(z)$；

2. $\mu_n\xrightarrow[n\to\infty]{w}\mu$。

假设随机矩阵$\boldsymbol{W}$是由均值为0、方差为$\frac{1}{N}$的独立同分布项构成的$N\times N$方阵，Ω是

包含 $\boldsymbol{W}$ 特征值的集合。当 $N\to\infty$ 时，特征值的经验分布

$$P_{\boldsymbol{H}}(z)\triangleq\frac{1}{N}\left|\left\{\lambda\in\Omega:\mathrm{Re}\lambda<\mathrm{Re}z,\ \mathrm{Im}\lambda<\mathrm{Im}z\right\}\right|$$

收敛于一个非随机分布函数。表 5-1 列出了常用随机矩阵及其密度函数。

表 5-1　常用随机矩阵及其矩（$\boldsymbol{W}$ 的项是均值为 $\mathbf{0}$、方差为 $\frac{1}{N}$ 的独立同分布项；除非另有规定，$\boldsymbol{W}$ 是 $N\times N$ 方阵。$\mathrm{tr}(\boldsymbol{H})\triangleq\lim\limits_{N\to\infty}\frac{1}{N}\mathrm{Tr}(\boldsymbol{H})$）

收敛律	定　义	密度函数
全圆律	$\boldsymbol{W}$ 是 $N\times N$ 方阵	$p_{\boldsymbol{W}}(z)=\begin{cases}\frac{1}{\pi}, & \lvert z\rvert<1\\ 0, & 其他\end{cases}$
半圆律	$\boldsymbol{K}=\frac{\boldsymbol{W}+\boldsymbol{W}^H}{\sqrt{2}}$	$p_{\boldsymbol{K}}(z)=\begin{cases}\frac{1}{2\pi}\sqrt{4-x^2}, & \lvert x\rvert<2\\ 0, & 其他\end{cases}$
1/4 圆律	$\boldsymbol{Q}=\sqrt{\boldsymbol{W}\boldsymbol{W}^H}$	$p_{\boldsymbol{K}}(z)=\begin{cases}\frac{1}{\pi}\sqrt{4-x^2}, & 0\leqslant x\leqslant 2\\ 0, & 其他\end{cases}$
	$\boldsymbol{Q}^2$	$p_{Q^2}(z)=\begin{cases}\frac{1}{2\pi}\sqrt{\frac{4-x}{x}}, & 0\leqslant x\leqslant 4\\ 0, & 其他\end{cases}$
变形 1/4 圆律	$\boldsymbol{R}=\sqrt{\boldsymbol{W}^H\boldsymbol{W}},\ \boldsymbol{W}\in\mathbb{C}^{N\times\beta N}$	$p_{\boldsymbol{R}}(z)=\begin{cases}\frac{\sqrt{4\beta-(x^2-1-\beta)^2}}{\pi x}, & a\leqslant x\leqslant b\\ (1-\sqrt{\beta})^+\delta(x), & 其他\end{cases}$ $a=\lvert 1-\sqrt{\beta}\rvert,\ b=1+\sqrt{\beta}$
	$\boldsymbol{R}^2$	$p_{\boldsymbol{R}^2}(z)=\begin{cases}\frac{\sqrt{4\beta-(x-1-\beta)^2}}{2\pi x}, & a^2\leqslant x\leqslant b^2\\ (1-\sqrt{\beta})^+\delta(x), & 其他\end{cases}$
哈尔分布	$\boldsymbol{T}=\boldsymbol{W}(\boldsymbol{W}^H\boldsymbol{W})^{-\frac{1}{2}}$	$p_{\mathbf{T}}(z)=\frac{1}{2\pi}\delta(\lvert z\rvert-1)$
反演半圆律	$\boldsymbol{Y}=\boldsymbol{T}+\boldsymbol{T}^H$	$p_{\mathbf{Y}}(z)=\begin{cases}\frac{1}{\pi}\sqrt{\frac{1}{4-x^2}}, & \lvert x\rvert<2\\ 0, & 其他\end{cases}$

表 5-2 从文献[278]中汇编了一些常用矩阵的矩。计算矩阵 $\boldsymbol{X}$ 的特征值 λ_k 不是线性运算。但是，由于

$$\frac{1}{N}\sum_{k=1}^{N}\lambda_k^m=\frac{1}{N}\mathrm{Tr}(\boldsymbol{X}^m)$$

因而特征值分布的矩计算可以使用归一化迹轻而易举地完成。

表 5-2 收敛律的常用随机矩阵定义（$\boldsymbol{W}$ 的项是均值为 $\mathbf{0}$、方差为$\frac{1}{N}$的独立同分布项；除非另有规定，$\boldsymbol{W}$ 是 $N\times N$ 方阵）

收敛律	定义	矩
全圆律	$\boldsymbol{W}$ 是 $N\times N$ 方阵	
半圆律	$\boldsymbol{K}=\frac{\boldsymbol{W}+\boldsymbol{W}^H}{\sqrt{2}}$	$\mathrm{tr}(\boldsymbol{K}^{2m})=\frac{1}{m+1}\binom{2m}{m}$
1/4 圆律	$\boldsymbol{Q}=\sqrt{\boldsymbol{W}\boldsymbol{W}^H}$	$\mathrm{tr}(\boldsymbol{Q}^m)=\frac{2^{2m}}{\pi m}\frac{1}{\left(\frac{m}{2}+1\right)}\binom{m-1}{\frac{m-1}{2}}$，对于任意奇数 m
	$\boldsymbol{Q}^2$	
变形 1/4 圆律	$\boldsymbol{R}=\sqrt{\boldsymbol{W}^H\boldsymbol{W}}$ $\boldsymbol{W}\in\mathbb{C}^{N\times\beta N}$	
	$\boldsymbol{R}^2$	$\mathrm{tr}(\boldsymbol{R}^{2m})=\frac{1}{m}\sum_{i=1}^{m}\binom{m}{i}\binom{m}{i-1}\beta^i$
哈尔分布	$\boldsymbol{T}=\boldsymbol{W}(\boldsymbol{W}^H\boldsymbol{W})^{-\frac{1}{2}}$	
反演半圆律	$\boldsymbol{Y}=\boldsymbol{T}+\boldsymbol{T}^H$	

因此，在大维矩阵极限中，我们将 $\mathrm{tr}(\boldsymbol{X})$ 定义为

$$\mathrm{tr}(\boldsymbol{X})\triangleq\lim_{N\to\infty}\frac{1}{N}\mathrm{Tr}(\boldsymbol{X})$$

表 5-1 是以自容式列举的，仅做了一些备注。对于哈尔分布来说，所有特征值位于复单位圆上，因为矩阵 $\boldsymbol{T}$ 是酉矩阵。本质属性是特征值服从均匀分布。哈尔分布需要用到随机矩阵 $\boldsymbol{W}$ 中的高斯分布项。这一条件不一定是必要条件，但考虑到对于任意零均值、方差有限的复分布来说，它不是充分条件。

表 5-3[⊖]列出了一些变换（斯蒂尔切斯变换、R 变换和 S 变换）及其性质。斯蒂尔切斯变换是最基础的，因为 R 变换和 S 变换都可以表示为斯蒂尔切斯变换。

⊖ 此表主要根据文献[278]编辑而成。

表 5-3　斯蒂尔切斯变换、*R* 变换和 *S* 变换

斯蒂尔切斯变换	R 变换	S 变换
$G(z) \triangleq \int \frac{1}{x-z} dP(x)$ $\mathrm{Im}z>0,\ \mathrm{Im}G(z)\geqslant 0$	$R(z) \triangleq G^{-1}(-z)-z^{-1}$	$S(z) \triangleq \frac{1+z}{z}\gamma^{-1}(z)$ $\gamma(z) \triangleq -z^{-1}G^{-1}(z^{-1})-1$
$G_{\alpha I}(z)=\frac{1}{\alpha-z}$	$R_{\alpha I}(z)=\alpha$	$S_{\alpha I}(z)=\frac{1}{\alpha}$
$G_K(z)=\frac{z}{2}\sqrt{1-\frac{4}{z^2}}-\frac{z}{2}$	$R_K(z)=z$	$S_K(z)=$未定义
$G_Q(z)=\sqrt{1-\frac{4}{z^2}}\left(\frac{z}{2}-\arcsin\frac{2}{z}\right)-\frac{z}{2}-\frac{1}{2\pi}$	$R_{Q^2}(z)=\frac{1}{1-z}$	$S_{Q^2}(z)=\frac{1}{1+z}$
$G_{Q^2}(z)=\frac{1}{2}\sqrt{1-\frac{4}{z}}-\frac{1}{2}$	$R_{R^2}(z)=\frac{\beta}{1-z}$	$S_{R^2}(z)=\frac{1}{\beta+z}$
$G_{R^2}(z)=\sqrt{\frac{(1-\beta)^2}{4z^2}-\frac{1+\beta}{2z}+\frac{1}{4}}-\frac{1}{2}-\frac{1-\beta}{2z}$		
$G_Y(z)=\frac{-\mathrm{sign}(\mathrm{Re}z)}{\sqrt{z^2-4}}$	$R_{\alpha X}(z)=\alpha R_X(\alpha z)$	$S_{AB}(z)=S_A(z)S_B(z)$
$G_{\lambda^2}(z)=\frac{G_\lambda(\sqrt{z})-G_\lambda(-\sqrt{z})}{2\sqrt{z}}$	$\lim\limits_{z\to\infty}R(z)=\int x dP(x)$	
$G_{XX^H}(z)=\beta G_{X^HX}(z)+\frac{\beta-1}{z},\ X\in\mathbb{C}^{N\times\beta N}$	$R_{A+B}(z)=R_A(z)R_B(z)$ $G_{A+B}(R_{A+B}(-z)-z^{-1})=z$	
$G_{X+WYW^H}(z)=G_X\left(z-\beta\int\frac{y dP_Y(x)}{1+yG_{X+WYW^H}(z)}\right)$ $\mathrm{Im}z>0$, X, Y, Z 联合独立		
$G_{WW^H}(z)=\int_0^1 u(x,z)dx$ $u(x,z)=\left[-z+\int_0^\beta\frac{w(x,y)dy}{1+\int_0^1 u(x',z)w(x',y)dx'}\right]^{-1}$ $x\in[0,1]$		

5.4.1.1　随机矩阵之积

当 $K, N\to\infty$ 但 $\beta=K/N$ 时，矩阵积的特征值分布

$$P=W^HWX$$

几乎必然依分布收敛。

5.4.1.2　随机矩阵之和

考虑随机厄米特矩阵的极限分布形式为[251, 283]

$$\boldsymbol{A}+\boldsymbol{WDW}^H$$

其中，$\boldsymbol{W}(N\times K)$、$\boldsymbol{D}(K\times K)$和$\boldsymbol{A}(N\times N)$是独立的，$\boldsymbol{W}$包含具有二阶矩的独立同分布项，$\boldsymbol{D}$是由实项构成的对角阵，$\boldsymbol{A}$是厄米特矩阵。渐近规则是

$$当 N\to\infty 时, K/N\to\alpha$$

该特性可使用极限分布函数$F_{\boldsymbol{A}+\boldsymbol{WDW}^H}(x)$来表示。显著结果是

$$F_{\boldsymbol{A}+\boldsymbol{WDW}^H}(x)$$

收敛于非随机分布函数F。

定理 5.24（文献[251, 283]） 假设$\boldsymbol{A}$是$N\times N$厄米特非随机矩阵，当$N\to\infty$时，$F_{\boldsymbol{A}}(x)$弱收敛于某个分布函数$\mathbb{A}$。假定当$N\to\infty$时，$F_{\boldsymbol{D}}(x)$弱收敛于某个分布函数（用$\mathbb{D}$表示）。设$\sqrt{N}\boldsymbol{W}$（N固定）的独立同分布项具有单位方差（在复数情形中，该方差为实部和虚部方差之和）。于是，$\boldsymbol{A}+\boldsymbol{WDW}^H$的特征值分布弱收敛于一个确定性分布函数$F$。其斯蒂尔切斯变换$G(z)$满足等式：

$$G(z)=G_A\left(z-\alpha\int\frac{\tau}{1+\tau G(z)}d\,\mathbb{T}(\tau)\right)$$

定理 5.25（文献[284]） 假设

1. $\boldsymbol{X}_n=\frac{1}{\sqrt{n}}(X_{ij}^{(n)})$，其中，$1\leqslant i\leqslant n$，$1\leqslant j\leqslant p$，且$X_{i,j,N}$是具有共同均值和方差$\sigma^2$的独立实随机变量，满足

$$\frac{1}{n^2\varepsilon_n^2}\sum_{i,j}X_{ij}^2I(|X_{ij}|\geqslant\varepsilon_n\sqrt{n})\underset{n\to\infty}{\longrightarrow}0$$

其中，$I(x)$是指示功能函数，ε_n^2是一个趋于0的正序。

2. 当$n\to\infty$时，$\frac{p}{n}\to y>0$。

3. $\boldsymbol{T}_n$是一个$p\times p$随机对称矩阵，且当$n\to\infty$时，$F_{\boldsymbol{T}_n}$几乎必然趋于某个分布函数$H(t)$。

4. $\boldsymbol{B}_n=\boldsymbol{A}_n+\boldsymbol{X}_n\boldsymbol{T}_n\boldsymbol{X}_n^H$，其中，$\boldsymbol{A}_n$是一个$p\times p$随机对称矩阵，$F_{\boldsymbol{A}_n}$几乎必然收敛于某个（可能存在缺陷的）非随机分布函数$F_{\boldsymbol{A}}$。

5. $\boldsymbol{X}_N$、$\boldsymbol{T}_N$和$\boldsymbol{A}_N$是独立的。

于是，当$n\to\infty$时，$F_{\boldsymbol{B}_n}$几乎必然收敛于某个非随机分布函数F，其斯蒂尔切斯变换$m(z)$满足

$$m(z)=m_{\boldsymbol{A}}(z)\left(z-y\int\frac{x}{1+xm(z)}dH(x)\right)$$

定理 5.26（文献[285]） 假设$\boldsymbol{S}_n$表示n个服从$\mathcal{N}(0,\sigma^2I_p)$分布的、纯噪声向量的样本协方差矩阵，$l_1$表示$S_n$的最大特征值。在$p$，$n\to\infty$，$p/n\to c\geqslant0$的联合极限中，$\boldsymbol{S}_n$的最大特征值分布收敛于 Tracy-Widom 分布

$$\Pr\left\{\frac{l_1/\sigma^2-\mu_{n,p}}{\xi_{n,p}}\right\}\to F_\beta(s)$$

$\beta=1$代表实值噪声，$\beta=2$代表复值噪声。中心参数和尺度参数$\mu_{n,p}$和$\xi_{n,p}$仅仅是n

和 p 的函数。

定理 5.27(文献[285]) 假定 l_1 是定理 5.26 中的最大特征值。于是

$$\Pr\left\{ l_1/\sigma^2 > \left(1+\sqrt{\frac{p}{n}}\right)^2 + \varepsilon \right\} \leqslant \exp(-nJ_{LAG}(\varepsilon))$$

其中

$$J_{LAG}(\varepsilon) = \int_1^x (x-y)\frac{(1+c)y+2\sqrt{c}}{(y+B)^2}\frac{dy}{\sqrt{y^2-1}}$$

$$c=p/n,\ x=1+\frac{\varepsilon}{2\sqrt{c}},\ B=\frac{1+c}{2\sqrt{c}}$$

考虑使用 p 个传感器的信号标准模型。假设 $\{x_i = x(t_i)\}_{i=1}^n$ 表示 p 维独立同分布观测值,其形式为

$$\boldsymbol{x}(t) = \boldsymbol{A}\boldsymbol{s}(t) + \sigma\boldsymbol{n}(t) \tag{5-36}$$

它是在 n 个不同时刻 t_i 采样得到的,其中 $\boldsymbol{A}=[\boldsymbol{a}_1,\cdots,\boldsymbol{a}_K]^T$ 是 K 个线性无关 p 维向量构成的 $p\times K$ 矩阵。$K\times 1$ 向量 $\boldsymbol{s}(t)=[s_1(t),\cdots,s_K(t)]^T$ 代表随机信号,假定是具有零均值和满秩协方差矩阵的平稳过程。σ 是未知的噪声电平,$bfn(t)$ 是 $p\times 1$ 加性高斯噪声向量,服从 $\mathcal{N}(0, I_p)$ 分布且独立于 $\boldsymbol{s}(t)$。

定理 5.28(文献[285]) 设 $\boldsymbol{S}_n$ 表示从式(5-36)得到的 n 个观测值的样本协方差矩阵,单一信号强度为 λ。于是,在 p, $n\to\infty$, $p/n\to c\geqslant 0$ 的联合极限中,$\boldsymbol{S}_n$ 的最大特征值几乎必然收敛于

$$\lambda_{\max}(\boldsymbol{S}_n) \xrightarrow{\text{几乎必然}} \begin{cases} \sigma^2(1+\sqrt{p/n})^2, & \lambda\leqslant\sigma^2\sqrt{p/n} \\ (\lambda+\sigma^2)\left(1+\dfrac{p}{n}\dfrac{\sigma^2}{\lambda}\right)^2, & \lambda>\sigma^2\sqrt{p/n} \end{cases}$$

定理 5.29(文献[286]) 假设 $\boldsymbol{C}\in\mathbb{C}^{p\times p}$ 是半正定矩阵。固定一个整数 $l\leqslant p$,且假定 $\boldsymbol{C}$ 频谱的尾巴

$$\{\lambda_i(\boldsymbol{C})\}_{i>1}$$

衰减得足够快,使得

$$\sum_{i>1}\lambda_i(\boldsymbol{C}) = O(\lambda_1(\boldsymbol{C}))$$

假定 $\{\boldsymbol{x}_i\}_{i=1}^n\in\mathbb{R}^p$ 是从 $\mathcal{N}(0,\boldsymbol{C})$ 分布中抽取的独立同分布样本。样本协方差矩阵可定义为

$$\hat{\boldsymbol{C}} = \frac{1}{n}\sum_{i=1}^n \boldsymbol{x}_i\boldsymbol{x}_i^H$$

假定 κ_l 表示与 $\boldsymbol{C}$ 的主导 l 维不变子空间相关的条件数,则

$$\boldsymbol{K}_l = \frac{\boldsymbol{\lambda}_1(\boldsymbol{C})}{\boldsymbol{\lambda}_1(\boldsymbol{C})}$$

如果

$$n = \Omega(\varepsilon^{-2}\kappa_l^2 l\log p)$$

于是，下式以高概率成立

$$\left|\lambda_k(\hat{C}_n)-\lambda_k(C_n)\right|\leqslant\varepsilon\lambda_k(C_n),k=1,\cdots,l$$

定理 5.29 表明，假设残余特征值衰减足够快，$n=\Omega(\varepsilon^{-2}\kappa_l^2 l\log p)$ 个样本可确保我们以相对精度得到前 l 个特征值。

5.4.2　大维随机汉克尔、马尔可夫和托普利兹矩阵

作为两个最重要的矩阵，维格纳和样本协方差的谱分布极限已经得到了广泛研究。这里，我们研究其他结构性矩阵。重要的论文包括 Bryc、Dembo 和 Jiang[287]，Bose 等人[288~294] 以及 Miller 等人[295, 296] 撰写的论文。针对这一主题，我们主要借鉴 Bryc、Dembo 和 Jiang 于 2006 年撰写的论文[287]。对于对称 $n\times n$ 矩阵 $\boldsymbol{A}$ 来说，假设 $\lambda_j(\boldsymbol{A})$，$1\leqslant j\leqslant n$ 表示矩阵 $\boldsymbol{A}$ 的特征值(按非增顺序写)。$\boldsymbol{A}$ 的谱测度(记为 $\hat{\mu}(\boldsymbol{A})$)是其特征值的经验谱分布(ESD)，即

$$\hat{\mu}(\boldsymbol{A})=\frac{1}{n}\sum_{j=1}^{n}\delta_{\lambda_j(\boldsymbol{A})}$$

其中，δ_x 是 x 处的狄拉克 δ 测度。因此，当 $\boldsymbol{A}$ 是随机矩阵时，$\hat{\mu}(\boldsymbol{A})$ 是 $(\mathbb{R},\mathbb{B})$ 上的随机测度。

这里，我们研究随机矩阵集合。假设 $X_k(k=0,1,2,\cdots)$ 是独立同分布实值随机变量序列。我们可以将维格纳矩阵表示为

$$\boldsymbol{W}_n=\begin{pmatrix}X_{11}X_{12}X_{13}\cdots X_{1(n-1)}X_{1n}\\X_{21}X_{22}X_{23}\cdots X_{2(n-1)}X_{2n}\\\vdots\\X_{p1}X_{p2}X_{p3}\cdots X_{p(n-1)}X_{pn}\end{pmatrix}$$

众所周知，$n^{-1/2}(\boldsymbol{W}_p)$ 的谱分布极限几乎必然是半圆律。

样本协方差矩阵 $\boldsymbol{S}$ 可定义为

$$\boldsymbol{S}_p=\frac{1}{n}\boldsymbol{W}_p\boldsymbol{W}_p^T$$

其中 $\boldsymbol{W}_p=((X_{ij}))_{1\leqslant i\leqslant p,1\leqslant j\leqslant n}$。

1. 如果 $p\to\infty$，$p/n\to0$，则 $\sqrt{\dfrac{n}{p}}(\boldsymbol{S}_p-\boldsymbol{I}_p)$ 的谱分布极限几乎必然是半圆律。
2. 如果 $p\to\infty$，$p/n\to c\in(0,\infty)$，则 $\boldsymbol{S}_p$ 几乎必然是，$\boldsymbol{S}_p$ 是马尔琴科-帕斯图尔定律。

鉴于上面的讨论，研究形如 $\boldsymbol{S}_p=\dfrac{1}{n}\boldsymbol{X}_p\boldsymbol{X}_p^T$ 矩阵的谱分布极限是非常自然的事情，其中，$\boldsymbol{X}_p$ 是 $p\times n$ 适当图案化的(非对称的)随机矩阵。非对称性在使用时是非常宽松的。它仅仅意味着 $\boldsymbol{X}_n$ 不一定是对称的。人们可能会问及如下问题[290]：

1. 假设 $p/n\to c$，$0<c<\infty$，$\boldsymbol{S}_p=\dfrac{1}{n}\boldsymbol{X}_p\boldsymbol{X}_p^T$ 的谱分布极限何时存在？
2. 假设 $p/n\to0$，$\sqrt{\dfrac{n}{p}}\left(\dfrac{1}{n}\boldsymbol{X}_p\boldsymbol{X}_p^T-\boldsymbol{I}_p\right)$ 的谱分布极限何时存在？

对于 $n\in\mathbb{N}$，定义 $n\times n$ 随机汉克尔矩阵 $\boldsymbol{H}_n=[X_{i+j-1}]_{1\leqslant i,j\leqslant n}$

$$\boldsymbol{H}_n=\begin{pmatrix} X_1 & X_2 & \cdots & \cdots & X_{n-1} & X_n \\ X_2 & X_3 & \therefore & \therefore & X_n & X_{n+1} \\ \vdots & \vdots & \therefore & \therefore & X_{n+1} & X_{n+2} \\ X_{n-2} & X_{n-1} & \therefore & \therefore & \vdots & \vdots \\ X_{n-1} & X_n & \therefore & & X_{2n-3} & X_{2n-2} \\ X_n & X_{n+1} & \cdots & \cdots & X_{2n-2} & X_{2n-1} \end{pmatrix}$$

和 $n\times n$ 随机托普利兹矩阵 $\boldsymbol{T}_n=[X_{|i-j|}]_{1\leqslant i,j\leqslant n}$

$$\boldsymbol{T}_n=\begin{pmatrix} X_0 & X_1 & X_2 & \cdots & X_{n-2} & X_{n-1} \\ X_1 & X_0 & X_1 & \ddots & X_{n-2} \\ X_2 & X_1 & X_0 & \ddots & \ddots & \vdots \\ \vdots & \ddots & \ddots & \ddots & \ddots & X_2 \\ X_{n-2} & \ddots & \ddots & \ddots & X_0 & X_1 \\ X_{n-1} & X_{n-2} & \cdots & X_2 & X_1 & X_0 \end{pmatrix}$$

定理 5.30（Bryc、Dembo 和 Jiang 于 2006 年提出的托普利兹矩阵[287]）假设 X_k（$k=0,1,2,\cdots$）是方差为 $\mathrm{Var}(X_1)=1$ 的独立同分布实值随机变量序列。于是，当 $n\to\infty$ 时，$\frac{1}{\sqrt{n}}\boldsymbol{T}_n$（或 $\hat{\mu}(\boldsymbol{T}_n/\sqrt{n})$）的经验谱分布依概率 1 弱收敛于非随机对称概率测度 γ_T，该测度与 X_1 项的分布无关，且具有无界支持。

定理 5.31（Bryc、Dembo 和 Jiang 于 2006 年提出的汉克尔矩阵[287]）假设 $X_k:k=0,1,2,\cdots$ 是方差为 $\mathrm{Var}(X_1)=1$ 的独立同分布实值随机变量序列。于是，当 $n\to\infty$ 时，$\frac{1}{\sqrt{n}}\boldsymbol{H}_n$（或 $\hat{\mu}(\boldsymbol{H}_n/\sqrt{n})$）的经验谱分布依概率 1 弱收敛于非随机对称概率测度 γ_H，该测度与 X_1 项的分布无关，具有无界支持且不是单峰的。

如果当 $x<0$ 时，函数 $x\mapsto v((-\infty,x])$ 是凸的，则称对称分布 ν 是单峰的。

为了说明马尔可夫矩阵定理，我们将两个概率测度 μ 和 ν 自由卷积定义为概率测度，其第 n 个累积量为 μ 和 ν 第 n 个累积量之和。

让我们定义马尔可夫矩阵 $\boldsymbol{M}_n$。假设 $X_{ij}:j\geqslant i\geqslant 1$ 是独立同分布随机变量的无限上三角形数组，且当 $j\geqslant i\geqslant 1$ 时，定义 $X_{ij}=X_{ji}$。假定 $\boldsymbol{M}_n$ 是 $n\times n$ 随机对称矩阵，它可表示为

$$\boldsymbol{M}_n=\boldsymbol{X}_n-\boldsymbol{D}_n$$

其中，$\boldsymbol{X}_n=[X_{ij}]_{1\leqslant i,j\leqslant n}$，$\boldsymbol{D}_n=\mathrm{diag}(\sum_{j=1}^{n}X_{ij})$ 是对角阵，因而 $\boldsymbol{M}_n$ 每行之和为 0。对于 $\boldsymbol{M}_n$ 来说，X_{ij} 是不相关的。

魏格纳的经典结果表明，当 $n\to\infty$ 时，$\hat{\mu}(\boldsymbol{X}_n/\sqrt{n})$ 弱收敛于（标准）半圆律，它在区间

$(-2,2)$上的密度为$\sqrt{4-x^2}/(2\pi)$。对于正态$\boldsymbol{X}_n$和独立于$\boldsymbol{X}_n$的正态独立同分布对角阵$\widetilde{\boldsymbol{D}}_n$，$\hat{\mu}(\boldsymbol{X}_n-\widetilde{\boldsymbol{D}}_n/\sqrt{n})$的弱极限是半圆和标准正态测度的自由卷积。参见文献[297]和其他相关参考文献。针对马尔可夫矩阵$\boldsymbol{M}_n$的预测结果成立，但问题是非平凡的，因为$\boldsymbol{D}_n$与$\boldsymbol{X}_n$强相关。

$$\boldsymbol{M}_n=\begin{pmatrix} -\sum_{j=2}^{n}X_{1j} & X_{12} & X_{13} & & \cdots & X_{1n} \\ X_{21} & -\sum_{j\neq 2}^{n}X_{2j} & X_{23} & & \cdots & X_{2n} \\ \vdots & \ddots & \ddots & & & \vdots \\ X_{k1} & X_{k2} & \cdots & -\sum_{j\neq 2}^{n}X_{kj} & \cdots & X_{kn} \\ \vdots & \vdots & & & \ddots & \vdots \\ X_{n1} & X_{n2} & \cdots & & & -\sum_{j=1}^{n-1}X_{nj} \end{pmatrix}$$

定理 5.32（Bryc、Dembo 和 Jiang 于 2006 年提出的马尔可夫矩阵[287]） 假设马尔可夫矩阵$\boldsymbol{M}_n$的项是均值为 0、方差为 1 的独立同分布实值随机变量。于是，当$n\to\infty$时，$\frac{1}{\sqrt{n}}\boldsymbol{M}_n$的经验谱分布依概率 1 弱收敛于半圆和标准正态测度的自由卷积。该测度是具有平滑有界密度的非随机对称概率测度，它与基本随机变量的项分布无关，且具有无界支持。

5.4.3　随机矩阵的信息加噪声模型

本节内容主要借鉴文献[282]。我们考虑$M,N\in\mathbb{N}$满足$N=M(N)$，$M<N$，当$N\to\infty$时，$c_N=M/N\to c\in(0,1)$。高斯信息加噪声模型矩阵是一个$M\times N$随机矩阵，它可定义为

$$\boldsymbol{\Sigma}_N=\boldsymbol{B}_N+\boldsymbol{W}_N \tag{5-37}$$

其中，矩阵$\boldsymbol{B}_N$是确定性的，满足

$$\sup\|\boldsymbol{B}_N+\boldsymbol{W}_N\|\leqslant B_{\max}\leqslant\infty$$

$\boldsymbol{W}_n$的项$W_{i,j,N}$是独立同分布的，且满足

$$W_{i,j,N}\sim\mathbb{E}\mathcal{N}(0,\sigma^2)$$

大多数结果也可以扩展到非高斯模型情形。

$\boldsymbol{\Sigma}_N\boldsymbol{\Sigma}_N^H$的经验谱测度的收敛性可定义为

$$\hat{\mu}_N\triangleq\frac{1}{M}\sum_{i=1}^{M}\delta_{\hat{\lambda}_{i,N}}$$

其中，δ_x是点x处的狄拉克测度。

我们将矩阵$\boldsymbol{\Sigma}_N\boldsymbol{\Sigma}_N^H$的预解定义为

$$\boldsymbol{Q}_N(z)=(\boldsymbol{\Sigma}_N\boldsymbol{\Sigma}_N^H-z\boldsymbol{I}_M)^{-1}$$

$z \in \mathbb{C} \setminus \mathbb{R}^+$。其归一化迹$\frac{1}{M}\mathrm{Tr}\boldsymbol{Q}_N(z)$可以表示为$\hat{\mu}_N(z)$的斯蒂尔切斯变换，它可定义为

$$\hat{\mu}_N(z) = \frac{1}{M}\mathrm{Tr}\mathrm{Q}_N(z) = \int_{\mathbb{R}^+} \frac{1}{\lambda - z} d\hat{\mu}_N(\lambda)$$

借助于第 5.4.3 节的结论，我们可以通过描述 $N\to\infty$ 时$\frac{1}{M}\mathrm{Tr}\boldsymbol{Q}_N(z)$的收敛性来研究$\hat{\mu}_N(z)$的弱收敛性问题。我们将主要结果归纳在这个定理中。

定理 5.33 存在一种确定性概率测度μ_N，它满足 $\mathrm{supp}(\mu_N) \in \mathbb{R}^+$，且当 $N\to\infty$ 时，$\hat{\mu}_N - \mu_N \to 0$ 的概率为 1。等价地，$\forall z \in \mathbb{C} \setminus \mathbb{R}^+$，$\mu_N$的斯蒂尔切斯变换 $m_N(z)$满足$\hat{m}_N(z) - m_N(z) \to 0$ 几乎必然成立。此外，$\forall z \in \mathbb{C} \setminus \mathbb{R}^+$，$m_N(z)$是方程的唯一解，即

$$\begin{aligned} m_N(z) &= \frac{1}{M}\mathrm{Tr}\boldsymbol{T}_N(z) \\ &= \frac{1}{M}\mathrm{Tr}\left(-z(1+\sigma^2 c_N m_N(z))\boldsymbol{I}_M + \sigma^2(1-c_N)\boldsymbol{I}_M + \frac{\boldsymbol{B}_N\boldsymbol{B}_N^H}{1+\sigma^2 c_N m_N(z)}\right)^{-1} \end{aligned} \tag{5-38}$$

对于 $z \in \mathbb{C}^+$来说，$m_N(z)$满足 $\mathrm{Im}(m_N(Z)) > 0$。

Girko[298]首先证明了这一结果，之后 Dozier-Silverstein[263]也证明了这一结果。在非高斯模型的情况下，结果也是有效的。

当 $N\to\infty$ 时，如果矩阵 $\boldsymbol{B}_N\boldsymbol{B}_N^H$的谱分布

$$F_N(x) \triangleq \frac{1}{M}\mathrm{card}\{k : \lambda_{k,N} \leqslant x\}$$

收敛于分布函数 $F(x)$，则

$$\mu_N \xrightarrow{w} \mu$$

具有概率测度μ，其斯蒂尔切斯变换为

$$m(z) \triangleq \int_{\mathbb{R}} \frac{1}{\lambda - z} d\mu(\lambda)$$

满足

$$m(z) \triangleq \int_{\mathbb{R}} \frac{1}{\frac{\lambda}{1+\sigma^2 cm(z)} - z(1+c\sigma^2 m(z)) + \sigma^2(1-c)} dF(\lambda)$$

下面的定理可以保证$\hat{m}_N(z)$的收敛性。

定理 5.34（$\hat{m}_N(z)$的收敛性）对于所有 $z \in \mathbb{C} \setminus \mathbb{R}$ 来说

$$\left|(\hat{m}_N(z)) - m_N(z)\right| \leqslant \frac{1}{N^2} P_1(|z|) P_2\left(\frac{1}{|\mathrm{Im}(z)|}\right)$$

其中，N 为大数，P_1、P_2是两个多项式，它们具有独立于 N、z 的正系数。

根据定理 5.33，$\frac{1}{M}\mathrm{Tr}\boldsymbol{Q}_N(z)$是$\frac{1}{M}\mathrm{Tr}\boldsymbol{T}_N(z)$很好的近似。下面的定理表明，$\boldsymbol{Q}_N(z)$

的项也能很好地逼近 $\boldsymbol{T}_N(z)$ 的项。

定理 5.35（$\boldsymbol{Q}_N(z)$ 的项逼近 $\boldsymbol{T}_N(z)$ 的项） 假设式（5-38）对 $\boldsymbol{T}_N(z)$ 进行了定义。令 $(\boldsymbol{d}_{1,N})$ 和 $(\boldsymbol{d}_{2,N})$ 表示确定性向量的两个序列，使得

$$\sup_N \|\boldsymbol{d}_{1,N}\|, \ \sup_N \|\boldsymbol{d}_{2,N}\| < \infty$$

于是，对于所有 $z \in \mathbb{C} \setminus \mathbb{R}$ 来说

$$\boldsymbol{d}_{1,N}^H(\boldsymbol{Q}_N(z) - \boldsymbol{T}_N(z))\boldsymbol{d}_{2,N}^H \xrightarrow[N\to\infty]{} 0$$

几乎必然成立。此外

$$\left| \boldsymbol{d}_{1,N}^H(\boldsymbol{Q}_N(z) - \boldsymbol{T}_N(z))\boldsymbol{d}_{2,N}^H \right| \leqslant \frac{1}{N^{3/2}} P_1(|z|) P_2\left(\frac{1}{|\mathrm{Im}(z)|}\right)$$

其中，N 为大数，p_1、p_2 是两个多项式，它们具有独立于 N、z 的正系数。

文献[299]证明了定理 5.35 同样适用于非高斯模型的情形。

定义 5.1（假设 5.1） 矩阵 $\boldsymbol{B}_N$ 具有秩 $K = K(N) < M$，且对于所有 N 来说，$\boldsymbol{B}_N\boldsymbol{B}_N^H$ 的特征值具有特征值重数。

定义 5.2（假设 5.2） $\boldsymbol{B}_N\boldsymbol{B}_N^H$ 的秩 $K(N) > 0$ 不依赖于 N，且对于所有 $k = 1, \cdots, K$ 来说，正序 $\{\lambda_{M-K+k,N}\}$ 可表示为

$$\lambda_{M-K+k,N} = \gamma_k + \varepsilon_{k,N}$$

满足

$$\lim_{N\to\infty} \varepsilon_{k,N}^- = 0$$

且增加值

$$\gamma_1 < \cdots < \gamma_N$$

文献[300]研究了 μ_N 的支持作用。在诸如假设 5.1 的进一步假设下，文献[299]对该问题进行了研究。假设 5.2 要强于假设 5.1。假设 5.2 意味着 $\boldsymbol{B}_N\boldsymbol{B}_N^H$ 的秩独立于 N。

定理 5.36（尖峰模型特征值的精确分离[299]） 在假设 5.2 下，定义

$$K_s \triangleq \frac{1}{M}\mathrm{card}\{k : \lambda_k > \sigma^2\sqrt{c}\}$$

假定

$$\sigma^2\sqrt{c} \notin \{\gamma_1, \cdots, \gamma_K\}$$

即

$$\gamma_1 < \cdots < \gamma_{K-K_s} < \sigma^2\sqrt{c} < \gamma_{K-K_S+1} < \cdots < \gamma_K$$

因此，当 N 足够大时，Ω_N 的支持中拥有 $Q = K_s + 1$ 个簇，即

$$\Omega_N = \cup_{q=1}^{K_s+1}[x_{q,N}^-, x_{q,N}^+]$$

第 1 簇与 $\lambda_{1,N}, \cdots, \lambda_{M-K_s,N}$ 相关，可表示为

$$x_{1,N}^- = \sigma^2(1 - \sqrt{c_N})^2 + O^+\left(\frac{1}{N}\right)$$

$$x_{1,N}^+ = \sigma^2(1 + \sqrt{c_N})^2 + O^+\left(\frac{1}{N}\right)$$

当 $q=2, 3, \cdots, K_s+1$，$k=q-1$ 时，簇 $[x_{q,N}^-, x_{q,N}^+]$ 与 $\lambda_{M-K+k,N}$ 相关，且

$$x_{q,N}^- = g(\lambda_{M-K+k,N}, c_N) - O^+\left(\frac{1}{\sqrt{N}}\right)$$

$$x_{q,N}^+ = g(\lambda_{M-K+k,N}, c_N) + O^+\left(\frac{1}{\sqrt{N}}\right)$$

$$g(\lambda, c) = \frac{(\lambda+\sigma^2 c)(\lambda+c)}{\lambda}$$

其中，$O^+\left(\frac{1}{\sqrt{N}}\right)$表示 $O\left(\frac{1}{\sqrt{N}}\right)$的正项。

在尖峰模型的假设下，从直觉预计测度 μ_N 应当非常接近于马尔琴科-帕斯图尔分布 μ，特别是 Ω_N 应当接近于

$$\mathrm{supp}(\mu) = \left[\sigma^2(1-\sqrt{c_N})^2, \sigma^2(1+\sqrt{c_N})^2\right]$$

定理5.36表明，第1簇 $[x_{1,N}^-, x_{1,N}^+]$ 非常接近于马尔琴科-帕斯图尔分布的支持；如果 $\boldsymbol{B}_N\boldsymbol{B}_N^H$ 的特征值足够大，则我们认定还有额外的簇存在。事实上，如果 $\boldsymbol{B}_N\boldsymbol{B}_N^H$ 的特征值 K_s 收敛到不同的极限（超过阈值 $\sigma^2\sqrt{c}$），则对于所有较大的 N 来说，则 Ω_N 的支持中存在 K_s 个额外的簇。

定理5.36还指出，$\boldsymbol{B}_N\boldsymbol{B}_N^H$ 的 $M-K_s$ 个最小特征值与第1簇有关，或等价地表示为

$$\mu_N[x_{1,N}^-, x_{1,N}^+] = \frac{M-K_s}{M}$$

和

$$\mu_N[x_{k,N}^-, x_{k,N}^+] = \frac{1}{M}, k=2, \cdots, K_S$$

支持 Ω_N 分解为若干个簇的条件取决于 σ、$\boldsymbol{B}_N\boldsymbol{B}_N^H$ 特征值以及它们之间的距离等非平凡方式。然而，在强假设5.2下（K 独立于 N，特征值收敛于不同的极限），可以得到特征值分离的显式条件：如果 $\boldsymbol{B}_N\boldsymbol{B}_N^H$ 的某个特征值极限大于 $\sigma^2\sqrt{c}$，则可以将它与其他特征值分离开来。无法分离的特征值是那些与 $\mu_N[x_{1,N}^-, x_{1,N}^+]$ 相关的特征值。因此，在尖峰模型的情况下，完全可以描述 Ω_N 的簇特性。

$\boldsymbol{B}_N\boldsymbol{B}_N^H$ 和 $\boldsymbol{\Sigma}_N\boldsymbol{\Sigma}_N^H$ 的谱分解可分别表示为

$$\boldsymbol{B}_N\boldsymbol{B}_N^H = \boldsymbol{U}_N\boldsymbol{\Lambda}\boldsymbol{U}_N^H$$

$$\boldsymbol{\Sigma}_N\boldsymbol{\Sigma}_N^H = \widetilde{\boldsymbol{U}}_N\widetilde{\boldsymbol{\Lambda}}\widetilde{\boldsymbol{U}}_N^H$$

其中，$\boldsymbol{U}_N$ 和 $\widetilde{\boldsymbol{U}}_N$ 是酉矩阵，$\boldsymbol{\Lambda}=\mathrm{diag}(\lambda_{1,N}, \cdots, \lambda_{M,N})$ 和 $\widetilde{\boldsymbol{\Lambda}}=\mathrm{diag}(\widetilde{\lambda}_{1,N}, \cdots, \widetilde{\lambda}_{M,N})$ 是对角阵。$\boldsymbol{B}_N\boldsymbol{B}_N^H$ 和 $\boldsymbol{\Sigma}_N\boldsymbol{\Sigma}_N^H$ 的特征值以降序排列，分别满足 $0\leqslant\lambda_{1,N}\leqslant\cdots\leqslant\lambda_{M,N}$ 和 $0\leqslant\widetilde{\lambda}_{1,N}\leqslant\cdots\leqslant\widetilde{\lambda}_{M,N}$。

定理5.37 在假设5.2下，

$$\widetilde{\lambda}_{M-K_s+k,N} \xrightarrow[N\to\infty]{\text{几乎必然}} \begin{cases} \sigma^2(1+\sqrt{c}), k=0 \\ g(\gamma_k, c), k=1, \cdots, K \end{cases}$$

成立。

让我们考虑 $\boldsymbol{B}_N\boldsymbol{B}_N^H$ 和 $\boldsymbol{\Sigma}_N\boldsymbol{\Sigma}_N^H$ 的特征向量。首先从到达方向(DOA)估计问题入手，然后将该问题转换成式(5-37)中定义的标准信息加噪声模型。

针对 n-向量样本来说，观测到的 M 维时间序列 $\boldsymbol{y}_n$ 可表示为

$$\boldsymbol{y}_n = \sum_{k=1}^{K} \boldsymbol{a}_k s_{k,n} + \boldsymbol{v}_n = \boldsymbol{A}\boldsymbol{s}_n + \boldsymbol{v}_n,\ n = 1, \cdots, N$$

其中

$$\boldsymbol{s}_n = (s_{1,n}, \cdots, s_{K,n})^T$$

$$\boldsymbol{A} = (\boldsymbol{a}_1, \cdots, \boldsymbol{a}_K)$$

这里，$\boldsymbol{s}_n$ 采集了 $K<M$ 个不可观测的“源信号”，$M\times K$ 矩阵 $\boldsymbol{A}$ 是确定性的，秩 $K<M$ 未知，$(\boldsymbol{v}_n)_{n\in\mathbb{Z}}$ 是满足 $\mathbb{E}(\boldsymbol{v}_n\boldsymbol{v}_n^H) = \sigma^2\boldsymbol{I}_M$ 的加性高斯白噪声。这里，$\mathbb{Z}$ 表示全体整数的集合。

采用矩阵形式，我们有 $\boldsymbol{Y}_n = (\boldsymbol{y}_1, \cdots, \boldsymbol{y}_N)$，这是一个 $M\times N$ 的观测值矩阵。同理，我们可以采用矩阵形式来表示 $\boldsymbol{S}_N$ 和 $\boldsymbol{V}_N$。于是

$$\boldsymbol{Y}_n = \boldsymbol{A}\boldsymbol{S}_N + \boldsymbol{V}_N$$

利用归一化矩阵

$$\boldsymbol{\Sigma}_N = \frac{1}{\sqrt{N}}\boldsymbol{Y}_N,\ \boldsymbol{B}_N = \frac{1}{\sqrt{N}}\boldsymbol{A}\boldsymbol{S}_N,\ \boldsymbol{W}_N = \frac{1}{\sqrt{N}}\boldsymbol{V}_N$$

我们得到标准模型

$$\boldsymbol{\Sigma}_n = \boldsymbol{B}_N + \boldsymbol{W}_N \tag{5-39}$$

它与式(5-37)是等价的。回想一下

- $\boldsymbol{B}_N$ 是秩为 K 的确定性矩阵；
- $\boldsymbol{W}_N$ 是复高斯矩阵，由均值为 0、方差为 σ^2/N 的独立同分布项构成。

“噪声子空间”可定义为

$$\{\boldsymbol{u}_{1,N}, \cdots, \boldsymbol{u}_{M-K,N}\}$$

即 $\boldsymbol{B}_N\boldsymbol{B}_N^H$ 中与 0 相关的本征态，并将“信号空间”定义为正交补空间，即与 $\boldsymbol{B}_N\boldsymbol{B}_N^H$ 中非空特征值相关的特征空间。子空间估计的目标是寻找到噪声子空间上的投影矩阵，即

$$\boldsymbol{\Pi}_N = \sum_{k=1}^{M-K} \boldsymbol{u}_{1,N}\boldsymbol{u}_{k,N}^H$$

我们在这里考虑的子空间估计问题是当 $N\to\infty$ 时，寻找

$$\eta_N = \boldsymbol{d}_N\boldsymbol{\Pi}\boldsymbol{d}_N^H$$

其中，$\boldsymbol{d}_N$ 是确定性向量序列，满足 $\sup_N\|\boldsymbol{d}_N\|<\infty$。

传统上，η_N 估计值可表示为

$$\eta_N = \boldsymbol{d}_N\widehat{\boldsymbol{\Pi}}_N\boldsymbol{d}_N^H = \sum_{k=1}^{M-K}\boldsymbol{d}_N\widetilde{\boldsymbol{u}}_{k,N}^H\widetilde{\boldsymbol{u}}_{k,N}\boldsymbol{d}_N^H$$

换言之，通过使用经验估计 $\boldsymbol{\Sigma}_N\boldsymbol{\Sigma}_N^H$（信息加噪声）的特征向量来代替真实信号协方差 $\boldsymbol{B}_N\boldsymbol{B}_N^H$（仅包含信息）的特征向量。只有当 M 与 N 无关（这样 $c_N\to 0$）时，该估计器才行得通，因为根据经典大数定律，我们有

$$\|\boldsymbol{\Sigma}_N\boldsymbol{\Sigma}_N^H - (\boldsymbol{B}_N\boldsymbol{B}_N^H + \sigma^2\boldsymbol{I}_M)\| \xrightarrow[n\to\infty]{\text{几乎必然}} 0$$

如果 $c_N \to c > 0$, 则其收敛性通常非真。可以证明, $\eta_N - \widetilde{\eta}_N$不会收敛到 0。

幸运的是, 我们通过使用与 $\boldsymbol{\Sigma}_N\boldsymbol{\Sigma}_N^H$预解双线性形式收敛性有关的结果, 可以导出 η_N 的一致估计。

定理 5.38(尖峰模型的一致估计[282])假设

$$\widetilde{\eta}_{spike,N} = \boldsymbol{d}_N^H\boldsymbol{\Sigma}_N\boldsymbol{d}_N + \sum_{k=M-K+1}^{M}\boldsymbol{d}_N\widetilde{\boldsymbol{u}}_{k,N}^H\widetilde{\boldsymbol{u}}_{k,N}\boldsymbol{d}_N^H\left(1 - \frac{\Gamma'(\widetilde{\lambda}_{K,N})}{\Gamma(\widetilde{\lambda}_{K,N})m(\widetilde{\lambda}_{K,N})}\right)$$

其中, $\Gamma(x) = xm(x)\widetilde{m}(x)$, $m(x)$是马尔琴科-帕斯图尔定律的斯蒂尔切斯变换, 它可表示为

$$m(z) = \frac{1}{-z(1 + c\sigma^2 m(z) + \sigma^2(1-c))}$$

和

$$\widetilde{m}(x) = cm(x) - \frac{1-c}{x}$$

于是, 在假设 5.2 下, 如果

$$\lim_{N\to\infty}\lambda_{M-K+1,N} = \gamma_1 > \sigma^2\sqrt{c}$$

则

$$\widetilde{\eta}_{spike,N} - \eta_N \xrightarrow[N\to\infty]{\text{几乎必然}} 0$$

该定理是使用一种不同方法推出的[301]。

5.4.4 使用大维随机矩阵的广义似然比检验

本小节中的材料主要来自于文献[302]。观测值数记为 N, 则

$$\mathcal{H}_0: \boldsymbol{y}[n] = \boldsymbol{w}[n],\ n = 0, 1, \cdots, N-1$$

$$\mathcal{H}_1: \boldsymbol{y}[n] = \boldsymbol{h}s[n] + \boldsymbol{w}[n],\ n = 0, 1, \cdots, N-1$$

其中

- $(\boldsymbol{w}[n])$, $n = 0, 1, \cdots, N-1$ 代表 $K\times 1$ 个向量的独立同分布(IID)过程, 这些向量是由均值为 0、协方差矩阵为 $\sigma^2\boldsymbol{I}_K$的循环复高斯变量构成的。
- 向量 $\boldsymbol{h} \in \mathbb{C}^{k\times 1}$ 是确定性的, 信号 $s[n]$, $n = 0, 1, \cdots, N-1$ 表示均值为 0、协方差矩阵为单位矩阵的标量独立同分布循环高斯过程。
- 假定$(\boldsymbol{w}[n])$, $n = 0, 1, \cdots, N-1$ 和 $s[n]$, $n = 0, 1, \cdots, N-1$ 是独立过程。

我们将观测数据堆叠成一个 $K\times N$ 矩阵

$$\boldsymbol{Y} = [\boldsymbol{y}[0], \boldsymbol{y}[1], \cdots, \boldsymbol{y}[N-1]]$$

用 $\hat{\boldsymbol{R}}$ 来表示样本协方差矩阵, 它可定义为

$$\hat{\boldsymbol{R}} = \frac{1}{N}\boldsymbol{Y}\boldsymbol{Y}^H \tag{5-40}$$

我们分别用 $p_0(\boldsymbol{Y};\sigma^2)$ 和 $p_1(\boldsymbol{Y};\sigma^2)$ 来表示假设条件$\mathcal{H}_0$ 和$\mathcal{H}_1$ 下, 由未知参数 $\boldsymbol{h}$ 和

σ^2 索引的观测矩阵 $\boldsymbol{Y}$ 的似然函数。

由于 $\boldsymbol{Y}$ 是一个 $K\times N$ 矩阵，其列是独立同分布高斯向量，协方差矩阵为 $\boldsymbol{\Sigma}$，且

$$\mathcal{H}_0:\boldsymbol{\Sigma}=\sigma^2\boldsymbol{I}_k$$

$$\mathcal{H}_1:\boldsymbol{\Sigma}=\boldsymbol{h}\boldsymbol{h}^H+\sigma^2\boldsymbol{I}_K$$

当参数 $\boldsymbol{h}$ 和 σ^2 已知时，奈曼-皮尔逊过程给出了一种一致最大功效检验，它是通过似然函数

$$L=\frac{p_1(\boldsymbol{Y};\sigma^2)}{p_0(\boldsymbol{Y};\sigma^2)}$$

来定义的。

在实践中，事实并非如此：参数 $\boldsymbol{h}$ 和 σ^2 是未知的。我们将在下面研究这种情形。没有简单的流程能够保证一致最大功效检验，且称为广义似然比检验（GLRT）的典型方法考虑

$$L_N=\frac{\sup_{\mathbf{h},\sigma^2}p_1(\boldsymbol{Y};\sigma^2)}{\sup_{\mathbf{h},\sigma^2}p_0(\boldsymbol{Y};\sigma^2)}$$

当 L_N 高于某个阈值 ξ_N 时，广义似然比检验（GLRT）拒绝假设 $\mathcal{H}_0$，即

$$L_N\underset{\mathcal{H}_0}{\overset{\mathcal{H}_1}{\gtrless}}\xi_N \tag{5-41}$$

其中，在选择 ξ_N 时，需要确保虚警概率 $\mathbb{P}_0(L_N>\xi_N)$ 不超过给定值 α。

借助于文献[303，304]，文献[302]推导出了广义似然比检验（GLRT）L_N 的闭式表达式。它可由 $\hat{\boldsymbol{R}}$ 的有序特征值（所有特征值不相等的概率为 1）

$$\lambda_1\geqslant\lambda_2\geqslant\cdots\geqslant\lambda_K\geqslant 0$$

来表示。

命题 5.1 假设将 T_N 定义为

$$T_N=\frac{\lambda_1}{\frac{1}{K}Tr\hat{\boldsymbol{R}}} \tag{5-42}$$

于是，广义似然比检验（GLRT）可表示为

$$L_N=\frac{C}{(T_N)^N\left(1-\frac{1}{K}T_N\right)^{(K-1)N}}=\phi_{N,K}(T_N) \tag{5-43}$$

其中

$$C=\left(1-\frac{1}{K}\right)^{(1-K)N}$$

由于 $T_N\in(1,K)$，$\phi(\cdot)$ 是在此区间内的增函数，式(5-43)等价于

$$T_N=\phi_{N,K}^{-1}(L_N) \tag{5-44}$$

应用式(5-44)，式(5-41)可改写为

$$T_N\underset{H_0}{\overset{H_1}{\gtrless}}\gamma_N \tag{5-45}$$

其中

$$\gamma_N=\phi_{N,K}^{-1}(\xi_N)$$

广义似然比检验式(5-45)要求设置阈值γ_N，它是N的函数。假设$p_N(t)$是零假设$\mathcal{H}_0$下统计量T_N的互补累积分布函数(Complementary Cumulative Distribution Function，CCDF)

$$p_N(t)=\mathbb{P}_0(T_N>t)$$

因此，阈值γ_N可定义为

$$\gamma_N=\phi_{N,K}^{-1}(\alpha)$$

它确保了虚警概率$\mathbb{P}_0(T_N>t)$低于预期值$\alpha\in(0,1)$。

由于$p_N(t)$是连续的，在区间$t\in[0,\infty)$上，它从1减小到0，阈值$p_N^{-1}(\alpha)$定义明确。将广义似然比检验式(5-45)改写为最终形式是非常简便的

$$P_N(T_N)\underset{H_0}{\overset{H_1}{\gtrless}}\alpha \tag{5-46}$$

文献[302]推导出了式(5-46)所需的精确表达式。根本问题是T_N仅是式(5-40)中定义的样本协方差矩阵$\hat{\boldsymbol{R}}$特征值λ_1，…，λ_K的函数。采用的方法是当观测值数N趋于无穷大时，研究复累积分布函数p_N的渐近区域。渐近区域定义为传感器数K和快照数N以相同速度趋于无穷大时的联合极限，即

$$\text{渐近区域：}N\to\infty,K\to\infty,\ c_N\triangleq\frac{K}{N}\to c,\ 0<c<1 \tag{5-47}$$

当感知系统必须能够在适当时间内执行信源检测时，渐近区域式(5-47)是相关的，即传感器数K和快照数N数量级相同。由于传感器数往往低于快照数，因而该比值c小于1。

式(5-47)尤其适用于第12章中提出的“认知无线电传感器网络”的情形。这一概念背后的基本思路是，在认知无线电系统需要用到频谱感知。用于频谱感知的海量信息可用性也可以用于感知无线环境(作为“传感器”);在这种方式中，认知无线电网络用作传感器。需要注意的是，认知无线电网络需要处理的信息，要比诸如ZigBee和Wi-Fi等传统传感器多得多。可以利用软件无线电的可编程性。在这些系统中，波形是可编程的。因此，支持遥感所需的波形分集。

在假设$\mathcal{H}_0$下，$\boldsymbol{\Sigma}=\boldsymbol{I}_K$。样本协方差矩阵$\hat{\boldsymbol{R}}$是一个复威沙特矩阵。其数学特性得到了很好的研究。

在假设$\mathcal{H}_1$下，$\boldsymbol{\Sigma}=\boldsymbol{I}_K+\boldsymbol{h}\boldsymbol{h}^H$。样本协方差矩阵$\hat{\boldsymbol{R}}$服从单一尖峰模型，在该模型中，除了几个固定的特征值之外，所有其他总体特征值为1[26]。

样本协方差矩阵不仅是GLRT的核心，而且也是多元统计的核心。在许多实例中，几个样本协方差矩阵的特征值与其他特征值分离开来。许多实际例子表明，样本具有非空协方差。人们自然要问，能否确定哪个总体模型可能会导致少数样本特征值从马尔琴科-帕斯图尔密度中分离出来。

最简单的非空情形是当总体协方差是多个单位矩阵的有限秩扰动时。换言之，有

限多个总体协方差矩阵的特征值是相同的(如等于1)。我们将这种总体模型称为"尖峰总体模型":一个空的或具有几个显著特征值的纯噪声"尖峰"模型。文献[22]首次提出尖峰总体模型。问题是当 $N,K\to\infty$ 时,样本协方差矩阵的特征值与非单位总体特征值的关系。例如,几个大的总体特征值可能会拔高几个样本特征值。

如果将 Y 的项与给定常数相乘,则 T_N 的行为不会受到影响,因而我们发现考虑模型

$$\boldsymbol{\Sigma}=\boldsymbol{I}_K+\boldsymbol{h}\boldsymbol{h}^H$$

非常简便。

信噪比(SNR)可定义为

$$\rho_K=\frac{\|h\|^2}{\sigma^2}$$

矩阵

$$\boldsymbol{\Sigma}=\boldsymbol{U}\boldsymbol{D}\boldsymbol{U}^H$$

其中,$\boldsymbol{U}$ 为酉矩阵,且

$$\boldsymbol{D}=\mathrm{diag}(\rho_K,1,\cdots,1)$$

如果 ρ_K 足够大(高于某个阈值),则最大特征值 λ_1 的极限性质会发生变化。

我们将马尔琴科-帕斯图尔分布的支持定义为 $[\lambda^-,\lambda^+]$,λ^- 表示左缘,λ^+ 表示右缘,其中

$$\lambda^-=(1-\sqrt{c})^2$$
$$\lambda^+=(1+\sqrt{c})^2 \tag{5-48}$$

Johnstone[22]和 Nadler[305]进一步给出了其收敛速度为 $\mathbb{O}(N^{-2/3})$。假设 Λ_1 定义为

$$\Lambda_1=N^{2/3}\left(\frac{T_N-(1+\sqrt{c_N})^2}{b_N}\right)$$
$$b_N=(1+\sqrt{c_N})\left(\frac{1}{\sqrt{c_N}}+1\right)^{1/3} \tag{5-49}$$

则 Λ_1 依分布收敛于一个标准 Tracy-Widom 随机变量,它具有式(5-50)中定义的累积分布函数(CDF)。文献[24, 25]首次引入了 Tracy-Widom 分布,定义为来自于高斯酉系综的矩阵中心和重标大特征值的渐近分布。

定义 5.3(Trace-Widom 定律[24])

$$F_{TW2}(s)=\exp\left(-\int_s^{+\infty}(x-s)q^2(x)dx\right),\ \forall x\in\mathbb{R} \tag{5-50}$$

其中,$q(s)$ 是第Ⅱ类 Painleve 微分方程

$$\frac{d^2q(x)}{ds^2}=sq(s)+2q^3(s)$$

的解,当 $s\to+\infty$ 时,满足条件 $q(s)\sim-Ai(s)$(艾里函数)。

Tracy-Widom 定律表是可用的(如在文献[306]中),可使用一种实用算法[307]来有效评估式(5-50)。读者可参阅文献[19],这是一篇质量较好的综述。

定义 5.4(假设 5.1)下面的常数 $\rho\in\mathbb{R}$ 存在

$$\rho=\lim_{K\to\infty}\frac{\|\boldsymbol{h}\|^2}{\sigma^2}\left(=\lim_{K\to\infty}\rho_K\right)$$

我们将ρ称之为信噪比极限。我们还定义

$$\lambda_{\text{spk}}^{\infty}=(1+\rho)\left(1+\frac{c}{\rho}\right)$$

在假设$\mathcal{H}_1$下，当$N,K\to\infty$时，最大特征值具有如下渐近特性[26]

$$\lambda_1\xrightarrow[\mathcal{H}_1]{\text{几乎必然}}\begin{cases}\lambda_{\text{spk}}^{\infty},\ \rho>\sqrt{c}\\ \lambda^{+},\ \text{其他}\end{cases}$$

其中，$\lambda_{\text{spk}}^{\infty}$严格大于右缘$\lambda^{+}$。换言之，如果扰动足够大，则最大特征值在马尔琴科-帕斯图尔分布支持$[\lambda^{-},\lambda^{+}]$之外收敛。秩-1扰动可检测性的条件是

$$\rho>\sqrt{c} \tag{5-51}$$

命题5.2(假设$\mathcal{H}_0$和$\mathcal{H}_1$下$\boldsymbol{T}_N$的极限性质) 令假设5.1成立，并进一步假设式(5-51)为真，即$\rho>\sqrt{c}$。于是

$$T_N\xrightarrow[\mathcal{H}_0]{\text{几乎必然}}(1+\sqrt{c})^2$$

且当$N,K\to\infty$时

$$T_N\xrightarrow[\mathcal{H}_1]{\text{几乎必然}}(1+\rho)\left(1+\frac{c}{\rho}\right)$$

在定理5.39中，我们利用了基本事实：式(5-40)中定义的样本协方差矩阵$\hat{\boldsymbol{R}}$的最大特征值，收敛于式(5-47)中定义的渐近区域。感兴趣的阈值和p值可以用Tracy-Widom分位数来表示。相关研究成果包括文献[24, 25, 308~311]、Johnstone撰写的论文[9, 19, 22, 312~318]和Nadler撰写的论文[305]。

定理5.39(GLRT的极限性质[319]) 考虑一个固定水平$\alpha\in(0,1)$，假定γ_N为阈值，使得式(5-45)的幂最大，即

$$T_N\underset{H_0}{\overset{H_1}{\gtrless}}\gamma_N \tag{5-52}$$

其中

$$\gamma_N=\phi_{N,K}^{-1}(\xi_N)$$

于是

1. 下面的收敛性为真

$$\xi_N\triangleq\frac{N^{2/3}}{b_N}\left(\gamma_N-(1-\sqrt{c_N})^2\right)\underset{N\to\infty,K\to\infty}{\longrightarrow}F_{TW}^{-1}(\alpha)$$

2. 下面的虚警概率检验

$$T_N\underset{H_0}{\overset{H_1}{\gtrless}}(1+\sqrt{c_N})^2+\frac{N^{2/3}}{b_N}F_{TW}^{-1}(\alpha)$$

收敛于α。

3. 与GLRT相关的p值$p_N(\boldsymbol{T}_N)$可近似表示为

$$\tilde{p}_N(T_N) = \overline{F}_{TW}^{-1}\left(\frac{N^{2/3}(T_N - (1+\sqrt{c_N})^2)}{b_N}\right)$$

从这个意义上讲

$$p_N(T_N) - \tilde{p}_N(T_N) \to 0$$

定义 5.5（条件数的假设检验） 条件数的随机变量χ_N可定义为

$$\chi_N \triangleq \frac{\lambda_1}{\lambda_K}$$

其中，λ_1 和 λ_K分别是式（5-40）定义的样本协方差矩阵$\hat{\boldsymbol{R}}$的最大和最小特征值。

一个相关检验[257]使用了样本协方差矩阵最大和最小特征值之比。至于 T_N，χ_N是独立于未知噪声功率 σ^2 的。该检验χ_N基于式（5-48）中的观测值。

在假设$\mathcal{H}_0$ 下，$\hat{\boldsymbol{R}}$的谱测度弱收敛于具有支持(λ^-, λ^+)（式(5-48)对 λ^- 和 λ^+ 进行了定义）的马尔琴科-帕斯图尔分布。在假设$\mathcal{H}_0$ 下，$\hat{\boldsymbol{R}}$的最大特征值 λ_1 收敛于 λ^+；在假设$\mathcal{H}_1$ 下，$\hat{\boldsymbol{R}}$的最大特征值 λ_1 收敛于 $\lambda_{\text{spk}}^{\infty}$。

在假设$\mathcal{H}_0$ 和$\mathcal{H}_1$ 下，$\hat{\boldsymbol{R}}$的最小特征值 λ_K收敛于[26, 271, 320]

$$\lambda_K \xrightarrow{\text{几乎必然}} \lambda^- = \sigma^2(1-\sqrt{c})^2$$

因此，统计量χ_N具有如下极限

$$\chi = \frac{\lambda_1}{\lambda_K} \xrightarrow[\mathcal{H}_0]{\text{几乎必然}} \frac{\lambda^+}{\lambda^-} = \frac{(1+\sqrt{c})^2}{(1-\sqrt{c})^2},$$

$$\chi = \frac{\lambda_1}{\lambda_K} \xrightarrow[\mathcal{H}_1]{\text{几乎必然}} \frac{\lambda_{\text{spk}}^{\infty}}{\lambda^-} = \frac{(1+\rho)(1+\frac{c}{\rho})}{(1-\sqrt{c})^2}, \quad \rho > \sqrt{c}$$

其中，$\lambda_{\text{spk}}^{\infty} = (1+\rho)\left(1+\frac{c}{\rho}\right)$

该检验基于如下观测结果：在备择假设$\mathcal{H}_1$ 下，至少当信噪比ρ 足够大时，χ_N的极限严格大于比值$\frac{\lambda^+}{\lambda^-}$。

在使用条件数检验之前，必须确定阈值。文献[302]证明，T_N优于χ_N。式(5-49)对Λ_1进行了定义（下面重复写出），Λ_K可定义为

$$\Lambda_1 = N^{2/3}\left(\frac{T_N - (1+\sqrt{c_N})^2}{b_N}\right)$$

$$\Lambda_K = N^{2/3}\left(\frac{\lambda_K - (1+\sqrt{c_N})^2}{(\sqrt{c_N}-1)(\frac{1}{\sqrt{c_N}}-1)^{1/3}}\right)$$

于是，Λ_1和Λ_K都收敛于 Tracy-Widom 随机变量

$$(\Lambda_1, \Lambda_K) \xrightarrow[N\to\infty, k\to\infty]{} (X, Y)$$

这里 X 和 Y 是独立随机变量，两者都服从 $F_{TW}(x)$ 的分布。δ 方法的一个直接应用(参见文献[321]第3章)给出了如下分布的收敛性

$$N^{2/3}\left(\frac{\lambda_1}{\lambda_K}-\frac{(1+\sqrt{c_N})^2}{(1-\sqrt{c_N})^2}\right)\rightarrow(aX+bY)$$

其中

$$a=\frac{(1+\sqrt{c})^2}{(1-\sqrt{c})^2}\left(\frac{1}{\sqrt{c}}+1\right)^{1/3}$$

$$b=\frac{(1+\sqrt{c})^2}{(\sqrt{c}-1)^2}\left(\frac{1}{\sqrt{c}}-1\right)^{1/3}$$

我们发现，最佳阈值为

$$\xi_N\triangleq N^{2/3}\left(\gamma_N-\frac{(1+\sqrt{c_N})^2}{(1-\sqrt{c_N})^2}\right)\xrightarrow[N\to\infty,K\to\infty]{}\overline{F}_{aX+bY}^{-1}(\alpha)$$

其中

$$\alpha=\mathbb{P}_0(\chi_N>\gamma_N),\ \alpha\in(0,1)$$

特别是，当 $N,K\to\infty$ 时，ξ_N是有界的。

5.4.5 白噪声中的大维信号检测

在本节中，我们主要借鉴文献[322]。我们对具有 N 维快照向量 $\boldsymbol{x}_1,\cdots,\boldsymbol{x}_M$ 的可能信号的 M 个样本(“快照”)进行观测。对于每个 i 来说

$$\boldsymbol{x}_i\sim\mathcal{N}_N(0,\sigma^2\boldsymbol{I})$$

其中，$\boldsymbol{x}_i$是相互独立的。快照向量可建模为

$$\mathcal{H}_0:\boldsymbol{x}_i=\boldsymbol{z}_i,\ \text{无信号}$$

$$\mathcal{H}_1:\boldsymbol{x}_i=\boldsymbol{H}\boldsymbol{s}_i+\boldsymbol{z}_i,\ i=1,\cdots,M,\ \text{信号存在}$$

其中

- $z_i\sim\mathcal{N}_N(0,\sigma^2\boldsymbol{I})$表示 N 维(实数或循环对称复数)高斯噪声向量，假定该向量的 σ^2 未知；
- $\boldsymbol{s}_i\sim\mathcal{N}_K(0,\boldsymbol{R}_s)$表示具有 $\boldsymbol{R}_s$的 K 维(实数或循环对称复数)高斯信号向量；
- $\boldsymbol{H}$ 是一个未知的 $N\times K$ 非随机矩阵；
- $\boldsymbol{H}$ 对与第 j 个信号有关的参数向量进行编码，该信号的大小是由 $\boldsymbol{s}_i$的第 j 个元素来描述的。

由于信号和噪声向量是相互独立的，因而 $\boldsymbol{x}_i$的协方差矩阵可分解为

$$\boldsymbol{R}=\widetilde{\boldsymbol{R}}_s+\sigma^2\boldsymbol{I}$$

其中

$$\boldsymbol{R}=\widetilde{\boldsymbol{R}}_s=\boldsymbol{H}\boldsymbol{R}_s\boldsymbol{H}^H$$

协方差矩阵可定义为

$$\hat{\boldsymbol{R}}=\frac{1}{M}\sum_{i=1}^{M}\boldsymbol{x}_i\boldsymbol{x}_i^H=\frac{1}{M}\boldsymbol{X}\boldsymbol{X}^H$$

其中

$$\boldsymbol{X}=[\boldsymbol{x}_1|\cdots|\boldsymbol{x}_M]$$

是观测值(样本)的矩阵。

假定$\hat{\boldsymbol{R}}_s$的秩为 K。等价地，$\hat{\boldsymbol{R}}_s$的 $N-K$ 个最小特征值都等于 0。$\boldsymbol{R}$ 的特征值可表示为

$$\lambda_1\geqslant\lambda_2\geqslant\cdots\geqslant\lambda_N$$

于是，$\boldsymbol{R}$ 的 $N-K$ 个最小特征值都等于 σ^2，使得

$$\lambda_{K+1}=\lambda_{K+2}=\cdots=\lambda_N=\lambda=\sigma^2$$

在实践中，我们必须对 K 值进行估计，即所谓的秩估计。

我们假设 $M>N$ 和 $\boldsymbol{x}_i\in\mathbb{C}^N$。同样，对于真协方差矩阵的情形，$\hat{\boldsymbol{R}}$的特征值可排列为

$$l_1\geqslant l_2\geqslant\cdots\geqslant l_N$$

对于高维和样本量约束条件来说，我们这里开发的估计器是鲁棒的。

大型随机矩阵研究的一个中心目标是特征值的经验分布函数(EDF)。在假设$\mathcal{H}_0$下，$\hat{\boldsymbol{R}}$的经验分布函数(EDF)收敛于马尔琴科-帕斯图尔密度 $F_W(x)$。无信号样本协方差矩阵(Sample Covariance Matrix, SCM)的经验分布函数(EDF)几乎必然的收敛性，意味着特征值的矩几乎必然收敛，使得

$$\frac{1}{N}\sum_{i=1}^{N}l_i^k\xrightarrow{\text{几乎必然}}\int x^k dF_w(x)=M_k^W,$$

其中[266]

$$M_k^W=\lambda^k\sum_{j=0}^{k-1}c^j\frac{1}{j+1}\binom{k}{j}\binom{k-1}{j}.$$

对于有限的 N 和 M，样本矩(即 $\frac{1}{N}\sum_{i=1}^{N}l_i^k$)将围绕这些极限值波动。

命题 5.3(分布中矩的收敛性[322]) 假设$\hat{\boldsymbol{R}}$表示根据 $N\times M$ 观测值矩阵(由均值为 0、方差为 $\lambda=\sigma^2$ 的独立同分布高斯样本构成)生成的无信号样本协方差矩阵。对于渐近区域

$$N,\ M\to\infty,\ c_M=\frac{N}{M}\to c\in(0,\ \infty)$$

我们有

$$N\left(\begin{bmatrix}\frac{1}{N}\sum_{i=1}^{N}l_i\\ \frac{1}{N}\sum_{i=1}^{N}l_i^2\end{bmatrix}-\begin{bmatrix}\lambda\\ \lambda^2(1+c)\end{bmatrix}\right)$$

$$\xrightarrow{\mathcal{D}}\mathcal{N}\left(\underbrace{\begin{bmatrix}0\\ (\frac{2}{\beta}-1)\lambda^2c\end{bmatrix}}_{\mu_Q}, \frac{2}{\beta}\underbrace{\begin{bmatrix}\lambda^2c & 2\lambda^3c(1+c)\\ 2\lambda^3c(c+1) & 2\lambda^4c(2c^2+5c+2)\end{bmatrix}}_{Q}\right)$$

其收敛性存在于分布之中。

命题 5.4(统计量 q_N的收敛性) 对于某个 λ 值来说，若$\hat{R}$满足命题 5.3 的假设条件。考虑统计量

$$q_N = \frac{\frac{1}{N}\sum_{i=1}^{N} l_i^2}{\left(\frac{1}{N}\sum_{i=1}^{N} l_i\right)^2}$$

于是，当

$$N,\ M\to\infty\ ,\ c_M = \frac{N}{M}\to c\in(0,\ \infty)$$

时，我们有

$$N[\,q_N-(1+c)\,]\xrightarrow{\mathcal{D}}\mathcal{N}\left(\left(\frac{2}{\beta}-1\right)c,\ \frac{4}{\beta}c^2\right)$$

其收敛性存在于分布之中。

上述两个命题5.3 和5.4 研究的是$\mathcal{H}_0$ 的情形。现在，我们介绍信号存在情形$\mathcal{H}_1$下的两个命题。当信号存在时，可以观察到一种所谓相变的现象，因为仅当“信号”的特征值高于某个阈值时，最大特征值将收敛到不同于无信号情形的极限值。

命题 5.5($\hat{R}$特征值的收敛性) 令$\hat{R}$表示根据 $N\times M$ 观测值矩阵(由列相互独立、均值为0、方差为 $\boldsymbol{R}$ 的独立同分布高斯观测值构成)生成的样本协方差矩阵。$\boldsymbol{R}$ 的特征值记为

$$\lambda_1\geqslant\lambda_2\geqslant\cdots\geqslant\lambda_K>\lambda_{K+1}=\cdots=\lambda_N=\lambda$$

假设 l_j是$\hat{R}$的第 j 个最大特征值。则

$$N,\ M\to\infty\ ,\ c_M = \frac{N}{M}\to c\in(0,\ \infty)$$

我们有

$$l_j = \begin{cases}\lambda_j\left(1+\dfrac{\lambda_c}{\lambda_j-\lambda}\right),\ \lambda_j>\lambda(1+\sqrt{c})^2\\ \lambda(1+\sqrt{c})^2,\ \lambda_j\leqslant\lambda(1+\sqrt{c})^2\end{cases}\ ,\ j=1,\ \cdots,K$$

其收敛性几乎是必然的。

在文献[26]中，该结果作为一种常规设置出现。文献[27]给出了针对实值样本协方差矩阵(SCM)的矩阵理论证明，而复数情形中的确定性证明可参阅文献[259]。文献[323]提出了一种启发式推导方法。

命题5.5 所描述的“信号”特征值严格低于阈值，展示了 Tracy-Widom 分布[24, 25]所描述的重标和波动特性。文献[19]是一篇质量较高的综述。

命题 5.6($\hat{R}$特征值的收敛性) 假定 $\boldsymbol{R}$ 和$\hat{R}$满足命题 5.5 的假设条件。如果 $\lambda_j>\lambda(1+\sqrt{c})$具有多解性因子 1，且$\sqrt{M}\left|\ c-N/M\right|\to 0$，则

$$\sqrt{N}\left[\ l_j-\lambda_j\left(1+\frac{\lambda_c}{\lambda_j-\lambda}\right)\right]\xrightarrow[\text{几乎必然}]{\mathcal{D}}\mathcal{N}\left(0,\ \frac{2}{\beta}\lambda_j^2\left(1-\frac{c}{(\lambda_j-\lambda)^2}\right)\right)$$

其分布的收敛性几乎是必然的。

文献[27]给出了针对实值样本协方差矩阵(SCM)的矩阵理论证明，而复数情形中的确定性证明可参阅文献[259]。对于一般 $c \in (0, \infty)$，Baik 和 Silverstein 将该结果推广到了非高斯情形。

定理 5.40($\boldsymbol{R}$ 和$\hat{\boldsymbol{R}}$的特征值收敛到同一极限) 设 $\boldsymbol{R}$ 和$\hat{\boldsymbol{R}}$是两个 $N \times N$ 协方差矩阵，其特征值之间的关系为

$$\boldsymbol{\Lambda} = diag(\lambda_1, \cdots, \lambda_p, \lambda_{p+1}, \cdots, \lambda_K, \lambda, \cdots, \lambda)$$

$$\tilde{\boldsymbol{\Lambda}} = diag(\lambda_1, \cdots, \lambda_p, \lambda, \cdots, \lambda)$$

其中，对于某些 $c \in (0, \infty)$以及

$$\lambda < \lambda_i \leqslant \lambda(1 + \sqrt{c})\text{，所有 } i = p+1, \cdots, K$$

假定 $\boldsymbol{R}$ 和$\hat{\boldsymbol{R}}$是由 M 个快照形成的相关样本协方差矩阵。于是，对于

每个 N, $M(N) \to \infty \to \infty$，$c_M = \dfrac{N}{M} \to c \in (0, \infty)$来说，我们有

$$\text{Prob}\left(\hat{K} = j \,\middle|\, \boldsymbol{R}\right) \to \text{Prob}\left(\hat{K} = j \,\middle|\, \boldsymbol{R}\right), \ j = 1, \cdots, p$$

和

$$\text{Prob}\left(\hat{K} > p \,\middle|\, \boldsymbol{R}\right) \to \text{Prob}\left(\hat{K} > p \,\middle|\, \boldsymbol{R}\right), \ j = 1, \cdots, p$$

其中，收敛性几乎是必然的，$\hat{K}$是使用文献[322]中算法得到的信号数估计值。

由命题 5.3，我们试探性地将(可识别的)信号的有效数定义为

$$K_{eff}(\boldsymbol{R}) = \boldsymbol{R}\text{ 的特征值数} > \sigma 2\left(1 + \sqrt{\frac{N}{M}}\right)$$

考虑这样一个例子

$$\boldsymbol{R} = \sigma_{S1}^2 \boldsymbol{v}_1 \boldsymbol{v}_1^H + \sigma_{S2}^2 \boldsymbol{v}_2 \boldsymbol{v}_2^H + \sigma^2 \boldsymbol{I}$$

它具有 $N-2$ 个最小特征值 $\lambda_3 = \cdots = \lambda_N = \sigma^2$，且两个最大特征值分别为

$$\lambda_1 = \sigma^2 + \frac{(\sigma_{S1}^2 \|\boldsymbol{v}_1\|^2 + \sigma_{S2}^2 \|\boldsymbol{v}_2\|^2)}{2} + \frac{\sqrt{(\sigma_{S1}^2 \|\boldsymbol{v}_1\|^2 - \sigma_{S2}^2 \|\boldsymbol{v}_2\|^2) + 4\sigma_{S1}^2 \sigma_{S2}^2 \left|\langle \boldsymbol{v}_1, \boldsymbol{v}_2 \rangle\right|^2}}{2}$$

$$\lambda_2 = \sigma^2 + \frac{(\sigma_{S1}^2 \|\boldsymbol{v}_1\|^2 + \sigma_{S2}^2 \|\boldsymbol{v}_2\|^2)}{2} - \frac{\sqrt{(\sigma_{S1}^2 \|\boldsymbol{v}_1\|^2 - \sigma_{S2}^2 \|\boldsymbol{v}_2\|^2) + 4\sigma_{S1}^2 \sigma_{S2}^2 \left|\langle \boldsymbol{v}_1, \boldsymbol{v}_2 \rangle\right|^2}}{2}$$

应用命题 5.3 中的结论，信号的有效数可以表示为

$$K_{eff} = \begin{cases} 2, & \text{如果 } \sigma^2\left(1 + \sqrt{\dfrac{N}{M}}\right) < \lambda_2 \\ 1, & \text{如果 } \lambda_2 \leqslant \sigma^2\left(1 + \sqrt{\dfrac{N}{M}}\right) < \lambda_1 \\ 0, & \text{如果 } \lambda_1 \leqslant \sigma^2\left(1 + \sqrt{\dfrac{N}{M}}\right) \end{cases}$$

在特殊情况下，当

$$\|\boldsymbol{v}_1\| = \|\boldsymbol{v}_2\| = \|\boldsymbol{v}\|$$

$$\sigma_{S1}^2 = \sigma_{S2}^2 = \sigma_S^2$$

时，一旦我们拥有如下条件

$$\text{渐近可识别性条件：}\sigma_S^2\|\boldsymbol{v}\|^2\left(1 - \frac{|\langle \boldsymbol{v}_1, \boldsymbol{v}_2\rangle|}{\|\boldsymbol{v}\|}\right) > \sigma^2\sqrt{\frac{N}{M}}$$

则我们仅仅根据样本特征值，即能（从渐近的意义上讲）可靠地检测到两个信号是否存在。

我们将 Z_j^{Sep} 定义为

$$Z_j^{\mathrm{Sep}} = \frac{\lambda_j\left(1 + \dfrac{\sigma^2 N}{M(\lambda_j - \sigma^2)}\right) - \sigma^2\left(1 + \sqrt{\dfrac{N}{M}}\right)^2}{\sqrt{\dfrac{2}{\beta N}\lambda_j^2\left(1 - \dfrac{N}{M(\lambda_j - \sigma^2)}\right)}}$$

它可用于度量第 j 个“信号”特征值与最大“噪声”特征值（位于第 j 个信号特征值波动的标准差中）的（理论）分离系数。仿真结果表明，如果 Z_j^{Sep} 位于 5 和 15 之间，则信号有效数的可靠检测（以大于 90% 的经验概率）是可能的。

5.4.6 $(\boldsymbol{A}+\boldsymbol{B})^{-1}\boldsymbol{B}$ 的特征值及其应用

在此背景下，本节内容与罗伊的最大根检验[324]有关，我们主要借鉴文献[325]进行描述。设 $\boldsymbol{X}$ 是 $m\times p$ 正态数据矩阵：每行是来自于 $\mathcal{N}_p(0, \boldsymbol{\Sigma})$ 的独立观测值。这样，我们称 $p\times p$ 矩阵 $\boldsymbol{A}=\boldsymbol{X}^H\boldsymbol{X}$ 服从威沙特分布

$$\boldsymbol{A} \sim \mathcal{W}_p(\boldsymbol{\Sigma}, m)$$

令

$$\boldsymbol{B} \sim \mathcal{W}_p(\boldsymbol{\Sigma}, n)$$

假定 $m\geqslant p$，则 $\boldsymbol{A}^{-1}$ 存在，且 $\boldsymbol{A}^{-1}\boldsymbol{B}$ 的非零特征值对单变量 F 比值进行了推广。标度矩阵 $\boldsymbol{\Sigma}$ 对特征值的分布没有影响；不失一般性，我们假设 $\boldsymbol{\Sigma}=\boldsymbol{I}$。关于最大根统计量，我们借鉴文献[110]第 84 页中的定义。

定义 5.6（最大根统计量） 假设 $\boldsymbol{A}\sim\mathcal{W}_p(\boldsymbol{\Sigma}, m)$ 独立于 $\boldsymbol{B}\sim\mathcal{W}_p(\boldsymbol{\Sigma}, n)$，其中 $m\geqslant p$。这样，我们称 $(\boldsymbol{A}+\boldsymbol{B})^{-1}\boldsymbol{B}$ 的最大特征值 θ 为最大根统计量，服从这种分布的随机变量可表示为 $\lambda_1(p, m, n)$ 或简记为 $\lambda_{1,p}$。

由于 $\boldsymbol{A}$ 是正定的，因而第 i 个特征值 $0<\lambda_i<1$。等价地，$\lambda_1(p, m, n)$ 是行列式方程

$$\det[\boldsymbol{B} - \lambda(\boldsymbol{A}+\boldsymbol{B})] = 0$$

的最大根。

参数 p 代表维数，m 代表“误差”自由度，n 代表“假设”自由度。因此，$m+n$ 代表“总”自由度。

最大根分布具有如下性质

$$\lambda_1(p, m, n) = \lambda_1(n, m+n-p, p) \tag{5-53}$$

在 $n<p$ 的情况下，该性质非常有用（参见文献[110]第 84 页）。

假设 p 是偶数，p，$m=m(p)$，$n=n(p)$ 全部趋于无穷大，使得

$$\lim_{p\to\infty}\frac{\min(p,\ n)}{m+n}>0,\ \lim_{p\to\infty}\frac{p}{m}<1 \tag{5-54}$$

Logit 变换 W_p 可定义为

$$W_p=\operatorname{logit}\lambda_{1,p}=\log\left(\frac{\lambda_{1,p}}{1-\lambda_{1,p}}\right)$$

约翰斯通于 2008 年发表的论文[325] 表明，使用适当的中心和尺度参数，W_p 近似服从 Tracy-Widom 分布：

$$\frac{W_p-\mu_p}{\sigma_p}\overset{D}{\Rightarrow}\mathcal{Z}_1\sim\mathcal{F}_1$$

该分布函数 $\mathcal{F}_1$ 是由 Tracy 和 Widom 发现的，用于表示 $p\times p$ 高斯对称矩阵最大特征值的极限定律[25]。

中心和尺度参数分别为

$$\mu_p=2\log\tan\left(\frac{\varphi+\gamma}{2}\right),\ \sigma_p^3=\frac{16}{(m+n-1)^2}\frac{1}{\sin^2(\varphi+\gamma)\sin\varphi\sin\gamma} \tag{5-55}$$

其中，角参数 γ 和 φ 分别定义为

$$\sin^2\left(\frac{\gamma}{2}\right)=\frac{\min(p,\ n)-1/2}{m+n-1},\ \sin^2\left(\frac{\varphi}{2}\right)=\frac{\max(p,\ n)-1/2}{m+n-1} \tag{5-56}$$

定理 5.41（约翰斯通于 2008 年发表的论文[325]） 根据式（5-54），p 是偶数，假设当 $p\to\infty$ 时，$m(p)$，$n(p)\to\infty$。对于每个 $t_0\in\mathbb{R}$，存在 $C>0$，使得当 $t>t_0$ 时

$$\left|P\left\{W_p\leqslant\mu_p+\sigma_p t\right\}-\mathcal{F}_1(t)\right|\leqslant Cp^{-2/3}e^{-t/2}$$

其中，C 与 $(\gamma,\ \varphi)$ 有关，且若 $t_0<0$，则 C 还与 t_0 有关。

在信号处理和通信领域，经常会出现基于复值数据的数据矩阵 $\boldsymbol{X}$。如果 $\boldsymbol{X}$ 的行是从复正态分布 $C\mathcal{N}(\mu,\ \boldsymbol{\Sigma})$ 中独立提取的，则我们称

$$\boldsymbol{A}=\boldsymbol{X}^H\boldsymbol{X}\sim C\mathcal{W}_p(\boldsymbol{\Sigma},\ n)$$

在定义实数情形的同时，如果

$$\boldsymbol{A}\sim C\mathcal{W}_p(\boldsymbol{I},\ m)$$
$$\boldsymbol{B}\sim C\mathcal{W}_p(\boldsymbol{I},\ n)$$

是独立的，则 $(\boldsymbol{A}+\boldsymbol{B})^{-1}\boldsymbol{B}$ 特征值

$$1\geqslant\lambda_1\geqslant\lambda_2\geqslant\cdots\geqslant\lambda_p\geqslant 0$$

或等价表示为

$$\det\left[\boldsymbol{B}-\lambda(\boldsymbol{A}+\boldsymbol{B})\right]=0$$

的联合密度可表示为[326]

$$f(\lambda)=c\prod_{i=1}^{p}(1-\lambda_i)^{m-p}\lambda_i^{n-p}\prod_{i<j}(\lambda_i-\lambda_j)$$

我们将 $(\boldsymbol{A}+\boldsymbol{B})^{-1}\boldsymbol{B}$ 的最大特征值 $\lambda^C(p,\ m,\ n)$ 称为服从 $\lambda^C(p,\ m,\ n)$ 分布的最大根统计量。性质式（5-53）可以推广到复数情形。

同样，我们定义

$$W_p^C = \mathrm{logit}\lambda_{1,p}^C = \log\left(\frac{\lambda_{1,p}^C}{1-\lambda_{1,p}^C}\right)$$

定理 5.42(约翰斯通于 2008 年发表的论文[325])根据式(5-54),假设当 $p\to\infty$ 时,$m(p)$,$n(p)\to\infty$。对于每个 $t_0\in\mathbb{R}$,存在 $C>0$,使得当 $t>t_0$ 时

$$\left|P\left\{W_p^C\leqslant\mu_p^C+\sigma_p^C t\right\}-\mathcal{F}_2(t)\right|\leqslant Cp^{-2/3}e^{-t/2}$$

其中,C 与(γ,φ)有关,且若 $t_0<0$,则 C 还与 t_0 有关。

文献[325]给出了中心参数 μ_p^C 和尺度参数 σ_p^C。其软件实现也是可用的。详情参见文献[325]。

目前,在使用双威沙特模型进行多元统计时,我们能够考虑多种设置。

5.4.7 典型相关分析

假设在 $L+M$ 个变量的每个变量上,存在有 N 个观测值。为明确起见,我们假定 $L\leqslant M$。前 L 个变量被分到 $N\times L$ 数据矩阵

$$\boldsymbol{X}=[\boldsymbol{x}_1\boldsymbol{x}_2\cdots\boldsymbol{x}_L]$$

中,最后 L 个变量被分到 $N\times L$ 数据矩阵

$$\boldsymbol{Y}=[\boldsymbol{y}_1\boldsymbol{y}_2\cdots\boldsymbol{y}_L]$$

中。记

$$\boldsymbol{S}_{XX}=\boldsymbol{X}^T\boldsymbol{X},\ \boldsymbol{S}_{XY}=\boldsymbol{X}^T\boldsymbol{Y},\ \boldsymbol{S}_{YY}=\boldsymbol{Y}^T\boldsymbol{Y}$$

为叉积矩阵。典型相关分析(Canonical Correlation Analysis,CCA),或者更确切地说,典型相关分析(CCA)的零均值版本,寻找 $\boldsymbol{a}^T\boldsymbol{x}$ 和 $\boldsymbol{b}^T\boldsymbol{y}$ 最高度相关的线性组合,即实现

$$\rho=\mathrm{Corr}(\boldsymbol{a}^{\mathrm T}\boldsymbol{x},\boldsymbol{b}^{\mathrm T}\boldsymbol{y})=\frac{\boldsymbol{a}^T\boldsymbol{S}_{XY}\boldsymbol{b}}{\sqrt{\boldsymbol{a}^T\boldsymbol{S}_{XX}\boldsymbol{a}}\sqrt{\boldsymbol{b}^T\boldsymbol{S}_{YY}\boldsymbol{b}}} \tag{5-57}$$

的最大化。

这就导致了最大相关 ρ_1 及相关典型向量 $\boldsymbol{a}_1$ 和 $\boldsymbol{b}_1$ 通常具有单位长度。过程是可以迭代的。我们将搜索范围限定在那些与已发现向量正交的向量

$$\rho_k=\max\left\{\begin{array}{l}\boldsymbol{a}^T\boldsymbol{S}_{XY}\boldsymbol{b}:\boldsymbol{a}^T\boldsymbol{S}_{XX}\boldsymbol{a}=\boldsymbol{b}^T\boldsymbol{S}_{YY}\boldsymbol{b}=1,\text{且}\\ \boldsymbol{a}^T\boldsymbol{S}_{XX}\boldsymbol{a}_j=\boldsymbol{b}^T\boldsymbol{S}_{YY}\boldsymbol{b}_j=1,\ 1\leqslant j\leqslant k\end{array}\right\}$$

我们可能会发现,连续典型相关 $\rho_1\geqslant\rho_2\geqslant\cdots\geqslant\rho_L\geqslant 0$ 是行列式方程

$$\det(\boldsymbol{S}_{XY}\boldsymbol{S}_{YY}^{-1}\boldsymbol{S}_{YX}-\rho^2\boldsymbol{S}_{XX})=0 \tag{5-58}$$

的根。

例如,参见文献[110]第 284 页。应用中的一种典型问题为有多少个 ρ_k 是明显不等于 0 的。

经过一些运算后,式(5-58)变为

$$\det(\boldsymbol{B}-\rho^2(\boldsymbol{A}+\boldsymbol{B}))=0 \tag{5-59}$$

现在假设 $\boldsymbol{Z}=[\boldsymbol{XY}]$ 是 $N\times(L+M)$ 零均值高斯数据矩阵。协方差矩阵被分成

$$\boldsymbol{\Sigma}=\begin{pmatrix}\boldsymbol{\Sigma}_{XX}\boldsymbol{\Sigma}_{XY}\\ \boldsymbol{\Sigma}_{YX}\boldsymbol{\Sigma}_{YY}\end{pmatrix}$$

在这些高斯假设下，$\boldsymbol{X}$ 和 $\boldsymbol{Y}$ 变量集将是独立的，当且仅当

$$\boldsymbol{\Sigma}_{XY}=0$$

这相当于认定

$$\mathcal{H}_0:\rho_1=\rho_2=\cdots=\rho_L=0$$

在数据的块对角变换

$$(\boldsymbol{x}_i,\ \boldsymbol{y}_i)=(\boldsymbol{B}\boldsymbol{x}_i,\ \boldsymbol{C}\boldsymbol{y}_i)$$

下($\boldsymbol{B}$ 和 $\boldsymbol{C}$ 分别是 $L\times L$ 和 $M\times M$ 非奇异矩阵)，典型相关(ρ_1, …, ρ_L)是不变的。在假设

$$\mathcal{H}_0:\boldsymbol{\Sigma}_{XY}=0$$

下，通过假设

$$\mathcal{H}_0:\boldsymbol{\Sigma}_{XX}=\boldsymbol{I}_L,\ \boldsymbol{\Sigma}_{YY}=\boldsymbol{I}_M$$

可以得出能够发现典型相关分布的结论(不失一般性)。

在这种情况下，式(5-59)中的矩阵 $\boldsymbol{A}$ 和 $\boldsymbol{B}$ 分别是

$$\boldsymbol{A}\sim C\mathcal{W}_L(\boldsymbol{I},\ M)$$
$$\boldsymbol{B}\sim C\mathcal{W}_L(\boldsymbol{I},\ N-M)$$

从定义可以看出，在零假设 $\boldsymbol{\Sigma}_{XY}=0$ 下，最大平方典型相关 $\lambda_1=\rho_1^2$ 具有 $\Lambda(L,\ N-M,\ M)$ 分布。

在实践中，允许每个变量有一个单独的、未知均值的情况更为常见。例如，人们可以使用文献[325]中的方法来校正均值。

5.4.8 子空间之间的角度和距离

两个向量 $\boldsymbol{u}$, $\boldsymbol{v}\in\mathbb{R}^N$ 间夹角的余弦可以表示为

$$\cos\theta=\sigma(\boldsymbol{u},\ \boldsymbol{v})=\frac{|\boldsymbol{u}^T\boldsymbol{v}|}{\|\boldsymbol{u}\|_2\|\boldsymbol{v}\|_2}$$

式(5-57)变为

$$\rho=\sigma(\boldsymbol{X}\boldsymbol{a},\ \boldsymbol{y}\boldsymbol{b})$$

5.4.9 多元线性模型

在多元模型

$$\boldsymbol{Y}=\boldsymbol{H}\boldsymbol{X}+\boldsymbol{W}$$

中：

1. $N\times M$ 的 $\boldsymbol{Y}$ 是 N 个独立(传感器)中的每个传感器上 M 个响应变量的观测矩阵；
2. $N\times K$ 的 $\boldsymbol{H}$ 是已知设计矩阵(信道响应)；
3. $K\times M$ 的 $\boldsymbol{X}$ 是未知回归参数矩阵；
4. $N\times M$ 的 $\boldsymbol{W}$ 是不可观测的随机分布矩阵(加性高斯白噪声)。假设 $\boldsymbol{W}$ 是来自 $\mathcal{N}_M$

$(0, \boldsymbol{\Sigma})$的N个向量样本的正态矩阵，使得行服从独立高斯分布，每个向量样本的均值为0、公共协方差矩阵为$\boldsymbol{\Sigma}$。

针对每种响应的模型矩阵$\boldsymbol{H}$保持不变，但存在针对每种响应的未知系数和误差的分离向量，它们组织形成回归系数$\boldsymbol{X}$矩阵和$N \times M$误差$\boldsymbol{E}$矩阵[327]。现在假设该模型矩阵$\boldsymbol{H}$是满秩的，则最小二乘估计为

$$\hat{\boldsymbol{X}} = (\boldsymbol{H}^T\boldsymbol{H})^{-1}\boldsymbol{H}^T\boldsymbol{Y}$$

考虑线性假设

$$\mathcal{H}_0 : \boldsymbol{C}_1\boldsymbol{X} = 0$$

其中，$\boldsymbol{C}_1$是秩为r的$r \times K$矩阵。关于$\boldsymbol{C}_1$的更多详情，读者可参阅文献[327]。

平方矩阵与乘积矩阵的假设和与误差和分别变为

$$\boldsymbol{E} = \boldsymbol{Y}^T\boldsymbol{P}\boldsymbol{X} = \boldsymbol{Y}^T(\boldsymbol{I} - \boldsymbol{H}(\boldsymbol{H}^T\boldsymbol{H})^{-1}\boldsymbol{H}^T)\boldsymbol{Y},$$

$$\boldsymbol{D} = \boldsymbol{Y}^T\boldsymbol{P}_2\boldsymbol{Y} = (\boldsymbol{C}_1\hat{\boldsymbol{X}})^T(\boldsymbol{C}_1(\boldsymbol{H}^T\boldsymbol{H})^{-1}\boldsymbol{C}_1^T)\boldsymbol{C}_1\hat{\boldsymbol{X}}$$

根据文献[327]，可以得出

$$\boldsymbol{E} \sim \mathcal{W}_M(\boldsymbol{I}, N-K)$$

且在假设$\mathcal{H}_0$下

$$\boldsymbol{D} \sim \mathcal{W}_M(\boldsymbol{I}, r)$$

此外，$\boldsymbol{D}$和$\boldsymbol{E}$是独立的。$\mathcal{F}$-检验的推广可以根据矩阵$\boldsymbol{E}^{-1}\boldsymbol{D}$的特征值（或者等价地，$(\boldsymbol{D}+\boldsymbol{E})^{-1}\boldsymbol{D}$的特征值）得到。

因此，在零假设$\boldsymbol{C}_1\boldsymbol{X} = 0$下，罗伊的最大根统计量$\lambda_1$具有零分布

$$\lambda_1 \sim \Lambda(M, N-K, r)$$

其中

$$M = \text{维数},\ r = rank(\boldsymbol{C}_1),\ K = rank(\boldsymbol{H}),\ N = \text{样本数}$$

5.4.10　协方差矩阵的相等性

假设来自于两个正态分布$\mathcal{N}_M(\mu_1, \boldsymbol{\Sigma}_1)$和$\mathcal{N}_M(\mu_2, \boldsymbol{\Sigma}_2)$的独立样本会导致独立的协方差估计$\boldsymbol{S}_1$和$\boldsymbol{S}_2$，且自由度为$N_1$和$N_2$的威沙特分布可表示为

$$\boldsymbol{A}_i = N_i\boldsymbol{S}_i \sim \mathcal{W}_M(\boldsymbol{\Sigma}_i, N_i),\ i = 1, 2$$

于是，零假设下的最大根检验

$$\mathcal{H}_0 : \boldsymbol{\Sigma}_1 = \boldsymbol{\Sigma}_2$$

基于$(\boldsymbol{A}_1 + \boldsymbol{A}_2)^{-1}\boldsymbol{A}_2$的最大特征值，且在$\mathcal{H}_0$下，服从$\Lambda(M, N_1, N_2)$分布[328]。

5.4.11　多元判别分析

假设存在K个种群，且第i个种群服从M变量正态分布$\mathcal{N}_M(\mu_i, \boldsymbol{\Sigma}_i)$，协方差矩阵未知，但所有种群的协方差矩阵相同。来自于第i个种群的$\boldsymbol{N}_i$个（向量）观测值是可用的，得到观测值总数为$\boldsymbol{N} = \sum \boldsymbol{N}_i$。多元判别分析使用平方矩阵与乘积矩阵$\boldsymbol{W}$和$\boldsymbol{B}$的“组内”和“组间”和，来构建基于$\boldsymbol{W}^{-1}\boldsymbol{B}$特征向量的线性判别函数。判别式不合算的零假设

检验

$$\boldsymbol{\mu}_1 = \cdots = \boldsymbol{\mu}_K$$

可以基于 $\boldsymbol{W}^{-1}\boldsymbol{B}$ 的最大根，这会用到 $\Lambda(M, N-K, K-1)$ 分布(参见文献[110]第318 页和文献[138])。

5.5 案例研究与应用

5.5.1 使用大维随机矩阵的基本实例

在本节中，我们主要借鉴文献[279]。定义 $M \times N$ 复矩阵

$$\boldsymbol{X} = \begin{bmatrix} X_{11} & X_{12} & \cdots & X_{1N} \\ X_{21} & X_{22} & \cdots & X_{2N} \\ \vdots & \vdots & \vdots & \vdots \\ X_{M1} & X_{M2} & \cdots & X_{MN} \end{bmatrix}$$

其中，$(X_{ij})_{1 \leqslant i \leqslant M,\, 1 \leqslant j \leqslant N}$是服从$\mathcal{CN}(0, \sigma^2)$分布的、($MN$ 个)独立同分布复高斯变量。$\boldsymbol{x}_1, \boldsymbol{x}_2, \cdots, \boldsymbol{x}_N$是 $\boldsymbol{X}$ 的列。协方差矩阵 $\boldsymbol{R}$ 是

$$\boldsymbol{R} = \mathbb{E}\, \boldsymbol{x}\boldsymbol{x}^H = \sigma^2 \boldsymbol{I}_M$$

经验协方差矩阵可定义为

$$\hat{\boldsymbol{R}} = \frac{1}{N}\sum_{n=1}^{N} \boldsymbol{x}_n \boldsymbol{x}_n^H$$

在实践中，对于较大的 M 和 N 来说，我们对$\hat{\boldsymbol{R}}$特征值经验分布的行为感兴趣。例如，当 M 和 N 增加时，$\hat{\boldsymbol{R}}$特征值$(\lambda_i)_{i=1,\cdots,M}$的直方图表现如何？众所周知，当 M 固定、但 N 增加时，即$\dfrac{M}{N}$小时，大数定律要求

$$\lim_{\substack{N \to \infty \\ M\text{固定}}} \frac{1}{N}\sum_{n=1}^{N} \boldsymbol{x}_n \boldsymbol{x}_n^H \approx \mathbb{E}\, \boldsymbol{x}\boldsymbol{x}^H = \sigma^2 \boldsymbol{I}_M$$

换言之，如果 $N \gg M$，则$\dfrac{1}{N}\boldsymbol{X}\boldsymbol{X}^H$的特征值集中在 σ^2 周围。

另一方面，让我们考虑当 M 和 N 是属于同一数量级的实际情况。当

$$M, N \to +\infty \text{ 使得} \frac{M}{N} = c \in [a, b],\ a > 0,\ b < +\infty \tag{5-60}$$

可以得出

$$\hat{\boldsymbol{R}}_{ij} = \sigma^2 \delta_{i-j}$$

但是

$$\| \hat{\boldsymbol{R}}_{ij} - \sigma^2 \boldsymbol{I}_M \|$$

不收敛到0。这里，$\|\cdot\|$表示矩阵的范数。不难发现(从马尔琴科和帕斯图尔的论文中[251]发现)，$\hat{\boldsymbol{R}}$特征值的直方图趋于集中在所谓的马尔琴科-帕斯图尔分布

$$p_c(x)=\begin{cases}\dfrac{1}{2\pi cx}\sqrt{(a-x)(x-b)}, & x\in[a,\ b]\\ 0, & 其他\end{cases} \tag{5-61}$$

的概率密度周围。其中

$$a=\sigma^2(1-\sqrt{c})^2,\ b=\sigma^2(1+\sqrt{c})^2$$

在非高斯的情况下，式(5-61)仍然成立。式(5-61)的一种应用是估计线性统计

$$\frac{1}{M}\sum_{k=1}^{M}f(\lambda_k)=\frac{1}{M}\mathrm{Tr}(f(\hat{\boldsymbol{R}}))\approx\int f(x)p_c(x)dx \tag{5-62}$$

的渐近行为。其中，$f(x)$是任意连续函数。使用式(5-61)，能够以闭式处理许多问题。为了说明这一点，我们举几个例子：

1. $f(x)=\dfrac{1}{\rho^2+x}$。利用式(5-62)，可得

$$\frac{1}{M}\mathrm{Tr}(\hat{\boldsymbol{R}}+\sigma^2\boldsymbol{I}_M)^{-1}\approx\int\frac{1}{\rho^2+x}p_c(x)dx=m_N(-\rho^2)$$

其中，$m_N(-\rho^2)$是方程

$$m_N(-\rho^2)=\frac{1}{\rho^2+\dfrac{\sigma^2}{1+c\sigma^2m_N(-\rho^2)}}$$

唯一的正解。

2. $f(x)=\log\left(1+\dfrac{x}{\rho^2}\right)$。利用式(5-62)，可以发现表达式

$$\frac{1}{M}\mathrm{logdet}\left(\boldsymbol{I}_M+\frac{1}{\rho^2}\hat{\boldsymbol{R}}\right)$$

几乎等于

$$\begin{aligned}&\frac{1}{c}\log(1+c\sigma^2m_N(-\rho^2))+\log(1+c\sigma^2m_N(-\rho^2)+(1-c)\frac{\sigma^2}{\rho^2})\\&-\rho^2\sigma^2m_N(-\rho^2)(cm_N(-\rho^2)+\frac{1-c}{\rho^2})\end{aligned} \tag{5-63}$$

线性统计式(5-62)的波动可以转换为闭式。线性估计的偏差是

$$\mathbb{E}\left[\frac{1}{M}\mathrm{Tr}(f(R))\right]=\int f(x)p_c(x)dx+\vartheta\left(\frac{1}{M^2}\right)$$

线性估计的方差是

$$M\left[\frac{1}{M}\mathrm{Tr}(f(\hat{\boldsymbol{R}}))-\int f(x)p_c(x)dx\right]\to\mathcal{N}(0,\ \Delta^2)$$

其中，Δ^2是方差，$\mathcal{N}$表示正态高斯分布。换言之

$$\frac{1}{M}\mathrm{Tr}(f(\hat{\boldsymbol{R}}))-\int f(x)p_c(x)dx\approx\mathcal{N}(0,\ \frac{\Delta^2}{M^2})$$

5.5.2 斯蒂尔切斯变换

这里，我们主要借鉴文献[329]。让我们考虑

$$\boldsymbol{W}\boldsymbol{W}^H+\sigma^2\boldsymbol{I}$$

其中，$\sqrt{N}\boldsymbol{W}$ 是由均值为 0、方差为 1 的独立同分布项构成的 $N\times K$ 矩阵，因为当 $N\to\infty$ 时，$K/N\to\alpha$。

记 $\boldsymbol{A}=\sigma^2\boldsymbol{I}$，$\boldsymbol{D}=\boldsymbol{I}_{K,K}$。针对这种情形，我们有

$$d\,\mathbb{A}(x)=\delta(x-\sigma^2)$$
$$d\,\mathbb{D}(x)=\delta(x-1)$$

应用定理 5.25，可得

$$\begin{aligned}G(z)&=G_{\sigma^2\mathbf{I}}\left(z-\alpha\int\frac{\tau\delta(\tau-1)}{1+\tau G(z)}d\tau\right)\\&=G_{\sigma^2\mathbf{I}}\left(z-\frac{\alpha}{1+G(z)}\right)\\&=\int\frac{\delta(\sigma^2-x)}{x-z+\dfrac{\alpha}{1+G(z)}}dx\\&=\frac{1}{\sigma^2-z+\dfrac{\alpha}{1+G(z)}}\end{aligned}\tag{5-64}$$

$G_{\sigma^2\mathbf{I}}(z)$ 是矩阵 $\sigma^2\boldsymbol{I}$ 特征值分布的柯西变换。式(5-64)的解给出

$$G(z)=\frac{1-\alpha}{2(\sigma^2-z)}-\frac{1}{2}\pm\frac{1}{2(\sigma^2-z)},\text{如果}\sqrt{(\sigma^2-z+\alpha-1)^2+4(\sigma^2-z)}$$

渐近特征值分布可表示为

$$f(x)=\begin{cases}(1-\alpha)^+\delta(x)+\dfrac{\alpha}{\pi(x-\sigma^2)}\sqrt{x-\sigma^2-\dfrac{1}{4}(x-\sigma^2+1-\alpha)}&,\text{如果}\sigma^2+(\sqrt{\alpha}-1)^2\leqslant x\leqslant\sigma^2+(\sqrt{\alpha}+1)^2\\0&,\text{其他}\end{cases}$$

其中，$\delta(x)$ 是 0 处的单位质量，且 $[z]^+=\max(0,z)$。

另一个例子是标准向量输入向量输出(VIVO)模型[⊖]

$$\boldsymbol{y}=\boldsymbol{H}\boldsymbol{x}+\boldsymbol{n}\tag{5-65}$$

其中，$\boldsymbol{x}$ 和 $\boldsymbol{y}$ 分别是输入向量和输出向量，$\boldsymbol{H}$ 和 $\boldsymbol{n}$ 分别是信道传递函数和均值为 0、方差为 σ^2 的加性高斯白噪声。这里，$\boldsymbol{H}$ 是随机矩阵。式(5-65)涵盖了码分多址接入(CDMA)、正交频分复用(OFDM)和多输入多输出(MIMO)、协同频谱感知和传感器网络等诸多系统。输入向量 $\boldsymbol{x}$ 和输出向量 $\boldsymbol{y}$ 之间的互信息是信息论中的一个标准结果

$$\begin{aligned}C&=\frac{1}{N}\boldsymbol{I}(\boldsymbol{x};\boldsymbol{y})=\frac{1}{N}\log\det(\boldsymbol{I}+\boldsymbol{H}\boldsymbol{H}^H)\\&=\frac{1}{N}\sum_{i=1}^{N}\log\left(1+\frac{1}{\sigma^2}\lambda_i(\boldsymbol{H}\boldsymbol{H}^H)\right)\\&=\int\log\left(1+\frac{1}{\sigma^2}\lambda\right)\frac{1}{N}\sum_{i=1}^{N}\delta(\lambda-\lambda_i(\boldsymbol{H}\boldsymbol{H}^H))d\lambda\end{aligned}$$

⊖ 在无线通信环境中，多输入多输出(MIMO)具有特殊意义。非正式术语 VIVO 抓住了我们对问题的理解。向量的本质是基础的。对于我们来说，向量空间是用于优化系统的基本数学空间。

$$= \int \log\left(1 + \frac{1}{\sigma^2}\lambda\right) F_{\mathbf{HH}^H}(\lambda) d\lambda$$

对 C 求 σ^2 的微分，得到

$$\frac{1}{N}\frac{\partial C}{\partial \sigma^2} = \int \log\left(\frac{-\frac{1}{\sigma^4}\lambda}{1 + \frac{1}{\sigma^2}\lambda}\right) F_{\mathbf{HH}^H}(\lambda) d\lambda$$

$$= -\frac{1}{\sigma^2}\int \log\left(\frac{1 + \frac{1}{\sigma^2}\lambda - 1}{1 + \frac{1}{\sigma^2}\lambda}\right) F_{\mathbf{HH}^H}(\lambda) d\lambda$$

$$= -\frac{1}{\sigma^2} + \int \log\left(1 + \frac{1}{\sigma^2}\lambda\right) F_{\mathbf{HH}^H}(\lambda) d\lambda$$

$$= -\frac{1}{\sigma^2} + m_{HH^H}(-\sigma^2)$$

有趣的是，需要注意，我们得到了斯蒂尔切斯变换的闭式。

5.5.3 自由解卷积

我们采用第5.5.1节中所示例子中的定义和符号。更多详情，读者可参阅文献[12, 329, 330]。对于

$$\boldsymbol{x}_i,\ i = 1, \cdots, N$$

的 N 个向量观测值，样本协方差矩阵可定义为

$$\begin{aligned}\hat{\boldsymbol{R}} &= \frac{1}{N}\sum_{n=1}^{N} \boldsymbol{x}_n \boldsymbol{x}_n^H \\ &= \boldsymbol{R}^{1/2}\boldsymbol{W}\boldsymbol{W}^H\boldsymbol{R}^{1/2}\end{aligned} \tag{5-66}$$

这里，$\boldsymbol{W}$ 是由均值为0、方差为 $1/N$ 的独立同分布高斯向量构成的 $M \times N$ 矩阵。自由解卷积技术的主要优点是能够在比目前其他可用技术更早的阶段提供渐近的“状态进入”[329]。通常情况下，我们所知道的 $\boldsymbol{R}$ 值是理论值。我们希望能找到 $\hat{\boldsymbol{R}}$。如果我们知道矩阵 $\boldsymbol{W}\boldsymbol{W}^H$ 的行为，则依据式(5-66)，可以得到 $\hat{\boldsymbol{R}}$。因此，我们寻找 $\hat{\boldsymbol{R}}$ 的问题可简化为理解 $\boldsymbol{W}\boldsymbol{W}^H$。幸运的是，$\boldsymbol{W}\boldsymbol{W}^H$ 特征值的极限分布是众所周知的马尔琴科-帕斯图尔定律。

由于我们针对某个矩阵(这里是指 $\boldsymbol{W}\boldsymbol{W}^H$)的假设不变，因而特征向量的结构并不重要。这一结果支持我们在仅知道 $\hat{\boldsymbol{R}}$ 特征值的情况下，来计算 $\boldsymbol{R}$ 的特征值。从某种意义上讲，通过“断开”它们的特征空间，不变性假设将某个矩阵从其他矩阵中“解放”出来。

5.5.4 MIMO 系统的最优预编码

给定 M 个接收天线和 N 个发射天线，标准向量信道模型为

$$\boldsymbol{y} = \boldsymbol{H}\boldsymbol{x} + \boldsymbol{n} \tag{5-67}$$

其中，$M\times N$ 的 $\boldsymbol{H}$ 矩阵的复数项是 MIMO 信道增益，$\boldsymbol{H}$ 为具有已知(或良好估计)二阶统计量的不可观测高斯随机矩阵。这里，$\boldsymbol{x}$ 是发射信号向量，$\boldsymbol{n}$ 是接收端的加性高斯噪声向量，满足$\mathbb{E}\boldsymbol{nn}^H=\rho^2 I_M$。

最佳预编码问题是寻找 $\boldsymbol{x}$ 的协方差矩阵 $\boldsymbol{Q}$，以实现系统优值系数的最大化。例如，优化问题可以表示为

$$\text{最大化}\ I(\boldsymbol{Q})=E\left[\log\det\left(\mathrm{I}_M+\frac{1}{\rho^2}\boldsymbol{HQH}^H\right)\right]$$

$$\text{约束条件}\ \boldsymbol{Q}\geqslant 0,\ \frac{1}{M}\mathrm{Tr}(\boldsymbol{Q})\leqslant 1$$

另一种解决方案是实现 $I(\boldsymbol{Q})$ 的大系统近似的最大化。可使用闭式表达式(5-63)[331]。更多详情，读者可参阅文献[279]。

5.5.5　马尔琴科和帕斯图尔概率分布

本节内容我们主要借鉴文献[279]。斯蒂尔切斯变换是众多与测度相关的变换之一。它非常适合研究大维随机矩阵，并首次由马尔琴科和帕斯图尔[251]在该应用背景下引入。式(5-34)对斯蒂尔切斯变换进行了定义。

考虑

$$\boldsymbol{W}_N=\frac{1}{N}\boldsymbol{V}_N \tag{5-68}$$

其中，$\boldsymbol{V}_N$是由服从$\mathcal{CN}(0,\sigma^2)$分布的独立同分布复高斯随机变量构成的 $M\times N$ 矩阵。我们的研究目标是 $\boldsymbol{X}=\boldsymbol{W}_N\boldsymbol{W}_N^H$的谱分布极限。考虑到相关的预解及其斯蒂尔切斯变换

$$\boldsymbol{Q}(z)=(\boldsymbol{X}-z\boldsymbol{I})^{-1},\ \hat{m}_N(z)=\frac{1}{M}\mathrm{Tr}Q(z)=\frac{1}{M}\mathrm{Tr}(\boldsymbol{X}-z\boldsymbol{I})^{-1} \tag{5-69}$$

主要假设为：当 M，$N\to\infty$ 时，比值 $c_N=\dfrac{M}{N}$在远离 0 的地方是有上界的。

这里简要介绍一下该方法。首先，我们得到满足式(5-69)中定义的$\hat{m}_N(z)$谱分布极限的斯蒂尔切斯变换的方程式。之后，我们使用斯蒂尔切斯变换的反演公式(参见式(5-35))，来得到所谓的马尔琴科和帕斯图尔分布。

主要有 3 个步骤：

1. 证明 $\mathrm{var}(\hat{m}_N(z))=O(N^{-2})$。这使得我们在推导过程中，用$\hat{m}_N(z)$的期望值$\mathbb{E}\,\hat{m}_N(z)$来代替$\hat{m}_N(z)$。

2. 构建满足$\mathbb{E}\,\hat{m}_N(z)$的极限方程。

3. 根据斯蒂尔切斯变换反演公式(5-35)，可以得到概率分布。

斯蒂尔切斯变换在此项大维随机矩阵研究中，发挥的作用类似于线性时不变(Linear Time Invariant, LTI)系统中的傅里叶变换。

5.5.6 极特征值的收敛性与波动

这里，我们主要借鉴文献[279]。考虑式(5-68)中定义的 $\boldsymbol{WW}^H$。$\boldsymbol{WW}^H$的有序特征值记为

$$\hat{\lambda}_{1,N} \geqslant \hat{\lambda}_{2,N} \geqslant \cdots \geqslant \hat{\lambda}_{N,N}$$

马尔琴科-帕斯图尔分布的支持是

$$(\sigma^2(1-\sqrt{c_N})^2,\ \sigma^2(1+\sqrt{c_N})^2)$$

一个定理是：如果 $c_N \to c_*$，则我们有

$$\hat{\lambda}_{1,N} \xrightarrow[M\to\infty]{a.s.} \sigma^2(1+\sqrt{c_N})^2$$

$$\hat{\lambda}_{N,N} \xrightarrow[M\to\infty]{a.s.} \sigma^2(1-\sqrt{c_N})^2$$

其中，“*a. s.*”表示“几乎必然”。两大极限表达式的比值可用于实例 5.4 中的频谱感知。

当 M, $N\to\infty$ 时，对于矩阵 $\boldsymbol{WW}^H$的最大特征值来说，中心极限定理成立。对于$\hat{\lambda}_{1,N}$的波动来说，极限分布又称为 Tracy-Widom 定律分布(参见式(5-50))。

函数 $F_{TW2}(s)$代表 Tracy-Widom 累积分布函数。计算该函数的 MATLAB 代码是可用的[332]。

假定 $c_N \to c_*$。通过校正中心和重新定标，$\hat{\lambda}_{1,N}$收敛于 Tracy-Widom 分布，即

$$\frac{N^{2/3}}{\sigma^2} \times \frac{\hat{\lambda}_{1,N} - \sigma^2(1+\sqrt{c_N})^2}{(1+\sqrt{c_N})\left(\frac{1}{\sqrt{c_N}}+1\right)^{1/3}} \xrightarrow[N,\ M\to\infty]{L} F_{TW2}$$

5.5.7 信息加噪声模型和尖峰模型

更多详情，读者可参阅文献[263, 279, 299, 300, 302, 333 ~ 335]。对于 n-向量样本来说，观测到的 M 维时间序列 $\boldsymbol{y}_n$ 可表示为

$$\boldsymbol{y}_n = \sum_{k=1}^{K} \boldsymbol{a}_k s_{k,n} + \boldsymbol{v}_n = \boldsymbol{A}\boldsymbol{s}_n + \boldsymbol{v}_n,\ n = 1, \cdots, N$$

这里

$$\boldsymbol{s}_n = (s_{1,n}, \cdots, s_{K,n})^T,\ \boldsymbol{A} = (\boldsymbol{a}_1, \cdots, \boldsymbol{a}_N)$$

其中，$\boldsymbol{s}_n$收集 $K<M$ 个不可观测的“源信号”，矩阵 $\boldsymbol{A}$ 是确定性的，未知秩 $K<M$，$(\boldsymbol{v}_n)_{n\in\mathbb{Z}}$是满足$\mathbb{E}(\boldsymbol{v}_n\boldsymbol{v}_n^H)=\sigma^2\boldsymbol{I}_M$ 的加性高斯白噪声。这里，$\mathbb{Z}$ 表示全体整数的集合。

使用矩阵形式，我们有：$M\times N$ 的观测矩阵 $\boldsymbol{Y}_N=(\boldsymbol{y}_1, \cdots, \boldsymbol{y}_N)^T$。同样，我们可以得到矩阵 $\boldsymbol{S}_N$和 $\boldsymbol{V}_N$。于是

$$\boldsymbol{Y}_N = \boldsymbol{A}\boldsymbol{S}_N + \boldsymbol{V}_N$$

利用归一化矩阵

$$\boldsymbol{\Sigma}_N=\frac{1}{\sqrt{N}}\boldsymbol{Y}_N,\ \boldsymbol{B}_N=\frac{1}{\sqrt{N}}\boldsymbol{A}\boldsymbol{S}_N,\ \boldsymbol{W}_N=\frac{1}{\sqrt{N}}\boldsymbol{V}_N$$

我们得到

$$\boldsymbol{\Sigma}_N=\boldsymbol{B}_N+\boldsymbol{W}_N \tag{5-70}$$

检测来自矩阵 $\boldsymbol{\Sigma}_N$ 的信号是否存在的实质是要判定 $K=1$ 或 $K=0$（仅有噪声存在）能否简化。由于 K 和 M 不在一个数量级（即 $K \ll M$），于是可以得到一个尖峰模型。

我们假设信源数 K 为 $K \ll M$，式(5-39)是一个模型，满足

$\boldsymbol{\Sigma}_N$ = 由独立同分布高斯元素构成的矩阵 + 固定秩摄动

渐近区域可定义为

$$N\to\infty,\ M/N\to c_*,K\text{ 固定}$$

我们进一步假设 $\boldsymbol{S}_N$ 是由服从 $\mathcal{CN}(0,1)$ 分布的独立元素（独立同分布高斯源信号）构成的随机矩阵，且 $\boldsymbol{A}_N$ 是确定性的。可以得出

$$\boldsymbol{\Sigma}_N=(\boldsymbol{A}_N\boldsymbol{A}_N^H+\sigma^2\boldsymbol{I}_M)^{1/2}\boldsymbol{X}_N$$

其中，$\boldsymbol{B}_N$ 是由服从 $\mathcal{CN}(0,1)$ 分布的独立元素构成的 $M\times N$ 随机矩阵。

考虑 $\boldsymbol{A}_N\boldsymbol{A}_N^H$ 的谱分解

$$\boldsymbol{A}_N\boldsymbol{A}_N^H=\boldsymbol{U}_N\begin{pmatrix}\lambda_1 & & 0\\ & \ddots & \\ & & \lambda_K\\ 0 & & 0\end{pmatrix}\boldsymbol{U}_N^H$$

令 $\boldsymbol{P}_N$ 是 $M\times M$ 矩阵

$$\boldsymbol{P}_N=\operatorname{diag}\left(\sqrt{\frac{\lambda_1+\sigma^2}{\sigma^2}},\sqrt{\frac{\lambda_2+\sigma^2}{\sigma^2}},\cdots,\sqrt{\frac{\lambda_K+\sigma^2}{\sigma^2}},1,\cdots,1\right)$$

于是

$$\boldsymbol{U}_N^H\boldsymbol{\Sigma}_N=\sigma\boldsymbol{P}_N\boldsymbol{U}_N^H\boldsymbol{X}_N\overset{\mathcal{D}}{=}\boldsymbol{P}_N\boldsymbol{W}_N$$

其中，$\boldsymbol{W}_N$ 是由服从 $\mathcal{CN}(0,1)$ 分布的独立元素构成的 $M\times N$ 随机矩阵，$\mathcal{D}$ 表示弱收敛。由于 $\boldsymbol{P}_N$ 是一个固定秩单位矩阵扰动，因而我们可以得到所谓的乘性尖峰模型

$\boldsymbol{\Sigma}_N\boldsymbol{\Sigma}_N^H$ 的特征值 $=\boldsymbol{P}_N\boldsymbol{\Sigma}_N\boldsymbol{\Sigma}_N^H\boldsymbol{P}_N^H$ 的特征值

同样，我们可以定义加性尖峰模型。我们假定，$\boldsymbol{S}_N$ 是确定性矩阵，且

$$\boldsymbol{B}_N=N^{-1/2}\boldsymbol{A}_N\boldsymbol{S}_N$$

满足

$$\operatorname{rank}(\boldsymbol{B}_N)=K(\text{固定})$$

加性尖峰模型可定义为

$$\boldsymbol{\Sigma}_N=\boldsymbol{B}_N+\boldsymbol{W}_N$$

人们自然会问：在渐近区域内，$\widehat{\boldsymbol{B}}_N$ 对 $\boldsymbol{\Sigma}_N\boldsymbol{\Sigma}_N^H$ 频谱的影响是什么？

令 $\widehat{F}_N$ F_N 分别表示 $\boldsymbol{\Sigma}_N\boldsymbol{\Sigma}_N^H$ 和 $\boldsymbol{W}_N\boldsymbol{W}_N^H$ 谱测度的分布函数。于是

$$\sup_x\left|\widehat{F}_N-F_N\right|\leqslant\frac{1}{M}\operatorname{rank}(\boldsymbol{\Sigma}_N\boldsymbol{\Sigma}_N^H-\boldsymbol{W}_N\boldsymbol{W}_N^H)\underset{N\to\infty}{\longrightarrow}0$$

这样，无论对于乘性或加性尖峰模型，$\boldsymbol{\Sigma}_N\boldsymbol{\Sigma}_N^H$和 $\boldsymbol{W}_N\boldsymbol{W}_N^H$具有相同(马尔琴科-帕斯图尔)极限谱测度。

我们使用实测数据来验证马尔琴科-帕斯图尔定律。存在5个作为传感器节点的通用软件无线电外设(Universal Software Radio Peripheral, USRP)平台。我们将获取的数据分割成20个数据块。所有这些数据块用于构建大维随机矩阵。采用这种方式，我们对包含100个传感器节点的网络进行了模拟。如果信号不存在，则图5-1a给出了噪声样本协方差矩阵的谱分布，它符合式(5-3)中的马尔琴科-帕斯图尔定律。当信号存在时，图5-1b给出了信号加噪声样本协方差矩阵的谱分布。实验结果与理论高度吻合。特征值的支持是有限的。由马尔琴科-帕斯图尔定律提供的理论预测可用于设置检测阈值。

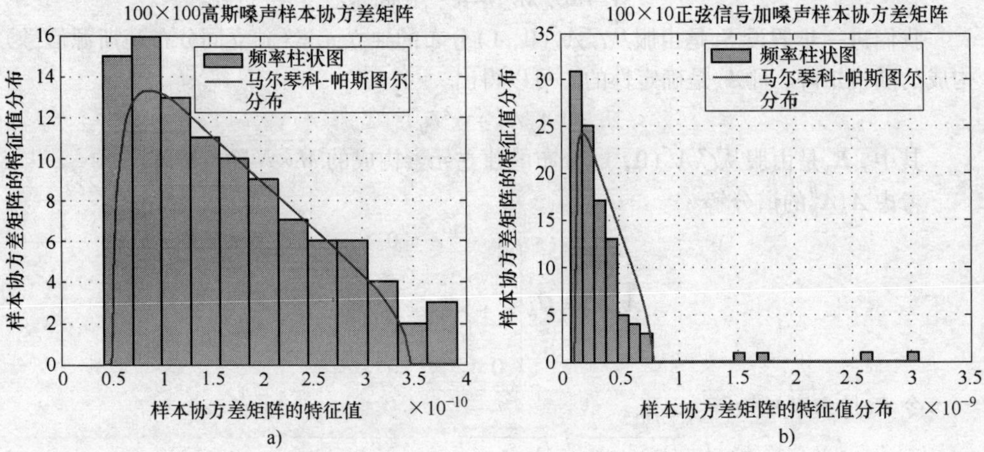

图5-1 谱分布

a)噪声样本协方差矩阵的谱分布 b)信号加噪声样本协方差矩阵的谱分布

与特征值有关的主要结果可以归纳为定理[279]。

定理5.43(与特征值有关的主要结果) 加性尖峰模型为

$$\boldsymbol{\Sigma}_N = \boldsymbol{B}_N + \boldsymbol{W}_N$$

其中，$\boldsymbol{B}_N$是秩为K的确定性矩阵，满足

$$\lambda_{k,N} \to \rho_k, k=1, \cdots, K$$

$\boldsymbol{W}_N$是由服从$\mathcal{CN}(0, \sigma^2/N)$分布的独立元素构成的$M\times N$随机矩阵。令$i\leqslant K$是满足$\rho_i > \sigma^2\sqrt{c_*}$的最大索引。于是，对于$k=1, \cdots, i$来说

$$\lambda_{k,N} \xrightarrow[N\to\infty]{\text{几乎必然}} \gamma_k = \frac{(\sigma^2 c_* + \rho_k)(\sigma^2 + \rho_k)}{\rho_k} > \sigma^2(1+\sqrt{c_*})^2, \mathcal{H}_1$$

$$\lambda_{i+1,N} \xrightarrow[N\to\infty]{\text{几乎必然}} \sigma^2(1+\sqrt{c_*})^2, \mathcal{H}_0$$

式中，$\mathcal{H}_1$表示信号存在，而$\mathcal{H}_0$表示信号不存在。

5.5.8 假设检验和频谱感知

继续第5.5.7节中所示的例子。更多详情，读者可参阅文献[263, 279, 299, 300,

302, 333~335]。动机之一是将渐近极限分布用于频谱感知。

假设检验可表示为

$$\mathcal{H}_1: \boldsymbol{\Sigma}_N = \boldsymbol{B}_N + \boldsymbol{W}_N(\text{噪声})$$

$$\mathcal{H}_0: \boldsymbol{\Sigma}_N = \boldsymbol{W}_N(\text{信号}+\text{噪声})$$

方便起见，进一步假设信源数 $K=1$。

$$\boldsymbol{B}_N = N^{-1/2}\boldsymbol{a}_{1,N}\boldsymbol{s}_{1,N}$$

是秩为 1 的矩阵，满足

$$\|\boldsymbol{B}_N\|^2 \xrightarrow[N\to\infty]{} \rho > 0$$

广义似然比检验(GLRT)为

$$T_N = \frac{\boldsymbol{\lambda}_{1,N}}{M^{-1}\mathrm{Tr}(\boldsymbol{\Sigma}_N\boldsymbol{\Sigma}_N^H)} \tag{5-71}$$

人们自然会问：在大维随机矩阵的假设条件下，T_N的渐近性能是什么？

在假设$\mathcal{H}_0$ 和$\mathcal{H}_1$ 下，我们有

$$M^{-1}\boldsymbol{\Sigma}_N\boldsymbol{\Sigma}_N^H \xrightarrow[N\to\infty]{\text{几乎必然}} \sigma^2$$

根据定理 5.43，在假设$\mathcal{H}_1$ 下，如果$\rho > \sigma^2\sqrt{c_*}$，则

$$\lambda_{1,N} \xrightarrow[N\to\infty]{\text{几乎必然}} \gamma_1 = \frac{(\sigma^2 c_* + \rho)(\sigma^2+\rho)}{\rho} > \sigma^2(1+\sqrt{c_*})^2$$

$$\lambda_{2,N} \xrightarrow[N\to\infty]{\text{几乎必然}} \sigma^2(1+\sqrt{c_*})^2$$

如果$\rho \leqslant \sigma^2\sqrt{c_*}$，则

$$\lambda_{1,N} \xrightarrow[N\to\infty]{\text{几乎必然}} \sigma^2(1+\sqrt{c_*})^2$$

使用式(5-71)中的结果，在假设$\mathcal{H}_0$ 下，我们有

$$T_N \xrightarrow[N\to\infty]{\text{几乎必然}} (1+\sqrt{c_*})^2$$

在假设$\mathcal{H}_1$ 下，如果$\rho > \sigma^2\sqrt{c_*}$，则我们有

$$T_N \xrightarrow[N\to\infty]{\text{几乎必然}} \frac{(\sigma^2 c_* + \rho)(\sigma^2+\rho)}{\sigma^2\rho} > (1+\sqrt{c_*})^2$$

如果$\rho \leqslant \sigma^2\sqrt{c_*}$，则我们有

$$T_N \xrightarrow[N\to\infty]{\text{几乎必然}} (1+\sqrt{c_*})^2$$

回想一下

$$c_N = \frac{M}{N} \to c_*$$

广义似然比检验(GLRT)可检测性的极限可表示为

$$\rho > \sigma^2\sqrt{c_*}$$

定义 $SNR=\frac{\rho}{\sigma^2}$，我们有

$$SNR>\sqrt{c_*}$$

当信噪比(SNR)极低时，可以推出 c_* 必须非常小，这意味着

$$N \gg M$$

根据 Tracy-Widom 定律，可以对虚警概率进行估计，并与判决门限 T_N 关联起来。

对于大维随机矩阵的有限低秩扰动来说，文献[335]对其特征值和特征向量进行了研究。

例 5.8(齐尔和西尔弗斯坦撰写的论文[263, 279, 300])

根据齐尔和西尔弗斯坦撰写的论文[263, 279, 300]，存在一种确定性概率测度 $\mu_N \in \mathbb{R}^+$，使得

$$\frac{1}{M}\sum_{k=1}^{M}\delta(\lambda-\lambda_{k,N})-\mu_N \to 0 \text{ 几乎必然弱收敛}$$

考虑加性尖峰模型，为方便起见，这里重写式(5-70)

$$\boldsymbol{\Sigma}_N=\boldsymbol{B}_N+\boldsymbol{W}_N \tag{5-72}$$

这里简要介绍用于描述 μ_N 的方法：在 $\mathbb{C}-\mathbb{R}^+$ 上的 μ_N 的斯蒂尔切斯变换可定义为

$$m_N(z)=\int_{+}\frac{1}{\lambda-z}\mu_N(d\lambda)$$

$$m_N(z)=\frac{1}{M}\mathrm{Tr}\boldsymbol{T}_N(z)$$

其中

$$\boldsymbol{T}_N(z)\left(\frac{\boldsymbol{B}_N\boldsymbol{B}_N^H}{1+\sigma^2c_Nm_N(z)}-z(1+\sigma^2c_Nm_N(z)\boldsymbol{I}_M+\sigma^2(1-c_N)\boldsymbol{I}_M)\right)^{-1}$$

5.5.9 无线网络中的能量估计

考虑一个无线(主用户)网络[330]，其中 K 个实体同时在相同频率资源上传输数据。发射机的 $k\in(1,\cdots,K)$ 的发射功率为 P_k，并安装有 n_k 根天线。我们记

$$n=\sum_{k=1}^{K}n_k$$

为主用户网络发射天线的总数。

由 $N(N\geqslant n)$ 部传感装置构成的次用户网络：它们可能是 N 部单天线设备或多部嵌入多根天线(总数为 N)的设备。N 个传感器统称为接收机。为确保次用户网络中的每个传感器都能从给定发射机处得到近似相同的能量，假定各自的发射机-传感器距离都是相同的。对于室内毫微微蜂窝网络来说，这种假设是符合现实的。

记 $\boldsymbol{H}_k\in\mathbb{C}^{N\times n_k}$ 为发射机 k 和接收机之间的多天线信道矩阵。我们假设 $\sqrt{N}\boldsymbol{H}_k$ 的项是具有零均值、单位方差和有限 4 阶矩的独立同分布(IID)变量。

在时刻 m，发射机 k 发出多天线信号向量 $x_k^{(m)}\in\mathbb{C}^{n_k}$，假定它所包含的项是具有零均值、单位方差和有限 4 阶矩的独立同分布(IID)变量。

另外，我们假设在时刻 m，接收信号向量受到加性高斯白噪声（AWGN）向量（用 $\sigma\boldsymbol{w}^{(m)} \in \mathbb{C}^N$ 表示）的损害，假定在每个传感器上，它所包含的项是具有零均值、方差 σ^2 和有限 4 阶矩的独立同分布（IID）变量。$\sigma\boldsymbol{w}^{(m)}$ 的项具有单位方差。

在时刻 m 处，接收机感知信号 $y^{(m)} \in \mathbb{C}^N$，该信号可定义为

$$y^{(m)} = \sum_{k=1}^{K} \sqrt{p_k}\boldsymbol{H}_k\boldsymbol{x}_k^{(m)} + \sigma\boldsymbol{w}_k^{(m)}$$

假定在至少 M 个连续采样周期中，信道衰落系数是恒定的。我们将 M 个连续的信号实现连接为

$$\boldsymbol{Y} = [\boldsymbol{y}^{(1)}, \cdots, \boldsymbol{y}^{(M)}] \in \mathbb{C}^{N\times M}$$

对于每个 k，我们有

$$\boldsymbol{X}_k = [\boldsymbol{x}^{(1)}, \cdots, \boldsymbol{x}^{(M)}] \in \mathbb{C}^{n_k\times M},\ \boldsymbol{W}_k = [\boldsymbol{w}^{(1)}, \cdots, \boldsymbol{w}^{(M)}] \in \mathbb{C}^{N\times M}$$

这可以进一步改写成最终形式

$$\boldsymbol{Y} = \boldsymbol{H}\boldsymbol{P}^{\frac{1}{2}}\boldsymbol{X} + \sigma\boldsymbol{W} \tag{5-73}$$

其中，$\boldsymbol{P} \in \mathbb{R}^{n\times n}$ 是对角阵，前 n_1 项为 P_1，随后 n_2 项为 P_2，…，最后 n_K 项为 P_K

$$\boldsymbol{H} = [\boldsymbol{H}, \cdots, \boldsymbol{H}_k],\ \boldsymbol{X} = [\boldsymbol{X}_1^T, \cdots, \boldsymbol{X}_K^T] \in \mathbb{C}^{N\times M}$$

按照惯例，我们假定

$$P_1 \leqslant \cdots \leqslant P_K$$

$\boldsymbol{H}$、$\boldsymbol{W}$ 和 $\boldsymbol{X}$ 包含有限 4 阶矩的独立项。$\boldsymbol{X}$ 的项不必是同分布的，但可能最多来自 K 个不同分布。

我们旨在从随机矩阵 $\boldsymbol{Y}$ 的实现中推出 $P_1, \cdots, P_K$ 的值。当前的问题是当 N、n 和 M 以相同速率增大时，充分利用 $\frac{1}{M}\boldsymbol{Y}\boldsymbol{Y}^H$ 的特征值分布。

定理 5.44（$\frac{1}{M}\boldsymbol{Y}\boldsymbol{Y}^H$ 的斯蒂尔切斯变换） 令

$$\boldsymbol{B}_N = \frac{1}{M}\boldsymbol{Y}\boldsymbol{Y}^H$$

其中，式(5-73)中对 $\boldsymbol{Y}$ 进行了定义。于是，当 N、n 和 M 以比限值

$$M, N, n\to\infty,\ \frac{M}{N}\to c,\ \frac{N}{n_k}\to c_k,\ 0 < c, c_1, \cdots, c_K < \infty$$

增大时，$\boldsymbol{B}_N$ 的特征值分布函数 $F_{\boldsymbol{B}_N}$，简称为 $\boldsymbol{B}_N$ 的经验谱分布函数（ESD），几乎必然收敛于确定性分布函数 F，简称为 $\boldsymbol{B}_N$ 的极限谱分布（LSD）函数，对于 $z \in \mathbb{C}^+$ 来说，其斯蒂尔切斯变换 $m_F(z)$ 满足

$$m_F(z) = cm_{\underline{F}}(z) + (c-1)\frac{1}{z}$$

其中，$m_{\underline{F}}(z)$ 是 $m_{\underline{F}}$ 中具有正虚部的隐式方程

$$\frac{1}{m_{\underline{F}}} = -\sigma^2 + \frac{1}{f} - \sum_{k=1}^{K}\frac{1}{c_k}\frac{P_k}{1+P_K f}$$

的唯一解。其中 f 表示

$$f = (1-c)m_{\underline{F}} - czm_{\underline{F}}^2$$

对于下面定理中使用的假设 5.3 和假设 5.4(太长以至于本文无法详述)来说，读者可参阅文献[330]。

5.5.10 多源功率推理

令 $\boldsymbol{B}_N \in \mathbb{C}^{N\times N}$遵循定理 5.45 中的定义，且

$$\boldsymbol{\lambda}=(\lambda_1,\cdots,\lambda_N),\ \lambda_1\leqslant\cdots\leqslant\lambda_N$$

为 $\boldsymbol{B}_N$的有序特征值向量。进一步假设比限值 c, c_1, …, c_K和 $\boldsymbol{P}$ 满足假设 5.3 和 5.4 (对于某一 $k\in\{1,\cdots,K\}$来说)。于是，当 N、n 和 M 变大时，我们有$\hat{P}_k-P_k\xrightarrow{\text{几乎必然}}0$，其中估计值$\hat{P}_k$可表示为

- 如果 $M\neq N$，则

$$\hat{P}_k=\frac{NM}{n_k(M-N)}\sum_{i\in\mathcal{N}_k}(\eta_i-\mu_i)$$

- 如果 $M=N$，则

$$\hat{P}_k=\frac{NM}{n_k(M-N)}\sum_{i\in\mathcal{N}_k}^{N}\left(\sum_{j=1}\frac{\eta_i}{(\lambda_j-\eta_i)^2}\right)^{-1}$$

其中

$$\mathcal{N}_k=\left\{\sum_{i=1}^{k-1}n_i+1,\cdots,\sum_{i=1}^{k}n_i\right\}$$

$(\eta_1,\cdots,\eta_N)$是矩阵 $\mathrm{diag}(\boldsymbol{\lambda})-\frac{1}{N}\sqrt{\boldsymbol{\lambda}}\sqrt{\boldsymbol{\lambda}}$的有序特征值，$(\mu_1,\cdots,\mu_N)$是矩阵 $\mathrm{diag}(\boldsymbol{\lambda})-\frac{1}{M}\sqrt{\boldsymbol{\lambda}}\sqrt{\boldsymbol{\lambda}}$的有序特征值。

文献[330]推导出一种盲多源功率估计。在传感器数与信号数之比不是太小的假设下，源发射功率彼此截然不同。如果信源数已知，则它们可以得到一种用于推断单源功率的方法。在中高信噪比区域，这种新方法优于备选估计技术。这种方法对于低维系统来说是鲁棒的。因此，在未来的认知无线电网络中，它特别适合于针对主移动用户的盲检测。

5.5.11 目标检测、定位与重构

关于本节内容，我们主要借鉴文献[336]。反射点可以建模为电磁学中的小型介电异常，声学中的小密度异常，或更普遍的是，标量波动方程中折射率的局部变化。异常的对比度可以是 1 阶的，但与波长相比，其体积很小。在这种情况下，将波动方程的解扩展到周围背景解是可能的。

考虑折射率为 n_0 的 d 维均匀介质中的标量波动方程。参考传播速度用 c 表示。假定目标是折射率为 $n_{ref}\neq n_0$、夹杂物为 D 的小型反射器。夹杂物的支持形式为 $D=\boldsymbol{x}_{ref}+B$，其中 B 是小规模域。因此，具有源 $S(t,x)$的标量波动方程形式为

$$\frac{n^2(\boldsymbol{x})}{c^2}\partial_t^2E-\Delta_x E=S(t,\boldsymbol{x})$$

其中，折射率可表示为

$$n(\boldsymbol{x}) = n_0 + (n_{ref} - n_0)\boldsymbol{1}_D(\boldsymbol{x})$$

对于任意远离 $\boldsymbol{x}_{ref}$ 的 $\boldsymbol{y}_n$ 和 $\boldsymbol{z}_m$，当点源在 $\boldsymbol{z}_m$ 处发射频率为 ω 的时谐信号，从 $\boldsymbol{y}_n$ 来观测到的域 $\mathrm{Re}[(\boldsymbol{y}_n, \boldsymbol{z}_m)w^{-j\omega t}]$ 可表示为

$$\hat{E}(\boldsymbol{y}_n, \boldsymbol{z}_m) = \hat{G}(\boldsymbol{y}_n, \boldsymbol{z}_m) + k_0^2\rho_{ref}\hat{G}(\boldsymbol{y}_n, \boldsymbol{x}_{ref})\hat{G}(\boldsymbol{x}_{ref}, \boldsymbol{y}_n) + O(|B|^{\frac{4}{d}})$$

其中，$k_0 = n_0\omega/c$ 是均匀波数，ρ_{ref} 为散射振幅

$$\rho_{ref} = \left(\frac{n_{ref}^2}{n_0^2} - 1\right)|B|$$

$\hat{G}(\boldsymbol{y}, \boldsymbol{z})$ 是点源在 $\boldsymbol{z}$ 处亥姆霍兹方程的格林函数或基本解

$$\Delta_x\hat{G}(\boldsymbol{x}, \boldsymbol{z}) + k_0^2\hat{G}(\boldsymbol{x}, \boldsymbol{z}) = -\delta(\boldsymbol{x} - \boldsymbol{z})$$

更明确地说，我们有

$$\hat{G}(\boldsymbol{x}, \boldsymbol{z}) = \begin{cases} \dfrac{i}{4}H_0^{(1)}(k_0|\boldsymbol{x} - \boldsymbol{z}|), & d = 2 \\ \dfrac{e^{jk_0|\boldsymbol{x}-\boldsymbol{z}|}}{4\pi|\boldsymbol{x} - \boldsymbol{z}|}, & d = 3 \end{cases}$$

其中，$H_0^{(1)}$ 是第 1 类零阶汉克尔函数。

当存在 M 个信源 $(\boldsymbol{z}_m)_{m=1,\cdots,M}$ 和 N 个接收机 $(\boldsymbol{y}_n)_{n=1,\cdots,N}$ 时，响应矩阵为 $N \times M$ 矩阵

$$\boldsymbol{H}_0 = (H_{0nm})_{n=1,\cdots,N,\ m=1,\cdots,M}$$

其中

$$(H_{0nm}) = \hat{E}(\boldsymbol{y}_n, \boldsymbol{z}_m) - \hat{G}(\boldsymbol{y}_n, \boldsymbol{z}_m)$$

该矩阵的秩为 1：

$$\boldsymbol{H}_0 = \sigma_{ref}\boldsymbol{u}_{ref}\boldsymbol{v}_{ref}^H$$

非零奇异值为

$$\sigma_{ref} = k_0^2\rho_{ref}\left(\sum_{l=1}^{N}|\hat{G}(\boldsymbol{y}_l, \boldsymbol{x})|^2\right)^{1/2}\left(\sum_{l=1}^{N}|\hat{G}(\boldsymbol{z}_l, \boldsymbol{x})|^2\right)^{1/2} \tag{5-74}$$

相关的左奇异向量和右奇异向量 $\boldsymbol{u}_{ref}$ 和 $\boldsymbol{v}_{ref}$ 分别表示为

$$\boldsymbol{u}_{ref} = \boldsymbol{u}(\boldsymbol{x}_{ref}),\ \boldsymbol{v}_{ref} = \boldsymbol{v}(\boldsymbol{x}_{ref})$$

其中，格林函数的归一化向量可定义为

$$\boldsymbol{u}(\boldsymbol{x}) = \left(\frac{\hat{G}(\boldsymbol{y}_n, \boldsymbol{x})}{\left(\sum_{l=1}^{N}|\hat{G}(\boldsymbol{y}_l, \boldsymbol{x})|^2\right)^{1/2}}\right)_{n=1,\cdots,N},\quad \boldsymbol{v}(\boldsymbol{x}) = \left(\frac{\hat{G}^*(\boldsymbol{z}_m, \boldsymbol{x})}{\left(\sum_{l=1}^{M}|\hat{G}(\boldsymbol{z}_l, \boldsymbol{x})|^2\right)^{1/2}}\right)_{m=1,\cdots,M}$$

这里，$*$ 表示函数的共轭。

矩阵 $\boldsymbol{H}_0$ 为可收集的完整数据集。在实践中，以加性噪声形式出现的电子或测量噪声会破坏实测矩阵。标准获取信号的形式为

$$\boldsymbol{H} = \boldsymbol{H}_0 + \boldsymbol{W}$$

其中，$\boldsymbol{W}$ 的项是零均值为 0、方差为 σ_n^2/M 的独立复高斯随机变量。我们假定

$N \geqslant M$。

我们可以将目标检测描述为标准假设检验问题

$$\mathcal{H}_0: \boldsymbol{H} = \boldsymbol{W}$$

$$\mathcal{H}_1: \boldsymbol{H} = \boldsymbol{H}_0 + \boldsymbol{W}$$

在目标不存在的假设$\mathcal{H}_0$下，人们对$\boldsymbol{W}$的行为进行了广泛的研究。在目标存在的假设$\mathcal{H}_1$下，人们感兴趣的是随机扰动响应矩阵的奇异值。这种模型也被称为信息加噪声模型或尖峰总体模型。实际感兴趣的临界区域是，无扰矩阵的奇异值与噪声的奇异值是同阶的，即σ_{ref}和σ的数量级相同。相关研究工作参见文献[24, 25, 308 ~ 311]、Johnstone[9, 19, 22, 312 ~ 318]和Nadler[305]撰写的论文。

命题5.7(随机扰动响应矩阵的奇异值[336]) 在渐近区域$M \to \infty$

1. 奇异值的归一化l^2范数满足

$$M\left[\frac{1}{M}\sum_{j=1}^{M}(\sigma_j^{(M)})^2 - \gamma\sigma^2\right] \xrightarrow[D]{M\to\infty} \sigma_{ref}^2 + \sqrt{2}\sigma^2 Z_0$$

其中，Z_0服从均值为0、方差为1的高斯分布，“D”表示分布的收敛性。

2. 如果$\sigma_{ref} < \gamma^{1/4}\sigma$，则最大奇异值在分布中满足

$$\sigma_1^{(M)} \cong \sigma\left[\gamma^{1/2} + 1 + \frac{1}{2M^{2/3}}(1+\gamma^{-1/2})^{1/3} Z_2 + o\left(\frac{1}{M^{2/3}}\right)\right]$$

其中，Z_2服从第2类Tracy-Widom分布。

3. 如果$\sigma_{ref} = \gamma^{1/4}\sigma$，则最大奇异值在分布中满足

$$\sigma_1^{(M)} \cong \sigma\left[\gamma^{1/2} + 1 + \frac{1}{2M^{2/3}}(1+\gamma^{-1/2})^{1/3} Z_2 + o\left(\frac{1}{M^{2/3}}\right)\right]$$

其中，Z_2服从第3类Tracy-Widom分布。

4. 如果$\sigma_{ref} > \gamma^{1/4}\sigma$，那么最大奇异值服从高斯分布，其均值和方差分别为

$$\mathbb{E}[\sigma_1^{(M)}] = \sigma_{ref}\left[1 + (1+\gamma)\frac{\sigma^2}{\sigma_{ref}^2} + \gamma\frac{\sigma^4}{\sigma_{ref}^4} + o\left(\frac{1}{M^{1/2}}\right)\right]$$

$$\mathrm{Var}[\sigma_1^{(M)}] = \frac{\sigma^2}{2M}\left[\frac{1-\gamma\dfrac{\sigma^4}{\sigma_{ref}^4}}{1+(1+\gamma)\dfrac{\sigma^2}{\sigma_{ref}^2}+\gamma\dfrac{\sigma^4}{\sigma_{ref}^4}} + o(1)\right]$$

第3类Tracy-Widom分布的累积分布函数(CDF)$\Phi_{TW3}(z)$可表示为

$$\Phi_{TW3}(z) = \exp\left(-\int_z^{\infty}[\varphi(x) + (x-z)\varphi^2(x)]dx\right)$$

Z_3的期望值是$\mathbb{E}(Z_3) = -0.49$，方差为$\mathrm{Var}(Z_3) = 1.22$。

扰动响应矩阵的奇异特征向量在下面的命题中进行描述。标积定义为

$$\langle \boldsymbol{u}, \boldsymbol{v} \rangle = \boldsymbol{u}^H \boldsymbol{v}$$

命题5.8(随机扰动响应矩阵的奇异向量[336]) 在渐近区域$M \to \infty$

1. 如果$\sigma_{ref} < \gamma^{1/4}\sigma$，则角度以概率满足

$$\left|\langle \boldsymbol{u}_{ref}, \boldsymbol{u}_1^{(M)} \rangle\right|^2 = 0 + o(1)$$

$$\left|\left\langle \boldsymbol{v}_{ref}, \boldsymbol{v}_1^{(M)} \right\rangle\right|^2 = 0 + o(1)$$

2. 如果 $\sigma_{ref} > \gamma^{1/4}\sigma$，则角度以概率满足

$$\left|\left\langle \boldsymbol{u}_{ref}, \boldsymbol{u}_1^{(M)} \right\rangle\right|^2 = \frac{1-\gamma\dfrac{\sigma^4}{\sigma_{ref}^4}}{1+\gamma\dfrac{\sigma^4}{\sigma_{ref}^4}} + o(1)$$

$$\left|\left\langle \boldsymbol{v}_{ref}, \boldsymbol{v}_1^{(M)} \right\rangle\right|^2 = \frac{1-\gamma\dfrac{\sigma^4}{\sigma_{ref}^4}}{1+\gamma\dfrac{\sigma^4}{\sigma_{ref}^4}} + o(1)$$

用于目标定位的标准成像函数是 MUSIC 函数，它可定义为

$$I_{MUSIC}(\boldsymbol{x}) = \|\boldsymbol{u}(\boldsymbol{x}) - ((\boldsymbol{u}_1^{(M)})^H \boldsymbol{u}(\boldsymbol{x})\boldsymbol{u}_1^{(M)}\|^{-1/2} = \left(1 - \left|\boldsymbol{u}^H(\boldsymbol{x})\boldsymbol{u}_1^{(M)}\right|^2\right)^{-1/2}$$

其中，$\boldsymbol{u}(\boldsymbol{x})$是格林函数的归一化向量。它是加权子空间迁移函数

$$I_{SM}(\boldsymbol{x}) = 1 - I_{MUSIC}(\boldsymbol{x})^{-2}\left|\boldsymbol{u}^H(\boldsymbol{x})\boldsymbol{u}_1^{(M)}\right|^2$$

的非线性函数。

在此背景下，可以对重构进行描述。运用命题 5.7，我们可以看出，假设 $\sigma_{ref} > \gamma^{1/4}\hat{\sigma}$，则量

$$\hat{\sigma}_{ref} = \frac{\hat{\sigma}}{\sqrt{2}}\left\{\left(\frac{\sigma_1^{(M)}}{\hat{\sigma}}\right)^2 - 1 - \gamma + \left(\left[\left(\frac{\sigma_1^{(M)}}{\hat{\sigma}}\right)^2 - 1 - \gamma\right]^2 - 4\gamma\right)^{1/2}\right\}^{1/2} \tag{5-75}$$

是 σ_{ref}的一个估计。根据式(5-74)，我们可以将夹杂物 ρ_{ref}的散射振幅估计为

$$\hat{\rho}_{ref} = \frac{c_0^2}{\omega^2}\left(\sum_{n=1}^{N}\left|\hat{G}(\omega, \hat{X}_{ref}, \boldsymbol{y}_n)\right|^2\right)^{-1/2}\left(\sum_{m=1}^{M}\left|\hat{G}(\omega, \hat{X}_{ref}, \boldsymbol{z}_m)\right|^2\right)^{-1/2}\hat{\sigma}_{ref}$$

其中，$\hat{\sigma}_{ref}$为式(5-75)的估计，$\hat{X}_{ref}$为夹杂物位置的估计。该估计器是渐近无偏的，因为它能补偿因噪声而导致的第 1 个奇异值的能级排斥。

5.5.12　智能电网中的状态估计和恶意攻击者

使用大维随机矩阵的一种自然状态是在能够满足大型网络要求的智能电网中。我们使用一个例子来说明这种潜力。我们采用文献[337]中的模型用于我们的设置。可以在大维随机矩阵的背景下，研究针对智能电网的状态估计和恶意攻击问题。

电网状态估计广泛应用于从冗余噪声测量中获取最佳估计，以及出于经济或计算方面的考虑，来估计未被直接监控的网络分支状态。

在某一瞬间，电网的状态是由所有系统总线的电压相角和幅值构成的。明确地，令 $\boldsymbol{x} \in \mathbb{R}^n$和$\boldsymbol{z} \in \mathbb{R}^p$分别表示状态和测量向量。于是，我们有

$$\boldsymbol{z} = h(\boldsymbol{x}) + \boldsymbol{\eta} \tag{5-76}$$

其中，$h(\boldsymbol{x})$是一个非线性测量函数，$\boldsymbol{\eta}$ 是一个零均值随机向量，满足

$$\mathbb{E}[\boldsymbol{\eta}\boldsymbol{\eta}^T] = \boldsymbol{\Sigma}_{\boldsymbol{\eta}} = \boldsymbol{\Sigma}_{\boldsymbol{\eta}}^T > 0$$

网络状态可以通过使用相量测量设备直接测量电压相量来得到。我们采用符合式

(5-76)中线性化原则的近似估计模型

$$z = Hx + v$$

其中

$$H \in \mathbb{R}^{p \times n},\ \mathbb{E}[v] = 0,\ \mathbb{E}[vv^T] = \Sigma = \Sigma^T > 0$$

考虑到电网的互连结构，可知测量矩阵 H 是稀疏的。

我们假设，从 $i=1$ 到 $i=N$，z_i 是可用的。我们用 Z_N 来表示 $p \times N$ 观测矩阵。式(5-76)可以改写为

$$Z_N = HX_N + V_N \tag{5-77}$$

其中

$$Z_N = [z_1, \cdots, z_N],\ X_N = [x_1, \cdots, x_N],\ V_N = [v_1, \cdots, v_N]$$

从这个矩阵 Z_N 可以看出，我们可以将观测值的样本协方差矩阵定义为

$$\hat{R}_N = \frac{1}{N} Z_N Z_N^H$$

而与无噪声观测值有关的经验空间相关矩阵可表示为如下形式

$$\frac{1}{N} HX_N X_N^H H^H$$

为了简化未来的符号，我们将矩阵定义为

$$\Sigma_N = \frac{Z_N}{\sqrt{N}},\ B_N = \frac{HX_N}{\sqrt{N}},\ W_N = \frac{V_N}{\sqrt{N}}$$

这样，式(5-77)可以等价地表示为

$$\Sigma_N = B_N + W_N \tag{5-78}$$

其中，Σ_N 是观测值的(归一化)矩阵，B_N 是包含信号贡献的确定性矩阵，W_N 是均值为0、方差为 σ^2/N 的独立同分布项构成的复高斯白噪声矩阵。

如果 $N \to \infty$ 而 M 是固定的，则 Z_N 观测值的样本协方差矩阵

$$\hat{R}_N = \Sigma_N \Sigma_N^H$$

收敛于矩阵

$$R_N = B_N B_N^H + \sigma^2 I_p$$

从这个意义上讲

$$\| R_N - B_N B_N^H - \sigma^2 I_p \| \to 0 \quad \text{几乎必然} \tag{5-79}$$

但是，在联合极限

$$\text{渐近区域：} N \to \infty,\ p \to \infty,\ \text{但} \frac{p}{N} \to c$$

这是实际情况，式(5-79)不再为真。随机矩阵理论必须用于推导结果。在文献[282, 333, 338, 339]中，式(5-79)是一种标准形式。

给定电力系统的分布式特性以及电力系统越来越依赖于局域网(Local Area Networks, LAN)将数据传输到控制中心的事实，攻击者可能会通过破坏测量向量 z 来攻击网络功能。当恶意代理破坏了一些测量值时，测量关系的新状态变为

$$\mathcal{H}_0: z = Hx + v$$

$$\mathcal{H}_1: \boldsymbol{z} = \boldsymbol{Hx} + \boldsymbol{v} + \boldsymbol{a} \tag{5-80}$$

其中，$\boldsymbol{a} \in \mathbb{R}^p$由攻击者进行选择，因而对于任意监控站来说，它是未知和不可测量的。

式(5-80)是一个标准假设检验问题。因此，可以使用广义似然比检验(GLRT)和随机矩阵理论。按照上述相同的标准步骤，我们有

$$\mathcal{H}_0: \boldsymbol{Z}_N = \boldsymbol{HX}_N + \boldsymbol{V}_N$$

$$\mathcal{H}_1: \boldsymbol{Z}_N = \boldsymbol{HX}_N + \boldsymbol{V}_N + \boldsymbol{A}_N$$

其中

$$\boldsymbol{A}_N = [\boldsymbol{a}_1, \cdots, \boldsymbol{a}_N]$$

通过研究样本协方差矩阵

$$\hat{\boldsymbol{R}}_N = \frac{1}{N}\boldsymbol{Z}_N\boldsymbol{Z}_N^H$$

我们能够推断出假设$\mathcal{H}_0$和$\mathcal{H}_1$下的不同行为。该例子的这种结果似乎是首次报导。

5.5.13 协方差矩阵估计

更多详情，我们借鉴文献[340]。考虑一种使用M条信道的K个用户N维复值离散时间向量。我们定义$\alpha \triangleq \frac{M}{N}$，$\beta \triangleq \frac{K}{N}$。我们假设系统负荷$\beta < 1(K < N)$，另外将信号子空间简单假设为整个$N$-向量空间。在使用第$m$个信道时，接收端的信号可以用$N$-向量来表示，其定义为

$$\boldsymbol{y}(m) = \sum_{k=1}^{K} h_{km}\boldsymbol{x} + \boldsymbol{w}(m) \tag{5-81}$$

其中，h_{km}是用户k的信道符号，具有单位功率，$\boldsymbol{x}_k$为用户k的特征波形(需要注意的是，$\boldsymbol{s}_k$独立于样本指标m)，$\boldsymbol{w}(m)$是加性噪声。通过定义

$$\boldsymbol{X}_{N\times K} = [\boldsymbol{x}_1, \cdots, \boldsymbol{x}_K], \ \boldsymbol{h}_{K\times 1}(m) = [h_{1m}^*, \cdots, h_{Km}^*]^H$$

式(5-81)可以重写为

$$\boldsymbol{y}(m) = \boldsymbol{Xh}(m) + \boldsymbol{w}(m) \tag{5-82}$$

我们不假设$\boldsymbol{H}$、$\boldsymbol{x}$和$\boldsymbol{w}$中的项服从具体的分布规律，从而使得信道模型更具普遍性[340]：

- $\boldsymbol{X}$的项是相互独立的随机变量，每个变量期望值为0、方差为$\frac{1}{\sqrt{N}}$。因此，当$N \to \infty$时，$\forall k$，$\|\boldsymbol{x}_k\| \xrightarrow{\text{几乎必然}} 1$。
- $\boldsymbol{h}(m)$的项是相互独立的随机变量。对于不同m值来说，随机向量$\boldsymbol{h}(m)_{m=1,\cdots,M}$相互独立，且满足

$$\mathbb{E}\{\boldsymbol{h}(m)\boldsymbol{h}^H(m)\} = \boldsymbol{I}_{K\times K}, \ \mathbb{E}\{\boldsymbol{h}(m)\boldsymbol{h}^T(m)\} = \boldsymbol{0}_{K\times K}$$

- $\boldsymbol{w}(m)$的项是相互独立的随机变量。对于不同m值来说，随机向量$\boldsymbol{w}(m)_{m=1,\cdots,M}$相互独立，且满足

$$\mathbb{E}\{\boldsymbol{w}(m)\boldsymbol{w}^H(m)\} = \sigma_w^2\boldsymbol{I}_{N\times N}, \ \mathbb{E}\{\boldsymbol{x}(m)\boldsymbol{x}^T(m)\} = \boldsymbol{0}_{N\times N}$$

• $\boldsymbol{X}$、$\boldsymbol{h}(m)$和$\boldsymbol{w}(m)$ 是联合独立的。

这样的模型对 CDMA 和 MIMO 系统是非常有用的。

接收信号式(5-81)的协方差矩阵可表示为

$$\boldsymbol{R} \triangleq \mathbb{E}\{\boldsymbol{y}(m)\boldsymbol{y}^H(m)\} = \boldsymbol{X}\boldsymbol{X}^H + \sigma_w^2 \boldsymbol{I}_{N\times N} \tag{5-83}$$

基于式(5-82)和

$$\mathbb{E}\{\boldsymbol{w}(m)\boldsymbol{w}^H(m)\} = \sigma_w^2 \boldsymbol{I}_{N\times N}$$

无偏样本协方差矩阵估计可定义为

$$\hat{\boldsymbol{R}} = \frac{1}{M}\sum_{m=1}^{M}\boldsymbol{y}(m)\boldsymbol{y}^H(m) = \frac{1}{M}(\boldsymbol{X}\boldsymbol{H}+\boldsymbol{W})(\boldsymbol{X}\boldsymbol{H}+\boldsymbol{W})^H \tag{5-84}$$

其中

$$\boldsymbol{H} \triangleq [\boldsymbol{h}_1, \cdots, \boldsymbol{h}_M], \ \boldsymbol{W} = [\boldsymbol{w}_1, \cdots, \boldsymbol{w}_M]$$

应用不相交分区理论，我们可以得到协方差矩阵估计的渐近特征值矩的显式表达式[340]。这里，我们只提供一些重要成果。

5.5.13.1 无噪声情形

当 $\sigma_w^2=0$ 时，样本协方差矩阵可表示为

$$\hat{\boldsymbol{R}} = \frac{1}{M}(\boldsymbol{X}\boldsymbol{H})(\boldsymbol{X}\boldsymbol{H})^H = \frac{1}{M}\boldsymbol{X}\boldsymbol{H}\boldsymbol{H}^H\boldsymbol{X}^H$$

$\hat{\boldsymbol{R}}$ 的通用特征值用$\hat{\lambda}$表示，我们可以将特征值矩定义为

$$\hat{\boldsymbol{\lambda}}_p = \lim_{K,N,M\to\infty} \mathbb{E}\{\boldsymbol{\lambda}^P\}$$

文献[340]推出了显式表达式。

推论 5.1（文献[340]）矩阵$\frac{1}{M}\boldsymbol{Z}\boldsymbol{H}\boldsymbol{H}^H\boldsymbol{Z}^H$（其中 $\boldsymbol{Z}$ 是由具有单位方差、相互独立的项构成的 $M\times N$ 矩阵）的特征值矩与矩阵$\frac{1}{M}\boldsymbol{H}\boldsymbol{X}\boldsymbol{X}^H\boldsymbol{H}^H$的特征值矩相同。

$\hat{\lambda}$的斯蒂尔切斯变换可表示为 $m_{\hat{\lambda}}(z)$。

推论 5.2（文献[340]）$\hat{\lambda}$的斯蒂尔切斯变换 σ_w^2满足

$$z^2 m_{\hat{\lambda}}^3(z) + (2-\alpha-\beta) z m_{\hat{\lambda}}^3(z) - (\alpha z - (1-\beta)(1-\alpha)) m_{\hat{\lambda}}(z) - \alpha = 0 \tag{5-85}$$

通过斯蒂尔切斯变换反演公式，式(5-85)可用于推导$\hat{\lambda}$的累积分布函数（CDF）和概率分布函数（PDF）。

引理 5.1（文献[340]）存在常数 $C>0$ 和 $p_0\in\mathbb{N}$，使得

$$\hat{\lambda} < C_p, \ \forall p > p_0$$

定理 5.45（文献[340]）当$K, N, M\to\infty$ 时，$\hat{\lambda}$的分布弱收敛于由特征值矩确定的唯一分布。

定理 5.46（文献[340]）当σ_w^2，$\forall x>0$ 时，随机变量$\hat{\lambda}$的概率分布函数$\hat{f}(x)$可表示为

$$\hat{f}(x) = \frac{1}{\pi}\mathrm{Im}(m_{\hat{\lambda}}(x))$$

文献[340]推导出了在其支持范围内$\hat{\lambda}$的闭式概率分布函数(PDF)，由于篇幅太长，因而这里不再详述。

定理 5.47(文献[340]) $\hat{\lambda}$的概率分布函数$\hat{f}(x)$具有如下性质：

1. $\hat{f}(x)$的支持可用$(\hat{\lambda}_{\max},\hat{\lambda}_{\min})$表示，其中

$$\hat{\lambda}_{\min}\triangleq\inf_{\hat{\lambda}>0}(\hat{\lambda}),\ \hat{\lambda}_{\max}\triangleq\sup_{\hat{\lambda}>0}(\hat{\lambda})$$

2. $\lambda_{\max}\leqslant\hat{\lambda}_{\max}\leqslant\lambda_{\max}\left(1+\min\left(\sqrt{\frac{\beta}{\alpha}},\sqrt{\frac{\alpha}{\beta}}\right)\right)^2$；

3. 当α足够大时，$(\lambda_{\min},\lambda_{\max})\subset(\hat{\lambda}_{\min},\hat{\lambda}_{\max})$；

4. 当$\alpha<\beta$足够小时，$\hat{\lambda}_{\min}\leqslant\hat{\lambda}_{\max}$。

5.5.13.2　噪声存在的情形

我们将分析扩展到$\sigma_w^2\geqslant0$的一般情况。当$\sigma_w^2\geqslant0$时，精确协方差矩阵是满秩的，且在$\lambda=\sigma_w^2$处以概率$1-\beta$存在一个质点。

定理 5.48(文献[340]) 当K, N, $M\to\infty$时，矩阵$\frac{1}{M}(\boldsymbol{XH}+\boldsymbol{W})(\boldsymbol{XH}+\boldsymbol{W})^H$的特征值分布与矩阵$\frac{1}{M}\boldsymbol{Z}(\boldsymbol{XX}^H+\sigma_w^2\boldsymbol{I}_{N\times N})\boldsymbol{Z}^H$，其中$\boldsymbol{Z}$是$M\times N$矩阵，其项是具有单位方差的相互独立的随机变量。

与无噪声的情形类似，文献[340]推导出了$\boldsymbol{XX}^H+\sigma_w^2\boldsymbol{I}_{N\times N}$的闭式特征值矩。让我们给出前 4 阶矩

$$\mathbb{E}\{\hat{\lambda}^2\}=\sigma_w^2+\beta$$

$$\mathbb{E}\{\hat{\lambda}^2\}=\left(\frac{1}{\alpha}+1\right)(\sigma_w^2+\beta)^2+\beta$$

$$\mathbb{E}\{\hat{\lambda}^3\}=\left(\frac{1}{\alpha^2}+\frac{3}{\alpha}+1\right)(\sigma_w^2+\beta)^3+3\left(\frac{1}{\alpha}+1\right)\beta(\sigma_w^2+\beta)+\beta$$

$$\mathbb{E}\{\hat{\lambda}^4\}=\left(\frac{1}{\alpha^3}+\frac{6}{\alpha^2}+\frac{6}{\alpha}+1\right)(\sigma_w^2+\beta)^4+\left(\frac{6}{\alpha^2}+\frac{16}{\alpha}+6\right)\beta(\sigma_w^2+\beta)^2$$
$$+\frac{1}{\alpha}(4\beta\sigma_w^2+6\beta^2)+6\beta^2+4\beta\sigma_w^2+\beta$$

估计协方差矩阵的渐近特征值矩大于精确协方差矩阵的渐近特征值矩(期望值除外)。这对于有噪声和无噪声情形都成立。

特征值$\hat{\lambda}$的斯蒂尔切斯变换(用$m_{\hat{\lambda}}$表示)可以表示为

$$\sigma_w^2z^2m_{\hat{\lambda}}^4(z)+(\alpha z^2+2(1-\alpha)\sigma_w^2z)m_{\hat{\lambda}}^3(z)+((1-\alpha)^2\sigma_w^2+\alpha(2-\alpha-\beta-\sigma_w^2)z)m_{\hat{\lambda}}^2(z)$$
$$-\alpha(\alpha z-(1-\alpha)(1-\beta-\sigma_w^2))m_{\hat{\lambda}}(z)-\alpha^2=0$$

我们定义

$$\hat{\lambda}_{\min}\triangleq\inf_{f(\hat{\lambda})>0,\ \hat{\lambda}>0}(\hat{\lambda}),\ \hat{\lambda}_{\max}\triangleq\sup_{f(\hat{\lambda})>0,\ \hat{\lambda}>\sigma_w^2}(\hat{\lambda})$$

它对应于精确协方差矩阵的部分，记为 $\lambda_{\min}$，$\lambda_{\max}$ 和 $\lambda'_{\min}$，分别可以表示为 $(1+\sqrt{\beta})^2+\sigma_w^2$，$\sigma_w^2$ 和 $(1-\sqrt{\beta})^2+\sigma_w^2$。

定理 5.49（文献[340]） 对于任意正特征值 $\hat{\lambda}$ 来说，不存在质点。$\hat{f}$ 的支持满足如下性质：

1. 对于足够大的 α 来说，当 $\sigma_w^2>0$ 时，$\hat{\lambda}$ 的支持不是连续区间；
2. $\lambda_{\max}\leqslant\hat{\lambda}_{\max}\leqslant\lambda_{\max}\left(1+\min\left(\sqrt{\dfrac{1}{\alpha}},\sqrt{\alpha}\right)\right)^2$；
3. 当 α 足够大时，$(\lambda_{\min},\lambda_{\max})\subset(\hat{\lambda}_{\min},\hat{\lambda}_{\max})$；
4. 当 $\alpha<\beta$ 足够小时，$\hat{\lambda}_{\min}\leqslant\hat{\lambda}_{\max}$。

定理 5.47 中的性质 3 和 4 与定理 5.49 的性质 3 和 4 是相同的。性质 1 是截然不同的。根本原因是 σ_w^2 处质点的存在。当 $\sigma_w^2=0$ 时，0 处质点始终存在的概率是 $1-\beta$，且正特征值上的支持是连续的。当 $\sigma_w^2>0$，$1<\alpha<\infty$ 时，估计协方差矩阵是满秩的，且不存在质点。当 $\alpha\to\infty$ 时，必须将正特征值的支持至少分离为两个不相交的区间，使得 σ_w^2 周围的支持收缩成一个点。

5.5.14　确定性等价式

我们感兴趣的是大维随机矩阵特定函数的确定性等价式。最重要的参考文献是[281，341～344]。在本节中，我们主要借鉴文献[281]。考虑一个 $N\times n$ 随机矩阵 $\boldsymbol{Y}_n=Y_{ij}^n$，该矩阵的项可表示为

$$Y_{ij}^n=\frac{\sigma_{ij}(n)}{\sqrt{n}}X_{ij}^n$$

这里，$(\sigma_{ij}(n),1\leqslant i\leqslant N,1\leqslant j\leqslant n)$ 是称为方差像的有界实数序列；X_{ij}^n 是具有单位方差和有限 $4+\varepsilon$ 矩的中心独立同分布项。现在，我们考虑一个确定性 $N\times n$ 矩阵，其列和行在欧几里德范数中是一致有界的。

令

$$\boldsymbol{\Sigma}_n=\boldsymbol{Y}_n+\boldsymbol{A}_n$$

该模型有两大有趣的特征：随机变量是独立的，但不是独立同分布的，因为方差可能会有所不同，且 $\boldsymbol{Y}_n$ 的中心扰动 $\boldsymbol{A}_n$ 可能具有一种非常普遍的形式。我们的问题旨在学习

$$\frac{1}{N}\mathrm{Tr}(\Sigma_n\Sigma_n^T-z\boldsymbol{I}_N)^{-1},\ z\in\mathbb{C}-\mathbb{R}$$

的行为，换言之，它是当 $n\to\infty$，$N\to\infty$，使得 $\dfrac{N}{n}\to c$，$0<c<\infty$ 时，$\boldsymbol{\Sigma}_n\boldsymbol{\Sigma}_n^T$ 经验特征值分布的斯蒂尔切斯变换。

在 $\mathbb{C}-\mathbb{R}$ 中，存在一个确定性 $N\times N$ 矩阵值解析函数 $\boldsymbol{T}_n(z)$，使得

$$\lim_{n\to+\infty,\ N/n\to c}\left(\frac{1}{N}\mathrm{Tr}(\boldsymbol{\Sigma}_n\boldsymbol{\Sigma}_n^T-z\boldsymbol{I}_N)^{-1}-\frac{1}{N}\mathrm{Tr}\boldsymbol{T}_n(z)\right)=0$$

几乎成为必然。

换言之，存在$\boldsymbol{\Sigma}_n\boldsymbol{\Sigma}_n^T$经验特征值分布的斯蒂尔切斯变换的确定性等价式。同时也证明，$\frac{1}{N}\mathrm{Tr}\boldsymbol{T}_n(z)$是概率测度$\boldsymbol{\pi}_n(d\lambda)$的斯蒂尔切斯变换，且对于每个有界连续函数$f$来说，下面的收敛性几乎必然成立

$$\frac{1}{N}\sum_{k=1}^{N}f(\lambda_k)-\int_0^{\infty}f(\lambda)\pi_n(d\lambda)\underset{n\to\infty}{\to}0$$

其中，$(\lambda_k)_{1\leqslant k\leqslant N}$是$\boldsymbol{\Sigma}_n\boldsymbol{\Sigma}_n^T$的特征值。将$\frac{1}{N}\mathrm{Tr}\boldsymbol{T}_n(z)$（而不是$\mathbb{E}\frac{1}{N}\mathrm{Tr}(\boldsymbol{\Sigma}_n\boldsymbol{\Sigma}_n^T-z\boldsymbol{I}_N)^{-1}$）作为一个确定性逼近的优势，在于计算$\boldsymbol{T}_n(z)$通常要比计算$\mathbb{E}\frac{1}{N}\mathrm{Tr}(\boldsymbol{\Sigma}_n\boldsymbol{\Sigma}_n^T-z\boldsymbol{I}_N)^{-1}$容易得多这一事实，计算$\mathbb{E}\frac{1}{N}\mathrm{Tr}(\boldsymbol{\Sigma}_n\boldsymbol{\Sigma}_n^T-z\boldsymbol{I}_N)^{-1}$需要用到蒙特卡罗仿真。当矩阵$\boldsymbol{\Sigma}_n$的维数提高时，这些蒙特卡罗仿真工作量越来越大。

此项工作是由MIMO无线信道激励的。这些系统的性能与所谓的信道矩阵$\boldsymbol{H}_n$有关，该矩阵的项（H_{ij}^n，$1\leqslant i\leqslant N$，$1\leqslant j\leqslant n$）代表发射天线j和接收天线i之间的增益。通常可将矩阵$\boldsymbol{H}_n$建模为随机矩阵的一种实现。在特定背景下，格兰姆矩阵$\boldsymbol{H}_n\boldsymbol{H}_n^*$与矩阵$(\boldsymbol{Y}_n+\boldsymbol{A}_n)(\boldsymbol{Y}_n+\boldsymbol{A}_n)^*$是酉等价的，其中$\boldsymbol{A}_n$可能是一个满秩确定性矩阵。作为应用，我们得到一种互信息的确定性等价式：

$$C_n(\sigma^2)=\frac{1}{N}\mathbb{E}\log\det\left(\boldsymbol{I}_N+\frac{\Sigma_n\Sigma_n^T}{\sigma^2}\right)$$

其中，σ^2是已知参数。

让我们考虑上述研究工作的扩展。考虑

$$Y_{ij}^n=\frac{\sigma_{ij}(n)}{\sqrt{n}}X_{ij}^n$$

其中，$(\sigma_{ij}(n),\ 1\leqslant i\leqslant N,\ 1\leqslant j\leqslant n)$是一致有界实数序列，且$X_{ij}^n$是具有单位方差和有限第8矩的复中心独立同分布项。

我们感兴趣的是随机变量的波动

$$I_n(\rho)=\frac{1}{N}\log\det(\boldsymbol{Y}_n\boldsymbol{Y}_n^*+\rho\boldsymbol{I}_n)$$

其中，$\boldsymbol{Y}_n^*$是$\boldsymbol{Y}_n$的厄米特伴随矩阵，$\rho>0$是一个附加参数。文献[342]证明，当居中和恰当缩放后，这个随机变量满足中心极限定理（Center Limit Theorem，CLT），且具有确定参数的高斯极限。理解随机变量的波动，特别是能够逼近其标准差是各种应用（如计算所谓的中断概率）主要感兴趣的问题。

考虑特征值的如下线性统计

$$I_n(\rho)=\frac{1}{N}\mathrm{logdet}(\boldsymbol{Y}_n\boldsymbol{Y}_n^*+\rho\boldsymbol{I}_n)=\frac{1}{N}\sum_{i=1}^{N}\log(\lambda_i+\rho)$$

其中，λ_i是矩阵$\boldsymbol{Y}_n\boldsymbol{Y}_n^*$的特征值。此函数当然是MIMO信道的互信息。每当$n\to\infty$，

$\frac{N}{n} \to c$, $0 < c < \infty$ 时，文献[342]旨在为 $I_n(\rho)$ 构建一个中心极限定理(CLT)。

存在确定性概率测度 πn 的一个序列，使得数学期望$\mathbb{E}I_n$ 满足

$$\mathbb{E}I_n(\rho) - \int \log(\lambda + \rho)\pi_n(d\lambda) \xrightarrow[n \to \infty]{} 0$$

同时证明经过适当重新调整，该量收敛于一个高斯随机变量。为了证明中心极限定理(CLT)，我们研究量

$$N(I_n(\rho) - \mathbb{E}\,I_n(\rho))$$

这是波动产生的源头，且根据量

$$N(\mathbb{E}\,I_n(\rho) - \int \log(\lambda + \rho)\pi_n(d\lambda))$$

可以得到一个偏差。

$N(I_n(\rho) - \mathbb{E}I_n(\rho))$的方差采用了一种相当简单的闭式表达式。事实上，存在一个 $n \times n$确定性矩阵 $\boldsymbol{A}_n$，其项与方差像 σ_{ij}有关，使得方差具有如下形式

$$\Theta_n^2 = \mathrm{logdet}(\boldsymbol{I}_n - \boldsymbol{A}_n) + \kappa\, \mathrm{Tr}\boldsymbol{A}_n$$

其中，$\kappa = \mathbb{E}\left|X_{11}\right|^4 - 2$ 位于复变量 X_{11} 的第 4 累积量中，且中心极限定理(CLT)可表示为

$$\frac{N}{\Theta_n^2}(I_n(\rho) - \mathbb{E}\,I_n(\rho)) \xrightarrow[n\to\infty]{\mathcal{L}} \mathcal{N}(0, 1)$$

我们也可以对该偏差进行建模。存在一个确定性量 $\boldsymbol{B}_n$，使得：

$$N(\mathbb{E}\,I_n(\rho) - \int \log(\lambda + \rho)\pi_n(d\lambda)) - \boldsymbol{B}_n(\rho) \xrightarrow[n\to\infty]{} 0$$

在文献[343]中，作者们对随机变量的波动进行了研究：

$$I_n(\rho) = \frac{1}{N}\mathrm{logdet}(\boldsymbol{\Sigma}_n\boldsymbol{\Sigma}_n^T - \rho\boldsymbol{I}_N) = \frac{1}{N}\sum_{i=1}^{N}\log(\lambda_i + \rho), \ \rho > 0$$

其中，当矩阵的维度以同样的速度趋于无穷大时

$$\boldsymbol{\Sigma}_n = n^{-1/2}\boldsymbol{D}_n^{1/2}\boldsymbol{X}_n\widetilde{\boldsymbol{D}}_n^{1/2} + \boldsymbol{A}_n$$

矩阵 $\boldsymbol{X}_n$和 $\boldsymbol{A}_n$分别代表随机和确定性 $N \times n$ 矩阵，矩阵 $\boldsymbol{D}_n$和 $\widetilde{\boldsymbol{D}}_n$分别代表确定性矩阵和对角阵。矩阵 $\boldsymbol{X}_n$包含具有单位方差的实(或复)中心独立同分布项。作者们研究了与非中心大维随机矩阵有关的波动。他们的贡献是不考虑基本随机变量实数或复数性质的具体假设，证明了中心极限定理(CLT)。尤其是未假设随机变量是高斯变量，也未假设每当随机变量 $\boldsymbol{X}_{ij}$是复数时，其 2 阶矩$\mathbb{E}X_{ij}^2$是 0，还未假定随机变量是循环的。

互信息 I_n与 $\boldsymbol{\Sigma}_n\boldsymbol{\Sigma}_n^T$的谱测度

$$I_n(\rho) = \log\rho + \int_\rho^\infty \left(\frac{1}{w} - f_n(-w)\boldsymbol{d}w\right)$$

的斯蒂尔切斯变换

$$f_n(z) = \frac{1}{N}\mathrm{Tr}(\boldsymbol{\Sigma}_n\boldsymbol{\Sigma}_n^T - z\boldsymbol{I}_N)^{-1}$$

具有强关联。

因此，对 I_n 波动的研究也是研究 $\boldsymbol{\Sigma}_n\boldsymbol{\Sigma}_n^T$ 特征值的一般线性统计的重要一步，它可以由斯蒂尔切斯变换来表示

$$\frac{1}{N}\mathrm{Tr}h(\Sigma_n\Sigma_n^T) = \frac{1}{N}\sum_{i=1}^{N}h(\lambda_i) = -\frac{1}{2i\pi}\oint_C h(z)f_n(z)\boldsymbol{dz}$$

5.5.15 局部故障检测与诊断

文献[345]研究了当相关总体协方差矩阵是单位矩阵的有限秩扰动(对应于随机矩阵理论中所谓的尖峰模型)时，大维样本协方差矩阵的极特征值和特征向量联合波动问题。目前已经证明，随着矩阵尺寸变大，渐近波动与来自于高斯酉系综(Gaussian Unitary Ensemble, GUE)密切联系在一起。当尖峰总体特征值具有单位多样性时，波动遵循中心极限定理。在大型传感器网络(故障数量级已知或未知)中，这个结果可用于开发一种局部故障检测和诊断的原始框架。该方法与认知无线电网络和智能电网有关。通过在大型传感器网络中应用这种一般假设测试框架，该方法可用于执行快速的、计算合理的多故障检测和定位。实际仿真结果表明，该算法甚至考虑了小型网络的高故障检测和定位性能，虽然对于这些小型网络来说，通常需要更多的观测值，而不是理论预测值。

5.6 大维协方差矩阵的正则估计

由于诸多原因，来自多元数据样本的总体协方差矩阵估计一直非常重要[344, 346, 347]。其中的一些主要原因是：

1. 为了得到可解释的低维数据表示(主成分分析或PCA)，而对主成分和特征值进行的估计；
2. 用于高斯数据分类的线性判别函数(线性判别分析或LDA)构建；
3. 使用探索性数据分析和检验，建立成分之间的独立性和条件独立性；
4. 设置成分均值的线性函数上的置信区间。

(1)需要对协方差矩阵的特征结构进行估计，而(2)和(3)则需要对逆函数进行估计。在信号处理和无线通信中，协方差矩阵通常为起点。

精确表达式是非常繁琐的，多元数据很少服从高斯分布。解决方法是适用于大维样本和固定相对较小维度矩阵的渐近理论。最近，由于“大数据”愿景的出现[1]，不适应该框架的数据集已经非常多见——数据维度非常高，且相对于维度，样本量非常小。

众所周知，如果 p 较大，则来自 p 变量高斯分布的、样本量为 n 的样本经验协方差矩阵，目前并不是总体协方差的一个良好估计。约翰斯通及其学生发表的论著[9, 19, 22, 312~318, 325, 327]与此有关。

如果 p 和 n 较大，则来自 p 变量高斯分布的、样本量为 n 的样本经验协方差矩阵具有意想不到的特征。如果 $p/n\to c\in(0, 1)$，且协方差矩阵 $\boldsymbol{\Sigma}_p=\boldsymbol{I}$(单位矩阵)，则样本协方差矩阵 $\boldsymbol{\Sigma}_p$ 遵循马尔琴科-帕斯图尔定律[348]，这在区间

$$[(1-\sqrt{c})^2, (1+\sqrt{c})^2]$$

上是成立的。因此,p/n 越大(从而 c 越大),特征值越发散。

目前,已经出现两大类协方差估计[347]:(1)那些依赖于变量之间自然排序的协方差估计,假设排序相距甚远的变量仅为弱相关;(2)变量置换时不变的那些协方差估计。但是,也有诸多根本不存在变量间距概念的应用。

例如,在文献[312]中,一些方法含蓄地假设了稀疏的不同概念。针对样本协方差矩阵的阈值选取问题,文献[347]已经提出了一种协方差调节的简单置换不变方法。通过结合文献[344],可以得到一类对应于平稳(但不一定是高斯)序列的(大维)经验协方差矩阵的正则估计。

关于符号、动机和背景,我们主要借鉴文献[346]。

我们观测到均值为 0、协方差矩阵为$\hat{\boldsymbol{\Sigma}}_p$的独立同分布 p 元随机变量 $\boldsymbol{X}_1, \cdots, \boldsymbol{X}_n$,并记

$$\boldsymbol{X}_i = (X_{i1}, \cdots, X_{ip})^T$$

现在,我们假设 $\boldsymbol{X}_i$为多元正态变量。我们要研究当 $p, n \to \infty$ 时,$\boldsymbol{\Sigma}_p$估计的行为。众所周知,如果 p 固定,则样本协方差矩阵 $\boldsymbol{\Sigma}_p$的最大似然估计

$$\hat{\boldsymbol{\Sigma}}_p = \frac{1}{n}\sum_{i=1}^{n}(\boldsymbol{X}_i - \overline{\boldsymbol{X}})(\boldsymbol{X}_i - \overline{\boldsymbol{X}})^T$$

表现最佳,且以速率 $n^{-1/2}$ 收敛于 p。如果 $p \to \infty$,则 $\hat{\boldsymbol{\Sigma}}_p$表现非常糟糕,除非它以某种方式实现"正则化"。

5.6.1 协方差正则估计

5.6.1.1 联合样本协方差矩阵

对于任意矩阵 $\boldsymbol{A} = [a_{ij}]_{p \times p}$ 和任意 $0 \leqslant k \leqslant p$ 来说,定义

$$\mathcal{B}_k(\boldsymbol{A}) = [a_{ij}\boldsymbol{I}(|i-j| \leqslant k)]$$

并估计协方差$\hat{\boldsymbol{\Sigma}}_{k,p} = \hat{\boldsymbol{\Sigma}}_k = \mathcal{B}(\hat{\boldsymbol{\Sigma}}_p)$。在索引以 $\boldsymbol{\Sigma}_p = [\sigma_{ij}]$方式排列的情形中,此类正则化是理想的。我们有

$$|i-j| > k \Rightarrow \sigma_{ij} = 0$$

此假设是成立的,例如,如果 $\boldsymbol{\Sigma}_p = [\sigma_{ij}]$是 $\boldsymbol{Y}_1, \cdots, \boldsymbol{Y}_p$的协方差矩阵,其中 $\boldsymbol{Y}_1, \cdots, \boldsymbol{Y}_p$是有限不均匀移动平均(Moving Average, MA)过程

$$\boldsymbol{Y}_t = \sum_{j=1}^{k}\alpha_{t,t-1}\boldsymbol{x}_j$$

$\boldsymbol{x}_j$是均值为 0 的独立同分布矩阵。联合任意协方差矩阵无法确保正定性。

我们所有集合都将是所谓状态良好的协方差矩阵 $\boldsymbol{\Sigma}_p$的子集,使得对于所有 p

$$0 < \varepsilon \leqslant \lambda_{\min}(\boldsymbol{\Sigma}) \leqslant \lambda_{\max}(\boldsymbol{\Sigma}) \leqslant 1/\varepsilon < \infty$$

这里,$\lambda_{\max}(\boldsymbol{\Sigma})$和 $\lambda_{\min}(\boldsymbol{\Sigma})$是 $\boldsymbol{\Sigma}_p$的最大和最小特征值,ε 独立于 p。

此类矩阵的实例[349]包括

$$Y_i = X_i + W_i,\ i = 1, 2, \cdots$$

其中,X_i是平稳遍历过程,W_i是一个独立于$\{X_i\}$的噪声过程。该模型还包括保罗提

出的“尖峰模型”[27]，因为有界秩矩阵是希尔伯特-施密特矩阵。我们将在其他地方详细讨论这个模型。

我们将第 1 类状态良好的正定对称矩阵 $\boldsymbol{\Sigma}_p=[\sigma_{ij}]$ 定义如下

$$\mathcal{U}(\varepsilon_0,\alpha,C)=\left\{\begin{aligned}&\boldsymbol{\Sigma}:\max_j\sum_i\{|\sigma_{ij}|:|i-j|>k\}\leqslant Ck^{-\alpha},\text{对于所有 }k>0,\\&\text{且 }0<\varepsilon_0\leqslant\lambda_{\min}(\boldsymbol{\Sigma})\leqslant\lambda_{\max}(\boldsymbol{\Sigma})\leqslant 1/\varepsilon<\infty\end{aligned}\right\}\tag{5-86}$$

式(5-86)中的类$\mathcal{U}$包含托普利兹定义的类$\mathcal{T}$，其定义为

$$\mathcal{T}(\varepsilon_0,\alpha,C)=\left\{\begin{aligned}&\boldsymbol{\Sigma}:\sigma_{ij}=\sigma(i-j)(\text{托普利兹}),\text{谱密度为}f_\Sigma\\&\text{和 }0<\varepsilon_0\leqslant\|f_\Sigma\|_\infty\leqslant\varepsilon_0^{-1}<\infty,\ \|f_\Sigma^{(m)}\|_\infty\leqslant C\end{aligned}\right\}$$

其中，$f_\Sigma^{(m)}$ 表示 f 的 m 阶导数。根据文献[350]，$\boldsymbol{\Sigma}$ 是对称托普利兹矩阵，$\boldsymbol{\Sigma}=[\sigma(i-j)]$(其中 $\sigma(-k)=\sigma(k)$)，$\boldsymbol{\Sigma}$ 拥有包含 Radon-Nikodym 导数 $f_\Sigma(t)$ 的绝对连续谱分布，它在 $(-1,1)$ 上是连续的，于是

$$\|\boldsymbol{\Sigma}\|=\sup_t|f_\Sigma(t)|,\ \|\boldsymbol{\Sigma}^{-1}\|=[\inf_t|f_\Sigma(t)|]^{-1}$$

第 2 个非平稳协方差矩阵的一致性类可定义为

$$\mathcal{K}(m,C)=\{\boldsymbol{\Sigma}:\sigma_{ii}\leqslant Ci^{-m},\text{对于所有 }i\}$$

当 $m>1$ 时，由于把“迹类”看作是算子，因而独立于维度的界限能够确定任何极限。

我们将主要工作归纳在下面的定理中。

定理 5.50(比克尔和莱温娜于 2008 年发表的论文[346]) 假设 $\boldsymbol{X}$ 为高斯矩阵，且 $\mathcal{U}(\varepsilon_0,\alpha,C)$ 是式(5-86)中定义的协方差矩阵的类。于是，如果 $k_n\asymp(n^{-1}\log p)^{-1/(2(\alpha+1))}$，则

$$\|\boldsymbol{\Sigma}_{k_n,p}-\boldsymbol{\Sigma}_p\|=\vartheta_p\left(\frac{\log p}{n}\right)^{\alpha/(2(\alpha+1))}=\|\boldsymbol{\Sigma}_{k_n,p}^{-1}-\boldsymbol{\Sigma}_p^{-1}\|\tag{5-87}$$

均匀分布在 $\boldsymbol{\Sigma}\in\mathcal{U}$ 上。

5.6.2 联合逆矩阵

假设我们有定义在概率空间上的概率测度为$\mathcal{P}$的

$$\boldsymbol{X}=(X_1,\cdots,X_p)^T$$

它服从$\mathcal{N}_p(0,\boldsymbol{\Sigma}_p)$，其中 $\boldsymbol{\Sigma}_p=[\sigma_{ij}]$。令

$$\hat{X}_j=\sum_{t=1}^{j-1}a_{jt}X_t=\boldsymbol{Z}_j^T\boldsymbol{a}_j\tag{5-88}$$

为 $\hat{X}_j$ 在线性复杂度 $X_1,\cdots,X_{j-1}$ 上的 $\mathcal{L}_2(\mathcal{P})$ 投影，$\boldsymbol{Z}_j=(X_1,\cdots,X_{j-1})^T$ 为从 1 到 $j-1$ 的坐标向量，且 $\boldsymbol{a}_j=(a_{j1},\cdots a_{j,j-1},)^T$ 为系数向量。如果 $j=1$，则令 $\hat{X}_1=0$。每个向量 $\boldsymbol{a}_j$ 可计算为

$$\boldsymbol{a}_j=(\mathrm{var}(\boldsymbol{Z}_j))^{-1}\mathrm{Cov}(\boldsymbol{X}_j,\boldsymbol{Z}_j)\tag{5-89}$$

令对角线上元素为0的下三角矩阵 $\boldsymbol{A}$ 包含的系数 $\boldsymbol{a}_j$ 排列成行。令 $\varepsilon_j = X_j - \hat{X}_j$，$d_j^2 = \mathrm{var}(\varepsilon_j)$，$\boldsymbol{D} = \mathrm{diag}(d_1^2, \cdots, d_p^2)$ 是一个对角阵。$\mathcal{L}_2(\mathcal{P})$ 的几何学或标准回归理论意味着残差的独立性。在将协方差算子应用到单位矩阵

$$\boldsymbol{\varepsilon} = (\boldsymbol{I} - \boldsymbol{A})\boldsymbol{X}$$

后，我们得到 $\boldsymbol{\Sigma}_p$ 和 $\boldsymbol{\Sigma}_p^{-1}$ 的改进型 Cholesky 分解

$$\begin{aligned}\boldsymbol{\Sigma}_p &= (\boldsymbol{I} - \boldsymbol{A})^{-1}\boldsymbol{D}[(\boldsymbol{I} - \boldsymbol{A})^{-1}]^T \\ \boldsymbol{\Sigma}_p^{-1} &= (\boldsymbol{I} - \boldsymbol{A})\boldsymbol{D}^{-1}(\boldsymbol{I} - \boldsymbol{A})\end{aligned} \tag{5-90}$$

现在假设 $k < p$。通过将回归式(5-88)中的变量限制为

$$\boldsymbol{Z}_j^{(k)} = (X_{\max\{j-k,1\}}, \cdots, X_{j-1})^T$$

自然可以定义 p 的近似值。

换言之，在式(5-88)中，我们仅在其最近的 k 个前辈上回归每个 X_j。令 $\boldsymbol{A}_k$ 表示包含系数新向量 $\boldsymbol{a}_j^{(k)}$ 的 k-联合下三角矩阵，$\boldsymbol{D}_k = \mathrm{diag}(d_{j,k}^2)$ 是包含相应残差的对角阵。通过将式(5-90)中的 $\boldsymbol{A}$ 和 $\boldsymbol{D}$ 替换为 $\boldsymbol{A}_k$ 和 $\boldsymbol{D}_k$，即可得到 $\boldsymbol{\Sigma}_p$ 和 $\boldsymbol{\Sigma}_p^{-1}$ 的总体 k-联合近似。

如果

$$\boldsymbol{\Sigma}^{-1} = \boldsymbol{T}^T(\boldsymbol{\Sigma})\boldsymbol{D}^{-1}(\boldsymbol{\Sigma})\boldsymbol{T}(\boldsymbol{\Sigma})$$

其中，$\boldsymbol{T}(\boldsymbol{\Sigma})$ 为下三角矩阵，$\boldsymbol{T}(\boldsymbol{\Sigma}) \equiv [t_{ij}(\boldsymbol{\Sigma})]$，令

$$\mathcal{U}(\varepsilon_0, \alpha, C) = \begin{Bmatrix}\boldsymbol{\Sigma}: \max\limits_i \sum\limits_{j<i-k} \left| t_{ij}(\boldsymbol{\Sigma}) \right| \leqslant Ck^{-\alpha}，\text{对于所有 } k \leqslant p-1, \\ \text{且 } 0 < \varepsilon_0 \leqslant \lambda_{\min}(\Sigma) \leqslant \lambda_{\max}(\Sigma) \leqslant \varepsilon_0^{-1} < \infty\end{Bmatrix} \tag{5-91}$$

定理 5.51（比克尔和莱温娜于2008年发表的论文[346]） 对于均匀分布的 $\boldsymbol{\Sigma} \in \mathcal{U}^{-1}(\varepsilon_0, \alpha, C)$ 来说，如果 $k_n \sim (n^{-1}\log p)^{-1/(2(\alpha+1))}$，$n^{-1}\log p = \mathcal{O}(1)$，则

$$\|\hat{\boldsymbol{\Sigma}}_{k_n,p}^{-1} - \boldsymbol{\Sigma}_p^{-1}\| = \mathcal{O}_p\left(\frac{\log p}{n}\right)^{\alpha/(2(\alpha+1))} = \|\hat{\boldsymbol{\Sigma}}_{k_n,p} - \boldsymbol{\Sigma}_p\| \tag{5-92}$$

推论 5.3（比克尔和莱温娜于2008年发表的论文[346]） 对于 $m \geqslant 2$，均匀分布在 $\mathcal{T}(\varepsilon_0, m, C)$，如果 $k_n \sim (n^{-1}\log p)^{-1/2m}$，则

$$\|\hat{\boldsymbol{\Sigma}}_{k_n,p}^{-1} - \boldsymbol{\Sigma}_p^{-1}\| = \mathcal{O}_p\left(\frac{\log p}{n}\right)^{\frac{(m-1)}{2m}} = \|\hat{\boldsymbol{\Sigma}}_{k_n,p} - \boldsymbol{\Sigma}_p\| \tag{5-93}$$

5.6.3 通过阈值选取实现协方差正则化

比克尔和莱温娜于2008年发表的论文[347]考虑了通过硬阈值选取，根据 N 个（向量）观测值估计实现 p 个变量的协方差矩阵正则化。他们证明，只要在合适意义上真协方差矩阵是稀疏的，算子范数中的阈值估计就是一致的，这些变量都是高斯或亚高斯变量，且当 $(\log p)/n \to 0$ 时，可以得到显式速率。

样本协方差矩阵阈值选取的方法是简单的置换不变的协方差正则化方法。我们将阈值选取算子定义为

$$\boldsymbol{T}_s(\boldsymbol{A}) = [a_{ij}\boldsymbol{1}(|a_{ij}| \geqslant s)]$$

我们称 $\boldsymbol{A}$ 在 s 处实现了阈值选取。$\boldsymbol{T}_s$ 保持了对称性，且在变量标签的置换下不发生

变化，但不一定能够确保正定性。但是，如果

$$\|T_s - T_0\| \leqslant \varepsilon \text{ 和 } \lambda_{\min}(A) > \varepsilon$$

则 $T_s(A)$ 必然是正定的，因为对于满足 $\|v\|_2 = 1$ 的所有向量来说，我们有

$$v^T T_s A v \geqslant v^T A v - \varepsilon \geqslant \lambda_{\min}(A) - \varepsilon > 0$$

这里，$\lambda_{\min}(A)$ 代表 A 的最小特征值。

式(5-86)中的 $\mathcal{U}(\varepsilon_0, \alpha, C)$ 定义了“近似可联合”协方差矩阵的一致性类。这里，我们将置换下不变的协方差矩阵的一致性类定义为

$$\mathcal{U}_\tau(q, c_0(p), A) = \left\{ \Sigma: \sigma_{ii} \leqslant A, \sum_{j=1}^{p} |\sigma_{ij}|^q \leqslant c_0(p), \text{对于所有 } i, 0 \leqslant q < 1 \right\}$$

如果 $q = 0$，我们有

$$\mathcal{U}_\tau(0, c_0(p), A) = \left\{ \Sigma: \sigma_{ii} \leqslant A, \sum_{j=1}^{p} I(\sigma_{ij} \neq 0) \leqslant c_0(p) \right\}$$

是一种稀疏矩阵类。当然，存在一种既满足联合条件又满足阈值选取条件的协方差矩阵类 $\mathcal{V}(\varepsilon_0, \alpha, C)$。当 $\alpha > 0$ 时，我们将 $\mathcal{U}(\varepsilon_0, \alpha, C)$ 的一个子集定义为

$$\mathcal{V}(\varepsilon_0, \alpha, C) = \begin{cases} \Sigma: |\sigma_{ii}| \leqslant C|i-j|^{-(\alpha+1)}, \text{对于所有 } i, j: |i-j| \geqslant 1, \\ \text{且 } 0 < \varepsilon_0 \leqslant \lambda_{\min}(\Sigma) \leqslant \lambda_{\max}(\Sigma) \leqslant 1/\varepsilon_0 \end{cases}$$

我们考虑服从 $\mathcal{F}$ 分布的 n 个独立同分布 p 维观测值 $X_1, \cdots, X_n$，且 $\mathbb{E}X = 0$，$\mathbb{E}(XX^T) = \Sigma$。我们将经验(样本)协方差矩阵定义为

$$\hat{\Sigma} = \frac{1}{n}\sum_{k=1}^{n}(X_k - \hat{X})(X_k - \hat{X})^T$$

其中，$\hat{X} = \frac{1}{n}\sum_{k=1}^{n} X_k$，记 $\hat{\Sigma} = [\hat{\sigma}_{ij}]$。

定理 5.52（比克尔和莱温娜于 2008 年发表的论文[347]） 假设 $\mathcal{F}$ 是高斯分布。于是，当 M' 足够大时，均匀分布在 $\mathcal{U}_\tau(0, c_0(p), A)$，如果

$$t_n = M'\sqrt{\frac{\log p}{n}}$$

且 $\frac{\log p}{n} = o(1)$，则

$$\|T_{t_n}(\hat{\Sigma}) - \Sigma\| = \mathcal{O}_p\left(c_0(p)\left(\frac{\log p}{n}\right)^{(1-q)/2}\right)$$

同时，均匀分布在 $\mathcal{U}_\tau(0, c_0(p), A)$ 上

$$\|(T_{t_n}(\hat{\Sigma}))^{-1} - \Sigma^{-1}\| = \mathcal{O}_p\left(c_0(p)\left(\frac{\log p}{n}\right)^{(1-q)/2}\right)$$

该定理与定理 5.50 的联合结果是并列的。

5.6.4　正则样本协方差矩阵

我们将参照文献[344]来说明正则样本协方差矩阵的一个中心极限定理。我们只描述如何联合协方差矩阵 Σ；这里，我们考虑如何联合样本协方差矩阵 $\hat{\Sigma} = X^T X$。我们考虑

通过联合实现的正则化，即用 0 来替换那些与对角线距离超过 $b = b(p)$ 的 $\boldsymbol{X}^T\boldsymbol{X}$ 项。令 $\boldsymbol{Y} = \boldsymbol{Y}^{(p)}$ 表示由此形成的正则化经验矩阵

设 X_1，…，X_k是公共概率空间上的实随机变量，包含各阶矩，其特征函数

$$\mathbb{E}\exp\left(\sum_{i=1}^{k} jt_i X_i\right)$$

是实变量 t_1，…，t_k的无限可微函数。我们可以通过公式

$$\boldsymbol{C}(X_1, \cdots, X_k) = \boldsymbol{C}\{X_i\}_{i=1}^{k} = j^{-k}\frac{\partial^k}{\partial t_1 \cdots \partial t_k}\log \mathbb{E}\exp\left(\sum_{i=1}^{k} ji_i X_i\right) \tag{5-94}$$

来定义一个联合累积 $\boldsymbol{C}(X_1, \cdots, X_k)$。(中间表达式是一种简便缩写符号。)量 $\boldsymbol{C}(X_1, \cdots, X_k)$的对称性和$\mathbb{R}$-多线性与 X_1，…，X_k有关。此外，相关性是连续的，与$\mathcal{L}^k$-范数有关。特别是，我们有

$$\boldsymbol{C}(X) = \mathbb{E}X,\ \boldsymbol{C}(X, X) = \mathrm{var}X,\ \boldsymbol{C}(X, Y) = \mathrm{cov}(X, Y)$$

引理 5.2 如果存在 $0<1<k$,使得 σ-域 $\sigma\{X_i\}_{i=1}^{l}$ 和 $\sigma\{X_i\}_{i=l+1}^{l}$ 是独立的，则 $\boldsymbol{C}(X_1, \cdots, X_k) = 0$。

引理 5.3 对于每个整数 $r \geqslant 3$，序列 i_1，…，$i_r \in 1$，…，k 来说，当且仅当 $\boldsymbol{C}(X_{i_1}, \cdots, X_{i_r}) = 0$，随机向量 X_1，…，X_k服从高斯联合分布。

令

$$\{Z_i\}_{i=-\infty}^{\infty}$$

表示实随机变量的平稳序列，它满足下列条件：

1. **假设 5.5**。当 $p\to\infty$ 时，我们有 $b\to\infty$，$n\to\infty$，$b/n\to\infty$，$b\leqslant p$。
2. **假设 5.6**。

$$\mathbb{E}\left(\left|Z_0\right|^k\right) < \infty\text{，对于所有 } k\geqslant 1 \tag{5-95}$$

$$\mathbb{E}Z_0 = 0 \tag{5-96}$$

$$\sum_{i_1}\cdots\sum_{i_r}\left|\boldsymbol{C}(Z_0, Z_{i_1}, \cdots, Z_{i_r}),\right.\text{对于所有 } r \geqslant 1 \tag{5-97}$$

让我们转向随机矩阵。令

$$\left\{\left\{Z_j^{(i)}\right\}_{j=-\infty}^{\infty}\right\}_{i=1}^{\infty}$$

是$\{Z_j\}_{j=-\infty}^{\infty}$一个独立同分布副本族。令 $\boldsymbol{X} = \boldsymbol{X}^{(p)}$ 是 $n\times p$ 随机矩阵，其项可表示为

$$\boldsymbol{X}(i, j) = \boldsymbol{X}_{ij} = \frac{1}{\sqrt{n}}Z_j^{(i)}$$

令 $\boldsymbol{B} = \boldsymbol{B}^{(p)}$ 为 $p\times p$ 确定性矩阵，其项可表示为

$$\boldsymbol{B}(i, j) = \boldsymbol{B}_{ij} = \begin{cases}1, & |i-j| \leqslant \mathrm{b}\\ 0, & |i-j| > \mathrm{b}\end{cases}$$

令 $\boldsymbol{Y} = \boldsymbol{Y}^{(p)}$ 为 $p\times p$ 随机对称矩阵，其项可表示为

$$\boldsymbol{Y}(i, j) = \boldsymbol{Y}_{ij} = \boldsymbol{B}_{ij}(\boldsymbol{X}^T\boldsymbol{X})_{ij} \tag{5-98}$$

和特征值为$\{\lambda_i^{(p)}\}_{i=1}^{p}$。

对于整数 j 来说，令

$$R(j)=\mathrm{Cov}(Z_0,Z_j)=\boldsymbol{C}(Z_0,Z_j)$$

对于整数 $m>0$ 和所有整数 i 和 j，我们记

$$Q_{ij}=\sum_{l\in Z}\mathrm{C}(Z_i,Z_0,Z_{j+l},Z_l),$$
$$R_i^{(m)}=\underbrace{R\bigstar R\bigstar\cdots\bigstar R(i)}_{m},\ R_i^{(0)}=\delta_{i0} \tag{5-99}$$

在这里，对于任意两个求和函数 $F,G:\mathbb{Z}\to\mathbb{R}$，我们将卷积“★”定义为

$$(F\bigstar G)(j)=\sum_{k\in Z}F(j-k)G(k)$$

现在，我们能够阐述中心极限定理。

定理 5.53（Anderson 和 Zeitouni 于 2008 年发表的论文[344]）令假设 5.5 和 5.6 成立。令 $\boldsymbol{Y}=\boldsymbol{Y}^{(p)}$ 符合式(5-98)。令 Q_{ij} 和 $R_i^{(m)}$ 符合式(5-99)。于是，当 $p\to\infty$ 时，过程

$$\left\{\sqrt{\frac{n}{p}}(Tr\boldsymbol{Y}^k-\mathbb{E}\,Tr\boldsymbol{Y}^k)\right\}_{k=1}^{\infty}$$

收敛于分布，即均值为 0、协方差为

$$\frac{1}{kl}\mathbb{E}\,G_kG_l=2R_0^{(k+l)}+\sum_{i,j\in Z}R_i^{(k-1)}Q_{ij}R_j^{(l-1)}$$

的高斯过程 $\{G_k\}_{k=1}^{\infty}$。

例 5.9（满足假设 5.6 的一些固定序列[344]）

固定和函数 $h:\mathbb{Z}\to\mathbb{R}$ 与具有所有阶矩的、零均值随机变量的独立同分布序列 $\{W_l\}_{l=-\infty}^{\infty}$。现在进行卷积运算：我们有

$$Z_j=\sum_l h(j+l)W_l,\ 对于所有\ j$$

显而易见，式(5-95)和式(5-96)成立。为了检查联合累积的求和条件式(5-97)，首先假设 h 具有有限支持。于是，根据联合累积的标准性质（引理 5.2），我们得到公式

$$\boldsymbol{C}(Z_{j_0},\cdots,Z_{j_r})=\sum_l h(j_0+l)\cdots h(j_r+l)\boldsymbol{C}(\underbrace{W_0,\cdots,W_0}_{r+1})$$

通过简单计算，在假设 h 具有有限支持的情况下，我们可以得到类似公式，从而可以反过来验证式(5-97)。

5.6.5　协方差矩阵估计的最佳收敛速率

虽然近年来在协方差矩阵估计方面取得了显著进展，但是在最优估计的基础理论研究方面差距较大。Cai、Zhang 和 Zhou 在 2010 年发表的论文[351]中，提出了在算子范数和 Frobenius 范数下，用于估计协方差矩阵的最佳速率。两种范数下的最优流程是不同的，因而算子范数下的矩阵估计与向量估计截然不同。通过构建一类特殊锥形估计器，并研究其风险性质，可以达到极小极大上限。第 5.6.1 节中先前提出的联合估计器是次优的，使用我们将要描述的技术可以显著改善性能。

如果存在正常数 c，且 C 独立于 n，使得 $c\leqslant a_n/b_n\leqslant C$，则我们记 $a_n\asymp b_n$。对于矩阵 $\boldsymbol{A}$ 来说，其算子范数可定义为 $\|\boldsymbol{A}\|=\sup_{\|\boldsymbol{x}\|_2=1}\|\boldsymbol{A}\boldsymbol{x}\|_2$。对于某个常数 $\gamma>0$，我们假定 $p\leqslant$

$\exp(\gamma n)$，于是有

$$\mathcal{F}_{\alpha}=\mathcal{F}_{\alpha}(M_0,M)=\left\{\begin{array}{l}\Sigma:\max\limits_{j}\sum\limits_{i}\left(\left|\sigma_{ij}\right|:\left|i-j\right|>k\right)\leqslant Mk^{-\alpha},\text{对于所有 }k,\\ \text{且 }\lambda_{\max}(\boldsymbol{\Sigma})\leqslant M_0\end{array}\right\}$$

(5-100)

其中，$\lambda_{\max}(\boldsymbol{\Sigma})$是矩阵$\boldsymbol{\Sigma}$的最大特征值，且$\alpha>0$，$M>0$，$M_0>0$。

定理 5.54（Cai、Zhang 和 Zhou 于 2010 年发表的论文[351]中提出的极小极大风险） 估计类$\mathcal{P}_{\alpha}$上协方差矩阵$\boldsymbol{\Sigma}$的极小极大风险满足

$$\inf_{\hat{\Sigma}}\sup_{\mathcal{P}_{\alpha}}\mathbb{E}\,\|\hat{\boldsymbol{\Sigma}}-\boldsymbol{\Sigma}\|^2\asymp\min\left\{n^{-2\alpha/(2\alpha+1)}+\frac{\log p}{n},\frac{p}{n}\right\}\qquad(5\text{-}101)$$

论文提出的流程不会将每行/列作为最佳向量进行尝试。该流程不会针对每行/列求解最优偏差和方差。论文提出的估计器具有良好的数值性能，它几乎一致优于联合估计器。

例 5.10（锥形估计器[351]）

对于给定的偶数整数$1\leqslant k\leqslant p$，我们定义一个锥形估计器

$$\hat{\boldsymbol{\Sigma}}=\hat{\boldsymbol{\Sigma}}_k=(w_{ij}\sigma_{ij}^{*})_{p\times p}\qquad(5\text{-}102)$$

其中，σ_{ij}^{*}是最大似然（ML）估计器$\hat{\boldsymbol{\Sigma}}^{*}$中的项，权重为

$$w_{ij}=k_h^{-1}\left\{(k-|i-j|)_{+}-(k_h-|i-j|)_{+}\right\}$$

其中，$k_h=k/2$。不失一般性，我们假设k是偶数。权重w_{ij}可改写为

$$w_{ij}=\begin{cases}1, & |i-j|\leqslant k_h\\ 2-\dfrac{|i-j|}{k_h}, & k_h<|i-j|\leqslant k\\ 0, & \text{其他}\end{cases}\qquad(5\text{-}103)$$

锥形估计器与文献[346]中使用的联合估计器不同。读者也可参阅第 5.6.1 节。

引理 5.4 式（5-102）中给出的锥形估计器$\hat{\boldsymbol{\Sigma}}$可表示为

$$\hat{\boldsymbol{\Sigma}}=k_h^{-1}(\boldsymbol{S}^{*(k)}-\boldsymbol{S}^{*(k_h)})\qquad(5\text{-}104)$$

假设$\boldsymbol{X}_1$的分布是亚高斯分布，从这个意义上讲，存在$\rho>0$，使得

$$\mathbb{P}\left\{\left|\boldsymbol{v}^T(\boldsymbol{X}_1-\mathbb{E}\,\boldsymbol{X})\boldsymbol{v}\right|>t\right\}\leqslant e^{-t^2\rho/2},\text{ 对于所有 }t>0\text{ 和 }\|\boldsymbol{v}\|_2=1\qquad(5\text{-}105)$$

令$\mathcal{P}_{\alpha}=\mathcal{P}_{\alpha}(M_0,M,\rho)$表示满足式（5-100）和式（5-105）的$\boldsymbol{X}_1$的分布集。

定理 5.55（Cai、Zhang 和 Zhou 于 2010 年发表的论文[351]中提出的上限） 对于$k=o(n)$，$\log p=o(n)$和某个常数$C>0$来说，式（5-104）中定义的、具有协方差矩阵$\boldsymbol{\Sigma}_{p\times p}$（$p>n^{1/(2\alpha+1)}$）的锥形估计器$\hat{\boldsymbol{\Sigma}}$满足

$$\sup_{\mathcal{P}_{\alpha}}\mathbb{E}\,\|\hat{\boldsymbol{\Sigma}}-\boldsymbol{\Sigma}\|^2\leqslant C\frac{k+\log p}{n}+Ck^{-2\alpha}\qquad(5\text{-}106)$$

特别是，估计器$\hat{\boldsymbol{\Sigma}}-\hat{\boldsymbol{\Sigma}}_k(k=n^{1/(2\alpha+1)})$满足

$$\sup_{\mathcal{P}_{\alpha}}\mathbb{E}\,\|\hat{\boldsymbol{\Sigma}}-\hat{\boldsymbol{\Sigma}}\|^2\leqslant Cn^{-2\alpha/(2\alpha+1)}+C\frac{\log p}{n}\qquad(5\text{-}107)$$

根据式(5-106)，显而易见，k 的最优选择的数量级为 $n^{-2\alpha/(2\alpha+1)}$。这样，在式(5-104)定义的锥形估计器的类中，可认为式(5-107)中的上限是最优的。定理 5.56 中推出的极小极大低界表明，估计器 $\hat{\boldsymbol{\Sigma}}_k(k=n^{-2\alpha/(2\alpha+1)})$实际上是所有估计器中最佳的。

定理 5.56(Cai、Zhang 和 Zhou 于 2010 年发表的论文[351]中提出的下限)对于某个常数 $\gamma>0$ 来说，假设 $p\leqslant\exp(\gamma n)$。在算子范数下，估计类$\mathcal{P}_\alpha$上协方差矩阵 $\boldsymbol{\Sigma}$ 的极小极大风险满足

$$\inf_{\hat{\Sigma}}\sup_{\mathcal{P}_\alpha}\mathbb{E}\|\hat{\boldsymbol{\Sigma}}-\boldsymbol{\Sigma}\|^2\geqslant cn^{-2\alpha/(2\alpha+1)}+c\frac{\log p}{n}$$

定理 5.55 和定理 5.56 共同表明，当 $P>n^{1/(2\alpha+1)}$时，在分布空间$\mathcal{P}_\alpha$上估计协方差矩阵 $\boldsymbol{\Sigma}$ 的极小极大风险满足

$$\inf_{\hat{\Sigma}}\sup_{\mathcal{P}_\alpha}\mathbb{E}\ \|\hat{\boldsymbol{\Sigma}}-\boldsymbol{\Sigma}\|^2\asymp n^{-2\alpha/(2\alpha+1)}+\frac{\log p}{n}\tag{5-108}$$

研究结果还表明，锥形参数 $k=n^{1/(2\alpha+1)}$ 的锥形估计器 $\hat{\boldsymbol{\Sigma}}_k$能够达到最佳收敛速率 $n^{-2\alpha/(2\alpha+1)}+\frac{\log p}{n}$。

有趣的是，将锥形估计器与文献[346]中的联合估计器进行对比。提出的联合估计器带宽为 $k=\left(\frac{\log p}{n}\right)^{1/(2\alpha+1)}$，证明的收敛速率为$\left(\frac{\log p}{n}\right)^{\alpha/(\alpha+1)}$。

锥形估计器和联合估计器不一定是半正定的。一种用于避免这种情况的可行建议是将估计器 $\hat{\boldsymbol{\Sigma}}$ 投影到算子范数下的半正定矩阵空间。人们可能首先实现 $\hat{\boldsymbol{\Sigma}}$ 的对角化，然后用 0 来代替负特征值。由此形成的估计器将是半正定的。

除了算子范数之外，Frobenius 范数是另一种常用矩阵范数。我们将矩阵 $\boldsymbol{A}$ 的 Frobenius 范数定义为矩阵中所有项的 l_2 向量范数，即

$$\|\boldsymbol{A}\|_F=\sqrt{\sum_{i,j}a_{ij}^2}$$

这相当于将矩阵 $\boldsymbol{A}$ 看作是长度为 p^2 的向量。显而易见，算子范数受到 Frobenius 范数的限制，即$\|\boldsymbol{A}\|\leqslant\|\boldsymbol{A}\|_F$。

考虑来自于样本$\{\boldsymbol{X}_1,\cdots,\boldsymbol{X}_n\}$的协方差矩阵 $\boldsymbol{\Sigma}$ 估计问题。我们已经研究了式(5-100)中定义的参数空间$\mathcal{F}_\alpha$。我们还可以考虑其他类似参数空间。例如，在时间序列分析中，对于某些 $\alpha>0$，通常假设协方差$|\sigma_{ij}|$衰减速率为$|i-j|^{-(\alpha-1)}$。考虑满足下列条件的正定对称矩阵的集合

$$\mathcal{G}_\alpha=\mathcal{G}_\alpha(M_0,M)=\left\{\boldsymbol{\Sigma}:|\sigma_{ij}|\leqslant M_1|i-j|^{-(\alpha+1)}\ \text{for}\ i\neq j\ 且\ \lambda_{\max}(\boldsymbol{\Sigma})\leqslant M_0\right\}\tag{5-109}$$

其中，$\lambda_{\max}(\boldsymbol{\Sigma})$是矩阵$\boldsymbol{\Sigma}$ 的最大特征值。只要 $M_1\leqslant\alpha M$，则$\mathcal{G}_\alpha$是$\mathcal{F}_\alpha(M_0,M)$的一个子集。

令$\mathcal{P}'_\alpha=\mathcal{P}'_\alpha(M_0,M)$表示满足式(5-105)和式(5-109)的 $\boldsymbol{X}_1$ 的分布集。

定理 5.57(Cai、Zhang 和 Zhou 于 2010 年发表的论文[351]中提出的、在 Frobenius

范数下的极小极大风险)在 Frobenius 范数下的极小极大风险满足

$$\inf_{\hat{\Sigma}} \sup_{\mathcal{P}_\alpha} \mathbb{E} \frac{1}{p} \| \hat{\boldsymbol{\Sigma}} - \boldsymbol{\Sigma} \|_F^2 \asymp \inf_{\hat{\Sigma}} \sup_{\mathcal{P}'_\alpha} \mathbb{E} \frac{1}{p} \| \hat{\boldsymbol{\Sigma}} - \boldsymbol{\Sigma} \|_F^2 \asymp \min\left\{ n^{-(2\alpha+1)/(2(\alpha+1))}, \frac{p}{n} \right\} \tag{5-110}$$

协方差矩阵 $\boldsymbol{\Sigma}$ 的逆阵具有重要意义。针对这一目标，我们要求 $\boldsymbol{\Sigma}$ 的最小特征值的界限远离 0。当 $\delta>0$ 时，我们定义

$$\boldsymbol{L}_\delta = \left\{ \boldsymbol{\Sigma} : \lambda_{\min}(\boldsymbol{\Sigma}) \geqslant \delta \right\} \tag{5-111}$$

令$\widetilde{\mathcal{P}}_\alpha = \widetilde{\mathcal{P}}_\alpha(M_0, M, \rho, \delta)$表示满足式(5-100)、式(5-105)和式(5-111)的 $\boldsymbol{X}_1$ 的分布集。类似地，$\widetilde{\mathcal{P}}'_\alpha = \widetilde{\mathcal{P}}'_\alpha(M_0, M, \rho, \delta)$中的分布满足式(5-105)、式(5-109)和式(5-111)。

定理 5.58(Cai、Zhang 和 Zhou 于 2010 年发表的论文[351]中提出的逆协方差矩阵估计的极小极大风险)在

$$\inf_{\hat{\Sigma}} \sup_{\mathcal{P}} \mathbb{E} \| \hat{\boldsymbol{\Sigma}}^{-1} - \boldsymbol{\Sigma}^{-1} \|^2 \min\left\{ n^{-2\alpha/(2(\alpha+1))} + \frac{\log p}{n}, \frac{p}{n} \right\} \tag{5-112}$$

其中，$\widetilde{\mathcal{P}}$表示$\widetilde{\mathcal{P}}_\alpha$或$\widetilde{\mathcal{P}}'_\alpha$。

5.6.6 联合平稳过程的样本自协方差矩阵

文献[352]和[346]研究了在纵向和多元数据的背景中，通过联合协方差矩阵或其 Cholesky 因子实现的非平稳协方差估计器。文献[353]考虑了平稳过程的协方差矩阵估计问题。对于非线性过程广义类的短期依赖条件来说，事实证明，在算子范数中，联合协方差矩阵估计收敛于具有显式收敛速率的真协方差矩阵。在一定正则化条件下，当

$$n, p \to \infty, \ n^{-1}\log p \to 0$$

时，可以构建它们的一致性。其中 n 和 p 分别是主体和变量数。文献[353]提供了诸多有益的参考。

给定零均值平稳过程$\{X_t\}$中 $X_1, \cdots, X_n$的一种实现，可以将其自协方差函数 $\sigma_k = \operatorname{cov}(X_0, X_k)$估计为

$$\hat{\sigma}_k = \frac{1}{n} \sum_{i=1}^{n-|k|} X_i X_{i+k}, k = 0, \pm 1, \cdots, \pm(n-1) \tag{5-113}$$

众所周知，对于固定的 $k \in \mathbb{Z}$ 来说，在遍历条件下，$\hat{\sigma}_k \to \sigma_k$以概率成立。但是，项的收敛性并不自动意味着$\hat{\boldsymbol{\Sigma}}_n = (\hat{\sigma}_{i-j})_{1\leqslant i, j\leqslant n}$是 $\boldsymbol{\Sigma}_n = (\sigma_{i-j})_{1\leqslant i, j\leqslant n}$的一个良好估计。事实上，虽然$\hat{\boldsymbol{\Sigma}}_n$是正定矩阵，但$\hat{\boldsymbol{\Sigma}}_n$并非一致逼近总体(真)协方差矩阵 $\boldsymbol{\Sigma}_n$。从这个意义上讲，$\hat{\boldsymbol{\Sigma}}_n - \boldsymbol{\Sigma}_n$的最大特征值或算子范数并不收敛于 0。当研究有限预测系数的收敛速率和时间序列中各种分类方法的性能时，这种一致收敛性是非常重要的。

由于协方差矩阵估计器不一定是正定矩阵，因而其形式为

$$\hat{\boldsymbol{\Sigma}}_n = (\sigma_{i-j}\boldsymbol{1}_{|i-j|\leqslant l})_{1\leqslant i,j\leqslant n} \tag{5-114}$$

其中，$l\geqslant 0$ 是一个整数。它是 $\hat{\boldsymbol{\Sigma}}_n$ 的截断版本，它保留了对角矩阵和 $2l$ 个主要次对角矩阵，于是 $\hat{\boldsymbol{\Sigma}}_{n,l}=\hat{\boldsymbol{\Sigma}}_n$。根据文献[346]，我们将 $\hat{\boldsymbol{\Sigma}}_{n,l}$ 称为联合协方差矩阵估计，它包含 l 个联合参数。

Hannan 和 Deistler 于 1988 年出版的专著[354]已经对特定线性自回归移动平均（Auto-Regressive Moving Average，ARMA）过程进行了研究，并得到了一致界

$$\|\hat{\boldsymbol{\Sigma}}_{n,l}\hat{\boldsymbol{\Sigma}}_n\|_\infty = \mathcal{O}(\sqrt{\log\ \log}/\sqrt{n}),\ l\leqslant(\log\ n)^\alpha,\ \alpha<\infty$$

这里，我们考虑非线性过程的参照结果，主要采用文献[353]的符号和结果。

令 ε_i，$i\in\mathbb{Z}$ 是独立同分布的随机变量。假设 $\{X_i\}$ 是一个具有如下形式的因果过程

$$X_i = g(\cdots,\varepsilon_{i-1},\varepsilon_i) \tag{5-115}$$

其中，g 是一个可测函数，使得 X_i 定义明确，且 $\mathbb{E}(X_i^2)<\infty$。许多平稳过程属于式(5-115)提出的框架。

为了引入依赖结构，令 $(\varepsilon'_i)_{i\in\mathbb{Z}}$ 是 $(\varepsilon_i)_{i\in\mathbb{Z}}$ 的一个独立副本，且 $\xi_i=(\varepsilon_{i-1},\varepsilon_i)$。根据文献［355］，当 $i\geqslant 0$ 时，令

$$\xi'_i=(\cdots,\varepsilon_{-1},\varepsilon'_0,\varepsilon_1,\cdots,\varepsilon_{i-1},\varepsilon_i),\ X'_i=g(\xi'_i)$$

对于 $\alpha>0$，定义测度的物理依赖性

$$\delta_\alpha(i)=\|X_i-X'_i\|_\alpha \tag{5-116}$$

这里，对于随机变量 Z 来说，我们记 $Z\in\mathcal{L}^\alpha$，如果

$$\|Z\|_\alpha\equiv[\mathbb{E}(|Z|^\alpha)]^{1/\alpha}<\infty$$

并记 $\|\cdot\|=\|\cdot\|_2$。注意到 $X'_i=g(\xi'_i)$ 是 $X_i=g(\xi_i)$ 的耦合版，它是将后者中的 ε_0 用一个独立同分布副本 ε'_0 来替代。量 $\delta_p(i)$ 可用于衡量 ε_0 上 X_i 的依赖性。如果

$$\Delta_\alpha\equiv\sum_{i=0}^{\infty}\delta_\alpha(i)<\infty \tag{5-117}$$

我们称 $\{X_i\}$ 是短期依赖的，其矩为 α。

也就是说，ε_0 对过程的未来值或 $\{X_i\}_{i\geqslant 0}$ 的累积影响是有限的，从而意味着短期依赖性的存在。

例 5.11（文献［353］）

令

$$X_j = g(\sum_{i=0}^{\infty}a_i\varepsilon_{j-i})$$

其中，a_i 是满足 $\sum_{i=0}^{\infty}|a_i|<\infty$ 的实系数，ε_i 是满足 $\varepsilon_i\in\mathcal{L}^\alpha$，$\alpha>1$ 的独立同分布变量，g 是 Lipschitz 连续函数。于是，$\sum_{i=0}^{\infty}a_i\varepsilon_{j-i}$ 是一个定义良好的随机变量，且 $\delta_\alpha(i)=\mathcal{O}(|a_i|)$。因此，我们有式(5-117)。

例 5.12（文献［353］）

令 ε_i 是独立同分布随机变量，设定

$$X_i = g(X_{i-1},\ \varepsilon_i)$$

其中，g 是一个二元函数。许多非线性时间序列模型遵循这个框架。

令 $\rho^2(\boldsymbol{A})$ 是 $\boldsymbol{A}^T\boldsymbol{A}$ 的最大特征值。$n \times n$ 矩阵 $\boldsymbol{A}$ 拥有算子范数 $\rho(\boldsymbol{A})$。

我们将投影算子 $\mathcal{P}_k$ 定义为

$$\mathcal{P}_k \cdot = \mathbb{E}(\cdot \mid \zeta_k) - \mathbb{E}(\cdot \mid \zeta_{k-1}),\ k \in \mathbb{Z}$$

定理 5.59（不依概率的收敛[353]） 假设式(5-115)中的过程 X_i 满足

$$\sum_{i=0}^{\infty} \|\mathcal{P}_k X_i\| < \infty$$

如果 $\sum_{i=0}^{\infty} \|\mathcal{P}_k X_i\| > 0$，则 $\rho(\hat{\boldsymbol{\Sigma}}_n - \boldsymbol{\Sigma}_n)$ 不依概率收敛到 0。

定理 5.60（依概率的收敛[353]） 令 $2 < \alpha \leqslant 4$，$q = \alpha/2$。假定式(5-117)成立，且 $0 \leqslant l < n-1$。于是

$$\|\rho(\hat{\boldsymbol{\Sigma}}_{n,l} - \boldsymbol{\Sigma}_n)\|_q \leqslant c_\alpha (l+1) n^{1/q-1} \|X_1\|_\alpha \Delta_\alpha + \frac{2}{n}\sum_{j=1}^{l} j\left|\sigma_j\right| + 2\sum_{j=l+1}^{n}\left|\sigma_j\right| \quad (5\text{-}118)$$

其中，$c_\alpha > 0$ 是一个仅与 α 有关的常数。

5.7　自由概率

在量子检测中，张量积是非常必要的。对于大量随机矩阵来说，研究我们当前问题时，张量积的计算开销过大。自由概率是一种具备独立性的高度非交换概率论，它基于自由积而不是张量积[356]。基本实例包括大维高斯随机矩阵的渐近行为。自由度（其优势和应用）是核心概念[357]。

属于随机矩阵（也是非交换矩阵值随机变量）的独立对称高斯矩阵是渐近自由的。关于非交换矩阵值随机变量的详细信息，请参阅附录 A.5：随机矩阵是其特例。

在本小节中，我们拥有取材于文献[12, 13]的自由。这里，我们的目的是认知无线电网络中的频谱感知和（可能的）其他应用。自由概率是一种非交换随机变量的数学理论。“自由度”是独立性的经典表示法的类比，它与自由积有关。该理论是由 Dan Voiculescu 于 1986 年左右首创的，他做了如下陈述：

自由概率理论 = 非交换概率论 + 自由独立性

他的首个目的是研究自由群的冯·诺伊曼代数。Voiculescu 的核心观点之一是可以为这些群配置迹状态（也称为状态），这类似于古典概率中的数学期望。

什么是和 $\boldsymbol{A}+\boldsymbol{B}$ 的频谱[358]？对于确定性矩阵 $\boldsymbol{A}$ 和 $\boldsymbol{B}$ 来说，人们通常无法仅仅根据 $\boldsymbol{A}$ 和 $\boldsymbol{B}$ 的特征值，来确定 $\boldsymbol{A}+\boldsymbol{B}$ 的特征值，因为 $\boldsymbol{A}+\boldsymbol{B}$ 的特征值还与 $\boldsymbol{A}$ 和 $\boldsymbol{B}$ 的特征向量有关。然而，事实证明，对于大维随机矩阵 $\boldsymbol{A}$ 和 $\boldsymbol{B}$ 来说，当它们满足一种被称为自由度的性质时，$\boldsymbol{A}+\boldsymbol{B}$ 的极限频谱的确可以由从 $\boldsymbol{A}$ 和 $\boldsymbol{B}$ 的频谱独立确定。这是自由概率论的核心结果。

将函数 φ 定义为

$$\varphi(\boldsymbol{A}_n^k)=\frac{1}{n}\mathrm{Tr}(E\boldsymbol{A}_n^k)$$

φ 代表随机矩阵归一化迹期望。

每当

- $p_1, \cdots, p_k$ 峰是一个变量的多项式；
- $i_1 \neq i_2 \neq i_3 \neq \cdots \neq i_k$（只要求相邻元素不同）；
- 对于所有 $j=1, \cdots, k$, $\varphi(p_j(A_{i_j}))=0$。

对于独立随机变量来说，联合分布完全可以由边际分布来指定[359]。对于自由随机变量，可以直接根据定义证明同样的结果。特别是，如果 $\boldsymbol{X}$ 和 $\boldsymbol{Y}$ 是自由的，则 $\boldsymbol{X}$ 和 $\boldsymbol{Y}$ 的矩 $\varphi[(\boldsymbol{X}+\boldsymbol{Y})^n]$ 完全可以由 $\boldsymbol{X}$ 和 $\boldsymbol{Y}$ 的矩指定。当然，我们将该分布称为两个边际分布的自由卷积。传统的卷积可以通过变换进行计算：$\boldsymbol{X}+\boldsymbol{Y}$ 分布的对数矩生成函数是 $\boldsymbol{X}$ 和 $\boldsymbol{Y}$ 单个分布的对数矩生成函数之和。相比之下，对于自由卷积，我们称相应的变换为 R 变换。它是由式(5-34)给出的斯蒂尔切斯变换定义的。

渐近自由

为将自由概率论应用于随机矩阵理论，我们需要将自由的定义扩展为渐近自由，通过将状态函数 φ 替换为

$$\phi(\boldsymbol{A})=\lim_{n\to\infty}\frac{1}{n}\mathbb{E}\,\mathrm{Tr}(\boldsymbol{A}_n)$$

渐近 p 阶矩的期望值为 $\phi(\boldsymbol{A}^p)$，且 $\phi(\boldsymbol{I})=1$。渐近自由的定义与独立随机变量的概念类似。然而，统计独立性并不意味着渐近自由。

如果对所有 l 和所有多项式 $p_i(\cdot)$ 和 $q_i(\cdot)(1 \leqslant i \leqslant l)$ 来说，满足

$$\phi(p_i(\boldsymbol{A}))=\phi(q_i(\boldsymbol{B}))=0$$

$$\phi(p_1(\boldsymbol{A})q_1(\boldsymbol{A})\cdots p_l(\boldsymbol{A})q_l(\boldsymbol{A}))=0$$

则称厄米特随机矩阵 $\boldsymbol{A}$ 和 $\boldsymbol{B}$ 是渐近自由的。

我们给出如下渐近自由 $\boldsymbol{A}$ 和 $\boldsymbol{B}$ 之间的有用关系式

$$\phi(\boldsymbol{A}^k\boldsymbol{B}^l)=\phi(\boldsymbol{A}^k)\phi(\boldsymbol{B}^l)$$

$$\phi(\boldsymbol{ABAB})=\phi^2(\boldsymbol{B})\phi(\boldsymbol{A}^2)+\phi^2(\boldsymbol{A})\phi(\boldsymbol{B}^2)-\phi^2(\boldsymbol{A})\phi^2(\boldsymbol{B})$$

表征随机矩阵渐近频谱的方法之一是获得其各阶矩。两个渐近自由随机矩阵的非交换多项式 $p(\boldsymbol{A},\boldsymbol{B})$ 的矩可根据 $\boldsymbol{A}$ 和 $\boldsymbol{B}$ 各自的矩计算出来。因此，如果 $p(\boldsymbol{A},\boldsymbol{B})$、$\boldsymbol{A}$ 和 $\boldsymbol{B}$ 是厄米特矩阵，则 $p(\boldsymbol{A},\boldsymbol{B})$ 的渐近频谱仅与 $\boldsymbol{A}$ 和 $\boldsymbol{B}$ 的渐近频谱有关，即使它们的特征向量不相同！

例 5.13（多项式矩阵函数 $p(\boldsymbol{A},\boldsymbol{B})=\boldsymbol{A}+\boldsymbol{B}$ 的矩）

让我们考虑 $p(\boldsymbol{A},\boldsymbol{B})=\boldsymbol{A}+\boldsymbol{B}$ 的重要特例。在假设条件 $\mathcal{H}_1$ 下，样本协方差矩阵的形式为

$$\phi(\boldsymbol{A}+\boldsymbol{B})=\phi(\boldsymbol{A})+\phi(\boldsymbol{B})$$

$$\phi[(\boldsymbol{A}+\boldsymbol{B})^2]=\phi(\boldsymbol{A}^2)+\phi(\boldsymbol{B}^2)+2\phi(\boldsymbol{A})\phi(\boldsymbol{B})$$

$$\phi[(\boldsymbol{A}+\boldsymbol{B})^3]=\phi^3(\boldsymbol{A})+\phi(\boldsymbol{B}^3)+3\phi(\boldsymbol{A})\phi(\boldsymbol{B}^2)+3\phi(\boldsymbol{B})\phi(\boldsymbol{A}^2)$$

$$\begin{aligned}\phi[(\boldsymbol{A}+\boldsymbol{B})^4]&=\phi^4(\boldsymbol{A})+\phi(\boldsymbol{B}^4)+4\phi(\boldsymbol{A})\phi(\boldsymbol{B}^3)\\&+4\phi(\boldsymbol{B})\phi(\boldsymbol{A}^3)+2\phi^2(\boldsymbol{B})\phi(\boldsymbol{A}^2)\\&+2\phi^2(\boldsymbol{A})\phi(\boldsymbol{B}^2)+2\phi(\boldsymbol{B}^2)\phi(\boldsymbol{A}^2)\end{aligned}$$

所有高阶矩可以使用类似方法进行计算。

文献[13]汇集了目前人们已经提出的、渐近自由的一些最有用实例的列表。这里，我们列举一些：

1. 任何随机矩阵和单位矩阵都是渐近自由的。
2. 独立高斯标准维格纳矩阵是渐近自由的。
3. 设 $\boldsymbol{X}$ 和 $\boldsymbol{Y}$ 是独立标准高斯矩阵，则 $\{\boldsymbol{X}, \boldsymbol{X}^H\}$ 和 $\{\boldsymbol{Y}, \boldsymbol{Y}^H\}$ 是渐近自由的。
4. 独立标准维格纳矩阵是渐近自由的。

渐近自由随机矩阵之和

自由概率非常有用，主要是基于下面的定理。

定理 5.61（两个渐近自由随机矩阵之和） 如果 $\boldsymbol{A}$ 和 $\boldsymbol{B}$ 是渐近自由的随机矩阵，则 $\boldsymbol{A}$ 和 $\boldsymbol{B}$ 之和的 $\boldsymbol{R}$ 变化满足

$$R_{\boldsymbol{A}+\boldsymbol{B}}(z) = R_{\boldsymbol{A}}(z) + R_{\boldsymbol{B}}(z)$$

特别是下面的变换性质是有效的

$$R_{\boldsymbol{A}+\gamma\boldsymbol{I}}(z) = R_{\boldsymbol{A}}(z) + R_{\gamma\boldsymbol{I}}(z) = R_{\boldsymbol{A}}(z) + \gamma$$

定理 5.62（自由概率中心极限定理） 如果 $\boldsymbol{A}_1, \boldsymbol{A}_2, \cdots$ 是一组 $N\times N$ 渐近自由随机矩阵。假定 $\phi(\boldsymbol{A}_i)=0$，$\phi(\boldsymbol{A}_i^2)=1$，并进一步假设对所有 k 来说，$\sup_i\left|\phi(\boldsymbol{A}_i^k)\right|<\infty$。于是，当 m，$N\to\infty$ 时，$\frac{1}{\sqrt{m}}(\boldsymbol{A}_1+\boldsymbol{A}_2+\cdots\boldsymbol{A}_m)$ 的渐近频谱依分布收敛于半圆律，也就是说，对于每个 k 值，有

$$\phi\left(\frac{1}{\sqrt{m}}(\boldsymbol{A}_1+\boldsymbol{A}_2+\cdots\boldsymbol{A}_m)^k\right)\to\begin{cases}0, k\ \text{为奇数}\\ \dfrac{1}{1+\dfrac{k}{2}}\begin{pmatrix}k\\ \dfrac{k}{2}\end{pmatrix}, k\ \text{为偶数}\end{cases}$$

让我们重温第 3.6 节中 K 个随机矩阵之和的问题。K 个样本协方差矩阵是渐近自由的。

例 5.14（$\boldsymbol{HH}^H$[13]）

设 $\boldsymbol{H}$ 是一个 $N\times m$ 个随机矩阵，其项是均值为 0、方差为 $\frac{1}{N}\sqrt{m}$ 的独立同分布高斯随机变量，且有

$$\frac{1}{N}\sqrt{m}=\varsigma$$

我们可以表示

$$\boldsymbol{HH}^H = \frac{1}{\sqrt{m}}\sum_{i=1}^{m}\boldsymbol{s}_i\boldsymbol{s}_i^H \tag{5-119}$$

其中，$\boldsymbol{s}_i$ 是一个 N 维向量，其项是均值为 0、方差为 $\frac{1}{\sqrt{N}}$ 的独立同分布变量。可以证明，当 N，$m\to\infty$，$\frac{N}{m}\to 0$ 时，矩阵的渐近谱

$$\boldsymbol{HH}^H-\varsigma\sqrt{N}\boldsymbol{I}$$

为半圆律。

例 5.15(第 3.6 节中 K 个(随机)样本协方差矩阵之和) 样本协方差矩阵的形式为

$$\boldsymbol{S}_k = \frac{1}{N}\boldsymbol{Y}_k\boldsymbol{Y}_k^H, k = 1, 2, \cdots, K$$

其中，$\boldsymbol{Y}_k$有 m 个行向量和 N 个列向量。可以将一个长的数据记录划分为 K 段，每段可用于估计样本协方差矩阵。K 个样本协方差矩阵之和

$$\boldsymbol{S}_Y = \sum_{k=1}^{K}\boldsymbol{S}_k = \frac{1}{N}\sum_{k=1}^{K}\boldsymbol{Y}_k\boldsymbol{Y}_k^H$$

在假设条件$\mathcal{H}_0$下：仅存在高斯噪声，每个 $\boldsymbol{S}_k$具有式(5-119)的形式。因此，K 个样本协方差矩阵之和的形式为

$$\boldsymbol{S}_Y = \frac{1}{\sqrt{mK}}\sum_{i=1}^{mK}\boldsymbol{s}_i\boldsymbol{s}_i^H$$

K 个样本协方差矩阵之和将使得渐近频谱更像半圆律，因为在实践中$\frac{N}{mK}\to\infty$ 的速率更快。

渐近自由随机矩阵之积

对于渐近自由随机矩阵之积(而不是和)来说，S 变换起着与 R 变换类似的作用。

定理 5.63　设 $\boldsymbol{A}$ 和 $\boldsymbol{B}$ 是渐近自由的非负随机矩阵。两个矩阵之积的 S 变换满足

$$\Sigma_{\boldsymbol{A}+\boldsymbol{B}}(x) = \Sigma_{\boldsymbol{A}}(x)\Sigma_{\boldsymbol{B}}(x)$$

S 变换是经典概率论中 Mellin 变换的自由类比，而 R 变换是经典概率理论中对数矩生成函数的自由类比。

存在一些用于计算 $\phi[(\boldsymbol{A}+\boldsymbol{B})^n]$和 $\phi[(\boldsymbol{AB})^n]$的有用定理[11]。

和与积的矩

定理 5.64(文献[13]) 考虑矩阵 $\boldsymbol{A}_1, \cdots, \boldsymbol{A}_l$，其尺寸使得 $\boldsymbol{A}_l, \cdots, \boldsymbol{A}_l$被定义。其中的一些矩阵可以是相同的。省略重复部分，假设矩阵是渐近自由的。令 ρ 是由等价关系式(如果 $i_j = i_k$则 $j\equiv k$)确定的$\{1, \cdots, l\}$的分区。对于$\{1, \cdots, l\}$的每个分区ϖ，令

$$\phi_{\varpi} = \prod_{\substack{\{j_1,\cdots,j_r\}\in\varpi \\ j_1<\cdots<j_r}}\phi(\boldsymbol{A}_{j_1}\cdots\boldsymbol{A}_{j_r})$$

存在万有系数 $c(\varpi, \rho)$，使得

$$\phi(\boldsymbol{A}_1\cdots\boldsymbol{A}_l) = \prod_{\varpi\leqslant\rho}c(\varpi, \rho)\phi_{\varpi}$$

其中，$\varpi\leqslant\rho$ 表示ϖ优于 ρ。

为系数 $c(\varpi, \rho)$寻找明确的公式是一个不平常的组合问题，该问题已经由 Speicher[360]解决。从定理 5.64 可知，$\phi(\boldsymbol{A}_1\cdots\boldsymbol{A}_l)$完全是由各矩阵的矩确定的。

定理 5.65(文献[11]) 设 $\boldsymbol{A}$ 和 $\boldsymbol{B}$ 为渐近自由的非负随机矩阵。于是，$\boldsymbol{A}$、$\boldsymbol{B}$ 之和 $\boldsymbol{A}+\boldsymbol{B}$的矩可由 $\boldsymbol{A}$ 和 $\boldsymbol{B}$ 的自由累积量表示为

$$\phi[(\boldsymbol{A}+\boldsymbol{B})^n] = \sum_{\varpi}\prod_{V\in\varpi}(c_{|V|}(\boldsymbol{A}) + c_{|V|}(\boldsymbol{B}))$$

其中，求和是在1，…，n 的所有不相交分区上进行的，$c_l(\boldsymbol{A})$表示 $\boldsymbol{A}$ 的第 l 个自由累积量，$|V|$表示 V 的势。

定理5.65基于这样一个事实，即如果 $\boldsymbol{A}$ 和 $\boldsymbol{B}$ 为渐近自由的非负随机矩阵，则两者之和的自由累积量满足

$$c_l(\boldsymbol{A}+\boldsymbol{B}) = c_l(\boldsymbol{A}) + c_l(\boldsymbol{B})$$

定理5.66(文献[11]) 设 $\boldsymbol{A}$ 和 $\boldsymbol{B}$ 为渐近自由的非负随机矩阵。于是，$\boldsymbol{A}$ 和 $\boldsymbol{B}$ 之和 $\boldsymbol{A}+\boldsymbol{B}$的矩可表示为

$$\phi[(\boldsymbol{AB})^n] = \sum_{\varpi_1,\varpi_2} \prod_{V_1\in\varpi_1} c_{|V|}(\boldsymbol{A}) \prod_{V_2\in\varpi_2} c_{|V|}(\boldsymbol{B})$$

其中，求和是在1，…，n 的所有不相交分区上进行的。

5.7.1 大维随机矩阵和自由卷积

5.7.1.1 随机矩阵和自由随机变量

在自由概率中，大维随机矩阵是“自由”随机变量的一个例子。令 $\boldsymbol{A}_N$为一个具有实特征值的 $N\times N$ 对称(或厄米特)随机矩阵。因此，可以将二维复值问题转化为一维实值问题。其特征值集合的概率测度

$$\lambda_1, \lambda_2, \cdots, \lambda_N$$

(使用重数进行计算)可表示为

$$\mu_{A_N} = \frac{1}{N}\sum_{i=1}^{N}\delta_{\lambda_i}$$

我们感兴趣的是当 $N\to\infty$ 时的谱测度 μ_A 极限。当紧支撑存在时，谱测度极限是由其矩唯一表征的。我们称 $\boldsymbol{A}$ 为具有概率测度 μ_A 和上述矩的“代数”元素。

对于两个概率分布极限分别为 μ_A 和 μ_B 的两个随机矩阵 $\boldsymbol{A}_N$和 $\boldsymbol{B}_N$来说，我们想根据概率分布极限 μ_A 和 μ_B 的矩，来计算 $\boldsymbol{A}_N+\boldsymbol{B}_N$和 $\boldsymbol{A}_N\boldsymbol{B}_N$的概率分布极限。如上所述，为了计算这些分布，我们需要在 $\boldsymbol{A}_N$和 $\boldsymbol{B}_N$上，应用与“经典”随机变量独立性类似的“自由度”合适结构。由于 $\boldsymbol{A}$ 和 $\boldsymbol{B}$ 是不可交换的，我们需要应用非交换代数。由于 $\boldsymbol{A}$ 和 $\boldsymbol{B}$ 所有可能的积都是允许的，因而我们有“自由”积，即 $\boldsymbol{A}$ 和 $\boldsymbol{B}$ 中的所有元素都是允许的。我们已经研究了如何计算这些积的矩。由于一对随机矩阵 $\boldsymbol{A}_N$和 $\boldsymbol{B}_N$是渐近自由的，即在 $N\to\infty$ 时的极限中，只要 $\boldsymbol{A}_N$或 $\boldsymbol{B}_N$中至少有一个，其特征向量服从具有哈尔测度的均匀分布，因而与随机矩阵有关的联系存在。文献[356]对这个结果进行了准确的说明。

表5-3列举了R变换和S变换的定义及其属性。

5.7.1.2 自由加性卷积

当 $\boldsymbol{A}_N$和 $\boldsymbol{B}_N$是渐近自由的时，形如 $\boldsymbol{A}_N+\boldsymbol{B}_N$的随机矩阵的谱测度(极限)$\mu_{AB}$可由概率测度 μ_A 和 μ_B 的自由加性卷积来表示，并记为[356]

$$\mu_{A+B} = \mu_A \boxplus \mu_B \tag{5-120}$$

根据 μ_A 和 μ_B 来计算 μ_{A+B}的所谓的R变换算法存在。详情参阅文献[356]，计算问题参阅文献[361]。

5.7.1.3 自由乘性卷积

当 $\boldsymbol{A}_N$和 $\boldsymbol{B}_N$是渐近自由的时，形如 $\boldsymbol{A}_N\boldsymbol{B}_N$的随机矩阵的谱测度(极限)$\mu_{AB}$可由概率测

度 μ_A 和 μ_B 的自由乘性卷积来表示，并记为[356]

$$\mu_{AB}=\mu_A\boxtimes\mu_B \tag{5-121}$$

文献[254，361 ~364]给出了用于计算 μ_{AB} 的算法。

存在大维随机矩阵的非交换代数的卷积算子，且可以高效地计算该算子(如使用 MATLAB 代码)。目前，符号计算工具可用于高效执行这些非试验计算[361, 362]。这些工具支持我们分析样本协方差矩阵的结构，并设计利用这种结构的算法[254]。

5.7.1.4　秩估计和频谱感知的应用

由于式(5-13)中形成的威沙特矩阵的特征向量服从具有哈尔测度的均匀分布，因而矩阵 $\boldsymbol{R}$ 和 $\boldsymbol{W}(\alpha)$ 是渐近自由的！于是，概率测度 $\mu_{\hat{R}}$ 可使用自由乘性卷积得到，即

$$\mu_{\hat{R}}=\mu_R\boxtimes\mu_W \tag{5-122}$$

其中，$\mu_{\hat{R}}$ 是真协方差矩阵 $\boldsymbol{R}$ 上的概率测度极限，μ_W 为式(5-3)中定义的马尔琴科-帕斯图尔密度[251]。正如式(5-7)中所给出的，$\boldsymbol{R}$ 的概率测度极限可简单表示为

$$\mu_R=p\delta(x-\rho-1)+(1-p)\delta(x-1)$$

当 $N\to\infty$ 时，自由概率结果是非常准确的，但在秩估计中，当 $N\approx 8$ 时，预测是非常准确的[254]。

例 5.16(秩估计)

令式(5-7)中的 $\boldsymbol{HH}^H$ 具有 np 个数量级为 ρ 的特征值，具有 $n(1-p)$ 个数量级为 0 的特征值，其中 $p<1$。这对应于 $n\times L$ 矩阵 $\boldsymbol{H}(L<n,\ p=\frac{L}{n})$，其奇异值数 L 的数量级为 $\sqrt{\rho}$，而 $\boldsymbol{H}$ 的特征向量是未知的或随机的。由于自由乘性卷积能够精确预测样本协方差矩阵 $\hat{\boldsymbol{R}}$ 的频谱，因而我们仅根据样本协方差矩阵的一种实现，即可使用自由乘性卷积，来推断出基本协方差矩阵的参数！

我们可以根据未知参数 β、ρ 和已知的参数为 $c=n/N$，对 $\hat{\boldsymbol{R}}$ 的前 3 个矩以解析方式进行参数化：

$$\begin{aligned}
&\varphi(\hat{\boldsymbol{R}})=1+p\rho,\\
&\varphi(\hat{\boldsymbol{R}}^2)=1+p\rho^2+c+1+2p\rho c+2p\rho+cp^2\rho^2,\\
&\varphi(\hat{\boldsymbol{R}}^3)=1+3c+c^2+3\rho^2p+3\rho^3cp^2+3p\rho+9p\rho c+6p^2\rho^2c\\
&\quad+3c\rho^2p+3\rho pc^2+3\rho^2c^2p^2+\rho^3p^3c^2+\rho^3p
\end{aligned}$$

给定一个 $n\times N$ 观测矩阵 $\boldsymbol{Y}_n$，我们可以计算前 3 个矩的估计值

$$\varphi(\hat{\boldsymbol{R}}^k)=\frac{1}{n}\mathrm{Tr}\left[\left(\frac{1}{N}\boldsymbol{Y}_n\boldsymbol{Y}_n^H\right)\right],k=1,\ 2,\ 3$$

由于我们知道 $c=n/N$，因而我们可以通过简单地求解非线性方程组(实现最小二乘方最小化)

$$(\hat{\rho},\ \hat{p})=\arg\min_{\rho>0,\ p>0}\|\varphi(\hat{\boldsymbol{R}}^k)-\hat{\varphi}(\hat{\boldsymbol{R}}^k)\|^2$$

举例来说，当 $n=200$ 和 $p=0.5$ 时，则系统一维实秩内的秩估计值为 $np=100$。

例 5.17(频谱感知)

考虑式(5-10)的标准形式，为方便起见，这里重写该式

$$\begin{aligned}\mathcal{H}_0 &: \hat{\boldsymbol{R}} = \boldsymbol{Y}\boldsymbol{Y}^H = \boldsymbol{W}\boldsymbol{W}^H \\ \mathcal{H}_1 &: \hat{\boldsymbol{R}} = \boldsymbol{Y}\boldsymbol{Y}^H = \boldsymbol{X}\boldsymbol{X}^H + \boldsymbol{W}\boldsymbol{W}^H\end{aligned} \tag{5-123}$$

真协方差矩阵为

$$\begin{aligned}\mathcal{H}_0 &: \boldsymbol{R} = \sigma^2 \boldsymbol{I} \\ \mathcal{H}_1 &: \boldsymbol{R} = \boldsymbol{H}\boldsymbol{H}^H + \sigma^2 \boldsymbol{I}\end{aligned} \tag{5-124}$$

获得接收信号加噪声功率的传统方法是使用式(5-124)。在实践中，常用方法是通过式(5-123)使用大维样本协方差矩阵。事实上，样本真协方差矩阵与依据威沙特分布性质、使用式(5-12)得到的真协方差矩阵有关。

使用式(5-122)，我们可以将计算样本协方差矩阵$\hat{\boldsymbol{R}}$的问题，转化为借助于威沙特矩阵 $\boldsymbol{W}(c)$来计算真协方差矩阵 $\boldsymbol{R}$ 的问题！回想一下，$\boldsymbol{W}(c) = \frac{1}{N}\boldsymbol{Z}\boldsymbol{Z}$ 是由一个 $n \times N$ 高斯随机矩阵形成的。当 n, $N \to \infty$ 时，c 再次被定义为极限 $n/N \to c > 0$。在假设条件$\mathcal{H}_1$下，我们有式(5-7)的形式。因此，我们可以使用式(5-12)计算概率测度极限 $\mu_{\hat{\boldsymbol{R}}}$。

5.7.2 范德蒙矩阵

关于符号和一些关键定理，我们严格参照文献[365]。范德蒙矩阵在诸如快速傅里叶变换或阿达玛变换等信号处理领域具有核心作用。由单位圆上复值项构成的范德蒙矩阵具有如下形式：

$$\boldsymbol{V} = \frac{1}{\sqrt{N}}\begin{bmatrix} 1 & \cdots & 1 \\ e^{-j\omega_1} & \cdots & e^{-j\omega_L} \\ \vdots & \ddots & \vdots \\ e^{-j(N-1)\omega_1} & \cdots & e^{-j(N-1)\omega_L} \end{bmatrix} \tag{5-125}$$

其中，包含了$\frac{1}{\sqrt{N}}$和 $e^{-j\omega_i}$的假设，以确保分析能够给出

$$\text{渐近区域: } N \to \infty,\ L \to \infty,\ \text{但}\frac{L}{N} \to c \tag{5-126}$$

中定义的渐近行为极限。

我们感兴趣的情形是 $\omega_1, \cdots, \omega_L$是独立同分布变量，在区间[0, 2π]内取值。我们将 ω_i称为相位分布。在本节中，$\boldsymbol{V}$ 将只用于表示具有给定相位分布的范德蒙矩阵，范德蒙矩阵的尺寸总为 $N \times L$。

文献[111]包含了一些相关结果。绝大多数已知结果与高斯矩阵或由独立项构成的矩阵有关。文献中很少有结构与范德蒙情形密切相关的矩阵的相应结果。

通常情况下，我们只对矩感兴趣。已经证明，范德蒙矩阵 $\boldsymbol{V}$ 的矩仅与比值 c 和相位分布有关，且具有显式表达式。在执行解卷积时，矩是非常有用的。

归一化迹可定义为

$$\mathrm{tr}(\boldsymbol{A})=\frac{1}{L}\mathrm{Tr}(\boldsymbol{A})$$

矩阵 $\boldsymbol{D}_r(N)(1\leqslant r\leqslant n)$ 将表示 $L\times L$ 非随机对角矩阵，其中我们隐式假设$\frac{N}{L}\to c$。

当 $N\to\infty$ 时，对于所有 $i_1,\cdots,i_s\in\{1,\cdots,n\}$ 来说，如果极限

$$D_{i_1,\cdots,i_s}=\lim_{N\to\infty}\mathrm{tr}(\boldsymbol{D}_{i_1}(N)\cdots\boldsymbol{D}_{i_s}(N))$$

存在，则我们称$\{\boldsymbol{D}_r(N)\}_{1\leqslant r\leqslant n}$具有联合极限分布。

来自分区理论的概念是必要的。我们用$\mathcal{P}(n)$表示$\{1,\cdots,n\}$的所有分区集合，ρ 符号表示$\mathcal{P}(n)$中的某个分区。我们记 $\rho=\{W_1,\cdots,W_k\}$，其中 W_j 用于表示 ρ 的块。$|\rho|=k$ 表示 ρ 中的块数，$|W_j|$代表给定块中的项数。

对于 $\rho=\{W_1,\cdots,W_k\}$(其中 $W_i=\{\omega_{i1},\cdots,\omega_{i|W_i|}\}$)来说，我们定义

$$D_{W_i}=D_{i_{\omega_{i1}},\cdots,i_{\omega_{i|W_i|}}}$$
$$D_{\rho}=\prod_{i=1}^{k}D_{W_i}.$$

对于 $\rho\in\mathcal{P}(n)$ 来说，我们定义

$$K_{\rho,\omega,N}=\frac{1}{N^{n+1-|\rho|}}\int_{(0,2\pi)^{|\rho|}}\prod_{i=1}^{k}\frac{1-e^{jN(\omega_{b(k-1)}-\omega_{b(k)})}}{1-e^{j(\omega_{b(k-1)}-\omega_{b(k)})}}d\omega_1\cdots d\omega_{|\rho|}$$

其中

$$\omega_{W_1},\cdots,\omega_{W_{|\rho|}}\tag{5-127}$$

是独立同分布变量(依据 ρ 的块进行索引)，它们与 ω 服从相同的分布，且 $b(k)$ 是包含 k 的 ρ 的块(符号是循环的，即 $b(0)=b(n)$)。如果极限

$$K_{\rho,\omega}=\lim_{N\to\infty}K_{\rho,\omega,N}$$

存在，则我们将其称为范德蒙混合矩展开系数。

定理 5.67(文献[365]) 假设当 $N\to\infty$ 时，$\{\boldsymbol{D}_r(N)\}_{1\leqslant r\leqslant n}$ 具有联合极限分布。同时，假设所有范德蒙混合矩展开系数 $K_{\rho,\omega}$ 存在。于是，当$\frac{L}{N}\to c$ 时，极限

$$M_n=\lim_{N\to\infty}\mathbb{E}[\mathrm{tr}(\boldsymbol{D}_1(N)\boldsymbol{V}^H\boldsymbol{V}\boldsymbol{D}_2(N)\boldsymbol{V}^H\boldsymbol{V}\times\cdots\boldsymbol{D}_n(N)\boldsymbol{V}^H\boldsymbol{V})]$$

也存在，且等于

$$\sum_{\rho\in\mathcal{P}(n)}K_{\rho,\omega}c^{|\rho|-1}D_{\rho}$$

对于具有均匀相位分布的范德蒙矩阵来说，不相交分区发挥着核心作用。令 u 表示区间$[0,2\pi]$上的均匀分布。

定理 5.68(文献[365]) 假设 $\boldsymbol{D}_1(N)=\boldsymbol{D}_2(N)=\cdots=\boldsymbol{D}_n(N)$，设定 $c=\frac{L}{N}$，定义

$$m_n^{(N,L)}=c\,\mathbb{E}[tr(\boldsymbol{D}_2(N)\boldsymbol{V}^H\boldsymbol{V})^n]$$
$$d_n^{(N,L)}=ctr(\boldsymbol{D}(N))^n$$

当 $\omega=\mu$ 时，我们有

$$m_1^{(N,L)} = d_1^{(N,L)}$$
$$m_2^{(N,L)} = (1 - N^{-1}) d_2^{(N,L)} + (d_1^{(N,L)})^2$$
$$m_3^{(N,L)} = (1 - 3N^{-1} + 2N^{-2}) d_3^{(N,L)} + 3(1 - N^{-1}) d_1^{(N,L)} d_2^{(N,L)} + (d_1^{(N,L)})^3$$
$$m_4^{(N,L)} = \left(1 - \frac{20}{3}N^{-1} + 12N^{-2} - \frac{19}{3}N^{-3}\right) d_4^{(N,L)} + (4 - 12N^{-1} + 8N^{-2}) d_3^{(N,L)} d_1^{(N,L)}$$
$$+ \left(\frac{8}{3} - 6N^{-1} + \frac{10}{3}N^{-2}\right)(d_2^{(N,L)})^2 + 6(1 - N^{-1}) d_2^{(N,L)} (d_1^{(N,L)})^2 + (d_1^{(N,L)})^4$$

让我们考虑广义范德蒙矩阵，其定义为

$$V = \frac{1}{\sqrt{N}} \begin{bmatrix} e^{-j[Nf(0)]\omega_1} & \cdots & e^{-j[Nf(0)]\omega_L} \\ e^{-j[Nf(\frac{1}{N})]\omega_1} & \cdots & e^{-j[Nf(\frac{1}{N})]\omega_L} \\ \vdots & \ddots & \vdots \\ e^{-j[Nf(\frac{N-1}{N})]\omega_1} & \cdots & e^{-j[Nf(\frac{N-1}{N})]\omega_L} \end{bmatrix} \tag{5-128}$$

其中，f 被称为功率分布，这是一个从[0, 1]到[0, 1]的函数。同时，我们考虑用随机变量 λ 来替换 f 的更一般情况，此时

$$V = \frac{1}{\sqrt{N}} \begin{bmatrix} e^{-jN\lambda_1\omega_1} & \cdots & e^{-jN\lambda_L\omega_L} \\ e^{-jN\lambda_2\omega_1} & \cdots & e^{-jN\lambda_2\omega_L} \\ e^{-jN\lambda_N\boldsymbol{\omega}_1} & \cdots & e^{-j\lambda_L\omega_L} \end{bmatrix} \tag{5-129}$$

λ_i独立同分布，服从与 λ 相同的分布，定义区间为[0, 1]并在该区间内取值，且独立于 ω_j。对于式(5-128)和式(5-129)，定义

$$K_{\rho,\omega,f,N} = \frac{1}{N^{n+1-|\rho|}} \int_{(0,2\pi)^{|\rho|}} \prod_{k=1}^{n} \left(\sum_{r=0}^{N-1} p_{f_N}(r) e^{jr(\omega_{b(k-1)} - \omega_{b(k)})} \right) d\omega_1 \cdots d\omega_{|\rho|}$$

$$K_{\rho,\omega,f,N} = \frac{1}{N^{n+1-|\rho|}} \int_{(0,2\pi)^{|\rho|}} \prod_{k=1}^{n} \left(\int_0^1 N e^{jN\lambda(\omega_{b(k-1)} - \omega_{b(k)})} d\lambda \right) d\omega_1 \cdots d\omega_{|\rho|}$$

其中，式(5- 127) 对 $\omega_{W_1,\cdots,W_{|\rho|}}$ 进行了定义。如果极限

$$K_{\rho,\omega,f} = \lim_{N\to\infty} K_{\rho,\omega,f,N}$$
$$K_{\rho,\omega,\lambda} = \lim_{N\to\infty} K_{\rho,\omega,\lambda,N}$$

存在，我们称其为范德蒙混合矩展开系数。

定理 5.69（文献[365]） 当使用形如式(5-128)或式(5-129)的广义范德蒙矩阵来代替式(5-125)的范德蒙矩阵，使用 $K_{\rho,\omega,f}$ 或 $K_{\rho,\omega,\lambda}$ 来代替 $K_{\rho,\omega}$ 时，定理 5.67 仍然成立。

定理 5.70（文献[365]） 假设当 $N\to\infty$ 时，$\{D_r(N)\}_{1\leq r\leq n}$ 具有联合极限分布。同时，假设 V_1，V_2，…是独立范德蒙矩阵，具有相同的相位分布 ω_i，且 ω 的密度是连续的。于是，当$\frac{L}{N}\to c$ 时，极限

$$\lim_{N\to\infty} \mathbb{E}\left[D_1(N) V_{i_1}^H V_{i_2} D_2(N) V_{i_2}^H V_{i_3} \times \cdots \times D_n(N) V_{i_n}^H V_{i_1} \right]$$

存在。当 n 是奇数，且等于

$$\sum_{\rho\leq\sigma\leq\mathcal{P}(n)} K_{\rho,\omega} c^{|\rho|-1} D_\rho \tag{5-130}$$

时，极限为 0。其中

$$\sigma=\{\sigma_1,\sigma_2\}=\{\{1,3,5,\cdots,\},\{2,4,6,\cdots,\}\}$$

是一个分区，两个块分别是偶数和奇数。

推论 5.4（文献[365]） 独立范德蒙矩阵 $\boldsymbol{V}_1$ 和 $\boldsymbol{V}_2$ 的 $V_n^{(2)}=\lim\limits_{N\to\infty}\mathbb{E}[(\boldsymbol{V}_1^H\boldsymbol{V}_2\boldsymbol{V}_2^H\boldsymbol{V}_1)^n]$ 的前 3 个混合矩可表示为

$$V_1^{(2)}=I_2$$

$$V_2^{(2)}=\frac{2}{3}I_2+I_3+I_4$$

$$V_3^{(2)}=\frac{11}{20}I_2+4I_3+9I_4+6I_5+I_6$$

其中

$$I_k=(2\pi)^{k-1}\left(\int_0^{2\pi}p_\omega(x)^k dx\right)$$

特别是，当相位分布服从均匀分布时，前 3 阶矩可表示为

$$V_1^{(2)}=1,\ V_2^{(2)}=\frac{11}{3},\ V_3^{(2)}=\frac{411}{20}$$

定理 5.71（文献[365]） 假设 $\{\boldsymbol{V}_i\}_{1\leqslant i\leqslant s}$ 是独立范德蒙矩阵，其中 $\boldsymbol{V}_i$ 具有连续相位分布 ω_i，用 p_{ω_i} 表示 ω_i 的密度。于是，式(5-130)仍然成立，用

$$K_{\rho,u}(2\pi)^{|\rho|-1}\int_0^{2\pi}\prod_{i=1}^{s}p_{w_i}(x)^{|\rho_i|}dx$$

来替代 $K_{p,\omega}$。其中 ρ_i 是由所有数 k 构成的，使得 $i_k=i$。

例 5.18（信源数检测[365]）

在这个例子中，d 是天线之间的距离，而 λ 是波长。比值 $\frac{d}{\lambda}$ 是系统能够在空间将用户分离开来的一个分辨率指标，与该系统将能够在空间分离用户。我们考虑一个安装有 N 根接收天线、包含 L 台移动设备（每台设备具有 1 根天线）的中心节点。中心节点处的接收信号可表示为

$$\boldsymbol{y}_i=\boldsymbol{V}\boldsymbol{P}^{1/2}\boldsymbol{x}_i+\boldsymbol{w}_i \tag{5-131}$$

其中

- $\boldsymbol{y}_i$ 是 $N\times 1$ 接收向量；
- $\boldsymbol{x}_i$ 是 L 个用户的 $L\times 1$ 发射向量，我们假设 $\mathbb{E}[\boldsymbol{x}_i\boldsymbol{x}_i^H]=\boldsymbol{I}_L$；
- $\boldsymbol{w}_i$ 是方差为 $\frac{\sigma}{\sqrt{N}}$ 的 $N\times 1$ 加性白高斯噪声；
- 假设 $\boldsymbol{x}_i$ 和 $\boldsymbol{w}_i$ 中的所有分量都是独立的。

对于均匀线阵（Uniform Linear Array，ULA）来说，在用户与中心节点之间通视的情况下，矩阵 $\boldsymbol{V}$ 具有如下形式

$$\boldsymbol{V}=\frac{1}{\sqrt{N}}\begin{bmatrix}1 & \cdots & 1\\ e^{-j2\pi\frac{d}{\lambda}\sin\theta_1} & \cdots & e^{-j2\pi\frac{d}{\lambda}\sin\theta_L}\\ \vdots & \ddots & \vdots\\ e^{-j(N-1)\frac{d}{\lambda}\sin\theta_1} & \cdots & e^{-j(N-1)\frac{d}{\lambda}\sin\theta_L}\end{bmatrix} \tag{5-132}$$

这里，θ_i为用户的角度，假定它在区间$[-\alpha, \alpha]$上服从均匀分布。$\boldsymbol{P}^{1/2}$是由于用户发射距离不同而形成的$L\times L$对角幂矩阵。假定相位分布的形式为$2\pi\dfrac{d}{\lambda}\sin\theta$，其中$\theta$在区间$[-\alpha, \alpha]$上服从均匀分布。

当$\dfrac{2\pi\sin\alpha}{\lambda}<1$时，通过求逆函数，密度可以表示为

$$p_\omega(x)=\begin{cases}\dfrac{1}{2\alpha\sqrt{\dfrac{4\pi^2 d^2}{\lambda^2}-x^2}}, & x\in\left[-\dfrac{2\pi\sin\alpha}{\lambda}, \dfrac{2\pi\sin\alpha}{\lambda}\right]\\ 0，其他\end{cases}$$

通过定义

$$\boldsymbol{Y}=[\boldsymbol{y}_1, \cdots, \boldsymbol{y}_N], \boldsymbol{X}=[\boldsymbol{x}_1, \cdots, \boldsymbol{x}_K], \boldsymbol{W}=[\boldsymbol{w}_1, \cdots, \boldsymbol{w}_N] \tag{5-133}$$

式(5-131)可改写为

$$\boldsymbol{Y}=[\boldsymbol{y}_1, \cdots, \boldsymbol{y}_N]=\boldsymbol{VP}^{1/2}[\boldsymbol{x}_1, \cdots, \boldsymbol{x}_K]+[\boldsymbol{w}_1, \cdots, \boldsymbol{w}_N]=\boldsymbol{VP}^{1/2}\boldsymbol{X}+\boldsymbol{W}$$

样本协方差矩阵可记为

$$\boldsymbol{S}=\frac{1}{N}\boldsymbol{YY}^H=\frac{1}{N}(\boldsymbol{VP}^{1/2}\boldsymbol{X}+\boldsymbol{W})(\boldsymbol{VP}^{1/2}\boldsymbol{X}+\boldsymbol{W})^H$$

为了得到$\boldsymbol{P}$的估计值，如果我们仅有样本协方差矩阵$\boldsymbol{S}$，则我们需要涉及3个独立部分：$\boldsymbol{X}$、$\boldsymbol{W}$和$\boldsymbol{V}$。通过将高斯分解[366]和范德蒙卷积按照如下步骤结合起来，即可做到这一点：

1. 使用乘性自由卷积[262]来估计$\dfrac{1}{N}\boldsymbol{VP}^{1/2}\boldsymbol{XX}^H\boldsymbol{P}^{1/2}\boldsymbol{V}^H$的矩。这是去噪的一部分。
2. 使用乘性自由卷积来估计$\boldsymbol{PVV}^H$的矩。
3. 使用论文[365]中的范德蒙解卷积来估计$\boldsymbol{P}$的矩。

命题5.9(文献[365]) 定义

$$I_n=(2\pi)^{n-1}\int_0^{2\pi}p_\omega(x)^n dx$$

并将$\boldsymbol{P}$和$\boldsymbol{S}$的矩分别表示为

$$p_i=tr(\boldsymbol{P}^i), S_i=tr(S^i)$$

于是，当$\lim\limits_{N\to\infty}\dfrac{N}{K}\to c_1$，$\lim\limits_{N\to\infty}\dfrac{L}{N}\to c_2$，$\lim\limits_{N\to\infty}\dfrac{L}{K}\to c_3$时，等式

$$S_1=c_2P_1+\sigma^2$$

$$S_2=c_3P_3+(c_2^2I_2+c_2c_3)(P_1)^2+2\sigma^2(c_2+c_3)P_1+\sigma^4(1+c_1)$$

$$\begin{aligned}S_3=&c_2P_3+(3c_2^2I_2+c_2c_3)P_1P_2+(c_2^3I_3+3c_2^2c_3I_2+c_2c_3^2)(P_1)^3+3\sigma^2(1+c_1)c_2P_2\\&+3\sigma^2(1+c_1)c_2^2P_2+c_3(c_3+2c_2))(P_1)^2+3\sigma^4(c_1^2+3c_1+1)c_2P_1\\&+\sigma^6(c_1^2+3c_1+1)\end{aligned}$$

根据S_i的矩为P_i的矩提供了一种渐近无偏估计(或反之亦然)。

例5.19(路径数的估计[365])

考虑多径信道

$$h(\tau) = \sum_{i=1}^{L} x_i \delta(\tau - \tau_i)$$

这里，x_i为功率为 P_i的独立同分布高斯随机变量，时延 τ_i在区间[0, T]上服从均匀分布。x_i代表不同物理机制（如反射、折射或衍射）下的衰减因子。L 是路径总数。在频域中，信道为

$$H(f) = \sum_{i=1}^{L} x_i G(f) e^{-j2\pi f \tau_i}$$

我们在考虑每路脉冲畸变时用到的广义多径模型[367~373]是与背景相关的。在数学上，雷达界所谓的散射中心可以建模为无线通信中所使用的多重数学。因此，这项工作在两个领域之间架起了一座桥梁。可以通过使用两种不同系统之间的数学类比进行更加深入的研究。物理上，这两种系统是等效的。

通过以采样率$f_i = i\frac{B}{N}$对连续频率信号进行采样（其中 B 为带宽（单位为 Hz）），我们有（当信道实现方案给定时）

$$\boldsymbol{H} = \boldsymbol{V}\boldsymbol{P}^{1/2}\boldsymbol{x} \tag{5-134}$$

其中

$$\boldsymbol{V} = \frac{1}{\sqrt{N}}\begin{bmatrix} 1 & \cdots & 1 \\ e^{-j2\pi\frac{B}{N}\tau_1} & \cdots & e^{-j2\pi\frac{B}{N}\tau_L} \\ \vdots & \ddots & \vdots \\ e^{-j2\pi(N-1)\frac{B}{N}\tau_1} & \cdots & e^{-j2\pi(N-1)\frac{B}{N}\tau_L} \end{bmatrix}$$

这里，我们设定 $B = T = 1$，这意味着式(5-125)中的 ω_i在区间[0, 2π)上服从均匀分布。当考虑加性噪声 $\boldsymbol{w}$ 时，我们的模型再次变为式(5-131)中的模型：唯一的区别是范德蒙矩阵的相位分布是均匀的。现在，L 为路径数，N 为频率样本数，$\boldsymbol{P}$ 是未知的 $L \times L$ 对角幂矩阵。使用 K 个观测值，我们可以得到与式(5-133)相同的形式。我们甚至可以比命题 5.9 做得更好。对于任意观测值数 K 和频率样本数 N 来说，我们的矩估计是无偏的。

命题 5.10（文献[365]） 假设 $\boldsymbol{V}$ 具有均匀相位分布，令 P_i表示 $\boldsymbol{P}$ 的矩，$S_i = \mathrm{tr}(\boldsymbol{S}^i)$表示样本协方差矩阵的矩。同时，定义

$$\frac{N}{K} = c_1,\ \frac{L}{N} = c_2,\ \frac{L}{K} = c_3$$

于是

$$\mathbb{E}[S_1] = c_2 P_1 + \sigma^2$$

$$\mathbb{E}[S_2] = c_2\left(1 - \frac{1}{N}\right)P_2 + c_2(c_2 + c_3)(P_1)^2 + 2\sigma^2(c_2 + c_3)P_1 + \sigma^4(1 + c_1)$$

$$\mathbb{E}[S_3] = c_2\left(1 + \frac{1}{K^2}\right)\left(1 - \frac{3}{N} + \frac{2}{N^2}\right)P_3 + \left(1 - \frac{1}{N}\right)\left(3c_2^2\left(1 + \frac{1}{K^2}\right) + 2c_2c_3\right)P_1P_2$$

$$+ \left(c_2^3\left(1 + \frac{1}{K^2}\right) + 3c_2^2c_3 + c_2c_3^2\right)(P_1)^3 + 3\sigma^2\left((1 + c_1)c_2 + \frac{c_1c_2^2}{KL}\right)\left(1 - \frac{1}{N}\right)P_2$$

$$+3\sigma^2\left(\frac{c_1c_2^3}{KL}+c_2^2+c_3^2+3c_2c_3\right)(P_1)^2+3\sigma^4\left(c_1^2+3c_1+1+\frac{1}{K^2}\right)c_2P_1$$

$$+\sigma^6\left(c_1^2+3c_1+1+\frac{1}{K^2}\right)$$

也可以对式(5-132)中的波长进行估计。详情参阅文献[365]。

例 5.20(抽样分布的信号重构和估计[365])

将信号 $y(t)$ 看作是其 N 个频率分量的叠加

$$y(t)=\frac{1}{\sqrt{N}}\sum_{k=0}^{N-1}x_k e^{-j\frac{2\pi}{N}kt} \tag{5-135}$$

在时刻 $t=[t_1,\cdots,t_L](t_i\in[1])$，我们对连续信号 $y(t)$ 进行抽样。式(5-135)可以等价记为

$$y(\omega)=\frac{1}{\sqrt{N}}\sum_{k=0}^{N-1}x_k e^{-jk\omega}\text{ 或 }\boldsymbol{y}=\boldsymbol{V}^T\boldsymbol{x}$$

当噪声存在时，我们有

$$\boldsymbol{y}=\boldsymbol{V}^T\boldsymbol{x}+\boldsymbol{w} \tag{5-136}$$

其中

$$\boldsymbol{y}=[y(\omega_1),\cdots,y(\omega_L)]$$

式(5-131)对 $\boldsymbol{x}$ 和 $\boldsymbol{w}$ 进行了定义。$\boldsymbol{V}$ 被定义为我们的标准模型式(5-125)。文献[374]针对此类情况进行了类似分析。

我们定义

$$\boldsymbol{Y}=[\boldsymbol{y}_1,\cdots,\boldsymbol{y}_K]=\boldsymbol{V}^T[\boldsymbol{x}_1,\cdots,\boldsymbol{x}_K]+[\boldsymbol{w},\cdots,\boldsymbol{w}]=\boldsymbol{V}^T\boldsymbol{X}+\boldsymbol{W}$$

$$\boldsymbol{S}=\frac{1}{K}\boldsymbol{Y}\boldsymbol{Y}^H=\frac{1}{K}(\boldsymbol{V}^T\boldsymbol{X}+\boldsymbol{W})(\boldsymbol{V}^T\boldsymbol{X}+\boldsymbol{W})^H$$

考虑渐近区域

$$\lim_{N\to\infty}\frac{N}{K}\to c_1,\ \lim_{N\to\infty}\frac{L}{N}\to c_2,\ \lim_{N\to\infty}\frac{L}{N}\to c_3$$

命题 5.11(文献[365])

$\mathbb{E}[tr(\boldsymbol{S})]=c_2P_1+\sigma^2$

$\mathbb{E}[tr(\boldsymbol{S}^2)]=c_2I_2+(1+c_3)(1+\sigma^2)^2$

$$\mathbb{E}[tr(\boldsymbol{S}^3)]=1+3c_2(1+c_3)I_2+3c_3+c_3^2+c_2^3I_3+3\sigma^2(1+3c_3+c_3^2+c_2(1+c_3)I_2)$$
$$+3\sigma^4c_2(c_3^2+3c_3+1)+\sigma^6(c_1^2+3c_1+1)$$

其中 I_n 在命题 5.19 中进行了定义。

考虑在区间[0, α]上服从均匀分布、在其他取值范围内为 0 的相位分布 ω。这样，密度在区间[0, α]上取值为$\frac{2\pi}{\alpha}$，在其他取值范围内为 0。在这种情况下，我们有

$$I_2=\frac{2\pi}{\alpha},\ I_3=\left(\frac{2\pi}{\alpha}\right)^2$$

通过将第 1 个等式与式(5-136)结合，我们可以对 α 进行估计。

与范德蒙矩阵类似的某些矩阵拥有矩的解析表达式。在文献[375]中，考虑了由形如 $A_{i,j}=F(\omega_i,\omega_j)$ 的项构成的矩阵。它与范德蒙矩阵有关，因为

$$\frac{1}{N}(\boldsymbol{V}^H\boldsymbol{V})_{i,j}=\frac{\sin\left(\frac{N}{2}(\omega_i-\omega_j)\right)}{N\sin\left(\frac{1}{2}(\omega_i-\omega_j)\right)}$$

例 5.21(由单位复项构成的范德蒙矩阵[376])

考虑包含 M 个移动用户的网络，这些年与具有 N 个天线元件(配置为一个均匀线阵)的基站进行通信。天线阵响应是一个范德蒙矩阵。读者可参阅文献[376]来了解这个例子。

5.7.3　采用范德蒙矩阵的卷积和解卷积

在大维极限中，某些随机矩阵的特征值分布具有确定性行为[377]。特别是，当矩阵是独立的且为大维矩阵时，人们仅基于 $\boldsymbol{A}$ 和 $\boldsymbol{B}$ 的各自特征值分布，即可得到 $\boldsymbol{AB}$ 和 $\boldsymbol{A}+\boldsymbol{B}$ 的特征值分布。我们称这种运算为卷积，逆运算为解卷积。

由于可以使用自由度概念[11]，因而类似高斯矩阵的矩阵适用于这种设置。文献[9]中用到了随机矩阵理论，文献[17, 281, 298, 378]使用了其他确定性等价物。虽然这些理论应用得非常成功[366]，但是所有这些技术仅适用于非常简单的模型，即这些被考虑的矩阵之一是酉不变矩阵。

当不使用自由度时，本节的重点——矩量法显得非常具有吸引力且功能强大，但针对矩量法，尚未提出一种总体框架。它需要组合技术，且可用于一大类随机矩阵。与斯蒂尔切斯变换相比，这种方法的主要缺点是，它很少提供确切的特征值分布。然而，在许多应用中，我们只需要矩量的一个子集。这里，我们主要参照 Ryan 和 Debbah 于 2011 年发表的论文[377]。

式(5-125)定义了一个 $N\times N$ 范德蒙矩阵 $\boldsymbol{V}$。这里，为方便起见，我们再次重写如下：

$$\boldsymbol{V}=\frac{1}{\sqrt{N}}\begin{bmatrix}1 & \cdots & 1\\ e^{-j\omega_1} & & e^{-j\omega_L}\\ \vdots & \ddots & \vdots\\ e^{-j(N-1)\omega_1} & \cdots & e^{-j(N-1)\omega_L}\end{bmatrix}\tag{5-137}$$

我们假定 $\omega_1,\cdots,\omega_L$(也被称为相位分布)是独立同分布的，在区间$[0,2\pi]$内取值。同样，我们考虑式(5-126)定义的渐近区域：N 和 L 以同样的速率趋于无穷大，并记 $c=\lim\limits_{N\to\infty}\frac{L}{N}$。

第 5.7.2 节已经证明，$\boldsymbol{V}^H\boldsymbol{V}$ 和对角矩阵 $\boldsymbol{D}(N)$ 组合的极限特征值分布在两个矩阵的极限特征值分布上是独立的。

定义

$$\lim_{N\to\infty}\mathrm{tr}(\boldsymbol{D}_1(N)\boldsymbol{V}_{i_1}^H\boldsymbol{V}_{i_2}\times\cdots\times\boldsymbol{D}_n(N)\boldsymbol{V}_{i_{2n-1}}^H\boldsymbol{V}_{i_{2n}})\tag{5-138}$$

其中，假定 $\boldsymbol{V}_1, \boldsymbol{V}_2, \cdots$是独立的，相位分布为 $\omega_1, \cdots, \omega_L$。

考虑如下 4 个表达式:

1. $\lim_{N\to\infty}\boldsymbol{D}(N)\boldsymbol{V}^H\boldsymbol{V}$ 和$\lim_{N\to\infty}\boldsymbol{D}(N)+\boldsymbol{V}^H\boldsymbol{V}$;
2. $\lim_{N\to\infty}\boldsymbol{D}(N)\boldsymbol{V}\boldsymbol{V}^H$和$\lim_{N\to\infty}(\boldsymbol{D}(N)+\boldsymbol{V}\boldsymbol{V}^H)$;
3. $\lim_{N\to\infty}\boldsymbol{V}_1^H\boldsymbol{V}_1\boldsymbol{V}_2^H\boldsymbol{V}_2$和$\lim_{N\to\infty}(\boldsymbol{V}_1^H\boldsymbol{V}_1+\boldsymbol{V}_2^H\boldsymbol{V}_2)$;
4. $\lim_{N\to\infty}\boldsymbol{V}_1\boldsymbol{V}_1^H\boldsymbol{V}_2\boldsymbol{V}_2^H$和$\lim_{N\to\infty}(\boldsymbol{V}_1\boldsymbol{V}_1^H+\boldsymbol{V}_2\boldsymbol{V}_2^H)$。

定理 5.72(文献[377])令 $\boldsymbol{V}_i$是独立 $N_i\times L$ 范德蒙矩阵，高宽比为 $c_i=\lim_{N\to\infty}\frac{L}{N_i}$，相位分布为$\omega_i$(连续密度在区间$[0, 2\pi]$内取值)。当$\boldsymbol{D}_i(N)$具有联合极限分布，且每当矩阵积定义明确且为方阵时，极限

$$\lim_{N\to\infty}\mathbb{E}\left[tr(\boldsymbol{D}_1(N)\boldsymbol{V}_{i_1}^H\boldsymbol{V}_{i_2}\boldsymbol{D}_2(N)\boldsymbol{V}_{i_2}^H\boldsymbol{V}_{i_3}\times\cdots\times\boldsymbol{D}_n(N)\boldsymbol{V}_{i_{2n-1}}^H\boldsymbol{V}_{i_{2n}})\right] \tag{5-139}$$

总是存在的。同时，式(5-138)几乎必然依分布收敛到式(5-139)中的极限。当$\sigma\geqslant[0, 1]_n$时(即在 $\boldsymbol{V}_r^H\boldsymbol{V}_s$形式中，符合 $\boldsymbol{V}_r$和 $\boldsymbol{V}_s$独立且具有不同相位分布条件的项不存在)，式(5-139)可以表示为高宽比 c_i、σ 和每个矩的公式

$$V_n^{(r)}=\lim_{N\to\infty}\mathbb{E}\left[tr(\boldsymbol{V}_r^H\boldsymbol{V}_s)^n\right]$$
$$D_{i_1,\ldots,i_s}=tr(\boldsymbol{D}_{i_1}(N)\cdots\boldsymbol{D}_{i_s}(N)) \tag{5-140}$$

这里考虑定理 5.72 的一种特例。这个定理尤其说明

$$\mathrm{tr}((\boldsymbol{V}_1+\boldsymbol{V}_2+\cdots)^H(\boldsymbol{V}_1+\boldsymbol{V}_2+\cdots))^p$$

仅与矩有关。该表达式描述了独立范德蒙矩阵之和的奇异律。同时，我们发现，表达式 1 和 3 仅与分量矩阵的谱有关。对于卷积表达式 1 来说，我们有下面的推论。

推论 5.5(文献[377])假设 $\boldsymbol{V}$ 拥有具有连续密度的相位分布，并定义

$$V_n=\lim_{N\to\infty}tr((\boldsymbol{V}^H\boldsymbol{V})^n)$$
$$D_n=c\lim_{N\to\infty}tr(\boldsymbol{D}(N)^n)$$
$$M_n=c\lim_{N\to\infty}tr((\boldsymbol{D}(N)\boldsymbol{V}^H\boldsymbol{V})^2)$$
$$N_n=c\lim_{N\to\infty}tr((\boldsymbol{D}(N)+\boldsymbol{V}^H\boldsymbol{V})^2)$$

其中，$c=\lim_{N\to\infty}\frac{L}{N}$。每当$\{M_n\}_{1\leqslant n\leqslant k}$或$\{N_n\}_{1\leqslant n\leqslant k}$已知，且$\{V_n\}_{1\leqslant n\leqslant k}$(或$\{D_n\}_{1\leqslant n\leqslant k}$)已知时，则可唯一确定$\{D_n\}_{1\leqslant n\leqslant k}$(或$\{V_n\}_{1\leqslant n\leqslant k}$)。

对于表达式 3，我们有下面的推论。

推论 5.6(文献[377])假设 $\boldsymbol{V}_1$ 和 $\boldsymbol{V}_2$ 是独立范德蒙矩阵，其相位分布具有连续密度，并设置

$$V_1^{(n)}=\lim_{N\to\infty}tr((\boldsymbol{V}_1^H\boldsymbol{V}_1)^n)$$
$$V_2^{(n)}=\lim_{N\to\infty}tr((\boldsymbol{V}_2^H\boldsymbol{V}_2)^n)$$
$$M_n=c\lim_{N\to\infty}tr((\boldsymbol{V}_1^H\boldsymbol{V}_1\boldsymbol{V}_2^H\boldsymbol{V}_2)^n)$$
$$N_n=c\lim_{N\to\infty}tr((\boldsymbol{V}_1^H\boldsymbol{V}_1+\boldsymbol{V}_2^H\boldsymbol{V}_2)^n)$$

M_n和N_n完全由$V_2^{(i)}$，$V_3^{(i)}$，…和高宽比

$$c_1 = \lim_{N\to\infty}\frac{L}{N_1},\ c = \lim_{N\to\infty}\frac{L}{N_2}$$

确定。

同时，每当$\{M_n\}_{1\leqslant n\leqslant k}$或$\{N_n\}_{1\leqslant n\leqslant k}$已知，且$\{V_1^{(n)}\}_{1\leqslant n\leqslant k}$已知时，则可唯一确定$\{V_2^{(n)}\}_{1\leqslant n\leqslant k}$。

对于表达式 4，我们有下面的推论。

推论 5.7（文献[377]）假设$\boldsymbol{V}_1$和$\boldsymbol{V}_2$是独立范德蒙矩阵，其相位分布具有连续密度，并设置

$$V_n^{(i)} = \lim_{N\to\infty} tr((\boldsymbol{V}_i^H\boldsymbol{V}_i)^n)$$

$$M_n = \lim_{N\to\infty} tr((\boldsymbol{V}_1^H\boldsymbol{V}_1\boldsymbol{V}_2^H\boldsymbol{V}_2)^n)$$

于是，$\{M_n\}_{1\leqslant n\leqslant N}$可由$\{V_n^{(n)}\}_{1\leqslant n\leqslant 2N}$唯一确定。

谱可分性似乎是大 N 极限的一种现象。我们只知道高斯和确定性矩阵，其中谱可分性出现在有限的情形中[379]。汉克尔、马尔可夫和托普利兹矩阵的矩[287]与这一背景有关。

文献[377]研究了一个实际的例子：

1. 根据形如$\boldsymbol{D}(N)\boldsymbol{V}^H\boldsymbol{V}$或$\boldsymbol{D}(N)+\boldsymbol{V}^H\boldsymbol{V}$的观测值，人们可以推断出$\boldsymbol{D}(N)$的频谱，或者$\boldsymbol{V}$的频谱或相位分布，当其中只有一个未知时。

2. 根据形如$\boldsymbol{V}_1^H\boldsymbol{V}_2\boldsymbol{V}_2^H\boldsymbol{V}_1$或$\boldsymbol{V}_1^H\boldsymbol{V}_1+\boldsymbol{V}_2^H\boldsymbol{V}_2$的观测值，人们可以推断出其中一个范德蒙矩阵的频谱或相位分布，当某个范德蒙矩阵已知时。

这个例子仅对分量矩阵$\boldsymbol{D}(N)$的 1 阶矩进行了估计。这些矩可以提供有价值的信息：当已知存在少数不同特征值，且重数已知时，为了得到这些特征值的估计，仅需要一些低阶矩。

5.7.4　有限维统计推断

这里，我们主要参照文献[379]，只是将符号转化为我们的。假定$\boldsymbol{X}$和$\boldsymbol{Y}$是两个$N\times N$个独立厄米特（或对称）随机方阵：

1. 人们能够根据$\boldsymbol{X}+\boldsymbol{Y}$和$\boldsymbol{Y}$的特征值分布推出$\boldsymbol{X}$的特征值分布吗？如果在大 N 极限中是可行的，我们将该运算称为加性自由解卷积。

2. 人们能够根据$\boldsymbol{XY}$和$\boldsymbol{Y}$的特征值分布推出$\boldsymbol{X}$的特征值分布吗？如果在大 N 极限中是可行的，我们将该运算称为乘性自由解卷积。

我们可以使用矩量法[380]和斯蒂尔切斯变换方法[381]。如果使用某种类型的渐近自由度[11]，则表达式非常简单。但是，对于有限矩阵来说，自由度是无效的。值得注意的是，矩量法仍然可以用于此目的。文献[379]提出了通用有限维统计推断框架，文献[382]给出了 MATLAB 实现代码。计算过程比较繁琐。只涉及了高斯矩阵。但诸如范德蒙矩阵等其他矩阵也能够以相同方式实现。一般情况实现起来更加困难。

考虑双重相关威沙特矩阵[383]。令M、N为正整数，$\boldsymbol{W}$是$M\times N$标准高斯复矩阵，$\boldsymbol{D}$

是(确定性)$M\times M$ 矩阵, $\boldsymbol{E}$ 是 $N\times N$ 矩阵。给定任意正整数 p, 下面的矩

$$\mathbb{E}\left[\operatorname{tr}\left(\frac{1}{N}(\boldsymbol{DWEW}^H)^p\right)\right]$$

$$\mathbb{E}\left[\operatorname{tr}\left(\frac{1}{N}(\boldsymbol{D}+\boldsymbol{W})(\boldsymbol{E}+\boldsymbol{W})^H)^p\right)\right]$$

存在, 并且可以进行计算[379]。

文献[379]的框架支持我们计算多种独立高斯随机矩阵和威沙特随机矩阵组合的矩, 而不需要对矩阵维度做任何假设。由于矩量法仅对低阶矩的信息进行了编码, 因而它缺乏通过自然编码成为斯蒂尔切斯变换的诸多信息。基于斯蒂尔切斯变换的频谱估计比仅使用若干个矩量进行频谱估计的情形更加准确。一个有趣的问题是为了达到接近斯蒂尔切斯变换的性能, 通常需要多少个矩量。

例 5.22(MIMO 速率估计[379])

假定信道

$$\boldsymbol{Y}_i=\boldsymbol{D}+\sigma\boldsymbol{W}_i,\ i=1,2,\cdots,K$$

存在 K 个噪声符号观测值, 其中 $\boldsymbol{D}$ 是 $M\times N$ 确定性信道矩阵, $\boldsymbol{W}_i$是代表噪声的 $M\times N$标准高斯复矩阵, σ 是噪声方差。假定信道 $\boldsymbol{D}$ 在 K 个符号测量值中保持不变。速率估计可表示为

$$C=\frac{1}{M}\log_2\det\left(\boldsymbol{I}_M+\frac{\rho}{N}\boldsymbol{DD}^H\right)=\frac{1}{M}\log_2\det\left(\prod_{i=1}^{M}(1+\rho\lambda_i)\right)$$

其中, $\rho=\dfrac{1}{\sigma^2}$是信噪比(SNR), λ_i是$\dfrac{1}{N}\boldsymbol{DD}^H$的特征值。

问题属于上面提出的有限维统计推断框架。额外参数并未出现在文献[379]的任何主要定理中。文献[379]推导出了表达式

$$\prod_{i=1}^{M}(1+\rho\lambda_i)$$

的无偏估计。

例 5.23(在有限时间内理解网络[379])

在认知 MIMO 网络中, 人们必须使用向量输入和向量输出来学习和控制“黑盒子”(无线信道)。令 $\boldsymbol{y}$ 为输出向量, $\boldsymbol{x}$ 和 $\boldsymbol{w}$ 分别为输入信号向量和噪声向量, 且

$$\boldsymbol{y}=\boldsymbol{x}+\sigma\boldsymbol{w}\tag{5-141}$$

通过定义

$$\boldsymbol{Y}=[\boldsymbol{y}_1,\cdots,\boldsymbol{y}_K],\ \boldsymbol{X}=[\boldsymbol{x}_1,\cdots,\boldsymbol{x}_K],\ \boldsymbol{W}=[\boldsymbol{w}_1,\cdots,\boldsymbol{w}_K]$$

我们有

$$\boldsymbol{Y}=\boldsymbol{X}+\sigma\boldsymbol{W}$$

在高斯矩阵的情形中, 速率可表示为

$$C=H(\boldsymbol{y})-H(\boldsymbol{y}\mid\boldsymbol{x})=\log_2\det(\pi e\boldsymbol{R}_Y)-\log_2\det(\pi e\boldsymbol{R}_W)=\log_2\left(\frac{\det\boldsymbol{R}_Y}{\det\boldsymbol{R}_W}\right)\tag{5-142}$$

其中, $\boldsymbol{R}_Y$是输出信号向量的协方差矩阵, $\boldsymbol{R}_W$是噪声向量的协方差矩阵。根据式(5-142), 人们完全可以通过只知道 $\boldsymbol{R}_Y$和 $\boldsymbol{R}_W$的特征值, 来发现系统的信息传输。遗憾

的是，接收机仅能访问输出向量 $\boldsymbol{y}$ 的 N 个有限观测值(样本)，而无法访问协方差矩阵 $\boldsymbol{R}_Y$。换言之，系统只能访问样本协方差矩阵$\hat{\boldsymbol{R}}_Y$，而不是真协方差矩阵 $\boldsymbol{R}_Y$。这里，我们定义

$$\hat{\boldsymbol{R}}_Y = \frac{1}{K}\sum_{i=1}^{K}\boldsymbol{y}_i\boldsymbol{y}_i^H = \frac{1}{K}\boldsymbol{Y}\boldsymbol{Y}^H = \frac{1}{K}(\boldsymbol{X}+\boldsymbol{W})(\boldsymbol{X}+\boldsymbol{W})^H$$

当式(5-141)中的 $\boldsymbol{x}$ 和 $\boldsymbol{w}$ 都是高斯向量时，我们将 $\boldsymbol{y}$ 记为

$$\boldsymbol{y} = \boldsymbol{R}_Y^{1/2}\boldsymbol{z} \tag{5-143}$$

其中，$\boldsymbol{z}$ 是独立同分布的标准高斯向量。因此，问题属于使用相关威沙特模型进行推导的领域，该模型定义为

$$\hat{\boldsymbol{R}}_Y = \frac{1}{K}\sum_{i=1}^{K}\boldsymbol{y}_i\boldsymbol{y}_i^H = \boldsymbol{R}_Y^{1/2}\left(\frac{1}{L}\sum_{i=1}^{L}\boldsymbol{z}_i\boldsymbol{z}_i^H\right)\boldsymbol{R}_Y^{1/2} = \boldsymbol{R}_Y^{1/2}\hat{\boldsymbol{R}}_Z\boldsymbol{R}_Y^{1/2}$$

其中

$$\hat{\boldsymbol{R}}_Z = \frac{1}{L}\sum_{i=1}^{L}\boldsymbol{z}_i\boldsymbol{z}_i^H = \frac{1}{L}\boldsymbol{Z}\boldsymbol{Z}^H,\ \boldsymbol{Z} = [\boldsymbol{z}_1, \cdots, \boldsymbol{z}_L]$$

例 5.24(功率估计[379])

基于大量观测值的假设，在上面的两个例子中，对有限维推断框架的要求并不严格。相反，观测值能够堆叠成一个大维矩阵，此时渐近结果更为合适。这个例子说明了一个模型，但如何运用这些堆叠策略还不清楚，这使得有限维的结果更加有用。在诸多多用户 MIMO 应用中，人们需要确定每个用户的功率。考虑由下式给出的系统

$$\boldsymbol{y}_i = \boldsymbol{H}\boldsymbol{P}^{1/2}\boldsymbol{x}_i + \sigma\boldsymbol{w}_i,\ i=1, 2, \cdots, K$$

其中，$\boldsymbol{H}$、$\boldsymbol{P}$、$\boldsymbol{s}_i$、$\boldsymbol{w}_i$分别表示 $N\times M$ 信道增益矩阵、因与用户发射位置距离不同而形成的 $M\times M$ 对角功率矩阵、$M\times 1$ 信号向量和方差为 σ 的 $N\times 1$ 噪声向量。特别是，$\boldsymbol{P}$、$\boldsymbol{s}_i$、$\boldsymbol{w}_i$是独立的标准高斯复矩阵和向量。假设我们拥有接收信号向量 $\boldsymbol{y}_i$的 K 个观测值，在此期间的信道增益矩阵 $\boldsymbol{H}$ 保持不变。

考虑 2×2 矩阵

$$\boldsymbol{P}^{1/2} = \begin{pmatrix} 1 & 0 \\ 0 & 0.5 \end{pmatrix}$$

我们可以根据矩阵 $\boldsymbol{Y}\boldsymbol{Y}^H$的矩，来估计矩阵 $\boldsymbol{P}$ 的矩，其中 $\boldsymbol{Y} = [\boldsymbol{y}_1, \cdots, \boldsymbol{y}_K]$是分量观测矩阵。

假设矩阵 $\boldsymbol{Y}$ 的观测值数 K 越来越多，且对矩估计进行了平均——我们跨多个块衰落信道进行平均。根据 $\boldsymbol{P}$ 的矩估计值，我们可以估计其特征值。当 K 增加时，预测值接近 $\boldsymbol{P}$ 的真正特征值。文献[379]考虑了 $K=1200$ 的情形。

第6章　凸　优　化

优化是指通过从（或在）由约束函数定义的容许集中系统选择优化变量值，实现目标函数的最小化或最大化。我们能够以优化形式，来有效描述诸多工程问题。因此，优化理论是一种用于解决工程问题的、功能强大的工具。为了将工程问题映射为优化问题，我们应当从工程问题中提取目标、约束条件和变量，并将其以数学方式表示出来。目标可能是我们关注的关键性能指标。在无线通信中，目标可能是容量或吞吐量。对于雷达系统来说，检测率可能是我们的设计目标。在智能电网中，我们的目标是实现电力购买成本最小化。约束条件是系统的物理极限或性能要求。系统变量是可调或可控参数，如权重、增益、功率等。此外，还应当将最优性、可行性和灵敏度考虑在内。应当针对优化问题设置合理的约束条件，并重点关注主动约束条件。

优化形式存在多种类型：

- 线性优化和非线性优化；
- 离散优化和连续优化；
- 确定性优化和随机规划；
- 约束优化和无约束优化；
- 凸优化和非凸优化。

作为优化理论的一个分支，凸优化主要研究如何基于紧凸集，实现凸目标函数最小化的问题。凸优化的优势在于如果存在一个局部最小值，则它就是全局最小值。因此，如果可以将工程问题表示为凸优化问题，则可以得到全局最优解。这就是凸优化近年来广为流行的原因之一。

凸优化流行的另外一个原因是可以通过割平面法、椭球法、次梯度法、内点法来解决凸优化问题。其中，内点法应用更为广泛。这种方法包括一个用于对凸集进行编码的自我协调的障碍函数，并通过遍历可行域内部来得到一种最优解。内点法通过使用一个多项式，能够保证在解维度和精度内，迭代次数是有界的。

凸优化可用于任何工程领域。遥感和图像处理领域中的的热门话题是压缩感知（Compressive Sensing, CS），它可以通过使用解是稀疏或可压缩的先验知识，来发现欠定线性方程的稀疏解。压缩感知（CS）可表示为 l_1 范数最小化问题，这属于凸优化范畴。虽然压缩感知（CS）的核心是优化理论，但是仍然可以将压缩感知（CS）看作是一种专用理论，因为它有着特殊性和重要意义。尽管稀疏信号重构至少已经存在了40年，可是这一领域直至最近才受到重视，部分归因于 David Donoho、Emmanuel Candes、Justin Romberg 和 Terence Tao 取得的一些重要研究成果。此外，为了解决压缩感知（CS）的反问题，Lawrence Carin 及其同事们构建了一种新型贝叶斯框架[384, 385]，并估计了未知参数的分布。在文献[386]中，压缩感知（CS）已被用于雷达成像。在认知雷达网中，虽然数据是海量的，但是数据的稀疏表示仍是首选的。因此，针对数据表示，我们应该探索用于学习最佳字典的方法[387]。同时，压缩感知(CS)表明，可以从较少样本而不是从信号维数中来恢复物理稀疏信号[387]。因此，我们还应该找到用于将信号投射到少量数据上的最佳感知矩阵，来改善重构精度性能。采用这种方式，可以大大减少雷达信号处理所需的数据量或信息量。此外，还可以降低认知雷达网的开销。

同时，还应当注意到凸优化对机器学习的贡献是巨大的。文献[388]讨论了如何使用半定规划(SDP)来学习核矩阵的问题。文献[389]将具有标量条件方差的多解模型学习问题表示为凸优化问题。E. J. Candes 及其同事们对鲁棒主成分分析(PCA)进行了讨论，并通过求解称为主成分寻踪(Principal Component Pursuit，PCP)的凸规划问题，试图将数据矩阵分解为一个低秩分量和一个稀疏分量。因此，可以预见，在不久的将来，凸优化将在认知功能中发挥重要作用。

凸优化问题的标准格式是[8]

$$\begin{aligned}&\text{在满足}\\&f_m(x)\leqslant c_m,\ m=1,2,\cdots,M\\&\text{的前提下，实现}f_0(x)\text{的最小化。}\end{aligned}\tag{6-1}$$

其中，$f_0(x),f_1(x),\cdots,f_M(x)$全为凸函数，这意味着对于任意$\theta(0\leqslant\theta\leqslant1)$、所有$x_1$以及位于凸集内的$x_2$来说[8]

$$f_m(\theta x_1+(1-\theta)x_2)\leqslant\theta f_m(x_1)+(1-\theta)f_m(x_2),\ m=0,1,2,\cdots,M\tag{6-2}$$

在凸优化问题式(6-1)中，x为优化变量。x可以是标量、向量，甚至是矩阵。$f_0(x)$为目标函数。我们将$f_m(x)$，$m=0,1,2,\cdots,M$称为约束函数。

在数学上，凹函数是负的凸函数。当且仅当$-f(x)$在某个凸集上是凸函数时，我们称$f(x)$在该凸集上是凹的。如果我们想使某个凹函数最大化，则我们可以通过最小化其对应的凸函数来实现。

我们将知名的凸函数或凹函数列举如下[8, 390]。关于符号的定义，读者可以参阅文献[8]。

- 对于任意$a\in\boldsymbol{R}$来说，$f(x)=x^a$在$\boldsymbol{R}$上是凸的。
- $f(x)=\log x$在$\boldsymbol{R}_{++}$上是凹的。
- 如果$a\geqslant1$或$a\leqslant0$，则$f(x)=e^{ax}$在$\boldsymbol{R}_{++}$上是凸的；如果$0\leqslant a\leqslant1$，则$f(x)=e^{ax}$在$\boldsymbol{R}_{++}$上是凹的。
- $\boldsymbol{R}^N$上的每个范数都是凸的。
- $f(x)=x\log x$在$\boldsymbol{R}_{++}$上是凸的。
- $f(\boldsymbol{x})=\max\{x_1,x_2,\cdots,x_N\}$在$\boldsymbol{R}^N$上是凸的。
- $f(\boldsymbol{x})=\log(e^{x_1}+e^{x_2}+\cdots+e^{x_N})$在$\boldsymbol{R}^N$上是凸的。
- 几何平均函数$f(\boldsymbol{x})=(\prod_{n=1}^N x_n)^{\frac{1}{N}}$在$\boldsymbol{R}^N_{++}$上是凹的。
- $f(x)=\dfrac{x^2}{y}$在$\boldsymbol{R}\times\boldsymbol{R}_{++}$上是凸的。
- $f(\boldsymbol{X})=\log\det\boldsymbol{X}$在$\boldsymbol{S}^N_{++}$上是凹的。

- $f(\boldsymbol{X})=\lambda_{\max}(\boldsymbol{X})$在$\boldsymbol{X}\in\boldsymbol{S}^N$上是凸的，其中$\lambda_{\max}(\boldsymbol{X})$表示矩阵的最大特征值。
- $f(\boldsymbol{X})=\mathrm{trace}(\boldsymbol{X}^{-1})$在$\boldsymbol{X}\in\boldsymbol{S}_{++}^N$上是凸的。
- $f(\boldsymbol{X})=(\det\boldsymbol{X})^{\frac{1}{N}}$在$\boldsymbol{S}_{++}^N$上是凹的。
- 如果$\boldsymbol{A}$是正定矩阵，且$\boldsymbol{A}\in\boldsymbol{C}^{N\times N}$，则$f(\boldsymbol{X})=\mathrm{trace}(\boldsymbol{X}\boldsymbol{A}\boldsymbol{X}^H)$是严格凸的。

6.1 线性规划

如果目标函数和约束函数都是线性的，则我们将该优化问题称为线性规划。线性规划是一种凸优化问题。线性规划的一般形式为[8]，

$$\begin{array}{l}\text{在满足}\\ \boldsymbol{Cx}=\boldsymbol{d}\\ \boldsymbol{Gx}\preceq\boldsymbol{h}\\ \text{的前提下，实现}\\ \boldsymbol{a}^T\boldsymbol{x}+b\\ \text{的最小化}\end{array}\tag{6-3}$$

其中，$\boldsymbol{x}\in\boldsymbol{R}^N$，$\boldsymbol{a}\in\boldsymbol{R}^N$，$\boldsymbol{C}\in\boldsymbol{R}^{M\times N}$，$\boldsymbol{d}\in\boldsymbol{R}^M$，$\boldsymbol{G}\in\boldsymbol{R}^{L\times N}$，$\boldsymbol{h}\in\boldsymbol{R}^L$。

线性规划的标准形式可表示为[8]

$$\begin{array}{l}\text{在满足}\\ \boldsymbol{Cx}=\boldsymbol{d}\\ \boldsymbol{x}\succeq 0\\ \text{的前提下，实现}\\ \boldsymbol{a}^T\boldsymbol{x}+b\\ \text{的最小化}\end{array}\tag{6-4}$$

其中，唯一的不等式约束条件是分量形式的非负约束条件$\boldsymbol{x}\succeq 0$。

不等式形式的线性规划可记为[8]

$$\begin{array}{l}\text{在满足}\\ \boldsymbol{Gx}\preceq\boldsymbol{h}\\ \text{的前提下，实现}\\ \boldsymbol{a}^T\boldsymbol{x}+b\\ \text{的最小化}\end{array}\tag{6-5}$$

不存在等式约束条件。

6.2 二次规划

如果用凸二次目标函数来代替线性规划中的线性目标函数，则我们称相应的优化问题为二次规划，它可以表示为[8]

$$
\begin{aligned}
&\text{在满足} \\
&\boldsymbol{Cx}=\boldsymbol{d} \\
&\boldsymbol{Gx}\leq \boldsymbol{h} \\
&\text{的前提下，实现} \\
&\frac{1}{2}\boldsymbol{x}^T\boldsymbol{Px}+\boldsymbol{q}^T\boldsymbol{x}+\boldsymbol{r} \\
&\text{的最小化}
\end{aligned} \tag{6-6}
$$

其中，$\boldsymbol{P}\in \boldsymbol{S}_+^N$，$\boldsymbol{q}\in \boldsymbol{R}^N$。

此外，如果使用凸二次约束条件来代替二次规划式(6-6)中的不等式约束条件 $\boldsymbol{Gx}\leq \boldsymbol{h}$，则我们将相应的优化问题称为二次约束二次规划(Quadratically Constrained Quadratic Programming，QCQP)，它可以表示为[8]

$$
\begin{aligned}
&\text{在满足} \\
&\boldsymbol{Cx}=\boldsymbol{d} \\
&\frac{1}{2}\boldsymbol{x}^T\boldsymbol{P}_m\boldsymbol{x}+\boldsymbol{q}_m^T\boldsymbol{x}+r_m\leqslant 0,\ m=1,\ 2,\ \cdots,\ M \\
&\text{的前提下，实现} \\
&\frac{1}{2}\boldsymbol{x}^T\boldsymbol{p}_0\boldsymbol{x}+\boldsymbol{q}_0^T\boldsymbol{x}+r_0 \\
&\text{的最小化}
\end{aligned} \tag{6-7}
$$

其中，$\boldsymbol{P}_m\in \boldsymbol{S}_+^N$，$\boldsymbol{q}_m\in \boldsymbol{R}^N$，$m=1,\ 2,\ \cdots,\ M$。

与范数$\|\cdot\|$相关的范数锥是凸集，该凸集可以表示为[8]

$$
C=\left\{(\boldsymbol{x},\ t)\ \middle|\ \left\|\boldsymbol{x}\right\|\leqslant t\right\}\subseteq \boldsymbol{R}^{N+1} \tag{6-8}
$$

如果考虑的是 l_2 范数，则我们称相应的锥为二阶锥、二次锥或冰淇淋锥。

如果使用凸二次锥约束条件来代替二次约束二次规划(QCQP)中的凸二次约束条件，则我们将相应的优化问题称为二阶锥规划(SOCP)[8]

$$
\begin{aligned}
&\text{在满足} \\
&\boldsymbol{Cx}=\boldsymbol{d} \\
&\left\|\boldsymbol{F}_m\boldsymbol{x}+\boldsymbol{e}_m\right\|_2\leqslant \boldsymbol{q}_m^T\boldsymbol{x}+r_m,\ m=1,\ 2,\ \cdots,\ M \\
&\text{的前提下，实现} \\
&\boldsymbol{a}^T\boldsymbol{x} \\
&\text{的最小化}
\end{aligned} \tag{6-9}
$$

其中，$\boldsymbol{F}_m\in \boldsymbol{R}^{L_m\times N}$，$\boldsymbol{e}_m\in \boldsymbol{R}^{L_m}$，$m=1,\ 2,\ \cdots,\ M$。

6.3 半定规划

如果 $\boldsymbol{X}\in \boldsymbol{S}_+^N$，则 $\boldsymbol{X}$ 是半正定矩阵或非负定矩阵，这意味着对于所有 $\boldsymbol{u}\in \boldsymbol{R}^N$，有

$$
\boldsymbol{u}^T\boldsymbol{Xu}\geqslant 0 \tag{6-10}
$$

如果 $\boldsymbol{X}$ 是半正定矩阵，则 $\boldsymbol{X}$ 的所有特征值都是非负的，且 $\boldsymbol{X}$ 的所有对角项都是非负的。

半定规划(SDP)是凸优化的一个分支。半定规划(SDP)试图在具有仿射空间的半正定矩阵锥的交集上，对线性目标函数进行优化。近年来，基于SDP的信号处理正在变得越来越流行。它可应用于控制理论、机器学习、统计学、电路设计、图论和量子力学等领域[164]。原因在于：

- 越来越多的实际问题可表示为半定规划(SDP)。
- 许多组合和非凸优化问题可放宽为SDP。
- 大多数用于线性规划的内点方法已经推广到SDP[391]。
- 计算能力大大提高，可以有效解决SDP问题。

因此，半定规划(SDP)可以充当核心凸优化形式。

SDP的形式为[8]

$$\begin{aligned}&\text{在满足}\\&\boldsymbol{Cx}=\boldsymbol{d},\\&\left(\sum\nolimits_{n=1}^{N}x_n\boldsymbol{F}_n\right)+\boldsymbol{E}\le 0\\&\text{的前提下，实现}\\&\boldsymbol{a}^T\boldsymbol{x}\\&\text{的最小化}\end{aligned}\tag{6-11}$$

其中，$\boldsymbol{F}_1, \boldsymbol{F}_2, \cdots, \boldsymbol{F}_N, \boldsymbol{E}\in\boldsymbol{S}^K$。

与线性规划类似，SDP的标准形式可表示为[8]

$$\begin{aligned}&\text{在满足}\\&\mathrm{trace}(\boldsymbol{F}_m\boldsymbol{X})=e_m,\ m=1,2,\cdots,M\\&\boldsymbol{X}\ge 0\\&\text{的前提下，实现}\\&\mathrm{trace}(\boldsymbol{AX})\\&\text{的最小化}\end{aligned}\tag{6-12}$$

其中，$\boldsymbol{A}, \boldsymbol{F}_1, \boldsymbol{F}_2, \cdots, \boldsymbol{F}_M\in\boldsymbol{S}^N$，矩阵非负约束条件作用于变量 $\boldsymbol{X}\in\boldsymbol{S}^N$ 上。

6.4 几何规划

几何规划是一类优化问题。几何规划本身的标准形式是非线性和非凸的。然而，可以轻易将几何规划转化为凸优化问题[8, 392]。采用这种方式，可以得到全局最优值。

如果某个函数可定义为

$$h(\boldsymbol{x})=cx_1^{a_1}x_2^{a_2}\cdots x_N^{a_N}\tag{6-13}$$

其中，$c, x_1, x_2, \cdots, x_N\in\boldsymbol{R}_{++}$，$a_1, a_2, \cdots, a_N\in\boldsymbol{R}$，我们将该函数被称为单项式函数，或者简称为单项式[8]。

单项式函数之和是一个多项式函数，或者简称为多项式[8]

$$f(\boldsymbol{x}) = \sum_{k=1}^{K} c_k x_1^{a_{1k}} x_2^{a_{2k}} \cdots x_N^{a_{Nk}} \tag{6-14}$$

其中，$c_k \in \boldsymbol{R}_{++}$，$a_{1k}, a_{2k}, \cdots, a_{Nk} \in \boldsymbol{R}, K=1, 2, \cdots, K$。

几何规划的标准形式为[8]

$$
\begin{aligned}
&\text{在满足} \\
&f_m(\boldsymbol{x}) \leqslant 1,\ m=1, 2, \cdots, M \\
&h_l(\boldsymbol{x}) = 1,\ m=1, 2, \cdots, L \\
&\boldsymbol{x} > 0 \\
&\text{的前提下，实现} \\
&f_0(\boldsymbol{x}) \\
&\text{的最小化}
\end{aligned}
\tag{6-15}
$$

其中，$f_0, f_1, f_2, \cdots, f_M$是多项式，$h_1, h_2, \cdots, h_L$是单项式。

定义

$$y_n = \log x_n,\ n=1, 2, \cdots, N \tag{6-16}$$

则

$$x_n = e^{y_n},\ n=1, 2, \cdots, N \tag{6-17}$$

单项式可以变换为[8]

$$
\begin{aligned}
h(\boldsymbol{x}) &= c x_1^{a_1} x_2^{a_2} \cdots x_N^{a_N} \\
&= c(e^{y_1})^{a_1}(e^{y_2})^{a_2} \cdots (e^{y_N})^{a_N} \\
&= e^{y_1 a_1 + y_2 a_2 \cdots y_N a_N + b} \\
&= e^{\boldsymbol{a}^T \boldsymbol{y} + b}
\end{aligned}
\tag{6-18}
$$

其中 $b = \log c$。变量的变化将一个单项式函数变成仿射函数的幂[8]。

同样，一个多项式可以变换为[8]

$$f(x) = \sum_{k=1}^{K} e^{\boldsymbol{a}_k^T \boldsymbol{y} + b_k} \tag{6-19}$$

其中，$\boldsymbol{a}_k = (a_{1k}, a_{2k}, \cdots, a_{Nk})^T$，$b_k = \log c_k, K=1, 2, \cdots, K$。

几何规划式(6-15)可以用$\boldsymbol{y} \in \boldsymbol{R}^N$表示为[8]

$$
\begin{aligned}
&\text{在满足} \\
&\textstyle\sum_{k=1}^{K_m} e^{\boldsymbol{a}_{mk}^T \boldsymbol{y} + b_{mk}} \leqslant 1,\ m=1, 2, \cdots, M \\
&e^{\boldsymbol{g}_l^T \boldsymbol{y} + p_l} = 1,\ l=1, 2, \cdots, L \\
&\text{的前提下，实现} \\
&\textstyle\sum_{k=1}^{K_0} e^{\boldsymbol{a}_{0k}^T \boldsymbol{y} + b_{0k}} \\
&\text{的最小化}
\end{aligned}
\tag{6-20}
$$

其中，$\boldsymbol{a}_{mk} \in \boldsymbol{R}^N$，$m=1, 2, \cdots, M$，$\boldsymbol{g}_l \in \boldsymbol{R}^N$，$l=1, 2, \cdots, L$。

最后，我们对目标函数进行对数运算，并使用几何规划式(6-20)中的约束函数，得到几何规划的凸形式[8]

在满足

$$\tilde{f}_m(\boldsymbol{y}) = \log(\sum_{k=1}^{K_m} e^{\boldsymbol{a}_{mk}^T\boldsymbol{y}+b_{mk}}) \leqslant 0,\ m=1,\ 2,\ \cdots,\ M$$

$$\tilde{h}_m(\boldsymbol{y}) = \boldsymbol{g}_l^T\boldsymbol{y}+p_l = 0,\ l=1,\ 2,\ \cdots,\ L \tag{6-21}$$

的前提下，实现

$$\tilde{f}_0(\boldsymbol{y}) = \log(\sum_{k=1}^{K_0} e^{\boldsymbol{a}_{0k}^T\boldsymbol{y}+b_{0k}})$$

的最小化

如果几何规划式(6-21)中的目标函数和约束函数都是单项式，则几何规划式(6-21)可简化为线性规划。因此，几何规划可看作是线性规划的一种扩展形式[8]。

文献[392]记录了几何规划的扩展形式及其在通信系统中的应用。这些应用包括信道容量、编码、网络资源分配、网络拥塞控制等[392]。

6.5 拉格朗日对偶性

在优化理论中，对偶理论指出可以从两个角度来看优化问题：原问题或对偶问题。无论原问题是否为凸，对偶问题当然都是凹的。因此，对偶问题很容易得到解决。对偶问题的解为原问题提供了解的下界。

从数学上讲，如果不一定是凸的原问题可表示为

在满足

$$f_m(\boldsymbol{x}) \leqslant 1,\ m=1,\ 2,\ \cdots,\ M$$

$$h_l(\boldsymbol{x}) = 1,\ m=1,\ 2,\ \cdots,\ L \tag{6-22}$$

的前提下，实现

$$f_0(\boldsymbol{x})$$

的最小化

而其最优值为

$$p^* = f_0(\boldsymbol{x}^*) \tag{6-23}$$

则相应的对偶问题为

在满足

$$\boldsymbol{\lambda} \geqslant \boldsymbol{0} \tag{6-24}$$

的前提下，实现

$$g(\boldsymbol{\lambda},\ \boldsymbol{v})$$

的最大化

其中，$g(\boldsymbol{\lambda},\ \boldsymbol{v})$是文献[8]中定义的拉格朗日对偶函数。

$$g(\boldsymbol{\lambda},\ \boldsymbol{v}) = \inf L(\boldsymbol{x},\ \boldsymbol{\lambda},\ \boldsymbol{v})$$

$$= \inf\left[f_0(\boldsymbol{x}) + \sum_{m=1}^{M}\lambda_m f_m(\boldsymbol{x}) + \sum_{l=1}^{L} v_l h_l(\boldsymbol{x})\right] \tag{6-25}$$

且 $\boldsymbol{x}$ 满足原问题式(6-22)的约束条件。

用 d^* 表示对偶问题的最优值。对于凸问题和非凸问题来说，弱对偶性总是成立的，即

$$d^* \leqslant p^* \tag{6-26}$$

对于凸问题来说，强对偶性通常是成立的，即

$$d^* = p^* \tag{6-27}$$

6.6 优化算法

两类算法(即确定性算法和随机算法)被广泛用于解决优化问题。对于确定性算法来说，内点法近年来非常流行。

6.6.1 内点法

内点法是一类用于求解线性和非线性凸优化问题的算法。在理想的情况下，任何凸优化问题可以通过内点法解决。内点法的关键要素是使用一个自我协调的障碍函数来对凸集进行编码[393]。障碍函数是一种连续函数，当点接近可行域的边界时，该点上的连续函数值增加至无穷大。因此，通过遍历可行域的内部，内点法可以得到最优解。

理想的障碍函数应为[8]

$$I(u) = \begin{cases} 0, & u \leqslant 0 \\ \infty, & u > 0 \end{cases} \tag{6-28}$$

在实践中，对数障碍函数可以作为一个近似，即

$$I(u) = -\frac{1}{t}\log(-u) \tag{6-29}$$

其中，$t>0$，且当 t 趋于无穷大时，近似值增大[8]。同时，对数障碍函数是凸的，且二次连续可微。

6.6.2 随机算法

随机法或随机搜索法产生并使用随机变量来得到优化问题的解。随机法不需要探讨目标函数和约束条件的结构(即导数或梯度信息)。随机方法适用于非凸优化问题或规模较大的高维优化问题。随机法无法保证全局最优，但往往没有其他选择。

随机方法包括(但不限于)：

- 模拟退火；
- 随机爬山；
- 遗传算法；
- 蚁群优化；
- 粒子群优化(Particle Swarm Optimization，PSO)。

其中，遗传算法作为一种进化算法技术，它已广泛应用于多目标优化或多目标决策。以粒子群优化(PSO)为例[394]。在多输入多输出(MIMO)超宽带(UWB)系统中，可以将功率分配问题(针对使用阵增益的时间反转)看作是一个非凸优化问题。虽然目标

函数的一阶和二阶导数以及约束条件很容易得到（因为目标函数是非线性、非凸函数）[394]，但是很难使用确定性算法来求解该最优化问题。需要用到粒子群优化[394]。粒子群优化（PSO）是一种基于群体智能的算法，可用于寻找优化问题的解[395]。在群中，存在着很多具有一定位置和速度的粒子。群中粒子互相交流最佳位置信息，并基于这些最佳位置信息来调整自己的位置和速度。

假设存在 N 个粒子。K 次迭代后，该算法停止。当第 k 次迭代开始时，第 i 个粒子的位置为 $\boldsymbol{L}_i^{k-1}$，速度为 $\boldsymbol{V}_i^{k-1}$。第 i 个粒子的局部最佳位置是

$$\boldsymbol{L}_{i\text{best}}^{k} = \arg \max_{\{\boldsymbol{L}_{i\text{best}}^{k-1},\ \boldsymbol{L}_i^{k-1}\}} C(\boldsymbol{L}) \tag{6-30}$$

其中，$C(\boldsymbol{L})$ 为效用函数。全局最佳位置为

$$\boldsymbol{L}_{g\text{best}}^{k} = \arg \max_{\{\boldsymbol{L}_{i\text{best}}^{k},\ i=1,\,2,\,\cdots,\,N\}} C(\boldsymbol{L}) \tag{6-31}$$

于是，在第 k 次迭代中，第 i 个粒子的速度为

$$\boldsymbol{V}_i^{k} = \omega \boldsymbol{V}_i^{k-1} + c_1 \text{rand}(\boldsymbol{L}_{i\text{best}}^{k} - \boldsymbol{L}_i^{k-1}) + c_2 \text{rand}(\boldsymbol{L}_{g\text{best}}^{k} - \boldsymbol{L}_i^{k-1}) \tag{6-32}$$

且第 i 个粒子的新位置是 $\boldsymbol{L}_i^{k} = \boldsymbol{L}_i^{k-1} + \boldsymbol{V}_i^{k}$。在式（6-32）中，rand 表示在单位区间上的均匀分布中提取到的随机值，w 为惯性权重，c_1 和 c_2 是两个正常数，分别被称为认知参数和社会参数。

6.7 鲁棒优化

在许多研究领域（如运筹学、金融、工业管理、运输调度、无线通信、智能电网等），具有不确定性的优化问题正变得越来越热门，因为大部分优化问题来自于动态复杂系统，且优化问题中的大多数变量是不确定或不确知的。解决具有不确定性的优化问题，存在两种方法：一种方法是鲁棒优化，另一种方法是随机优化。在鲁棒优化方法中，不确定性模型是确定的，且基于集合[396]。然而，在随机优化方法中，我们假设不确定性模型是随机的[396]。作为一种保守方法[397]，鲁棒优化能够保证在所有的情况下，性能都位于集合的不确定性内。换言之，鲁棒性意味着性能是稳定的，误差是有界的。然而，对于具有已知或部分已知概率分布信息的不确定性来说，随机优化仅能保证平均性能[397]。因此，在鲁棒性和性能之间，存在着一种折中。鲁棒优化将通过波形分集实现物化。

在当前的无线通信系统、雷达系统、传感或成像系统中，波形分集是一个重要的研究课题。我们应当根据系统性能的不同要求或目标，对波形进行设计或优化，且为了达到性能增益，波形应当动态适应或分集运行环境[398]。例如，在容量方面，应当对波形进行科学设计，使其能够向接收机传送更多的信息。如果在接收端使用能量检测器，则应当对波形进行优化，使得接收端积分窗口中的信号能量实现最大化[399~401]。对于导航和地理定位来说，可使用超短波形来提高分辨率。对于多目标识别，应对波形进行科学设计，使得雷达信号的回波能够带回更多信息。在杂波主导的环境中，应当同时考虑实现目标能量的最大化和杂波能量的最小化。

多输入单输出（Multiple Input Single Output，MISO）系统是一种多天线系统。在该系

统中，发射端存在多副天线，而接收端仅有一副天线。MISO系统可以使用空间分集，并执行发射机波束形成机制，来将能量聚焦在所需方向或点上，并避免对其他无线电系统形成干扰。众所周知，当前由于轻量级数字编程波形发生器[402]或任意波形发生器（Arbitrary Waveform Generator，AWG）的出现，使得波形和空间分集能力成为可能。波形分集也可应用于宽带系统。文献[403]研究了宽带多天线系统的波形设计或优化问题。从理论的角度来看，文献[403]的贡献可以概括如下：通带系统的等效基带波形设计。可以对不同发射天线的不同波形进行联合优化，来获得全局最优解。在接收端，来自于不同发射天线的接收信号将在空中进行合并，使得接收机天线仅能看到来自于发射机的一个副本。为了实现这种通带信号的空中相干性，应在发射端将所有单个振荡器连接在一起[402]，以保持载波相位的一致性。

在认知无线电的背景下，波形设计为我们设计无线电提供了灵活性，它可以与其他认知无线电和主无线电共存。从认知无线电的角度来看，在波形设计或优化过程中，除了传统的通信目的和约束条件之外，应当重点考虑发射端的频谱屏蔽约束条件和接收端的干扰消除。在发射波形上应用频谱屏蔽约束条件，使得认知无线电对主无线电的干扰有限或不形成干扰。同时，在接收端实施干扰消除方案，以消除主无线电对认知无线电形成的干扰。

虽然雷达系统中波形分集的思想可以追溯到第二次世界大战，但由于计算能力和硬件的限制，多年来诸多波形设计算法无法在雷达系统中实现[398]。现在，这些瓶颈被打破，波形分集重新成为雷达领域的一个热点。基于文献[404]中的先进数学工具，我们可以对诸如时间反转或相位共轭波形、有色波形、稀疏和规则非均匀多普勒波形、非圆波形等进行处理。文献[405]提出了雷达应用领域编码波形设计的最新发展趋势。利用现代半定规划（SDP）以及与厄米特矩阵秩一分解的新算法来执行代码选择，可以实现检测性能最大化，并控制多普勒估计的精度以及与前缀雷达码的相似性。同时，推动波形分集研究的另一股力量是在雷达系统中引入认知功能（即认知雷达系统），这意味着雷达可以主动了解环境，整个雷达系统形成一个包括发射机、环境和接收机的动态闭合反馈回路[406]。波形分集将在认知雷达系统中发挥重要的作用。雷达发射机能够以一种智能、高效、自适应、鲁棒的方式，调整它对环境的理解，并兼顾学习和感知结果[406]。因此，在认知雷达的保护下，可以成功应用序贯检验理念[407]。在确认决策正确之前，需要进行若干轮的理解。每一轮的波形和收发方案可以根据上一轮理解结果进行调整。例如，自适应压缩感知（CS）[384]为我们在这一领域开展研究提供了有益的提示。

上述与波形分集有关的理论研究并未将鲁棒性考虑在内。这有几方面的原因：

- 鲁棒优化理论在过去并不太成熟。
- 鲁棒性使得波形分集变得更加复杂。
- 波形分集的研究仅限于计算机仿真。

目前，随着鲁棒优化理论日益成熟，以及计算和实现瓶颈被打破，针对波形分集的鲁棒优化（即鲁棒波形分集）将引起人们的更大关注。同时，鲁棒性是理论工作和实际情况之间的桥梁。

鲁棒优化是鲁棒波形分集的关键数学工具，它能够提供具有一定鲁棒性的最佳波形。文献[396]对鲁棒优化进行了系统介绍。在鲁棒优化理论中,最常用的优化形式是鲁棒线性优化[396, 408, 409]、鲁棒最小二乘法[8, 410]、鲁棒均方误差(Robust Mean square Error, MSE)法[411~417]和鲁棒半定规划[418, 409]。如果优化问题可归结为使用某些不确定性模型的鲁棒线性规划、鲁棒最小二乘法、鲁棒均方误差法,则这些优化问题是可解的、易处理的。例如,如果不确定性模型是椭圆不确定集,则鲁棒线性规划变成了二阶锥规划(SOCP),二阶锥规划(SOCP)变成了半定规划(SDP)[419],它可以通过内点法有效地解决。然而,具有椭圆不确定集的鲁棒半定规划是一个NP难问题[419]。将解法复杂性考虑在内,因为SDP比SOCP难,SOCP比线性规划难,因而鲁棒性增加了优化问题的难度[419]。文献[8]讨论了具有有限不确定集、范数界误差、不确定性椭球的鲁棒最小二乘法和具有线性结构的范数有界误差。同时,文献[410]还给出了鲁棒最小二乘法的解。在该解法中,系数矩阵未知但有界。最坏情形中的残值实现了最小化,相应的优化问题可归结为二阶锥规划(SOCP)。文献[411~417]从经典估计的角度,对鲁棒均方误差进行了研究。我们将鲁棒均方误差也可以称为极大极小MSE。竞争性极大极小方法的核心思想[412]是在假定参数向量协方差受不确定性约束的前提下,寻找能够实现最坏情形中遗憾最小化的线性估计。作为能够在所有范数有界的参数向量中实现最坏情形中MSE最小化的线性估计[414],极大极小MSE估计可以通过求解半定规划(SDP)问题得到。同样,文献[415]研究了具有噪声方差不确定性的鲁棒均方误差问题。文献[416]将鲁棒均方误差问题扩展为一个多信号估计问题,该文献同时考虑了模型和噪声的不确定性。

我们可以将发射机功率控制看作是一种波形分集方案。传统上,功率控制或功率分配可以作为一种无线资源管理问题,在物理层上实现。功率控制可以在物理层中实现。采用这种方式,功率控制回路周期将大大降低。不同功率控制模式将合成不同传输波形,以满足不同需求。文献[397]研究了鲁棒发射机功率控制问题。在物理层中,可以采用OFDM调制方案。每种认知无线电应当动态控制自身子载波的发射功率,以实现总效益最大化。因此,该优化问题的目标是实现所有认知无线电总容量的最大化,约束条件包括每个认知无线电的功率约束条件和干扰约束条件。由于认知无线电网络中不存在中心节点,因而用于解决此优化问题的可行算法应采用分散方式实现。对于优化问题的非鲁棒版本来说,可以采用经典的迭代充水方法,且解的收敛性可以得到保证。然而,由于认知无线电和主无线电的随机移动性,因而认知无线电网络具有动态性质[397]。因此,噪声加干扰项包括两个分量:标称项和用于形成优化问题鲁棒版的扰动项。鲁棒性的成本是凸优化问题变为非凸优化问题。大多数凸优化算法是不可用的。文献[420]提出了一种用于解决非凸鲁棒优化问题的新型数字技术。邻域搜索和鲁棒局部移动迭代应用,以得到鲁棒解决方案[397]。与发射机功率控制类似,可以将发射机波束形成看作是另一种波形分集方案。文献[421]研究了多用户MISO认知无线电网络中的鲁棒发射机波束形成问题。该文献假定信道状态信息不是完全已知的,且信道状态信息的不完备性可使用欧几里德球形不确定集来建模[421]。具体而言,目的是在中心节点处,在确保发射总功率最小的前提下,针对不同认知无线电设计最佳波束形成权值,同时每个认知无线电的最小接收信干噪比(Signal-to-Interference and Noise Ratio, SINR)

应当等于或大于服务质量(Quality of Service, QoS)要求所定义的阈值。每个主无线电的干扰应当等于或小于某个阈值，以确保主无线电正常工作。具有部分信道状态信息的认知无线电鲁棒发射机波束形成方案也可参照文献[422]。由于探测系统和反馈系统的局限性，部分信道状态信息、信道状态信息误差或有限反馈的鲁棒性对于处理发射机功率控制和波束形成是非常重要的。同时，由于无线电环境的扰动和无线信道的衰落特性，如何处理过期的信道状态信息仍值得研究。有时，没有信道状态信息，远场的定向波束仍然可以通过在发射端使用阵列流形、导向矢量或空间特征来形成。

在文献[423]中，鲁棒波形分集被应用于MIMO雷达系统。设计标准是用于目标识别和分类的互信息和最小均方误差(MMSE)估计。假设目标功率谱密度(PSD)位于不确定类型的频谱内，其上界和下界已知[423]。使用此类先验信息，设计的波形能很好地匹配目标，并带回更多信息。在可接受的水平处，极大极小鲁棒波形受到最坏情形性能的约束[423]。文献[424]将与信号相关的噪声(即杂波)考虑在内，研究了针对MIMO雷达的波形设计问题，该文献还研究了最坏情况下目标实现的估计误差最小化所需的鲁棒波形。

在发射端实现波形分集已经被人们广泛接受。但是，波形分集应当有更广泛的内涵和意义。首先，波形分集框架应当包括接收端波形水平中任何类型的信号处理。最常见的信号处理是接收机波束形成，它包括窄带波束形成和宽带波束形成。文献[425, 426]对鲁棒接收机波束形成进行了研究。不确定性来自于导向矢量的失配和干扰加噪声采样协方差矩阵的估计误差。最坏情况下的性能，重点关注最小方差波束形成器或Capon波束形成器在最坏情况下的性能。可使用SDP或SOCP来解决相应的鲁棒优化问题。文献[427]研究了具有概率约束条件鲁棒最小方差波束形成器，并讨论了概率约束和最坏情形中优化之间的关系。在文献[409]中，鲁棒最小二乘法被用于天线设计。从标称最小二乘法获得的最优解是完全不稳定的，这与最小实现误差的存在有关[409]。然而，鲁棒最小二乘法能带来稳定的结果以对抗不确定性。文献[428]涉及并提出了鲁棒宽带波束形成方案。同样，来自于导向矢量的误差会给系统带来不稳定性，且不可避免地降低波束形成器的性能[428]。文献[428]提出混合最速下降法，来寻找可行凸集上代价函数的唯一极小值。

6.8 多目标优化

实际优化问题(特别是工程设计优化问题)拥有多目标特性的概率要高于单目标特性[429]。例如，为形成任意形状的宽带波束图，我们至少需要考虑4大目标：主波束、旁瓣、归零和频不变特性。

在解决方案方面，多目标优化和单目标优化之间的区别是如果解存在，则前者具有一组帕累托最优解，而后者仅有单一全局最优解。术语“帕累托最优解”是指这样一个解，在其周围区域，如果不恶化至少一个其他目标，则无法改善任何目标[429]。帕累托最优解的集合可用帕累托前端来描述，它是帕累托最优点所在目标函数空间中的一个超曲面[429]。

如何得到多目标优化的解基于应当如何通过与所有其他目标对比，来确定每个目标的权重。因此，在偏好方面，可以采用4种方法[429, 430]：

- 先验偏好。我们可以在运行优化算法之前，指定偏好。最有可能的是，可提出单一效用函数，来合并所有目标。
- 级进偏好。我们可以与优化算法进行交互，并在优化过程中改变偏好。
- 后验偏好。在优化过程前或优化过程中不存在偏好。我们可以在优化算法所提供的候选集中选择解。
- 无偏好。在多目标优化的整个过程中，不需要偏好。

如果事先给定偏好，加权和法是最简单的方法，同时也可能是应用最广泛的经典方法。该方法通过将每个目标乘以预定权重，并将所有加权目标相加，来把多目标优化问题转化成单目标优化问题。如果所有目标的权重都是正的，则单目标问题的解是帕累托最优解。然而，加权和法无法保证通过使用正权向量来得到任意帕累托最优解。同时，如果事先没有给定偏好，则我们必须要找到一个尽可能完整的候选解集合。

对于确定性策略来说，可以采用ε-约束法、加权度量法、旋转加权度量法、价值函数法等。此外，在求解多目标优化问题方面，随机算法（特别是进化算法）似乎比确定性算法更受欢迎[430~433]。收敛性和分集是多目标进化算法的两个重要问题[434]。文献[435]已经提出一种高效进化算法来逼近多目标优化中的帕累托最优解集合。一个相关例子是使用强度帕累托进化算法2来设计同步多任务波形[436]。文献[437]在考虑误差界和马氏距离的前提下，还使用遗传算法来得到目标检测的OFDM雷达波形。同样，为了使算法可扩展，并行遗传算法[438]值得一用。

认知无线电或认知无线电网络自身的性能优化是一个多目标优化问题。首先，在认知无线电网络中，从物理层到应用层存在着多个目标[439]。不同层可能具有不同的性能指标。不同应用可能具有不同的QoS要求。不同用户可能有不同的主观性能需求。因此，应当同时考虑多个目标。同时，外部无线环境和内部网络状态决定了目标的有效性、可行性和灵敏度。具体来说，在分布式优化框架内使用多目标适应度函数，已经实现了误码率（Bit Error Rate，BER）最小化、带外干扰最小化、功耗最小化和总吞吐量最大化[440, 441]。遗传算法及其变种已经得到广泛应用[441~449]。此外，在考虑带宽回报之和以及次用户接入公平性的前提下，认知无线电网络中的频谱分配也可采用粒子群优化（PSO）[450]。从人工智能的角度来看，人们已经探讨采用分而治之理念的、基于案例的推理方法来生成认知无线电中多目标问题的解[451]。

6.9　无线资源管理优化

无线资源管理是无线通信系统的系统级控制[452~457]。一般情况下，无线资源管理试图优化各种无线资源的利用率，以改善无线系统的性能。数学优化（尤其是凸优化）是支持无线资源管理的主要工具[458]。同时，无线资源管理是认知无线电的基本功能[459]。频谱感知、频谱接入、频谱共享等频谱相关管理，将是认知无线电的基本特征[460, 461]。

无线电资源管理包括（但不限于）：

- 功率控制[462~467]；
- 频段分配；
- 时隙分配；
- 自适应调制与编码[468~470]；
- 速率控制[471]；
- 天线选择[472~475]；
- 调度[471, 476-479]；
- 切换[480~482]；
- 接入控制[483~489]；
- 拥塞控制[484, 490~494]；
- 负荷控制[495]；
- 路由规划[496~498]；
- 基站部署。

关于无线资源管理的研究成果，读者也可参照文献[499~507]。容量、通信速率、频谱效率或容量区域频繁地用作无线资源管理的性能指标。此外，与MIMO相关的无线资源管理和与OFDM相关的无线电资源管理也将在下面的章节中提到。

6.10 实例与应用

实例和应用将证明数学优化的优势和好处。

6.10.1 多输入多输出超宽带通信系统的频谱效率

假设系统中存在N_t副发射天线和N_r副接收天线。

信道传递函数为$\boldsymbol{H}(f)$，带宽为$W=f_1-f_0$，其中$f_0(>0)$为起始频率，$f_1(>0)$为结束频率，有

$$\boldsymbol{H}(f)=\begin{bmatrix} H_{11}(f) & H_{12}(f) & \cdots & H_{1N_t}(f) \\ H_{21}(f) & H_{22}(f) & \cdots & H_{2N_t}(f) \\ \vdots & \vdots & \vdots & \vdots \\ H_{N_r1}(f) & H_{N_r2}(t) & \cdots & H_{N_rN_t}(f) \end{bmatrix} \tag{6-33}$$

其中，$\boldsymbol{H}_{mn}(f)$为从发射天线n到接收天线m的信道传递函数。它对应的信道脉冲响应为

$$\boldsymbol{H}(t)=\begin{bmatrix} H_{11}(t) & H_{12}(t) & \cdots & H_{1N_t}(t) \\ H_{21}(t) & H_{22}(t) & \cdots & H_{2N_t}(t) \\ \vdots & \vdots & \vdots & \vdots \\ H_{N_r1}(t) & H_{N_r2}(t) & \cdots & H_{N_rN_t}(t) \end{bmatrix} \tag{6-34}$$

发射端的频谱成形滤波器为

$$\boldsymbol{X}(t)=\begin{bmatrix} X_{11}(f) & X_{12}(f) & \cdots & X_{1N_s}(f) \\ X_{21}(f) & X_{22}(f) & \cdots & X_{2N_s}(f) \\ \vdots & \vdots & \vdots & \vdots \\ X_{N_t1}(f) & X_{N_t2}(f) & \cdots & X_{N_tN_s}(f) \end{bmatrix} \tag{6-35}$$

且它对应的传递函数为

$$\boldsymbol{X}(f)=\begin{bmatrix} X_{11}(f) & X_{12}(f) & \cdots & X_{1N_s}(f) \\ X_{21}(f) & X_{22}(f) & \cdots & X_{2N_s}(f) \\ \vdots & \vdots & \vdots & \vdots \\ X_{N_t1}(f) & X_{N_t2}(f) & \cdots & X_{N_tN_s}(f) \end{bmatrix} \tag{6-36}$$

频谱成形滤波器的输入是发射信号向量 $\boldsymbol{a}(t)$。$\boldsymbol{a}(t)$ 的项为 $a_1(t)$, $a_2(t)$, $\cdots$, $a_{N_s}(t)$，即

$$\boldsymbol{a}(t)=\begin{bmatrix} a_1(t) \\ a_2(t) \\ \vdots \\ a_{N_s}(t) \end{bmatrix} \tag{6-37}$$

所有这些项都是零均值、单位功率谱密度（PSD）的独立高斯白噪声随机过程。

发射机阵列处的发射信号为

$$\boldsymbol{S}(t)=\boldsymbol{X}(t)\otimes\boldsymbol{a}(t) \tag{6-38}$$

其中，“$\otimes$”表示卷积运算，且 $\boldsymbol{S}(t)$ 的每一项为

$$S_i(t)=\sum_{j=1}^{N_s}(X_{ij}(t)\otimes a_j(t)),\ i=1,2,\cdots,N_t \tag{6-39}$$

因此，发射机阵列处发射信号的功率谱密度（PSD）为

$$\boldsymbol{R}_S(f)=\boldsymbol{X}(f)\boldsymbol{X}^H(f) \tag{6-40}$$

接收机阵列处的接收信号为

$$\boldsymbol{R}(t)=\boldsymbol{H}(t)\otimes\boldsymbol{S}(t)+\boldsymbol{N}(t) \tag{6-41}$$

其中，$N(t)$ 为加性高斯白噪声（AWGN），它的各项是零均值、单侧功率谱密度（PSD）为 N_0 的独立随机过程。

如果考虑单侧的情形，则发射功率为

$$P=\int_{f_0}^{f_1}\mathrm{trace}[\boldsymbol{R}_s(f)]df \tag{6-42}$$

发射信号功率与接收噪声功率的等价比（TX SNR）可定义为

$$\rho=\frac{p}{N_0W} \tag{6-43}$$

频谱效率为[508]

$$\frac{C}{W}=\frac{1}{W}\int_{f_0}^{f_1}\log\left|\boldsymbol{I}_{N_r}(f)+\frac{\boldsymbol{H}(f)\boldsymbol{R}_S(f)\boldsymbol{H}^H(f)}{N_0}\right|df \tag{6-44}$$

其中，$|\cdot|$ 表示矩阵的行列式。

频谱成形滤波器的设计方法包括：

- 充水；
- 恒功率充水；
- 时间反转；
- 信道反转；
- 恒功率谱密度；
- 最小均方误差(MMSE)。

6.10.1.1 充水

众所周知，充水的频谱效率大于其他任何频谱成形方案。令 $\lambda_i(f)$，$i=1, 2, \cdots, N_t$ 表示 $N_0\boldsymbol{H}^{-1}(f)[\boldsymbol{H}^{-1}(f)]^H$ 的特征值集合。因此，$N_0\boldsymbol{H}^{-1}(f)[\boldsymbol{H}^{-1}(f)]^H$ 的奇异值分解(SVD)可记为

$$N_0\boldsymbol{H}^{-1}(f)[\boldsymbol{H}^{-1}(f)]^H=\boldsymbol{U}(f)\operatorname{diag}\{\lambda_i(f)\}\boldsymbol{U}^H(f) \tag{6-45}$$

如果 $\boldsymbol{a}$ 是包含 n 个分量的向量，则 $\operatorname{diag}(\boldsymbol{a})$ 返回一个 $n\times n$ 对角矩阵，$\boldsymbol{a}$ 为其主对角线。由于酉矩阵的性质，因而 $\dfrac{\boldsymbol{H}^H(f)\boldsymbol{H}(f)}{N_0}$ 可表示为

$$\frac{\boldsymbol{H}^H(f)\boldsymbol{H}(f)}{N_0}=\boldsymbol{U}(f)\operatorname{diag}\{\lambda_i^{-1}(f)\}\boldsymbol{U}^H(f) \tag{6-46}$$

于是，$\boldsymbol{R}_S(f)$ 可表示为

$$\boldsymbol{R}_S(f)=\boldsymbol{U}(f)\operatorname{diag}\{\Lambda_i(f)\}\boldsymbol{U}^H(f) \tag{6-47}$$

其中，$\Lambda_i(f)=(\mu-\lambda_i(f))^+$，$i=1, 2, \cdots, N_t$，$(x)^+=\max[0, x]$。这里，常数 μ 是选择用于满足功率约束等式

$$\sum_{i=1}^{N_t}\int_{f_0}^{f_1}\Lambda_i(f)\,df=p \tag{6-48}$$

的水位。

因此，在这种情况下，频谱效率 $\dfrac{C}{W}$ 为[509]

$$\frac{1}{W}\sum_{i=1}^{N_t}\int_{f_0}^{f_1}\left(\log_2\left(\frac{\mu}{\lambda_i(f)}\right)\right)^+df \tag{6-49}$$

6.10.1.2 恒功率充水

恒功率充水在文献[510]中得到了很好的研究。对于充水来说，功率分配方案为 $\Lambda_i(f)=(\mu-\lambda_i(f))^+$，$i=1, 2, \cdots, N_t$。而对于恒功率充水来说，功率分配方案为

$$\Lambda_i(f)=\begin{cases}p_0,\ \lambda_i(f)\leqslant\lambda_0\\0,\ \lambda_i(f)>\lambda_0\end{cases} \tag{6-50}$$

如何获得最佳 p_0 和 λ_0 是恒功率充水的关键。同样，频带集 Ω_i，$i=1, 2, \cdots, N_t$ 可定义为

$$\Omega_i=\{f:\lambda_i(f)\leqslant\lambda_0;f_0\leqslant f\leqslant f_1\} \tag{6-51}$$

Ω_i 的测度是 θ_i，且

$$\theta = \sum_{i=1}^{N_t} \theta_i \tag{6-52}$$

应当选择 λ_0，以满足 $\min\{\lambda_i(f), f \in \Omega_i, i = 1, 2, \cdots, N_t\} + \frac{P}{\theta}$等于

$$\max\{\lambda_i(f), f \in \Omega_i, i = 1, 2, \cdots, N_t\} \tag{6-53}$$

的条件。同时，$p_0 = \frac{P}{\theta}$。

6.10.1.3 时间反转

对于时间反转，可以推出

$$\boldsymbol{X}(f) = \alpha \boldsymbol{H}^H(f) \tag{6-54}$$

其中，常数 α 是选择用来满足功率约束条件等式

$$\begin{aligned} P &= \int_{f_0}^{f_1} \text{trace}[\boldsymbol{R}_S(f)]df \\ &= \int_{f_0}^{f_1} \text{trace}[\boldsymbol{X}(f)\boldsymbol{X}^H(f)]df \\ &= \alpha^2 \int_{f_0}^{f_1} \text{trace}[\boldsymbol{H}^H(f)\boldsymbol{H}(f)]df \\ &= \alpha^2 \int_{f_0}^{f_1} \sum_{i=1}^{N_r} \sum_{j=1}^{N_r} |H_{ij}(f)|^2 df \end{aligned} \tag{6-55}$$

的比例因子。因此，有

$$\alpha = \sqrt{\frac{P}{\int_{f_0}^{f_1} \sum_{i=1}^{N_r} \sum_{j=1}^{N_r} |H_{ij}(f)|^2 df}} \tag{6-56}$$

和

$$\boldsymbol{X}(f) = \sqrt{\frac{P}{\int_{f_0}^{f_1} \sum_{i=1}^{N_r} \sum_{j=1}^{N_r} |H_{ij}(f)|^2 df}} \boldsymbol{H}^H(f) \tag{6-57}$$

这种情况下，频谱效率$\frac{C}{W}$为[509]

$$\frac{1}{W}\int_{f_0}^{f_1} \log_2 \left| I + \frac{\rho W \boldsymbol{H}(f)\boldsymbol{H}^H(f)\boldsymbol{H}(f)\boldsymbol{H}^H(f)}{\int_{f_0}^{f_1} \sum_{i=1}^{N_r} \sum_{j=1}^{N_t} |H_{ij}(f)|^2 df} \right| df \tag{6-58}$$

6.10.1.4 信道反转

对于信道反转，可以推出

$$\boldsymbol{X}(f) = \alpha \boldsymbol{H}^H(f)[\boldsymbol{H}(f)\boldsymbol{H}^H(f)]^{-1} \tag{6-59}$$

其中，常数 α 是选择用来满足功率约束条件等式

$$\begin{aligned} P &= \int_{f_0}^{f_1} \text{trace}[\boldsymbol{R}_S]df \\ &= \int_{f_0}^{f_1} \text{trace}[\boldsymbol{X}(f)\boldsymbol{X}^H(f)]df \end{aligned}$$

$$= \alpha^2 \int_{f_0}^{f_1} \text{trace}[[\boldsymbol{H}(f)\boldsymbol{H}^H(f)]^{-1}]df \tag{6-60}$$

的比例因子。因此，有

$$\alpha = \sqrt{\frac{P}{\int_{f_0}^{f_1} \text{trace}[[\boldsymbol{H}(f)\boldsymbol{H}^H(f)]^{-1}]df}} \tag{6-61}$$

和

$$\boldsymbol{X}(f) = \sqrt{\frac{P}{\int_{f_0}^{f_1} \text{trace}[[\boldsymbol{H}(f)\boldsymbol{H}^H(f)]^{-1}]df}} \boldsymbol{H}^H(f)[\boldsymbol{H}(f)\boldsymbol{H}^H(f)]^{-1} \tag{6-62}$$

这种情况下，频谱效率$\frac{C}{W}$为[509]

$$\frac{C}{W} = N_r \log_2\left(1 + \frac{\rho W}{\int_{f_0}^{f_1} \text{trace}[[\boldsymbol{H}(f)\boldsymbol{H}^H(f)]^{-1}]df}\right) \tag{6-63}$$

6.10.1.5　恒功率谱密度

如果将功率平均分配给每副发射天线，则

$$\boldsymbol{R}_S(f) = \frac{P}{WN_t}\boldsymbol{I}(f) \tag{6-64}$$

这种情况下，频谱效率$\frac{C}{W}$为[509]

$$\frac{C}{W} = \frac{1}{W}\int_{f_0}^{f_1} \log\left|\boldsymbol{I} + \frac{\rho \boldsymbol{H}(f)\boldsymbol{H}^H(f)}{N_t}\right| df \tag{6-65}$$

6.10.1.6　最小均方误差

对于最小均方误差(MMSE)，可以推出

$$\boldsymbol{X}(f) = \alpha \boldsymbol{H}^H(f)[\boldsymbol{H}(f)\boldsymbol{H}^H(f) + \frac{N_r}{\rho}\boldsymbol{I}]^{-1} \tag{6-66}$$

其中，常数 α 是选择用来满足功率约束条件等式

$$\begin{aligned} P &= \int_{f_0}^{f_1} \text{trace}[\boldsymbol{R}_S(f)]df \\ &= \int_{f_0}^{f_1} \text{trace}[\boldsymbol{X}(f)\boldsymbol{X}^H(f)]df \end{aligned} \tag{6-67}$$

的比例因子。因此，有

$$\alpha = \sqrt{\frac{P}{\int_{f_0}^{f_1} \text{tr}\left\{\boldsymbol{H}^H(f)\left[\boldsymbol{H}(f)\boldsymbol{H}^H(f) + \frac{N_r}{\rho}\boldsymbol{I}\right]^{-2}\boldsymbol{H}(f)\right\}df}} \tag{6-68}$$

同样，这种情况下的频谱效率可以根据式(6-40)和式(6-44)进行计算。

6.10.2　采用非相干接收机的单输入单输出通信系统的宽带波形设计

我们考虑开关键控(On-Off Keying，OOK)调制，且传输信号为

$$s(t) = \sum_{j=-\infty}^{\infty} d_j p(t - jT_b) \tag{6-69}$$

其中，T_b为比特周期，$p(t)$为定义在$[0, T_p]$上的传输比特波形，且$d_j \in \{0, 1\}$是第j个传输比特。不失一般性，假设最小传输时延等于0。$p(t)$的能量为

$$\int_0^{T_p} p^2(t)dt = E_p \tag{6-70}$$

接收机前端输出处接收到的噪声信号为

$$\begin{aligned} r(t) &= h(t) \otimes s(t) + n(t) \\ &= \sum_{j=-\infty}^{\infty} d_j x(t - jT_b) + n(t) \end{aligned} \tag{6-71}$$

其中，$h(t)$，$t \in [0, T_h]$多径脉冲响应，它将信道脉冲响应的影响和收发信机的射频(RF)前端考虑在内。在发射机[511, 512]处，$h(t)$是可用的。$n(t)$是一种低通加性零均值高斯噪声，单侧带宽为W，单侧功率谱密度(PSD)为N_0。$x(t)$为接收到的无噪声比特"1"波形，它可定义为

$$x(t) = h(t) \otimes p(t) \tag{6-72}$$

我们进一步假设$T_b \geqslant T_h + T_p = T_x$，即不存在符号间干扰(Inter-Symbol Interference, ISI)。

在接收端，无须任何显式模拟滤波器，能量检测器即可执行$r(t)$的非线性平方运算。然后，积分器在给定积分窗口T_I进行积分运算。与时间索引k对应，第k个积分器输出端的判决统计量可表示为

$$\begin{aligned} z_k &= \int_{kT_b+T_{I0}}^{kT_b+T_{I0}+T_I} r^2(t)dt \\ &= \int_{kT_b+T_{I0}}^{kT_b+T_{I0}+T_I} (d_k x(t - kT_b) + n(t))^2 dt \end{aligned} \tag{6-73}$$

其中，T_{I0}是每个比特积分的开始时间，且$0 \leqslant T_{I0} \leqslant T_{I0} + T_I \leqslant T_x \leqslant T_b$。

当应用于相干接收机时，能量检测器接收端的近似等价信噪比(SNR)能够提供相同检测性能，它可表示为[400]

$$\mathrm{SNR}_{\mathrm{eq}} = \frac{2\left(\int_{T_{I0}}^{T_{I0}+T_I} x^2(t)dt\right)^2}{2.3T_I W N_0^2 + N_0 \int_{T_{I0}}^{T_{I0}+T_I} x^2(t)dt} \tag{6-74}$$

对于最佳性能，应当实现等价信噪比(SNR)$\mathrm{SNR}_{\mathrm{eq}}$的最大化。定义

$$E_I = \int_{T_{I0}}^{T_{I0}+T_I} x^2(t)dt \tag{6-75}$$

当T_I、N_0和W给定时，$\mathrm{SNR}_{\mathrm{eq}}$是$E_I$的增函数。因此，式(6-74)中的$\mathrm{SNR}_{\mathrm{eq}}$最大化等价于式(6-75)中的$E_I$最大化。

用于获得最佳波形的优化问题可表示为

$$\begin{aligned} &\text{在满足} \\ &\int_0^{T_p} p^2(t)dt = E_p \\ &\text{的前提下，实现} \\ &\int_{T_{I0}}^{T_{I0}+T_I} x^2(t)dt \\ &\text{的最大化} \end{aligned} \tag{6-76}$$

为了求解优化问题式(6-76)，需要采用数值方法。换言之，$p(t)$、$h(t)$和$x(t)$是被均匀采样的，且优化问题式(6-76)被转化为其对应的离散时间形式。假设采样周期为T_s。$T_p/T_s=N_p$，$T_h/T_s=N_h$，$T_x/T_s=N_x$。因此，$N_x=N_p+N_h$。

$p(t)$、$h(t)$和$x(t)$分别可表示为p_i，$i=0, 1, \cdots N_p$，h_i，$i=0, 1, \cdots N_h$和x_i，$i=0, 1, \cdots N_x$[400]。

定义

$$\boldsymbol{p}=[p_0p_1\cdots p_{N_p}]^T \tag{6-77}$$

和

$$\boldsymbol{x}=[x_0x_1\cdots x_{N_x}]^T \tag{6-78}$$

构建信道矩阵$\boldsymbol{H}_{(N_x+1)\times(N_p+1)}$

$$(\boldsymbol{H})_{i,j}=\begin{cases}h_{i-j},\ 0\leqslant i-j\leqslant N_h\\0,\ 其他\end{cases} \tag{6-79}$$

其中，$(\cdot)_{i,j}$表示矩阵或向量中第i行、第j列的项。同时，对于向量来说，以$\boldsymbol{p}$为例，$(\boldsymbol{p})_{i,1}$与p_{i-1}等价。

式(6-72)的矩阵表示为

$$\boldsymbol{x}=\boldsymbol{Hp} \tag{6-80}$$

且优化问题式(6-76)中的约束条件可以表示为

$$\|\boldsymbol{p}\|_2^2T_s=E_p \tag{6-81}$$

其中，"$\|\cdot\|_2$"表示向量的欧几里德范数。为了保持整个文档的一致性，我们进一步假设

$$\|\boldsymbol{p}\|_2^2T_s=E_p \tag{6-82}$$

令$T_I/T_s=N_I$，$T_{I0}/T_s=N_{I0}$。积分窗口内$\boldsymbol{x}$的项构成$\boldsymbol{x}_I$，它可表示为

$$\boldsymbol{x}_I=[x_{N_{I0}}x_{N_{I0}+1}\cdots x_{N_{I0}+N_I}]^T \tag{6-83}$$

且式(6-75)中的E_I可以等价表示为

$$E_I=\|\boldsymbol{x}_I\|_2^2T_s \tag{6-84}$$

简单抛开E_I中的T_s不会对优化目标产生影响，因而E_I可以重新定义为

$$E_I=\|\boldsymbol{x}_I\|_2^2 \tag{6-85}$$

与式(6-80)类似，$\boldsymbol{x}_I$可通过计算

$$\boldsymbol{x}_I=\boldsymbol{H}_I\boldsymbol{p} \tag{6-86}$$

得到。其中$(\boldsymbol{H}_I)_{i,j}=(\boldsymbol{H})_{N_{I0}+i,j}$，$i=1, 2, \cdots, N_I+1$，$j=1, 2, \cdots, N_p+1$。

优化问题式(6-76)可以用离散时间形式来表示，即

$$\begin{array}{l}在满足\\ \|\boldsymbol{p}\|_2^2=1\\ 的前提下，实现\\ E_I\\ 的最大化\end{array} \tag{6-87}$$

优化问题式(6-87)的最优解 $\boldsymbol{p}^*$ 是下面特征值分解[400]

$$\boldsymbol{H}_I^T\boldsymbol{H}_I\boldsymbol{p} = \lambda\boldsymbol{p} \tag{6-88}$$

中的主特征向量。

此外，E_I^* 可由式(6-85)和式(6-86)得到。

6.10.2.1 积分窗口内部和外部能量之间的折中

为了降低符号间干扰(ISI)，应当同时考虑积分窗口内部和外部的能量，这意味着积分窗口内部和外部能量之间存在一种折中[401]。

积分窗口外部的 $\boldsymbol{x}$ 项构成 $\boldsymbol{x}_{\bar{I}}$，它可表示为

$$\boldsymbol{x}_{\bar{I}} = [x_0 \cdots x_{N_{I0}-1} x_{N_{I0}+N_I+1} \cdots x_{N_x}]^T \tag{6-89}$$

积分窗口 $E_{\bar{I}}$外部的能量可表示为

$$E_{\bar{I}} = \left\|\boldsymbol{x}_{\bar{I}}\right\|_2^2 \tag{6-90}$$

与式(6-86)类似，$\boldsymbol{x}_{\bar{I}}$可以通过计算

$$\boldsymbol{x}_{\bar{I}} = \boldsymbol{H}_{\bar{I}}\boldsymbol{p} \tag{6-91}$$

得到。其中，当 $i=1, \cdots, N_{I0}$时，$(\boldsymbol{H}_{\bar{I}})_{i,j} = (\boldsymbol{H})_{i,j}$；当 $i = N_{I0}+N_I+2, \cdots, N_x+1, j = 1, 2, \cdots, N_p+1$ 时，$(\boldsymbol{H}_{\bar{I}})_{i-(N_I+1),j} = (\boldsymbol{H})_{i,j}$。

为了平衡积分窗口内部和外部的能量，我们引入折中因子 α。α 的变化范围是从 0 到 1。如何选择 α 取决于性能要求。当 α 给定时，优化问题可表示为

$$\begin{aligned}&\text{在满足}\\&\left\|\boldsymbol{p}\right\|_2^2 = 1\\&\text{的前提下，实现}\\&\alpha E_I - (1-\alpha)E_{\bar{I}}\\&\text{的最大化}\end{aligned} \tag{6-92}$$

优化问题式(6-92)的最优解 $\boldsymbol{p}^*$ 是下面特征值分解[401]

$$[\alpha\boldsymbol{H}_I^T\boldsymbol{H}_I - (1-\alpha)\boldsymbol{H}_{\bar{I}}^T\boldsymbol{H}_{\bar{I}}]\boldsymbol{p} = \lambda\boldsymbol{p} \tag{6-93}$$

中的主特征向量。

6.10.2.2 二进制波形

考虑到硬件约束条件或实现的简单性，如果传输波形受限于二进制波形，这意味着 $p_i, i=0, 1, \cdots, N_p$等于 $-\frac{1}{\sqrt{1+N_p}}$或$\frac{1}{\sqrt{1+N_p}}$，则优化问题可表示为

$$\begin{aligned}&\text{在满足}\\&[(\boldsymbol{p})_{i,1}]^2 = \frac{1}{1+N_p},\ i=0, 1, \cdots, N_p\\&\text{的前提下，实现}\\&E_I\\&\text{的最大化}\end{aligned} \tag{6-94}$$

优化问题式(6-94)的一个次优解 $\boldsymbol{p}_{b1}^*$ 可从优化问题式(6-87)的最优解中推导出来。当得到 $\boldsymbol{p}^*$ 后，我们有

$$(\boldsymbol{p}_{b1}^{*})_{i,1}=\begin{cases}\dfrac{1}{\sqrt{1+N_p}},\ (\boldsymbol{p}^{*})_{i,1}\geqslant 0\\ -\dfrac{1}{\sqrt{1+N_p}},\ (\boldsymbol{p}^{*})_{i,1}<0\end{cases} \tag{6-95}$$

当 $T_I\to 0$ 时，通过这种简单方法可以得到优化问题式(6-94)的最优解，它可以由柯西-施瓦兹不等式证明，但如果 T_I 大于0，则由式(6-94)得到的次优解仍有改进的潜力。

定义

$$\boldsymbol{P}=\boldsymbol{p}\boldsymbol{p}^T \tag{6-96}$$

$\boldsymbol{P}$ 应为对称半正定矩阵($\boldsymbol{P}>=0$)，且 $\boldsymbol{P}$ 的秩应当等于1。E_I 可以改写为

$$\begin{aligned}E_I&=\boldsymbol{p}^T\boldsymbol{H}_I^T\boldsymbol{H}_I\boldsymbol{p}\\&=\mathrm{trace}(\boldsymbol{H}_I^T\boldsymbol{H}_I\boldsymbol{p}\boldsymbol{p}^T)\\&=\mathrm{trace}(\boldsymbol{H}_I^T\boldsymbol{H}_I\boldsymbol{P})\end{aligned} \tag{6-97}$$

秩约束条件为非凸约束条件，因而抛开秩约束条件后，优化问题式(6-94)可放宽为

在满足

$$(\boldsymbol{P})_{i,i}=\frac{1}{1+N_p},\ i=0,1,\cdots,N_p$$

$$\boldsymbol{P}>=0 \tag{6-98}$$

的前提下，实现

$\mathrm{trace}(\boldsymbol{H}_I^T\boldsymbol{H}_I\boldsymbol{P})$

的最大化

优化问题式(6-98)的最优解 $\boldsymbol{P}^*$ 可通过使用并发版本系统(Concurrent Versions System, CVX)工具[513]得到，且优化问题式(6-98)中的目标函数值给出了优化问题式(6-94)最优解的上限。基于式(6-95)，将 $\boldsymbol{P}^*$ 的主特征向量投射到 $-\dfrac{1}{\sqrt{1+N_p}}$ 或 $\dfrac{1}{\sqrt{1+N_p}}$ 上，即可得到次优解 $\boldsymbol{p}_{b2}^{*}$[514]。

最后，设计的二进制波形为[401]

$$\boldsymbol{p}_b^{*}=\arg\max_{\boldsymbol{p}\in\{\boldsymbol{p}_{b1}^{*},\boldsymbol{p}_{b2}^{*}\}}\boldsymbol{p}^T\boldsymbol{H}_I^T\boldsymbol{H}_I\boldsymbol{p} \tag{6-99}$$

6.10.2.3　三元波形

如果传输波形受限于三元波形，这意味着 p_i，$i=0,1,\cdots,N_p$ 等于3个值(即 $-c$、0或 c)，则优化问题可表示为

在满足

$$[(\boldsymbol{p})_{i,1}]^2=c^2\text{或}0,\ i=0,1,\cdots,N_p$$

$$\|\boldsymbol{p}\|_2^2=1 \tag{6-100}$$

的前提下，实现

E_I

的最大化

优化问题式(6-100)仍然是 NP 难问题, 且可近似改写为

$$\begin{aligned}&\text{在满足}\\&\text{Cardinality}(\boldsymbol{p})\leqslant k\\&1\leqslant k\leqslant N_p+1\\&\left\|\boldsymbol{p}\right\|_2^2=1\\&\text{的前提下, 实现}\\&E_I\\&\text{的最大化}\end{aligned}\tag{6-101}$$

其中, Cardinality($\boldsymbol{p}$)表示 $\boldsymbol{p}$ 中非零项的数目, 基数约束条件也是非凸约束条件。

由于 k 是介于 1 和 N_p+1 之间的整数, 因而优化问题式(6-101)可以分解为 N_p+1 个独立并行的子问题, 每个子问题可表示为

$$\begin{aligned}&\text{在满足}\\&\text{Cardinality}(\boldsymbol{p})\leqslant k\\&\left\|\boldsymbol{p}\right\|_2^2=1\\&\text{的前提下, 实现}\\&E_I\\&\text{的最大化}\end{aligned}\tag{6-102}$$

其中, $k=1, 2, \cdots, N_p+1$。

问题式(6-102)可以并行求解, 将解进行合并后, 即可得到原优化问题式(6-100)的解。重用式(6-96)中的定义, 通过将半定松弛条件与启发式算法 l_1[514] 相结合, 可以将问题式(6-102)转化为下面的半定规划(SDP)问题

$$\begin{aligned}&\text{在满足}\\&\text{trace}(\boldsymbol{P})=1\\&\boldsymbol{a}^T\left|\boldsymbol{P}\right|\boldsymbol{a}\leqslant k\\&\boldsymbol{P}>=0\\&\text{的前提下, 实现}\\&\text{trace}(\boldsymbol{H}_I^T\boldsymbol{H}_I\boldsymbol{P})\\&\text{的最大化}\end{aligned}\tag{6-103}$$

其中, $\boldsymbol{a}$ 是项全为 1 的列向量, 且

$$\begin{aligned}\left\|\boldsymbol{p}\right\|_2^2&=\boldsymbol{p}^T\boldsymbol{p}\\&=\text{trace}(\boldsymbol{p}\boldsymbol{p}^T)\\&=\text{trace}(\boldsymbol{P})\end{aligned}\tag{6-104}$$

CVX 工具[513]也可用于得到 SDP 的最优解 $\boldsymbol{P}_k^*$。根据 $\boldsymbol{P}_k^*$ 的主特征向量 $\boldsymbol{P}_k^*$ 和阈值 $p_{\text{th}k}$, 子问题(6-102)的解可以表示为

$$(\boldsymbol{p}_{tk}^*)_{i,1}=\begin{cases}c_k, & (\boldsymbol{p}_k^*)_{i,1}>p_{\text{th}k}\\ 0, & \left|(\boldsymbol{p}_k^*)_{i,1}\right|\leqslant p_{\text{th}k}\\ -c_k, & (\boldsymbol{p}_k^*)_{i,1}<p_{\text{th}k}\end{cases} \tag{6-105}$$

其中

在满足

$$p_{\text{th}k}=\arg\max_{\{p_{\text{th}}\}}(\boldsymbol{p}_{tk}^*)^T\boldsymbol{H}_l^T\boldsymbol{H}_l\boldsymbol{p}_{tk}^* \tag{6-106}$$

的前提下

$$\text{Cardinality}(\boldsymbol{P}_{tk}^*)\leqslant k$$

且

$$c_k=\frac{1}{\sqrt{\text{Cardinality}(\boldsymbol{p}_{tk}^*)}} \tag{6-107}$$

最后，设计的三元波形为[401]

$$\boldsymbol{p}_t^*=\arg\max_{p\in\{p_{tk}^*,K=1,2,\cdots,N_{p+1}\}}\boldsymbol{p}^T\boldsymbol{H}_l^T\boldsymbol{H}_l\boldsymbol{p} \tag{6-108}$$

6.10.3 多输入单输出认知无线电的宽带波形设计

多输入单输出（MISO）系统是一种多天线系统。在该系统中，发射端存在多副天线，接收端存在1副天线。MISO系统可以使用空间分集，执行波束形成来将能量聚焦于所需方向或点，并避免对其他无线电系统形成干扰。众所周知，由于轻量级数字编程波形发生器[402]或任意波形发生器（AWG）的出现，因而波形和空间分集能力在今天已成为可能。

6.10.3.1 基于柯西-施瓦兹不等式的迭代算法

发射端存在N副天线，接收端存在1副天线。OOK调制可用于传输。发射机天线n处的发射信号为

$$s_n(t)=\sum_{j=-\infty}^{\infty}d_jp_n(t-jT_b) \tag{6-109}$$

其中，T_b为比特周期，$p_n(t)$是发射机天线n处定义在$[0,T_p]$上的发射比特波形，$d_j\in\{0,1\}$是第j个传输比特。传输波形的能量为

$$\sum_{n=1}^{N}\int_0^{T_p}p_n^2(t)df=E_p \tag{6-110}$$

低噪声放大器（LNA）输出端接收到的噪声信号为

$$\begin{aligned}r(t)&=\sum_{n=1}^{N}h_n(t)\otimes s_n(t)+n(t)\\&=\sum_{j=-\infty}^{\infty}d_j\sum_{n=1}^{N}x_n(t-jT_b)+n(t)\end{aligned} \tag{6-111}$$

其中，$h_n(t)$，$t\in[0,T_h]$是多径脉冲响应。$h_n(t)$在发射机[511, 512]处是可用的。$\int_0^{T_h}h_n^2(t)dt=E_{nh}$。$n(t)$是加性高斯白噪声（AWGN）。$x_n(t)$是接收到的无噪声比特“1”波

形，它可定义为

$$x_n(t) = \sum_{n=1}^{N} h_n(t) \otimes p_n(t) \tag{6-112}$$

我们进一步假定 $T_b \geqslant T_h + T_p = T_x$，即不存在符号间干扰(ISI)。

如果假定不同发射天线处的波形是同步的，则第 k 个判决统计量为

$$\begin{aligned} r(kT_b + t_0) &= \sum_{j=-\infty}^{\infty} d_j \sum_{n=1}^{N} x_n(kT_b + t_0 - jT_b) + n(t) \\ &= d_k \sum_{n=1}^{N} x_n(t_0) + n(t) \end{aligned} \tag{6-113}$$

为了实现系统性能最大化，$\sum_{n=1}^{N} x_n(t_0)$ 应当取最大值。为得到最佳波形 $p_n(t)$，优化问题可以表示如下：

$$\begin{aligned} &\text{在满足} \\ &\sum_{n=1}^{N} \int_0^{T_p} p_n^2(t)\,dt \leqslant E_p \\ &0 \leqslant t_0 \leqslant T_b \\ &\text{的前提下，实现} \\ &\sum_{n=1}^{N} x_n(t_0) \\ &\text{的最大化} \end{aligned} \tag{6-114}$$

这里提出一种迭代方法，来给出优化问题式(6-114)的最优解。此方法是一种计算上高效的算法。为简单起见，在下面的介绍中，我们假定 t_0 为0，这不会降低最优解(如果此解存在的话)。

$$x(t) = \sum_{n=1}^{N} x_n(t) \tag{6-115}$$

根据傅里叶逆变换，有

$$x_{nf}(f) = h_{nf}(f) p_{nf}(f) \tag{6-116}$$

和

$$x_f(f) = \sum_{n=1}^{N} h_{nf}(f) p_{nf}(f) \tag{6-117}$$

其中，$x_{nf}(f)$、$h_{nf}(f)$ 和 $p_{nf}(f)$ 分别代表 $x_n(t)$、$h_n(t)$ 和 $p_n(t)$ 的频域表示。$x_f(f)$ 是 $x(t)$ 的频域表示。因此，有 $x(0) = \sum_{n=1}^{N} x_n(0)$，$x_n(0) = \int_{-\infty}^{\infty} x_{nf}(f)\,df$。

如果不存在频谱屏蔽约束条件，则根据柯西-施瓦兹不等式，有

$$\begin{aligned} x(0) &= \sum_{n=1}^{N} \int_{-\infty}^{\infty} h_{nf}(f) p_{nf}(f)\,df \\ &\leqslant \sum_{n=1}^{N} \sqrt{\left| h_{nf}(f) \right|^2 df \int_{-\infty}^{\infty} \left| p_{nf}(f) \right|^2 df} \\ &\leqslant \sqrt{\sum_{n=1}^{N} \int_{-\infty}^{\infty} \left| h_{nf}(f) \right|^2 df} \sqrt{\sum_{n=1}^{N} \int_{-\infty}^{\infty} \left| p_{nf}(f) \right|^2 df} \end{aligned}$$

$$= \sqrt{E_p \sum_{n=1}^{N} E_{nh}} \tag{6-118}$$

其中，对于所有f和n来说，当$p_{nf}(f) = \alpha h_{nf}(f)$时，得到可以两个等式。因此

$$\alpha = \sqrt{\frac{E_p}{\sum_{n=1}^{N} \int_{-\infty}^{\infty} \left| h_{nf}(f) \right|^2 df}} \tag{6-119}$$

在这种情况下，$p_n(t) = \alpha h_n(-t)$，这意味着最佳波形$p_n(t)$是多径脉冲响应$h_n(t)$对应的时间反转。

如果存在频谱屏蔽约束条件，则下面的优化问题将变得复杂：

在满足

$$\sum_{n=1}^{N} \int_0^{T_p} p_n^2(t)\, dt \leqslant E_p$$

$$\left| p_{nf}(f) \right|^2 \leqslant c_{nf}(f) \tag{6-120}$$

的前提下，实现

$x(0)$

的最大化

其中，$c_{nf}(f)$代表发射天线n处的任意频谱屏蔽约束条件。

由于$p_{nf}(f)$为复值，因而$p_{nf}(f)$的相位和模量应当可以确定。

同时

$$x(0) = \int_{-\infty}^{\infty} x_f(f)\, df \tag{6-121}$$

和

$$x_f(f) = \sum_{n=1}^{N} \left| h_{nf}(f) \right| \left| p_{nf}(f) \right| e^{j2\pi(\arg(h_{nf}(f)) + \arg(p_{nf}(f)))} \tag{6-122}$$

其中，复值的角分量为arg(·)。

对于实值信号$x(t)$来说，$x_f(f)$等于$x_f(-f)$的共轭。因此

$$x_f(-f) = \sum_{n=1}^{N} \left| h_{nf}(f) \right| \left| p_{nf}(f) \right| e^{-j2\pi(\arg(h_{nf}(f)) + \arg(p_{nf}(f)))} \tag{6-123}$$

且$x_f(f) + x_f(-f)$等于

$$\sum_{n=1}^{N} \left| h_{nf}(f) \right| \left| p_{nf}(f) \right| \cos(2\pi(\arg(h_{nf}(f)) + \arg(p_{nf}(f))) \tag{6-124}$$

对于所有f和n来说，如果给定$h_{nf}(f)$和$\left| p_{nf}(f) \right|$，则$x(0)$等价于

$$\arg(h_{nf}(f)) + \arg(p_{nf}(f)) = 0 \tag{6-125}$$

这意味着$p_{nf}(f)$的角分量是负的$h_{nf}(f)$角分量。

对于所有f和n来说，优化问题式(6-126)可以简化为

在满足

$$\sum_{n=1}^{N} \int_{-\infty}^{\infty} \left| p_{nf}(f) \right|^2 df \leqslant E_p \tag{6-126}$$

$$\left| p_{nf}(f) \right|^2 \leqslant c_{nf}(f)$$

$$\left|h_{nf}(f)\right| = \left|h_{nf}(-f)\right| \tag{6-127}$$

$$\left|p_{nf}(f)\right| = \left|p_{nf}(-f)\right| \tag{6-128}$$

$$\left|c_{nf}(f)\right| = \left|c_{nf}(-f)\right| \tag{6-129}$$

的前提下，实现

$$\sum_{n=1}^{N}\int_{-\infty}^{\infty}\left|h_{nf}(f)\right|\left|p_{nf}(f)\right|df$$

的最大化

因此，在优化问题式(6-126)，我们考虑的是均匀离散频点f_0，…，f_M。同时，f_0对应于直流(Direct Current，DC)分量，f_1，…，f_M对应于正频率分量。

定义列向量$\boldsymbol{h}_f$，$\boldsymbol{h}_{1f}$，…，$\boldsymbol{h}_{Nf}$

$$\boldsymbol{h}_f = [\boldsymbol{h}_{1f}^T\boldsymbol{h}_{2f}^T\cdots\boldsymbol{h}_{Nf}^T]^T \tag{6-130}$$

$$(\boldsymbol{h}_{nf})_i = \begin{cases}\left|h_{nf}(f_{i-1})\right|, & i=1\\ \sqrt{2}\left|h_{nf}(f_{i-1})\right|, & i=2,\cdots,M+1\end{cases} \tag{6-131}$$

定义列向量$\boldsymbol{p}_f$，$\boldsymbol{p}_{1f}$，…，$\boldsymbol{p}_{Nf}$

$$\boldsymbol{p}_f = [\boldsymbol{p}_{1f}^T\boldsymbol{p}_{2f}^T\cdots\boldsymbol{p}_{Nf}^T]^T \tag{6-132}$$

$$(\boldsymbol{p}_{nf})_i = \begin{cases}\left|p_{nf}(f_{i-1})\right|, & i=1\\ \sqrt{2}\left|p_{nf}(f_{i-1})\right|, & i=2,\cdots,M+1\end{cases} \tag{6-133}$$

定义列向量$\boldsymbol{c}_f$，$\boldsymbol{c}_{1f}$，…，$\boldsymbol{c}_{Nf}$

$$\boldsymbol{c}_f = [\boldsymbol{c}_{1f}^T\boldsymbol{c}_{2f}^T\cdots\boldsymbol{c}_{Nf}^T]^T \tag{6-134}$$

$$(\boldsymbol{c}_{nf})_i = \begin{cases}\sqrt{\left|c_{nf}(f_{i-1})\right|}, & i=1\\ \sqrt{2\left|c_{nf}(f_{i-1})\right|}, & i=2,\cdots,M+1\end{cases} \tag{6-135}$$

优化问题式(6-126)的离散版本可表示为

在满足

$$\left\|\boldsymbol{p}_f\right\|_2^2 \leqslant E_p$$

$$0 \leqslant \boldsymbol{p}_f \leqslant \boldsymbol{c}_f \tag{6-136}$$

的前提下，实现

$$\boldsymbol{h}_f^T\boldsymbol{q}_f$$

的最大化

下面给出一种用于计算优化问题式(6-136)最优解$\boldsymbol{p}_f^*$的迭代算法[2]

1. 初始化：$P = E_p$，且将$\boldsymbol{p}_f^*$设置为项全为0的行向量。

2. 使用柯西-施瓦兹不等式来求解下面的优化问题，以得到最优值$\boldsymbol{q}_f^*$：

在满足

$$\left\|\boldsymbol{q}_f\right\|_2^2 \leqslant p$$

的前提下，实现

$$\boldsymbol{h}_f^T\boldsymbol{p}_f$$

的最大化 (6-137)

3. 寻找 i，使得$(\boldsymbol{q}_f^*)_i$为集合$\{(\boldsymbol{q}_f^*)_j \mid (\boldsymbol{q}_f^*)_j > (\boldsymbol{c}_f)_j\}$中的最大值。如果$\{i\}=\varnothing$，则终止该方法，此时有$\boldsymbol{p}_f^*:=\boldsymbol{p}_f^*+\boldsymbol{q}_f^*$。否则，转到步骤4。

4. 设置$(\boldsymbol{p}_f^*)_i=(\boldsymbol{c}_f)_i$。

5. $P:=P-(c_f)_i^2$，并设定$(h_f)_i=0$。如果$\|h_f\|_2^2=0$，则算法终止，否则转到步骤2。

当得到优化问题式(6-136)的最优解$\boldsymbol{p}_f^*$时，根据式(6-125)、式(6-132)、式(6-133)，可以顺利得到$p_{nf}(f)$及相应的$p_n(t)$。

6.10.3.2 基于SDP的迭代算法

对$p_n(t)$和$h_n(t)$以使用奈奎斯特速率进行均匀采样。假定采样周期为T_s。$T_p/T_s=N_p$，且假定N_p为偶数，$T_h/T_s=N_h$。将$p_n(t)$和$h_n(t)$分别表示为p_{ni}，$i=0,1,\cdots,N_p$和h_{ni}，$i=0,1,\cdots,N_h$。

定义

$$\boldsymbol{p}_n=[p_{n0}p_{n1}\cdots p_{nN_p}]^T \tag{6-138}$$

和

$$\boldsymbol{h}_n=[h_{nN_h}h_{n(N_h-1)}\cdots h_{n0}]^T \tag{6-139}$$

如果$N_p=N_h$，则$\sum_{n=1}^{N}x_n(t_0)$与$\sum_{n=1}^{N}\boldsymbol{h}_n^T\boldsymbol{p}_n$等价。定义

$$\boldsymbol{p}=[\boldsymbol{p}_1^T\boldsymbol{p}_2^T\cdots\boldsymbol{p}_N^T]^T \tag{6-140}$$

和

$$\boldsymbol{h}=[\boldsymbol{h}_1^T\boldsymbol{h}_2^T\cdots\boldsymbol{h}_N^T]^T \tag{6-141}$$

于是

$$\sum_{n=1}^{N}\boldsymbol{h}_n^T\boldsymbol{p}_n=\boldsymbol{h}^T\boldsymbol{p} \tag{6-142}$$

只要$\boldsymbol{h}^T\boldsymbol{p}$等于或大于0，则$\boldsymbol{h}^T\boldsymbol{p}$的最大化与$(\boldsymbol{h}^T\boldsymbol{p})^2$的最大化相同。

$$\begin{aligned}(\boldsymbol{h}^T\boldsymbol{p})^2&=(\boldsymbol{h}^T\boldsymbol{p})^T(\boldsymbol{h}^T\boldsymbol{p})\\&=\boldsymbol{p}^T\boldsymbol{h}\boldsymbol{h}^T\boldsymbol{p}\\&=\mathrm{trace}(\boldsymbol{h}\boldsymbol{h}^T\boldsymbol{p}\boldsymbol{p}^T)\\&=\mathrm{trace}(\boldsymbol{HP})\end{aligned} \tag{6-143}$$

其中，$\boldsymbol{H}=\boldsymbol{h}\boldsymbol{h}^T$，$\boldsymbol{P}=\boldsymbol{p}\boldsymbol{p}^T$。$P$应为一个秩1半正定矩阵。然而，秩约束条件属于非凸约束条件，在下面的优化问题中将被省略。优化问题式(6-120)中的优化目标可以改写为

实现 $\mathrm{trace}(\boldsymbol{HP})$ 最大化 (6-144)

同时满足

$$\begin{aligned}\|\boldsymbol{p}\|_2^2&=\boldsymbol{p}^T\boldsymbol{p}\\&=\mathrm{trace}(\boldsymbol{p}\boldsymbol{p}^T)\\&=\mathrm{trace}(\boldsymbol{P})\end{aligned} \tag{6-145}$$

优化问题式(6-120)中的能量约束条件可以改写为

$$\mathrm{trace}(\boldsymbol{P}) \leqslant E_p \tag{6-146}$$

对于认知无线电来说，发射波形存在着频谱屏蔽约束条件。基于前面的讨论，假定 $\boldsymbol{p}_n$为发射波形，$\boldsymbol{F}$ 为离散时间傅里叶变换算子。$\boldsymbol{p}_n$的频域表示为

$$\boldsymbol{p}_{fn} = \boldsymbol{F}\boldsymbol{p}_n \tag{6-147}$$

其中，$\boldsymbol{p}_{fn}$是一个复值向量。如果 $\boldsymbol{F}$ 的第 i 行是$\boldsymbol{f}_i$，则$\boldsymbol{p}_{fn}$中的每个复值可以表示为

$$(\boldsymbol{p}_{fn})_{i,1} = \boldsymbol{f}_i\boldsymbol{p}_n,\ i=1,\ 2,\ \cdots,\ \frac{N_p}{2}+1 \tag{6-148}$$

定义

$$\boldsymbol{F}_i = \boldsymbol{f}_i^H\boldsymbol{f}_i,\ i=1,\ 2,\ \cdots,\ \frac{N_p}{2}+1 \tag{6-149}$$

给定与功率谱密度 $c_n = [\ c_{n1}c_{n2}\cdots c_{n\frac{N_p}{2}+1}]^T$有关的频谱屏蔽限制条件

$$\begin{aligned}\left|(\boldsymbol{p}_{fn})_{i,1}\right|^2 &= \left|\boldsymbol{f}_i\boldsymbol{p}_n\right|^2\\ &= \boldsymbol{p}_n^T\boldsymbol{f}_i^H\boldsymbol{f}_i\boldsymbol{p}_n\\ &= \boldsymbol{p}_n^T\boldsymbol{F}_i\boldsymbol{p}_n\\ &\leqslant c_{ni},\ i=1,\ 2,\ \cdots,\ \frac{N_p}{2}+1\end{aligned} \tag{6-150}$$

定义选择矩阵 $\boldsymbol{S}_n \in R^{(N_p+1)\times(N_p+1)N}$

$$(\boldsymbol{S}_n)_{i,j} = \begin{cases}1,\ j=i+(N_p+1)(n-1)\\ 0,\ 其他\end{cases} \tag{6-151}$$

$$\boldsymbol{p}_n = \boldsymbol{S}_n\boldsymbol{p} \tag{6-152}$$

和

$$\begin{aligned}\left|(\boldsymbol{p}_{fn})_{i,1}\right|^2 &= \boldsymbol{p}_n^T\boldsymbol{F}_i\boldsymbol{p}_n\\ &= \boldsymbol{p}^T\boldsymbol{S}_n^T\boldsymbol{F}_i\boldsymbol{S}_n\boldsymbol{p}\\ &= \mathrm{trace}(\boldsymbol{S}_n^T\boldsymbol{F}_i\boldsymbol{S}_n\boldsymbol{p}\boldsymbol{p}^T)\\ &= \mathrm{trace}(\boldsymbol{S}_n^T\boldsymbol{F}_i\boldsymbol{S}_n\boldsymbol{p})\end{aligned} \tag{6-153}$$

基于半定规划(SDP)，优化问题式(6-120)可重新改写为[515]

$$\begin{aligned}&在满足\\ &\mathrm{trace}(\boldsymbol{P}) \leqslant E_p\\ &\mathrm{trace}(\boldsymbol{S}_n^T\boldsymbol{F}_i\boldsymbol{S}_n\boldsymbol{P}) \leqslant c_{ni}\\ &i=1,\ 2,\ \cdots,\ \frac{N_p+1}{2}\\ &n=1,\ 2,\ \cdots N\\ &的前提下，实现\\ &\mathrm{trace}(\boldsymbol{H}\boldsymbol{P})\\ &的最大化\end{aligned} \tag{6-154}$$

如果优化问题式(6-154)的最优解 $\boldsymbol{P}^*$是秩 1 矩阵，则最佳波形可以通过 $\boldsymbol{P}^*$ 的主特

征向量得到。否则，应当减小优化问题式(6-154)中的 E_P，得到能够满足所有其他约束条件的秩1最优解 $\boldsymbol{P}^*$。

为了得到秩1最优解 $\boldsymbol{P}^*$，文献[515]提出了一种基于SDP的迭代算法：

1. 初始化 E_P。

2. 求解优化问题式(6-154)，得到最优解 $\boldsymbol{P}^*$。

3. 如果 $\boldsymbol{P}^*$ 的主特征值与 trace($\boldsymbol{P}^*$)之比小于0.99，则设定 $E_p = \mathrm{trace}(\boldsymbol{P}^*)$，并转到步骤2；否则，算法终止。

最佳波形可以通过 $\boldsymbol{P}^*$ 的主特征向量和式(6-140)得到。

6.10.4 宽带波束形成设计

宽带波束形成是通信和雷达领域的研究热点，部分原因是由于功能强大的实时现场可编程门阵列(Field Programmable Gate Array, FPGA)处理的出现。采用宽频带工作的阵列可以同步运行于空域和频域。

宽带波束形成的架构包括查找表(Look-up Table, LUT)、高性能计算引擎和二维滤波器组。查找表(LUT)可用于去除传统宽带波束形成架构中的预导向延迟组件。在模拟域或数字域中，该组件是难于实现和操作的。如果预导向延迟组件被设计在模拟域，则可以实现未定延迟线，其延迟从亚毫微秒到十亿分之一秒。如果预导向延迟组件被设计在数字域，则可以实现分数延迟滤波器组[516]。在这种新型架构中，考虑假定的到达角(Angle of Arrival, AoA)，由模拟/数字转换器(Analog to Digital Converter, ADC)从每个射频链路脉冲响应中采样到的数据将被存储在LUT中。在全局优化问题中，通常将信道失衡和分数延迟的影响考虑在内。滤波器组的系数将在高性能计算引擎中进行计算。因此，这种结构以提高计算复杂性为代价，降低了实现压力。然而，在过去几年中，计算能力增长迅速，且计算成本要比实现成本低。

线性阵列中有 M 副天线。天线之间的距离为 d。这里不考虑天线之间的互耦。该系统工作的中心频率为 f_c，带宽为 B。与每副天线有关的射频链路的等价基带复响应由 $h_m(t)$, $t\in[0, T]$, $m=0, 1, \cdots, M-1$ 给出。由于受到模拟/数字转换器(ADC)的限制，我们很难得到连续时间 $h_m(t)$。如果模拟/数字转换器(ADC)的采样率是 $1/T_s$ 和 $1/T_s \geqslant 2B$，$h_m(t)$ 的离散时间对应函数为

$$h_m[k] = h_m(kT_s) \tag{6-155}$$

它是针对每条射频链路测出的。

在校准阶段中，应当安装查找表(LUT)。首先，对 $h_m[k]$ 进行插值计算，以得到用来仿真 $h_m(t)$ 的高采样率数据。假设 $\delta(t)$ 是系统远场中的信号，并以角度 θ 输入系统。模拟/数字转换器(ADC)后每条射频链路的等效基带复响应可定义为 $h_{m,\theta}[\mathrm{k}]$。

如果来自于远场的信号在时刻 $T_0 = \dfrac{(M-1)d}{c}$ 处到达第1副天线，则 $h_m(t)$ 可扩展为

$$h_{m,\theta}(t) = 0, \ t\in\left[0,\ T_0 + \frac{md\cos\theta}{c}\right) \tag{6-156}$$

$$h_{m,\theta}(t) = a_{m,\theta} h_m(t), \ t\in\left[T_0 + \frac{md\cos\theta}{c},\ T + T_0 + \frac{md\cos\theta}{c}\right] \tag{6-157}$$

$$h_{m,\theta}(t)=0,\ t\in\left[\ T+T_0+\frac{md\cos\theta}{c},\ T+2T_0\right) \tag{6-158}$$

其中，c 为光速，$a_{m,\theta}$是天线 m 对角度 θ 的响应。不失一般性，这里假定 $a_{m,\theta}$为 1。因此，有

$$h_{m,\theta}[k]=h_{m,\theta}(kT_s)\exp\left\{-\sqrt{-1}2\pi f_c\frac{md\cos\theta}{c}\right\} \tag{6-159}$$

最后，$h_{m,\theta}[\mathrm{k}]$被保存在下面宽带波束形成的查找表(LUT)中。

如果感兴趣的到达角位于集合 $\boldsymbol{\Omega}_\theta=\{\theta_1,\theta_2,\cdots,\theta_{L+1}\}$，则查找表(LUT)的输出将是 $h_{m,\theta}[k]$，$\theta\in\boldsymbol{\Omega}_\theta$。$h_{m,\theta}[\mathrm{k}]$的向量表示为 $h_{m,\theta}$。$\boldsymbol{F}$ 为离散傅里叶变换算子。

因此，在频域中，模拟/数字转换器(ADC)后每条射频链路的基带响应是 $\boldsymbol{h}^f_{m,\theta}=\boldsymbol{F}\boldsymbol{h}_{m,\theta}$。如果感兴趣的频点 $\Omega_f=\{f_1,f_2,\cdots,f_{J+1}\}$对应于$\boldsymbol{h}^f_{m,\theta}$中从 index 到 index + J 的项，其中索引可以是满足$f_{J+1}-f_1\approx B$ 的任意合理整数值，于是有

$$(\tilde{\boldsymbol{h}}^f_{m,\theta})_{1:J+1,1}=(\boldsymbol{h}^f_{m,\theta})_{\mathrm{index:index}+J,1} \tag{6-160}$$

其中，$(\cdot)_{a:b,c:d}$意味着矩阵中从第 a 行到第 b 行、从第 c 列到第 d 列的项。

在二维滤波器组后，阵列响应可定义为 $B(f_j,\theta_l)$，它可表示为

$$B(f_j,\theta_l)=\sum_{m=0}^{M-1}\sum_{n=0}^{N-1}w_{m,n}(\tilde{\boldsymbol{h}}^f_{m,\theta_l})_{j,1}\exp\{-\sqrt{-1}n2\pi f_jT_s\} \tag{6-161}$$

其中，$w_{m,n}$为第(m+1)个滤波器中第(n+1)个抽头处的系数。

阵列响应可重新改写为向量表示，即

$$B(f_j,\theta_l)=\boldsymbol{s}(f_j,\theta_l)\boldsymbol{w} \tag{6-162}$$

其中，$\boldsymbol{w}$ 是系数向量，其定义为

$$\boldsymbol{w}=[\boldsymbol{w}_0^H\boldsymbol{w}_1^H\cdots\boldsymbol{w}_{M-1}^H]^H \tag{6-163}$$

和

$$\boldsymbol{w}_m=[w_{m,0}w_{m,1}\cdots w_{m,N-1}]^H \tag{6-164}$$

$\boldsymbol{s}(f_j,\theta_l)$是 $M\times N$ 导向矢量。定义 $1\leqslant i\leqslant M\times N$

$$m=\left\lfloor\frac{i-1}{N}\right\rfloor \tag{6-165}$$

和

$$n=i-m\times N-1 \tag{6-166}$$

$\boldsymbol{s}(f_j,\theta_l)$中的每项为

$$(\boldsymbol{s}(f_j,\theta_l))_{1,i}=(\tilde{\boldsymbol{h}}^f_{m,\theta_l})_{j,1}\exp\{-\sqrt{-1}n2\pi f_jT_s\} \tag{6-167}$$

宽带波束形成的核心任务是设计二维滤波器组的系数 $\boldsymbol{w}$，使得阵列响应 $B(f_j,\theta_l)$实现方案

- 考虑幅度和相位时所需的主瓣形状；
- 整体约束旁瓣；
- 在给定角度和频点归零；
- 在角度范围和频率范围给定情形中的频不变特性。

上述方法只适用于优化目标和约束条件较少、形状简单的宽带波束模式。如果宽带波束模式复杂或宽带波束形成优化问题规模较大，则我们需要借助于高级信号处理方案，来执行宽带波束形成的常规任务。基于SDP的方法可以胜任这些常规任务。SDP不仅广泛应用于雷达系统的窄带波束形成中[517, 518]，而且广泛应用于通信系统的窄带波束形成中[421, 519]。有几篇论文[520, 521]将宽带波束形成二维滤波器组设计问题归结为SDP或二阶锥规划(SOCP)问题，它们可以通过使用SeDuMi[522]或CVX[8, 513]有效解决。

基于架构，考虑上述4项任务，我们提出宽带波束形成优化问题的一般关系式[523]。

如果观察方向角为θ_{l_0}，则该角度处所需的主波束模式为$P(f_j,\theta_{l_0})$，优化目标是实现$P(f_j,\theta_{l_0})$和$B(f_j,\theta_{l_0})$之间的欧几里德距离最小化[523]，即

$$\text{实现}\sum_{f_j\in\Omega_f}\left|P(f_j,\theta_{l_0})-B(f_j,\theta_{l_0})\right|^2\text{的最小化}\tag{6-168}$$

对于每个频点，我们将对阵列响应的总能量进行限制，观察方向的能量除外[523]，即

$$\sum_{\substack{\theta_l\in\Omega_\theta-\theta_{l_0}\\ f_j\in\Omega_f}}\left|B(f_j,\theta_l)\right|^2\leqslant\varepsilon(f_j)\tag{6-169}$$

其中，$\varepsilon(f_j)$是每个频点的能量阈值。

如果在集合$\Omega_{f_{\text{nulling}}}$中的频点和集合$\Omega_{\theta_{\text{nulling}}}$中的角度处存在归零现象，则[523]

$$\begin{gathered}\left|B(f_j,\theta_l)\right|^2\leqslant\varepsilon_{\text{nulling}}(f_j,\theta_l)\\ f_j\in\Omega_{f_{\text{nulling}}}\\ \theta_l\in\Omega_{\theta_{\text{nulling}}}\end{gathered}\tag{6-170}$$

其中，$\varepsilon_{\text{nulling}}(f_j,\theta_l)$是频率$f_j$和角度$\theta_l$的归零阈值。

假定频不变特性在频率范围$\Omega_{f_{\text{FIB}}}$和角度范围$\Omega_{\theta_{\text{FIB}}}$上有效。与空间变化的概念相似[524]，选择$f_{re}\in\Omega_{f_{\text{FIB}}}$作为参考频点，且空间变化应当是有界的[523]

$$\sum_{f_j\in\Omega_{f_{\text{FIB}}}-f_{re}}\sum_{\theta_l\in\Omega_{\theta_{\text{FIB}}}}\left|B(f_j,\theta_l)-B(f_{\text{re}},\theta_l)\right|^2\leqslant\varepsilon_{sv}\tag{6-171}$$

其中，ε_{sv}是保持频不变特性的空间变化阈值。

通过综合式(6-168)、式(6-169)、式(6-170)和式(6-171)，宽带波束形成的全局优化问题可表示为[523]

$$\begin{aligned}&\text{在满足}\\ &\sum_{\theta_l\in\Omega_\theta-\theta_{l_0}}\left|B(f_j,\theta_l)\right|^2\leqslant\varepsilon(f_j)\\ &f_j\in\Omega_f\\ &\left|B(f_j,\theta_l)\right|^2\leqslant\varepsilon_{\text{nulling}}(f_j,\theta_l)\\ &f_j\in\Omega_{f_{\text{nulling}}}\\ &\theta_l\in\Omega_{\theta_{\text{nulling}}}\\ &\sum_{f_j\in\Omega_{f_{\text{FIB}}}-f_{re}}\sum_{\theta_l\in\Omega_{\theta_{\text{FIB}}}}\left|B(f_j,\theta_l)-B(f_{\text{re}},\theta_l)\right|^2\leqslant\varepsilon_{\text{sv}}\\ &\text{的前提下，实现}\end{aligned}$$

$$\sum_{f_j \in \Omega_f} \left| p(f_j,\ \theta_l) - B(f_j,\ \theta_{l_0}) \right|^2$$
的最小化 (6-172)

CVX[8, 513]可以有效解决该优化问题。因为 CVX 仅能给出实值解，为了使用 CVX，所以式(6-161)中的 $B(f_j,\ \theta_l)$ 应当重新改写为

$$B(f_j,\ \theta_l) = [\boldsymbol{s}(f_j,\ \theta_l)\ \sqrt{-1}\boldsymbol{s}(f_j,\ \theta_l)] \begin{bmatrix} \mathrm{re}(\boldsymbol{w}) \\ \mathrm{im}(\boldsymbol{w}) \end{bmatrix} \tag{6-173}$$

其中，re(·)得到复值的实部，im(·)得到复值的虚部。如果优化解存在，则 CVX 返回的优化解形式为

$$\begin{bmatrix} \mathrm{re}(\boldsymbol{w}^*) \\ \mathrm{im}(\boldsymbol{w}^*) \end{bmatrix} \tag{6-174}$$

于是，二维滤波器组的最优系数为

$$\boldsymbol{w}^* = \mathrm{re}(\boldsymbol{w}^*) + \sqrt{-1}\mathrm{im}(\boldsymbol{w}^*) \tag{6-175}$$

6.10.5 用于认知无线电网络优化分解的分层

6.10.5.1 背景

我们想设计和评估创新性解决方案，来生成认知跨层的无线网络架构和协议，以实现竞争射频(RF)频谱内的自动网络弹性。

虽然现代无线利用通信系统(如 LTE 和 WiMAX 等)中使用非常先进的技术(如 MIMO、多用户检测、干扰消除、非连续 OFDM、低密度奇偶校验码以及先进无线资源管理方法)，来推动数据速率突破基本限制，频谱仍是一种稀缺的无线资源。得出这一结论至少有两大原因：一个原因是大多数能够合理应用于无线通信的频谱，已经被硬性分配和授权[525]。然而，这些授权频谱并未得到充分利用，从而使得频谱效率和利用率非常低；另外一个原因是随着用户数量不断增加，频谱正在变得越来越拥挤，在一些军用和商用无线应用场合(如电子战、大城市的中央商务区等)中，经常出现数据速率需求竞争和冲突的现象。因此，人们提出了认知无线电的概念，并进行了广泛的研究，以解决无线资源短缺问题。基本上，可以将认知无线电看作是一种在软件定义无线电(SDR)平台上实现的动态频谱接入(DSA)方法[525]。然而，认知无线电不仅仅是实现动态频谱接入(DSA)。传统上，认知无线电用户是不拥有授权频谱的未授权用户或次用户。认知无线电用户只能在主用户不使用其频谱时才能接入该频谱。这意味着认知无线电用户不能对主用户形成干扰。同时，主用户没有与认知无线电用户合作的义务。所有压力都落在认知无线电用户身上。因此，认知无线电应该有自我意识、观察、学习、决策和动态频谱接入(DSA)能力。

认知无线电仅通过解决点对点无线通信问题，来提高频谱效率和利用率。从应用的角度来看，应当构建从物理层到应用层的认知无线电网络，以执行不同的应用任务。这是一个复杂的动态系统。如何使此类系统正常工作涉及诸多具有挑战性的问题。由于在无线网络中引入了认知功能，因而架构和协议的设计面临着前所未有的困难。认知无疑会给系统带来诸多好处。例如，频谱总效率和利用率可以提高。然而，认知功能

是一把双刃剑。首先，需要更多的功能实体来支持认知。在当前阶段，至少需要频谱感知、频谱决策、频谱共享、频谱移动性等功能实体[525]。更多的功能实体将使得系统更加复杂。其次，认知可能会导致不确定性。无论认知功能多么高级，其认知能力都是有限的。认知的输出取决于若干因素，如决策方案、机器学习方法、输入数据及其建模。这些因素的任何偏差或不完整信息都会导致错误的决策，这将使得系统性能甚至比无认知能力时还差。因此，应当小心地使用认知功能。再次，认知需要更多的信息来支持稳定的网络运行，这意味着系统开销将不可避免地增加。可以预见，认知无线网络的协议将比任何传统无线网络中的协议更加庞大。同时，这些信息的获取和使用可能会导致重大的、不可控的延迟，这对网络运行和一些实时应用将是非常有害的。

基本的网络模型是如图6-1所示的开放系统互连(Open Systems Interconnection, OSI)模型[526]。OSI模型将通信系统划分成更小的部分(称为层)。每层执行一组类似功能，为上层提供服务，并从下层接收服务。每层的基本功能如图6-1所示。OSI模型的理念非常简单，但它工作得很好。每层的设计可以独立于所有其他层进行，从而将复杂问题分解为可管理的小问题。同时，只要服务接口得以保持，我们就能够以解耦模式对每层中的功能进行修改和升级。因此，在OSI模型中，可以实现信息隐藏、解耦变化、实现和规范分离。

主机层	7. 应用层	针对不同服务的应用
	6. 表示层	数据表示、加密、解密
	5. 会话层	主机间的通信
	4. 传输层	端到端连接、流量控制、拥塞控制、TCP/UDP控制
媒体层	3. 网络层	路由、IP协议
	2. 数据链路层 (LLC/MAC)	功率控制、调度、寻址
	1. 物理层	编码、调制、阵列信号处理、二进制传输

图6-1 OSI模型

实际上，OSI模型中层与层之间的严格界限，使得网络的设计并非全局最优。在网络设计的背景下，为了实现全局最优的目标，人们提出了跨层优化方法，该方法已成为设计和优化网络架构流行的方法之一[527]。基于OSI模型，跨层优化将系统看作是一个整体，并在不同层中联合设计功能。层与层之间将交换更多的信息，且需要考虑更多的层与层之间的依赖性。为了实现跨层优化，需要在OSI模型中加入跨层优化引擎，来集中进行设计和优化。跨层优化的输入可以是网络的内部或外部参数，如信道状态信息、流量信息、内部缓冲区信息等。引擎负责基于输入和设计目标，来为不同层确定一组内部操作参数和功能。跨层优化的总体目标是改善应用性能，提升用户满意度，并提高网络利用效率。在当前先进的无线组网系统中，已经部署了一些简单的跨层优化技术。以3G网络为例。功率控制用于增加吞吐量，实现干扰最小化。混合自动请求重传（Hybrid Automatic Repeat Request，HARQ）用于确保链路状态稳定。正交频分复用多址（Orthogonal Frequency Division Multiplexing Access，OFDMA）是一种很有前途的多址联接技术，它能够为不同用户分配不同子载波。

跨层优化为网络设计和优化打开了广阔空间，但在现阶段，从物理层到应用层的完全跨层优化实现起来仍是不可行的。人们不可能针对全球最优，构建一种具有完全集中控制和设计功能的网络。因此，网络设计和网络实现之间存在着矛盾。如何才能绕过这种困境？一些研究先驱（如 Mung Chiang、Steven H. Low、A. Robert Calderbank 和 John C. Doyle）给出网络架构的一种数学理论，即针对优化分解的分层理论[528]。这种理论框架是认知跨层无线网络系统的架构和协议设计工作的分析基础。网络效用最大化（Network Utility Maximization，NUM）可用作全局最优模式中的设计目标。而对于网络实现来说，针对优化分解的分层可用于将主问题分解成若干子问题。不同的子问题对应于不同的层。不同的分解方案决定着不同的分层架构。传统 OSI 模型和针对优化分解的分层之间的基本区别是，在 OSI 模型中，对整个网络系统的分离是基于经验和人类直觉的，而后者的分解具有扎实的数学理论背景。同时，优化分解也将导致分布式、模块化算法，这些算法可以在不同网络节点中实现。分布式算法依靠局部信息来执行任务。采用这种方式，可以大大降低系统开销。

6.10.5.2　设计理念

目前，不存在无线网络跨层设计的通用方法。从理论的角度来看，作为优化分解的分层[528]是网络设计的通用分析方法之一。它使用公用数学语言来思考、推导和比较。背后的两个关键概念是作为优化器的网络和作为分解的分层[528]。在这个数学框架中，网络架构与全局优化问题的分解方案有关，它回答了如何确定或不确定不同层的问题[528]。存在着两种主要的分解方案，即垂直分解和水平分解[528]。

垂直分解将优化问题映射成若干个对应于不同层的子问题。将不同功能分配给不同层，来求解这些子问题。可以将原变量或对偶变量协调子问题的函数看作是层间接口[528]。例如，文献[529]对 Ad Hoc 无线网络中的跨层拥塞控制、路由和调度设计进行了研究[529]。文献[491]对联合最优拥塞控制和功率控制问题进行了探讨，以实现多跳无线网络传输层和物理层之间的平衡。

水平分解在一个功能实体内执行，它将中央计算分解成地理上不同网络节点处的分布式计算[528]。例如，可以将拥塞控制协议建模为网络效用最大化（NUM）的分布式算法[490, 530, 531]。在基于退避的随机接入无线媒体访问控制（Media Access Control，MAC）协议中，竞争解决算法隐式地参与了非合作博弈[532]，这是一种分布式自私行为。

可以将跨层的垂直分解和跨网络节点的水平分解结合起来，对优化问题进行系统分解[528]。同时，分解结构不限于上述垂直分解和水平分解。部分分解、多级分解及其多功能组合，可以导致诸多备选分解方案[533]。可以将备选分解方案作为得到不同新型网络架构的一种方式[533]。图6-2给出了基本分解方案[533]。可以将原主问题分解成若干个可解子问题，这些子问题通过某种信令进行协调[533]。对于原分解，主问题将可用资源合理分配给每个子问题。资源是主问题和子问题之间的信令[533]。在对偶分解中，主问题使用资源的价格集作为控制信令，且子问题应能基于价格确定它们将要使用的资源量[533]。在多级分解中，将反复使用原分解或对偶分解来把主问题分解成越来越小的子问题。这些子问题可以在不同层或不同网络节点中进行求解。

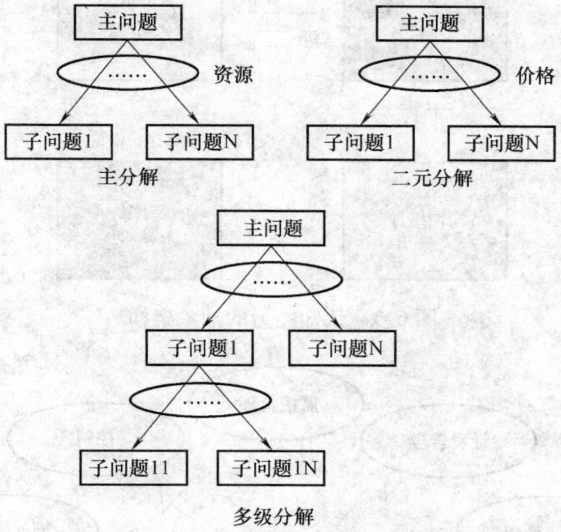

图6-2 基本分解方案[533]

6.10.5.3 认知能力

认知是认知跨层无线组网系统的关键能力和基础，它能够将认知网络与传统无线网络区别开来。根据牛津英语词典，认知是理解、感知或构思的行为[406]。认知网络远比认知无线电内涵丰富，认知无线电仅包括第一层和第二层。在认知网络中，所有网络节点中的所有层都应当具备认知能力。然而，不同层或不同节点具备的认知能力水平可能会不尽相同。上层应当比下层更加智能。以频谱使用为例：频谱感知、频谱决策、频谱移动性、频谱共享的是与认知相对应的基本功能。频谱感知是在物理层实现的。频谱感知获取无线电环境信息，并将其提供给上层。上层将就哪个频谱可用于传输做出决策。频谱移动性意味着一旦主用户再次占用这个频谱，则认知无线电用户可以移出该频谱。如果多个认知无线电用户竞争有限的可用频谱，则应当构建频谱共享方案，来协调不同用户和不同需求。

认知跨层无线组网系统是一种高度动态系统。网络拓扑、用户行为和无线电环境是瞬息万变的。对于自适应、智能工作的组网系统来说，认知是一种势在必行的能力。例如，如果在恶劣的动态射频(RF)环境中链路稳定性无法维系，或者链路被确定为不适用于后续通信需求，则进行路由选择时，应当综合考虑频谱占用、网络拓扑和用户需求等情况。

图6-3给出了认知跨层无线组网系统认知能力的抽象架构。存在3个支持认知的

主要模块：认知网络管理、认知网络监控以及知识表示与推理。认知网络管理是认知跨层无线组网系统的大脑，用于智能地决定网络行为。网络管理是指与组网系统运行、管理、维护和供应有关的活动、方法、流程和工具。因此，认知网络管理的基本功能如图6-4所示。

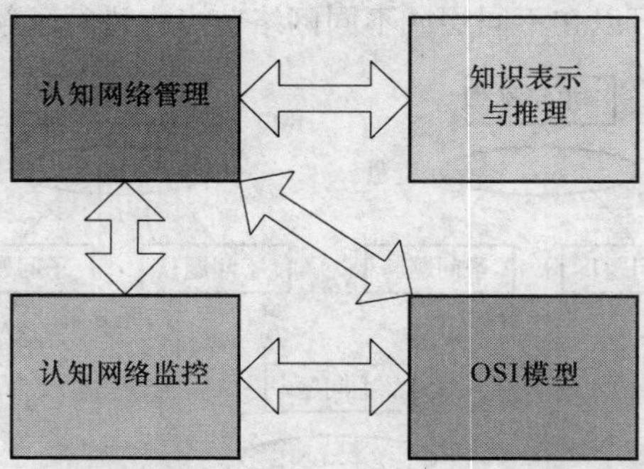

图6-3　认知能力的抽象架构

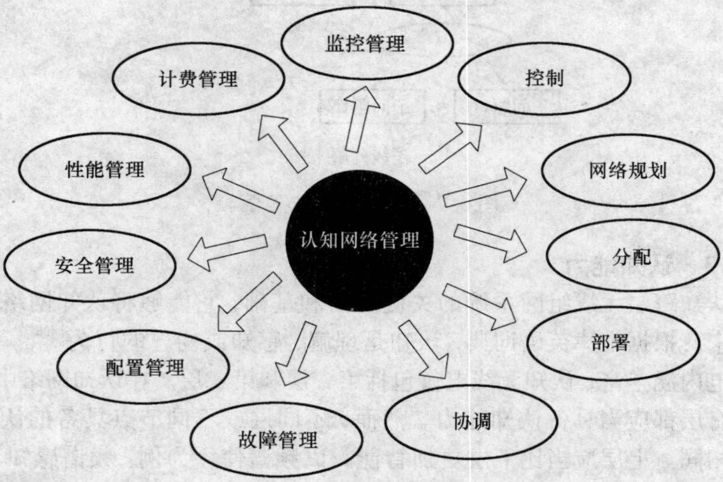

图6-4　认知网络管理的基本功能

在认知网络管理的控制下，认知网络监控用于监控内部和外部网络数据。这些数据可能是频谱感测结果、流量信息、缓冲区状态信息、信道状态信息、连接质量等。最近，人们提出网络层析成像[534, 535]，通过使用从终点数据得出的信息，来提取网络的内部特性。最初，层析成像是通过使用能量波，以截面或切片形式成像，它被广泛应用于医学成像（如计算机层析成像）。网络监控和推理与层析成像具有很强的相似性[535]，因为无法直接观察到物体的内部特性，但我们可以根据外部观察结果进行推断。在当前的文献中，涉及了网络层析成像的两个问题：一个问题是来自端到端路径级流量测量的链路级参数估计[535]；另一个问题是基于链路级流量测量的路径级流量强度估计[535]。网络层析成像的测量可以是无源或有源的。无源测量将监控当前流量。然而，流量过程的时间和空间结构可能会使测量样本产生偏差[535]。有源测量将在网络中产生探测流量。如果确实如此，则探测流量不应破坏当前流量的网络状态[535]。

知识表示与推理用于表示知识，采用的方式有利于知识的推理。可以将认知网络看作是由此类知识平面增强的无线通信网络。知识平面在垂直方向上能够跨层，在水平方向上能够跨网络节点[536]。知识表示与推理至少具有两类功能：一类功能是相关知识的表示；另一类功能是利用人工智能(如机器学习技术)实现的认知循环。此外，预测也是一项主要功能。预测结果是认知网络管理非常重要的信息，它使得认知网络管理实体能够事先做出决策，并处理未来可能出现的状况。采用这种方式，组网系统运行将更加平滑和稳定。

6.10.5.4 潜在的架构

针对优化分解的分层的关键设计是可以从基本跨层优化问题的分解中严格得到通用网络架构[533]。

文献[537]对认知无线电 Ad Hoc 网络中的跨层路由和动态频谱分配问题进行了研究，该文献的主要贡献是针对多跳认知无线电网络中称为路由和频谱分配(Routing and Spectrum Allocation, ROSA)的联合动态路由和频谱分配，推导出一种分布式定位算法。跨层 ROSA 算法旨在通过机会路由、动态频谱分配、调度和功率控制，采用从传输层到 MAC 层的分布式模式，来实现吞吐量的最大化。探讨网络设计的优化分解问题就是一个很好的例子。

基于设计理念和认知要求，我们将使用多级分解方法来介绍几种网络架构。如前所述，网络效用最大化(NUM)已被广泛用作设计目标。可将 QoS 测量值作为网络效用最大化(NUM)指标，它隐式包含了许多网络性能指标，如容量、延迟、安全性和稳定性等。在认知无线组网系统中，跨层优化问题旨在实现不同应用中 QoS 之和的最大化。在设计目标中，不同应用或不同服务可能具有不同权重。在多目标优化的背景下，就存在这种情况。在认知无线组网系统中，存在诸多网络运行的约束和限制条件，可以将其看作是优化问题中的约束条件。这些约束条件至少包括：

- 网络承载能力；
- 每个网络节点的有限功率和有限计算能力；
- 不同地点、不同时间的不同频谱可用性；
- 干扰容限；
- 对主用户不形成干扰；
- 队列和缓冲限制条件。

认知能力(如监控和推理)将被集成到跨层优化问题中去。由于认知引入的不确定性，因而应当探讨来自于鲁棒优化的理念。同时，可以将认知开销看作是跨层优化问题的约束条件。存在几种潜在架构：

- 分层、分布式体系架构。在求解跨层优化问题时，首先进行垂直分解。我们为不同图层分配不同功能，来共同求解优化问题。在传输层，执行包括拥塞控制和流控制在内的流量控制。在网络层，用到了多径路由和动态路由选择。这里，在网络节点密集部署区域，多径路由可以提高数据传输的鲁棒性[538]。在 MAC 层，可实现异构流量的复杂调度、功率控制和动态频谱接入(DSA)。垂直分解后，将分别对每层进行水平分解。然后，相同功能将会被分配给不同网络节点。

• 分布式、分层架构。通过水平分解，将跨层优化问题分成几个子问题。不同子问题由不同网络节点进行求解。然后，通过垂直分解，可以对每个网络节点的任务进行分解。这是第一种架构和第二种架构的本质区别，因为第一级分解在网络架构发挥的作用要比第二级分解大。

• 混合架构。通过多级分解，可以对跨层优化问题进行完全分解。几个不可分解的不同子问题将被分配给一个网络节点。分配的规则是不同节点可以共享的信息较少，且求解子问题时较少使用协调功能。这种架构打破了标准的分层架构。每个节点都应当具有灵活、动态重构其功能的能力。混合架构在功能级是完全自适应的。因此，在一些情况下，某些节点的工作负荷可能较轻，而其他节点的工作负荷可能较重。与此同时，出于节能考虑，某些不承担任务的节点甚至可以进行休眠。对于无线传感器网络中的动态路由和传感器的寿命来说，电池是一个关键问题。通常不会选择能量较少的传感器作为路由路径中的下一跳节点，即使该传感器周围的无线电环境非常适合用于无线通信。

• 基于簇的架构。通过水平分解，可以将跨层优化问题分成几个子问题。不同子问题由无线组网系统中的不同簇进行求解。簇由一个簇头和簇头周围的若干个节点构成。簇头比簇中的其他节点功能更加强大。簇头负责在不同簇之间交换控制信息，并监控簇中的其他节点。因此，可以将通过水平分解得到的第一级子问题进一步进行分解。簇头将被分配给更多功能。基于节点能力和无线环境，其余功能将被分配给其他节点。基于簇的架构是一种用于平衡集中式控制和分布式实现的理想方案。

• 基于移动性的架构。这种架构的关键是节点(如无人机)具有移动能力。节点至少可以智能搜索不同地点处的可用频谱。节点的移动会改变现有网络拓扑。然而，这种变化仍受某种程度的控制。在有争议的射频光谱。在竞争射频(RF)频谱内，基于移动性的架构无疑可以实现自治网络弹性。如果中继节点超出通信范围，或者不存在可供中继节点使用的可用频谱，则该节点可以智能地改变其位置，以保持无线通信的连通性。

6.10.5.5 物理层问题

为了支持潜在认知跨层无线组网架构和协议，我们将使用非连续正交频分复用(NC-OFDM)作为物理层的基本传输技术。NC-OFDM 是 OFDM 的非连续版本，它拥有一些未使用的子载波。OFDM 是当前先进无线通信系统(如 3G 网络、Wi-Fi 和 WiMAX 等)中被高度认可的信号波形。基于非连续正交频分复用(NC-OFDM)，可以实现动态频谱接入(DSA)和正交频分复用多址(OFDMA)。认知无线电用户可以轻松关闭一些主用户占用的子载波，并使用其他可用子载波来传输数据。

我们将研究如何高效实现 NC-OFDM 收发信机。在发射端，使用 FFT 修剪算法和频谱成形技术来产生任意 NC-OFDM 信令。因为信道状态信息、主用户占用以及认知无线电用户的吞吐量要求随时间发生变化，所以每当条件发生变化时，FFT 修剪算法应当能够设计一种高效 FFT 实现方案[539]。此外，从实现注意事项来看，在合成 NC-OFDM 信令时，应当将峰均功率比(Peak to Average Power Ratio，PAPR)问题考虑在内。

NC-OFDM收发信机的另一个挑战是接收端的同步，尤其是盲同步[540]。对于认知无线电来说，在发射机和接收机之间建立专用控制信道是非常困难的。如果发射机将子载波进行改变以适用于数据传输，则接收机应当有办法来检测或跟踪此变化，且无须来自于发射机任何控制信息的协助，即可跳转到恰当的子载波上来接收数据。同时，由于主用户的存在，时域相关失效[540]，即使使用预定的前同步码。因此，对于盲同步，在进行频谱检测时，应先寻找一次新的数据传输[540]。然后，前同步码可以通过对用于新传输的这些子载波进行学习得到。使用新产生的前同步码与后续输入信号进行相关[540]。在认知无线电中，不存在授权频谱。如果部分频谱是可用的，则应尽快建立收发信机之间的可靠传输。因此，在牺牲计算成本和实现复杂性的前提下，实现一种快速有效的同步方案是值得的。

MIMO也仍可应用于物理层。MIMO技术或阵列信号处理能够带来阵增益、空间分集增益和空间复用增益。

基于MIMO，通过执行干扰对齐[541]，可以得到空域中的自由度。同时，被广泛研究的波束形成技术可以与路由选择和调度结合使用，以改善空间复用效果[542]。定向波束模式能够扩大通信范围，并降低对其他方向的干扰。

6.11 小结

在本章中，我们介绍了优化理论(尤其是凸优化理论)。凸优化是一种功能强大的信号处理工具，它可应用于任何领域，如系统控制、机器学习、运筹学、管理学等。本章涵盖了线性规划、二次规划、几何规划、拉格朗日对偶、优化算法、鲁棒优化和多目标优化等内容。

本章能够为读者提供优化理论的全貌。本章给出了一些实例，以帮助读者理解如何使用凸优化来解决工程问题或者改善系统性能。如果工程问题可归结为凸优化问题，则这些问题无疑都将会迎刃而解。在认知无线电网络中，优化理论可以广泛应用于频谱感知[543, 544]、跨层设计、资源分配、感知攻击者的破坏[545]等。

第7章 机器学习

人工智能[546~554]旨在构建智能机，其中智能机或代理能够感知环境，并采取行动实现效用最大化。人工智能的核心问题包括演绎、推理[555]、问题解决、知识表示和学习等。

为了理解大脑是如何学习的，以及计算机或系统如何实现智能行为，跨学科研究神经科学、计算机科学、认知心理学、数学和统计学为人工智能提供了一个称为计算神经科学的新兴研究方向。计算神经科学试图构建人工系统和数学模型，来探讨感知、认知、记忆和运动的计算原理。在卡内基·梅隆大学的计算神经科学研究领域中，可以找到更多相关信息。荣获2007年约翰·麦克卢卡斯奖（美国空军最高科学奖）的Leonid Perlovsky，使用知识本能和动态逻辑来表示感知和认知的脑机制，并为其建模[556]。特别是，动态逻辑是知识本能的一种数学描述，它从数学上将自下至上信号和自上至下信号之间交互的基本心理机制，描述为一种从模糊到清晰概念的自适应过程[557]。此外，仿生学也推动了人工智能研究，并扩展了人工智能的能力。仿生学试图构建基于生物法的人工系统和能够在自然界中发现的人工系统。

机器学习[547,558~563]是人工智能的主要分支，它主要研究算法设计和开发，这些算法支持机器或计算机基于实例数据或以往经验的行为演进。机器学习算法可以分为不同的类型：无监督学习、半监督学习、监督学习、直推式学习主动学习、迁移学习和强化学习等。

存在两种基本的机器学习模型：一种是生成模型[564]；另一种是判决模型[565]。在隐参数给定时，生成模型能够产生观测数据。生成模型的实例包括高斯混合模型、隐马尔可夫模型、朴素贝叶斯、贝叶斯网络、马尔可夫随机场等。因此，生成模型是一种所有变量的完全概率模型，它对数据生成的基本过程进行了建模[566]。判决模型仅提供了目标变量对观测变量的依赖关系，它可以直接通过后验概率或条件概率来实现。因此，判决模型能够将计算资源集中在给定任务上，并提供更好的性能。然而，判决模型看上去就像一个黑盒子，且缺乏生成模型的解释力。判决模型的例子包括Logistic回归、线性判决分析、支持向量机、助推、条件随机场、线性回归和神经网络等。

通常，人工智能和机器学习可应用于许多不同领域，如认知无线电、认知雷达、智能电网、计算交通、数据挖掘、机器人、网络搜索引擎、人机交互、制造、生物工程等。

- **认知无线电和网络**。认知无线电是无线通信系统的一种全新概念。认知无线电的思想首先是由Joseph Mitola III于1998年在皇家理工学院（KTH）的一个研讨会上提出的，随后于1999年发表在由Mitola和Gerald Q. Maguire Jr撰写的论文[567]中。软件无线电为认知无线电的实现提供了一种理想平台[567]，认知无线电使得软件无线电更加智能。后来，Simon Haykin写了一篇与认知无线电有关的综述，并将其看作是脑授权的无线通信[568]。目标是提高宝贵自然资源——无线电电磁频谱的利用率[568]。

可以将认知无线电视为在软件无线电(SDR)平台上实现动态频谱接入(DSA)的一种方法[525]。然而,认知无线电不仅仅是动态频谱接入(DSA)。认知功能将认知无线电与任何其他无线电系统区分开来。关于认知无线电的研究大多聚焦在一对认知无线电设备的行为上。如果考虑多个认知无线电,或者关注认知无线电的网络行为,则认知无线电网络将是主要研究对象。在认知无线电网络中,认知功能应当覆盖从物理层到应用层的范围,以可靠地满足信息系统的需求。

文献[569]研究了认知无线电架构和认知无线电网络中机器学习的应用问题。在认知无线电引擎中,知识库、推理机和学习引擎是3个主要组成部分。容量最大化和动态频谱接入(DSA)可用作描述认知无线电如何工作的实例。文献[570]还讨论了认知无线电的推理、学习、知识表示和重构问题。学习是认知无线电网络的基本功能。认知无线电网络中学习的物化问题可参阅文献[571~578]。

- **认知雷达和网络**。许多数十年前不可行的算法,目前正在逐渐成为可能。此类例子在机器学习和人工智能领域是非常普遍的。这些算法使得诸如机器人等领域发生变革[579]。雷达在认知雷达的总体方向上正在经历类似的变革[580]。

雷达系统正在从当前的自适应雷达和具有波形设计功能的雷达,向认知雷达演进。自适应雷达更多地关注接收端的适应性。根据某项优化标准,雷达波形设计与探测信号有关。认知雷达的主要特征是认知,这意味着雷达可以主动学习环境,且整个雷达系统形成一个包括发射机、环境和接收机的动态闭合反馈环路[580]。

认知雷达仅考虑一对雷达收发器,且认知功能仅集中在物理层。为了进一步增强雷达系统的能力,人们提出了认知雷达网络。认知雷达网络不是多个认知雷达的简单叠加。认知雷达网络本身至少集成了认知无线电网络、认知雷达、MIMO 雷达、分层感知等。认知将贯穿物理层、网络层和应用层。

在认知的支持下,雷达网络资源管理将重点关注网络系统的运行、资源分配和维护。雷达网络资源管理包括:无线资源管理;网络资源管理;雷达任务调度和优化。

无线通信中的无线资源管理已经得到了深入研究。同样,对于认知雷达网络来说,动态频谱接入(DSA)、频谱管理、功率分配等仍然是非常重要的。网络资源管理重点关注网络行为的控制策略,并将动态网络配置、自适应路由、协调和竞争考虑在内。

雷达任务调度和优化是应用驱动的。雷达任务调度和优化为所有接受的雷达任务设置次序和优先级,依据包括:无线资源;网络资源;雷达任务的意义;雷达任务的紧迫性;认知雷达网络的条件。首先对具有较高优先级的雷达任务进行调度,且可以同步执行多个雷达任务。因此,应当动态、智能地执行雷达任务调度和优化。同时,在雷达任务调度和优化的框架下,还应当将雷达任务接纳控制和雷达任务等待列表维护考虑在内。如果认知雷达网的容量接近其限制,或者工作负荷过重使得系统不稳定,则最新的雷达任务不会被立即接纳。这些任务可以放在未来服务的等待列表中。等待列表维护需要重点关注等待列表中的雷达任务次序。针对多功能雷达基于知识的资源管理,文献[581]研究了自适应雷达的调度和任务优先级。文献[581]的分析表明,优先级是确定雷达系统整体性能的一个关键部分。

部分可观测马尔可夫决策过程(Partially Observable Markov Decision Process, POM-

DP)是一种用于解决决策问题的、研究深入的模型和工具。POMDP 是马尔可夫决策过程(Markov Decision Process, MDP)的一种推广。POMDP 模型对决策过程进行了建模。在该决策过程中,通常假定系统动力学由马尔可夫决策过程(MDP)决定,但无法直接观察到基本状态。相反,它必须基于观测值和观测概率,维护一种可能状态集上的概率分布。文献[582]提出,多元 POMDP 可用于雷达资源管理。可以将多目标雷达调度问题看作是多元 POMDP 问题,其目标是计算调度策略,以确定选择哪个目标以及这种选择需要维持多少时间以实现代价函数最小化[582]。文献[583]讨论了多目标跟踪和检测的传感器调度算法。该算法也是基于 POMDP 的。

- **智能电网**。智能电网探索在电力系统利用双向通信技术,先进传感、计量和测量技术,现代控制理论,网格技术和机器学习,来使得电力网络更加稳定、安全、高效、灵活、经济和环保。

应当对新兴控制技术、信息技术和管理技术进行有效整合,以实现电力系统内部从发电、输电、变电、配电、电力调度到用电更加智能的信息交换。智能电网的目标是系统优化发电和用电循环。

基于开放的系统架构和共享的信息模式,电力流、信息流和事务流可以进行融合。采用这种方式,可以提升电力企业的运营性能。从电力客户的角度来看,应当实现需求响应。客户想参与电力系统和电力市场中的更多活动,以降低电力方面的开支。

分布式能源(如太阳能、风能等)也应当在智能电网中发挥重要作用。多功能分布式能源可以执行峰值节能,并增强电力系统的稳定性。然而,分布式能源生成对电力系统(特别是对分布式网络)形成了新的挑战。应当重新考虑电力系统规划和电力质量等问题。

为支持智能电网,应当建立电力系统专用的双向通信基础设施。采用这种方式,可以保证安全、可靠、高效的通信和信息交换。同时,应当对目前电力系统的设备、装置和设施进行更新和修复。应当采用新型电力电子技术来建立先进的电力设备,如变压器、继电器、开关、存储设备等。

文献[584]提出了针对纽约市电网的机器学习方案,并给出了用于将历史电网数据转化到模型中的一般过程,该模型旨在预测电网中部件和系统的失效风险。电力公司可以直接使用这些模型进行维护工作的调度[584]。

- 计算交通。计算交通[585, 586]或智能交通[587~592]研究如何利用计算机科学、通信技术、信息技术、传感技术和计算机技术,来提高交通系统的安全性、流动性、效率和可持续性。还需要考虑交通建模、规划和经济等问题。

交通问题的研究课题和支撑方案包含了从拼车[593]、路由、调度、导航到自治/辅助驾驶、旅游格局分析等内容。更多相关信息,读者可询问伊利诺伊大学芝加哥分校计算交通科学研究所。

- 数据挖掘。数据挖掘[561, 594~598]使用人工智能、统计学和数据库系统的交叉学科方法,从大规模数据中提取知识或情报,以试图发现新模式。数据挖掘广泛用于科学和工程。生物信息学利用数据挖掘来产生新的生物学和医学知识,并发现生物计算新模型,如脱氧核糖核酸(Deoxyribonucleic Acid, DNA)计算、神经计算、进化计算等。数据挖掘在商业应用中也非常有用。以互联网广告为例，通过数据挖掘，更相关的广告会在恰当的时间发送给恰当的互联网用户。

• 计算机视觉。计算机视觉试图获取、处理、分析和理解现实世界的图像或视频[599]。通过计算机视觉，可以从大规模数据中提取信息和情报。机器学习在计算机视觉中得到了广泛应用，主要用于检测、分类、识别、跟踪等[600]。

• 机器人。机器人是一种虚拟智能代理，它可以自动或在指导下执行各种任务[601]。这些任务可能是部件处理、装配、喷漆、运输、监控、安全、家务助理等。机器人智能是以软件形式实现的。人工智能赋予机器人感知、定位、建模、推理、交互、学习和规划等功能。可以将无人机(UAV)看作是一种移动机器人。

• 网络搜索引擎。网络搜索引擎主要是用于搜索网站上的信息[602]。谷歌、雅虎、Bing 等公司广泛使用了网络搜索引擎。机器学习是强大的搜索引擎工具。过去十年中，商业网络搜索引擎开始使用基于机器学习的排序系统。使用监督学习或半监督学习，可以通过训练数据来自动构建排序模型。这种网络搜索引擎的排序模型能够反映特定网页的重要性。

• 人机交互。人机交互[603]试图设计人与计算机之间的交互。关于人机交互的研究包括认知模型、语音识别、自然语言理解、手势识别和数据可视化等。可以将 iPhone 4S 看作是一种人机交互设备。iPhone 4S 包括一种称为 Siri 的新型自动语音控制系统。Siri 支持用户向 iPhone 发送命令

• 社交网络。社交网络是一种社会结构、社会相依性或人类社会关系的网络。在社交网络中，通常会考虑友谊、共同利益、共同信仰、金融交换等内容。最近，随着信息技术的快速发展，与社交网络相关的数据呈现爆炸式增长。因此，机器学习是一种功能强大的工具，它通过分析社交网络来实现学习和推理[604~607]。

• 制造。在制造中，可以使用机器学习来执行自动化、智能化操作。采用这种方式，可以提高制造效率，特别适用于那些不需要人类劳动参与的工厂。文献[608]介绍了机器学习的新发展和机器学习在现代工业工程和批量生产中的广泛应用。对仿真数据、开发阶段的实验、批量生产中的测量值的分析在现代制造业中发挥着至关重要的作用[608]。

例如，各种机器学习算法可应用于半导体制造过程中空间缺陷模式的检测和识别[609~612]。这些在集成电路(Integrated Circuit, IC)制造过程中产生的空间缺陷模式，包含有该过程中与潜在问题相关的信息[612]。

• 生物工程。生物工程[613]试图利用生物学和工程分析方法两个概念，来处理生命科学中的问题。随着数学和计算机科学的发展，机器学习可以用于生物信息学、医学创新、生物医学图像分析等。

7.1 无监督学习

无监督学习[614~616]试图根据未标记数据，找到隐结构或基本结构。无监督学习的主要特征是为学习者提供的数据或实例是未标记的。

聚类与盲信号分离是两类无监督学习算法[616]。聚类将一组对象分成不同的组或簇，使得同一组中的对象是类似的[617]。聚类算法包括：

- k-均值或基于质心的聚类[618~621]；
- k-最近邻居[618~621]；
- 层次聚类或基于连通性的聚类；
- 基于分布的聚类；
- 基于密度的聚类。

盲信号分离或盲源分离试图从一组不包含源信号或混合过程信息的混合信号中，分离出一组信号[624]。盲信号分离的方法包括：

- 主成分分析法[625, 626]；
- 奇异值分解[627]；
- 独立成分分析(Independent Component Analysis, ICA)[628~630]；
- 非负矩阵分解[631~633]。

文献[634]讨论了使用无监督学习的鲁棒信号分类。k-均值聚类和自组织映射(Self-Organizing Map, SOM)可用作非监督分类器。同时，文献[634]提出了类操纵攻击的对策。

7.1.1 基于质心的聚类

在基于质心的聚类[635]中，整个数据集被划分为不同的簇。每个簇由一个中心向量来表示。此中心向量不一定是数据集的成员。同时，簇中的每个成员与对应均值的距离最小。如果簇的数目为 k，则 k-均值聚类给出了质心聚类相应的优化问题。

给定一组数据 $X=\{\boldsymbol{x}_1, \boldsymbol{x}_2, \cdots, \boldsymbol{x}_n\}$，$k$-均值聚类试图将数据集 X 分解为 $k(k\leqslant n)$ 个集合 $S_1, S_2, \cdots, S_k$，使得簇内平方距离之和最小[618~621]，即

$$\sum_{i=1}^{k}\sum_{\boldsymbol{x}_l\in S_i}\|\boldsymbol{x}_l-\boldsymbol{y}_i\|^2 \text{ 最小化} \tag{7-1}$$

其中，$\boldsymbol{y}_i$是与数据集 S_i相关的簇的均值。

7.1.2 k-最近邻居算法

k-最近邻居(k-NN)算法通过对其 k 个最近邻居进行多数投票，为每个对象分配一个类。文献[636]使用包含 k-NN 算法的遗传规划，来执行自动数字调制分类。

7.1.3 主成分分析

主成分分析(PCA)也被称为卡亨南-拉维变换、霍特林变换或适当的正交分解[637]。主成分分析(PCA)使用正交变换，将一组相关变量变换成一组不相关的变量[637]。这些不相关变量是原变量的线性组合。我们称其为主成分。主成分数少于或等于原变量数。因此，主成分分析(PCA)是一种广泛应用于降维的线性变换。

主成分分析(PCA)的目标是第 1 个主成分具有最大方差，第 2 个主成分具有第 2 大方差。同时，不同主成分的方向是正交的。一般来说，主成分分析(PCA)可以通过协方

差矩阵的特征值分解来执行。

给定一组高维实数据 $\boldsymbol{x}_1, \boldsymbol{x}_2, \cdots, \boldsymbol{x}_M$，其中 $\boldsymbol{x}_m \in \boldsymbol{R}^N$，PCA 可以执行如下：

1. $\bar{\boldsymbol{x}} = \frac{1}{M}\sum_{m=1}^{M}\boldsymbol{x}_m$。

2. $\tilde{\boldsymbol{x}}_m = \boldsymbol{x}_m - \bar{\boldsymbol{x}}$。

3. $\boldsymbol{C} = \frac{1}{M}\sum_{m=1}^{M}\tilde{\boldsymbol{x}}_m\tilde{\boldsymbol{x}}_m^T$。

4. 计算 $\boldsymbol{C}$ 的特征值 $\lambda_1, \lambda_2, \cdots, \lambda_N$ 和相应的特征向量 $\boldsymbol{u}_1, \boldsymbol{u}_2, \cdots, \boldsymbol{u}_N$，其中 $\lambda_1 \geqslant \lambda_2 \geqslant \cdots \geqslant \lambda_N$。

5. 得到线性变换矩阵

$$\boldsymbol{U} = [\boldsymbol{u}_1\boldsymbol{u}_2\cdots\boldsymbol{u}_K] \tag{7-2}$$

其中，$K \ll N$。

6. 执行降维

$$\boldsymbol{y} = \boldsymbol{U}^T\tilde{\boldsymbol{x}} \tag{7-3}$$

且 PCA 近似值 $\tilde{\boldsymbol{x}} = \boldsymbol{U}\boldsymbol{y}$。

总之，主成分分析(PCA)将来自于原方向或库的数据投射到新方向或库上。同时，沿新方向的数据变化最大。这些方向是由对应于最大特征值的协方差矩阵特征向量决定的。特征值沿着新方向的数据方差有关。主成分分析(PCA)给出了一种通过新数据库拓展来构造线性子空间的方法。

可以将 $\tilde{\boldsymbol{x}} = \boldsymbol{U}\boldsymbol{y}$ 扩展为 $\tilde{\boldsymbol{X}} = \boldsymbol{U}\boldsymbol{y}$。如果 $\boldsymbol{Y}$ 包含尽可能多的零，则我们将这个问题称为稀疏成分分析[638]。

我们也可以将主成分分析(PCA)扩展到其鲁棒版本。鲁棒主成分分析(PCA)[639, 640]的背景是将给定大数据矩阵 $\boldsymbol{M}$ 分解为一个低秩矩阵 $\boldsymbol{L}$ 加一个稀疏矩阵 $\boldsymbol{S}$，即

$$\boldsymbol{M} = \boldsymbol{L} + \boldsymbol{S} \tag{7-4}$$

具体而言，通过求解如下优化问题

$$\begin{array}{l}\text{在满足}\\ \operatorname{rank}(\boldsymbol{L}) \leqslant r\\ \text{的前提下，实现}\\ \|\boldsymbol{M} - \boldsymbol{L}\|\\ \text{的最小化}\end{array} \tag{7-5}$$

从 l^2 意义上讲，主成分分析(PCA)可以发现给定数据矩阵 $\boldsymbol{M}$ 的一个秩 r 近似。

这个问题可以很容易地通过使用奇异值分解(SVD)求解。主成分分析(PCA)存在一个固有缺点，即只有当低秩矩阵被小的独立同分布高斯噪声破坏时，PCA 才可以高效工作。也就是说，主成分分析(PCA)适用于模型 $\boldsymbol{M} = \boldsymbol{L} + \boldsymbol{N}$，其中，$\boldsymbol{N}$ 是独立同分布的高斯噪声矩阵。如式(7-4)所示，当 $\boldsymbol{L}$ 中的一些项被严重破坏时，主成分分析(PCA)将失效。在该公式中，$\boldsymbol{S}$ 是一个具有任意大量级的稀疏矩阵。

为了从 $\boldsymbol{M}$ 中找到 $\boldsymbol{L}$ 和 $\boldsymbol{S}$，鲁棒 PCA 试图求解如下优化问题

$$\begin{aligned}&\text{在满足}\\&\boldsymbol{M}=\boldsymbol{L}+\boldsymbol{S}\\&\text{的前提下，实现}\\&\operatorname{rank}(\boldsymbol{L})+\lambda\|\boldsymbol{S}\|_1\\&\text{的最小化}\end{aligned}\tag{7-6}$$

从凸优化的角度来看，秩函数是一个非凸函数。求解具有秩目标或秩约束条件的优化问题是 NP 难的。然而，众所周知，$\operatorname{rank}(\boldsymbol{L})$在集合$\{\boldsymbol{L}:\|\boldsymbol{L}\|\leqslant 1\}$的凸包络是核范数$\|\boldsymbol{L}\|_*$[641]。因此，秩最小化问题可放宽为核范数最小化问题，这是一个凸目标函数。在这方面有一系列论文[641~643]，它们从不同角度研究成功申请核范数启发式以实现秩最小化所需的条件。因此，优化问题式(7-6)可放宽为

$$\begin{aligned}&\text{在满足}\\&\boldsymbol{M}=\boldsymbol{L}+\boldsymbol{S}\\&\text{的前提下，实现}\\&\|\boldsymbol{L}\|_*+\lambda\|\boldsymbol{S}\|_1\\&\text{的最小化}\end{aligned}\tag{7-7}$$

采用这种方式，可以恢复 $\boldsymbol{L}$ 和 $\boldsymbol{S}$。

鲁棒 PCA 广泛应用于视频监控、图像处理、人脸识别、潜在语义索引、排序和协同滤波等领域[639]。

7.1.4 独立成分分析

独立成分分析(ICA)试图分离多元混合信号，并确定相关非高斯源信号或成分，它们是统计独立的或尽可能独立的[562, 629, 644]。即使源信号是独立的，由于混合运算，观测信号也不是独立的。同时，观测信号看似正态分布[562]。独立成分分析(ICA)的一个简单应用是“鸡尾酒会问题”。假设在鸡尾酒会上，有两个发言者(记为 $s_1(t)$ 和 $s_2(t)$)和两个麦克风记录时间信号(用 $x_1(t)$ 和 $x_2(t)$ 来表示)。因此

$$\begin{aligned}x_1(t)&=a_{11}s_1(t)+a_{12}s_1(t)\\x_2(t)&=a_{21}s_1(t)+a_{22}s_1(t)\end{aligned}\tag{7-8}$$

其中，a_{11}、a_{12}、a_{21} 和 a_{22} 是一些与麦克风和扬声器间距相关的未知参数[629]。我们仅使用记录信号 $x_1(t)$ 和 $x_2(t)$ 来估计两个源信号 $s_1(t)$ 和 $s_2(t)$。

使用矩阵符号，线性无噪声的独立成分分析(ICA)可记为

$$\boldsymbol{X}=\boldsymbol{A}\boldsymbol{S}\tag{7-9}$$

其中，$\boldsymbol{S}$ 的行应当是统计独立的。由于 $\boldsymbol{A}$ 和 $\boldsymbol{S}$ 是未知的，因而无法确定独立成分的方差和阶[629]。为了求解独立成分分析(ICA)问题，经常使用互信息最小化和非高斯信号最大化来实现潜在源信号的独立性。

独立成分分析(ICA)的应用包括在脑磁图(Magnetoencephalography，MEG)数据中分离伪影、在财务数据寻找隐藏因素、在自然图像中降低噪声、电信的盲源分离[629]。独立成分分析(ICA)还可用于化学和生物感知，以提取固有的表面增强拉曼散射频谱[645]。

7.1.5 非负矩阵分解

长期以来，人们一直围绕矩阵分解开展研究。矩阵分解是一种将矩阵变换为某种标准形式的分解过程。存在诸多不同的矩阵分解方法，如 LU 分解、LDU 分解、Cholesky 分解、秩分解、QR 分解、示秩 QR 分解、SVD、特征分解、Jordan 分解、Schur 分解等。

非负矩阵分解[633, 646]是一种因子具有非负约束条件的矩阵分解。从数学上讲，我们将矩阵 $\boldsymbol{X}$ 分解成两个矩阵或因子 $\boldsymbol{W}$ 和 $\boldsymbol{H}$，使得

$$\boldsymbol{X}=\boldsymbol{W}\boldsymbol{H}+\boldsymbol{E} \tag{7-10}$$

且 $\boldsymbol{W}$ 和 $\boldsymbol{H}$ 中的所有项必须是大于或等于零，其中，$\boldsymbol{E}$ 表示逼近误差。

基于非负矩阵分解，存在许多有用变种[633]：

- 对称非负矩阵分解

$$\boldsymbol{X}=\boldsymbol{W}\boldsymbol{W}^{T}+\boldsymbol{E} \tag{7-11}$$

- 半正交非负矩阵分解

$$\boldsymbol{X}=\boldsymbol{W}\boldsymbol{H}+\boldsymbol{E} \tag{7-12}$$

且 $\boldsymbol{W}^{T}\boldsymbol{W}=\boldsymbol{I}$ 和 $\boldsymbol{H}^{T}\boldsymbol{H}=\boldsymbol{I}$。

- 三因子非负矩阵分解

$$\boldsymbol{X}=\boldsymbol{W}\boldsymbol{S}\boldsymbol{H}+\boldsymbol{E} \tag{7-13}$$

- 仿射非负矩阵分解

$$\boldsymbol{X}=\boldsymbol{W}\boldsymbol{H}+\boldsymbol{a}\boldsymbol{1}^{T}+\boldsymbol{E} \tag{7-14}$$

- 多层非负矩阵分解

$$\boldsymbol{X}=\boldsymbol{W}_{1}\boldsymbol{W}_{2}\cdots\boldsymbol{W}_{L}\boldsymbol{H}+\boldsymbol{E} \tag{7-15}$$

- 同步非负矩阵分解

$$\begin{aligned}\boldsymbol{X}_{1}&=\boldsymbol{W}_{1}\boldsymbol{H}+\boldsymbol{E}_{1}\\ \boldsymbol{X}_{2}&=\boldsymbol{W}_{2}\boldsymbol{H}+\boldsymbol{E}_{2}\end{aligned} \tag{7-16}$$

- 对 $\boldsymbol{W}$ 和 $\boldsymbol{H}$ 的每列具有稀疏性约束条件的非负矩阵分解[647]。

可以将二维非负矩阵分解扩展到 n 维非负张量分解[633, 648, 649]。文献[633]提到了非负矩阵和张量分解的各种算法。在文献[650]中，布雷格曼散度可用于广义非负矩阵逼近。

与鲁棒主成分分析(PCA)类似，非负矩阵分解的鲁棒版本可表示为

$$\boldsymbol{X}=\boldsymbol{W}\boldsymbol{H}+\boldsymbol{S}+\boldsymbol{E} \tag{7-17}$$

其中，$\boldsymbol{S}$ 是稀疏矩阵。鲁棒非负矩阵分解的优化问题可表示为

在满足

$\boldsymbol{W}$ 和 $\boldsymbol{H}$ 都是非负矩阵

的前提下，实现

$$\|\boldsymbol{X}-\boldsymbol{W}\boldsymbol{H}-\boldsymbol{S}\|_{F}^{2}+\lambda\|\boldsymbol{S}\|_{1} \tag{7-18}$$

的最小化

优化问题式(7-18)在 $\boldsymbol{W}$、$\boldsymbol{H}$ 和 $\boldsymbol{S}$ 中不全是凸的。因此，我们需要分别单独求解这些问题[651]：

1. 固定 $\boldsymbol{S}$，求解非负矩阵分解问题。

2. 固定 $\boldsymbol{W}$ 和 $\boldsymbol{H}$，优化 $\boldsymbol{S}$。

该过程将不断重复，直到算法收敛。

非负矩阵分解是通用矩阵分解的一种特例。文献[652]全面讨论了构建近似矩阵分解的概率算法，其核心思想是找到具有随机性的结构[652]。与标准确定性的矩阵分解算法相比，随机方法往往更快和更鲁棒[652]。

7.1.6 自组织映射

自组织映射(SOM)是一种无监督学习范畴内的人工神经网络(Artificial Neural Network, ANN)。自组织映射(SOM)试图生成输入信号的空间组织低维或内部表示(通常为二维网格)及其称为映射的抽象[653~655]。自组织映射(SOM)不同于其他人工神经网络，因为邻域函数用于保持输入空间的拓扑。因此，映射中的附近地点代表具有类似属性的输入。

自组织映射(SOM)的训练算法基于竞争学习原理[653, 656]，它也可用于著名的矢量量化[657~659]。

7.2 监督学习

监督学习从监督标记训练数据中学习函数[660]。在监督学习中，训练数据包括一组训练实例。每个训练实例包括一个输入对象和一个预期输出值。如果输出值是离散的，则我们将学习函数称为分类器。如果输出值是连续的，则我们将学习函数称为回归函数。监督学习算法从训练数据推广到不可见数据。比较流行的监督学习算法包括：

- 线性回归[661~664]；
- Logistic 回归[665, 666]；
- 人工神经网络[667, 668]；
- 决策树学习[669]；
- 随机森林[670]；
- 朴素贝叶斯分类器[671]；
- 支持向量机[672~674]。

7.2.1 线性回归

线性回归试图对标量因变量 y 和一个或多个解释(独立的)变量 $\boldsymbol{x}$ 之间的关系进行建模。从数学上来讲，有

$$y=\boldsymbol{x}^{T}\boldsymbol{a}+\varepsilon \tag{7-19}$$

其中

$$\boldsymbol{x}=[x_1 x_2 \cdots x_p]^{T} \tag{7-20}$$

我们将 $\boldsymbol{a}$ 称为参数向量或回归系数，有

$$\boldsymbol{a}=[a_1 a_2 \cdots a_p]^{T} \tag{7-21}$$

且 ε 为噪声或误差。

如果存在 N 个因变量，则可以将式(7-19)扩展为

$$\boldsymbol{y} = \boldsymbol{X}^T\boldsymbol{a} + \boldsymbol{\varepsilon} \tag{7-22}$$

其中

$$\boldsymbol{y} = [y_1 y_2 \cdots y_N]^T \tag{7-23}$$

$$\boldsymbol{X} = [\boldsymbol{x}_1 \boldsymbol{x}_2 \cdots \boldsymbol{x}_N] \tag{7-24}$$

$$\boldsymbol{\varepsilon} = [\varepsilon_1 \varepsilon_2 \cdots \varepsilon_N]^T \tag{7-25}$$

7.2.2 Logistic 回归

Logistic 回归[675]是一种非线性回归，它可以使用逻辑函数，来预测事件发生的概率。一种简单的 Logistic 函数可定义为

$$f(t) = \frac{1}{1 + \exp(-t)} \tag{7-26}$$

该函数总是在 0 和 1 之间取值。因此，Logistic 回归可以表示为

$$y = f(\boldsymbol{x}) = \frac{1}{1 + \exp(-(a_0 + a_1 x_1 + \cdots + a_p x_p))} \tag{7-27}$$

其中，我们称 a_0 为截距，a_1，a_2，…，a_P为 x_1，x_2，…，x_P的回归系数。

Logistic 回归是一种用于建模和分析二进制现象的流行方式，这意味着因变量或响应变量是一种二值变量[676]。

7.2.3 人工神经网络

人工神经网络[677]的思想是从生物神经网络借用来的，用于模拟神经元的现实生活行为。人工神经网络是一种自适应系统，用于对输入和输出之间的关系进行建模。最简单的人工神经网络数学表达式为模型投入和产出之间的关系。最简单的人工神经网络的数学表达式是

$$o = f\left(\sum_{n=1}^{N} \omega_n x_n\right) \tag{7-28}$$

其中，x_1，x_2，…，x_N为输入，w_1，w_2，…，w_N为对应的权重，o 为输出，f 是激活(传递)函数。

作为一类人工神经网络，感知器是一种二进制分类器，它使用二进制值将输入映射到输出。当阈值 θ 给定时，如果 $\sum_{n=1}^{N} w_n x_n \geqslant \theta$，则 $o=1$；否则 $o=0$。单层感知器没有隐藏层。可以将单层感知器扩展为多层感知器，它是由有向图中的多层节点构成的。多层感知器可以使用反向传播算法来学习网络。

7.2.4 决策树学习

决策树[678]是一种类似树的图或模型，主要用于决策、预测和分类等。在决策树中，每个内部节点测试一种属性。每个分支对应于一个可能的属性值。每个叶节点为观测

值分配一种类型。决策树学习试图对可表示为决策树的函数进行学习[679]。许多决策树可以一起使用,以形成随机森林分类器,这是一种集成分类器[680]。在随机森林中,每棵树的生长至少是部分随机的。Bootstrap 累积可用于学习者的并行组合,学习者在不同 Bootstrap 样本上是独立开展训练的。最终结果是具有最高票数的预测或类均值。通过降低预测方差,可以提高随机森林精度。

7.2.5 朴素贝叶斯分类器

朴素贝叶斯分类器[681]是一种具有独立性假设的、基于贝叶斯定理的概率分类器。

基于贝叶斯定理,朴素贝叶斯概率模型可以表示为

$$p(C \mid X_1, X_2, \cdots, X_N) \propto p(C)\prod_{n=1}^{N} p(X_n \mid C) \tag{7-29}$$

其中,C 是依赖类变量。$X_1, X_2, \cdots, X_N$ 是特征变量。$p(C|X_1, X_2, \cdots, X_N)$ 是后验概率。$p(C)$ 为先验概率。$p(X_n|C)$ 为似然概率。

根据最大后验(Maximum A Posteriori, MAP)决策规则,朴素贝叶斯分类器可以记为[671]

$$c = f(x_1, x_2, \cdots, x_N) = \arg\max p(C = c)\prod_{n=1}^{N} p(X_n = x_n \mid C = c) \tag{7-30}$$

7.2.6 支持向量机

支持向量机(SVM)[682]是一组用于分类和回归的监督学习算法。支持向量机(SVM)包括线性 SVM、核 SVM[683, 684]、多类 SVM[685~692]、支持向量回归[693~697]。文献[698]研究了在认知无线电中基于 SVM 的学习引擎设计问题[698]。目前,人们已经给出了 8 种调制方式的 SVM 分类和回归结果。实验数据来自 802.11a 协议平台。在认知无线电网络中,SVM 可用于 MAC 协议分类[699]。选择将接收功率的均值和方差作为 SVM 的两大特征。MAC 协议分为两种,即时分多址和时隙 ALOHA。

我们从线性二类 SVM 开始研究 SVM[674]。当具有 M 对输入和输出的训练数据集给定时,我们有

$$(\boldsymbol{x}_i, l_i),\ i = 1, 2, \cdots, M \tag{7-31}$$

和

$$l_i \in \{-1, 1\} \tag{7-32}$$

SVM 试图找到分离超平面

$$\boldsymbol{w} \cdot \boldsymbol{x} - b = 0 \tag{7-33}$$

最大边际满足如下约束条件:

$$\begin{aligned} \boldsymbol{w} \cdot \boldsymbol{x}_i - b \geqslant 1,\ l_i = 1 \\ \boldsymbol{w} \cdot \boldsymbol{x}_i - b \leqslant -1,\ l_i = -1 \end{aligned} \tag{7-34}$$

其中,$\boldsymbol{w}$ 是超平面的法线向量,· 代表内积。可以将约束条件式(7-34)合并为

$$l_i(\boldsymbol{w} \cdot \boldsymbol{x}_i - b) \geqslant 1 \tag{7-35}$$

两个超平面$(\boldsymbol{w} \cdot \boldsymbol{x}_i - b) = 1$ 和$(\boldsymbol{w} \cdot \boldsymbol{x}_i - b) = -1$ 之间的距离为$\frac{2}{\|\boldsymbol{w}\|}$。为了得到最大

边际，使用如下优化问题[674]

$$
\begin{aligned}
&\text{在满足}\\
&l_i(\boldsymbol{w}\cdot\boldsymbol{x}_i-b)\geqslant 1,\ i=1,2,\cdots,M\\
&\text{的前提下，实现}\\
&\|\boldsymbol{X}-\boldsymbol{WH}-\boldsymbol{S}\|_F^2+\lambda\|\boldsymbol{S}\|_1\\
&\text{的最小化}
\end{aligned}
\tag{7-36}
$$

通过引入拉格朗日乘子$\alpha_i\geqslant 0$, $i=1, 2, \cdots, M$，可以得到优化问题式(7-36)的对偶形式[674]

$$
\begin{aligned}
&\text{在满足}\\
&\sum_i \alpha_i l_i=0\\
&\alpha_i\geqslant 0,\ i=1,2,\cdots,M\\
&\text{的前提下，实现}\\
&\sum_i \alpha_i-\frac{1}{2}\sum_{i,j}\alpha_i\alpha_j l_i l_j x_i\cdot x_j\\
&\text{的最大化}
\end{aligned}
\tag{7-37}
$$

$\boldsymbol{w}$的解可以表示为训练向量的线性组合，即

$$\boldsymbol{w}=\sum_{i=1}^{M}\alpha_i l_i \boldsymbol{x}_{\mathrm{i}} \tag{7-38}$$

我们将那些满足$\alpha_i\geqslant 0$的$\boldsymbol{x}_i$, $i=1, 2, \cdots, M_{SV}$称为支持向量，它位于边际，且满足$(\boldsymbol{w}\cdot\boldsymbol{x}_i-b)=1$。因此，$b$可以通过计算

$$b=\frac{1}{M_{SV}}\sum_{i=1}^{M_{sv}}(\boldsymbol{w}\cdot\boldsymbol{x}_i-l_i) \tag{7-39}$$

得到。

因此，基于支持向量机的分类器可以记为[674]

$$f(x)=\mathrm{sign}\left(\sum_{i=1}^{M}\alpha_i l_i \boldsymbol{x}_i\cdot\boldsymbol{x}-b\right) \tag{7-40}$$

当输出类的数量超过两个时，多类SVM算法可用于执行多类分类。多类SVM的常用方法是将单个多类分类问题分解成多个二类分类问题。每个二类分类问题可由著名的二类SVM来求解。在此框架内，广泛采用一对所有和一对一组合[692]。此外，可采用成对耦合策略来合并所有一对一二类分类器的概率结果，以得到测试输入的后验概率估计[692, 700]。

基于SVM的思想，多类分类问题也可通过求解单一优化问题来解决[685, 688, 701]。

可以对线性二类SVM进行修正，以容忍某些误分类输入，这就是所谓的软边际SVM[674]。软边际SVM可以通过引入非负松弛变量ξ_i, $i=1, 2, \cdots, M$来实现，该变量用于衡量输入$\boldsymbol{x}_i$的误分类程度。因此，约束条件式(7-34)应当修改为

$$
\begin{aligned}
&\boldsymbol{w}\cdot\boldsymbol{x}_i-b\geqslant +1-\xi_i,\ \text{且}\ l_i=1\\
&\boldsymbol{w}\cdot\boldsymbol{x}_i-b\leqslant -1-\xi_i,\ \text{且}\ l_i=-1
\end{aligned}
\tag{7-41}
$$

它可以合并为

$$l_i(\boldsymbol{w}\cdot\boldsymbol{x}_i-b)\geqslant 1-\xi_i \tag{7-42}$$

软边际 SVM 的优化问题可表示为[674]

在满足

$l_i(\boldsymbol{w}\cdot\boldsymbol{x}_i-b)\geqslant 1-\xi_i,\ \xi_i\geqslant 0,\ i=1,2,\cdots,M$

的前提下，实现 (7-43)

$\frac{1}{2}\|\boldsymbol{w}\|^2+C\sum_{i=1}^{M}\xi_i$

的最小化

其中，C 是折中参数，用于在松弛变量处罚和边际大小之间进行折中。优化问题式(7-43)的对偶形式是[674]

在满足

$\sum_i \alpha_i l_i=0$

$0\leqslant\alpha_i\leqslant C,\ i=1,2,\cdots,M$ (7-44)

的前提下，实现

$\sum_i \alpha_i-\frac{1}{2}\sum_{i,j}\alpha_i\alpha_j l_i l_j\boldsymbol{x}_i\cdot\boldsymbol{x}_j$

的最大化

如果输出值 l_i 是连续的，则我们将学习函数称为回归函数。可以对 SVM 进行扩展，来以支持向量回归。与软边际 SVM 类似，支持向量回归的优化问题可记为[697]

在满足

$l_i-(\boldsymbol{w}\cdot\boldsymbol{x}_i-b)\leqslant\varepsilon+\xi_i^+,\ i=1,2,\cdots,M$

$(\boldsymbol{w}\cdot\boldsymbol{x}_i-b)-l_i\leqslant\varepsilon+\xi_i^-,\ i=1,2,\cdots,M$

$\xi_i^+\geqslant 0,\ \xi_i^-\geqslant 0,\ i=1,2,\cdots,M$ (7-45)

的前提下，实现

$\frac{1}{2}\|\boldsymbol{w}\|^2+C\sum_{i=1}^{M}(\xi_i^++\xi_i^-)$

的最小化

其中，ε 是一个用于确定区域范围的参数，该区域由 $l_i\pm\varepsilon$，$i=1,2,\cdots,M$ 确定，我们称其为 $l_i\pm\varepsilon$ 非敏感区。优化问题式(7-45)的对偶形式为[697]

在满足

$\sum_{i=1}^{M}(\alpha_i^+-\alpha_i^-)=0,\ i=1,2,\cdots,M$

$0\leqslant\alpha_i^+\leqslant C,\ i=1,2,\cdots,M$

$0\leqslant\alpha_i^-\leqslant C,\ i=1,2,\cdots,M$

的前提下，实现

$$\sum_{i=1}^{M} l_i(\alpha_i^+ - \alpha_i^-) - \varepsilon \Sigma_{i=1}^{M}(\alpha_i^+ + \alpha_i^-) - \frac{1}{2}\Sigma_{i,j}(\alpha_i^+ - \alpha_i^-)(\alpha_j^+ - \alpha_j^-)\boldsymbol{x}_i \cdot \boldsymbol{x}_j$$

的最大化 (7-46)

因此，我们有

$$\boldsymbol{w} = \sum_{i=1}^{M}(\alpha_i^+ - \alpha_i^-)\boldsymbol{x}_i \tag{7-47}$$

和

$$f(x) = \text{sign}\left(\sum_{i=1}^{M}(\alpha_i^+ - \alpha_i^-)\boldsymbol{x}_i \cdot \boldsymbol{x} + b\right) \tag{7-48}$$

7.3 半监督学习

监督学习利用标记数据进行训练，来学习函数。然而，标记数据有时难以得到和生成，或得到和生成的成本过高。但是，未标记数据比标记数据更丰富[702]。

为了充分利用未标记数据和标记数据进行训练，人们对半监督学习[703]进行了探讨。半监督学习介于无监督学习和监督学习之间。半监督学习背后的基本现象是，大量未标记数据与少量标记数据一起使用进行训练，可以提高机器学习精度[704, 705]。

7.3.1 约束聚类

可以将约束聚类[706~708]看作是带有片面信息或附加约束条件的聚类。这些约束条件包括成对必须链接约束条件和无法链接约束条件。必须链接约束条件意味着两个成员或数据点必须位于同一簇内，而无法链接约束条件意味着两个数据点不能位于同一簇内。以 k-均值聚类为例。将与必须链接约束条件和无法链接约束条件相关的处罚成本函数添加到优化问题式(7-1)中，形成约束 k-均值聚类的优化问题。此外，如果给定部分标记信息，则少量标记数据可以辅助未标记数据的聚类[709]。在文献[709]中，种子聚类可用于初始化 k-均值算法。

7.3.2 联合训练

联合训练也是一种半监督学习技术[702, 710]。在联合训练中，我们将每个输入的特征分解为两个不同的特征集。当输入类给定时，这两个特征集应当是条件独立的。同时，单独根据每个特征集，即可准确预测输入类。换言之，每个特征集包含用于确定输入类的足够信息[702]。首先，基于两个不同的特征集，联合训练使用标记数据，来学习两种不同的分类器。然后，每个分类器将更自信地对多个未标记数据进行标记。我们将使用这些数据来构建其他标记训练数据。该过程将不断重复，直到算法收敛。

7.3.3 基于图形的方法

最近，在半监督学习中，基于图形的方法已经变得非常流行[711]。半监督学习中基于图形的方法是非参数的、具有判别功能的，且在本质上是直推式的[711]。基于图形的方法的第一步是生成基于标记数据和未标记数据的图形。数据对应于图形上的节点。两个节点之间的边及权重是由相应数据的输入决定的。边的权重反映了两个数据输入的相似性。基于图形的方法的第二步是估计图形上的平滑函数。该函数可以预测图形上所有节点的类。同时，标记节点的预测类应当接近给定类。因此，如何估计该函数可以表示为包含两项的优化问题[711]。第 1 项是一个损失函数，第 2 项是一个正则化器[711]。

7.4 直推式学习

直推式学习[712~714]类似于半监督学习。直推式学习试图基于训练数据和测试输入，来预测测试输入的输出。直推不同于众所周知的感应。在感应中，首先从观测用例中得到一般规则，然后这些一般规则可应用于测试用例。因此，在不同测试用例中，直推式学习的性能是不一致的。

7.5 迁移学习

迁移学习或感应传导[715, 716]重点关注从解决某个问题或以往经验中获得知识，并将其应用到一个不同但相关的问题中。马尔可夫逻辑网络[717]和贝叶斯网络[718]已经应用于迁移学习。

多任务学习或学会学习是一种迁移学习[719]。多任务学习在考虑问题之间公共性的前提下，试图同步学习某个问题及其他相关问题。

7.6 主动学习

主动学习也被称为最佳实验设计[720, 721]。主动学习是监督式学习的一种形式，学习者以交互方式请求信息。具体而言，学习者主动询问用户、老师或专家，来对未标记数据进行标记。然后，使用监督学习。

由于学习者可以选择训练样本，因而用于学习函数的实例数往往是小于公共监督学习所需的数量。然而，主动学习存在一种风险。可能会选择不重要甚至无效的实例。

主动学习的基本实验设计类型包括 A-优化设计(它能够实现矩阵迹的最小化)、D-优化设计(它能够实现矩阵对数行列式的最小化)和 E-优化设计(它能够实现矩阵最大特征值的最小化)。所有这些设计问题可以通过凸优化来解决。文献[722]提出了基于局部线性重构的主动学习方案，它考虑了数据空间的局部结构。

7.7 强化学习

强化学习[723~725]是一种非常有用的、成果丰硕的机器学习研究领域。为了实现某种累积奖励最大化，强化学习试图学习如何响应现实世界的观测值。所采取的行动对环境会产生一定的影响。环境会通过奖励，为学习者提供反馈。这种反馈可以引导学习者对下一步行动做出决策。人们对控制论、运筹学、信息论和经济学等中的强化学习进行了广泛的研究。强化学习的许多算法与动态编程高度相关[726, 727]。强化学习是一种聚焦在线性能的动态终身学习。因此，在强化学习中，探索和利用之间存在着一种折中[728, 729]。强化学习的基本组成部分应当包括环境状态、可能的行动、可能的观测值、状态间的转换和奖励等。

强化学习在认知无线电网络中得到了广泛应用，主要用于探索和利用[730~746]。本节将详细介绍 3 种学习策略：

- Q-学习；
- 马尔可夫决策过程；
- 部分可观测马尔可夫决策过程。

7.7.1 Q-学习

Q-学习是一种简单而有用的强化学习技术[747, 748]。Q-学习对给定状态中给定动作的效用函数进行学习。Q-学习遵循一种固定的状态转换机制，且不需要环境信息。

给定当前状态 s_t、动作 a_t，效用函数 $Q(s_t, a_t)$ 可学习或更新为

$$Q(s_t, a_t) = Q_{\text{old}}(s_t, a_t) + \alpha_t(s_t, a_t)\Big(r(s_t, a_t) + \gamma \max_{a_t+1} Q(s_{t+1}, a_{t+1}) - Q_{\text{old}}(s_t, a_t)\Big) \tag{7-49}$$

其中，$\alpha_t(s_t, a_t) \in (0, 1]$ 是学习速率；$r(s_t, a_t)$ 是即时奖励；$\gamma \in [0, 1)$ 是贴现因子；s_{t+1} 是由动作 a_t 导致的从当前状态 s_t 转入的下一个状态。如果对于所有状态和所有动作来说，a_t 等于 1，式(7-49)可以化简为

$$Q(s_t, a_t) = r(s_t, a_t) + \gamma \max_{a_t+1} Q(s_{t+1}, a_{t+1}) \tag{7-50}$$

最后，通过迭代，可以学到效用函数。对于各个国家，应该选择的动作为

$$\pi(s) = \arg\max_a Q(s, a) \tag{7-51}$$

Q-学习及其变种广泛应用于认知无线电网络中[734, 749~762]。

7.7.2 马尔可夫决策过程

马尔可夫决策过程(MDP)[763]是一种用于研究决策问题的数学框架。可以将马尔可夫决策过程(MDP)看作是马尔可夫链的扩展，马尔可夫链是一系列具有马尔可夫属性(即随机过程的无记忆性)的随机变量 $X_1, X_2, X_3, \cdots, X_t, \cdots$，因而有

$$\Pr(X_{t+1} = x \mid X_t = x_t, X_{t-1} = x_{t-1}, \cdots, X_2 = x_2, X_1 = x_1) = \Pr(X_{t+1} = x \mid X_t = x_t) \tag{7-52}$$

这意味着如果给定当前状态，则后续状态和先前状态是独立的。

一个马尔可夫决策过程(MDP)包括：

- 一组状态 S；
- 一组动作 A；

- 一个奖励函数 $R(s, a)$；
- 一个状态转换函数 $T(s, a, s') = \Pr(s_{t+1} = s' | s_t = s, a_t = a)$。

马尔可夫决策过程（MDP）的目标是为决策者找到一种策略 $a = \pi(s)$。当策略固定时，马尔可夫决策过程（MDP）的工作原理与马尔可夫链类似。通常情况下，MDP 的优化问题可以表示为

$$\text{实现} \sum_{t=0}^{\infty} \gamma^t R(s_t, \pi(s_t)) \text{ 最大化} \tag{7-53}$$

存在 3 种求解 MDP 的基本方法：

- 值迭代；
- 策略迭代；
- 线性规划[764~767]。

对于值迭代策略迭代来说，最优值函数可定义为[723]

$$V^*(s) \max_a (R(s, a) + \gamma \sum_{s' \in S} T(s, a, s') V^*(s')), \ \forall s \in S \tag{7-54}$$

且如果最优值函数给定，则可以得到最优策略[723]

$$\pi(s) = \arg\max_a (R(s, a) + \gamma \sum_{s' \in S} T(s, a, s') V^*(s')) \tag{7-55}$$

值迭代试图找到最优值函数，然后得到最优策略。值迭代的核心部分是[723]：

1. 任意初始化 $V(s)$。
2. 令 $V'(s) = V(s)$。
3. 对于 $\forall s \in S$，计算

$$U(s, a) = R(s, a) + \gamma \sum_{s' \in S} T(s, a, s') V'(s') \tag{7-56}$$

和

$$V(s) = \max_a U(s, a) \tag{7-57}$$

4. 如果 $\max_s |V'(s) - V(s)|$ 小于预定阈值，则得到最优值函数 $V(s)$；否则转到步骤 2。

策略迭代直接更新策略。策略迭代的核心部分是[723]：

1. 任意初始化 $\pi(s)$。
2. 令 $\pi'(s) = \pi(s)$。
3. 求解线性方程组

$$V(s) = R(s, \pi'(s)) + \gamma \sum_{s' \in S} T(s, \pi'(s), s') V(s') \tag{7-58}$$

并改善策略

$$\pi(s) = \arg\max_a (R(s, a) + \gamma \sum_{s' \in S} T(s, a, s') V(s')) \tag{7-59}$$

4. 如果 $\pi'(s) = \pi(s)$，则得到最优策略，否则转到步骤 2。

马尔可夫决策过程（MDP）及其变种可以应用于认知无线电网络[736, 737, 740, 768~782]。

7.7.3 部分可观测 MDP

部分可观测马尔可夫决策过程（POMDP）是马尔可夫决策过程（MDP）的扩展。系统

动力学由马尔可夫决策过程(MDP)建模。但是，无法完全观测基本状态。POMDP对代理与外界的交互过程进行了建模[783]。代理首先观测外界，然后试图使用当前观测值估计信任状态。POMDP的解是选择动作的最优策略。

一个部分可观测马尔可夫决策过程(POMDP)包括：

- 一组状态 S；
- 一组动作 A；
- 一组观测值 O；
- 一个奖励函数 $R(s, a)$；
- 一个状态转换函数 $T(s, a, s') = \Pr(s_{t+1} = s' | s_t = s, a_t = a)$；
- 一个观测函数 $\Omega(o, s', a) = \Pr(o_{t+1} = o | s_{t+1} = s', a_t = a)$。

在状态空间上定义一个信任状态

$$\boldsymbol{b}_t = \begin{bmatrix} b_t(s_1) \\ b_t(s_2) \\ \vdots \end{bmatrix} \tag{7-60}$$

其中，$b_t(s) \geqslant 0$，$\forall s \in S$，$\sum_{s \in S} b(s) = 1$。存在不可数无穷多种信任状态。

给定 $\boldsymbol{b}_t$ 和 a_t，如果以概率 $\Omega(o, s', a)$ 观测到 $o \in O$，则可以得到 $\boldsymbol{b}_{t+1}$[784]

$$b_{t+1}(s') = \frac{\Omega(o, s', a) \sum_{s \in S} T(s, a, s') b_t(s)}{\Pr(o | a, \boldsymbol{b}_t)} \tag{7-61}$$

其中

$$\Pr(o \mid a, \boldsymbol{b}_t) = \sum_{s' \in S} \Omega(o, s', a) \sum_{s \in S} T(s, a, s') b_t(s) \tag{7-62}$$

定义信任状态转换函数为[784]

$$\tau(\boldsymbol{b}, a, \boldsymbol{b}') = \Pr(\boldsymbol{b}' | \boldsymbol{b}, a) \tag{7-63}$$

如果 $\boldsymbol{b}$，$\boldsymbol{b}'$，a，o 满足式(7-61)，则 $\tau(\boldsymbol{b}, a, \boldsymbol{b}') = \Pr\tau(o | a, \boldsymbol{b})$；否则 $\tau(\boldsymbol{b}, a, \boldsymbol{b}') = 0$。因此，可以将POMDP看作是无限状态MDP，它包括[784, 785]

- 一组信任状态 B；
- 一组动作 A；
- 一个式(7-63)所示的信任状态转换函数；
- 一个奖励函数 $\rho(\boldsymbol{b}, a) = \neq \sum_{s \in S} b(s) R(s, a)$。

求解POMDP并非易事。文献[786]介绍了首个用于发现POMDP确切解的详细算法。存在一些用于求解POMDP的软件工具，如pomdp-solve[787]、MADP(Multi-agent Decision Process，多代理决策过程)[788]、ZMDP[789]、APPL[790]和Perseus[791]。在大多数情况下，APPL是其中最快的软件工具[790]。

POMDP及其变种可广泛应用于认知无线电网络[792~818]。

7.8 基于核的学习

基于核的学习[819]是不同核函数对机器学习的扩展。核 SVM[683, 684]、核 PCA[820~823]、核 Fisher 判别分析[824, 825]被广泛使用。核函数可以隐式地将来自于原低维线性空间 $\boldsymbol{x}$ 的数据映射到高维非线性特征空间 $\boldsymbol{\Phi}(\boldsymbol{x})$。

核函数 $K(\boldsymbol{x}, \boldsymbol{y})$ 定义为 $\boldsymbol{\Phi}(\boldsymbol{x})$ 和 $\boldsymbol{\Phi}(\boldsymbol{y})$ 的内积。如果我们知道核函数的解析表达式，且我们仅关注 $\boldsymbol{\Phi}(\boldsymbol{x})$ 和 $\boldsymbol{\Phi}(\boldsymbol{y})$ 的内积，则我们并不需要明确知道非线性映射函数 $\boldsymbol{\Phi}$。这就是所谓的核技巧。常用的核函数是：

- 高斯核：$K(\boldsymbol{x}, \boldsymbol{y}) = \exp\left(-\frac{\|x-y\|}{2\sigma^2}\right)$；
- 齐次多项式核：$K(\boldsymbol{x}, \boldsymbol{y}) = (\boldsymbol{x} \cdot \boldsymbol{y})^d$；
- 非齐次多项式核：$K(\boldsymbol{x}, \boldsymbol{y}) = (\boldsymbol{x} \cdot \boldsymbol{y} + 1)^d$；
- S 形核：$K(\boldsymbol{x}, \boldsymbol{y}) = \tanh(a\boldsymbol{x} \cdot \boldsymbol{y} + b)$。

高斯核、多项式核和 S 形核都是独立于数据的。当核函数和训练数据给定时，我们可以得到核矩阵。然而，核矩阵也可以通过学习和优化数据得到[388, 826~828]。在文献[829]中，布雷格曼矩阵散度可用于学习低阶核矩阵。

优化问题式(7-37)和式(7-40)的亮点在于它们使用了输入之间的内积。通过应用核技巧，可以很容易地将线性二类 SVM 扩展为非线性核 SVM。在特征空间[683, 684]中

$$\boldsymbol{w} = \sum_{i=1}^{M} \alpha_i i_i \boldsymbol{\Phi}(\boldsymbol{x}_i) \tag{7-64}$$

和

$$\boldsymbol{w} \cdot \boldsymbol{\Phi}(\boldsymbol{x}) = \sum_{i=1}^{M} \alpha_i l_i \langle \boldsymbol{\Phi}(\boldsymbol{x}_i), \boldsymbol{\Phi}(\boldsymbol{x}) \rangle = \sum_{i=1}^{M} \alpha_i l_i K(\boldsymbol{x}_i, \boldsymbol{x}) \tag{7-65}$$

因此，基于分类器的核支持向量机(SVM)可记为

$$f(\boldsymbol{x}) = \mathrm{sign}\left(\sum_{i=1}^{M} \alpha_i l_i K(\boldsymbol{x}_i, \boldsymbol{x}) - b\right) \tag{7-66}$$

此外，对于机器学习相关任务来说，人们对核立角进行了探讨。立角(也被称为标准角度)可提供欧几里德空间中两个子空间的相对位置信息[832~835]。

7.9 降维

在大规模认知无线电网络中，存在着大量数据。然而，在实践中，数据是高度相关的。这种数据的冗余，会增加认知无线电网络在数据传输和数据处理方面的开销。此外，在大规模的认知无线电网络中，自由度(Degrees of Freedom, DoF)的数量是有限的。文献[836]讨论了 K 个用户 $M \times N$ MIMO 干扰信道的自由度。如果 $K \leqslant R$，则自由度的总数等于 $\min(M, N) \times K$；如果 $K > R$，则自由度的总数等于 $\min(M, N) \times \frac{R}{R+1} \times K$，其

中 $R=\frac{\max(M, N)}{\min(M, N)}$。这可以基于干扰对齐来实现[541, 837, 838]。文献[839, 840]已给出了认知无线电中自由度的理论分析。自由度(DoF)对应于网络中的关键变量或关键特征。对高维数据而不是关键变量进行处理，无法增强网络性能。在某些情况下，甚至有可能降低性能。因此，在认知无线电网络中，使用降维的数据紧凑表示是至关重要的。

由于维数魔咒和数据的内在联系，降维[841]对于机器学习来说是非常重要的。同时，机器学习为降维提供了强大的工具。降维试图减少随机变量数，或等效地降低所考虑的数据维数。降维可分为特征选择和特征提取[842]。特征选择试图找到原变量或特征的一个子集。特征提取将数据从高维空间变换到低维空间。PCA 是一种广泛使用的、用于特征提取的线性变换。然而，也存在许多强大的非线性降维技术。

许多非线性降维方法都涉及流形学习算法[843~846]。数据集最可能位于嵌入到高维空间中的低维流形上[847]。流形学习试图揭示数据集的基础流形结构。这些方法包括：

- 核主成分分析[820~823]；
- 多维标度[848~850]；
- ISOMAP[843, 851~853]；
- 局部线性嵌入[854~856]；
- 拉普拉斯特征映射[857, 858]；
- 扩散映射[859, 860]；
- 最大方差展开或半定嵌入[861~864]。

7.9.1 核主成分分析

核主成分分析是一种基于核的机器学习算法。它使用核函数来隐式地将数据映射到特征空间。在特征空间中，可以应用主成分分析。假设原维度的数据是一组 M 个样本 $\boldsymbol{x}_i \in \boldsymbol{R}^N$, $i=1, 2, \cdots, M$, $\boldsymbol{x}_i$降维后的样本为 $\boldsymbol{y}_i \in \boldsymbol{R}^K$, $i=1, 2, \cdots, M$, 其中 $K \ll N$。x_{ij} 和 y_{ij}分别是 x_i和 y_i中的分支元素。

核主成分分析使用核函数

$$K(\boldsymbol{x}_i, \boldsymbol{x}_j)=\varphi(\boldsymbol{x}_i)\cdot\varphi(\boldsymbol{x}_j) \tag{7-67}$$

来隐式地将原数据映射到特征空间 $\boldsymbol{F}$。其中，φ 是从原空间到特征空间的映射，$\cdot$ 代表内积。在 $\boldsymbol{F}$ 中，主成分分析(PCA)算法运行良好。

如果存在一个满足式(7-67)的映射 φ，则称函数是一个有效核。Mercer 条件[683]为我们提供了什么样的函数是有效核的条件。

如果 $K(\cdot, \cdot)$是一个有效的核函数，则矩阵

$$\boldsymbol{K}=\begin{bmatrix} K(\boldsymbol{x}_1, \boldsymbol{x}_1) & K(\boldsymbol{x}_1, \boldsymbol{x}_2) & \cdots & K(\boldsymbol{x}_1, \boldsymbol{x}_M) \\ K(\boldsymbol{x}_2, \boldsymbol{x}_1) & K(\boldsymbol{x}_2, \boldsymbol{x}_2) & \cdots & K(\boldsymbol{x}_2, \boldsymbol{x}_M) \\ \vdots & \vdots & \vdots & \vdots \\ K(\boldsymbol{x}_M, \boldsymbol{x}_1) & K(\boldsymbol{x}_M, \boldsymbol{x}_2) & \cdots & K(\boldsymbol{x}_M, \boldsymbol{x}_M) \end{bmatrix} \tag{7-68}$$

必须是半正定的[865]。矩阵 $\boldsymbol{K}$ 是所谓的核矩阵。

假设特征空间数据 $\varphi(\boldsymbol{x}_i)$, $i=1, 2, \cdots, M$ 的均值为 0，即

$$\frac{1}{M}\sum_{i=1}^{M}\varphi(\boldsymbol{x}_i) = 0 \tag{7-69}$$

$\boldsymbol{F}$ 中的协方差矩阵为

$$\boldsymbol{C}_F = \frac{1}{M}\sum_{i=1}^{M}\varphi(\boldsymbol{x}_i)\varphi(\boldsymbol{x}_i)^T \tag{7-70}$$

为了在 $\boldsymbol{F}$ 中应用主成分分析(PCA),需要用到 $\boldsymbol{C}_F$ 的特征向量 $\boldsymbol{v}_i^F$。正如我们所知,映射 φ 并非明确已知,因而 $\boldsymbol{C}_F$ 的特征向量 $\boldsymbol{v}_i^F$ 并不像推导 PCA 那么容易。然而,$\boldsymbol{C}_F$ 的特征向量 $\boldsymbol{v}_i^F$ 一定位于 $\varphi(\boldsymbol{x}_j)$, $j=1, 2, \cdots, M$ 范围[86]内,即

$$\boldsymbol{v}_i^F = \sum_{j=1}^{M}\alpha_{ij}\varphi(\boldsymbol{x}_j) \tag{7-71}$$

已经证明,$\boldsymbol{\alpha}_i$, $i=1, 2, \cdots, M$ 是核矩阵 $\boldsymbol{K}$ 的特征向量[86]。其中,α_{ij} 为 α_i 的分支元素。

于是,核主成分分析的过程可归纳为如下 6 个步骤:

1. 选择一个核函数 $K(\cdot, \cdot)$。
2. 基于式(7-67)计算核矩阵 $\boldsymbol{K}$。
3. 通过对角化 $\boldsymbol{K}$,可以得到特征值 $\lambda_1^K \geqslant \lambda_2^K \geqslant \cdots \geqslant \lambda_M^K$ 和相应的特征向量 $\boldsymbol{\alpha}_1, \boldsymbol{\alpha}_2, \cdots, \boldsymbol{\alpha}_M$。
4. 通过

$$\boldsymbol{\alpha}_j = \frac{\boldsymbol{\alpha}_j}{\sqrt{\lambda_j^K}} \tag{7-72}$$

来归一化 $\boldsymbol{v}_j^F$[86]。

5. 根据归一化特征向量 $\boldsymbol{v}_j^F$, $j=1, 2, \cdots, K$,来构建 $\boldsymbol{F}$ 中子空间的基。
6. 通过

$$y_{ij} = (\boldsymbol{v}_j^F, \varphi(\boldsymbol{x}_i)) = \sum_{n=1}^{M}\alpha_{jn}K(\boldsymbol{x}_n, \boldsymbol{x}_i) \tag{7-73}$$

来计算训练点 $\boldsymbol{x}_i$ 在 $\boldsymbol{v}_j^F$, $j=1, 2, \cdots, K$ 上的投影。其中,对应于 $\boldsymbol{x}_i$ 的特征空间中降维数据为 $\boldsymbol{y}_i=(y_{i1}, y_{i2}, \cdots, y_{iK})$。

迄今为止,我们已经假定 $\varphi(\boldsymbol{x}_i)$, $i=1, 2, \cdots, M$ 的均值为 0。事实上,特征空间中的零均值数据是

$$\varphi(\boldsymbol{x}_i) - \frac{1}{M}\sum_{i=1}^{M}\varphi(\boldsymbol{x}_i) \tag{7-74}$$

可以通过

$$\widetilde{\boldsymbol{K}} = \boldsymbol{HKH} \tag{7-75}$$

来推导出这种定心或零均值数据的核矩阵[86]。其中,$\boldsymbol{H}=\boldsymbol{I}-\frac{1}{N}\boldsymbol{1}\boldsymbol{1}^T$ 是所谓的定心矩阵,$\boldsymbol{1}$ 是一个所有元素为 1 的矩阵。

核主成分分析可用于降噪,这是一项重要任务。S. Mika 及其同事提出一种针对高斯核的降噪迭代方案[821]。此方法需要依靠非线性优化。然而,J. Kwok 和 I. Tsang 提出

了一种基于距离约束条件的方法，它仅仅依靠线性代数[823]。为了将核主成分分析应用于降噪，需要用到 $\boldsymbol{y}_i$（在特征空间）的前映像 $\tilde{\boldsymbol{x}}_i$（在原空间）。对于某些特定核来说，基于距离约束条件的降噪方法使用了由威廉姆斯发现的原空间和特征空间之间的距离关系[866]。一旦 $\boldsymbol{y}_i$ 和 $\varphi(\boldsymbol{x}_j)$ 之间的距离和已知，则它试图发现 $\tilde{\boldsymbol{x}}_i$ 和 $\boldsymbol{x}_j$ 之间的距离。$d(\boldsymbol{x}_i, \boldsymbol{x}_j)$ 用于表示两个向量 $\boldsymbol{x}_i$ 和 $\boldsymbol{x}_j$ 之间的距离。

已经证明，$\boldsymbol{y}_i$ 和 $\varphi(\boldsymbol{x}_j)$ 之间的平方距离可由

$$d^2(\boldsymbol{y}_i, \varphi(\boldsymbol{x}_j)) = (\boldsymbol{k}_{x_i} + \frac{1}{N}\boldsymbol{K1} - 2\boldsymbol{k}_{x_j})^T\boldsymbol{H}^T\boldsymbol{MH}(\boldsymbol{k}_{x_i} - \frac{1}{N}\boldsymbol{K1}) + \frac{1}{N^2}\boldsymbol{1}^T\boldsymbol{K1} + \boldsymbol{K}_{ii} - \frac{2}{N}\boldsymbol{1}^T\boldsymbol{k}_{x_j} \tag{7-76}$$

推导出来[823]。其中，$\boldsymbol{k}_{x_i} = (K(\boldsymbol{x}_i, \boldsymbol{x}_1), K(\boldsymbol{x}_i, \boldsymbol{x}_2), \cdots, K(\boldsymbol{x}_i, \boldsymbol{x}_M))^T$，$\boldsymbol{M} = \sum_{k=1}^{K} \frac{1}{\tilde{\lambda}_k}\tilde{\boldsymbol{\alpha}}_k\tilde{\boldsymbol{\alpha}}_k^T$，$\tilde{\lambda}_k$ 和 $\tilde{\boldsymbol{\alpha}}_k$ 是 $\hat{\boldsymbol{K}}$ 的第 k 个最大特征值和相应的列特征向量。

通过利用原空间和特征空间之间的距离关系[866]，如果核是径向基核，则

$$d^2(\tilde{\boldsymbol{x}}_i, \boldsymbol{x}_j) = -\frac{1}{\gamma}\log(0.5(\boldsymbol{K}_{ii} + \boldsymbol{K}_{jj} - d^2(\boldsymbol{y}_i, \varphi(\boldsymbol{x}_j)))) \tag{7-77}$$

一旦推导出上述距离，则可以重构 $\tilde{\boldsymbol{x}}_i$[823]。

7.9.2 多维标度

多维标度（Multi-Dimensional Scaling, MDS）是一组用于探索数据中结构的相似性或相异度的数据分析技术[867]。高维数据能够以二维（Two Dimensional, 2D）或三维（Three Dimensional, 3D）可视化的形式进行显示。

给定一组高维数据 $\{\boldsymbol{x}_1, \boldsymbol{x}_2, \cdots, \boldsymbol{x}_M\}$，$\boldsymbol{x}_i$ 和 $\boldsymbol{x}_j$ 之间的距离为 δ_{ij}。任意距离函数可用于定义 $\boldsymbol{x}_i$ 和 $\boldsymbol{x}_j$ 之间的相似性。以欧几里德距离为例，多维标度（MDS）的目标是找到一组低维数据 $\{\boldsymbol{y}_1, \boldsymbol{y}_2, \cdots, \boldsymbol{y}_M\}$，对于所有 $i=1, 2, \cdots, M$，$j=1, 2, \cdots, M$，使得

$$\|\boldsymbol{y}_i - \boldsymbol{y}_j\| \approx \delta_{ij} \tag{7-78}$$

低维嵌入可以保留成对距离。因此，多维标度（MDS）可表示为一个优化问题[848~850]

$$\text{实现}\sum_{i<j}(\|\boldsymbol{y}_i - \boldsymbol{y}_j\| - \delta_{ij})^2\text{最小化} \tag{7-79}$$

其中，原空间理想距离和低维空间实际距离之间的平方差之和用作代价函数。应力优化可用作解算器。众所周知，当欧几里德距离用作一些特别选择的代价函数（这些函数能够简化多维标度算法）[843]时，古典多维标度（MDS）等价于主成分分析（PCA）[843]。

局部多维标度（MDS）是一种非线性降维技术[850, 868]。多维标度（MDS）局部执行而不是全局执行。从数学上来说，局部多维标度（MDS）的最优化问题可表示为

$$\text{实现}\Sigma_{(i,j)\in\Omega}(\|\boldsymbol{y}_i - \boldsymbol{y}_j\| - \delta_{ij})^2 - \Sigma_{(i,j)\notin\Omega}\omega(\|\boldsymbol{y}_i - \boldsymbol{y}_j\| - \delta_\infty)^2\text{最小化} \tag{7-80}$$

其中，Ω 是一个附近对 (i, j) 的对称集合，它描述了高维流形的局部结构[868]；δ_∞ 是

一个非常大的相异度值, w 是一个小的权重。如果 δ_∞ 趋于无穷大, 且 $\omega=\frac{t}{2\delta_\infty}$, 则优化问题式(7-80)可以简化为[868]

$$\text{实现}\ \Sigma_{(i,j)\in\Omega}(\|\boldsymbol{y}_i-\boldsymbol{y}_j\|-\delta_{ij})^2-t\Sigma_{(i,j)\notin\Omega}\|\boldsymbol{y}_i-\boldsymbol{y}_j\|\ \text{最小化} \tag{7-81}$$

其中, 第1项迫使 $\|\boldsymbol{y}_i-\boldsymbol{y}_j\|$ 局部逼近 δ_{ij}, 第2项推动非局部数据相互远离[868]。

7.9.3 ISOMAP 算法

ISOMAP 是古典多维标度(MDS)。在这种算法中, 当远处数据之间较大的成对距离被测地距离所取代时, 相邻数据之间的小成对距离得以保持, 测地距离可通过计算邻域图上的最短路径距离来估计[843, 868, 869]。执行 ISOMAP 算法需要 3 个步骤[843]。

第 1 步是构造邻域图。邻域图可由 ε- 领域或 k- 最近邻居确定。第 2 步是计算最短路径, 以估计测地距离,可应用 Floyd- Warshall 算法。第 3 步是将古典多维标度(MDS)应用于图距离矩阵, 并得到低维嵌入。

7.9.4 局部线性嵌入

局部线性嵌入(Locally Linear Embedding, LLE)通过使用数据流形的局部线性逼近, 试图发现高维数据的低维、邻域保持嵌入。因此, 数据可以表示为其邻居的线性组合。局部线性嵌入(LLE)的第 1 步, 是基于下面的优化问题[854], 来计算权重矩阵 $\boldsymbol{W}$:

$$\begin{aligned}&\text{在满足}\\&\Sigma_j(\boldsymbol{W})_{i,j}=1\\&\text{的前提下, 实现}\\&\Sigma_i(\boldsymbol{x}_i-\Sigma_j(\boldsymbol{W})_{i,j}\boldsymbol{x}_j)^2\\&\text{的最小化}\end{aligned} \tag{7-82}$$

其中, $\boldsymbol{x}_i$ 只能根据其邻居进行重构[854]。因此, 如果 $\boldsymbol{x}_i$ 和 $\boldsymbol{x}_j$ 不相邻, 则 $(\boldsymbol{W})_{i,j}$ 将等于零。

局部线性嵌入(LLE)的第 2 步, 是通过求解如下所示的优化问题来进行降维[854]:

$$\text{实现}\ \Sigma_i(\boldsymbol{y}_i-\Sigma_j(\boldsymbol{W})_{i,j}\boldsymbol{y}_j)^2\ \text{最小化} \tag{7-83}$$

其中, $\boldsymbol{W}$ 是优化问题式(7-82)的解。同时, 局部仿射结构得以保留。

7.9.5 拉普拉斯特征映射

拉普拉斯特征映射使用拉普拉斯图的概念来计算高维数据的低维表示, 它可以优化维护局部邻域信息[857]。与局部线性嵌入(LLE)类似, 拉普拉斯特征映射的第 1 步是构造邻域图。第 2 步是得到基于邻域图的权重矩阵。如果 $\boldsymbol{x}_i$ 和 $\boldsymbol{x}_j$ 相邻, 则 $(\boldsymbol{W})_{i,j}=1$, $(\boldsymbol{W})_{j,i}=1$; 否则 $(\boldsymbol{W})_{i,j}=0$。因此, $\boldsymbol{W}$ 为对称矩阵。第 3 步是通过计算广义特征值分解问题

$$\boldsymbol{Lu}=\lambda\boldsymbol{Du} \tag{7-84}$$

的特征值和特征向量, 来进行降维[857]。

其中, $\boldsymbol{D}$ 为对角矩阵, 且 $(\boldsymbol{D})_{i,i}=\sum_j(\boldsymbol{D})_{i,j}$, $\boldsymbol{L}=\boldsymbol{D}-\boldsymbol{W}$ 是拉普拉斯矩阵, 这是一

个半正定矩阵。低维数据的嵌入由对应于最小非零特征值的特征向量给出。

7.9.6 半定嵌入

在流形学习的框架内，当前的趋势是使用半定规划(SDP)[8, 388]来对核进行学习，而不是定义一个固定的核。这种技术的最典型例子是半定嵌入(Semidefinite Embedding，SDE)或最大方差展开(Maximum Variance Unfolding，MVU)[861]。最大方差展开(MVU)可以通过最大化其方差，来学习$\boldsymbol{y}_i$的内积矩阵，约束条件是$\boldsymbol{y}_i$居中，且$\boldsymbol{y}_i$的局部距离等于$\boldsymbol{x}_i$的局部距离。这里，局部距离代表$\boldsymbol{y}_i(\boldsymbol{x}_i)$及其$k$-最近邻居之间的距离，其中$k$是一个参数。

这种方法的直观解释是，当一个对象(如字符串)被最优展开时，其两个端点之间的欧几里德距离必须实现最大化。因此，优化目标函数可记为[861~864]

$$\text{实现 } \Sigma_{ij}\|\boldsymbol{y}_i-\boldsymbol{y}_j\|^2 \text{ 最大化} \tag{7-85}$$

且满足约束条件

$$\begin{gathered}\Sigma_i\boldsymbol{y}_i=0\\ |\boldsymbol{y}_i-\boldsymbol{y}_j\|^2=|\boldsymbol{x}_i-\boldsymbol{x}_j\|^2,\ \boldsymbol{\eta}_{ij}=1\end{gathered} \tag{7-86}$$

其中，$\boldsymbol{\eta}_{ij}=1$意味着$\boldsymbol{x}_i$和$\boldsymbol{y}_i$是k-最近邻居，否则$\boldsymbol{\eta}_{ij}=0$。

将$\boldsymbol{y}_i$的内积矩阵

$$\boldsymbol{I}=(\boldsymbol{y}_i\cdot\boldsymbol{y}_j)_{i,j=1}^{M} \tag{7-87}$$

应用于上面的优化问题，可以使模型更加简单。最大方差展开(MVU)的流程可以归纳如下：

1. 优化步骤：因为$\boldsymbol{I}$是一个内积矩阵，所以它必须是半正定的。因此，上述优化问题可以改写成如下形式[861]

$$\begin{aligned}&\text{在满足}\\&\boldsymbol{I}>0\\&\Sigma_{ij}\boldsymbol{I}_{ij}=0\\&\boldsymbol{I}_{ii}-2\boldsymbol{I}_{ij}+\boldsymbol{I}_{jj}=D_{ij},\ \boldsymbol{\eta}_{ij}=1\\&\text{的前提下，实现}\\&\text{trace}(\boldsymbol{I})\\&\text{的最大化}\end{aligned} \tag{7-88}$$

其中，$D_{ij}=\|\boldsymbol{x}_i-\boldsymbol{x}_j\|^2$，且$\boldsymbol{I}>0$代表$\boldsymbol{I}$是半正定的。

2. 特征值$\lambda_1^y\geqslant\lambda_2^y\geqslant\cdots\geqslant\lambda_M^y$和对应的特征向量$\boldsymbol{v}_1^y$，$\boldsymbol{v}_2^y$，…，$\boldsymbol{v}_M^y$可以通过对角化$\boldsymbol{I}$得到。

3. 通过

$$y_{ij}=\sqrt{\lambda_j^y}\boldsymbol{v}_{ij}^y \tag{7-89}$$

来降维，其中$\boldsymbol{v}_{ij}^y$是$\boldsymbol{v}_i^y$的分支元素。

基准最大方差展开(Landmark Maximum Variance Unfolding，LMVU)[870]是MVU的修正版，旨在解决比MVU规模更大的问题。它的工作原理是通过使用从$\boldsymbol{x}_i$随机选择基准的内积矩阵$\boldsymbol{A}$，来逼近全矩阵$\boldsymbol{I}$，其中$\boldsymbol{A}$的大小远远小于$\boldsymbol{I}$。

假设基准数为 m，分别是 $\boldsymbol{a}_1$，$\boldsymbol{a}_2$，…，$\boldsymbol{a}_m$。令 $\boldsymbol{Q}^{[870]}$ 表示基准与原维数据 $\boldsymbol{x}_i \in \boldsymbol{R}^N$，$i = 1, 2, \cdots, M$ 之间的线性变换。相应地

$$\begin{pmatrix} \boldsymbol{x}_1 \\ \boldsymbol{x}_2 \\ \vdots \\ \boldsymbol{x}_M \end{pmatrix} \approx \boldsymbol{Q} \cdot \begin{pmatrix} \boldsymbol{a}_1 \\ \boldsymbol{a}_2 \\ \vdots \\ \boldsymbol{a}_m \end{pmatrix} \tag{7-90}$$

其中

$$\boldsymbol{x}_{\mathrm{i}} \approx \sum_j \boldsymbol{Q}_{ij} \boldsymbol{a}_j \tag{7-91}$$

假设 $\boldsymbol{a}_1$，$\boldsymbol{a}_2$，…，$\boldsymbol{a}_m$ 的降维基准为 $\tilde{\boldsymbol{y}}_1$，$\tilde{\boldsymbol{y}}_2$，…，$\tilde{\boldsymbol{y}}_m$，$\boldsymbol{x}_1$，$\boldsymbol{x}_2$，…，$\boldsymbol{x}_M$ 的降维样本为 $\boldsymbol{y}_1$，$\boldsymbol{y}_2$，…，$\boldsymbol{y}_M$，则 $\boldsymbol{y}_1$，$\boldsymbol{y}_2$，…，$\boldsymbol{y}_M$ 和 $\tilde{\boldsymbol{y}}_1$，$\tilde{\boldsymbol{y}}_2$，…，$\tilde{\boldsymbol{y}}_m$ 之间的线性变换也是 $\boldsymbol{Q}^{[870]}$，因此，

$$\begin{pmatrix} \boldsymbol{y}_1 \\ \boldsymbol{y}_2 \\ \vdots \\ \boldsymbol{y}_M \end{pmatrix} \approx \boldsymbol{Q} \cdot \begin{pmatrix} \tilde{\boldsymbol{y}}_1 \\ \tilde{\boldsymbol{y}}_2 \\ \vdots \\ \tilde{\boldsymbol{y}}_m \end{pmatrix} \tag{7-92}$$

矩阵 A 为 $\boldsymbol{a}_1$，$\boldsymbol{a}_2$，…，$\boldsymbol{a}_m$ 的内积矩阵，即

$$\boldsymbol{A} = (\tilde{\boldsymbol{y}}_i \cdot \tilde{\boldsymbol{y}}_j)_{i,j=1}^{m} \tag{7-93}$$

因此，$\boldsymbol{I}$ 和 $\boldsymbol{A}$ 之间的关系为

$$\boldsymbol{I} \approx \boldsymbol{QAQ}^T \tag{7-94}$$

优化问题式(7-88)可以改写成如下形式：

$$\begin{aligned} &\text{在满足} \\ &\boldsymbol{A} > 0 \\ &\textstyle\sum_{ij} (\boldsymbol{QAQ}^T)_{ij} = 0 \\ &D_{ij}^{y} \leqslant D_{ij}, \ \boldsymbol{\eta}_{ij} = 1 \\ &\text{的前提下，实现} \\ &\mathrm{trace}(\boldsymbol{QAQ}^T) \\ &\text{的最大化} \end{aligned} \tag{7-95}$$

其中

$$D_{ij} = \| \boldsymbol{x}_i - \boldsymbol{x}_j \|^2 \tag{7-96}$$

$$D_{ij}^{y} = (\boldsymbol{QAQ}^T)_{ii} - 2(\boldsymbol{QAQ}^T)_{ij} + (\boldsymbol{QAQ}^T)_{jj} \tag{7-97}$$

且 $\boldsymbol{A} > 0$ 代表 $\boldsymbol{A}$ 是半正定的。优化问题式(7-95)与优化问题式(7-88)不同，因为附近距离的等式约束条件被放宽为不等式约束条件，以保证简化优化模型的可行性。

LMVU 可以增加编程的速度，但算在成本的精度。

基准最大方差展开(LMVU)可以提高编程速度，但以牺牲精度为代价。

7.10 集合学习

集合学习试图使用多个模型，来获得更好的预测性能，这意味着通过训练一组有限的独立学习者，并将其预测进行合并，可以对目标函数进行学习[871]。理想情况下，如果存在 M 个具有不相关误差的模型，则通过简单对其进行平均并使用 M 的一个因子，即可简化模型的平均误差[872]。常见的组合方案包括[873]：

- 投票；
- 求和、均值和中值；
- 广义集合；
- 自适应加权；
- 叠加；
- 博达计数；
- Logistic 回归；
- 类集化简；
- Dempster- Shafer；
- 模糊积分；
- 当地专家混合；
- 当地专家分层混合；
- 相关切换；
- 装袋；
- 提升；
- 随机子空间；
- 神经树；
- 纠错输出码[874]。

有时，比集合学习更笼统的概念是元学习。元学习[875]试图对学习机制和具体背景之间的交互进行学习。在该背景下，基于元数据，该机制是可用的[876]。

7.11 马尔可夫链蒙特卡罗

马尔可夫链蒙特卡罗（Markov Chain Monte Carlo，MCMC）是一种抽样算法。构建马尔可夫链，使得马尔可夫链的平衡分布与采样概率分布的预期密度相同。

蒙特卡洛原理的关键是要从定义在高维空间上的概率密度函数（PDF）$p(x)$ 中提取一组独立同分布样本 x_n，$n=1, 2, \cdots, N$[878]。可以利用这 N 个样本来逼近概率密度函数 $p(x)$ [878]，有

$$p_N(x) = \frac{1}{N}\sum_{n=1}^{N}\delta(x - x_n) \tag{7-98}$$

基于式（7-98），蒙特卡罗积分试图使用随机生成的大数字来计算积分，于是有

$$I_N(f) = \frac{1}{N}\sum_{n=1}^{N} f(x_n) \tag{7-99}$$

当 $N\to\infty$ 时，有

$$I(f) = \int f(x)p(x)dx \tag{7-100}$$

假设我们要计算积分 $\int f(x)p(x)dx$。然而，来自于概率密度函数 $p(x)$ 的样本难以产生。但$\frac{q(x_n)}{p(x_n)}$易于估计。因此，

$$\int f(x)q(x)dx \approx \frac{1}{N}\sum_{n=1}^{N} f(x_n)\left(\frac{q(x_n)}{p(x_n)}\right) \tag{7-101}$$

其中，x_n是从概率密度函数(PDF)$p(x)$中提取的。我们称这种方法为重要性采样。

Metropolis-Hastings 算法是最流行的 MCMC 方法之一[878]。为了从概率密度函数 $p(x)$中得到样本，可采用如下步骤来执行 Metropolis-Hastings 算法[878]：

1. 从任意初始样本 x_0 开始，使得 $p(x_0)>0$。
2. 从 0 和 1 之间的均匀分布采样 u。
3. 从建议分布 $q(x^*|x_n)$ 中采样 x^*。
4. 计算

$$\alpha = \min\left\{1, \frac{p(x^*)q(x_n|x^*)}{p(x_n)q(x^*|x_n)}\right\} \tag{7-102}$$

5. 如果 $u<\alpha$，则当 $x_{n+1}=x^*$ 时，接受 x^*；否则当 $x_{n+1}=x^*$ 时，拒绝 x^*。
6. 转到步骤 2。

如果建议分布是对称的，则 Metropolis-Hastings 算法可以简化为 Metropolis 算法，即

$$q(x^*|x_n) = q(x_n|x^*),\ n=1,2,\cdots \tag{7-103}$$

且式(7-102)中 α 的计算可以简化为

$$\alpha = \min\left\{1, \frac{p(x^*)}{p(x_n)}\right\} \tag{7-104}$$

马尔可夫链蒙特卡罗(MCMC)可以为机器学习框架内的各种算法和应用提供服务[878, 880~898]。MCMC 可用于各种优化问题，尤其适用于大规模或随机优化问题[899~907]。

吉布斯抽样是 Metropolis-Hastings 算法的一种特例。吉布斯抽样从简单的条件分布(而不是复杂的联合分布)中得到样本。如果 $\{X_1, X_2, \cdots, X_N\}$ 的联合分布是 $p(x_1, x_2, \cdots, x_N)$，则可依次得到第 k 个样本 $p(x_1^{(k)}, x_2^{(k)}, \cdots, x_N^{(k)})$，步骤如下[908]：

1. 将 $\{X_1, X_2, \cdots, X_N\}$ 初始化为 $\{x_1^{(0)}, x_2^{(0)}, \cdots, x_N^{(0)}\}$。
2. 从条件分布采样 $x_n^{(k)}$

$$x_n^{(k)} \sim \Pr(X_n = x_n | X_1 = x_1^{(k)}, \cdots, X_{n-1} = x_{n-1}^{(k)}, X_{n+1} = x_{n+1}^{(k-1)}, \cdots, X_N = x_N^{(k-1)}) \tag{7-105}$$

MCMC 也可应用于认知无线电网络中[909~912]。

7.12 滤波技术

滤波是信号处理中常用的方法。对于通信或雷达来说，滤波可以用于执行频段选择、干扰抑制、降噪等。在机器学习中，滤波的含义大大扩展。卡尔曼滤波和粒子滤波可用于处理序列数据(如时间序列数据)。协同滤波可用于执行推荐或预测。

7.12.1 卡尔曼滤波

卡尔曼滤波是一组数学方程，它提供了一种高效计算和递归策略，用于估计过程状态，使得平方误差均值最小化[913, 914]。在自治或协助导航以及运动目标跟踪等领域，卡尔曼滤波是非常受欢迎的。

我们先从简单线性离散卡尔曼滤波开始，理解卡尔曼滤波的工作原理。在卡尔曼滤波中，有两种基本方程。一种是代表状态转换的状态方程。另一种是用于获取观测值的测量方程。线性状态方程可表示为

$$\boldsymbol{x}_n = \boldsymbol{A}_n \boldsymbol{x}_{n-1} + \boldsymbol{B}_n \boldsymbol{u}_n + \boldsymbol{w}_n \tag{7-106}$$

其中

- $\boldsymbol{x}_n$是某个过程或动态系统的当前状态，$\boldsymbol{x}_{n-1}$是前一个状态；
- $\boldsymbol{A}_n$代表当前的状态转换模型；
- $\boldsymbol{u}_n$是当前系统的输入；
- $\boldsymbol{B}_n$为当前控制模型；
- $\boldsymbol{w}_n$为当前状态噪声，它服从均值为 0、协方差为 $\boldsymbol{W}_n$的多元正态分布。

线性测量方程可表示为

$$\boldsymbol{z}_n = \boldsymbol{H}_n \boldsymbol{x}_n + \boldsymbol{v}_n \tag{7-107}$$

其中

- $\boldsymbol{z}_n$是当前状态 $\boldsymbol{x}_n$的测量值；
- $\boldsymbol{H}_n$是当前观测模型；
- $\boldsymbol{v}_n$ 是当前测量噪声，它服从均值为 0、协方差为 $\boldsymbol{V}_n$的多元正态分布。

卡尔曼滤波的目标是当 $\boldsymbol{x}_0$ 给定时，估计 $\tilde{\boldsymbol{x}}_n$，$n=1, 2, \cdots$。同时，$\boldsymbol{A}_n$、$\boldsymbol{B}_n$、$\boldsymbol{H}_n$、$\boldsymbol{W}_n$和 $\boldsymbol{V}_n$都是已知的。状态噪声和测量噪声都是相互独立的。

卡尔曼滤波有两大主要步骤[913]：一个是预测步骤；另一个是更新步骤。这两个步骤以迭代的方式执行。

预测步骤的流程是[913]：

1. 预测当前先验状态 $\tilde{\boldsymbol{x}}_{n|n-1}$

$$\tilde{\boldsymbol{x}}_{n|n-1} = \boldsymbol{A}_n \tilde{\boldsymbol{x}}_{n-1|n-1} + \boldsymbol{B}_n \boldsymbol{u}_n \tag{7-108}$$

2. 预测状态估计的当前先验误差协方差

$$\boldsymbol{P}_{n|n-1} = \boldsymbol{A}_n \boldsymbol{P}_{n-1|n-1} \boldsymbol{A}_n^T + \boldsymbol{W}_n \tag{7-109}$$

更新步骤的流程是[913]

1. 获取当前测量残余值 $\boldsymbol{r}_n$

$$\boldsymbol{r}_n = \boldsymbol{z}_n - \boldsymbol{H}_n \tilde{\boldsymbol{x}}_{n|n-1} \tag{7-110}$$

2. 获取当前残余协方差 $\boldsymbol{R}_n$

$$\boldsymbol{R}_n = \boldsymbol{H}_n \boldsymbol{P}_{n|n-1} \boldsymbol{H}_n^T + \boldsymbol{V}_n \tag{7-111}$$

3. 得到卡尔曼滤波的当前增益 $\boldsymbol{G}_n$

$$\boldsymbol{G}_n = \boldsymbol{P}_{n|n-1} \boldsymbol{H}_n^T \boldsymbol{R}_n^{-1} \tag{7-112}$$

4. 更新当前后验状态 $\tilde{\boldsymbol{x}}_{n|n}$（可以将其看作是 $\tilde{\boldsymbol{x}}_n$）

$$\tilde{\boldsymbol{x}}_{n|n} = \tilde{\boldsymbol{x}}_{n|n-1} + \boldsymbol{G}_n \boldsymbol{r}_n \tag{7-113}$$

5. 更新状态估计的当前后验误差协方差 $\boldsymbol{P}_{n|n}$

$$\boldsymbol{P}_{n|n} = (\boldsymbol{I} - \boldsymbol{G}_n \boldsymbol{H}_n) \boldsymbol{P}_{n|n-1} \tag{7-114}$$

可将线性卡尔曼滤波扩展为用于处理一般非线性动态系统的扩展卡尔曼滤波和无轨迹卡尔曼滤波。在非线性卡尔曼滤波中，状态转换函数和状态测量函数可能是非线性函数，它们可以分别表示为

$$\boldsymbol{x}_n = f(\boldsymbol{x}_{n-1}, \boldsymbol{u}_n) + \boldsymbol{w}_n \tag{7-115}$$

和

$$\boldsymbol{z}_n = h(\boldsymbol{x}_n) + \boldsymbol{v}_n \tag{7-116}$$

如果非线性函数可微，则扩展卡尔曼滤波计算雅可比矩阵，以实现非线性函数的线性化[913]。状态转换模型 $\boldsymbol{A}_n$ 可表示为

$$\boldsymbol{A}_n = \left.\frac{\partial f}{\partial \boldsymbol{x}}\right|_{\tilde{\boldsymbol{x}}_{n-1|n-1},\ \boldsymbol{u}_n} \tag{7-117}$$

状态观测模型 $\boldsymbol{H}_n$ 可表示为

$$\boldsymbol{H}_n = \left.\frac{\partial h}{\partial \boldsymbol{x}}\right|_{\tilde{\boldsymbol{x}}_{n|n-1}} \tag{7-118}$$

如果函数 f 和 g 是高度非线性的，且非线性函数涉及状态噪声和测量噪声，则扩展卡尔曼滤波的性能较差。我们需要借助无轨迹卡尔曼滤波来处理这一严峻形势[915, 916]。

无轨迹变换是无轨迹卡尔曼滤波的基础。无轨迹变换可以计算出一个随机变量统计量，它满足某个非线性函数[915]。当均值为 $\bar{\boldsymbol{x}}$、协方差为 $\boldsymbol{C}_x$ 的 L 维随机变量 $\boldsymbol{x}$ 给定时，我们想计算 $\boldsymbol{y}$ 的统计量，它满足 $\boldsymbol{y}=f(\boldsymbol{x})$。基于无轨迹变换，根据下面的规则，对 $2L+1$ 个西格玛向量进行采样

$$\begin{aligned} \boldsymbol{x}_0 &= \bar{\boldsymbol{x}} \\ \boldsymbol{x}_l &= \bar{\boldsymbol{x}} + (\sqrt{(L+\lambda)\boldsymbol{C}})_l,\ l=1, 2, \cdots, L \\ \boldsymbol{x}_l &= \bar{\boldsymbol{x}} - (\sqrt{(L+\lambda)\boldsymbol{C}_x})_{l-L},\ l=L+1, L+2, \cdots, 2L \end{aligned} \tag{7-119}$$

其中，λ 是比例参数，$(\sqrt{(L+\lambda)\boldsymbol{C}})_l$ 是矩阵平方根的第 l 列[916]。满足这些西格玛向量通过非线性函数来得到 $\boldsymbol{y}$ 的样本

$$\boldsymbol{y}_l = f(\boldsymbol{x}_l),\ l=0, 1, 2, \cdots, 2L \tag{7-120}$$

因此，$\boldsymbol{y}$ 的均值和协方差可由加权样本均值和加权样本协方差近似表示[916]

$$\bar{\boldsymbol{y}} \approx \sum_{l=0}^{2L} \omega_l^{(m)} \boldsymbol{y}_l \tag{7-121}$$

和

$$\boldsymbol{C}_y \approx \sum_{l=0}^{2L} \omega_l^{(c)} (\boldsymbol{y}_l - \bar{\boldsymbol{y}})(\boldsymbol{y}_l - \bar{\boldsymbol{y}})^T \tag{7-122}$$

其中，$\omega_l^{(m)}$ 和 $\omega_l^{(c)}$ 以行列式形式给出[916]。

无轨迹卡尔曼滤波的状态转换函数和状态测量函数可以分别记为[916]

$$\boldsymbol{x}_n = f(\boldsymbol{x}_{n-1}, \boldsymbol{u}_{n-1}, \boldsymbol{w}_{n-1}) \tag{7-123}$$

和

$$\boldsymbol{z}_n = h(\boldsymbol{x}_n, \boldsymbol{v}_n) \tag{7-124}$$

可以将无轨迹卡尔曼滤波的状态向量重新定义为 $\boldsymbol{x}_n$、$\boldsymbol{w}_n$ 和 $\boldsymbol{v}_n$ 的级联[916]

$$\boldsymbol{x}_n^{\text{UKF}} = \begin{bmatrix} \boldsymbol{x}_n \\ \boldsymbol{w}_n \\ \boldsymbol{v}_{n+1} \end{bmatrix} \tag{7-125}$$

无轨迹卡尔曼滤波需要 3 步。第 1 步是计算西格玛向量，第 2 步是预测步骤，第 3 步是更新步骤。这 3 个步骤迭代执行。无轨迹卡尔曼滤波的整个过程为[916]

1. 计算西格玛向量

$$\begin{aligned} \boldsymbol{x}_{0,n-1}^{\text{UKF}} &= \tilde{\boldsymbol{x}}_{n-1|n-1}^{\text{UKF}} \\ \boldsymbol{x}_{l,n-1}^{\text{UKF}} &= \tilde{\boldsymbol{x}}_{n-1|n-1}^{\text{UKF}} + \left(\sqrt{(L+\lambda)\boldsymbol{P}_{n-1}^{\text{UKF}}}\right)_l,\ l=1,2,\cdots,L \\ \boldsymbol{x}_{l,n-1}^{\text{UKF}} &= \tilde{\boldsymbol{x}}_{n-1|n-1}^{\text{UKF}} - \left(\sqrt{(L+\lambda)\boldsymbol{P}_{n-1}^{\text{UKF}}}\right)_{l-L},\ l=L+1,L+2,\cdots,2L \end{aligned} \tag{7-126}$$

其中，$\boldsymbol{P}_{n-1}^{\text{UKF}}$ 等于

$$\boldsymbol{P}_{n-1}^{\text{UKF}} = \begin{bmatrix} \boldsymbol{P}_{n-1|n-1} & \boldsymbol{0} & \boldsymbol{0} \\ \boldsymbol{0} & \boldsymbol{w}_{n-1} & \boldsymbol{0} \\ \boldsymbol{0} & \boldsymbol{0} & \boldsymbol{V}_n \end{bmatrix} \tag{7-127}$$

2. 预测步骤

$$\boldsymbol{x}_{l,n|n-1}^{x} = f(\boldsymbol{x}_{l,n-1}^{x}, \boldsymbol{u}_{n-1}, \boldsymbol{x}_{l,n-1}^{w}),\ l=0,1,2,\cdots,2L \tag{7-128}$$

$$\tilde{\boldsymbol{x}}_{n|n-1} = \sum_{l=0}^{2L} \omega_l^{(m)} \boldsymbol{x}_{l,n|n-1}^{x} \tag{7-129}$$

$$\boldsymbol{P}_{n|n-1} = \sum_{l=0}^{2L} \omega_l^{(c)} (\boldsymbol{x}_{l,n|n-1}^{x} - \tilde{\boldsymbol{x}}_{n|n-1})(\boldsymbol{x}_{l,n|n-1}^{x} - \tilde{\boldsymbol{x}}_{n|n-1})^T \tag{7-130}$$

3. 更新步骤

$$\boldsymbol{z}_{l,n|n-1} = h(\boldsymbol{x}_{l,n|n-1}^{x}, \boldsymbol{x}_{l,n|n-1}^{v}) \tag{7-131}$$

$$\boldsymbol{z}_{n|n-1} = \sum_{l=0}^{2L} \omega_l^{(m)} \boldsymbol{z}_{l,n|n-1} \tag{7-132}$$

$$\boldsymbol{r}_n = \boldsymbol{z}_n - \boldsymbol{z}_{n|n-1} \tag{7-133}$$

$$P^{zz}_{n|n-1} = \sum_{l=0}^{2L} \omega_l^{(c)} (z_{l,n|n-1} - z_{n|n-1})(z_{l,n|n-1} - z_{n|n-1})^T \quad (7\text{-}134)$$

$$P^{xz}_{n|n-1} = \sum_{l=0}^{2L} \omega_l^{(c)} (x^x_{l,n|n-1} - \tilde{x}_{n|n-1})(z_{l,n|n-1} - z_{n|n-1})^T \quad (7\text{-}135)$$

$$G_n = P^{xz}_{n|n-1}(P^{zz}_{n|n-1})^{-1} \quad (7\text{-}136)$$

$$\tilde{x}_{n|n} = \tilde{x}_{n|n-1} + G_n r_n \quad (7\text{-}137)$$

$$P_{n|n} = P_{n|n-1} - G_n P^{zz}_{n|n-1} G_n^T \quad (7\text{-}138)$$

卡尔曼滤波及其变种已被应用于认知无线电网络中[917~927]。

7.12.2 粒子滤波

粒子滤波也被称为序贯蒙特卡罗法[878, 928, 929]。粒子滤波是基于仿真的复杂模型估计技术[928]。粒子滤波使用一组随机选择的加权样本或粒子，可以执行概率分布的在线近似[878]。与粒子群优化(PSO)类似，粒子滤波中会产生多个粒子，且这些粒子可以进化。

与卡尔曼滤波类似，粒子滤波也包含初始分布、动态状态转换模型和状态测量模型[878]。假设 $x_1, x_2, \cdots, x_n, \cdots$ 是基本或潜在状态，$y_1, y_2, \cdots, y_n, \cdots$ 是对应的测量值。

- x 的初始分布是 $p(x_0)$。
- 动态状态转换模型是 $p(x_n | x_{0:n-1}, y_{1:n-1}),\ n=1, 2, \cdots$。
- 状态测量模型是 $p(y_n | x_{0:n}, y_{1:n-1}),\ n=1, 2, \cdots$。

$x_{0:n} = \{x_0, x_1, \cdots, x_n\}$，$y_{1:n} = \{y_1, y_2, \cdots, y_n\}$。马尔可夫条件独立性可用于将模型简化为 $p(x_n | x_{0:n-1}, y_{1:n-1}) = p(x_n | x_{n-1})$，$p(y_n | x_{0:n}, y_{1:n-1}) = p(y_n | x_n)$[878]。

粒子滤波的基本目标是将后验 $p(x_{0:n} | y_{1:n})$ 近似表示为

$$p(x_{0:n} \mid y_{1:n}) \approx \sum_{l=1}^{L} \omega_{l,n} \delta(x_{0:n} - x_{l,0:n}) \quad (7\text{-}139)$$

其中，L 是粒子滤波中使用的粒子数；$x_{l,0:n}$ 是用于维持整个轨迹的第 l 个粒子；$\omega_{l,n}$ 是进行归一化后对应的权重，于是有

$$\sum_{l=1}^{L} \omega_{l,n} = 1,\ n = 1, 2, \cdots. \quad (7\text{-}140)$$

基于重要性采样概念，序贯重要性采样可用于生成粒子及相关权重[930]。选择重要性函数，使得[930]

$$q(x_{0:n} | y_{1:n}) = q(x_n | x_{0:n-1}, y_{1:n}) q(x_{0:n-1} | y_{1:n-1}) \quad (7\text{-}141)$$

当 $x_{l,0:n-1},\ l=1, 2, \cdots, L$ 和 $w_{l,n-1},\ l=1, 2, \cdots, L$ 给定时，则粒子滤波按照如下步骤更新粒子及其权重[878, 930]：

1. 对 x_n 进行采样

$$x_{l,n} \sim q(x_n | x_{l,0:n-1}, y_{1:n}),\ l=1, 2, \cdots, L \quad (7\text{-}142)$$

2. 将旧粒子 $x_{l,0:n-1}$ 和 $x_{l,n}$ 增加到新粒子 $x_{l,0:n}$ 中。

3. 将权重更新为

$$\omega_{l,n}=\omega_{l,n-1}\frac{p(\boldsymbol{y}_n|\boldsymbol{x}_{l,n})p(\boldsymbol{x}_{l,n}|\boldsymbol{x}_{l,n-1})}{q(\boldsymbol{x}_{l,n}|\boldsymbol{x}_{l,0:n-1},\boldsymbol{y}_{1:n})} \tag{7-143}$$

4. 如式(7-140)所示，对权重进行归一化处理。

如果重要性函数由 $p(\boldsymbol{x}_n|\boldsymbol{x}_{l,n-1})$ 简单给出，则可以将权重更新为[928, 930]

$$\omega_{l,n}=\omega_{l,n-1}p(\boldsymbol{y}_n|\boldsymbol{x}_{l,n}) \tag{7-144}$$

然而，经过几次序贯重要性采样迭代后，大部分粒子的权重非常小。这些粒子无法准确地表示概率分布[928]。为了避免出现这种退化问题，可采用序贯重要性重采样。重采样是一种去除小权重粒子并复制大权重粒子的方法[930]。同时，为每个粒子分配相同的权重。

粒子滤波及其变种已被应用于认知无线电网络中[931~933]。

7.12.3 协同滤波

协同滤波[934]是信息或图案的滤波过程。协同滤波对大规模数据进行处理，这些数据涉及多个数据源之间的协同。协同滤波是一种构建推荐系统的方法，它利用一些用户的已知偏好，来对其他用户的未知偏好进行推荐或预测[935]。Amazon. com 使用逐项协同滤波将每个用户购买、评级的商品与合并到推荐清单的类似商品匹配起来。Netflix 公司，一家美国按需网络流媒体提供商，举行了一次公开竞争最优协同滤波算法的比赛。这次比赛使用包含 48 万用户和 17770 部电影在内的大规模工业数据集[935]。

协同滤波面临的挑战包括[935]：

- 数据稀疏性；
- 可扩展性；
- 同义；
- 灰羊和黑羊；
- 先令攻击；
- 个人隐私。

矩阵完成[643, 937]可用于解决协同滤波中的数据稀疏性问题。即使协同滤波的数据矩阵极其稀疏，只要矩阵能够很好地使用低秩矩阵来近似表示，就可以对这个矩阵进行恢复[937, 938]。

协同滤波算法分为 3 类[935]：

- 基于内存的协同滤波，如基于邻域的协同滤波、前-N 推荐等；
- 基于模型的协同滤波，如贝叶斯网络协同滤波、聚类协同滤波、基于回归的协同滤波、基于 MDP 的协同滤波、潜在语义的协同滤波等；
- 混合协同滤波。

协同滤波可以被应用于认知无线电网络中[939~942]。

7.13 贝叶斯网络

贝叶斯网络[943, 944]，又称信度网或有向无环图模型。贝叶斯网络明确揭示了一组随机变量中依赖关系的概率结构,它使用有向无环图来表示依赖关系结构,其中每个节点表示一个随机变量,每个边表示依赖关系。可以将贝叶斯网络扩展为动态贝叶斯网络,来为序列数据或动态系统建模。序列数据随处可见。语音识别、视觉跟踪、运动跟踪、财务预报和预测等都是时间序列数据[945]。

可以将著名的隐马尔可夫模型(Hidden Markov Model, HMM)看作是一种简单的动态贝叶斯网络。同时,可以将隐马尔可夫模型(HMM)的变种建模为动态贝叶斯网络。这些变种包括[945]:

- 自回归 HMM;
- 具有混合高斯输出的 HMM;
- 输入输出 HMM;
- 阶乘 HMM;
- 耦合 HMM;
- 分层 HMM;
- 混合 HMM;
- 半马尔可夫 HMM;
- 分段 HMM。

也可以将状态空间模型及其变种建模为动态贝叶斯网络[945]。基本状态空间模型也被称为动态线性模型或卡尔曼滤波模型[945]。

在认知无线电网络中,贝叶斯网络是一种强大的学习和推理工具。关于贝叶斯网络在认知无线电网络中的各种应用,读者可以参阅文献[536, 946~949]。

7.14 小结

在本章中,我们主要介绍了机器学习。机器学习的应用无处不在,它可使系统更加智能。为了使读者对机器学习的全貌有所了解,本章几乎涵盖了与机器学习相关的所有主题,包括无监督学习、监督学习、半监督学习、直推、迁移学习、主动学习、强化学习、基于核的学习、降维、集合学习、元学习、马尔可夫链蒙特卡罗(MCMC)、卡尔曼滤波、粒子滤波、协同滤波、贝叶斯网络、隐马尔可夫模型(HMM)等。同时,本章还给出了与认知无线电网络中机器学习应用有关的参考文献。机器学习是使认知无线电网络走向实用的基本工具。

第 8 章 敏捷传输技术(I)：多输入多输出

无线通信中的多输入多输出(MIMO)[68,950~954]试图利用发射端和接收端的多副天线，来改善无线通信性能，而无需额外的无线带宽。这些性能可以是频谱效率、数据吞吐量、链路范围、链路可靠性、多用户情形中的服务质量(QoS)等。MIMO 是现代无线通信的核心技术，已经被 IEEE 802.11、IEEE 802.16 和 3GPP LTE 广泛采纳为无线通信标准。

8.1 MIMO 的优点

通常，MIMO 的优点可以归纳为 3 种不同的增益：

- 阵列增益；
- 分集增益；
- 复用增益。

8.1.1 阵列增益

阵列增益意味着平均信噪比(SNR)增加，这主要是因为在发送端和/或接收端使用多副天线形成信号相干组合的缘故[953,955]。阵列增益，也被称为功率增益，它可以提高能效。为了利用阵列增益，发射端和接收端都需要信道知识或信道状态信息。波束形成是一种能够带来阵列增益的信号处理技术。

8.1.2 分集增益

分集可用于对抗无线通信中的衰落[953,956]。衰落将造成信号功率显著下降，并降低通信性能[953]。因此，同一信号的多个副本可以在两个或多个不同通信信道上传输。分集增益也可以提高信噪比(SNR)。常用的分集方案包括：

- 时间分集；
- 频率分集；
- 空间分集；
- 极化分集；
- 多用户分集。

为了在接收端合并来自多个通信信道的信号，需要用到分集合并技术，包括：

- 选择合并；
- 切换合并；
- 等增益合并；

- 最大比合并。

如果在发射端存在多副天线，则需要应用发射分集。可以使用或不使用信道知识，在发射端对发射分集进行提取[953]。

我们也可以从随机过程的角度，简单地理解和区分阵列增益和分集增益。与单一随机过程相比，几个随机过程叠加形成的阵列增益可以提高均值，且分集增益可以降低方差。

8.1.3 复用增益

复用增益是指无需额外电源和无线带宽，不同数据流同时在多个空间维度上进行传输时导致的容量提升[957]。可以使用或不使用发射端的信道知识，来实现复用增益。

当采用 MIMO 时，在分集增益和复用增益之间存在一个基本的折中[958, 959]。

8.2 空时编码

空时编码通过在发射端使用多副天线，来提高数据传输的可靠性或链路质量[960]。空时编码的两种主要类型是[960]：

- 空时分组编码（Space Time Block Coding，STBC）；
- 空时网格编码（Space Time Trellis Coding，STTC）。

编码可以在时域和空域联合进行。不同时隙内和来自不同天线的发射信号具有一定水平的相关性，这会导致信息的冗余度。然而，为了提供复用增益，需要用到分层空时编码。所有这 3 类空时编码需要接收端拥有信道状态信息。

8.2.1 空时分组编码

空时分组编码[961]主要基于线性码，而线性码是一种纠错码。空时分组码可表示为

$$\begin{bmatrix} x_{11} & x_{12} & \cdots & x_{1M} \\ x_{21} & x_{22} & \cdots & x_{2M} \\ \vdots & \vdots & \vdots & \vdots \\ x_{T1} & x_{T2} & \cdots & x_{TM} \end{bmatrix} \tag{8-1}$$

其中，x_{TM}是在第 t 个时隙内从第 m 个天线发射的调制符号，M 是发射端天线数，T 是时隙总数。如果在 T 个时隙内，使用空时分组码对 K 个符号进行编码，则空时分组码的码速率为

$$r = \frac{K}{T} \tag{8-2}$$

Alamouti 码是最简单、最知名的空时分组码[962]。Alamouti 码最初是针对发射端具有两副天线的系统设计的，编码矩阵可表示为[962]

$$\boldsymbol{C}_2 = \begin{bmatrix} x_1 & x_2 \\ -x_2^H & x_1^H \end{bmatrix} \tag{8-3}$$

Alamouti 码不要求发射端的信道知识，并得到发射分集的增益。Alamouti 码可以实现全码率。Alamouti 码也是一种正交空时分组码[963, 964]，它意味着对于 Alamouti 码来说，

其编码矩阵与其共轭转置矩阵之积等于 2 × 2 单位矩阵，即

$$C_2C_2^H = \begin{bmatrix} |x_1|^2 + |x_2|^2 & 0 \\ 0 & |x_1|^2 + |x_2|^2 \end{bmatrix} \tag{8-4}$$

通常情况下，执行正交空时分组编码，能够使得编码矩阵的任何一对列是正交的。换言之，针对不同天线的数据向量是相互正交的。这种正交性将使得接收端简单、线性和最优。

如果发射端有 3 副天线，则码速率为$\frac{1}{2}$的编码矩阵为[964]

$$C_{3,\frac{1}{2}} = \begin{bmatrix} x_1 & x_2 & x_3 \\ -x_2 & x_1 & -x_4 \\ -x_3 & x_4 & x_1 \\ -x_4 & -x_3 & x_2 \\ x_1^H & x_2^H & x_3^H \\ -x_2^H & x_1^H & -x_4^H \\ -x_3^H & x_4^H & x_1^H \\ -x_4^H & -x_3^H & x_2^H \end{bmatrix} \tag{8-5}$$

码速率为$\frac{3}{4}$的编码矩阵为[964]

$$C_{3,\frac{3}{4}} = \begin{bmatrix} x_1 & x_2 & \frac{x_3}{\sqrt{2}} \\ -x_2^H & x_1^H & \frac{x_3}{\sqrt{2}} \\ \frac{x_3^H}{\sqrt{2}} & \frac{x_3^H}{\sqrt{2}} & \frac{x_1 - x_1^H + x_2 - x_2^H}{2} \\ \frac{x_3^H}{\sqrt{2}} & -\frac{x_3^H}{\sqrt{2}} & \frac{x_1 - x_1^H + x_2 + x_2^H}{2} \end{bmatrix} \tag{8-6}$$

如果发射端有 4 副天线，则码速率为$\frac{1}{2}$的编码矩阵为[964]

$$C_{4,\frac{1}{2}} = \begin{bmatrix} x_1 & x_2 & x_3 & x_4 \\ -x_2 & x_1 & -x_4 & x_3 \\ -x_3 & x_4 & x_1 & -x_2 \\ -x_4 & -x_3 & x_2 & x_1 \\ x_1^H & x_2^H & x_3^H & x_4^H \\ -x_2^H & x_1^H & -x_4^H & x_3^H \\ -x_3^H & x_4^H & x_1^H & -x_2^H \\ -x_4^H & -x_3^H & x_2^H & x_1^H \end{bmatrix} \tag{8-7}$$

码速率为$\frac{3}{4}$的编码矩阵为[964]

$$C_{4,\frac{3}{4}}=\begin{bmatrix} x_1 & x_2 & \frac{x_3}{\sqrt{2}} & \frac{x_3}{\sqrt{2}} \\ -x_2^H & x_1^H & \frac{x_3}{\sqrt{2}} & -\frac{x_3}{\sqrt{2}} \\ \frac{x_3^H}{\sqrt{2}} & \frac{x_3^H}{\sqrt{2}} & \frac{x_1-x_1^H+x_2-x_2^H}{2} & \frac{x_1-x_1^H-x_2-x_2^H}{2} \\ \frac{x_3^H}{\sqrt{2}} & -\frac{x_3^H}{\sqrt{2}} & \frac{x_1-x_1^H+x_2+x_2^H}{2} & \frac{-x_1-x_1^H-x_2+x_2^H}{2} \end{bmatrix} \tag{8-8}$$

8.2.2　空时网格编码

空时分组码只能提供分集增益。为了利用分集增益和编码增益，我们需要采用空时网格编码[965, 966]。空时网格编码将发射分集和网格编码调制方式结合起来，以提高误码率(BER)性能。由于使用了卷积编码，因而空时网格码的编码和解码比空时分组码的编码和解码更加复杂。

8.2.3　分层空时编码

分层空时编码可以提供复用增益[967]。同时，基于代码结构，分集增益和编码增益仍然可以实现。基于分层空时编码，贝尔实验室分层空时(Bell Laboratories Layered Space Time, BLAST)是用于在MIMO无线通信系统上实现空间复用的知名收发信机架构[952, 968~970]。对于无线通信来说，BLAST是一种带宽利用率非常高的方法，它通过使用基本上位于同一位置的多副天线，发射和检测多个独立共信道数据流，来充分利用空间维度。在发射端，几个独立数据流使用相同带宽由多副天线进行发送。BLAST的编码格式包括：

- 对角BLAST(D-BLAST)；
- 水平BLAST(H-BLAST)；
- 垂直BLAST(V-BLAST)；
- Turbo BLAST[971]。

在接收端，每副接收天线能够看到叠加的所有传输数据流。

解码策略主要有3种：

- 最大似然(ML)解码；
- 包括迫零准则和MMSE准则的线性解码；
- 称为连续干扰消除的非线性解码[972]。

在连续干扰消除中，排序发挥着重要的作用[967, 973, 974]。在所有未检测的符号中，首先检测具有最高信干噪比(SINR)的接收符号。然后，作为下面过程的干扰，这个符号将被消除。

8.3　多用户 MIMO

可以将多用户 MIMO[975]看作是高级 MIMO，它将 MIMO 技术从单一无线通信链路扩展到多个用户。

8.3.1　空分多址接入

在无线通信中，存在 4 种主要的多址接入方法，它们允许多个用户使用不同无线电资源，来共享同一传输信道：

- 频分多址(FDMA)。频分多址基于频分复用方案。将不同的非重叠频带分配给不同用户或不同数据流。FDMA 系统的一个实例是第一代蜂窝网络。为了增加 FDMA 的频谱效率，可基于众所周知的 OFDM 方案来采用 OFDMA 技术。
- 时分多址(TDMA)。时分多址基于时分复用方案。将不同的时隙分配给不同用户或不同数据流。TDMA 系统的一个实例是第 2 代蜂窝网络。
- 码分多址(CDMA)。码分多址基于码分复用方案。我们也将 CDMA 称为扩频多址。将不同的代码分配给不同用户或不同数据流。CDMA 系统的一个实例是第 3 代蜂窝网络。
- 空分多址(SDMA)。在空分多址中，通过空间复用或空间分集，可以将不同的空间子信道或空间管道分配给不同用户。部署有多副天线的蜂窝网络可以使用空分多址(SDMA)，来支持多用户无线通信。

为了实现空分多址，可采用智能天线、波束形成或相控阵技术来进行定向信号传输或接收。采用这种方式，可以节省功率，并避免干扰。文献[976～988]研究了空分多址(SDMA)、智能天线、波束形成和相控阵技术。

8.3.2　MIMO 广播信道

MIMO 广播信道[68, 953, 989, 990]是多用户下行链路信道。在 MIMO 广播信道中，允许在发射端进行联合信号处理。

在 MIMO 广播信道中，存在着一台具有 $M>1$ 副天线的发射机和 K 个接收信号的用户。在第 k 个用户处有 $N_k\geqslant 1$ 副天线。假设 $\boldsymbol{x}\geqslant C^{M\times 1}$ 是传输信号，它包含每个用户的独立信息[989]。$\boldsymbol{x}$ 的协方差矩阵是 $\boldsymbol{C}_x$。平均发射功率应当是有界的，这意味着 $\mathrm{trace}(\boldsymbol{C}_x)\leqslant P$[989]。

$\boldsymbol{H}_k\in C^{N_k\times M}$ 是从发射机到第 k 个用户的信道状态矩阵。$\boldsymbol{n}_k\in C^{N_k\times 1}$ 表示第 k 个用户处的循环对称复高斯噪声，它的每个向量分量服从具有零均值和单位方差的正态分布[989]。令 $\boldsymbol{y}_k\in C^{N_k\times 1}$ 表示第 k 个用户处的接收信号，它可以表示为

$$\boldsymbol{y}_k=\boldsymbol{H}_k\boldsymbol{x}+\boldsymbol{n}_k,\ k=1,\ 2,\ \cdots,\ K \tag{8-9}$$

令

$$\boldsymbol{y}=\begin{bmatrix}\boldsymbol{y}_1\\\boldsymbol{y}_2\\\vdots\\\boldsymbol{y}_K\end{bmatrix}\tag{8-10}$$

$$\boldsymbol{H}=\begin{bmatrix}\boldsymbol{H}_1\\\boldsymbol{H}_2\\\vdots\\\boldsymbol{H}_K\end{bmatrix}\tag{8-11}$$

和

$$\boldsymbol{n}=\begin{bmatrix}\boldsymbol{n}_1\\\boldsymbol{n}_2\\\vdots\\\boldsymbol{n}_K\end{bmatrix}\tag{8-12}$$

于是，MIMO 广播信道的数学模型是

$$\boldsymbol{y}=\boldsymbol{H}\boldsymbol{x}+\boldsymbol{n}\tag{8-13}$$

与单用户无线通信系统不同，对于多用户 MIMO 来说，速率和容量以及可实现的速率区域可用于评估潜在算法或方案的性能。在 MIMO 广播信道中，作为一种预编码技术，脏纸编码[991~993]可用于实现速率和容量。

脏纸编码的思路是：如果干扰是已知的，则可以预先减去发射端的干扰。采用这种方式，性能将保持不变，即使干扰存在。通过求解下面的优化问题，可以得到 MIMO 广播信道的速率和容量[989, 992~995]：

$$\begin{aligned}&\text{在满足}\\&\sum\nolimits_{k=1}^{K}\mathrm{trace}(\boldsymbol{C}_k)\leqslant p\\&\boldsymbol{C}_k\geqslant 0,\ k=1,\ 2,\ \cdots,\ K\\&\text{的前提下，实现}\\&\sum\nolimits_{k=1}^{K}\log\frac{|\boldsymbol{I}+\boldsymbol{H}_k(\sum\nolimits_{j\leqslant k}\boldsymbol{C}_j)\boldsymbol{H}_k^H|}{|\boldsymbol{I}+\boldsymbol{H}_k(\sum\nolimits_{j<k}\boldsymbol{C}_j)\boldsymbol{H}_k^H|}\\&\text{的最大化}\end{aligned}\tag{8-14}$$

其中，最大化在 $M\times M$ 半正定协方差矩阵 $\boldsymbol{C}_1, \boldsymbol{C}_2, \cdots, \boldsymbol{C}_K$ 上进行。优化问题式(8-14)不是一个难以解决的凹优化问题。同时，所有信道状态信息和加性干扰信息都应当是已知的。预编码的用户排序也是非常重要的。由于通过使用脏纸编码，可以降低或完全消除非预期信号的干扰[989]。

由于 MIMO 广播信道和 MIMO 多址信道的对偶性，MIMO 广播信道的速率和容量等于双 MIMO 多址信道的速率和容量，它为优化问题式(8-14)提供了一个理想解[989, 993]。

虽然 MIMO 广播信道的速率和容量可以通过脏纸编码来实现，但是在实践中，很难实现具有较高计算复杂性的脏纸编码[996]。因此，可以使用预均衡器。迫零预编码是 MIMO 广播信道中的一种传输方法[997, 998]。文献[996]提出了迫零波束形成方案、用户选择方案和调度方案。文献[999]针对 MIMO 广播信道，提出了低复杂度的线性迫零方案。随机矩阵理论可用于分析 MISO 广播信道中具有有限反馈信息的迫零预编码[1000]。迫零预编码也可与 Tomlinson- Harashima 非线性预编码结合使用，以提高 MIMO 广播系统性能[1001]。文献[992]研究了迫零脏纸编码问题。除了迫零均衡器之外，其他知名的线性均衡器是 MMSE 均衡。文献[1002]分析了 MIMO 广播信道中线性迫零和 MMSE 预编码器的误码性能。如果假定发射端具有不完美信道知识，则文献[1003]提出了一种鲁棒 MMSE 预编码方案[1003]。文献[1004]在针对 MIMO ISI 信道上的点对多点传输，提出了一种预编码方案，既考虑了符号间干扰(Inter- symbol Interference，ISI)，又考虑了多用户干扰(Multiuser Interference，MUI)。文献[1004，1005]对非线性空间/时间 Tomlinson- Harashima 预编码方案进行了探讨。

对于 MIMO 广播信道来说，块对角化是一种流行的线性预编码技术[1006~1008]。在发送信号之前，将每个用户的信号乘以预编码矩阵。为了消除相互干扰，应当将每个用户的预编码矩阵设计在所有其他用户的信道矩阵的零空间中。因此，块对角化支持的用户数与发射天线、每个用户的接收天线和信道状态信息有关。当用户有一副以上的天线时，可以将块对角化看作是用于处理 MIMO 广播信道的广义迫零或信道反转[1009]。也可以采用基于最小均方误差(MMSE)的块对角化[1010]。当 MIMO 广播信道的信噪比(SNR)较高时，文献[1011]将脏纸编码最优策略可实现的吞吐量，与采用次优、较低复杂度线性预编码(如迫零和块对角化)实现的吞吐量进行了比较。这两种策略利用了所有可用空间维度，因而具有相同的复用增益，但在吞吐量方面，绝对差确实是存在的[1011]。

大多数预编码方案需要发射端的信道状态信息。但是，对于发射机来说，要具有完全的信道知识是非常困难的。同时，为了降低系统开销，有限速率反馈是可行的。文献[1003，1008，1012~1017]研究了具有不完全信道状态信息、部分侧信息、有限反馈或有限速率反馈的 MIMO 广播频道。

当用户数比较大时，多用户分集是用户之间选择性分集的一种形式[996]。多用户分集可以通过用户选择和调度来实现。在包含大量用户的 MIMO 广播系统中，发射机无法同时为所有用户提供服务。多用户选择和调度可用于选择一组接受服务的用户。选择标准可以是用户的信道条件、公平性、系统的速率和容量等。文献[996，1006，1014~1016，1014~1016，1018~1020]研究了 MIMO 广播信道中的多用户选择和调度。

文献[1021~1025]对认知无线电网络中的 MIMO 广播信道或 MIMO 下行链路系统进行了研究。

8.3.3　MIMO 多址信道

MIMO 多址信道[990, 993, 1026]是多用户上行链路信道。在 MIMO 多址信道中，允许在接收机处进行联合信号处理。

在 MIMO 多址信道中，存在一台具有 $M>1$ 副天线的接收机和 K 个传输信号的用户。在第 k 个用户处，有 $N_k>1$ 副天线。假设 $\boldsymbol{x}_k \in C^{N_k \times 1}$ 是来自于第 k 个用户的发射信号。$\boldsymbol{x}_k$ 的协方差矩阵是 $\boldsymbol{Q}_k$。如果存在一个功率和约束条件，则 $\sum_{k=1}^{K} \mathrm{trace}(\boldsymbol{Q}_k) \leqslant P$。

$\boldsymbol{H}_k^H \in C^{M \times N_k}$ 是从第 k 个用户到接收机的信道状态矩阵。$\boldsymbol{n} \in C^{M \times 1}$ 表示接收端的噪声。因此，MIMO 多址信道的数学模型可以表示为

$$\boldsymbol{y}_{\mathrm{MAC}} = \sum_{k=1}^{K} \boldsymbol{H}_k^H \boldsymbol{x}_k + \boldsymbol{n} \tag{8-15}$$

MIMO 多址信道的速率和容量可以通过求解下面的优化问题来得到[989, 990]：

$$\begin{aligned} &\text{在满足} \\ &\Sigma_{k=1}^{K} \mathrm{trace}(\boldsymbol{Q}_k) \leqslant p \\ &\boldsymbol{Q}_k \geqslant 0,\ k=1,2,\cdots,K \\ &\text{的前提下，实现} \\ &\log|\boldsymbol{I} + \Sigma_{k=1}^{K} \boldsymbol{H}_k^H \boldsymbol{Q}_k \boldsymbol{H}_k| \\ &\text{的最大化} \end{aligned} \tag{8-16}$$

其中，最大化是在 $N_k \times N_k$ 半正定协方差矩阵 $\boldsymbol{Q}_k$，$k=1,2,\cdots,K$ 上进行的。优化问题式(8-16)的目标函数是协方差矩阵的一个凹函数。存在用于求解优化问题式(8-16)的高效数值算法（如迭代充水算法[990, 1027]）。同时，众所周知，MIMO 广播信道的脏纸速率区域等于具有功率和约束条件 P 的双 MIMO 多址信道的容量区域[993, 989, 990]。同时，存在一种确定性变换，它从上行链路协方差矩阵 $\boldsymbol{Q}_1$，$\boldsymbol{Q}_2$，$\cdots$，$\boldsymbol{Q}_k$ 映射到下行链路协方差矩阵 $\boldsymbol{C}_1$，$\boldsymbol{C}_2$，$\cdots$，$\boldsymbol{C}_k$，从而实现了相同的速率，并使用相同的功率[990]。

8.3.4　MIMO 干扰信道

MIMO 干扰信道[836, 1028, 1029]包含一个以上的发射机和一个以上的接收机。在 MIMO 干扰信道中，无论是发射机，还是接收机，都不会直接包含联合信号处理。

假设在 MIMO 干扰信道中，存在 K 条发射机-接收机[1029]。在第 k 个发射机处存在 M_k 副天线，且在对应的接收机处存在 N_k 副天线。$\boldsymbol{x}_k \in C^{N_k \times 1}$ 是第 k 个用户的发射信号矩阵。$\boldsymbol{H}_{kl} \in C^{N_k \times M_l}$ 表示从第 l 个发射机到第 k 个接收机的信道状态矩阵。因此，第 k 个接收机的接收信号向量 $\boldsymbol{y}_k \in C^{N_k \times 1}$ 为[1029]

$$\boldsymbol{y}_k = \boldsymbol{H}_{kk} \boldsymbol{x}_k + \sum_{l=1,\ l \neq k}^{K} \boldsymbol{H}_{kl} \boldsymbol{x}_l + \boldsymbol{n}_k \tag{8-17}$$

其中，$\boldsymbol{n}_k$ 为第 k 个接收机处的加性高斯白噪声（AWGN）向量，均值为 0、协方差矩阵为 $\boldsymbol{C}_{nk}$。$\sum_{l=1,\ l \neq k}^{K} \boldsymbol{H}_{kl} \boldsymbol{x}_l$ 表示第 k 个接收机的干扰。

处理 MIMO 干扰信道的简单方式是利用预编码矩阵 $\boldsymbol{V} \in C^{M_k \times d_k}$ 和滤波矩阵 $\boldsymbol{U} \in C^{d_k \times N_k}$ 来抑制干扰，它可以表示为[1029]

$$\boldsymbol{r}_k = \boldsymbol{U}_k \boldsymbol{H}_{kk} \boldsymbol{V}_k \boldsymbol{s}_k + \sum_{l=1,\ l \neq k}^{K} \boldsymbol{U}_k \boldsymbol{H}_{kl} \boldsymbol{V}_l \boldsymbol{s}_l + \boldsymbol{U}_k \boldsymbol{n}_k \tag{8-18}$$

其中，d_k是第 k 个用户的独立的数据流 s_k的数目。U_k执行从 $y_k \in C^{N_k \times 1}$ 到 $r_k \in C^{d_k \times 1}$ 的线性降维[1029]。可以对 r_k进行进一步处理，以提取所传输的信号。

众所周知，当信噪比(SNR)较高时，加性高斯白噪声(AWGN)信道的容量与 log(SNR)成正比。因此，我们可以使用空间自由度的简单概念，来量化 MIMO 系统的最大复用增益[1028]。可以将空间自由度定义为[1028]

$$\eta = \lim_{\rho \to \infty} \frac{C_{\Sigma}(\rho)}{\log(\rho)} \tag{8-19}$$

式中，ρ 表示信噪比(SNR)，$C_{\Sigma}(\rho)$ 是相应的总容量。

对于包含 M 个发射机和 N 个接收机的单用户 MIMO 系统来说，$\eta = \min\{M, N\}$[1028]。对于包含两个用户的 MIMO 广播信道来说，$\eta = \min\{M, N_1 + N_2\}$，其中，$M$ 是发射端的天线数，$N_k(k=1, 2)$ 是第 k 个接收机的天线数[1028]。对于 MIMO 多址信道，也可得到类似的结果。对于具有满秩信道状态矩阵的两用户 MIMO 高斯干扰信道来说，如果所有发射机和接收机处的信道知识是完全已知的，则有

$$\eta = \min\{M_1 + M_2, N_1 + N_2, \max\{M_1, N_2\}, \max\{M_2, N_1\}\} \tag{8-20}$$

其中，$M_k(k=1, 2)$是第 k 个发射机的天线数，$N_k(k=1, 2)$ 是第 k 台对应接收机的天线数[1028]。迫零方案足以得到所有可用的自由度[1028]。

此外，文献[836]讨论了包含 K 个用户的 MIMO 高斯干扰信道的自由度。假设每个发射机有 M 副天线，每个接收机有 N 副天线。对于自由度的外部边界来说，有[836]

$$\eta \leqslant K\min\{M, N\}, \ K \leqslant R \tag{8-21}$$

和

$$\eta \leqslant K \frac{\max\{M, N\}}{R+1}, \ K > R \tag{8-22}$$

其中

$$R = \left\lfloor \frac{\max\{M, N\}}{\min\{M, N\}} \right\rfloor \tag{8-23}$$

在信道系数是时变的且可以从连续分布导出的假设条件下，能够得到可实现的自由度的内部边界。对于自由度的内部边界来说，有[836]

$$\eta \geqslant K\min\{M, N\}, \ K \leqslant R \tag{8-24}$$

和

$$\eta \geqslant \frac{R}{R+1}\min\{M, N\}, \ K > R \tag{8-25}$$

当式(8-23)中定义的 R 等于一个整数时，则边界是紧的，这意味着[836]

$$\eta = K\min\{M, N\}, \ K \leqslant R \tag{8-26}$$

和

$$\eta = \frac{R}{R+1}\min\{M, N\}, \ K > R \tag{8-27}$$

其中，可实现的自由度结果是基于干扰对齐的[836]。如果 MIMO 干扰信道的信道系数是恒定的，则某些情况下，与仅仅使用迫零相比，同时使用干扰对齐和迫零，可以实

现更多的自由度[836]。例如，如果信道系数不变的 MIMO 高斯干扰信道拥有 $R+2$ 个用户，每个发射机拥有 $M>1$ 副天线，每个接收机具有 RM ($R=2, 3, \cdots$)副天线，则可以得到 $RM+\left\lfloor \frac{RM}{R^2+2R-1} \right\rfloor$ 个自由度[836]。使用迫零可以得到 RM 个自由度[836]。因此，如果 $M \geqslant R+2$，则 $\left\lfloor \frac{RM}{R^2+2R-1} \right\rfloor > 0$，且可以得到超过 RM 个的自由度[836]。

一般存在 3 种用于处理干扰管理问题的方法：

- 解码干涉；
- 将干扰当作噪声来处理；
- 实现时域、频域、码域和空域干扰和信号的正交化(如干扰对齐)。

干扰对齐是 MIMO 干扰信道采用的核心技术。干扰对齐是指构建信号，使其能够将最大化的重叠阴影投射到接收机处。在接收端，这些重叠阴影构成干扰，但在理想情况下，仍然能够在接收端被识别[541]。因此，我们需要限制干扰进入某些子空间，并保留其他子空间用于无干扰通信。干扰对齐面临的挑战是需要全局信道知识。文献[1030]提出了采用局部信道知识，而不是全局信道知识的分布式干扰对齐方案。

文献[839]探讨了针对两用户 MIMO 干扰信道自由度的用户协同和认知消息共享的好处。术语“认知消息共享”是指认知无线电中的核辅助型消息共享[839]。认知消息共享可以提高自由度之和[839]。同时，与认知接收机相比，认知发射机更为有用[839]。文献[1031]对 MIMO 认知网络的约束干扰对齐和空间自由度进行了明确研究。认知无线电可以在不对主用户造成任何干扰的情况下，对齐其传输信号，在每个次用户接收机处产生诸多无干扰信道[1031]。

文献[1032]提出了 MIMO 认知网络中的机会干扰对齐方案。功率限制条件导致主用户留下一些未使用的空间方向[1032]。如果它能够将主链路产生的干扰对齐到未使用的空间方向上[1032]。同样，文献[1033]提出机会空间正交化方案，以支持次用户的存在，即使主用户一直占用所有频带。可以将机会空间正交化解释为机会干扰对齐方案，在这种方案中，将来自于多个次用户的干扰以机会方式对齐到与主用户信号空间正交的方向上[1033]。

8.4 MIMO 网络

传统上，MIMO 是一种物理层技术。然而，我们不能忽视 MIMO 对整个网络性能的巨大影响。因此，近年来，跨层 MIMO、协同 MIMO、MIMO 路由等技术备受关注[954, 975]。

跨层 MIMO 使用 MIMO 技术和配置，来探讨组网系统的跨层优化问题。跨层优化实际上打破了层与层之间的严格界线，对从物理层到应用层的整个通信架构进行联合设计和优化[1034]。文献[1035]研究了基于 MIMO 的无线 Ad Hoc 网络的跨层优化问题。可以将多跳/多路径路由优化、功率分配和带宽分配问题进行联合研究。文献[1036]针对基于 MIMO 的网状网络，提出了一种具有高斯广播信道向量的跨层优化方案。在基于 MIMO 的网状网络中，它考虑了脏纸编码和多跳/多路由的联合优化功率分配问题。文献[1037]研究了多跳无线 MIMO 网络的分布式链路调度、功率控制和路由问题。

可以开发一种能够有效实施干扰管理的跨层优化框架，来理解多跳网络中可能的 MIMO 收益之间的基本折中[1038]。网络效用最大化也可用于支持 MIMO 的无线局域网(WLAN)的跨层设计[1039]。文献[1040]针对多用户 MIMO 系统，研究了用于确定用户选择、速率选择、功率选择以及分集/复用选择的跨层框架。文献[1041]提出了 MIMO 无线系统的跨层传输控制协议(TCP)建模框架，分析了两种代表性 MIMO 系统(即 BLAST 系统和正交 STBC 系统)的 TCP 性能。对于区分服务的多用户 MIMO 系统来说，联合反馈和调度方案可用于满足时延敏感应用的平均和瞬时延迟约束条件[1042]。文献[1043]给出了针对包含 MIMO 链路的无线网络组播业务的一种跨层设计方法。

协同 MIMO 以协调的方式使用分布式 MIMO 技术[1044]。在协同 MIMO 中，天线属于具有不同地理位置的不同用户、终端或基站。在协同 MIMO 中，可以实现分集增益(尤其是协同分集)和复用增益。文献[1044]中的仿真结果表明，分布式 MIMO 系统可以提供较大空间分集，且协同网络中的数据速率可以显著提高。中继是协同 MIMO 的一种实现方案。基本的中继策略包括：

- 放大-转发中继；
- 解码-转发中继；
- 压缩-转发中继。

文献[1045]对采用协同 MIMO 的基础设施的中继传输技术进行了研究。使用位置固定的中继站，信号从基站传输到随机部署的移动台[1045]。文献[1046]研究了具有完全信道知识的压缩-转发协同 MIMO 中继技术[1046]。文献[1046]通过使用分布式向量压缩技术，可以得出一种可以在高斯 MIMO 中继信道实现的速率。文献[1047]提出了使用自适应协同分集和截断自动请求重传(Automatic Repeat Request，ARQ)，来实现 ad-hoc 无线网络吞吐量最大化的方案。中继节点是不固定的，且可以根据信道条件进行选择[1047]。文献[1048]分析了协同 MIMO 放大-转发中继网络的发射机天线选择策略，提出了一种最优策略和两种次优策略。文献[1049]介绍了优化后的协同中继网络的分布式 MIMO[1049]，针对优化分布式 MIMO 中使用的特征向量决策，得出了一种优化标准。对于多中继协同 MIMO 系统来说，离散随机算法已应用于联合发射分集优化和中继选择[1050]。已经证明，算法性能接近最佳详尽解决方案[1050]。

文献[1051]研究了双向 MIMO 多中继网络的联合信源和中继优化问题，开发了一种迭代算法，用于联合优化信源、中继和接收矩阵，从而使得信号波形估计的双向均方误差(MSE)之和最小化[1051]。文献[1052]研究了 MIMO 链路网络的协同功率调度问题。基于价格的迭代充水算法是一种分布式算法。每条链路使用该算法通过一个迭代、协同过程，来计算其功率调度[1052]。文献[1053]研究了无线 Ad Hoc /传感器网络中的协同、受限 MIMO 通信问题。当能量、时延和数据速率等约束条件给定时，源节点可以从其邻居中动态选择其协同节点，形成一个能够与目标节点进行通信的虚拟 MIMO 系统[1053]。同样，在无线传感器网络中，将几个传感器分组形成一个虚拟 MIMO 链路是可能的[1054]。文献[1054]提出了一种分布式 MIMO 自适应节能聚类/路由方案，它试图降低多跳无线传感器网络中的能耗。

文献[1055]分析了多蜂窝 MIMO 协同网络。通过利用蜂窝间干扰，多蜂窝协同可以大大提高系统的性能[1055]。可以采用一种称为软干扰归零的线性预编码技术，来作为协同 MIMO 蜂窝网络的低复杂性实现方案[1056]。基站之间的协同支持用户信号的联合编码，它可以成功地处理干扰[1056]。协同的理念也可用于在称为协调多点传输/接收的 LTE-Advanced[1057~1059]中。文献[1060]研究了使用多用户 MIMO 的协同蜂窝网络。文献[1060]对不同设计方案中，调度准则、蜂窝密度和协调对平均和蜂窝边缘用户速率影响进行了分析。文献[1061]研究了宽带无线网络中分布式 MIMO 链路的 QoS 感知基站选择问题。可以实现基站(Base Station，BS)使用的最小化，且可以缩小干扰范围[1061]。文献[1062]分析了存在同信道干扰的多蜂窝多天线协同蜂窝网络的容量。文献[1062]中的仿真结果表明，协同传输可以提高多蜂窝多天线协同蜂窝网络的容量性能。文献[1063]全面研究了采用基站协同的 MIMO 蜂窝系统的容量。为了实现采用各种基站协同策略的、速率约束的 MIMO 蜂窝系统的传输功率最小化，文献[1063]推导出几个边界。

文献[1064]提出了针对中继认知网络设计的宽带波形。在基本中继策略中，放大-转发是最简单的方案。把中继节点处的接收信号乘以复值，然后将其重新传输到目标节点。从窄带中继网络扩展到宽带中继网络，放大-转发策略可以用宽带放大-转发策略来取代，我们称之为过滤-转发策略[1065]。FIR 滤波器是在中继节点处实现的。对接收信号进行滤波，然后将其重新发送到接收端。此外，为了提高性能，文献[1065]还提出了基于多个中继节点的方法，以执行分布式协同波束形成。在认知中继网络[1064]中，存在一个发射机、若干个中继节点和一个或多个接收机。假设发射机和接收机之间不存在直接的通信链路。所有信道知识都是完全已知的。可以对中继节点处的发射波形和有限冲激响应(Finite Impulse Response，FIR)滤波器进行联合设计，使得所接收的信噪比(SNR)可以超出从服务质量导出的阈值。然而，这个问题的通用表示不具有凸特征，很难为发射波形和中继 FIR 滤波器提供全局最优解。因此，文献[1064]提出一种新型迭代方法来得到次优解，并保证接收到的信噪比(SNR)符合要求。采用任何初始发射波形，可以对中继 FIR 滤波器进行与分布式协同波束形成类似的联合优化。接着，使用固定中继 FIR 滤波器，对发射波形进行优化。之后，可以基于先前优化的发射波形，对中继 FIR 滤波器进行重新设计。

此过程继续进行，直到发射波形收敛到稳定的波形。因为考虑的是认知网络，所以存在着作用于传输波形的谱掩蔽和来自于各个中继节点的转发信号，这将使得优化问题变得更加复杂[1064]。

8.5　MIMO 认知无线电网络

MIMO 可以充分应用于认知无线电网络中。空间分集、空间复用、波束形成、智能天线等可以帮助认知无线电网络接入有价值的频谱，提高链路质量和频谱效率。文献[815]研究了通过半定规划(SDP)实现 MIMO 认知无线电网络优化频谱共享的问题。统一同质的二次约束二次规划(QCQP)表示可应用于 3 种场景。在这些场景中，认知无线电分别完整的、局部的指向主用户的信道知识，或者根本不拥有指向主用户的信道知识[815]。该同质 QCQP 表示，虽然是非凸的，但可以放宽至半定规划(SDP)[815]。同样，文献[1066]对具有不完全信道状态信息的多天线认知无线电系统的动态频谱管理问题进行了研究，线性矩阵不等式(Linear Matrix Inequality，LMI)变换可用于为恰当处理认知无线电发射端的信道不确定性提供便利[1066]。机会频谱共享也可用于多天线认知无线电网络[1067]。在自身发射功率约束条件和主用户施加的干扰功率约束条件下，文献[1067]对认知无线电信道容量进行了描述。同样，文献[1068]对 MIMO 认知无线电网络中的干扰最小化方法进行了研究，提出的预编码器试图通过最小化干扰功率来实现总容量的最大化[1068]。

文献[1069]研究了 MIMO 认知无线电的天线选择问题，针对联合发射接收天线选择问题，给出了两种解决方案，旨在实现认知无线电数据速率最大化，并满足主用户处的干扰约束条件[1069]。文献[1070]提出了 MIMO 认知无线电中的跨层天线选择和基于学习的信道分配方案，同时考虑了频谱效率和公平性问题[1070]。文献[1071]讨论了 MIMO Ad Hoc 认知无线电网络的最优资源分配问题，引入了半分布式算法，以实现次用户加权速率和的最大化[1071]。文献[1072]研究了 MIMO 授权的多跳认知无线电网络的吞吐量，目标是在动态频谱接入(DSA)和频谱利用方面实现高度的灵活性和高效率[1072]。该文献还提出了一种易处理的数学模型，用于获取信道内认知无线电信道分配和 MIMO 自由度分配的本质[1072]。

博弈论可广泛用于 MIMO 认知无线电网络。MIMO 认知无线电用到了基于博弈论的竞争优化原则[1073]。同样，研究人员提出了一种新型博弈理论表示，来解决 MIMO 认知无线电网络中具有挑战性的、尚未解决的资源分配问题中的一个子问题：在不同的干扰约束条件下，如何以分散方式支持认知无线电之间 MIMO 信道上的并发通信[1074]。文献[1075]提出了采用博弈论的鲁棒 MIMO 认知无线电。认知无线电围绕由主用户所提供的可用资源，在发射功率和鲁棒干扰约束条件下，以实现自身信息速率最大化为目标，进行相互竞争[1075]。

与认知无线电网络中波束形成应用有关的研究成果可参阅文献[575，1076～1094]。一些研究成果已经应用于鲁棒波束形成设计，以实现认知无线电网络中的可靠通信。波束形成也可用于因其定向传输导致的路由问题。定向传输能够减少干扰区域，定向接收可以避免来自其他无线电的干扰。因此，波束形成可以提高频谱共享效率。支持路由的波束形成已经应用于 Ad Hoc 网络和无线网状网络，这些网络可以直接扩展为认知无线电网络[542，1095，1096]。

8.6　小结

在本章中，我们介绍了 MIMO 传输技术。通过利用收发信机处的多副天线，MIMO 可以带来阵列增益、分集增益和复用增益。本章涵盖了与 MIMO 有关的基本主题，包括空时编码、多用户 MIMO、MIMO 网络等。同时，还给出了与 MIMO 在认知无线电网络中的应用有关的参考文献。MIMO 使用空间无线资源，来支持认知无线电网络中的频谱接入和频谱共享。

第 9 章 敏捷传输技术(Ⅱ):正交频分复用

正交频分复用(OFDM)是一种多载波调制数字数据传输技术[68, 1097~1099]。OFDM 的历史可以追溯到 20 世纪 60 年代中期[1097, 1100~1103]。OFDM 是频分复用方案的扩展。在频域中,虽然子信道或子载波的信号是重叠的,但是解调后它们是正交的。因此,与分配不重叠频带给不同信号的频分方案相比,正交频分复用提高了频谱利用效率[68]。

OFDM 是一种有效工具,它能够在接收端不使用均衡的情况下,来处理符号间干扰(ISI)问题。可以将高数据速率的数据流分解为多个低数据速率的子流,这些子流在许多不同的子信道上进行传输[68]。每个子信道的带宽远小于系统的总带宽[68]。同时,每个子信道的带宽小于无线信道的相干带宽。因此,每个子信道上符号间干扰(ISI)的影响很小,且假设每个子信道存在平坦衰落[68]。

OFDM 是当前无线和有线通信领域的核心技术。它可广泛应用于 3GPP LTE、WLAN、WiMAX、数字电视[1104]、电力线通信、不对称数字用户线(Asymmetric Digital Subscriber Line, ADSL)、甚高速数字用户线(Very High Speed Digital Subscriber Line, VDSL)和高比特率数字用户线(High Bit Rate Digital Subscriber Line, HDSL)[1105]。

9.1 OFDM 的实现

OFDM 可以使用离散傅里叶变换(Discrete Fourier Transform, DFT)或快速傅里叶变换(Fast Fourier Transform, FFT)来高效实现。如果在 OFDM 中使用 N 个子载波,则连续时间基带 OFDM 信号可以表示为

$$x(t) = \sum_{k=0}^{N-1} X[k]\exp(j2\pi kt/T),\ 0 \leqslant t < T \tag{9-1}$$

其中,T 是一个 OFDM 符号的持续时间,$X[k]$是复数据符号,它被分配给中心频率为$\frac{k}{T}$的第$(k+1)$个子载波。相邻子载波的频率空间为$\frac{1}{T}$。N 个子载波在 T 上是相互正交的。

可以使用采样间隔$\frac{T}{N}$对 $x(t)$ 进行抽样。如果 $x[n]=x\left(\frac{nT}{N}\right)$, $n=1, 2, \cdots, N-1$,则离散时间的 OFDM 信号是

$$x[n] = \sum_{k=0}^{N-1} X[k]\exp\left(\frac{j2\pi kn}{N}\right),\ 0 \leqslant n \leqslant N-1 \tag{9-2}$$

其中,式(9-2)可以通过反向离散傅里叶变换(Inverse Discrete Fourier Transform, IDFT)/反向快速傅里叶变换(Inverse Fast Fourier Transform, IFFT)来实现,它表示 IDFT 可

以根据复数据符号流 $X, X[1], \cdots, X[n-1]$(可以将其看作是频域数据)产生时域OFDM符号，它包括序列 $x, x[1], \cdots, x[n-1]$。下面关于OFDM实现的讨论将基于离散时间模型。DFT和IDFT运算可简单表示为

$$X[n]=\mathrm{DFT}\{x[n]\} \tag{9-3}$$

和

$$X[n]=\mathrm{IDFT}\{X[n]\} \tag{9-4}$$

OFDM实现中使用的一种DFT特性是时域内的循环卷积，这会导致频域中的乘法[68]。我们将 $x[n]$ 和 $h[n]$ 的 N 点循环卷积定义为[68]

$$\begin{aligned} y[n] &= x[n]\otimes h[n] \\ &= \sum_k h[k]x[n-k]_N \end{aligned} \tag{9-5}$$

其中，$[n-k]_N$ 表示 $n-k$ 模 N 运算。$x[n-k]_N$ 是周期为 N 的 $x[n-k]$ 的一个周期性版本[68]。因此，

$$\begin{aligned} y[n] &= \mathrm{DFT}\{y[n]\} \\ &= \mathrm{DFT}\{x[n]\otimes h[n]\} \\ &= \mathrm{DFT}\{x[n]\}\,\mathrm{DFT}\{h[n]\} \\ &= X[n]H[n],\ n=0,1,2,\cdots,N-1 \end{aligned} \tag{9-6}$$

如果 $h[n]$，$0\leqslant n\leqslant L$ 表示离散时间信道脉冲响应，则 $y[n]$，$0\leqslant n\leqslant N$ 可以表示为[68]

$$\begin{bmatrix} y[N-1] \\ y[N-2] \\ \vdots \\ y \end{bmatrix} = \begin{bmatrix} h & h[1] & \cdots & h[L] & 0 & \cdots & 0 \\ 0 & h & \cdots & h[L-1] & h[L] & \cdots & 0 \\ \vdots & \vdots & \vdots & \vdots & \vdots & \vdots & \vdots \\ 0 & \cdots & 0 & h[0] & \cdots & h[L-1] & h[L] \end{bmatrix} \times \begin{bmatrix} x[N-1] \\ x[N-2] \\ \vdots \\ x \\ x[-1] \\ x[-2] \\ \vdots \\ x[-L] \end{bmatrix} + \begin{bmatrix} n[N-1] \\ n[N-2] \\ \vdots \\ n \end{bmatrix} \tag{9-7}$$

其中，$n, n[1], \cdots, n[N-1]$ 是加性高斯白噪声(AWGN)。

为了从以前的符号中消除符号间干扰(ISI)，并探讨式(9-6)中循环卷积的性质，需要使用带有循环前缀的保护间隔[68]。循环前缀重复使用结束标识，为符号增加了一个前缀。因此，$x[-1]=x[N-1]$，$x[-2]=x[N-2]$，$\cdots$，$x[-L]=x[N-L]$。采用这种方式，通过IDFT和DFT实现的正交频分复用，能够将ISI信道分解成 N 个正交子信道[68]。

9.2 同步

OFDM 面临的挑战性问题之一是同步[1106]。OFDM 系统对同步误差非常敏感，特别是载波频率偏移[1107, 1108]。在 OFDM 系统中，存在 4 种同步，包括：

- 载波频率同步；
- 采样定时同步；
- 采样频率同步；
- 符号同步或帧同步。

载波频率偏移可能破坏子载波之间的正交性，并导致载波间干扰(Inter-carrier Interference，ICI)，这将大大降低系统性能。因此，载波频率同步试图消除载波频率偏移和对应的相位偏移。载波频率同步通常分两步执行。第一步是粗同步，它通常会将载波频率偏移减小到子载波间隔的1/2 以内[1109, 1110]。然后，第二步是细载波同步，即进一步估计和减小剩余的载波频率偏移[1109, 1110]。载波频率同步算法可以是：

- 基于训练符号的时域相关算法；
- 基于训练符号的频域相关算法；
- 基于训练符号的最大似然(ML)估计[1111]；
- 基于循环前缀的最大似然(ML)估计[1112, 1113]；
- 盲同步[1114, 1115]。

对于 OFDM 盲载波偏移估计来说，称为 ESPRIT 的方法不需要训练符号、导频音或多余的循环前缀[1114]。可以使用 OFDM 信号的内在结构，来提供精确的载波频率偏移估计[1114]。过采样可应用于 OFDM 载波频率偏移的盲估计[1115]。在所有子载波之间，由载波频率偏移造成的相邻采样点的固有相移应该是共同的[1115]。只需要单一的 OFDM 符号来实现可靠的估计，这使得盲同步法数据高效[1115]。已经将 OFDM 信号的二阶循环平稳特征用于符号定时和载波频率偏移的盲估计[101]。不一定需要循环前缀[101]。文献[1116]也探讨了类似的思路。盲估计器利用接收信号的二阶循环平稳特征，然后使用出现在循环相关性中的符号定时和载波频率偏移信息[1116]。不需要信道状态信息[1116]。

针对 OFDM 系统，文献[1117]提出一种基于信干噪比(SINR)最大化的盲同步器。此外，可以将充分利用循环前缀引入的冗余同步算法视为盲算法。联合最大似然(ML)符号定时和载波频率偏移估计器最初是在文献[1112]中提出的。可以对包含在循环前缀中的冗余信息加以利用，且无需额外的训练符号或导频音[1112]。此外，针对载波频率偏移和符号定时估计，文献[1113]已经开发出一类基于盲循环的新型估计器，该文献为联合估计推导出一种新型似然函数。由此产生的概率测度可用于开发 3 种无偏估计器，即最大似然(ML)估计器、最小方差无偏估计器和矩估计器[1113]。对于 OFDM 载波频率偏移的盲估计来说，虚拟载波可用作 OFDM 信号的内在结构信息[1118~1120]。研究人员还探讨了类似多信号分类(Multiple Signal Classification，MUSIC)的估计算法和最大似然(ML)估计。

由于子载波之间正交性的丧失，因而采样频率偏移也会导致载波间干扰(ICI)。导频符号、训练符号或参考符号可用于采样定时同步和采样频率同步[1121, 1122]。此外，针对采样时钟偏移，文献[1123]设计了一种基于接收 OFDM 样本二阶统计量的新型盲估计算法，它可以成功应用于非协同通信。

也可将联合同步应用于 OFDM 系统中[101, 1112, 1113, 1116, 1117, 1124~1126]。采用这种方式，我们就不需要分别进行不同的同步。可以同时考虑不同的同步。

文献[1127]讨论了 OFDM 认知无线电系统的鲁棒频率同步问题，该文献还对窄带干扰存在情形中的载波频率偏移进行了估计。载波频率偏移和每个子载波上的干扰功率可以通过最大似然(ML)方法进行联合估计[1127]。

载波频率同步和采样频率同步可以降低载波间干扰(ICI)。可以开发球形解码和新的搜索战略，以降低 OFDM 系统的载波间干扰(ICI)[1128]。文献[1129]也提到了 OFDM 系统中载波间干扰(ICI)的抑制问题。在一个 OFDM 帧中，信道的时间变化破坏了不同子载波的正交性，并导致子载波之间的功率泄漏[1129]。研究人员提出了一种简单高效的多项式曲面信道估计技术，来首先获取必要的信道状态信息[1129]。在估计信道状态信息的基础上，一种基于最小均方误差(MMSE)的 OFDM 检测技术可用于降低由 ICI 失真引起的性能退化[1129]。文献[1130]针对 OFDM 系统提出了一种用于消除载波间干扰(ICI)的迭代方法。算子扰动技术可用于线性系统方程组的反转[1130]。此外，人们提出了串行和并行干扰取消方案，可用于大幅降低由载波间干扰(ICI)造成的误差本底[1130]。同样，针对 OFDM 系统，文献[1131]提出一种载波间干扰(ICI)的频域估计和补偿迭代法。在提出的迭代法中，存在两个步骤。首先，接收信号和估计发射信号之间的相关性可用于估计信道矩阵；其次，通过 MMSE 均衡来估计实际传输数据[1131]。文献[1132]也提出了一种用于估计多路径复增益、具备载波间干扰(ICI)抑制功能的迭代算法。文献[1133~1139]对载波间干扰(ICI)自消除方案进行了分析，其中包括：

- 时域加窗技术；
- 预编码技术。

类似地，双路并行消除方案也可以用于 ICI 消除[1140~1143]。文献[1144, 1145]提出了使用部分发送序列和选择性映射，来降低 OFDM 系统中载波间干扰(ICI)的方案。在部分发送序列中，每个子载波块与一个恒定相位因子相乘，并对这些相位因子进行优化，以实现峰干载比最小化[1144]。在选择性映射中，产生几个代表相同信息的独立 OFDM 符号，并选择具有最低峰干载比的 OFDM 符号用于传输[1144]。文献[1146]开发出一种用于抑制 OFDM 系统中载波间干扰(ICI)的新方法，它利用了平面扩展卡尔曼滤波器。卡尔曼滤波算法可以估计和跟踪由高移动性中的多普勒造成的多普勒频率偏移[1146, 1147]。可以在每一步对多普勒频率漂移信息进行更新，以得到一个更加精确的结果[1146]。文献[1148~1151]讨论了由 OFDM 系统中相位噪声导致的载波间干扰(ICI)的估计和抑制问题。

9.3　信道估计

无线通信系统中的信道估计试图找到无线信道的时域和频域特性。对于 OFDM 系统来说，信道估计确定了不同子信道在不同时隙的信道增益，我们可以将其看作是时间-频率平面中的二维格子[1152]。信道估计面临的两个主要挑战是：

- 如何设计导频符号模式；
- 如何设计一种复杂性低、信道跟踪能力良好的估计器。

导频信息是接收端已知的发送数据或信号。导频信息可用于信道估计的一种参考。导频符号的位置、功率和相位在信道估计中发挥着重要的作用[1153]。基本导频模式包括[1152]：

- 块型导频符号模式；
- 梳型导频符号模式[1154, 1155]。

块型导频符号模式可应用于慢衰落无线信道中。导频符号被插入到特定时期内一个 OFDM 符号的所有子载波中。在频域中不需要插值操作。可使用估计的信道状态来对块内的接收数据进行解码，直至下一个包含导频信息的 OFDM 符号到达[1152]。梳型导频符号模式大多应用于快衰落无线信道中。导频符号被插入到每个 OFDM 符号的特定子载波中。在频域中需要用到插值。一维插值方法可以是[1152]：

- 线性插值；
- 二阶插值；
- 低通插值；
- 三次样条插值。

用于信道估计的基本估计器包括[1152, 1156~1158]：

- 最小二乘估计器；
- 最小均方误差(MMSE)估计器；
- 最大似然(ML)估计器；
- 参数信道建模估计器；
- 基于过滤器的估计器。

也可以进行二维插值。最小均方误差(MMSE)的最优解是二维维纳滤波插值[1152]。然而，二维插值的计算复杂性非常高。因此，可以将二维插值依次简化为频域和时域中两个级联的一维插值[1152]。采用这种方式，可以降低系统的复杂性。

在基于 OFDM 的认知无线电中，由于次用户可用子载波的位置是不连续的，因而传统的导频设计方法不再有效[1159]。为了得到令人满意的信道估计性能，文献[1160~1162]提出了一种移位导频方案[1160~1162]。根据频谱感知结果，停用一些导频音后，移位导频方案选择一些最近激活的数据子载波作为新的导频音。然而，导频音的位置没有进行优化[1159]。文献[1159]针对 OFDM 认知无线电系统，提出了一种高效的导频设计方法。可以将包括配置的导频设计看作是一个优化问题。此外，文献[1163]针对具有空边缘子载波的信道估计，提出了一种 OFDM 导频设计方案。频带边缘上的空子载波可以降低邻信道干扰[1163]。人们使用了一种任意阶多项式参数化的导频子载波索引[1163]。

盲信道估计[1164~1166]和半盲信道估计[1167~1169]也可应用于 OFDM 系统中。文献[1170~1175]研究了 OFDM 系统中的联合信道估计和同步问题。

9.4　峰值功率问题

一个 OFDM 符号是许多独立调制子载波叠加的结果。如果这种叠加连贯执行，则 OFDM 信号的瞬时功率将会很大，这会导致峰均功率比(PAPR)较高。高 PAPR 会降低发送端线性功率放大器的效率。如果功率超出功率放大器的线性区域，则 OFDM 信号将会出现失真。同时，高 PAPR 要求接收端拥有动态范围大、分辨率高的模拟/数字转换器(ADC)[68]。因此，我们需要降低 OFDM 通信系统的峰均功率比(PAPR)。连续时间信号的峰均功率比(PAPR)为[68]

$$\mathrm{PAPR}=\frac{\max\{|x(t)|^2\}}{E\{|x(t)|^2\}} \tag{9-8}$$

且离散时间信号的峰均功率比(PAPR)为

$$\mathrm{PAPR}=\frac{\max\{|x(n)|^2\}}{E\{|x(n)|^2\}} \tag{9-9}$$

存在许多用于降低 OFDM 信号峰均功率比(PAPR)的方法[68, 1176~1178]：

- 修剪和加窗[1179, 1180]；
- 自适应符号选择方案[1179]；
- 选择性映射[1181~1183]；
- 部分传输序列[1183~1187]；
- 相位优化[1188]；
- 非线性压缩扩张[1189]；
- 特殊编码技术[1190]；
- 星座成形[1191, 1192]；
- 脉冲成形[1193]。

9.5　自适应传输

自适应传输能适应编码和调制方式以及其他信号和协议参数(如发射功率、基于占优信道条件的信号带宽)，以提高频谱效率。自适应传输需要发送端的一些信道状态信息。存在各种可用作信道状态信息的不同指标，如信噪比(SNR)、信干噪比(SINR)、误码率(BER)和分组差错率(Packet Error Rate, PER)[1194]。可以在衰落信道上使用自适应传输，以提高能效，提高数据速率[1195]。同时，自适应传输可以根据无线电干扰，来修改传输方案。

自适应传输可以应用于 MIMO 系统中。该系统拥有多条信道增益不同的空间子信道。我们可以动态确定编码和调制方式以及为每个子信道的发射功率。文献[1196]通过实验，对 MIMO WiMAX 中具有有限反馈的自适应调制和编码方案进行了评估。对于自适应 MIMO 传输来说，空间相关矩阵的条件数可用于 MIMO 信道空间选择性的一个指标[1197]。自适应算法在空间复用、双空时发射分集和波束形成中选择 MIMO 传输方法，以提高目标误差率性能和发射功率的频谱效率[1197]。

可以在频域内存在多个并行子信道的 OFDM 系统中使用自适应传输。需要为每条子信道选择独立的编码和调制方式[1194]。高级别调制和高速率编码方案将用于信道条件好的子信道上[1194]。为了支持自适应传输，应当确定自适应阈值和自适应速率[1194]。同时，当探讨自适应传输时，还应当将反馈开销和计算开销考虑在内。例如，基于 OFDM 系统的子频带而不是子载波的自适应传输可以降低苛刻的开销[1194]。文献[1198~1201]探讨了OFDM 系统的自适应传输问题。

我们以自适应调制为例，来说明 OFDM 系统中的自适应传输是如何工作的。假设存在 N 个子信道，不考虑符号间干扰(ISI)和载波间干扰(ICI)。分配给第 n 条子信道的功率为 P_{tn}。与调制方式对应的第 n 条子信道传输的比特数为 b_n。基于发射功率、子信道增益和调制方式，我们可以得到误码率(BER)。第 n 条子信道的误码率是 P_{en}。当数据速率和误码率的约束条件给定时，如果我们希望实现发射总功率最小化，则比特加载的自适应调制优化问题可以表示为

$$
\begin{aligned}
&\text{在满足}\\
&\sum\nolimits_{n-1}^{N} b_n = b_{\text{target}}\\
&P_{en} \leqslant P_{\text{etarget}},\ n=1,2,\cdots,N\\
&\text{的前提下，实现}\\
&\sum\nolimits_{n-1}^{N} P_{tn}\\
&\text{的最小化}
\end{aligned}
\tag{9-10}
$$

其中，b_{target} 是在一个 OFDM 符号上传输的最小比特数，P_{etarget} 是最大可容忍误码率。当发射功率和误码率的约束条件给定时，如果我们想实现数据速率最大化，则相应的最优化问题为

$$
\begin{aligned}
&\text{在满足}\\
&\sum\nolimits_{n=1}^{N} P_{tn} \leqslant P_{\text{ttarget}}\\
&P_{en} \leqslant P_{\text{etarget}},\ n=1,2,\cdots,N\\
&\text{的前提下，实现}\\
&\sum\nolimits_{n=1}^{N} b_n\\
&\text{的最大化}
\end{aligned}
\tag{9-11}
$$

其中，P_{ttarget} 是一个 OFDM 符号的最大发射总功率。

存在用于解决优化问题的 3 种基本自适应调制算法：

- Hughes-Hartogs 算法[1202, 1203]；
- Chow 算法；
- Fischer 算法[1204, 1205]。

Hughes-Hartogs 算法是一种基于梯度分配的贪婪算法。该算法对用于在每个子信道传输 1 个额外比特的每个增量功率进行了比较。

我们将在增量功率最小的子信道中添加 1 个比特。整个过程重复进行，直到 b_{target} 实

现。Chow 算法基于子信道容量加载比特，而 Fischer 算法在误码率最小化的前提下分配比特。

一般情况下，自适应传输还包括为各种 OFDM 系统动态分配无线资源[506, 1206, 1207]。

9.6　频谱成形

由于在 OFDM 信号中，容易实现功率控制、自适应传输和脉冲成形，因而对于基于 OFDM 的宽带无线通信来说，可以执行频谱成形。频谱成形在干扰管理和动态频谱接入(DSA)等领域发挥着重要作用。因此，OFDM 是认知无线电网络中频谱接入和频谱共享使用的关键技术。文献[1208]提出了基于 OFDM 的认知无线电信号的频谱成形方案。调制后的 OFDM 子载波受到高旁瓣的影响，这会导致邻信道干扰(Adjacent Channel Interference，ACI)[1208]。因此，主动抵消载波和升余弦加窗可用于降低邻信道干扰[1208]。文献[1209]提出了使用自适应符号变换来实现基于 OFDM 的频谱共享系统的旁瓣抑制。可在 OFDM 符号中添加一个扩展，它可以通过使用优化方法进行计算，以实现邻信道干扰最小化[1209]。同样，文献[1210]研究了通过插入抵消载波来降低 OFDM 系统中带外辐射的方案。文献[1211]研究了基于 OFDM 的频谱接入的谱造型问题。思路是在 OFDM 信号中添加 1 个抵消信号，以消除目标谱带中由数据音造成的干扰，使得主用户接收到的干扰非常有限[1211]。文献[1212 ~ 1214]研究了主动干扰消除问题。动态频谱成形已应用于认知无线电，用来避免授权用户使用的频带，并在认知无线电接收端维持指定的目标 SINR[1215]。

在认知无线电中，通过停用位于主用户占用的谱带的子载波，可以将非连续正交频分复用(NC-OFDM)应用于频谱成形。文献[539]提出了认知进行无线电中 NC-OFDM 收发信机的一种高效实现方案。主要思路是对快速傅里叶变换(FFT)快速高效地修剪[539]。同样，文献[1216]介绍了认知无线电系统中针对 NC-OFDM 的低功耗 FFT 设计方案[1216]。文献[1217]研究了基于 NC-OFDM 的认知无线电的资源分配问题。可采用优化组合来实现 QoS 的维护[1217]。

9.7　正交频分多址接入

OFDMA 是一种基于流行 OFDM 数字调制方式的多址技术[1218]。OFDMA 是一种很有前途的技术，能够提高多用户无线通信的传输可靠性和效率[1219]。文献[1219]研究了 OFDMA 系统中复用和分集之间的基本关系。当目标复用增益给定时，提出的 H 匹配方法实现了最佳损耗性能，这表明通过分配子载波能够实现最佳分集复用折中[1219]。对于绿色通信来说，文献[1220]讨论了下行链路 OFDMA 网络中的能量效率和频谱效率的折中问题。在能量效率和频谱效率通用折中框架下，频谱效率中的能量效率是严格拟凹的[1220]。文献[1221]考虑了 OFDMA 频谱共享系统中的上行链路同步问题。文献[1221]研究了多个非同步用户的频率和定时误差的估计问题。

最优无线资源分配可以提高 OFDMA 下行链路系统性能[1222]。加权速率和最大化和加权和功率最小化的问题可以与每个数据音至少被一个用户使用的假设同步考虑[1222]。

由于原始资源分配问题的非凸性，因而可以使用拉格朗日对偶分解方法[1222]。文献[1223]提出了针对基于OFDMA的认知无线电网络、具有H.264可扩展视频传输应用的资源分配方案。对于可扩展视频序列来说，我们考虑了最小和最大速率约束条件[1223]。在考虑主用户干扰容限的前提下，整数规划可用于确定如何为不同认知无线电用户分配无线资源[1223]。文献[1224]也研究了OFDMA认知无线电系统的无线电资源分配问题。研究人员针对OFDMA无线资源分配，开发出一种3步跨层优化方案，以保持用户之间的公平性，并实现总容量的最大化[1224]。对于认知无线电网络中的组播服务来说，文献[1225]将认知组播的预期总速率最大化作为设计目标，提出了一种高效联合子载波和功率分配方案。

研究人员探讨了基于OFDMA的认知无线电系统下行链路中的联合跨层调度和频谱感知问题[1226]。可以在次用户中调整功率分配和子载波分配，来对系统效用进行优化[1226]。同时，文献给出了使用原-对偶分解法的跨层感知和调度设计的分布式实现方案[1226]。文献[1227]研究了基于OFDMA的中继网络的分布式资源分配问题。在中继节点处使用认知无线电技术，可以提高数据速率和用户公平性[1227]。迭代充水及其变种可被应用于资源分配[1227]。文献[1228]提出了一种具有认知无线电功能的新型多蜂窝OFDMA网络子信道和功率分配方案，它充分考虑了蜂窝间干扰及其对主用户的干扰。可以利用对偶分解法推导出一种分布式算法[1228]。同样，文献[1229]对基于多蜂窝OFDMA的认知无线电网络共存和优化问题进行了研究，该网络与多蜂窝主用户无线网络重叠。一种基于拉格朗日对偶的技术可用于优化多个蜂窝上次用户的加权速率和[1229]。文献[1230]提出了一种基于OFDMA的认知无线电网络中的干扰感知无线电资源分配方案，并对来自于认知无线电的带外发射和作为不完美频谱感知结果的干扰进行了明确研究。可以将资源分配问题看作是一个混合整数非线性规划问题[1230]。为了对抗被动多天线窃听者和发射端的非完美信道状态信息效应，文献[1231]针对OFDMA解码-转发中继网络，提出了一种安全的资源分配和调度方案，它对分组数据速率、保密数据速率、功率和子载波分配策略进行优化，以实现平均保密中断容量最大化。文献[1232]研究了认知无线电Ad Hoc网络中的分布式节能频谱接入问题。通过将无约束优化方法与约束分区流程结合起来，人们提出了一种完全分布式子载波选择和功率分配算法[1232]。文献[1233]也讨论了具有频谱共享约束条件的认知无线电Ad Hoc网络的分布式资源分配问题[1233]。为了实现分布式解决方案，文献[1233]对对偶分解框架进行了探讨。

文献[1234]针对基于OFDMA的认知无线电系统，引入了一种新型频谱交易模型。为了实现更好的效用，主用户可以就其稀疏子载波与次用户开展交易[1234]。文献[1234]还考虑了定价策略和市场均衡问题。同样，文献[1234]针对基于OFDMA的认知无线电系统，提出了联合定价及资源分配方案[1235]。次用户试图实现其容量最大化，在3个不同约束条件(即发射总功率、共享子信道的给定预算和对主用户的容许干扰)[1235]。文献[1236]探讨了在OFDMA中使用纳什协商来实现高效资源分配和灵活信道合作的问题。在协同认知无线电网络中，次用户为主用户协同中继数据，以便接入频谱[1236]。文献[1236]提出一种灵活信道合作的新型设计，它支持次用户自由优化信道使用，来为主用户和自己传输数据。

9.8 MIMO OFDM

可以同时采用 MIMO 和 OFDM 技术，来实现高容量、高可靠性的无线连接[1237~1241]。文献[1242~1244]研究了 MIMO OFDM 系统同步的问题。文献[1245~1252]讨论了 MIMO OFDM 系统的信道估计问题。可以将自适应传输扩展到 MIMO OFDM 系统[1253~1255]。文献[1256~1262]开发了 MIMO OFDMA 系统的各种无线资源分配和管理策略，来对多用户系统的性能进行优化。

9.9 OFDM 认知无线电网络

OFDM 的基本感知和频谱成形能力，连同它的灵活性和适应性，可能使其成为认知无线电网络的最佳传输技术，可以执行动态频谱接入(DSA)和频谱共享功能[1263,1264]。

文献[1265]提出了 OFDM 认知无线电系统的最优和次优功率分配方案。此外，文献[1266]开发出一种具有统计干扰约束条件的自适应功率负载方案。认知无线电发射机不需要来自于主用户接收机的瞬时信道质量反馈[1266]。文献[1267]还研究了一种高效的功率负载方案。只要产生的干扰位于主用户的干扰温度极限之内，则认知无线电可以同时使用主用户的激活和非激活频带[1267]。文献[1268]探讨了在 OFDM 认知无线电系统中使用风险回报模型来执行节能功率分配问题[1268]。基于风险回报模型，可以生成一个凸优化问题[1268]。文献[1269]提到了一种快速功率分配算法。可以将 OFDM 认知无线电系统中的资源分配看作是一个需要考虑子载波、比特及功率的多维背包问题[1270]。文献[1270]提出了一种低复杂度的、贪婪的最大最小算法，来提供近似最优解。文献[1271]探讨了考虑实时和非实时应用时，跨层资源分配也可应用在基于 OFDM 的多用户认知无线电系统中。由于可用频谱的动态特性，文献[1271]还明确提到了两方面的挑战，即问题的可行性和虚假紧迫感。

针对 OFDM 认知无线电系统，文献[1272]提出了一种用于在用户之间提供良好公平性的分布式资源分配算法。文献[1273]研究了下行链路基于 OFDM 的认知无线电网络的队列感知子信道和功率分配问题。仅为队列积压小的次用户提供足够高的速率，以支持他们的要求，且剩余无线资源在高度积压用户之间进行共享[1273]。可以将文献[1273]中的工作扩展到文献[1274]中的下行链路 OFDMA 认知无线电网络。文献[1275]研究了与基于 OFDMA 的主用户系统共享频谱的 OFDM 认知无线电系统可实现的数据速率。速率损失约束条件可用于主传输保护[1275]。文献[1276]开发了 OFDM 认知无线电系统的中继和功率分配方案。使用中继技术，可以对认知无线电的容量进行优化，而发射总功率是有界的，且引入到主用户的干扰需要保持在规定的阈值范围内[1276]。对应的优化问题是一个混合整数问题，它是 NP 难的[1276]。

文献[397]讨论了基于 OFDM 技术的认知无线电网络中的鲁棒发射功率控制问题，给出了多用户动态功率控制的鲁棒优化问题[397]。鲁棒优化可以保证在最坏的情况下，实现可接受的性能。鲁棒优化是一种保守方法，但它可以提供无缝通信[397]。由于认知无线电网络中的动态特性和通过反馈信道引入的延迟，因而难以获取干扰的准确、实时信息[397]。因此，通过考虑最坏情况下干扰和噪声中的不确定性，鲁棒优化为我们提供了一种解决该问题的方法[397]。多用户无线资源分配是一个博弈问题。利用鲁棒迭代充水算法，可以解决鲁棒博弈问题[397]。

在认知无线电网络中，可以同时利用 OFDM 和 MIMO 技术来支持无线传输。文献[1277～1283]对基于 MIMO-OFDM 的认知无线电网络进行了研究。在这些研究工作中，大多都涉及无线电资源管理。

9.10　小结

本章介绍了 OFDM 传输技术，并讨论了 OFDM 系统的关键问题，包括 OFDM 实现、载波间干扰(ICI)、同步、信道估计、峰值功率问题、自适应传输、频谱成形、OFDMA 等。OFDM 是认知无线电网络中使用的基础传输技术。OFDM 可以很好地支持动态频谱接入(DSA)和频谱共享。

第10章 博 弈 论

10.1 博弈的基本概念

在认知无线电网络中，存在许多次用户以及可能的攻击者，每个人都有其自己的行动和收益；只要次用户通常配备有功能强大的计算设备，就可以将其看作是一个理性主体。因此，引入博弈论是再自然不过的事情，主要研究认知无线电网络中代理之间的交互。博弈论可追溯至20世纪初[1284]，用于分析可能出现的冲突或合作以及理性玩家的相应策略。在本节中，我们将介绍博弈论的基本概念。博弈的种类很多，如战略式博弈、重复博弈、随机博弈、微分博弈等。文献[1285]对博弈论进行了全面介绍。文献[1286]从计算机科学的角度，对博弈论进行了更现代的介绍。文献[1287]和[1288]讨论了动态系统(如马尔可夫过程或连续时间系统)中的博弈。在本书中，作为对博弈论的初步介绍，我们重点关注最简单的战略式博弈，它为我们研究更为复杂的博弈提供了一个起点，然后我们对贝叶斯博弈和随机博弈进行了简要介绍，这两种博弈是通过多个阶段实现的。

10.1.1 博弈元素

为简单起见，我们假设博弈中存在两个玩家。不难将两个玩家的博弈扩展到多个玩家的一般情况。在我们对博弈进行正式描述之前，首先解释著名的博弈例子——囚徒困境，它将作为贯穿整个引言部分的例子。在这个博弈中，有两名囚徒被指控犯罪，只有当一名或两名囚徒坦白，才可以对他们进行定罪。如果一名囚徒坦白，而另一名囚徒没有坦白，则后者将被判处6年有期徒刑，而前者可以无罪释放。如果两名囚徒都坦白，则他们都将被判处5年有期徒刑。如果两名囚徒都不坦白，则他们都将被判处1年有期徒刑。正如将要看到的那样，该博弈会产生一个令人非常惊讶的结果。

在两个玩家的战略式博弈中，我们假定每个玩家具有以下元素：

• 行动：每个玩家都可以采取数量有限的行动。我们用 $A_i=\{a_{i1},\cdots,a_{in_i}\}$ 来表示玩家 i 的行动集，其中 a_{ij} 代表一个行动，n_i 代表行动总数。以囚徒困境为例，我们有 $a_{11}=a_{21}=$ 认罪和 $a_{12}=a_{22}=$ 不认罪。显然，$n_1=n_2=2$。

• 策略：每个玩家可以以随机的方式选择行动。我们用 π_{ij} 表示玩家 i 选择行动 j 的概率。我们将行动的概率称为策略，对于玩家 i 来说，其策略用 $\boldsymbol{\pi}_i$ 表示。当存在一个 j，使得 $\pi_{ij}=1$，我们称之为纯策略，即玩家 i 只能选择行动 j；否则，我们称之为混合策略，因为玩家有一种以上的选择。在囚徒困境的例子中，囚徒1的策略是坦白概率为0.6，不坦白概率为0.4。囚徒可以通过抛掷不对称硬币来做决定。

• 收益：玩家选择其行为后，他们将得到收益，它是行动的函数。我们用 $\boldsymbol{r}_i(a_{1m},$

a_{2n})来表示玩家 i 选择行动 a_{1m} 和 a_{2n} 的收益。例如，如果一名囚徒选择不坦白，但另一名囚徒选择坦白，则该罪犯的收益为 -6。收益可以由下表来表示：

$$\begin{pmatrix} (-1,\ -1) & (-6,\ 0) \\ (0,\ 6) & (-5,\ -5) \end{pmatrix} \tag{10-1}$$

其中，行和列分别表示玩家 1 和玩家 2 的行动。收益的一种特殊类型是 $r_1(a_{1m}, a_{2n}) = -r_2(a_{1m}, a_{2n})$，即这两个玩家的收益之和为 0。我们称之为“零和”博弈。通常情况下，我们用它来为存在完全利益冲突的两个玩家之间的博弈建模。在零和博弈中，我们只需要指定一个玩家的收益。其他玩家得到相应的收益。显然，两名囚徒之间的博弈不是零和博弈。

10.1.2　纳什均衡：定义与存在

现在，我们讨论博弈的纳什均衡，它是博弈论中的关键概念，也是现代经济学的基石。它是以传奇数学家约翰·纳什[1289]的名字命名的。首先，每个玩家的预期收益可表示为

$$\overline{R}_i(\pi_1, \pi_2) = \sum_{j=1}^{n_1}\sum_{k=1}^{n_2}\pi_{1j}\pi_{2k}\boldsymbol{r}_i(a_{1j}, a_{2k}),\ i = 1, 2 \tag{10-2}$$

我们假定这两个玩家都是理性的。因此，他们希望选择能够实现自己预期收益最大化的策略。然而，当玩家 1 策略固定时，玩家 2 可能会改变其策略，使得玩家 1 的预期收益降低。因此，每个玩家必须考虑对方可能采取的策略，并做出相应的决定。那么，他们如何在这种双边决策的场景中决定自己的策略呢？正如我们将要看到的，如果玩家都是理性的，则他们只能在纳什均衡中选择策略。

我们称一对策略(用 π_1^* 和 π_2^* 来表示)为纳什均衡，如果

$$\begin{cases} \overline{R}_1(\pi_1^*, \pi_2^*) \geqslant \overline{R}_1(\pi_1, \pi_2^*),\ \forall \pi_1 \\ \overline{R}_2(\pi_1^*, \pi_2^*) \geqslant \overline{R}_2(\pi_1^*, \pi_2^*),\ \forall \pi_2 \end{cases} \tag{10-3}$$

式(10-3)的直观解释是，在纳什均衡中，如果一个玩家单方面改变自己的策略，则它的预期收益将减少。因此，在纳什均衡中，两个玩家都不希望改变自己的策略，因而博弈达到了一种平衡。

我们使用囚徒困境的例子来检验这一理念。现在，我们只考察纯策略，并将通过另一个例子来检查混合策略。显然，纯策略(坦白，坦白)不是一个纳什均衡，因为如果玩家 1 改变其行动，不再坦白，他可以将其收益从 -1 提高到 0，这与纳什均衡的定义矛盾。同样，纯策略(坦白，不坦白)也不是一个纳什均衡，因为采取不坦白行动的囚徒会将其行为改变为坦白，这样其收益将从 -6 提高到 -5。最后，纯策略(坦白，坦白)是一个纳什均衡，因为如果囚徒改变为不坦白，其收益将从 -5 降低到 -6。分析表明，这两个囚徒都会选择坦白，这样他们都会被判处 5 年有期徒刑，与两个囚徒都不坦白的情形(两人均会被判处 1 年有期徒刑)相比，这是一个更糟糕的结果。

我们已经看到，在囚徒困境的例子中，存在一个纯策略纳什均衡。然而，并不是每个博弈都有纯策略纳什均衡。下面考虑一个零和博弈，每个玩家有两种行为，收益表如下：

$$\begin{pmatrix} (2,\ -2) & (1,\ -1) \\ (1,\ -1) & (3,\ -3) \end{pmatrix} \tag{10-4}$$

我们可以验证纯策略的4种所有可能组合都不是纳什均衡。例如，当纯策略是$(a_{11},\ a_{21})$时，收益是2和-2。于是，玩家2想将行为改变为a_{22}，这样他的收益将从-2增加到-1。那么，这是否意味着这个博弈没有纳什均衡？不是。我们还没有检查混合策略。实际上，很容易验证如下混合策略是纳什均衡：

$$\begin{cases} \pi_{11} = \dfrac{2}{3},\ \pi_{12} = \dfrac{1}{3} \\ \pi_{21} = \dfrac{2}{3},\ \pi_{22} = \dfrac{1}{3} \end{cases} \tag{10-5}$$

验证过程留作练习(问题1)。

现在，我们已经检查了两场博弈的纳什均衡。一个问题自然产生：是否每个战略式博弈都有纳什均衡？答案是肯定的：每个有限的[⊖]战略式博弈至少有一个纳什均衡。文献[1285]第3.12节给出了严格的证明。由于篇幅有限，我们在这里不再赘述。

10.1.3 纳什均衡：计算

一旦我们解决了纳什均衡的存在问题，接下来的问题是如何寻找纳什均衡。文献[1286]第2章对寻找纳什均衡的计算复杂度进行了详细严格的讨论。在这本书中，我们提供了计算纳什均衡的一些方法技巧，如图10-1所示。我们首先考虑收益的一般情况。我们用S_i表示玩家i将以非零概率采取的行动集。于是，如果行动集$\boldsymbol{S}_1$和$\boldsymbol{S}_2$上存在一个纳什均衡$(\boldsymbol{\pi}_1,\ \boldsymbol{\pi}_2)$，即在纳什均衡处两个玩家将其行为限制在这两个行动集内，则不一定存在数字w_1和w_2，使得下面条件都得到满足：

$$\begin{cases} \sum_{y \in S_2} \pi_{2y} \boldsymbol{r}_1(x,\ y) = \omega_1,\ x \in S_1 \\ \sum_{y \in S_1} \pi_{1x} \boldsymbol{r}_2(x,\ y) = \omega_2,\ x \in S_2 \\ \pi_{ij} = 0,\ i = 1,\ 2,\ j \notin S_i \\ \sum_{j \in S_i} \pi_{ij} = 1,\ i = 1,\ 2 \end{cases} \tag{10-6}$$

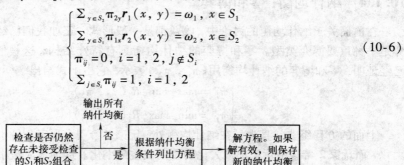

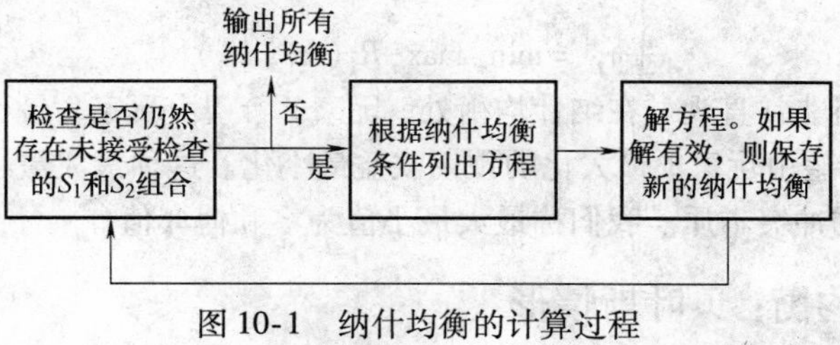

图10-1 纳什均衡的计算过程

很容易理解最后两个方程，因为它们只是S_i的定义和概率的归一化条件。前两个方程对纳什均衡更为重要。第1个方程的直观解释是，在纳什均衡处，采取行动x的预期

⊖ 这里的有限是指行为集是有限的。

收益，即$\sum_{y\in S_2}\pi_{2y}\boldsymbol{r}_1(x,y)$与在$S_1$中采取任何其他行动的预期收益相同。否则，当玩家1采取行动1时，他可以得到更高的预期收益，则它采取行动1的概率就会更高，这样会破坏纳什均衡。第2个方程的解释也是如此。通过求解上面的线性方程，我们可以得到纳什均衡处的策略，这是相当简单的。真正的挑战是如何选择集合。遗憾的是，不存在寻找S_1和S_2的系统方法。一种方法是穷举搜索S_1和S_2的所有可能组合。在某些情况下，我们还可以综合考虑一些纳什均衡的先验信息。

我们使用具有式(10-3)中定义的收益的博弈，来说纳什均衡计算。首先，我们假定$S_1=\{a_{11},a_{12}\}$和$S_2=\{a_{21},a_{22}\}$，即两个玩家将以非零概率采取每个行动。于是，根据式(10-6)中的前两个方程，我们有

$$\begin{cases}2\pi_{21}+(1-\pi_{21})=\pi_{21}+3(1-\pi_{21})\\-2\pi_{11}-(1-\pi_{11})=-\pi_{11}-3(1-\pi_{11})\end{cases}\tag{10-7}$$

需要注意的是，已经隐式包含了式(10-6)中的最后一个条件，因为我们假设$\pi_{12}=1-\pi_{11}$和$\pi_{22}=1-\pi_{21}$。求解该方程组，结果为$\pi_{11}=1/3$和$\pi_{21}=1/3$。

我们也可以将囚徒困境作为另一个例子。首先，我们假定$S_1=\{a_{11},a_{12}\}$和$S_2=\{a_{21},a_{22}\}$。于是，根据式(10-6)的条件，我们有

$$\begin{cases}-\pi_{21}-6(1-\pi_{21})=-5(1-\pi_{21})\\-\pi_{11}-6(1-\pi_{11})=-5(1-\pi_{11})\end{cases}\tag{10-8}$$

显然，这些方程组无解。所以，假设$S_1=\{a_{11},a_{12}\}$和$S_2=\{a_{21},a_{22}\}$不成立。因此，我们应该检查S_1和S_2的其他可能组合。最后，我们会发现，(坦白，坦白)是唯一的纳什均衡。

10.1.4 纳什均衡：零和博弈

在前面关于纳什均衡的讨论中，收益都是一般形式。正如我们已经介绍的，零和博弈是一种重要博弈类型。零和博弈的纳什均衡具有特殊结构，这是值得特别介绍的。已经证明，零和博弈的纳什均衡用(π_1^*,π_2^*)表示，它由下式给出

$$\begin{cases}\pi_1^*=\max_{\pi_1}\min_{\pi_2}R_1(\pi_1,\pi_2)\\\pi_2^*=\min_{\pi_2}\max_{\pi_1}R_1(\pi_1,\pi_2)\end{cases}\tag{10-9}$$

上面的方程组非常直观。在纳什均衡处，玩家1希望由玩家2最小化的预期收益最大化，而玩家2希望由玩家1最大化的预期收益最小化。这种最大最小和最小最大结构体现了零和博弈的冲突本质。我们称最大最小值为零和博弈值。

10.1.5 纳什均衡：贝叶斯情形

在前面的讨论中，我们假设玩家完全知道对方的收益。然而，在许多情况下，这种假设可能不成立。正如我们将要讨论的，在协同频谱感知中，次用户可能无法确切知道合作者的可信赖程度：他可能是诚实的合作者，也可能是恶意攻击者。对于两种不同的可能性，其他玩家可能具有不同的收益。当合作者是攻击者(诚实次用户)时，当频谱感知失败时，他的收益为正(负)。在这种情况下，我们说博弈中存在不完整信息。

为了更好地描述此类博弈，我们定义每个玩家的类型，用t_i表示玩家i，用T_i表示可能的类型集。例如，协同频谱感知中的合作者可能有两种类型：诚实或恶意。每种类型都意味着一组收益。玩家i的收益不仅取决于两个玩家的行动，而且也取决于合作者的类型。因此，玩家的收益可表示为$\boldsymbol{r}_i(t_i, a_1, a_2)$。

玩家会互相猜测对方的类型。当玩家i自身的类型为t_i时，我们用$p_i(t_{-i}|t_i)$表示其他玩家具有类型t_{-i}的概率（这里$-i$表示除玩家i之外的玩家）。我们假设概率$\{p_i(t_{-i}|t_i)\}_{i, t_i, t_{-i}}$对两个玩家是完全已知的。

每个玩家的策略也与自己的类型有关。以协同频谱感知为例，恶意合作者将更有可能发送一份虚报，而诚实的合作者总是发送自己的观测值。因此，该策略可以记为$\boldsymbol{\pi}_i(\cdot|t_i)$。我们表示为$\boldsymbol{\pi}_i=\{\boldsymbol{\pi}_i(\cdot|t_i)\}_{t_i\in T_i}$。于是，当玩家$i$具有类型$j$时，其预期收益将是

$$\overline{R}_i(\boldsymbol{\pi}_1, \boldsymbol{\pi}_2|t_i)=\sum_{t_{-i}\in T_{-i}}P_i(t_{-i}|t_i)\sum_{j=1}^{n_1}\sum_{k=1}^{n_2}\pi_{1j}(a_{1j|t_1})\pi_{2k}(a_{2k}|t_2)r_i(a_{1j}, a_{2k}) \tag{10-10}$$

与具有完备信息的战略式博弈相比，具有不完备信息的玩家必须考虑其他玩家的不同可能类型，因为对手的类型能够影响其收益。

对于贝叶斯博弈来说，我们可以定义贝叶斯均衡。在贝叶斯均衡中，对于每个玩家i及其自身的每种类型t_i，它满足下面的公式

$$\begin{cases}\boldsymbol{\pi}_1^*(\cdot|t_1)=\arg\max_{\pi}\overline{R}_1(\boldsymbol{\pi}, \boldsymbol{\pi}_2^*|t_1)\\ \boldsymbol{\pi}_2^*(\cdot|t_2)=\arg\max_{\pi}\overline{R}_2(\boldsymbol{\pi}_1^*, \boldsymbol{\pi}|t_2)\end{cases} \tag{10-11}$$

与纳什均衡类似，在贝叶斯均衡处，根据对手类型的信任，单方面改变策略并不能增加预期收益。显然，贝叶斯均衡的计算比较更为复杂。

10.1.6　纳什均衡：随机博弈

在战略式博弈和贝叶斯博弈中，博弈仅持续一个快照。然而，在很多问题中，博弈可能会持续很多阶段。此外，也有可能存在系统状态随时间不断发生变化（通常受到两个玩家的行动影响），且收益与系统状态有关。例如，在认知无线电网络中，可以将队列长度看作是系统状态。每个次用户的收益可能与系统状态有关。例如，在其队列中具有多个数据包的次用户接入频谱远比数据包较少的次用户接入网络重要。队列长度的演变也与次用户采取的行动（即接入信道）有关。我们将此类多阶段、状态相关的博弈称为随机博弈。需要注意的是，可以将随机博弈看作是单阶段博弈向多阶段博弈的一种扩展。同时，我们也可以将其看作是从第8章中讨论的单个决策者优化问题到多个理性决策者情形的一种扩展。

为了描述随机博弈，除了战略式博弈中定义的元素之外，我们还有如下要素：

- 系统状态：简单起见，我们假设存在有限多个系统状态，记为$s_1, \cdots, s_M$。可能状态的集合用S表示。
- 状态转换：我们假设状态转换是马尔可夫的，即状态转换仅与当前系统状态和

玩家的行为有关。我们用 $Q(s_m|s_n, a_1, a_2)$ 来表示当玩家行为分别为 a_1 和 a_2 时，系统状态从 s_n 转移到 s_m 的概率。

• 收益：在每个阶段，每个玩家的收益是由行动和当前系统状态决定的。我们用 $r_i(a_1, a_2, s_m)$ 来表示当行动为 a_1 和 a_2，系统状态为 s_m 时，玩家 i 的收益。于是，总收益是各个阶段收益的累积。存在两种可能的总收益定义。一种是奖励的贴现和，它可表示为

$$R_i = \sum_{t=0}^{\infty} \beta^t r_i(a_1(t), a_2(t), s_m(t)) \tag{10-12}$$

其中，$0<\beta<1$ 是贴现因子。总收益的另一个定义是平均总收益，它可表示为

$$R_i = \lim_{T\to\infty} \frac{1}{T} \sum_{t=0}^{T} r_i(a_1(t), a_2(t), s_m(t)) \tag{10-13}$$

为简单起见，我们只考虑式(10-12)中的贴现和，由于分析比较简单。平均收益的分析要复杂得多，读者可参阅文献[1288]。

• 状态相关的策略：现在，每个玩家的策略应当和当前的系统状态有关，因为它需要考虑受当前状态以及未来系统状态演化约束的收益。我们用 $\pi_i(\cdot|s)$ 来表示当前系统状态为 s 时玩家 i 的策略，用 $\boldsymbol{\pi}_i$ 表示 $\pi_i(\cdot|s)$ 的集合。

对于随机博弈，我们将纳什均衡定义为策略对 $(\boldsymbol{\pi}_1^*, \boldsymbol{\pi}_2^*)$，它满足

$$\begin{cases} E[R_1](\boldsymbol{\pi}_1, \boldsymbol{\pi}_2^*) \leqslant E[R_1](\boldsymbol{\pi}_1^*, \boldsymbol{\pi}_2^*) \\ E[R_2](\boldsymbol{\pi}_1^*, \boldsymbol{\pi}_2) \leqslant E[R_2](\boldsymbol{\pi}_1^*, \boldsymbol{\pi}_2^*) \end{cases} \tag{10-14}$$

同样，在纳什均衡处，单方面改变策略不会增加预期收益。它与单阶段博弈唯一的区别是随机博弈需要考虑无限多阶段的奖励。

下一步我们将研究随机博弈的纳什均衡。为了简化分析，我们假定，博弈是零和博弈，即 $r_2=-r_1$。文献[1288]对一般零和博弈进行了讨论。首先，我们定义 $\boldsymbol{R}(s)$，$\forall s \in S$。对于给定的系统状态 s，$\boldsymbol{R}(s)$ 包含玩家 1 与不同行动对有关的收益，即

$$(\boldsymbol{R}(s))_{mn} = r_1(s, a_{1m}, a_{2n}) \tag{10-15}$$

由于我们只考虑零和博弈，因而针对每个状态的收益信息可以归纳在一个矩阵内。于是，我们定义一个值向量 $\boldsymbol{v}$，它的每个元素对应于某个状态的预期收益。例如，$\boldsymbol{v}_1$ 是当前状态为 s_{11} 时，玩家 1 的预期收益。基于 $\boldsymbol{R}(s)$ 和 $\boldsymbol{v}$ 的定义，我们将另一个矩阵 $\hat{\boldsymbol{R}}(s, v)$ 定义为

$$(\hat{R}(s, v))_{mn} = r(s, a_{1m}, a_{2n}) + \beta \sum_{s'\in S} p(s'|s, a_{1m}, a_{2n})\, v(s') \tag{10-16}$$

其中，$\boldsymbol{v}(s')$ 是对应于状态 s' 的 $\boldsymbol{v}$ 的元素。仔细阅读第 8 章的读者可能会感觉式(10-16)非常熟悉。是的，它与动态编程的 Bellman 方程非常相似。我们可以仔细观察式(10-16)的右边两项：第一项是当行动是 a_{1m} 和 a_{2n} 时玩家 1 的瞬时收益；第二项是未来的预期收益，因为考虑了所有可能的状态转换，且 $\boldsymbol{v}(s')$ 表示当下一个系统状态为 s' 时的未来收益。显然，式(10-16)的左侧是当行动是 a_{1m} 和 a_{2n}、当前系统状态为 s 时的预期收益。

显然，$\boldsymbol{R}$ 是已知的，因为假定瞬时收益是已知的。如果 $\boldsymbol{v}$ 是已知的，则也很容易得

到 $\widehat{\boldsymbol{R}}$。然而，v 仍然是未知的。没有 $\boldsymbol{v}$，当采取特定行动时，我们无法估计未来的奖励。幸运的是，沙普利证明，值向量 $\boldsymbol{v}$ 可以通过下面的等式由 $\widehat{\boldsymbol{R}}$ 确定[1290]：

$$\boldsymbol{v}(s)=val[\widehat{\boldsymbol{R}}(s,\boldsymbol{v})] \tag{10-17}$$

其中，val 表示由矩阵 $\widehat{\boldsymbol{R}}(s,\boldsymbol{v})$ 确定的零和博弈值。

式(10-17)看起来很美，实际上它是非常直观的。我们可以用如下方式来理解式(10-17)。首先，我们假设 $\boldsymbol{v}$ 是由核给出的。因此，当玩家采取特定行动时，瞬时收益和预期未来收益可以分别由 $\boldsymbol{R}$ 和 $\widehat{\boldsymbol{R}}$ 确定。于是，在当前系统状态给定的前提下，我们通过将预期未来收益合并到瞬时收益中，来把多阶段博弈简化为多个单级零和博弈，从而得到具有收益矩阵 $\widehat{\boldsymbol{R}}$ 的零和博弈。需要注意的是，我们拥有多个单阶段零和博弈，因为每个系统状态对应于一个博弈。最后，当玩家采取行动时，他们会选择与等效零和博弈对应的纳什均衡博弈。于是，零和博弈的值就等于值向量 $\boldsymbol{v}$ 中的相应元素。一旦 $\boldsymbol{v}$ 确定，当系统状态给定时，则纳什均衡处的策略也可通过分析具有收益矩阵 $\widehat{\boldsymbol{R}}$ 的零和博弈来得到。

虽然我们已经找到了用于描述值向量 $\boldsymbol{v}$ 的等式，但是仍不清楚如何计算 $\boldsymbol{v}$，因为针对函数 val，我们没有一个明确的表达式。幸运的是，我们拥有一些高效算法，主要用于计算某些特殊随机博弈的纳什均衡，我们将在下面介绍这些算法。

首先，我们考虑系统状态仅受 1 个玩家控制的特殊情况。不失一般性，我们假设这个控制玩家是玩家 1。于是，通过求解下面的线性规划问题

$$\begin{aligned}
&\min_{\boldsymbol{v},\,\pi_2}\sum_{s\in S}\boldsymbol{v}(s)\\
&s.t.\ v(s)\geqslant\sum_{a_2}\boldsymbol{R}(s)_{a_1,a_2}\pi_2(a_2|s)+\beta\sum_{s'\in S}p(s'|s,a_1)\boldsymbol{v}(s'),\ s\in S,\ \forall a_1\\
&\sum_{a_2}\pi_2(a_2|s)=1,\ \forall s\in S\\
&\pi_2(a_2|s)\geqslant 0,\ s\in S,\ \forall a_2
\end{aligned} \tag{10-18}$$

即可得到值向量和策略 $\boldsymbol{\pi}_2$。

存在许多能够解决上述线性规划问题的有效算法，如单纯形法或内点法。结论的严格证明是，在单控制器随机博弈的纳什均衡中，由于空间有限，往往忽略上述线性规划结果。这里，我们可以提供线性规划问题的一些直觉知识。第 2 个和第 3 个约束条件是显而易见的，因为它们是简单的概率归一化和非负性要求。第一个约束条件意味着，给定玩家 1 的行动，玩家 2 的策略总是试图降低玩家 1 的收益。因此，约束条件右侧总是小于或等于实际值。在目标函数中，均值实现了最小化，这代表玩家 2 的行动的影响。需要注意的是：线性规划的对偶形式也可用于计算值向量，且玩家 1 在纳什均衡处的策略可相应得到。详细信息请参阅文献[1288]第 94 ~ 95 页。

我们注意到，单状态控制器的假设被隐式地嵌入在式(10-18)的第一个约束条件中，其中，状态转换独立于玩家 2 的策略，因为状态仅与玩家 1 相关。当系统状态与两个玩家的行动相关时，优化问题可以改写为

$$\min_{\boldsymbol{v},\ \pi_2} \sum_{s \in S} \boldsymbol{v}(s)$$

使得 $v(s) \geqslant \sum_{a_2} \boldsymbol{R}(s)_{a_1,\ a_2} \pi_2(a_2 \mid s) + \beta \sum_{a_2} \sum_{s' \in S} p(s' \mid s,\ a_1,\ a_2) \boldsymbol{v}(s') \pi_2(a_2 \mid s),\ s \in S,\ \forall a_1$

$$\sum_{a_2} \pi_2(a_2 \mid s) = 1,\ \forall s \in \mathcal{S}$$

$$\pi_2(a_2 \mid s) \geqslant 0,\ s \in \mathcal{S},\ \forall a_2 \tag{10-19}$$

这里，我们在第一个约束条件中增加了玩家 2 策略的影响。玩家 2 策略的参与也使得优化问题变成非线性，因为存在值 $\boldsymbol{v}(s)$ 和概率 $\pi_2(a_2 \mid s)$ 的积。因此，我们不能再利用线性规划方法，来解决优化问题。可以使用许多其他方法（如牛顿法）来解决优化问题。更多细节，请读者参阅文献[1288]的第 3.7 节。

在本章剩余部分，我们将使用认知无线电中的 3 种典型博弈（即主用户模仿攻击、信道同步和协同频谱感知），来说明博弈论的上述解释。我们将 3 类博弈归纳于表10-1 中。

表 10-1　情形 1 和情形 2 的最优策略

博弈类型	PUE 攻击	信道同步	频谱感知
战略式博弈	X	—	—
贝叶斯博弈	—	X	X
随机博弈	X	—	—
零和博弈	X	—	X
合作博弈	—	X	—

10.2　主用户模拟攻击博弈

在本节中，我们考虑认知无线电网络中的另一类博弈，即主用户模仿（Primary User Emulation，PUE）攻击博弈。主用户模仿攻击是认知无线电网络的一种严重威胁。因此，分析次用户和 PUE 攻击者之间的博弈是非常重要的。同时，它也是一个用于说明如何分析随机博弈的很好例子。

10.2.1　PUE 攻击

认知无线电中的动态频谱接入，特别是频谱感知机制，也会导致通信系统的脆弱性。一种威胁是协同频谱感知的虚报攻击，我们在上节中已经讨论过。另一种严重的威胁是主用户模仿（PUE）攻击，最初由文献[1291]提出。如图 10-2 中所示，在主用户模仿（PUE）攻击中，基于次用户很难区分主用户信号和攻击者信号的假设，攻击者在频谱感知期间，发送模仿主用户特征的信号，次用户将被“吓跑”，即使频谱实际上是空闲的。这种假设通常是成立的，尤其是当在频谱感知中使用能量检测时。对于攻击者来说，这种主用户模仿（PUE）攻击是非常有效的，因为考虑到次用户的频谱感知灵敏度要求较高，攻击者只需消耗非常小的功率。因此，对于攻击者来说，它比使用大功率抑制合法信号的传统干扰攻击者更加节能。

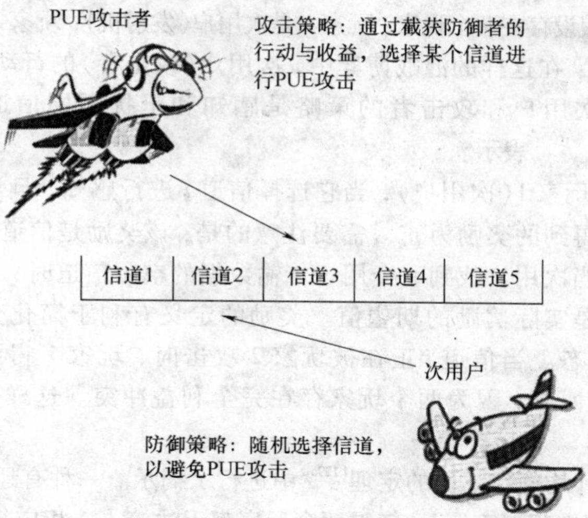

图 10-2 频谱中的频谱混战图示

通常存在两种对抗 PUE 攻击的方法：

● 主动法[1292, 1293]：在这种方法中，次用户以一种主动方式检测攻击者。虽然次用户不能区分主用户和攻击者的信号结构，但是他们可以协同估计无线发射器的发射功率。假设攻击者的发射功率比主用户小得多(如果主用户是电视台，则这一假设是合理的)。于是，具有低发射功率的无线发射器将被视为攻击者。对于电视频段的认知无线电来说，这种方法是非常有效的。但是，如果主用户也可以具有较低发射功率，则仅仅通过考虑信号功率无法区分主用户和攻击者。

● 被动法[1294, 1295]：如果主动法不奏效，则我们只能采用被动法。我们假设在授权频谱中存在多个信道(在实际系统中，这是成立的)。此外，我们假设攻击者无法覆盖所有信道，因为这需要昂贵的宽带传输设备。因此，次用户能够以随机的方式感知/接入信道，使得攻击者无法经常阻止传输(当然，次用户碰巧对攻击者正在实施攻击的信道进行感知的概率为0)。这与干扰和抗干扰中的跳频类似，因而文献[1294]称之为频谱混战。

在本节中，我们采用了被动法，并将其建模为无线电网络和 PUE 攻击者之间的博弈。

10.2.2 两个玩家的情形：战略式博弈

我们首先考虑最简单的情形，即存在一个攻击者和一个认知无线电发射机。我们考虑具有 N 条授权信道的认知无线电系统。我们用 p_{nI} 表示信道 n 的空闲概率。不失一般性，我们假设 $p_{1I} < P_{2I} < \cdots < P_{NI}$。为了简化分析，我们假设攻击者(次用户)一次只能攻击(感知)一条信道。如果他们碰巧选择了同一信道，则次用户将无法使用该信道；否则，次用户能否使用该信道仅取决于主用户的活动。我们仅考虑一个阶段，且后面将把它扩展到多个阶段。

然后，我们可以将频谱混战建模为战略式博弈。下面是博弈元素：

- 玩家：我们假设存在两个玩家：玩家1是次用户(发射机)，玩家2是PUE攻击者。
- 行动和策略：在这样的混战博弈中，次用户(攻击者)的行动空间包含感知(干扰)信道的选择。次用户和攻击者的策略是感知和干扰不同信道的概率，分别用$\{u_i\}_{i=1,\cdots,N}$和$(v_i)_{i=1,\cdots,N}$表示。
- 奖励：对于玩家1(次用户)，当它选择信道i进行感知，且该信道未受到PUE攻击者攻击时，它得到的奖励为p_{il}。需要注意的是，该奖励是信道i的空闲概率。因此，如果我们定义当次用户找到一个用于传输数据的空闲信道时，它得到的实际奖励为1时，它本质上是实际奖励的期望值。奖励的定义有利于简化分析，因为它不涉及主用户的实际状态。当信道i正在被玩家2攻击时，玩家1得到奖励为0。我们假定这是一个零和博弈，因为两个玩家存在完全利益冲突。这样，玩家的奖励也已确定。

混战博弈的纳什均衡在下面的定理[1294]中进行了揭示。一种有趣的现象是，一些信道存在质量较差(即空闲概率小)，使得两个玩家都无法接入。相应行动的概率等于0。

定理10.1 将K定义为

$$K=\max\left\{k\left|\frac{\dfrac{k-1}{PN-k+1}}{\sum_{j=N-k+1}^{N}\dfrac{1}{PjI}}<1\right.\right\} \tag{10-20}$$

于是，在频谱混战博弈中，存在唯一的纳什均衡点，它可表示为

$$u_i=\begin{cases}\dfrac{\dfrac{1}{PiI}}{\sum_{j=N-k+1}^{N}\dfrac{1}{PjI}}, & i=N-K+1,\cdots,N\\ 0, & i=1,\cdots,N-K\end{cases} \tag{10-21}$$

和

$$v_i=\begin{cases}1-\dfrac{\dfrac{K-1}{PiI}}{\sum_{j=N-k+1}^{N}\dfrac{1}{PjI}}, & i=N-K+1,\cdots,N\\ 0, & i=1,\cdots,N-K\end{cases} \tag{10-22}$$

上述纳什均衡使用真实测量数据和如图10-3所示的系统来说明。E4407B-COM ESA-E频谱分析仪用于采集频谱活动。将2.4~2.5GHz的工作频率划分为20个信道，每个信道带宽为5MHz。测量在美国田纳西州大学的Ferris Hall办公楼内外实施。20个信道的占用概率如图10-4所示。

对于室内和室外测量值来说，我们给出了纳什均衡处的感知/干扰概率，如图10-5所示。我们看到，在室内情况下，$K=19$，即只有一个信道没有参与博弈；而在室外环境中，$K=18$。需要注意的是，该结论仅对于仿真中的测量集有效。对于其他频谱环境，该结论可能不成立。

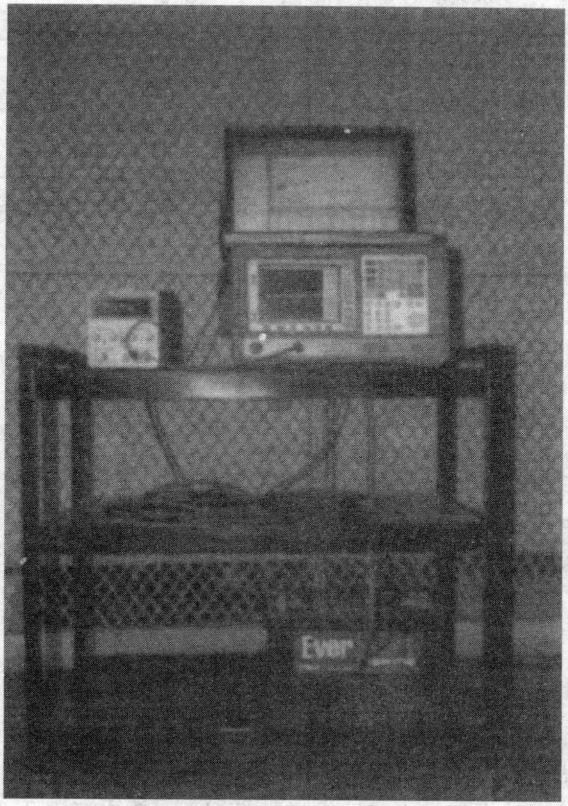

图 10-3 频谱测量系统的图片

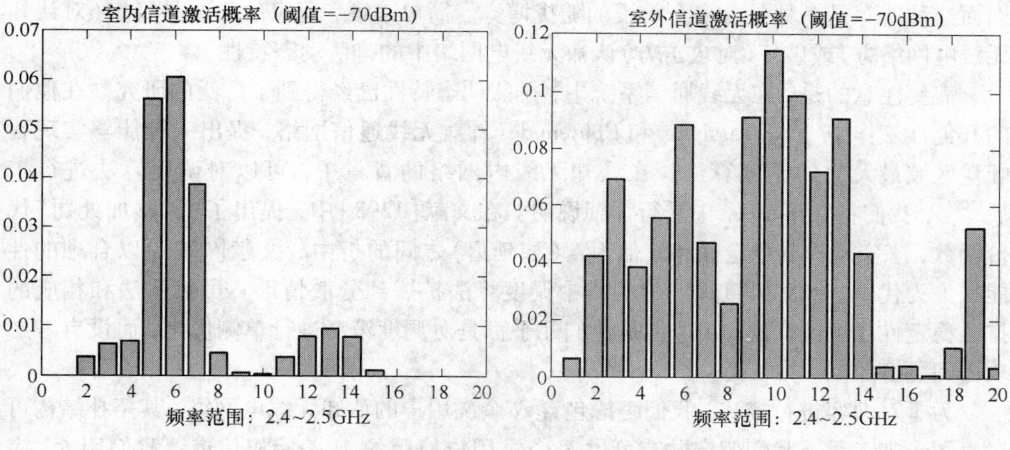

图 10-4 室内（左图）和室外（右图）环境中不同信道的概率

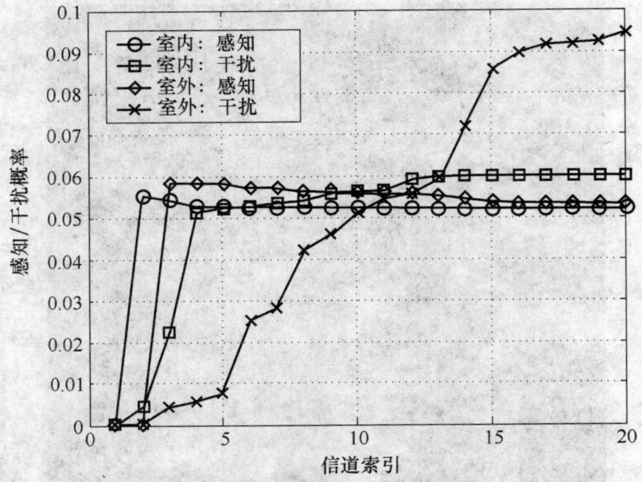

图 10-5 室内和室外环境中的最优感知/干扰概率

10.2.3 队列动态特性中的博弈：随机博弈

在前面的讨论中，我们只考虑了两个玩家。然而，在实践中，有可能存在多个 PUE 攻击者，而防御者可能是整个认知无线电网络。此外，在前面讨论中，战略式博弈的目标基本上是增加/减少次用户发射机的吞吐量。然而，在拥有延迟容忍流量的网络中，这个目标可能不是合理的。例如，如果次用户的目标是不考虑延迟，将所有数据包发送到目的节点，则在所有数据包最终成功发送的情况下，攻击者得不到任何奖励。因此，在这里，我们将 PUE 攻击的战略式博弈，扩展到针对认知无线电网络中排队动态特性的全网博弈这种更加有趣的场景。由于奖励与系统状态(即每个节点的队列长度)有关，因而这种博弈是一种包含多个阶段的随机博弈。简单来说，玩家的目标是稳定(对认知无线电网络方)或破坏(对攻击方)认知无线电网络中的排队动态特性。

需要注意的是，在无线通信系统中，排队动态特性已经得到了广泛的研究。在他们的开创性工作中[1296]，Tassiulas 和 Ephremides 针对无线通信网络，提出一种能够实现吞吐量区域最大化的调度算法。在认知无线电网络的背景中，可以对调度算法进行扩展[1297]，我们将在第 10 章中进行详细说明。在文献[1298]中，提出了“漂移加处罚”代价函数，来实现排队稳定性和其他因素(如延迟)之间的折中。文献[1299]以合理的性能损失为代价，将文献[1296]中的集中调度算法扩展到分散情形。虽然算法和相应的排队稳定性已得到广泛研究，但是他们几乎都是对调度策略进行单侧优化，而没有考虑攻击问题。

为了对博弈进行描述，我们考虑包含 N 个次用户的认知无线电网络，其拓扑结构可以由图形来表示。我们假定共有可供 K 个主用户使用的 M 条授权信道。我们用$\mathcal{N}_k$表示可能受到主用户 k 影响的次用户集，用$\mathcal{M}_k$表示当主用户 k 处于激活状态时所占用的信道集。为简单起见，我们假设每个主要用户在不同时隙中的活动是相互独立的，且主

用户 k 处于激活状态的概率用 p_k 来表示。在时隙 t 中，信道 m 的状态用 s_m 表示，即 $s_m=0$ 表示主用户未使用该信道，$s_m=1$ 表示主用户正在使用该信道。由于频谱感知能力有限，因而我们假设在频谱感知期间，每个次用户只能感知一条信道。

我们假设在认知无线电网络中共有 F 个数据流。我们用 $\mathbf{S}_f$ 和 $\mathbf{D}_f$ 分别表示数据流 f 的源节点和目的节点。我们假设数据包到达数据流 f 源节点是期望为 a_f 的泊松过程。F 个数据流的路由路径可以用一个 $F\times N$ 矩阵 $\boldsymbol{R}$ 来表示，其中如果数据流 f 通过次用户 n，则 $R_{fn}=1$，否则 $R_{fn}=0$。我们用 $\mathcal{I}_n$ 表示通过次用户 n 的数据流集合。

对于每个数据流，使用相同分组长度对数据进行打包。每个次用户为通过它的每个数据流提供一个缓冲器。在每个时隙中，次用户会从其缓冲器中选择一个数据包（如果存在的话），用于机会频谱接入。假设一个信道在一个时隙中只能支持一个数据流。我们假设存在足够多的信道，使得干扰次用户的任何集合可以被分配给不同信道。因此，通过合理分配信道，所有次用户可以同步传输数据（如果不存在主用户）。

当次用户 n 决定将数据传输给邻居 j，且某个空闲信道（如信道 m）被分配给次用户 n，则数据包发送成功的概率为 p_{njm}，该概率是由信道质量决定的。因此，数据包成功交付的概率可表示为

$$\mu_{njm}=p_{njm}\prod_{k:n\in\mathcal{N}_k,\ m\in\mathcal{M}_k}(1-p_k) \tag{10-23}$$

我们假设共存在 L 个 PUE 攻击者。在每个时隙中，每个攻击者选择 $Q(Q\leqslant M)$ 个信道进行攻击。我们用 $\mathcal{V}_l$ 表示由攻击者 l 干扰的潜在次用户受害者的集合。我们假设攻击者完全知道认知无线电网络的当前状态。这样的假设可以使博弈理论上的分析变得更加容易。它为研究更为复杂的情形（攻击者只拥有网络状态的部分观测值）提供了一个起点。此外，如果认知无线电网络中的任何节点受到威胁，或者攻击者已获得保密密钥且能够解码/解密诸如当前队列长度等消息，则这种假设是合理的。

于是，我们采用如下方式来说明认知无线电网络和攻击者之间的博弈：

玩家：我们只考虑两个玩家，即认知无线电网络和攻击者。这隐式地假设了存在两种分别用于网络和攻击者决策的集中式控制器。

- 系统状态：我们用 $\mathbf{s}$ 来表示系统状态，它是由所有队列长度（用 $\{q_{fn}\}_{f=1,\cdots,F,\ n=1,\cdots,N}$ 表示）构成。状态空间用 $\mathcal{S}$ 表示。
- 行动：攻击者和次用户的行动集分别用 $\mathcal{A}_a$ 和 $\mathcal{A}_s$ 来表示。攻击者的行动用 $\mathbf{a}_a$ 表示，包括每次攻击所干扰的信道，它可以表示为 $\{\boldsymbol{c}_l^a\}_{l=1,\cdots,L}$（$\boldsymbol{c}_l$ 是包含 Q 个干扰信道的向量）。次用户的行动用 $\mathbf{a}_s$ 表示，它包含更多的元素，由信道分配以及数据流调度构成（如果存在多个数据流，使用哪个数据流来选择数据包?）。我们用 $c_n(t)$ 和 $f_n(t)$ 分别表示在时隙 t 内分配给次用户 n 的信道和调度给次用户 n 的数据流。
- 奖励：在此类 PUE 博弈中，这是排队动态特性的关键要素。回顾一下，玩家和攻击者的目标是分别稳定和破坏排队动态特性。因此，我们需要一个用于表征系统稳定性的量。我们参考文献[1296]中的分析，定义下面的 Lyapunov 函数（即所有队列长度的平方和），它可以表示为

$$V(\boldsymbol{s}(t))=\sum_{f=1}^{F}\sum_{n=1}^{N}q_{fn}^2(t) \tag{10-24}$$

显然，Lyapunov 函数越大，意味着排队动态特性越不稳定。如图 10-6 所示，Lyapunov函数代表排队系统的能量。攻击者想要提高它，而认知无线电网络想要降低它。我们可以将 $V(s(t))$改写为

$$V(s(t)) = V(s(0)) + \sum_{r=1}^{t} V(s(r)) - V(s(r-1)) \tag{10-25}$$

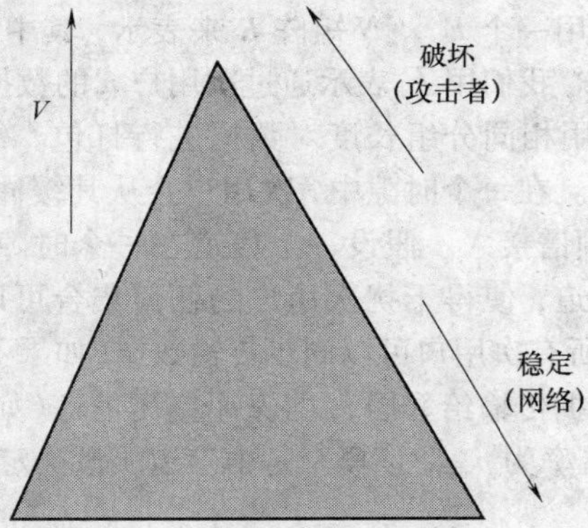

图 10-6 Lyapunov 函数图示

于是，我们观察到 Lyapnov 函数等于每个时隙中的 Lyapunov 漂移(即 Lyapnov 函数的增量 $d(t) = E[V(s(t)) - V(s(t-1))]$[1296, 1298])之和。因此，我们可以将 Lyapunov 漂移 $d(t)$定义为攻击者的奖励。当 $d(t)$为正值时，系统变得更加不稳定，从而对攻击者有利。我们将该博弈建模为零和博弈，从而可以确定网络的收益。我们在奖励中增加一个贴现因子 $0 < \beta < 1$，使得攻击者的总收益可表示为

$$R = \sum_{t=0}^{\infty} \beta^t d(t) \tag{10-26}$$

这样就简化了分析，因为分析具有贴现和奖励的博弈更为容易。另外，也可以考虑 Lyapunov 漂移的均值，它会使得分析更加复杂。需要注意的是，这个奖励的定义出自于调度排队网络的经典著作。在这些著作中，调度算法试图实现 Lyapnov 漂移最小化，以稳定排队动态特性[1296, 1298]。

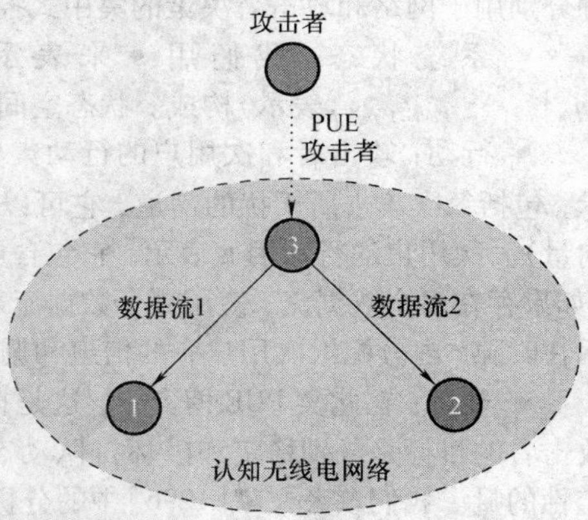

图 10-7 实例图示

我们采用第 10.1 节中介绍的夏普利定理和相应的数值方法，来计算上面定义的纳什均衡。实例如图 10-7 所示，其中存在 1 个攻击者和 3 个次用户。我们假设仅存在 2 条信道。在这两条信道上，次用户 3 将 2 个数据流分别发送给次用户 1 和次用户 2。攻击者只能干扰次用户 3。为简单起见，我们假设次用户 3 可以在两条信道上同步感知和传

输。因此，次用户3只有两种可能采取的行动。在计算纳什均衡时，我们假设在任何缓冲器处，当数据包超过10个时，采取的策略是相同的。在其他情况下，将存在无限多个系统状态。需要注意的是，对于大型网络来说，计算比登天还难。因此，我们只考虑小型网络。

在图10-8中，我们给出了图10-7中受到PUE攻击的网络的速率区域。我们通过对排队动态特性进行仿真，来判断给定速率集是否稳定。如果某个队列在2000时隙后的数据包超过50个，则我们断定这种速率是不稳定的。我们检验纳什均衡(即通过统一选择行动且不存在PUE攻击)的情形。每种情形中的区域是对应曲线下面的区域。我们看到，PUE攻击可能会导致速率区域面积显著减少。

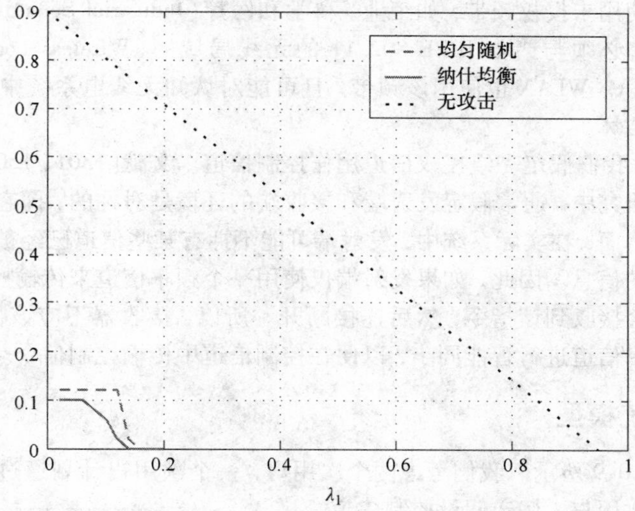

图10-8 受到图10-7中PUE攻击的速率区域

10.3 信道同步中的博弈

在本节中，我们考虑认知无线电中带有合作性质的战略式博弈。从本质上讲，它是关于两个次用户如何实现信道信息同步的。由于信道同步的成功对两个玩家都有利，因而这种博弈属于合作博弈。它有助于说明如何在博弈中描述问题，如何定义博弈的不同元素以及如何分析纳什均衡。需要注意的是，我们的讨论主要借鉴文献[1300]。

10.3.1 博弈背景

现在，我们介绍认知无线电中信道同步博弈的背景。目前，关于认知无线电的大多数研究都集中在数据通信上。例如，在数据传输期间，如何为不同次用户分配信道。然而，正如大家常常忽略的，我们需要控制信道来传输控制信令，如传输层中的确认(Acknowledgement，ACK)/非确认(Non-acknowledgement，NACK)消息、路由表或同步(Synchronization，SYN）消息。认知无线电的独特之处在于，由于可用信道可能是动态的、随时间变化的，因而需要控制信道来实现信道同步，即发射机需要通知接收机，它将使用哪条信道来传输数据。因此，作为认知无线电网络的骨干，控制信道是一个关键设计问题。

许多无线系统使用专用信道（如频率信道、时隙或扩频码集）来控制信令。出于可靠性方面的考虑，专用资源是预先确定的，因为整个频带是固定的。但是，在认知无线电系统中，很难对可靠信道进行分配，因为频谱可能是动态变化的。一种可能的方法是，使用超宽带（UWB）信号，它可以覆盖现有无线系统，且不需要专用信道。然而，UWB 信号受限于传输范围小（约 10～15m）的特点以及通常在室内环境中使用的事实。另一种方法是使用未授权频带，如工业、科学和医疗（Industrial Scientific Medical，ISM）频带。然而，它必须与诸如 IEEE 802.11 的无线局域网（Wireless Local Area Network，WLAN）进行竞争。WLAN 也使用该频带，且可能对认知无线电系统中的控制信号形成严重的干扰和破坏。

在本书中，我们假定一组授权信道用作控制信道。文献[1301，1302]也提出了类似方案。在这些研究中，通常假定发射端和接收端的环境是对称的，即它们共享相同的频谱占用信息。然而，在实际系统中，发射端可能不拥有某些信道已经被位于接收端的主用户严重干扰的信息。因此，如果发射端仅使用一个频率信道来传输控制信令，则接收器可能永远不会接收到该指令，然后连接断开。所以，接收器不应该仅监控一个信道，我们需要对频率信道进行智能同步，以便在控制信道中传输控制信令。

10.3.2 系统模型

系统如图 10-9 所示。我们考虑两个次用户，一个次用户计划通过控制信道将消息发送给另一个次用户。假定假设控制信道包含 n 个授权频率信道，而发射机/接收机仅在一条信道上发送/接收信息。我们用 p_n 和 q_n 分别表示信道 n 在发送端和接收端处于空闲状态的概率。将其堆叠成向量，我们定义：$\boldsymbol{p}=(p_1,\cdots,p_N)$，$\boldsymbol{q}=(q_1,\cdots,q_N)$。为简单起见，我们假设所有这些概率非零。

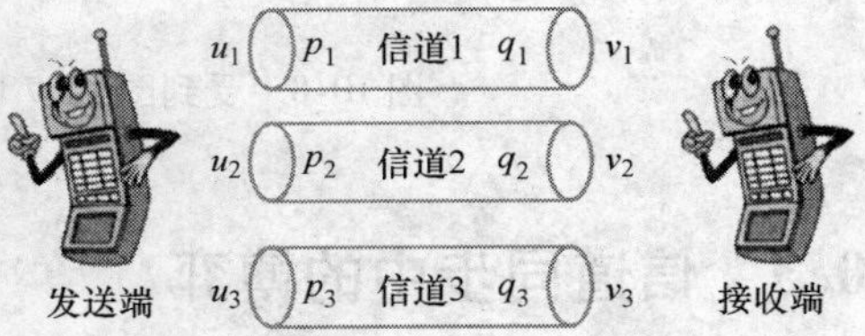

图 10-9 信道同步图示

系统模型

对于每条频率信道，我们将状态定义为信道是否被主用户占用，B 表示繁忙，I 表示空闲。我们有以下假设：

- 在每个时隙之前，发射机（接收机）知道自身位置处所有信道的状态，这可以通过频谱感知来实现。然而，他们不知道合作伙伴的频谱状态。
- 我们考虑一种完美的频谱感知，也就是说，不存在频谱感知误差。
- 我们假设不同频率信道的占用率是相互独立的，且发送端和接收端的频谱状况也是相互独立的。

• 发射机和接收机都知道信道同步的开始，这可通过完美的时间同步和统一的定时结构来实现。

为简单起见，我们只考虑单阶段的同步，即如果接收机未能选择与发射机相同的信道，则同步失败，且不会继续。文献[1300]对多阶段同步进行了讨论。我们用 $\mu_n^{\boldsymbol{T}}$ 表示当发送端的空闲频段集为 $\boldsymbol{T}$ 时，选择信道 n 进行数据传输的概率。同样，我们用 $v_n^{\boldsymbol{R}}$ 表示当接收端的空闲频段集为 $\boldsymbol{R}$ 时，选择信道 n 进行数据接收的概率。

10.3.3 博弈描述

基于上述信道同步机制，我们可以将其看作是一场博弈，并定义如下博弈元素：

• 玩家：显然，发射机和接收机是两大玩家。

• 行动：对于每个玩家来说，行动空间是接入频率信道的选择。发射机和接收机的混合策略是在不同信道上发送和接收信息的概率，即分别为 $\{\mu_n^{\boldsymbol{T}}\}_{n,\boldsymbol{T}}$ 和 $\{v_n^{\boldsymbol{R}}\}_{n,\boldsymbol{R}}$。我们用 $S_{\boldsymbol{T}}^{TX}$ 和 $S_{\boldsymbol{R}}^{RX}$ 分别表示当对应的可用频段为 $\boldsymbol{T}$ 和 $\boldsymbol{R}$ 时，发射机和接收机的混合策略。

• 类型：由于这两名玩家不知道对方的频谱状况，因而这种合作博弈具有不完整信息，可以将其建模为贝叶斯博弈。每个玩家拥有一种类型(即可用频段为 $\boldsymbol{T}$ 和 $\boldsymbol{R}$ 的集合)，玩家自己知道但合作伙伴不知道。由于假定两个玩家完全知道频率信道的统计量，因而发射机可以计算接收机类型的先验概率，即

$$p(\boldsymbol{R}) = \prod_{n\in\boldsymbol{R}} q_n \prod_{m\notin\boldsymbol{R}} (1-q_m) \tag{10-27}$$

同样，接收机也可以计算发射机类型的先验概率，它可表示为

$$p(\boldsymbol{T}) = \prod_{n\in\boldsymbol{R}} p_n \prod_{m\notin\boldsymbol{T}} (1-p_m) \tag{10-28}$$

• 奖励：如果发射机和接收机选择同一频段，则奖励为1；否则，奖励为0。因此，在这场博弈中，两个玩家共享相同的奖励。

10.3.4 贝叶斯均衡

根据贝叶斯均衡的定义，如果 $\{\mu_n^{\boldsymbol{T}}\}_n$ 和 $\{v_n^{\boldsymbol{R}}\}_n$ 是贝叶斯均衡策略，则它们应当满足如下等式：

$$S_{\boldsymbol{T}}^{TX} = \arg\max \sum_{\boldsymbol{R}} p(\boldsymbol{R}) \left(\sum_{j\in\boldsymbol{R},\boldsymbol{T}} v_i^{\boldsymbol{R}} \mu_j^{\boldsymbol{T}} \right) \tag{10-29}$$

和

$$S_{\boldsymbol{R}}^{RX} = \arg\max \sum_{\boldsymbol{T}} p(\boldsymbol{T}) \left(\sum_{j\in\boldsymbol{R},\boldsymbol{T}} \mu_i^{\boldsymbol{T}} v_i^{\boldsymbol{R}} \right) \tag{10-30}$$

我们可以按照如下过程来搜索平衡点：令 $D_{\boldsymbol{T}}^{TX}$ 和 $D_{\boldsymbol{R}}^{RX}$ 表示当发射机和接收机端的可用频段分别为 $\boldsymbol{T}$ 和 $\boldsymbol{R}$ 时，具有非零感知概率的频段集，即

$$D_{\boldsymbol{T}}^{TX} = \{n \mid \mu_n^{\boldsymbol{T}} > 0,\ n\in\boldsymbol{T}\} \tag{10-31}$$

和

$$D_{\boldsymbol{R}}^{RX} = \{n \mid v_n^{\boldsymbol{R}} > 0,\ n\in\boldsymbol{R}\} \tag{10-32}$$

对于 D_T^{TX} 和 D_R^{RX} 所有可能的组合以及所有可能的 T 和 R，我们有如下公式：

$$\sum_{i\in T} P(\boldsymbol{T})\mu_i^T = C_1(D_R^{RX}),\ \forall i \in D_R^{RX},\ \forall \boldsymbol{R} \tag{10-33}$$

和

$$\sum_{j\in R} P(\boldsymbol{R})v_j^T = C_2(D_T^{Tx}),\ \forall j \in D_T^{Tx},\ \forall \boldsymbol{T} \tag{10-34}$$

以及约束条件

$$\sum_{i\in D_T^{Tx}} \mu_i^T = 1 \tag{10-35}$$

和

$$\sum_{i\in D_R^{Rx}} v_j^R = 1 \tag{10-36}$$

需要注意的是，$C_1(D_R^{Rx})$ 和 $C_2(D_T^{Tx})$ 是独立于 i 和 j 的常数(待定)，但分别与 D_R^{Rx} 和 D_T^{Tx} 有关。直观地说，式(10-33)和式(10-34)意味着在选择概率为正数的频段时，玩家们都是无动于衷的。

对于 $\{D_T^{TX}\}_T$ 和 $\{D_R^{RX}\}_R$ 的所有组合，我们列出方程式(10-33)和式(10-34)以及约束条件式(10-35)和式(10-36)，然后求解方程组。对于 D_T^{TX} 和 D_R^{TX} 的一些组合，上述方程组可能无解，也有可能存在多个(也许不可数)解。

在这种情况下，我们只选择能够实现特定线性目标函数最大化的解，从而将求解方程组的过程转变为求解优化问题的过程，而后者可以通过线性规划有效解决。在本章中，我们考虑下面的线性规划问题：

$$\max_{\{\mu_n^T\}_{n,T}\{\mu_n^R\}_{n,R}} \sum_{T,R} P(\boldsymbol{T})C_2(D_T^{Tx}) + P(\boldsymbol{R})C_1(D_R^{Rx}) \tag{10-37}$$

约束条件为式(10-34)、式(10-33)、式(10-35)和式(10-36)，以及 $0\leqslant\mu_i^T\leqslant1$ 和 $0\leqslant v_i^R\leqslant1$。

穷举搜索 $\{D_T^{TX}\}_{T\subset\{1,\cdots,n\}}$ 和 $\{D_R^{RX}\}_{R\subset\{1,\cdots,n\}}$ 的所有可能性后，我们可以得到所有平衡点。很容易看出，对于 $\{D_T^{TX}\}_{T\subset\{1,\cdots,n\}}$，我们需要验证

$$\prod_{t=1}^{N}(2^t-1)^{\binom{N}{t}} \tag{10-38}$$

的可能性，$\{D_R^{RX}\}_{R\subset\{1,\cdots,n\}}$ 也是如此。当 N 不小时，我们需要搜索难以承受的诸多可能性，这在数值计算是不可行的。因此，在数值仿真中，我们只考虑 N 值较小的情况。当 N 较大时，根据合作博弈的特征找到一种用于计算均衡的有效算法仍然是一个开放问题。在最简单的 $N=2$ 情形中，上述过程的应用留作练习题。

10.3.5 数值结果

我们考虑 $N=3$ 的情形，即存在 3 个可用频段。根据式(10-38)，发射机的非零输入分布存在 189 种可能的配置(接收机也是如此)。因此，我们需要检查 35721 种可能的联合配置。我们考虑两种情形。在情形 1 中，$\boldsymbol{p}=(0.8,0.6,0.3)$，$\boldsymbol{q}=(0.3,0.9,0.7)$。我们发现总计有 975 个平衡点，且成功同步的最高概率为 0.5508。在情形 2 中，$\boldsymbol{p}=(0.99,0.93,0.97)$，$\boldsymbol{q}=(0.94,0.98,0.90)$。我们发现 2237 个平衡点，且成功同步

的最高概率为0.9311。图10-10提供了不同平衡点成功同步概率的累积分布函数（CDF）。我们观察到，不同平衡点可能会具有相差非常大的不同性能。

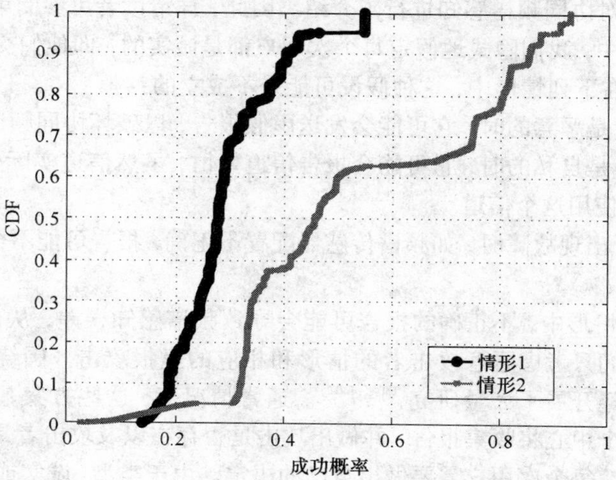

图10-10 不同平衡点成功概率的累积分布函数（CDF）

通过研究得到的平衡点，我们发现能够实现最大成功概率的最优策略是两种情形中的纯策略，表10-2提供了最优策略和对应的频段选择（我们没有列出仅存在一条可用信道的情形，因为对应的频段同步是微不足道的），其中，Tx和Rx分别代表发射机和接收机。

表10-2 情形1和情形2的最优策略

可用频段	Tx 情形1	Rx 情形1	Tx 情形2	Rx 情形2
1, 2	2	1	1	1
1, 3	1	1	1	1
2, 3	2	2	2	2
1, 2, 3	2	1	1	1

10.4 协同频谱感知中的博弈

在本节中，我们通过描述一场贝叶斯博弈，来研究协同频谱感知中的博弈。因此，一方面，我们可以更好地理解协同频谱感知中可能出现的攻击/防御；另一方面，我们可以将其作为一个例子，来说明如何描述和分析贝叶斯博弈。需要注意的是，我们的讨论主要参照文献［1303］。

10.4.1 虚报攻击

第3章已经对协同频谱感知进行了介绍。因此，详情读者可参阅第3章。在第3章的协同频谱感知中，我们隐式地假定每个次用户都是诚实的，即他们交换其真实观测值或决定。然而，在下列情形中，这种假设可能是不成立的：

- 当合作者是恶意的时，它可能会发送虚假报告，以破坏协同频谱感知。
- 当合作者是自私的时，它可能会报告信道繁忙，虽然信道实际上处于空闲状态，这样它可以自己使用这个信道。
- 当合作者出现故障时，如频谱传感器配置不正确，报告可能不会是真实的，尽管它不打算这样做。

在所有这些情形中，不正确的报告可能会导致频谱感知误差，从而降低系统性能。为简单起见，我们只考虑恶意攻击者的情形和相应的虚报攻击。围绕如何检测此类虚报攻击，人们已经开展了大量研究[1304~1307]。通常情况下，这些方案基于集中式协同频谱感知，其中一个中心将收集报告，并做出攻击是否存在以及攻击者是谁的决定。在分布式频谱感知中，每个次用户需要做出自己的决定。由于类型（诚实或恶意）是未知的，因而我们可以将其建模为贝叶斯博弈，并分析其中的贝叶斯均衡。

10.4.2 博弈描述

为简单起见，我们仅考虑一条信道上的频谱感知问题。我们用 B 和 I 分别表示主用户的繁忙与空闲状态。一般情况下，我们用 S 表示主用户状态。P_B 和 P_I 分别表示相应的先验概率。

我们研究协同频谱感知中存在两个次用户的情形，其中两个次用户相互交换消息。一个次用户是诚实的（玩家1），而另一个次用户是恶意的（玩家2）。玩家1不知道是玩家2的类型，而玩家2知道玩家1是诚实的。我们用 X_i 表示频谱感知期间玩家 i 的局部观测值。我们假设频谱感知期间的 N 个可能观测值分别表示为 $O_1, \cdots, O_N$，由于频谱感知观测值的量化，对于实际系统来说，这种假设是合理的。由于噪声是独立的，因而不同玩家的观测值是相互独立的。我们用 $P(X|S)$ 表示当信道状态为 S 时，观测 X 的概率，对于两个玩家来说，$P(X|S)$ 是共同的。假定 $P(X|S)$ 对两个玩家是完全已知的。

两个次用户相互交换其局部观测值。首先，玩家1将其局部观测值 X_1 发送给玩家2。从玩家1的角度来看，如果玩家2是恶意的，则它会向玩家1发回一个假值 X_2'。需要注意的是，假值 X_2' 是由 X_1、X_2 及其攻击策略决定的；如果玩家2是诚实的，则它会向次用户1发送原始观测值 X_2。然后，玩家1基于 X_1、X_2' 及其自己的策略，来做出主用户是否存在的决定。

10.4.3 博弈元素

为简单起见，我们只考虑一轮博弈。研究多阶段博弈更为有趣，读者可以看到诚实玩家如何在合作者处累积信任，以及恶意攻击者如何假装自己是无辜的以躲避玩家1。

然而，这超出了本书的讨论范围。

需要注意的是，这场博弈与第10.1节中介绍的博弈略有不同，因为这两名玩家的行动不是同步发生的(回忆一下，是玩家2首先决定其报告 X_2'，然后玩家1针对感知结果做出决策)。另一方面，信息也是不对称的，因为玩家2知道玩家1是诚实的，而玩家1不知道玩家2的类型。因此，它本质上是一场信令博弈[1308]，这是贝叶斯博弈的一种特殊类型，其中一个玩家(领导)的类型保密，而另一个玩家(随从)的类型公开。领导首先采取行动。然后，随从通过领导的行动来猜测领导的类型，进而决定自己的行动。

下面，我们定义信令博弈元素，即类型、行动、策略和奖励，如图10-11所示。

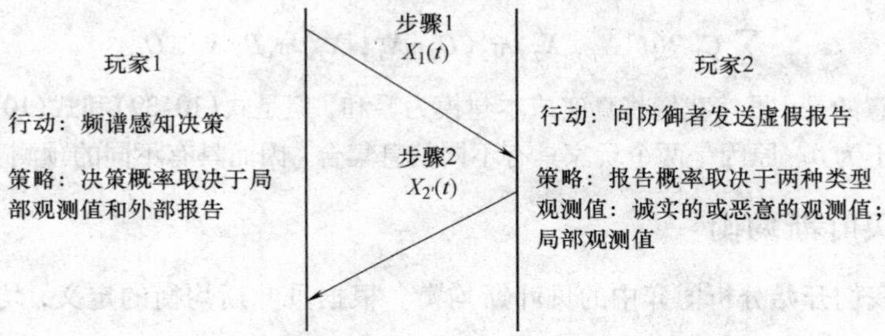

图10-11 博弈元素

- 类型：玩家 i 的类型包括它是诚实的(H)还是恶意的(M)，用 c_i 来表示。需要注意的是，如果 X_i 的观测值是保密的，则它也是类型的一部分。玩家1的类型(即它是诚实的，且观测值为 X_1)对于两个玩家来说是已知的。然而，玩家2的类型(即它是恶意的，且观测值为 X_2)对于玩家1来说是未知的。玩家1拥有一个玩家2是恶意的先验概率(或信任)，用 π_M 表示。总结上面的讨论，我们用 $T_i=(C_i, X_i)$ 表示玩家 i 的类型。
- 行动：玩家1的行动是当来自于玩家2的报告及自身观测值给定时，针对频谱感知结果所做出的决策。玩家2的行动是如何伪造报告 X_2'：玩家2是否应当发送真实观测值？如果不，则它应当向玩家1报告何种观测值？
- 策略：对于玩家1来说，它的策略是当其自身预测值和来自于玩家2的报告给定时，宣称信道繁忙的概率。如果 $X_1=O_i$，$X_2'=O_j$，则我们用 $\pi_1(B|i, j)$ 来表示这个概率。玩家2的策略是当 $X_1=O_i$，$X_2=O_j$ 时，报告观测值 O_n，$n=1, \cdots, N$ 的概率，我们用 $\pi_2(n|i, j)$。回想一下，我们用 $\boldsymbol{\pi}_1$ 和 $\boldsymbol{\pi}_2$ 分别表示玩家1和2玩家的总体策略。
- 奖励：在频谱感知中，存在着两类代价，即漏检和虚警。我们用 C_M 表示漏检(即当主用户实际存在时，宣称空闲信道存在)导致的代价。同样，我们用 C_F 表示虚警(即当主用户不存在时，宣称信道繁忙)导致的代价。于是，玩家1在漏检中的奖励为 $-C_M$，玩家1在虚警中的奖励为 $-C_F$，在正确检测中的奖励为0。当观测值 X_1、报告 X_2'、类型 T_2、玩家1的策略 $\boldsymbol{\pi}_1$ 给定时，玩家1的预期奖励可表示为

$$r_1(\boldsymbol{\pi}_1, X_1, X_2', T_2)=-C_F P(I|X_1, T_2)\pi_1(B|X_1, X_2') - C_M P(B|X_1, T_2)(1-\pi_1(B|X_1, X_2')) \tag{10-39}$$

其中，当观测值 X_1 和 X_2 给定时，$P(I|X_1, T_2)$ 和 $P(B|X_1, T_2)$ 分别表示信道处于

空闲和繁忙状态的实际后验概率。很容易验证，$P(B|X_1, T_2)$可表示为

$$P(B|X_1, T_2)=\frac{P(X_1|B)P(X_2|B)P_B}{P(X_1|B)P(X_2|B)P_B+p(X_1|I)p(X_2|I)P_I} \tag{10-40}$$

这里，X_2 是次用户 2 的实际观测值，也是 T_2 的一部分。

我们将该博弈建模为零和博弈，因为恶意用户的目标是破坏协同频谱感知。当真实观测值为 X_1 和 X_2 时，玩家 2 的预期奖励等于

$$r_2(\pi_1, \pi_2, X_1, X_2)=\sum_{n=1}^{N} C_M P(B|X_1, X_2)\pi_2(O_n|X_1, X_2)(1-\pi_1(B|X_1, O_n))+$$

$$\sum_{n=1}^{N} C_F P(I|X_1, X_2)\pi_2(O_n|X_1, X_2)\pi_1 B|X_1, O_n \tag{10-41}$$

需要注意的是，虽然我们将真实成本建模为零和，但是式(10-39)和式(10-41)中的预期奖励可能不为0。原因是两个玩家具有不同信息集合，因而具有不同的预测奖励能力。

10.4.4 贝叶斯均衡

现在，我们开始分析博弈中的贝叶斯均衡。根据贝叶斯均衡的定义，均衡策略 $\boldsymbol{\pi}_1^*$ 和 $\boldsymbol{\pi}_2^*$ 应当满足下列条件：

- 玩家 2：对于任意类型 T_1 和 T_2（对玩家 2 来说都是已知的）来说，我们有

$$\boldsymbol{\pi}_2^*(\cdot|T_1, T_2|)\in\arg\max_{\pi_2}\boldsymbol{r}_2(\boldsymbol{\pi}_1^*, \boldsymbol{\pi}_2, X_1, X_2) \tag{10-42}$$

其中，观测值 X_1 和 X_2 分别是类型 T_1 和 T_2 的一部分。此条件意味着当玩家 1 的均衡策略 $\boldsymbol{\pi}_1^*$ 给定时，对于任意对 T_1 和 T_2 来说，玩家 2 的均衡策略应当是最优的。

- 玩家 1：对于任何报告 X_2'和类型 T_1（这是玩家 1 的观测值）来说，我们有

$$\boldsymbol{\pi}_1^*(\cdot|T_1, X_2')\in\arg\max_{\pi_1}\sum_{T_2}\mu(T_2|X_2', T_1)\boldsymbol{r}_1(\boldsymbol{\pi}_1, X_1, X_2', T_2) \tag{10-43}$$

其中，$\mu(T_2|X_2', T_1)$是当玩家 1 拥有类型 T_1 并收到来自于玩家 2 的报告 X_2'时，对玩家 2 真实类型的猜测。

- 对类型 T_2 的猜测：当报告 X_2'和类型 T_1 给定时，类型 T_2 的后验概率 $\mu(T_2|X_2', T_1)$可表示为（公式的推导将留作练习）

$$\mu(T_2|X_2', T_1)=\frac{P(T_2|T_1)P(X_2'|T_2, T_1)}{\sum_{\tilde{T}_2}P(\tilde{T}_2|T_1)P(X_2'|\tilde{T}_2, T_1)} \tag{10-44}$$

其中，条件概率 $P(T_2|T_1)$可表示为

$$P(T_2, T_1)=\frac{P(T_1, T_2)}{P(X_1|S=B)P_B+P(X_1|S=I)P_I} \tag{10-45}$$

联合概率 $P(T_2, T_1)$可表示为

$$P(T_1, T_2)=P(C_2)P_B P(X_1|S=B)P(X_2|S=B)+P(C_2)P_I P(X_1|S=I)P(X_2|S=I) \tag{10-46}$$

其中

$$P(C_2)=\begin{cases}\pi_M, & \text{如果 } C_2=M \\ 1-\pi_M, & \text{如果 } C_2=H\end{cases} \tag{10-47}$$

需要注意的是，式(10-44)中的 $P(X'_2 \mid T_2, T_1)$ 可表示为

$$P(X'_2 \mid T_2, T_1)=\begin{cases}1, & \text{如果 } C_2=H,\ X_2=X'_2 \\ 0, & \text{如果 } C_2=H,\ X_2\neq X'_2 \\ \pi_2(X'_2 \mid X_1, X_2), & \text{如果 } C_2=M\end{cases} \tag{10-48}$$

现在，基于贝叶斯均衡的上述条件，我们通过首先优化玩家 1 的策略，然后优化玩家 2 的策略，来讨论贝叶斯均衡的计算问题。

玩家 1：我们首先固定玩家 2 的策略，并将式(10-39)代入式(10-43)，从而得到

$$\begin{aligned}&\sum_{T_2}\mu(T_2 \mid X'_2, T_1)r_1(\sigma_1, X_1, X'_2, T_2)\\ &=-C_F\Big(\sum_{T_2}\mu(T_2 \mid X'_2, T_1)P(I \mid X_1, T_2)\Big)\pi_1(B \mid X_1, X'_2)\\ &\quad -C_M\Big(\sum_{T_2}\mu(T_2 \mid X'_2, T_1)P(B \mid X_1, T_2)\Big)(1-\pi_1(B \mid X_1, X'_2))\\ &=R_F(T_1, X'_2)\pi_1(B \mid X_1, X'_2)+R_M(T_1, X'_2)(1-\pi_1(B \mid X_1, X'_2))\end{aligned} \tag{10-49}$$

其中，$R_F(T_1, X'_2)$ 是虚警发生时的预期奖励，它是负值，且可以定义为

$$R_F(T_1, X'_2)=-C_F\sum_{T_2}\mu(T_2 \mid X'_2, T_1)P(I \mid X_1, T_2) \tag{10-50}$$

$R_M(T_1, X'_2)$ 是漏检发生时的预期奖励，它可以定义为

$$R_M(T_1, X'_2)=-C_M\sum_{T_2}\mu(T_2 \mid X'_2, T_1)P(B \mid X_1, T_2) \tag{10-51}$$

显然，当 T_1 和 X'_2 给定时，次用户 1 的最优策略可由如下纯策略表示：

$$\pi_1(B \mid X_1, X'_2)=\begin{cases}1, & R_M(T_1, X'_2)>R_F(T_1, X'_2)\\ 0, & R_M(T_1, X'_2)\leqslant R_F(T_1, X'_2)\end{cases} \tag{10-52}$$

当事件 $R_M(T_1, X'_2)=R_F(T_1X'_2)$ 发生时，我们直接指定 $\pi_1(B \mid X_1, X'_2)=0$，因为它是一个零概率事件。直观地说，式(10-52)中，玩家 1 的最优策略是选择对应于漏检和虚警预期风险最小值的决策。需要注意的是，玩家 1 的当前最优策略仍然与玩家 2 的策略有关，因为式(10-48)与 $\pi_2(X'_2 \mid X_1, X_2)$ 有关。

- 玩家 2：现在，我们推导玩家 2 的最优策略。将次用户 1 的最优策略代入式(10-41)次用户 2 的奖励中，我们有

$$\begin{aligned}r_2(\boldsymbol{\pi}_1^*, \boldsymbol{\pi}_2, X_1, X_2)&=\sum_{n=1}^{N}C_MP(B \mid X_1, X_2)\pi_2(O_n \mid X_1, X_2)\\ &\quad\times I(R_M(T_1, n)\leqslant R_F(T_1, n))\\ &\quad+\sum_{n=1}^{N}C_FP(I \mid X_1, X_2)\pi_2(O_n \mid X_1, X_2)\\ &\quad\times I(R_F(T_1, n)>R_F(T_1, n))\end{aligned} \tag{10-53}$$

其中，$I(\cdot)$ 是对应事件的特征函数。于是，均衡策略 $\boldsymbol{\pi}_2^*$ 可以通过优化式(10-53)

得到。我们注意到，对应于不同 X_1 的策略不相互耦合。因此，我们可以分别针对不同 X_1 的策略来优化式(10-53)。

需要注意的是，同一策略 $\boldsymbol{\pi}_2$ 必须同时优化 N 个奖励，每个策略对应于一个给定的 X_2，从而导致优化的多个目标。虽然我们可以单独 N 个奖励进行优化(如对于给定的 X_2，我们优化 $\boldsymbol{\pi}_2(X'_1|X_1, X_2)$)，但是我们可以采用如下方式，将多目标优化问题转化成单目标优化问题：

$$\overline{r_2}(\boldsymbol{\pi}_1^*, \boldsymbol{\pi}_2, X_1) = \sum_{X_2} P(X_2 \mid X_1) r_2(\boldsymbol{\pi}_1^*, \boldsymbol{\pi}_2, X_1, X_2) \tag{10-54}$$

其解必定是一个平衡点，因为它必须实现式(10-53)中所有单个奖励(每个奖励对应一个 X_2)的最大化。综合式(10-53)和式(10-54)，我们有针对玩家2策略的如下目标函数，它可表示为

$$\begin{aligned}
&\sum_{X_2} P(X_2 \mid X_1) \sum_{n=1}^{N} C_M P(B \mid X_1, X_2) \boldsymbol{\pi}_2(O_n \mid X_1, X_2) \\
&\times I(R_M(T_1, n \mid \pi_2) \leqslant R_F(T_1, n \mid \pi_2)) \\
&+ \sum_{n=1}^{N} C_F P(I \mid X_1, X_2) \pi_2(O_n \mid X_1, X_2) \\
&\times I(R_F(T_1, n \mid \pi_2) > R_F(T_1, n \mid \pi_2))
\end{aligned} \tag{10-55}$$

其中，我们将 $\boldsymbol{\pi}_2$ 增加到函数 R_M 和 R_F 的参数中，因为这两个函数都与玩家2的策略有关。

我们分别总结程序1和程序2中的贝叶斯均衡的计算步骤。程序2是主程序，它计算了玩家2的策略，而程序1是程序2的子功能，它用于计算玩家1的最优策略以及函数 R_M 和 R_F。

程序1 玩家1最优策略的计算流程

1：输入：玩家2的策略 $\boldsymbol{\pi}_2$

2：对于每个观测值 X_1，运行

3：对于每个报告 X'_2，运行

4：使用式(10-44)~式(10-48)来计算后验概率 $\mu(T_2|X'_2, T_1)$

5：使用式(10-40)来计算 $P(I|X_1, T_2)$ 和 $P(B|X_1, T_2)$

6：使用式(10-50)和式(10-51)来计算风险 $R_F(T_1, X'_2)$ 和 $R_M(T_1, X'_2)$

7：使用式(10-52)来选择决策

8：结束

9：结束

10：输出：函数 R_F 和 $R-M$

程序2 玩家2最优策略的计算过程

1：对于每个观测值 X_1，运行

2：使用式(10-55)中的优化算法；使用程序1对函数 R_M 和 R_F 进行估计

3：结束

需要注意的是，对于式(10-55)来说，进行解析优化(如使用 KKT 条件)是非常困难的。因此，我们可以使用 Matlab 优化工具箱中的约束优化函数来进行优化。

10.4.5　数值结果

对贝叶斯均衡的分析，可以通过数值仿真来证明[1303]。为了简化计算，我们假定 $N=4$，即存在 4 个可能的观测值(如非常高的能量、高能量、中等能量和低能量)。离散观测值是合理的，因为可以对连续观测值进行离散化。不同主用户状态的观测分布由下面的矩阵给出：

$$\begin{pmatrix} 0.5 & 0.2 & 0.17 & 0.13 \\ 0.13 & 0.17 & 0.2 & 0.5 \end{pmatrix} \tag{10-56}$$

其中，第 1 行是指信道处于空闲状态时的观测概率，而第 2 行是指信道处于繁忙状态时的概率。矩阵中的 4 列，索引由左到右，表示观测值 $O_1 \sim O_4$。当主用户不存在时，接收到具有较低索引(如 O_1)观测值的概率更大；另一方面，当主用户出现时，具有较高索引(如 O_4)的观测值拥有高概率。我们设置 $C_M=2$、$C_F=1$，因为在频谱感知中，漏检通常比虚警产生的危害更大。

使用程序 1 和程序 2 中的算法来计算贝叶斯均衡。使用 Matlab 优化工具箱来实现优化。在图 10-12 中，分别给出了 $X_1=O_2$ 和 $X_1=O_3$ 时的两个攻击策略实例。我们设置 $\pi_M=0.1$，即玩家 1 认为玩家 2 是恶意攻击者的概率为 0.1。我们注意到，当 $X_1=O_2$ 和 $X_2=O_1$，O_2(即信道更可能处于空闲状态)时，玩家 2 打算发送表明主用户存在的报告，以导致虚警的产生。另一方面，当 $X_1=O_2$ 和 $X_2=O_3$，O_4(即信道更可能处于繁忙状态)时，攻击者认为信道实际上是忙碌的，从而发送表明信道处于空闲状态的报告。在 $X_1=O_3$ 的情形中，我们也可以观察到类似的策略。

	$X_1=O_2$				$X_1=O_3$			
$X_2=$	O_1	O_2	O_3	O_4	O_1	O_2	O_3	O_4
$P(X_2')=O_1$	0	0	0.5	0.5	0	0.33	0.33	0.33
$P(X_2')=O_2$	0	0	0.5	0.5	1	0	0	0
$P(X_2')=O_3$	0.56	0.44	0	0	1	0	0	0
$P(X_2')=O_4$	0.95	0.05	0	0	1	0	0	0

图 10-12　典型情形中的攻击策略实例

第 11 章 认知无线电网络

在前面的讨论中，我们重点关注采用认知无线电技术的点对点通信。在解决了两方通信之后，我们现在聚焦使用认知无线电链路来形成网络的问题。针对无线网络的研究已经开展了数十年。然而，认知无线电中的革命性新型频谱接入机制使网络设计面临着诸多严峻挑战。在本章中，我们简要介绍了一般网络的基本知识，有关网络的更多细节，读者可以参阅文献[1309]。然后，我们将采用自下而上的方式，研究适用于认知无线电不同层的特殊设计。

11.1 网络的基本概念

直观地看，一个网络是能够直接或间接进行通信的各方的集合。通常情况下，网络可以由图来表示，图中每个节点代表一个通信方，每个边表示可以互相通信的两个事件节点。

11.1.1 网络架构

通常存在两类网络架构(如图 11-1 所示)，它们都得到了广泛的应用。

• 蜂窝网络：我们也称之为服务器-客户端架构。在这种网络中，存在多个基站和多个移动台。两个移动台之间无法直接进行通信，即使它们彼此位于对方的通信范围内。它们的信息传输必须经过基站。我们的手机就属于这一类。

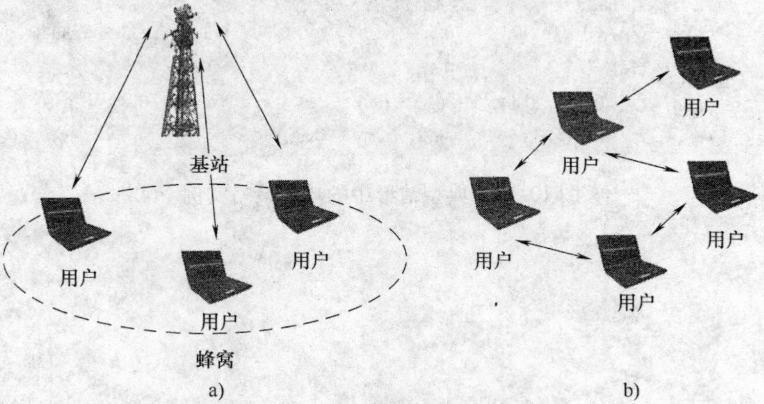

图 11-1 两类网络架构图示

a) 蜂窝架构 b) 对等架构

• 对等网络：我们也称这种架构为 Ad Hoc（自组织网络）。在对等网络中，不存在集中式基站。通信范围内的节点可以直接相互进行通信。如果两个节点之间的距离过大，则它们可以使用中间中继节点进行通信。这种架构特别适用于传感器网络或战场通信网络。

认知无线电可以采用这两种架构。蜂窝系统的优点在于，基站具有强大的检测和数据处理能力，它可以融合来自不同次用户的频谱感知结果，并对数据传输进行调度。另一方面，基站成本可能不足以证明出现许多次用户，使得蜂窝内次用户无法找到足够频谱用于数据传输的风险。对等架构的优点和缺点正好相反。

11.1.2　网络层

为了便于进行通信网络设计，可以将网络功能组织成一个层栈。每层负责完成不同的任务，并与相邻层进行通信。某些协议也被设计用于两个相邻层之间的接口。最流行的网络层定义是由国际标准化组织（International Organization for Standardization，ISO）开发的开放系统互连（Open Systems Interconnection，OSI）参考模型。另一种典型模型是 TCP/IP 参考模型。图 11-2 给出了两个网络参考模型。模型的细节信息解释如下：

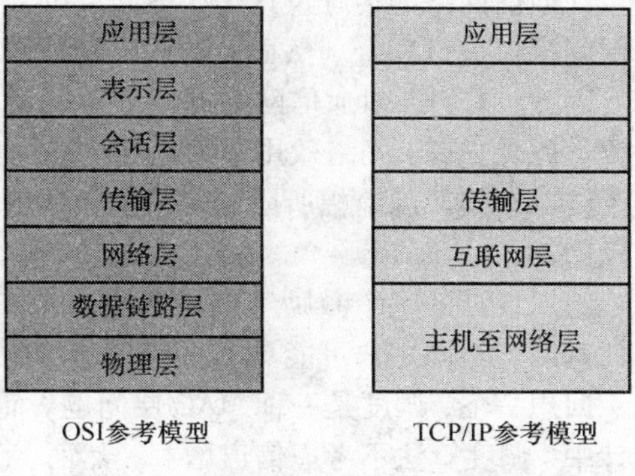

图 11-2　OSI 和 TCP/IP 中的层图示

我们首先介绍 OSI 模型，它将网络分为 7 层。由于大多数网络设计中，不使用会话层和表示层，因而我们重点介绍剩余的 5 层，它们在通信网络的设计和分析中得到了广泛应用。

• 物理层：物理层与如何将信息比特从发射机传输到接收机有关。它主要涉及调制/解调、编码/解码[⊖]以及针对发送和接收的信号处理。我们先前讨论的大多属于物理层的问题。

• 数据链路层：该层负责完成诸如帧确认、流量调节和信道共享等任务。对于无线网络来说，由于无线传输的广播特性，最后一个称为 MAC 的层至关重要，因而通常将 MAC 层作为一个独立层来考虑。从本质上讲，MAC 层地址涉及资源分配（例如，如何为不同用户分配不同的通信信道）和调度（例如，当用户之间存在竞争时，哪个用户应当取得传输的优先权）。前面我们已经提到认知无线电中的一些 MAC 层问题。在本章中，我们将介绍更多的细节。

⊖ 在 OSI 模型的原始定义中，编码和解码是数据链路层中的问题。但是，在实践中，人们通常将其视为物理层问题。

- 网络层:该层确定如何在网络中找到一条从源节点到目标节点的路径。例如,我们需要设计路由寻址机制。此外,当在源节点和目标节点的地址已知时,我们需要为网络设计算法,来找到一条指向目标节点的、成本(如跳数)最少的路径。当某条路径紧急断开时,网络层需要为数据流寻找一条新路径。
- 传输层:该层接收来自于应用层的数据,将其分解为更小的单元(如果需要的话),然后传输到网络层。传输层的主要任务是拥塞控制,即如何根据网络中的拥塞状况来控制信源速率。
- 应用层:它提供了针对不同应用的各种协议。例如,超文本传输协议(Hypertext Transfer Protocol, HTTP)可应用于网站。

需要注意的是,物理层、数据链路层和网络层涉及网络中的中间节点,而传输层和应用层仅涉及数据流的两端(即源节点和目标节点)。

在 TCP/IP 参考模型中,对物理层和数据链路层的规定不够详细。可以将这两层视为主机到网络层。TCP/IP 参考模型中的互联网层和 TCP 层大致对应于 OSI 模型中的网络层和传输层。更多细节,读者可参阅文献[1309]。

11.1.3 跨层设计

在通信网络的传统设计中,不同层的设计和操作是独立进行的。不同的层只能通过层间接口进行耦合。然而,人们已经发现,不同层的分离设计可能会降低网络的效率。因此,人们针对通信网络提出了跨层设计。文献[1034]是一本非常好的跨层设计教程。此外,基于网络效用最大化理论和优化的分解理论,为通信网络中的跨层设计提供了统一框架。因篇幅所限,我们不介绍这一理论。读者可以参阅全面介绍此主题的文献[528]。

跨层设计的一个激励实例是蜂窝系统中的机会调度[1310]。考虑为多个用户提供服务的基站。不同用户可能具有不同信道增益。基站需要对多个用户的数据传输进行调度。回想一下,调度是一种 MAC 层问题,而信道增益是一个物理层量。在传统的分层设计中,调度算法不考虑信道增益。然而,已经证明,为了实现和容量最大化,只对具有最大信道增益的用户进行调度是最佳方案。因此,我们看到,如果和容量是性能指标,则在 MAC 层的调度算法中将物理层问题考虑在内更为理想,从而导致了跨层设计问题。

需要注意的是,频谱实际上是一个物理层概念。因此,如果我们在认知无线电网络中采用分层设计方法,则仅涉及诸如非连续频段的频谱感知或传输方案等物理层问题;诸如调度和路由等组网问题仍然遵循传统的设计。然而,这种分层设计方法可能会导致频谱利用效率降低。

以上面的机会调度为例。在认知无线电环境中,我们用信道可用性来取代信道增益。于是,显而易见,调度应当将频谱状况考虑在内,因为只需对拥有可用信道的次用户进行调度。同样,网络层的路由也应当考虑频谱状况,使得它能绕过主用户频繁出现的区域。因此,对于高性能认知无线电网络来说,跨层设计是必须的,且每一层都应当了解物理层的频谱状况。

11.1.4 认知无线电网络面临的主要挑战

由于将物理层中的频谱状况考虑在内是非常必要的，因而在设计认知无线电网络的上层时，频谱接入新机制可能会给设计和性能带来诸多挑战。主要挑战是频谱动态特性。对所有上层的相应影响可解释如下：

- MAC 层：正如我们已经说明的，MAC 层的主要任务是为不同发射机分配通信资源。然而，在认知无线电中，可用通信资源可能是动态的。因此，MAC 层必须适应当前的频谱状况，这就要求较高的处理速度和快速的信息采集。

- 网络层：在传统的无线通信网络中，一旦找到路径时，则它会被使用相当长一段时间。然而，在认知无线电中，数据路径应当是适应频谱状况的。例如，当主用户出现且阻塞数据路径时，数据路径要么重新进行路由，要么等待原始路径的恢复，这是一个决策问题。由于频谱是随机的，因而数据路径也可能是随机的。

- 传输层：无法将互联网的拥塞控制机制直接应用于认知无线电网络。关键的困难在于很难将由拥塞导致的丢包和由主用户出现导致的分组堵塞区分开来。因此，应当设计一种显式机制，将主用户出现的情况通知给源节点，从而使得可以更好地控制源节点数据流速率。

在下面的章节中，我们将解释如何应对不同层所面临的上述挑战。对于每层来说，我们将解释频谱感知设计的一般原理，并使用算法或协议的一个典型例子来说明原理。

11.1.5 复杂网络

我们将提到的另一个话题是认知无线电网络中的复杂网络现象。虽然这两个网络都研究网络设计，且复杂网络涉及通信网络，但是当网络规模非常大时，后者当网络规模变得非常大时，复杂网络更加关注有趣的特性。

通信网络中的一种重要复杂网络现象是网络连通性的相变[1311]。假设在网络内存在足够多的节点，两个节点之间存在一条通信链路的特定概率为 p。然后，存在一个临界值（用 p_c 表示），使得当 $p<p_c$ 时，大多数节点被分离；当 $p>p_c$ 时，大多数节点处于连通状态。因此，网络连通性在 $p=p_c$ 处经历了一次突变，这与在 100°C 处从液态水到蒸汽转化类似。这种现象只有在网络足够大、足够复杂时才发生。

下面是复杂网络现象的一些其他例子。

- 社会网络中的流行病传播[1312]，即网络拓扑结构如何影响复杂网络中的特定行为传播。

- 大型电力网络的脆弱性[1313]，即故障如何在一个大型电网中进行传播[1313]。

- 复杂网络中的小世界现象[1314]，即为了在任何两个人之间建立连接，需要多少个中间熟人。

- 许多复杂系统中的同步现象[1315]，也就是说，即振荡器网络如何同步或失步。

由于在认知无线电网络中，次用户之间存在交互（如合作或推荐），因而在认知无线电网络中，研究中复杂网络现象是非常有趣的，它为设计和分析提供洞察。因此，我们也将讨论认知无线电网络的复杂网络分析问题。

11.2 MAC 层的信道分配

现在，我们开始从 MAC 层来研究认知无线电系统的组网问题。正如我们已经提到的，MAC 层的主要任务是为不同次用户分配通信资源。在本节中，我们考虑弹性数据流量的资源分配。具有恒定信源速率的数据流将在下一节中进行讨论。由于认知无线电网络组网面临的主要挑战是动态通信资源，因而我们将看到一种有效算法是如何应对这一挑战的。

11.2.1 问题描述

目前，人们已经围绕认知无线电的信道分配问题，开展了广泛的研究[1316, 1317]。在本章中，我们将重点关注文献[1318]（IEEE Globecom2010 最佳论文奖）的研究成果。在研究过程中，考虑一组 L 条授权信道。我们假设存在 $2N$ 个次用户，即 N 个源节点 1, 2, …, N 和 N 个目标节点 1, 2, …, N，从而形成 N 个源节点-目标节点对。我们分别用 $a_{s,i}^{l}$ 和 $a_{d,i}^{l}$ 表示信道 l 在源节点 s 和目标节点 d 处的可用性。$a_{s,i}^{l}$ 或 $a_{d,i}^{l}$ 的值为 1 意味着相应的信道可用；否则，该值等于 0。

图 11-3 给出了一个实例。在认知无线电网络中，我们给出了 3 个发送对。当发射机和接收机存在共同可用的信道时，它们之间能够进行通信。否则，像 S3 和 D3，由于它们无法找到一条共同信道，因而无法进行通信。

我们考虑下面的认知无线电网络协议。每个时隙被分为 3 个时段：感知、接入和数据传输。

- 感知时段：每个次用户对频谱进行感知，并确定可用信道。然后，每个次用户选择一条可用信道作为其工作信道。对于发射机来说，工作信道用于传输，而对于接收机来说，工作信道用于监听。

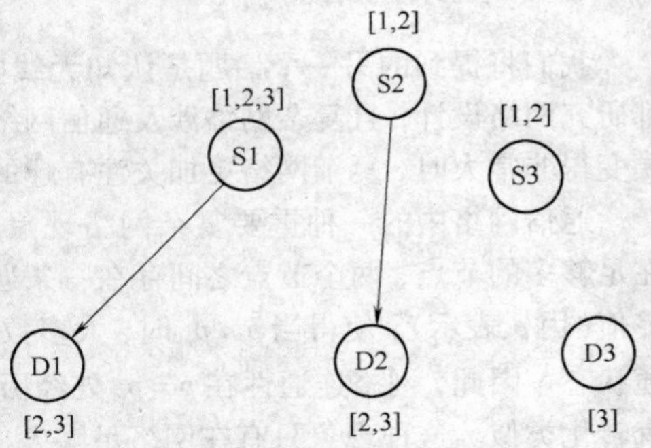

图 11-3 信道状态实例

- 接入时段：该时段主要解决同一信道内多个次用户之间可能发生的碰撞。我们将该时段分割为 K 个微时隙。每个源节点选择一个随机数用作感知请求发送（Request to Send，RTS）消息的时间。在发送 RTS 之前，源节点监听信道；一旦检测到任何频谱活动，则源节点保持静默。当目标节点接收到 RTS 时，它发回一条取消发送（Clear to Send，CTS）消息。需要注意的是，这种机制与载波侦听多路访问（Carrier Sense Multiple Access，CSMA）是非常类似的。

数据传输：一旦源节点和目标节点通过 RTS 和 CTS 消息建立连接，则它们就可以开始在剩余时隙内传输数据。传输方法可能与传统通信系统中的方法相同。

显然，频谱感知周期和数据传输周期不是研究的重点。我们重点关注接入周期，特别是接入哪条信道的问题。该问题实质上是一种资源分配问题。

11.2.2　调度算法

文献[1318]将信道调度看作是一个优化问题。优化的根本目的是实现授权频谱利用率的最大化，这与认知无线电的目标不谋而合。

首先，我们用 M_s^l 和 M_d^l 表示在频谱感知期间选择信道 l 的源节点和目标节点集合。我们定义 $M^l = M_s^l \cap M_d^l$，即使用信道 l 来进行数据传输的传输对集合。

我们用 $\{X_k\}_{k=1,\cdots,|M^l|}$ 表示选择信道 l 的源节点接入周期内的随机退避值。我们定义 $W = \min\{X_k\}_{k=1,\cdots,|M^l|}$。于是，我们将信道 l 的效用定义为在信道 l 成功完成一次数据传输的概率，它可表示为

$$\begin{aligned} U^l &= \sum_{i=1}^{|M^l|} P(W = X_i) \sum_{x=1}^{K} \left(P(X_i = x) P\left(\cap_{j\neq i}\{X_j > x\}\right)\right) \\ &= \frac{|M^l|}{K|M_s^l|} \sum_{x=1}^{K} \left(\frac{K-x}{K}\right)^{|M_s^l|-1} \end{aligned} \tag{11-1}$$

我们重点关注 $K\to\infty$ 的情形。于是，我们有

$$\sum_{x=1}^{K} \left(\frac{K-x}{K}\right)^{|M_s^l|-1} = 1 \tag{11-2}$$

和

$$U^l = \frac{|M^l|}{|M_s^l|} \tag{11-3}$$

显然，一个合理的频谱效用指标是所有信道上的平均效用，它可表示为

$$U = \sum_{l=1}^{L} U^l = \sum_{l=1}^{L} \frac{|M^l|}{|M_s^l|} \tag{11-4}$$

于是，信道分配的目标是实现频谱利用率 U 的最大化。我们将其看作是一个整数规划问题，该问题的变量为

$$x_{s,i} = \begin{cases} 1, & \text{如果源节点 } i \text{ 选择信道 } l \\ 0, & \text{其他} \end{cases} \tag{11-5}$$

和

$$x_{d,i} = \begin{cases} 1, & \text{如果源节点 } i \text{ 选择信道 } l \\ 0, & \text{其他} \end{cases} \tag{11-6}$$

基于上述定义，我们有

$$U^l = \frac{\sum_{i=1}^{N} x_{s,i}^l x_{d,i}^l}{\sum_{i=1}^{N} x_{s,i}^l} \tag{11-7}$$

于是，优化问题可表示为

$$\begin{aligned} &\max_{\{x_{d,i}\}\{x_{s,i}\}} \sum_{l=1}^{L} \frac{\sum_{i=1}^{N} x_{s,i}^l x_{d,i}^l}{\sum_{i=1}^{N} x_{s,i}^l} \\ &\text{使得 } x_{s,i}^l = 0 \text{ 或 } 1,\ \forall l, i \\ &\quad\quad\ x_{d,i}^l = 0 \text{ 或 } 1,\ \forall l, i \end{aligned}$$

$$\sum_{l=1}^{L} x_{s,i}^{l} = 1 \tag{11-8}$$

$$\sum_{l=1}^{L} x_{d,i}^{l} = 1$$

$$x_{s,i}^{l} = 0, \text{如果 } a_{s,i}^{l} = 0$$

$$x_{d,i}^{l} = 0, \text{如果 if } a_{d,i}^{l} = 0.$$

显然，目标函数是频谱效用。前两个约束条件是变量的二进制值。第3和第4个约束意味着一个源节点或目标节点只能选择一条信道。最后两个约束条件意味着次用户不应当选择已被主用户占用的信道。

11.2.3 解决方案

虽然可以将信道分配看作是一个优化问题，但是求解该问题非常具有挑战性。遗憾的是，文献[1318]证明，式(11-8)的优化问题是NP难的。因此，不可能找到一种可用于优化的多项式时间算法。对于大型认知无线电网络来说，我们必须采用一些启发式方法。文献[1318]引入了集中式和分散式贪婪算法，并实现了良好的性能。下面我们简要介绍一下这两种方法。

集中式算法：在这种方法中，我们将传输对分为两组$\mathcal{G}_{wc}$和$\mathcal{G}_{oc}$，分别表示发射机和接收机之间至少存在一条共同信道或没有共同信道。我们还用$\mathcal{C}_{sd,i}$表示传输对i的共同信道集合，并定义$C_{sd} = \cup_i C_{sd,i}$。于是，可采用如下步骤进行信道分配。详细描述和伪码读者可参阅文献[1318]。

1. 初始化：我们对$\mathcal{G}_{wc}$、$\mathcal{G}_{oc}$、$\mathcal{C}_{sd,i}$和$\mathcal{C}_{sd,i}$进行初始化。

2. 构建一个二分图：我们使用集合$\mathcal{G}_{wc}$和$\mathcal{G}_{oc}$来构建一个二分图(用G表示)，如果信道是传输对的一条共同可用的信道，则图中的边从传输对指向信道。

图11-4给出了一个实例，它包含3个传输对和4条信道。从二分图我们可以看到，传输对2拥有共同信道2和3，而对于传输对1中的发射机和接收机来说，信道2也是可用的。因此，传输对1和2可能会在信道2上发生碰撞。显然，二分图提供了不同传输对的可用信道信息，以及传输对之间可能发生碰撞的信息。

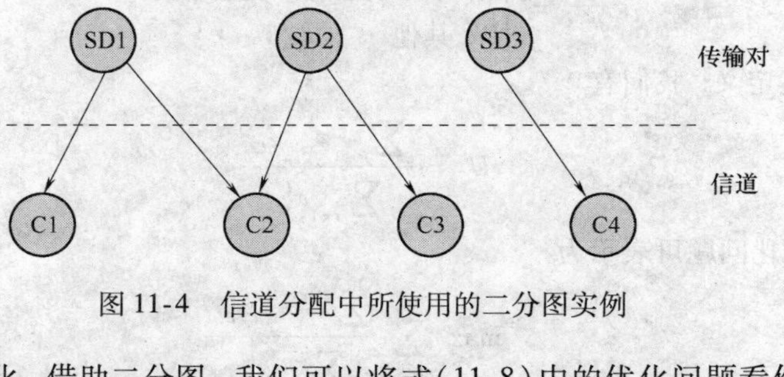

图11-4 信道分配中所使用的二分图实例

3. 匹配最大化：借助二分图，我们可以将式(11-8)中的优化问题看作是图论中的二分图最大匹配问题。在二分图中，一次匹配意味着在一组边中，任意两条边不共享节点。在信道分配的背景下，如果某个边未在匹配范围内，我们认为对应的传输对使用对应的信道。要求匹配中不存在共同节点的原因在于：a)任意两个传输对不能使用同一信道，这可能会导致碰撞；b)一个传输对最多只能使用一条信道。最大匹配意味着在集合中再增加任意一边，都将使得该集合不再是匹配。

例如，在图 11-4 中，边集合{$SD1 \rightarrow C2$，$SD2 \rightarrow C3$，$SD3 \rightarrow C4$}是一个最大匹配。当我们再增加任意一边(如 $SD2 \rightarrow C2$)时，就会违背匹配的定义。

因此，当我们在二分图中实现了匹配最大化时，这意味着我们不能再为传输增加信道，因而实现了频谱效用的最大化(可能是局部的)。许多算法(如贪婪算法)可用于实现匹配最大化。

分散式算法：在前面的讨论中，调度是由一个集中式调度器来实现的。在许多情况(如 Ad Hoc 认知无线电网络)下，不存在能够实现信道分配优化的这种中心。信道分配可以采用分布式的方式来实现。

针对分散式信道分配问题，人们基于预定的优先顺序，提出了一种启发式算法。在每个时隙中，次用户使用公共次序(它可能会随时间发生变化)对信道进行排序。然后，每个次用户在所有可用信道中，选择具有最高优先级的信道。文献[1318]将这种次序简单定义为一种轮询模式，即时刻 t 的次序可以表示为

$$p_{\mathrm{mod}(h+t-1,\ L)+1} > p_{\mathrm{mod}(h+t,\ L)+1} > \cdots > p_{\mathrm{mod}(h+t+L-2,\ L)+1} \tag{11-9}$$

其中，p_c 代表信道 c 的优先级。很容易看出，在优先顺序中，次用户可以保持同步。这种轮询优先级的基本原理是保证不同次用户和信道之间的公平性。分散式算法的性能分析是留作练习。

11.2.4　讨论

需要注意的是，在认知无线电网络中，引入的调度算法还远远无法解决调度问题。仍然存在许多其他亟待解决的问题，包括：

- QoS 调度：本节中提出的调度算法旨在实现频谱利用率的最大化。但是，这可能会饿死一些不幸节点，因而无法保证 QoS。因此，有必要研究在次用户 QoS 的调度问题。在下一节中，我们将考虑信源速率的 QoS，并研究相应的调度算法以稳定排队动态特性。
- 使用有限的通信进行调度：在本节讨论的分散式算法中，我们假定已经预先确定了优先级。但是，这可能会导致无法实现最优调度。更好的办法是让次用户交换有限数量的消息，从而使得调度能够更好地适应频谱环境。这与实现离散目标函数的分布式最大化是等价的。
- 部分可观测性：在本节中，我们假定每个次用户可以完美地检测所有授权频段中的主用户活动。然而，如果授权频带很宽，则这种假设可能是不成立的，因为这需要相当高的采样率来完美重构宽带信号。在这种情况下，一种实用的方法是仅对采样能力范围内的若干条信道进行感知。这样，调度就变为如何为参与感知的次用户分配不同的信道。由于频谱的随机性，因而可以将频谱效用的数学期望或其他指标选为目标函数。

11.3 MAC 层中的调度问题

在上一节中，信道调度的标准是实现信道效用最大化或等效于实现吞吐量的最大化。然而，这不适用于 QoS 要求严格的流量，如具有固定信源速率的流量。因此，在本节中，我们考虑具有严格数据速率的情形，并研究用于稳定认知无线电网络中排队动态特性的调度算法。需要注意的是，我们参照文献[1319]中的论据。

11.3.1 网络模型

我们考虑包含 N 个次用户和 M 个主用户的认知无线电网络，如图 11-5 所示。每个主用户使用单条授权信道。我们用 $\mathcal{I}_{nm}$ 表示当次用户 n 接入信道 m 时形成的干扰。为简单起见，我们假设每个主用户可以干扰所有使用相应信道的次用户。需要注意的是，不存在任意主用户从未使用过的信道。因此，信道总数也是 M。我们用 $s_m(t)$ 表示信道 m 在时隙 t 内的状态：当 $s_m(t)=1$ 时，表示信道 m 可用；当 $s_m(t)=0$ 时，表示信道 m 不可用。与认知无线电网络的许多研究类似，我们假设主用户状态服从马尔可夫链。当主用户状态 $\mathbf{s}(t-1)=(s_1(t),\cdots,s_M(t))$ 给定时，信道 m 处于空闲状态的概率用 $p_m(t)$ 表示，即

$$P_m(t)=E[s_m(t)\mid \mathbf{s}(t-1)] \tag{11-10}$$

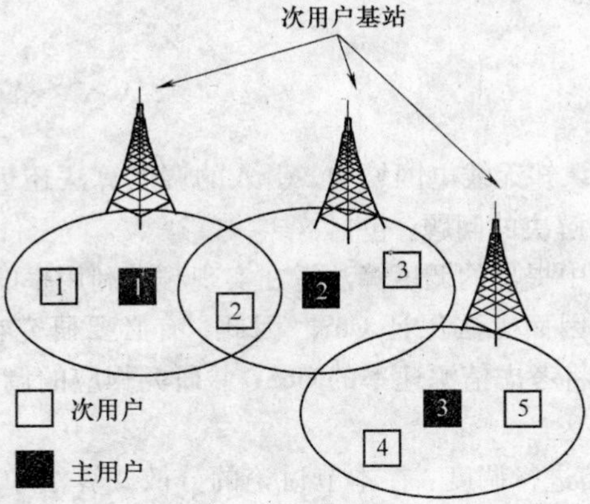

图 11-5 主用户和次用户网络模型

显然，只有当如下条件成立时，次用户才可以成功通过信道 m 来发送分组。

- $s_m(t)=1$，即主用户未使用信道 m。
- 所有其他次用户 i 的传输不会干扰次用户处的信道 m。

我们假设每个次用户以独立同分布方式接收外部数据。我们用 $A_n(t)$ 表示次用户 n 的分组到达过程。平均到达速率用 λ_n 个分组/时隙来表示。与经常使用的泊松到达模型不同，我们为分组到达数设置了一个上限，用 $A_{\max}$ 来表示。在时隙 t 内，次用户 n 队列中的积压用 $U_n(t)$ 来表示。纳入队列中的新分组数用 $R_n(t)$（需要注意的是，$R_n(t)\leqslant A_n(t)$

因为新到达的分组不一定被纳入队列）。在时隙 t 内，信道 m 中次用户 n 试图进行分组传输的次数用 $\mu_{nm}(t)$ 来表示。为简单起见，我们假设 μ_{nm} 为 0 或 1，即次用户要么在给定信道中传输一个分组，要么不传输。研究次用户可以根据信道质量，传输两个或多个分组的情形是非常有趣的。然而，这种情形将更为复杂。

于是，排队动态特性可表示为

$$U_n(t+1) = \max\left[U_n(t) - \sum_{m=1}^{M} u_{nm}(t)s_m(t),\ 0\right] + R_n(t) \tag{11-11}$$

其中，约束条件为

$$u_{nm} = 0 \text{ 或 } 1,\ \forall m,\ n \tag{11-12}$$

$$u_{nm}(t) \leqslant h_{nm}(t),\ \forall m,\ n$$

$$0 \leqslant \sum_{m=1}^{M} u_{nm}(t) \leqslant 1,\ \forall n$$

$$u_{nm}(t) = 1 \Leftrightarrow \sum_{j=1}^{M} \sum_{i=1,\ i\neq n}^{N} I_{ij}^{m} u_{ij}(t) = 0,\ m,\ n \tag{11-13}$$

$$0 \leqslant R_n(t) \leqslant A_n(t)$$

约束条件的物理意义是：

1. 传输要么成功（$u_{nm}=1$），要么失败（$u_{nm}=0$）。
2. 传输受到频谱占用情况的限制。
3. 每个次用户仅只能在一条信道上传输数据。
4. 如果次用户在某条信道中传输数据，则其他次用户不得使用所有对该信道形成干扰的信道。
5. 纳入队列的分组数受到达分组数的限制。

11.3.2　调度目标

文献[1319]假定调度目标是实现加权吞吐量的最大化。为此，我们定义

$$r_n = \lim_{t\to\infty} \frac{1}{t} \sum_{s=0}^{t-1} R_n(s) \tag{11-14}$$

它表示次用户 n 的吞吐量。我们再定义一个用于衡量次用户对主用户形成干扰程度的指标，它可以表示为

$$c_m(t) = I(\text{在时隙 } t \text{ 内，信道 } m \text{ 中次用户与主用户发生的一次碰撞}) \tag{11-15}$$

于是，信道 m 中次用户与主用户发生碰撞的平均次数可以定义为

$$c_m = \lim_{t\to\infty} \frac{1}{t} \sum_{s=0}^{t-1} c_m(s) \tag{11-16}$$

于是，调度的目标是实现如下优化过程：

$$\max \sum_{n=1}^{N} \omega_n r_n$$

$$\text{使得 } 0 \leqslant r_n \leqslant \lambda_n,\ n \tag{11-17}$$

$$c_m \leqslant \rho_m,\ m$$

$$\boldsymbol{r} \in \Lambda$$

其中，ω_n是次用户 n 的权重，$\boldsymbol{r}=(r_n, \cdots, r_N)$，$\Lambda$ 是排队动态特性处于稳态的网络容量区域。

显然，目标函数是吞吐量的加权和。约束条件的含义如下：

1. 吞吐量不能大于分组到达速率。

2. 应当将与主用户发生碰撞的次数限制在一定范围内；否则，次用户将会对主用户系统形成较强的干扰。

3. 吞吐量应在认知无线电网络的能力范围内。

11.3.3 调度算法

现在，我们开始研究如何调度认知无线电中的数据流量，以优化式(11-17)中受约束的目标函数。调度算法由两个部分组成：

• 流量控制，即如何将分组纳入队列。这里，控制变量是 $R_n(t)$，即纳入队列的分组数。

• 资源分配，即如何为不同的用户分配不同的信道。这里，控制变量是 $u_{nm}(t)$，即应当将哪个次用户安排在哪条信道上。

这两个部分可以由下面两个独立优化问题来描述。我们将两个组成部分的集成称为认知网络控制(Cognitive Network Control，CNC)算法[1319]。

• 流量控制：根据如下优化问题来实现分组接纳：

$$\min_{R_n(t)} R_n(t)\left(U_n(t) - V\omega_n\right) \tag{11-18}$$

$$\text{使得 } 0 \leqslant R_n(t) \leqslant A_n(t)$$

这里，V 是预定的常数，用于控制吞吐量和延迟之间的折中(当队列长度过大时，延迟将增加)。

优化问题的解是显而易见的：

$$R_n(t) = \begin{cases} A_n(t),\ U_n(t) \leqslant V\omega_n \\ 0,\ U_n(t) > V\omega_n \end{cases}$$

即如果队列长度不大，则接纳所有到达的分组；否则，不接纳到达的分组。

• 资源分配：可以将资源分配看作是另一种优化问题。在描述优化问题之前，我们需要定义一个“虚拟”队列，它代表与主用户发生碰撞的次数。我们将队列动态特性定义为(回想一下，$c_m(t)$表示与主用户发生碰撞的次数符号)

$$X_m(t+1) = \max[X_m(t) - \rho_m, 0] + c_m(t) \tag{11-19}$$

其中，X_m是信道 m 虚拟队列中的积压。回想一下，ρ_m是信道 m 中发生碰撞的平均数。虚拟队列的直观解释是，当碰撞数超过平均数时，队列累积；否则队列清空，使得我们可以允许更多碰撞发生。该虚拟队列的组合可用于防止与主用户发生更多碰撞，并避免违反认知无线电的规则。

基于虚拟队列的定义，我们可以定义资源分配的优化问题，它可以表示为

$$\max_{\{u_{nm}\}} \sum_{n,m} u_{nm}(t)\left(U_n(t)P_m(t) - \sum_{k=1}^{M} X_k(t)(1-P_k(t))I_{nm}^k\right) \tag{11-20}$$

$$\text{使得式(11- 12) 中的约束条件成立}$$

直观解释如下：$U_n(t)P_m(t)$ 意味着使用信道 m 传送次用户 n 中分组的欲望，因为较大的队列长度或信道空闲概率较大，会激励系统分配 $u_{nm}=1$；同时，$\sum_{k=1}^{M} X_k(t)(1-P_k(t))I_{nm}^k$ 项针对与主用户可能发生的碰撞提供了一种处罚（这里 I_{nm}^k 考虑了所有可能被干扰的信道）。于是，调度应当实现队列清空和主用户发生碰撞之间的折中。上述优化问题的解将在下一小节中进行讨论。

当所有信道相互正交（即不存在跨信道干扰）时，式(11-20)中的优化问题可以简化为

$$\max_{\{u_{nm}\}} \sum_{n,\,m} u_{nm}(t)\left(U_n(t)P_m(t) - X_m(t)(1-P_k(t))\right) \tag{11-21}$$

使得式(11-12)的约束条件成立

需要注意的是，上述简化问题是一个 $N\times M$ 二元图上的最大权重匹配（Maximum Weight Match，MWM）问题。如果采用集中式调度算法，则它可以在多项式时间内实现。

11.3.4　CNC 算法性能

现在，我们开始研究认知网络控制（CNC）算法的性能。它遵循亚普诺夫函数的框架，Tassiulus 和 Emphremides 曾经应用该框架来研究受控排队动态特性的稳定性[1296]。回想一下，这也是我们在讨论 PUE 攻击者和认知无线电网络之间的博弈时已经涉及过的。

为此，我们令 $L(\boldsymbol{q})$ 表示队列长度 $\boldsymbol{q}$ 的函数，它是一个标量，且取值非负。我们称之为亚普诺夫函数，可以将其视为排队系统的能量。亚普诺夫漂移直观上表示系统能量的减少，可以将其定义为

$$\Delta L(t) = E[L(\boldsymbol{q}(t+1)) - L(\boldsymbol{q}(t))] \tag{11-22}$$

显然，亚普诺夫漂移越小，排队动态特性越稳定。文献[1319]已经证明

$$\begin{aligned}\Delta L(t) - VE\left[\sum_{n=1}^{N}\omega_n R_n(t)\right] \leqslant{}& B - E\left[\sum_{m=1}^{N} U_n(t)\left(\sum_{m=1}^{M} u_{nm}(t)S_m(t) - R_n(t)\right)\right]\\ &- E\left[\sum_{m=1}^{M} X_m(t)(\rho_m - \hat{c}_m(t))\right]\\ &- VE\left[\sum_{n=1}^{N}\omega_n R_n(t)\right]\end{aligned} \tag{11-23}$$

其中，V 为控制参数。

文献[1319]将亚普诺夫函数定义为

$$L(\boldsymbol{q}(t)) = \frac{1}{2}\left[\sum_{n=1}^{N} U_n^2(t) + \sum_{m=1}^{M} X_m^2(t)\right] \tag{11-24}$$

与传统排队系统（将亚普诺夫函数定义为队列长度的二次方和）的稳定性分析相比，针对认知无线电网络定义的亚普诺夫函数拥有一个额外项，即虚拟队列长度的平方和，从而解决了与主用户发生碰撞的独特问题。如果我们将虚拟队列看作是正常队列，则分析与传统网络属于同一框架。

于是，我们有如下事实，文献[1319]称之为最优平稳随机化策略。考虑用($\lambda_1, \cdots, \lambda_N$)表示的任意速率向量(回想一下，$\lambda_n$表示次用户 n 的平均到达速率)。我们总能找到一个平稳随机化调度策略 $STAT$。它选择可行解 $R_n^{STAT}(t)$ 和 $u_{nm}^{STAT}(t)$ 作为信道状态 $\boldsymbol{P}(t)$ 和 $\boldsymbol{H}(t)$ 的函数。它们可以得到下面的公式：

$$E[R_n^{STAT}(t)] = r_n^* \tag{11-25}$$

$$u_n^{STAT} \equiv \lim_{t\to\infty}\frac{1}{t}\sum_{s=0}^{t-1}E\left[\sum_{m=1}^{M}u_{um}^{STAT}(s)s_m(s)\right] \geqslant r_n^* \tag{11-26}$$

$$\hat{c} \equiv \lim_{t\to\infty}\frac{1}{t}\sum_{s=0}^{t-1}E[\hat{c}_m^{STAT}(t)] \leqslant \rho_m \tag{11-27}$$

可以使用文献[1320]中的方法对这一结论进行证明。然后，文献[1319]证明，在所有时隙 t 内可能采取的行动中，认知网络控制(CNC)算法能够实现式(11-23)的右侧最小化。

11.3.5　分布式调度算法

在分布式情况下，我们考虑正交信道的情形。因此，优化问题可描述为式(11-21)，它实质上是一个最大权重匹配(MWM)问题。为了实现分布式版本(时间也是恒定的)，文献[1319] 提出了一种最大匹配贪婪算法。

该算法可描述如下：

- 第 0 步：为每条通信链路分配权重。权重可由式(11-21)得到。
- 第 1 步：选择具有最大权重的链路，并激活它。
- 第 $k(k>1)$步：在被激活的链路中，选择具有最大权重的链路，且与激活链路不发生碰撞。如果不存在可行链路，则选择停止。

贪婪算法试图在每一步尽可能增加目标函数。然而，一旦链路被激活，则无法将其删除。因此，该算法可能是次优的。文献[1319]已经证明，由认知网络控制(CNC)算法实现的吞吐量效用位于最佳性能的有限范围内。

11.4　网络层中的路由问题

在本节中，我们重点关注网络层，并研究认知无线电网络中的路由问题。

11.4.1　认知无线电中路由面临的挑战

在认知无线电网络中，路由面临的主要挑战是动态频谱占用(或等效地说动态传输机会)。当次用户正在使用的信道被主用户占用时，对应的链路中断，因而数据路由不再有效。然后，次用户可能采取 3 种行动：

- 等待：如果主用户很快将离开信道，则次用户可以等待，直至信道空闲。
- 切换信道：如果存在多条信道，则次用户也可以尝试对其他信道进行感知，发现可用信道后重新开始传输。
- 重新路由：如果只有一条信道，且主用户不会迅速离开，则必须寻找一条新路径，来重新传输数据流量。

需要注意的是，所有上述行动都会带来成本。当次用户等待主用户离开时，会导致分组时延。在大多数无线硬件中，切换到新信道需要时间。重新进行路由时，还会产生重大开销，因为次用户需要交换与路径信息相关的消息。于是，通常由主要因素来决定选择相应的行动。这会导致两种类型的路由方案：

- 静态路由：数据流量拥有固定的路由。此类路由需要一种快速信道切换机制，否则主用户会迅速离开（即频谱是高度动态的）。或者频谱是高度静态的（在这种情况下，网络与传统网络类似），该路由也可以是静态的，因为主用户很少中断数据路径。但是，在这种情况下，可能需要重新路由机制，以防止主用户出现。
- 动态路由：在这种情况下，数据流量没有固定的路由。分组转发对频谱状况是自适应的，或者分组转发是随机的。动态路由适用于频谱是中度动态且信道切换带来重大开销的情形；否则，次用户可以等待主用户离开，或者快速切换到另一条信道。

与频谱动态水平相关的路由策略变化情况如图 11-6 所示。因此，路由策略的选择应当与频谱环境和次用户硬件规格高度相关。

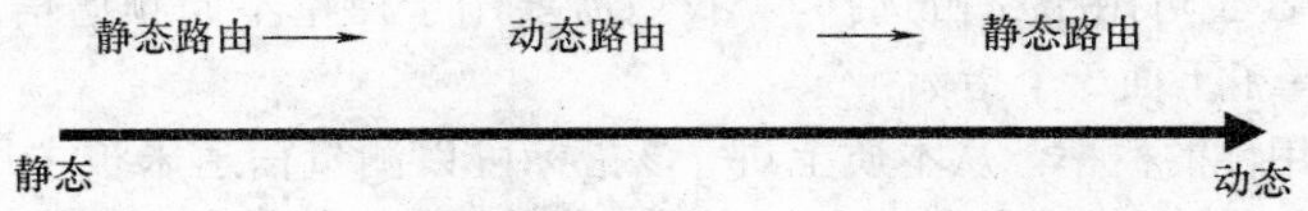

图 11-6　与频谱动态特性相关的路由策略变化图示

11.4.2　静态路由

在本小节中，我们研究认知无线电网络中的静态路由，即数据路径在整个网络运行期间是固定的。人们已经围绕该问题开展了大量的研究。我们参照文献[1321]的研究思路，它在第 I 节中归纳了认知无线电网络面临的如下特有挑战：

- 路由能够明确保护主用户（Primary User，PU），如图 11-7 所示。

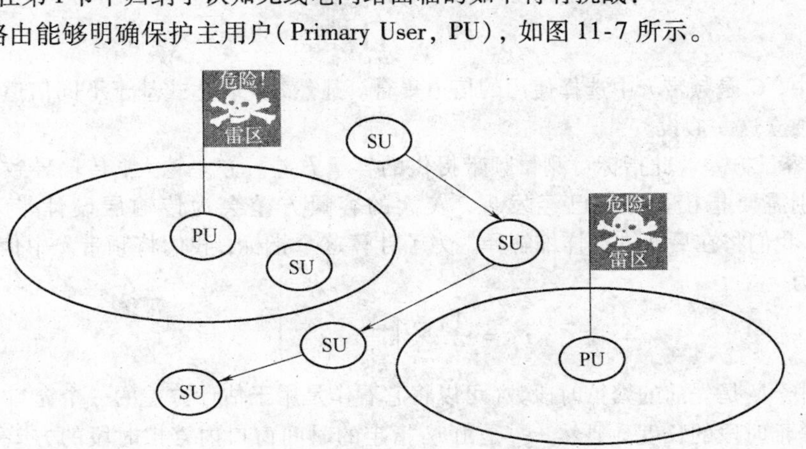

图 11-7　主用户区域避免图示

- 存在两类次用户（Secondary User，SU）服务：第 I 类服务重点关注受主用户干扰限制的端到端时延；第Ⅱ类服务以牺牲一定的认知无线电网络性能为代价，为保护主用户赋予了更多优先级。

- 路由算法必须是可扩展的，并同时考虑路由和频谱选择问题。

文献[1321]中提出的算法被称为认知无线电路由协议（Cognitive Radio Routing Protocol，CRP）。简言之，认知无线电路由协议（CRP）包含以下几个阶段：

- 第1阶段：频段选择。在这一阶段，次用户根据其局部观测值，来选择最佳频段。针对每类次用户提出一个优化问题。每个次用户提出一项路由过程的动议。
- 第2阶段：下一跳选择。在这一阶段，当交换路由请求（Route Request，RREQ）消息时，将每个次用户的动议映射到一个时延函数上。相邻节点的排序是由时延函数完成的。最后，由目标节点形成一条路由路径。

此外，文献[1321]还提出了一种路由维护机制，来防止因新的主用户出现而导致任何认知无线电链路中断。我们将在本节的其余部分来描述认知无线电路由协议（CRP）的细节信息。

11.4.2.1　第1阶段：频谱选择

为选择频谱（也可用于路由选择），我们需要用于衡量不同频谱信道用处的指标。文献[1321]选择了下面5个指标：

- 带宽可用性的概率。从本质上讲，该指标可以测量信道未被主用户占用，且可用于数据传输的概率。对于频带 k 中的信道 i 来说，此概率可估计为

$$p_i^k = \frac{\alpha_i^k}{\alpha_i^k + \beta_i^k} \tag{11-28}$$

其中，$\frac{1}{\alpha_i^k}\left(\frac{1}{\beta_i^k}\right)$表示频带 k 中的信道 i 处于空闲（繁忙）状态的平均时间。显然，选择一条具有较高可用概率的信道是非常理想的。于是，在频带 k 中所选信道的可用概率可表示为

$$M_B^k = \prod_{i \in C^k} P_i^k \tag{11-29}$$

其中，C^k是频带 k 中选择使用的信道集合。显然，此表达式基于不同信道的频谱占用相互独立这一假设。

- 容量方差。此指标可测量频带提供的容量方差。方差越大，传输导致的抖动越多。特别需要指出的是，已经发现，较大的容量方差会为传输层设计带来较大困难[1322]，我们将在后面进行详细解释。为了计算这个指标，我们将频带 k 中信道 i 的指标定义为

$$\zeta_i^k = \frac{1}{N_v}\sum_{s=1}^{N_v}\left[\frac{1}{\beta_i^k} - t_s^{OFF}\right]^2 \tag{11-30}$$

其中，N_v是先前的繁忙时段数（可以将它看作是用于估计方差的一个窗口），t_s^{OFF} 是第 s 个繁忙时段的长度。显然，ξ_i^k 是由 N_v指定的时间窗口内繁忙时段的方差估计。于是，对频带 k 来说，我们可以将指标定义为

$$V_B^k = \psi_k \sum_{i \in C^k} \xi_i^k \tag{11-31}$$

其中，ψ_k是频带 k 中每条信道的带宽。用 ψ_k来测度旨在计算可以传送的比特数的方差。

• 频谱传播特性。不同频段可能具有不同的无线传播特性。特别是，频率越低，传播性能可能更好。文献[1321]将这一指标定义为

$$D_k = \left[\left(\frac{c}{4\pi f_k}\right)^2 \frac{P_{tx}^{CR}}{P_{rx}^{CR}}\right]^{\frac{1}{\beta}} \tag{11-32}$$

其中，c 为光速，P_{tx}^{CR}是次用户的最大发射功率，P_{rx}^{CR}是接收端接收功率阈值，f_k是频带频率，β 是衰减因子。

• 保护主用户：认知无线电网络的一个关键因素是要避免对主用户形成干扰。因此，在频谱选择和路由中，应当充分考虑到这一点。可以将主用户区域视为雷区和次用户应尽量避免进入这些区域。

当次用户将其分组转发给邻居时，它需要考虑下一跳邻居和主用户传输范围之间的重叠问题。对于次用户 i 和主用户 j 来说，这种重叠可以通过下式进行计算：

$$\begin{aligned} A_{i,j} &= D_K^2\cos^{-1}\left\{\frac{D_{i,j}^2 + D_k^2 - (r_k^j)^2}{2D_{i,j}D_k}\right\} \\ &\quad + (r_k^j)^2\cos^{-1}\left\{\frac{D_{i,j}^2 + D_k^2 + (r_k^j)^2}{2D_{i,j}r_k^j}\right\} \\ &\quad - \frac{1}{2}\sqrt{s(s-2D_{i,j})(s-2D_k)(s-2r_k^j)} \end{aligned} \tag{11-33}$$

其中，$s = D_{i,j}^2 + D_k^2 + r_k^j$，$D_{i,j}$是次用户 i 和主用户 j 之间的距离，D_k是式(11-32)中的传播距离，r_k^j 是主用户 j 的传输范围。详细推导过程可以参阅文献[1321]。于是，对于次用户 i 和频带 k 来说，用于测量主用户保护的指标可以定义为

$$A_i^k = \frac{\bigcup_{j=1,\cdots,N_p} A_{i,j}}{\pi D_k^2},\ D_{i,j} < D_k + r_k^j \tag{11-34}$$

这里，N_p是主用户数。

• 频谱感知因素：既然难以将主用户信号与次用户信号区别开来(尤其是当采用能量检测方案时)，那么当次用户进行频谱感知时，需要禁止附近次用户传输数据，以避免对频谱感知过程形成干扰。因此，靠近选定数据路径的次用户受频谱感知这一要求的影响巨大。

为了描述代表频谱感知要求的指标，我们分别用 T_s^z 和 T_t^z 来表示次用户 z 的频谱感知时间和传输时间，它位于次用户 y 的载波侦听时间间隔内。当我们考虑用户 x 和 z 的频谱感知要求时，用户 y 数据传输的可用时间如图 11-8 所示。因此，用户 y 数据传输的可用时间可表示为

$$T_a^y = \max_j\{T_s^j + T_t^j\} - \cup\{T_s^i\},\ i \in I_y \tag{11-35}$$

其中，I_y是可能被主用户 y 干扰的次用户集合。基于上述定义和讨论，我们将指标定义为

$$T_f^y = \frac{T_a^y}{\max\{T_s^j + T_t^j\}},\ i \in I_y \tag{11-36}$$

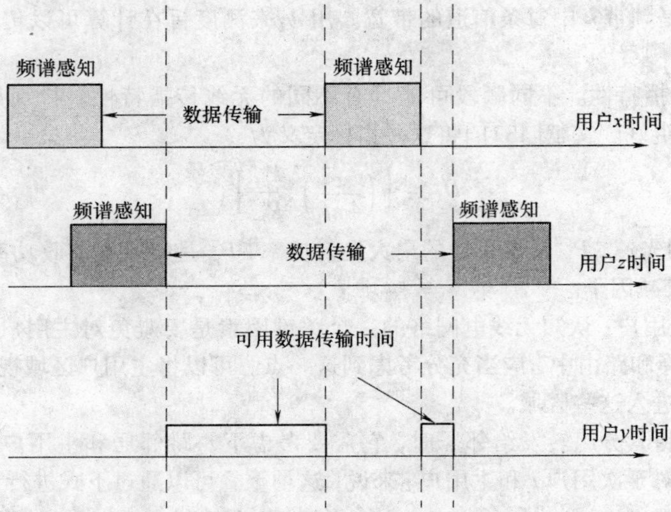

图 11-8 频谱感知对附近次用户数据传输的影响图示

基于指标的上述定义，可以将次用户 x 的频谱选择问题建模为下面的优化问题：

$$\max_k O_I = D_k T_f^x$$

$$\text{或者} \min_k O_{II} = D_k A_x^k$$

$$\text{使得 } M_B^k > p_B^{|C^k|} \tag{11-37}$$

$$V_B^k < J_T$$

$$B_c^k > \psi_k |C^k|$$

$$T_\Delta^s + T_\Delta^c (1 - M_B^k) < T_{th}$$

可以将上述优化问题解释如下：

- 目标函数：可能存在两种类型的目标函数，即 O_I和 O_{II}。对于目标函数 O_I来说，目标是实现传输时间最大化，从而使得端到端时延最小化，同时避免对主用户形成干扰。对于目标函数 O_{II}来说，目标是将对主用户形成的干扰降到最低。
- 第 1 个约束条件：可用频谱的概率下界应当受制于某个阈值。
- 第 2 个约束条件：吞吐量的方差上界应当受制于某个阈值。
- 第 3 个约束条件：相干带宽 B_c^k 应当足够大。
- 第 4 个约束条件：T_Δ^s 和 T_Δ^c 分别表示频谱间和频谱内的切换时间。因此，切换时间延迟应当小于某个阈值。

11.4.2.2 第 2 阶段：下一跳选择

路由选择基于式(11-37)中的优化问题。当每个次用户 x 收到一个 RREQ 分组时，它对最优目标函数 O_I或 O_{II}进行计算。然后，将最优目标函数（文献[1321]称之为动议）映射到一个时延上。接着，根据该时延来广播 RREQ 分组。最终的目标节点将使用 $\sum_j O_I^j$ 或 $\sum_j O_{II}^j$ 来选择路由。

我们假设某个路由因次用户的移动性而中断。例如，当数据路径中的次用户移动到存在多个主用户的区域时，根据保护主用户原则，这条路由可能会被破坏。此时，应该发现一条新路由来恢复数据流传输。

文献[1321]讨论了一种简单的路由维护方案。在这种方案中，假定每个次用户知道它自身的位置(如使用全球定位系统)以及主用户的位置。当次用户通过与阈值进行比较，发现它靠近主用户时，它向其前一跳用户发送应当启动一次新路由发现过程的信号。然后，前一跳用户发送 RREQ 分组，并找到一条新路由。

11.4.3　动态路由

现在，我们使用文献[755]提出的方案，来说明如何实现动态路由。假设次用户不拥有频谱状况的先验信息。因此，次用户可采用强化学习(在第 7 章中进行了介绍)来学会如何进行路由。

首先，我们描述 MAC 层在网络中是如何工作的，文献[755]对此进行了研究。假设次用户 a 计划向次用户 b 发送一个分组。它首先通过进行频谱感知，来选择一条空闲信道。然后，它会在这条可用信道上发送一条请求发送(Request to Send，RTS)消息。如果在预定时间内，次用户 a 没有收到来自于次用户 b 的取消发送(Clear to Send，CTS)消息，则它将再次发送 RTS 消息，直至它接收到 CTS 消息。当次用户 b 发回 CTS 消息时，它也知道次用户 a 将在这条信道上传输数据。于是，次用户 b 将在此信道上等待来自于次用户 a 的分组。需要注意的是，RTS-CTS 机制是与许多传统通信系统(如采用 CSMA-CA 机制的系统)是相同的。然而，这种方法的创新性在于信息是在 RTS 消息中隐式传送的。

然后，我们将描述如何在路由过程中应用强化学习，如图 11-9 所示。由于我们假设次用户没有任何频谱活动的先验信息，因而每个次用户(比如用户 a)将维护一张 Q 表，表中每个元素是一个二元组，记为 $Q_a(b, d)$，其中，b 是某个邻居的标识(Identity，ID)，d 为目标节点。直观地说，$Q_a(b, d)$是一种当次用户 a 通过用户 b 向目标节点 d 发送分组时的路由测度。$Q_a(b, d)$越大，说明用户 a 越应当更频繁选择向邻居 b 转发数据。

图 11-9　路由的 Q 学习过程

当次用户 a 拥有一个需要发送给目标节点 d 的分组时，存在两种选择下一跳邻居的方法：

- 确定性转发：在这种方法中，次用户 a 选择一个 Q 值最高的邻居进行数据转发，即

$$t = \arg\max_{b \sim a} Q_a(b, d) \tag{11-38}$$

其中，$b \sim a$ 代表 b 是 a 的一个邻居。需要注意的是，文献[755]采用了这种方法。

• 随机转发：在随机转发中，次用户以随机的方式选择转发邻居。随机转发也有两种方法。在第一种方法中，用户 a 预定概率 p 将分组转发给由式(11-38)得到的邻居 t，或者以概率 $1-p$ 随机选择另一个 t 以外的邻居。通常情况下，$p>0.5$。在第二种方法中，选择邻居 b 的概率是由下面的玻尔兹曼分布给出的：

$$P(\text{选择 } b) = \frac{\exp(\beta Q_a(b,d))}{\sum_{c \sim a} \exp(\beta Q_a(c,d))} \tag{11-39}$$

其中，β 是一个称为逆温度的参数。显然，当 $Q_a(b,d)$ 较大(即选择邻居 b 的奖励较大)时，选择邻居 b 的概率也就越大。参数 β 是用于控制具有较大 Q 值的邻居的浓度水平。当 β 较大(即低温)时，则选择将更加关注那些 Q 值较大的邻居。当 $\beta \to \infty$ 时，规则收敛到式(11-38)中的确定值。当 β 较小(即高温)时，在所有邻居的选择概率更为分散。

与确定性转发相比，随机转发的优点是：当随机选择转发邻居时，每个邻居都有被选中的机会。因此，如果一个好候选邻居的初始 Q 值较低，则它能够得到提高其 Q 值的机会，使得它在未来将获得更多的选择机会。在确定性转发的情况下，如果一个好候选邻居的初始 Q 值较低，则它可能永远都不会被选中，因为另一个邻居可能永远处于支配地位。

选择完转发邻居后，次用户需要根据此次行动的经历，来更新 Q 值。通常情况下，更新规则可表示为

$$Q_a^{t+1}(b,d) = (1-\alpha)Q_a^t(b,d) + \alpha r_t \tag{11-40}$$

其中，t 是时间索引，r_t 是第 t 个行动的奖励，$0<\alpha<1$ 是控制学习速度的因子。当 α 太大时，它受奖励随机性的影响可能非常大；当 α 太小时，学习速度可能极慢。因此，重要的是要选择一个合适的 α 值。

当次用户能够知道附近次用户的频谱占用情况时，它可以在 Q 值中再增加一项，即局部频谱状态 s。因此，可以将 Q 值修改为 $Q_a(b,d,s)$。局部频谱状态 s 可用于细化 Q 值，并使学习适应瞬时频谱状况。在前面的 Q 值机制中，转发邻居对局部频谱状况一无所知。即使当邻居(如用户 b)因主用户出现而无法传输数据时，但如果 $Q_a(b,d)$ 大，则次用户 a 仍然会将其分组转发给用户 b。局部频谱状态 s 的增加可以防止这种情况出现。但是，它需要在邻居之间交换信息，且学习速度会慢得多，因为现在我们需要学习的 Q 值更多。

基于学习的动态路由可以跟踪频谱占用的动态特性。即使新的主用户出现或者某些主用户离开，基于 Q 学习的路由仍然可以适应新的频谱环境，因为 Q 值可以得到及时更新。

11.5 传输层中的拥塞控制

正如我们所解释的，传输层的主要功能是拥塞控制，即控制源数据流速率，以避免

网络瓶颈处出现拥塞。由于频谱接入新机制的出现，认知无线电网络的拥塞控制设计面临诸多新的挑战。在本节中，我们将首先介绍互联网中的拥塞控制机制。然后，我们将解释认知无线电网络面临的新挑战，并讨论应对这些挑战的各种方案。

11.5.1　互联网中的拥塞控制

在互联网上，拥塞控制(通常位于 TCP 中)是通过局部估计可能出现的拥塞，而不是通过显式拥塞通知(Explicit Congestion Notification，ECN)来实现的。TCP 的细节信息可参阅文献[1323]。在 TCP 中，每个源节点维护一个滑动窗口，它支持源节点在发送确认消息之前，传输多个分组。TCP 的一个关键机制是如何确定窗口尺寸。TCP[⊖]的一般原理是：在拥塞发生之前，窗口尺寸以加性模式增加；当拥塞发生时，窗口尺寸呈指数下降。由于不存在关于拥塞的显式通知，因而当分组确认的定时器到期(此时，源节点认为该分组已丢失或因拥塞出现严重延迟)时，源节点断定出现了拥塞。

图 11-10 给出了窗口尺寸增加的一种图示。开始时，窗口尺寸为 1。当接收到 ACK 消息时，窗口尺寸增加 1。因此，3 批传输之后，窗口尺寸变成 4。如图 11-10 所示，当窗口尺寸增加到某一阈值(在时隙 3 中等于 8)时，窗口尺寸的增加变成线性的。在时隙 7 中，出现丢包现象，因为 ACK 定时器到期。因此，窗口尺寸减少到 1。增加过程再次重复，阈值被设置为 6，即前一增加阶段中峰值窗口尺寸的一半。

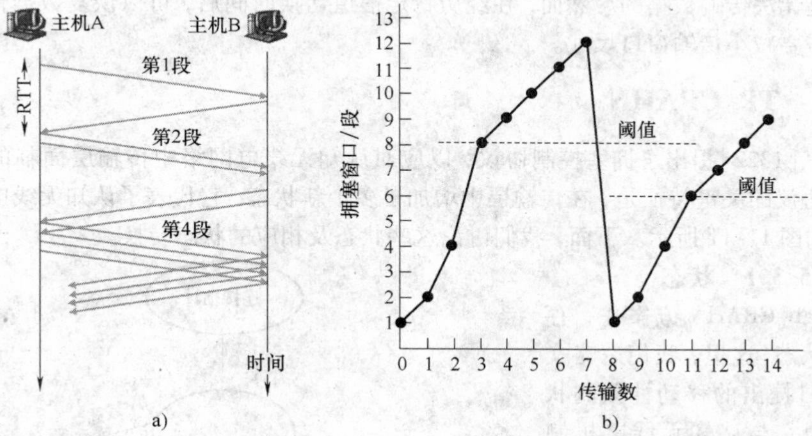

图 11-10　窗口尺寸的演变图示
a）增加窗口尺寸　b）窗口尺寸的演变

11.5.2　认知无线电中拥塞控制面临的挑战

需要注意的是，传统的拥塞控制机制是针对互联网上的有线网络设计的，网络中丢包的主要原因是拥塞。因此，拥塞是由丢包确定的。然而，在无线通信网络中，这种假

⊖ TCP 拥有多个版本。在每个版本中，窗口尺寸控制的细节信息不尽相同。

设是不成立的。在这种网络中，丢包也可能是由恶劣的信道条件(如深衰落的情况)导致的。因此，如果我们在无线网络中仍然采用传统的拥塞控制机制，则可能会导致源节点的错误行动。例如，一条中间通信链路经历了临时深衰落，从而导致一次丢包。其实，恶劣的信道条件可能会很快恢复，且不存在拥塞。然而，源节点将显著降低其流量速率，从而导致无线频谱的利用率不高。因此，人们已经提出了许多方法，以解决在无线通信网络中的拥塞控制问题。

由于频谱接入新机制的出现，认知无线电网络中涉及的情况更为复杂。正如文献[1322]所指出的，要设计拥塞控制机制，必须解决认知无线电网络中的如下问题：

- 频谱感知状态：每个次用户都需要对频谱进行检测。在频谱感知期间，次用户不能传输数据，从而使数据路径实际上中断，导致分组确认消息出现时延。如果源节点仅根据分组计时器到期而简单断定拥塞出现，则它会大大降低其流量速率，而一旦频谱感知完成，则数据路径实际上已经恢复。
- 主用户活动的影响：当主用户出现时，它可能会中断认知无线电的通信链路。于是，相应的次用户将暂时失去转发分组以及向上游发送 ACK 消息的能力。次用户要么等待主用户离开，要么搜索新的可用频谱信道。同样，中断可能会在源节点引发不必要的流量速率剧降，如果它将主用户中断与真正的网络拥塞混为一谈。
- 信道切换：当次用户改变其当前工作信道(例如，因为主用户出现在该信道中)时，它是无法传输数据的。然而，在经历特定信道切换时间后，可以恢复数据传输。因此，不需要减小传输窗口尺寸。

11.5.3 TP-CRAHN

文献[1322]提出了拥塞控制协议，以应对认知无线电网络中传输层面临的上述挑战。新协议的关键特征是，在传输层中增加了多个新状态，它代表了认知无线电中的新特征，如图 11-11 所示。下面，我们讨论这些状态及相应的状态转换。

11.5.3.1 状态

在 TP-CRAHN 方案中，存在多种状态(这里，我们忽略文献[1322]提出的移动性预测状态，因为它与认知无线电机制关联不大)：

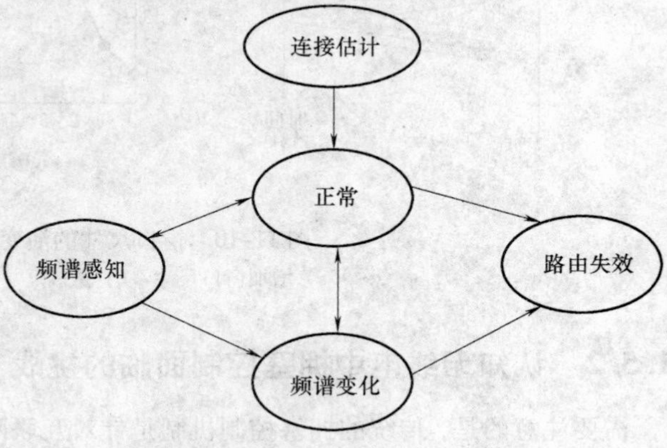

图 11-11 TP-CRAHN 中的状态传输

- 正常：此状态与传统 TCP 中的状态相同。在该状态下，连接工作原理与传统无线网络相同。当建立连接时，主用户不存在，且次用户不会被频谱感知周期中断，连接保持正常状态。TP-CRAHN 的正常状态与传统 TCP 在拥塞避免和反馈信息方面有所不同，我们将在后面进行详细解释。

• 连接建立：在此状态下建立连接。连接建立的过程与 TCP NewReno 中的传统三次握手过程非常相似。关键的区别是，在此过程中，还包含了一些与认知无线电运行有关的基本信息。首先，源节点将同步(Synchronization，SYN)分组发送到目标节点。中间节点将其标识(ID)、时戳和元组(t_i^1，t_i^2，t_i^s)增加到分组中，其中，i 是标识(ID)，t_i^1 是下一轮频谱感知开始前经历的时间，t_i^2 是两次频谱感知操作之间的时间间隔，t_i^s 是频谱感知所需的时间。

• 频谱感知：在这种状态下，一个(或多个)次用户处于频谱感知状态，无法转发分组。在此期间，连接需要做两件事情：

1）流量控制：由于频谱感知中的次用户(如用户 i)是无法转发或接收分组的，用户 i 前一个节点——用户 $i-1$，可能会因分组大量输入而不堪重负。因此，可以将有效传输窗口尺寸调整为

$$ewnd = \min\{cwnd, rwnd, B_{i-1}^f\} \tag{11-41}$$

其中，B_{i-1}^f 是用户 $i-1$ 的空闲缓冲空间。然后，用户 $i-1$ 的缓冲区不会溢出。更多详情，读者可参阅文献[1322]。

2）感知时间调整：如果在一条信道中检测到没有(或有限)主用户活动，则该信道上的频谱感知时间可能会减少，以降低端到端的吞吐量。文献[1322]给出了用于减少频谱感知时间的详细机制。

• 频谱更改状态：在这种状态下，通信链路被主用户中断，因而无法转发分组，如图 11-12 所示。假设次用户 i 受到主用户的影响。当检测到主用户时，次用户 i 向源节点发送一条显式暂停通知(Explicit Pause Notification，EPN)消息，来冻结整个连接，因为连接是暂时中断。然后，用户 i 发送一个用户 $i-1$ 的可用信道列表，它依次为用户 i 反馈了一条信道选择消息。这次握手之后，用户 i 和用户 $i-1$ 之间建立了一条新的频谱信道。下一个任务是测量新信道的容量。用户 i 向用户 $i-1$ 发回一个探测分组，并接收一条来自于用户 $i-1$ 的确认(ACK)消息。根据探测分组和确认(ACK)消息，即可对新信道的带宽进行估计，以更新往返时间。详情可参阅文献[1322]。

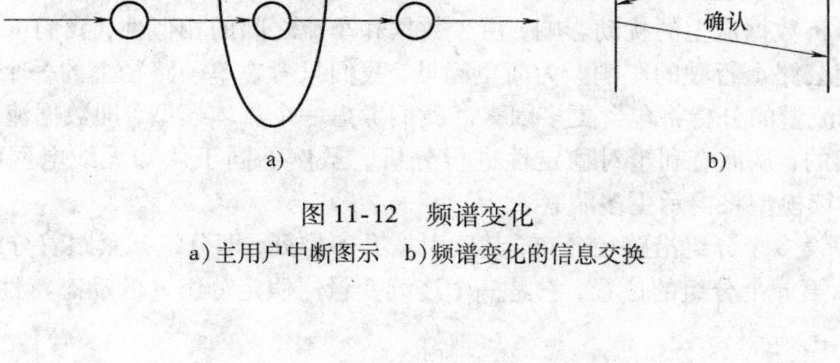

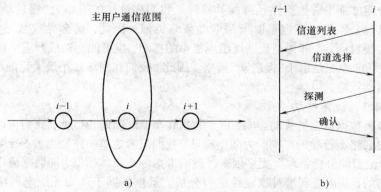

图 11-12　频谱变化

a）主用户中断图示　b）频谱变化的信息交换

正如我们已经提到的，正常状态下的操作与传统 TCP 的不同之处体现在以下两个方面：

• 显式拥塞通知(ECN)：在传统的通信网络中，拥塞是通过丢包或 ACK 超时来检测的。在有线通信网络中，这是合理的，因为丢包或长时延的主要原因就是拥塞。然而，正如我们已经解释的，丢包或 ACK 长时延可能还有很多其他原因，例如一般无线通信网络中的衰落或认知无线电网络中的主用户出现。因此，为了区分拥塞的不同原因，在认知无线电网络中使用 ECN 更为合理一些。ECN 分组采用两种方式，从受影响节点发送到源节点：a)直接将独立的 ECN 分组发送到源节点；b)将 ECN 消息包含在发送到目标节点的数据分组中，然后目标节点将 ACK 分组中的 ECN 消息发送给源节点。图 11-13 描述了这一过程。一旦接收到 ECN 消息，源节点将对 ECN 的时效性进行评估。如果 ECN 的时间戳在一定范围内，则源节点将减小其窗口尺寸。

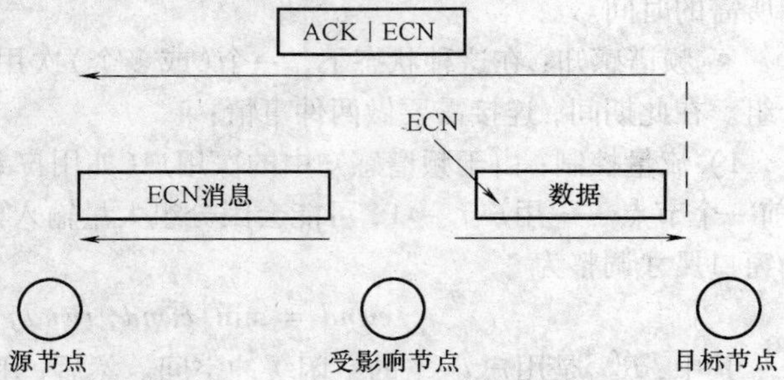

图 11-13 ECN 传输

• 通过 ACK 的反馈：沿路径的每个中间节点将会在数据分组中捎带如下信息给目标节点，这些信息将被包含在 ACK 分组中送回源节点：a)剩余的缓冲空间；b)观测到的链接带宽；c)总链路延迟。

11.5.4 早期启动方案

正如我们上面看到的，当某个中间次用户被主用户中断时，冻结或减缓整个连接或一些上游节点是合理的。只有当受影响次用户回送一个解除冻结的通知时，受影响节点之前的分组才能沿着数据路径继续其旅程。我们称这样的策略为“慢启动”策略，它与司机在高速公路上出现混乱时所采取的策略类似。因此，这会导致数据流的中断。正如我们将要看到的，即使是数据流出现很小的扰动，也可能会造成严重的破坏。我们会发现，破坏的原因是由于“慢启动”策略。因此，我们在网络效用最大化的框架内，提出了早期启动策略。

11.5.4.1 流量扰动

为了分析数据流上的扰动影响，由于数据和车流之间的相似性，我们可以将分组看作是在高速公路上行驶的车辆。为简单起见，我们只考虑单一路径上的一个数据流；否则，对多个流量的分析将包含更多因素。我们考虑一个流体模型，即数据流中的时间和空间是连续的，从而有利于对稳定性进行分析。虽然不同于认知无线电网络中的实际数据流，连续模型将揭示更多洞察。

我们假设多个分组沿路径分布，其索引按升序排列，即分组 n 紧跟着分组 $n-1$。我们用 x_n 表示第 n 个分组的位置，它是一个连续变量。假定分组 n 的动态特性满足

$$\frac{d^2x_n(t)}{dt^2} = f(x_{n-1}(t) - x_n(t)) - b\frac{dx_n(t)}{dt} \tag{11-42}$$

其中，$\frac{d^2x_n(t)}{dt^2}$是加速度，$\frac{dx_n(t)}{dt}$是速度，$f(x_{n-1}(t) - x_n(t))$是单调递增函数，表示分组之间时间间隔对加速度的影响。该模型与文献[1324]针对车流提出的模型类似。式(11-42)中分组动态特性模型可由如下特征来证明是合理的：

- 当分组之间的距离变小，后面的分组将放慢，以避免发生拥塞/碰撞。当主用户中断发生，并导致分组停止时，随后的分组将大幅度放慢，速度将逐渐降低到零。

当速度较高时，加速度可能变成负值，并降低速度，从而避免出现无限大的速度。考虑到传输窗口的控制机制，这是合理的。

我们假定初始条件满足 $x_{n-1}(0) - x_n(0) = \Delta x$，即分组是均匀分布的。我们假设存在一个正数 v，使得

$$f(\Delta x) = bv \tag{11-43}$$

这意味着 $x_n(t) = x_n(0) + vt$ 是式(11-42)中微分方程的解。

分析非线性动态特性的稳定性是非常困难的。为了对动态特性进行线性化，我们用 $y_n(t)$表示稳态 $x_n(0) + vt$ 的扰动，即

$$x_n(t) = x_n(0) + vt + y_n(t) \tag{11-44}$$

假设 $y_n(t)$足够小，通过对式(11-42)中的动态特性进行线性化，我们有

$$\frac{d^2y_n(t)}{dt^2} = f_0(y_{n-1}(t) - y_n(t)) - b\frac{dy_n(t)}{dt} + o(\mathbf{y}(t)) \tag{11-45}$$

其中，f_0 是函数 f 在 Δx 处的导数，$\boldsymbol{y} = (y_1, y_2, \cdots, y_N)$。在子序列中，我们忽略高阶项 $o(\boldsymbol{y}(t))$，只考虑非线性动态特性。

通过定义 $\frac{dy_n}{dt} = \theta_n$ 和 $\boldsymbol{z} = (y_1, y_2, \cdots, y_N, \theta_1, \cdots, \theta_N)$，很容易验证。可以将式(11-45)中的二阶动态特性改写为向量形式，它可以表示为

$$\frac{d\boldsymbol{z}}{dt} = \boldsymbol{A}\boldsymbol{z}(t) \tag{11-46}$$

其中

$$\boldsymbol{A} = \begin{pmatrix} \boldsymbol{0} & \boldsymbol{I} \\ \boldsymbol{F} & -b\boldsymbol{I} \end{pmatrix} \tag{11-47}$$

这里，$\boldsymbol{0}$ 是零矩阵，$\boldsymbol{I}$ 是单位矩阵，$\boldsymbol{F}$ 是第一行为$(-1, 0, \cdots, 0, 1)$的循环矩阵。例如，当 $N=4$ 时，我们有

$$\boldsymbol{F} = f_0\begin{pmatrix} -1 & 0 & 0 & 1 \\ 1 & -1 & 0 & 0 \\ 0 & 1 & -1 & 0 \\ 0 & 0 & 1 & -1 \end{pmatrix} \tag{11-48}$$

于是，我们可以证明如下与系统动态特性有关的结论，其详细证明可参阅文献[1325]。

命题 11.1　对于所有 N 来说，数据流动态特性是稳定的，当且仅当以下条件成立：

$$f_0 \geqslant \frac{b^2}{2} \tag{11-49}$$

与该结论相关的一些数值模拟结果可以参阅文献[1325]。

现在，我们在认知无线电网络的背景下，讨论命题 11.1 中结论的含义。根据命题 11.1，当 f_0 不是足够大时，流量在平衡点处是不稳定的。因此，一个小的扰动可能会导致流量拥塞，在公共交通流量分析领域，这就是所谓的幽灵式交通堵塞[1326]，即使当扰动不存在时，高速公路可以提供足够的空间。人们发现，幽灵式交通堵塞是由以下两个原因导致的[1326]：

- 司机的过度反应：即司机可能对其速度过于敏感，或等价地说，b 值太大。当 b 值较大，且其速度较高时，司机更倾向于减速。
- 追随者的连锁反应：即对前方车辆的反应。举例来说，假设 A、B 和 C 三辆车正在高速公路上行驶，顺序依次是 $C \to B \to A$。当车辆 A 由于某种中断而减速或停止时，车辆 B 将更迅速地减速；另一方面，如果车辆 B 加速，则车辆 C 加速存在时延，因为司机做出反应需要一些时间。f_0 值小表示对前方车辆的反应速度慢，这可能会导致 $f_0 < \frac{b^2}{2}$ 出现不稳定的情况。

公共交通流量分析的结论为可以在认知无线电网络提供深刻的洞察。相应地，在认知无线电网络设计中，人们需要控制参数，使得 f_0 增加和 b 降低，以避免过度反应和追随者的连锁反应。在传输层中，很难对 b 进行控制。不过，在认知无线电网络中，我们可以对 f_0 进行控制。例如，如果追随者（即上游邻居节点）能够对来自前一个次用户的通知消息（消息内容是因主用户出现而导致的中断已经缓解，或者是因为发现了新的信道，或者是因为主用户离开）做出快速反应的话，则 f_0 增加。另一种可能性是跟随的次用户可以预测何时中断缓解，然后提前加速分组传输（想象一个可以预测中断消除时间的司机）。正如许多研究已经证明的，频谱的未来活动在一定程度上是可以预见的。这激励我们开展后续工作。

11.5.4.2 网络效用最大化

正如我们上面所讨论的，因主用户出现而导致的小扰动，可能会对认知无线电网络中的数据流产生显著影响。为了解决主用户中断问题，关键是提高上游节点的反应速度。现在，我们建议使用网络效用最大化（NUM）框架来研究该问题。

我们假设在认知无线电网络中，共计存在 N 个数据流和 M 条认知无线电链路。我们将授权频带分为多条信道，将时间分为多个时隙。每个时隙持续 T_s 秒，由 1 个频谱感知周期和 1 个数据传输周期组成。为简单起见，我们假定每个次用户每次只能接入一条信道。将本文中的结果扩展到一般情况（即每个次用户可以同时使用多条信道）是非常简单的。当发现一条处于空闲状态的授权信道时，次用户将持续在该信道上传输数据，直至主用户出现在该信道上。一旦主用户出现，则次用户将转为对其他信道进行感知，直到发现一条新的可用信道，来重新开始数据传输。

为了简化分析，我们假设次用户是全双工的，即它们通过采用两台无线电，能够同时进行接收和发送。存在足够多的空闲授权信道，使得不同认知无线电链路能够使用不同信道进行数据传输，从而避免了同信道干扰。此外，我们忽略了多址问题，并假设每个次用户通过使用一台针对输入数据流的无线电，完全可以接收所有输入数据流。在我们未来的研究中，将放宽这些假设条件。

我们用 $\boldsymbol{R}$ 来表示路由矩阵，其中，行代表链路，列代表数据流。如果数据流 j 通过链路 i，则 $\boldsymbol{R}_{ij}=1$；否则 $\boldsymbol{R}_{ij}=0$。我们用 $c_i(t)$ 表示链路 i 在时隙 t 处的信道容量。对于认知无线电链路，我们考虑一种分级衰落模型，即在某个时隙内，相应的信道增益是恒定的，并在下一个时隙开始时发生变化。如果存在通过次用户的数据流多于 1 个，则我们假设次用户使用一种轮询调度算法，即为不同数据流分配相同的传输时间。

现在，我们开始介绍网络效用最大化理论。在网络效用最大化(NUM)理论中，每个数据流(如数据流 i)与一个效用函数 $U_i(x_i)$ 相关，其中，x_i 为数据流 i 的数据生成速率。于是，可以将拥塞问题看作是在信道容量的约束下的总效用优化问题，它可以表示为

$$\begin{aligned}&\max_{x}\sum_{n=1}^{N}U_n(x_n)\\&\text{使得 } \boldsymbol{Rx}\leqslant\boldsymbol{c}\end{aligned}\tag{11-50}$$

其中，$\boldsymbol{x}=(x_1,\cdots,x_N)$ 是包含所有数据流的数据速率的向量，假设信道容量向量 $\boldsymbol{c}=(c_1,\cdots,c_M)$ 是常数。众所周知，通过定价机制，可以将这种优化问题分解为局部优化问题，即在每个链路处设定价格，每个数据流源的数据生成速率是通过实现效用减去因价格导致的成本最大化来确定的，即

$$\boldsymbol{x}_n^*(t)=\arg\max_{x}\Big(U(x)-x\sum_{j:R_{nj}=1}\lambda_j(t)\Big)\tag{11-51}$$

其中，$\lambda_j(t)$ 是在时隙 t 内链路 j 的价格。在实践中，可以使用加权因子对信源速率进行平滑处理，即

$$\boldsymbol{x}_n(t+1)=(1-w)\boldsymbol{x}_n(t)+w\boldsymbol{x}_n^*(t+1)\tag{11-52}$$

这里，$0<w<1$ 是加权因子。

于是，数据信源速率和价格的演变可以表示为

$$\begin{cases}x_n^*(t+1)=F(x_n(t),q_n(t)),\ n=1,\cdots,N\\\lambda_m(t+1)=G(\lambda_m(t),y_m(t)),\ m=1,\cdots,M\end{cases}\tag{11-53}$$

其中，$q_n(t)$ 是向量 $\boldsymbol{q}=\boldsymbol{R}^T\boldsymbol{\lambda}(t)$ 的第 n 个元素，表示沿数据流 n 的路径上的价格之和；$y_m(t)$ 是向量 $\boldsymbol{Rx}$ 的第 m 个元素，表示链路 m 中的总吞吐量；F 和 G 是用于更新信源速率和价格的函数。恰当选择演变函数 F 和 G，信源速率和价格动态特性将收敛到式(11-50)中网络效用最大化(NUM)问题的最优解。在整个讨论过程中，我们假设每个流源可以立即接收当前的价格信息，这可以通过使用广播机制来实现。研究具有延迟价格的情形是非常有意义的，但这超出了本书的讨论范围。

传统的网络效用最大化(NUM)表示假定每个流源能够立即按价收费。在包含动态频谱活动的认知无线电网络中，这可能是不合理的，因为在新生成的分组到达收费链路之前，仍然存在一段时间。例如，在时刻 t，流源使用 TCP 从瓶颈链路处接收一个较高价格，该链路被主用户中断，随即减小其窗口尺寸，或者甚至冻结数据流。然而，当小窗口中的分组到达瓶颈节点时，该链路的价格可能会变得更低，因为主用户已经离开，

或者链路已经找到一条新授权信道。因此，传统的网络效用最大化(NUM)表示可能会使认知无线电网络中的源节点过于保守。为了缓解这一问题，我们引入实时网络效用最大化(Real Time Network Utility Maximization, RT-NUM)，其中每条链路使用分组通过链路时的价格，而不是分组产生时的价格进行收费。

为了描述 RT-NUM 机制，我们假设在时隙 $x_m(t)$ 处的通用数据流 m 的数据速率，与该时隙内产生的分组数成正比；这些分组将到达认知无线电链路的第 h 跳，从而在时隙 $t+h$ 处接收该链路的收费㊀。因此，RT-NUM 中的信源速率可表示为

$$\boldsymbol{x}_n(t) = \arg\max_x \Big(U(x) - x \sum_{j:\boldsymbol{R}_{nj}=1} \lambda_j(t + h_{nj}) \Big) \tag{11-54}$$

其中，h_{nj}是从源节点到链路 j 的跳数。

分析时变信道条件下价格动态特性的困难之处在于，没有用于描述信道条件动态特性的简单明确的表达式。此外，存在许多通信链路，它们的信道增益涉及高维积分。因此，我们使用唯象模型来描述价格，这与经济或金融市场中使用的价格模型类似。我们将考虑几何布朗运动(Geometric Brownian Motion, GBM)和跳跃扩散过程(Jump Diffusion Process, JDP)模型㊁。需要注意的是，这两种模型都是基于连续时间的，而认知无线电中的定时是离散的；然而，连续时间模型可以大大地简化分析。

几何布朗运动(GBM)模型已经广泛应用于价格演进建模(如股票)。几何布朗运动(GBM)用于价格建模的历史可追溯到 P. A. 萨缪尔森于 1965 年发表的论文[1328]。在几何布朗运动(GBM)中，价格动态特性可使用下面的随机微分方程(Stochastic Differential Equation, SDE)来描述：

$$d\lambda(t) = \mu\lambda(t)dt + \sigma\lambda(t)dW(t) \tag{11-55}$$

其中，μ 和 σ 分别是漂移和波动参数，$W(t)$是标准布朗运动。需要注意的是，漂移意味着价格的平均变化，而波动表示与时间相差的价格方差。我们假设价格中不存在漂移，因而我们只关注波动参数 σ。

几何布朗运动(GBM)的一种等价描述由下式给出

$$P(\lambda(t+\tau)) = x \mid \lambda(t) \mid = \frac{1}{\sqrt{2\pi\tau\sigma x}} \times \exp\left(-\frac{1}{2}\left(\frac{\log x - \log\lambda(t) - \mu\tau}{\sigma\tau} \right)^2 \right) \tag{11-56}$$

我们将离散时间价格$\{\lambda(t)\}t=0, 1, 2, \cdots$看作是基本持续时间价格的样本。假设源节点观测到 $T(T>1)$个连续价格样本。于是，可以使用下面的估计对波动参数进行校准[1329]

$$\hat{\sigma} = \sqrt{\frac{1}{T-1}\sum_{t=1}^{T}\left(\frac{\log\lambda(t) - \log\lambda(t-1)}{\sqrt{T_s}} - \hat{\mu} \right)^2} \tag{11-57}$$

㊀ 在实际系统中，这一假设可能不成立，因为在到达第 h 跳之前，分组可能受阻或丢失。然而，正如数值仿真中将要证明的那样，这一假设简化了分析，并能实现较好的性能。

㊁ 可能还存在其他模型(如 Levy 过程[1327])。我们将在未来对这些模型进行研究。

其中

$$\hat{\mu} = \frac{1}{T}\sum_{t=1}^{T}\frac{\log\lambda(t) - \log\lambda(t-1)}{\sqrt{T_s}} \tag{11-58}$$

当认知无线电中的价格平滑演变（即信道条件变化缓慢）时，GBM 模型是合理的。然而，主用户的突然出现可能会导致“市场”价格剧烈变化（想象当主要气炼化厂停工时，天然气价格上涨的情况）。因此，对由主用户中断导致的跳价进行建模是更可取的。所以，我们也考虑使用跳跃扩散过程对价格进行建模，它可以追溯到 R. C. Merton 的开创性工作[1330]。

跳跃扩散过程（JDP）是式（11-55）中扩散过程（它表示信道状态的变化情况）和跳跃过程（它代表主用户的出现和消失）的组合。假设跳跃过程是一个强度参数为 ρ 的泊松过程，典型跳跃扩散过程（JDP）的动态特性可以表示为[1329]

$$\frac{d\lambda(t)}{\lambda(t)} = (\mu - \rho k)dt + \sigma dW(t) + (Y(t) - 1)dq(t) \tag{11-59}$$

其中，μ 和 σ 分别是漂移和波动参数，$W(t)$ 是标准布朗运动，$q(t)$ 是泊松过程，$Y(t) - 1$ 是一个代表跳跃幅度的随机变量；$k = E[Y(t) - 1]$。需要注意的是，泊松过程满足

$$\begin{cases} P(dq(t) = 0) = 1 - \rho dt \\ P(dq(t) = 1) = \rho dt \\ P(dq(t) > 1) = odt \end{cases} \tag{11-60}$$

为简单起见，我们假设跳跃幅度可以取两个值，即 $+A$ 或 $-A$。当 $Y(t) - 1 = A$ 时，主用户出现，而 $Y(t) - 1 = -A$ 意味着用户消失或被阻塞的次用户已经找到新的可用信道。式（11-59）中动态特性的一个缺点是参数 ρ 导致高价和低价的预计周期相同，它无法满足主用户活动是稀疏的假设。因此，我们提出将跳跃过程建模为一个异构泊松过程，即如果当前价格低，则强度参数等于 ρ_l；如果当前价格高，则强度参数等于 ρ_h。显然，由于我们假设主用户活动是稀疏的，因而我们有 $\rho_h > \rho_l$。

下面我们基于价格观测值 $\lambda(0)$，…，$\lambda(T)$，提出一种启发式方法，来估计参数 A、ρ、μ 和 σ。

- 跳跃过程的参数：我们把价格样本分为两类：高价样本和低价样本。这可以通过将价格与预定阈值比较或使用聚类方法来实现。分别用 $\mathcal{P}_h$ 和 $\mathcal{P}_l$ 代表高价和低价的索引集，我们对 A 使用下面简单的估计方法，它可表示为

$$\hat{A} = \frac{1}{|\mathcal{P}_h|}\sum_{t\in\mathcal{P}_h}\lambda(t) - \frac{1}{|\mathcal{P}_l|}\sum_{t\in\mathcal{P}_l}\lambda(t) \tag{11-61}$$

强度参数 ρ_h 可估计为

$$\rho_h = \frac{\text{跳跃的总数}}{|\mathcal{P}_h| T_s} \tag{11-62}$$

可以使用类似方法来估计参数 ρ_l。

- 漂移和波动：同样，我们假设 $\mu = 0$，即在定价过程中，不存在非零漂移。在估计波动时，我们会通过计算

$$\tilde{\lambda}(t) = \begin{cases} \lambda(t), & t \in \mathcal{P}_1 \\ \lambda(t) - \hat{A}, & t \in \mathcal{P}_h \end{cases} \tag{11-63}$$

来消除因主用户出现而在高价中产生的漂移。

然后，我们使用归一化价格样本 $\{\tilde{\lambda}(t)\}_{t=0,\cdots,T}$ 来估计波动参数 σ。

定价模型的目的是研究认知无线电网络中的拥塞控制，即源节点如何控制拥塞窗口尺寸，或者等价地说输出分组的数量。我们将这一问题看作是金融数学领域中的购买资产问题。我们考虑以下两种类型的资产：

- 资产 1：不产生分组。
- 资产 2：产生分组。

假设源节点在每个时隙中获得 W 个令牌，且每种资产的单价是 1。因此，源节点可以发送的最大分组数由 W 给出。当 $W_1 < W$ 时，令牌可用于购买资产 2，源节点为数据流生成 W_1 个分组。于是，问题转化为

$$\max_{W_1 \leqslant W} E\left[U(W_1) - \sum_{w=1}^{W_1} p(t+\tau_w)\right] \tag{11-64}$$

其中，τ_w 是分组 w 到达瓶颈节点所需的时间。需要注意的是，这里我们只考虑瓶颈节点收费的情况。很容易将其扩展到考虑沿路径的所有节点收费的情况。源节点可以采集历史数据，计算相应的数学模型，然后优化资产收购。

在 1km × 1km 的正方形内，我们随机抛掷 50 个次用户和 10 个主用户。主用户活动满足两种状态的马尔可夫链。最大通信距离为 250m。我们假设认知无线电网络中存在 10 个数据流，最短路径路由用于建立流路径。每条无线信道的衰落过程遵从 3GPP2 标准。网络的 10 种实现方案可用于采集所需的统计量。

图 11-14 给出了价格过程的几种实现方案。峰值归因于主用户活动。当信道处于空闲状态时，价格波动归因于信道衰落过程。

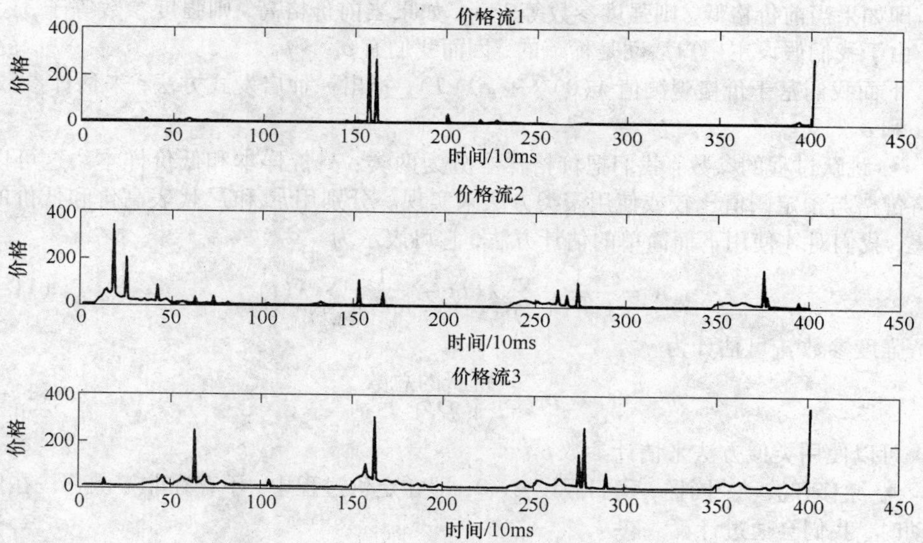

图 11-14　不同链路处的价格演变样本

我们首先考虑几何布朗运动(GBM)模型。图 11-15 给出了价格差(即 $\lg\lambda(t+1)-\lg\lambda(t)$)的累积分布函数(对数刻度)。对于标准几何布朗运动(GBM)模型来说，价格差服从高斯分布。通过将价格差的经验分布与具有相同期望和方差的高斯分布进行比较，我们看到，仍然存在着一定差距，这意味着这种建模方法不是完美的。

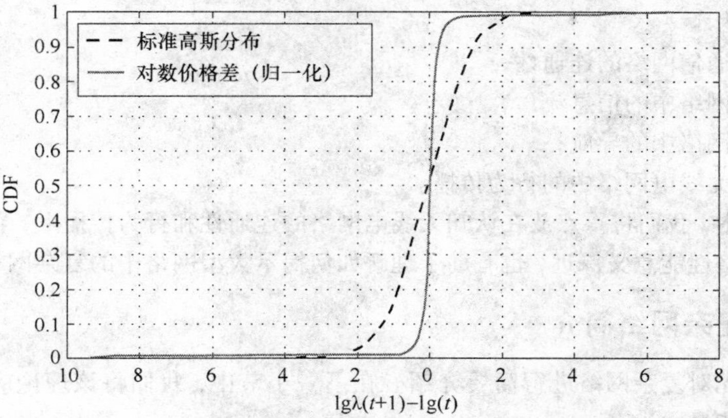

图 11-15　价格变化累积分布函数(CDF)比较

图 11-16 给出了两个数据流的 log λ(t)方差(它是时间的函数)。在标准几何布朗运动(GBM)模型中，方差应当是时间的线性函数。正如我们所看到的，线性仅保持了很短时间；然后，实际方差变得小于标准线性函数。因此，标准几何布朗运动(GBM)模型无法用于对长期价格演变进行建模，这在股票价格模型中也是成立的。对于跳跃扩散过程(JDP)模型来说，类似的结论也成立。

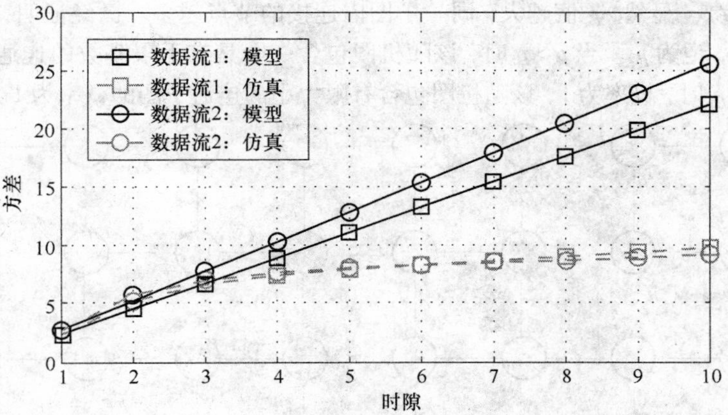

图 11-16　方差的比较

11.6　认知无线电中的复杂网络

复杂网络是一种强大的数学工具。当网络规模足够大（特别是当网络中的节点相互影响）时，它可用于描述很多有趣的现象。例如，人们已经使用复杂网络来分析无线网络的许多行为。

- 无线通信网络的连通性；
- 随机网络中的信息流；
- 随机网络中的导航；
- 认知无线电网络中的行为传播。

在本节中，我们将重点放在认知无线电网络的连通性和行为传播上，它对于分析认知无线电网络性能意义深远，也有助于理解如何揭示大型网络中的复杂网络行为。

11.6.1　复杂网络简介

我们首先对复杂网络进行简要介绍。在下一小节中，我们将该理论应用于认知无线电网络的背景中。

11.6.1.1　连通性

对网络连通性的研究实质上是研究在大的随机图中，是否存在连通节点的无限子集。它在研究包含大量传感器、随机部署的传感器网络中的网络连通性时是非常有用的。正如我们将要看到的，在认知无线电网络中，此项研究也是非常有用的。需要注意的是，随机图可以具有多种类型，如带有网格拓扑的随机图或随机几何网络（它包含随机部署在某个平面内的节点）。为简单起见，我们只介绍前一种情况。

我们考虑具有网格拓扑的网络，如图11-17所示。两个相邻节点被某个边连接的概率为p的边缘。显然，p值越大，同一子图内连接的节点越多。已经证明，存在一个概率的临界值，记为p_c。当$p>p_c$时，该随机图包含一个具有无限基数的连通子图的概率为1；当$p<p_c$时，概率为1，该随机图包含有限大小的连通子图的概率为1。我们说，在

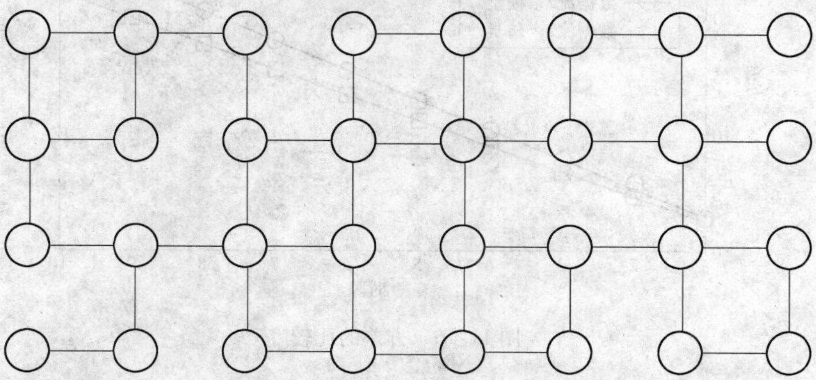

图11-17　连接渗流

p_c处存在一个相变，因为连通性以某一概率在 p_c处经历了一次突然变化，这与从液体水到蒸汽的相变类似。这就是所谓的连接渗流，因为随机因素是边的存在。

对于站点渗流来说，这种连通性的相变也是有效的。在这种情况下，每个节点开启或关闭的概率为 q，每个邻居节点通过一条边连接起来。如果一个节点是关闭的，则对象不能通过该节点。使用几乎相同的参数，我们可以证明，存在一个临界概率 q_c，当 $q > q_c$时，对象可以通过图中的无限节点；当 $q < q_c$时，对象只能通过有限节点。

也可以将相变扩展到随机几何图的情况。在这种图中，节点随机分布在空间中。当且仅当两个节点的距离低于某个阈值时，两个节点处于连通状态。然后，对于网络连通性来说，节点的空间密度经历了一次相变。

在讨论认知无线电网络的连通性时，两个节点的连通性取决于它们之间的距离和主用户的位置。因此，主用户和次用户的密度在网络连通性中扮演着重要的角色。稍后我们将讨论这个问题。

11.6.1.2　流行病传播

在复杂网络理论中，流行病传播是一个重要课题。直观地说，流行病传播研究流行病如何在人类的社会网络中传播。在流行病研究中，这是非常有用的。然而，这里的流行病并不局限于真正的疾病。它也可以是诸如谣言和习惯等许多其他社会行为。这种研究可以使用数学来描述社会网络结构如何影响某种行为(要么是有害的，要么是有益的)的传播，从而帮助研究人员理解或控制这种传播。

图 11-18 中给出了流行病传播的一个实例。人类的社会网络用随机网络来表示，其中每个节点代表一个人，每个边表示对应于两个端节点的两个人彼此接触。在网络中，存在 3 种类型的节点：

- 感染节点：这种人被感染了流行病，从而能够在社会网络中传染给他的邻居。例如，在图 11-18 中，节点 5 可能将流行病传播给他的邻居 1 或 7。

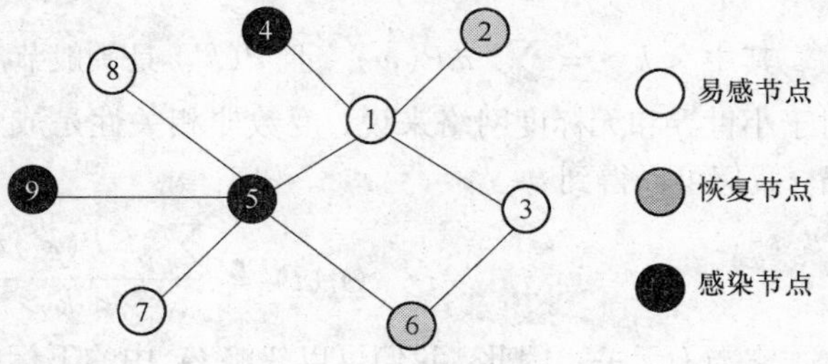

图 11-18　流行病传播的一个实例

- 易感节点：这种人未感染流行病，但是如果他的一个或多个邻居处于被感染的状态，则他容易受到流行病的感染。例如，在图 11-18 中，节点 1 可能会被其被感染的邻居 4 或 5 所感染。
- 恢复节点：这种人已经从流行病中恢复过来，将不再被感染，他也不会将流行病传染给他的邻居。

当上述 3 类节点给定时，存在 3 种使用不同假设条件的不同流行病传播模型：

- 易感-感染-恢复(Susceptible-Infected-Recovered，SIR)模型：在这种模型中，每个受感染的人可以从流行病中恢复，且不会再被感染。因此，在典型的 SIR 模型中，所有人都能恢复，然后流行病最终在网络中消失。
- 易感-感染-易感(Susceptible-Infected-Susceptible，SIS)模型：在这种模型下，可以治愈每个受感染的人，然后他们再次变为易感人群。由于缺乏感染源，因而所有人变成易感人群，然后流行病消失是可能的。流行病永远不消失，且总有一些受感染的人也是可能的。

● 易感-感染(Susceptible-Infected, SI)模型：与SIS模型相比，SI模型中的每个人都无法治愈，并一直处于被感染的状态。因此，所有人最后都会被感染。

为简单起见，我们只考虑SIS模型。我们用i_k表示具有度数k的受感染人群所占比例，即$i_k = I_k/N_k$，其中，I_k表示度数为k的受感染人数，N_k表示度数为k的总人数。

假设对于某个易感人来说，在较短的时间段δt内，他被受感染邻居感染的概率为$\beta\delta t$，其中，我们称β为扩张速率。对于足够小的时间δt来说，我们还假设感染节点再次变成易感节点的概率为$\mu\delta t$。于是，i_k的演变使用如下常微分方程来描述：

$$\frac{i_k(t)}{dt} = \beta(1 - i_k(t))k\Theta_k(t) - \mu i_k(t) \tag{11-65}$$

每一项的解释如下：

● β是扩张速率，它决定了易感人被邻居感染的概率。

● $1 - i_k(t)$是度数为k的易感人群所占比例。

● $\Theta_k(t)$是度数为k的人的某个邻居被感染的概率。由于易感人具有k个邻居，因而它使用k进行测度。

对于一般网络拓扑结构来说，分析其Θ_k项是非常困难的。但是，如果网络中不存在度数相关性(即对于度数为k的节点来说，它的一个邻居度数为k'的概率用$P(k' | k)$表示，是与k无关的)，则可以简化分析。很容易证明，概率$P(k' | k)$可表示为

$$P(k' | k) = \frac{k'P(k')}{< k >} \tag{11-66}$$

其中$< k > = \sum_m mP(m)$，且$P(k')$是一般节点度数为k'的概率。需要注意的是，对于小世界和无标度网络来说，度数非相关性是成立的。于是，对于度数不相关的网络，我们可以得到

$$\Theta_k(t) = \frac{\sum_{k'} k'P(k')i_{k'}(t)}{< k >} \tag{11-67}$$

它与k无关。因此，我们可以忽略Θ_k中的下标k。

直接分析式(11-65)和式(11-67)中的动态特性是非常困难的，因为不存在常微分方程解的显式表达式。但是，我们可以分析当$t \to \infty$时的稳态解。我们假设常微分方程有一个稳态解，使得

$$\frac{di_k(t)}{dt} \to 0,\ 当\ t \to \infty\ 时 \tag{11-68}$$

于是，$i_k(t)$和$\Theta_k(t)$分别收敛于i_k和Θ。我们有

$$i_k = \frac{k\beta\Theta}{\mu + k\beta\Theta} \tag{11-69}$$

这意味着

$$\Theta = \frac{1}{k >} \sum_k kP(k) \frac{\beta k\Theta}{\mu + \beta k\Theta} \tag{11-70}$$

感染人群和易感人群的平稳分布可以通过式(11-69)和式(11-70)得到。

SI 和 SIR 模型的分析与 SIS 类似。不同之处在于：

- 对于 SI 模型来说，式(11-65)中的最后一项不存在，因为任何受感染的人无法恢复为易感人；
- 对于 SIR 模型来说，应当增加恢复人群所占比例，从而增加了微分方程的数目。

11.6.2　认知无线电网络的连通性

我们已经研究了认知无线电网络的连通性。在本书中，我们重点关注模型和分析。

11.6.2.1　网络模型

我们将分布在无限平面内的认知无线电网络，看作是二维泊松过程。主网络也以泊松方式分布。认知无线电和主网络的密度分别用 λ_S 和 λ_P 来表示。假设主系统具有时隙结构，其中，每个时隙持续 1 个时间单位。在不同时隙内，活动主用户集以独立同分布的方式发生变化。对于包含随机数据流或流量随机调度功能的网络来说，这个假设是合理的。如果次用户不在主用户的特定范围内，则在一定范围内的次用户可以互相进行通信。

11.6.2.2　连通性结论

总之，认知无线电系统的网络连通性如图 11-19 所示。观测值如下：

- λ_S 存在一个临界值，用 λ_c 表示，使得当 $\lambda_S < \lambda_c$ 时，无论主用户密度多大，认知无线电网络从未建立连接。
- 对于密度大于 λ_c 的每个次用户，λ_P 存在一个临界值（它是 λ_S 的函数），使得当 λ_P 大于该临界值时，网络间歇性建立连接；否则，网络处于连通状态。

注意到 λ_c 的存在独立于主用户，这在传统无线通信网络中是众所周知的。对于认知无线电网络来说，主用户密度的影响是独有的。

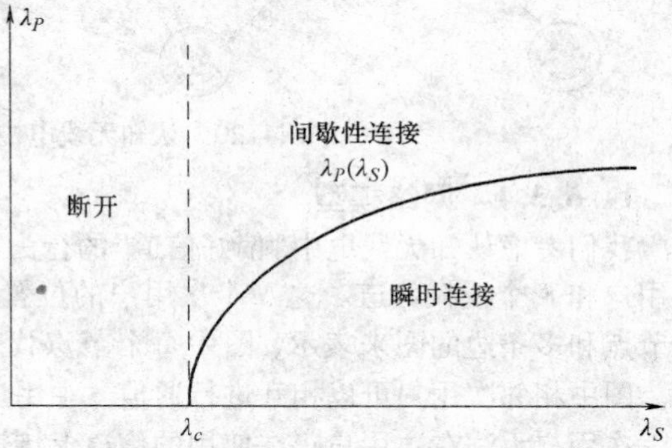

图 11-19　连通性的不同区域

需要注意的是，上面的结论涉及认知无线电网络中网络连通性的定义。网络连通性是由最小多跳时延（Minimum Multihop Delay，MMD）来定义的：

- 如果两个随机选择次用户之间的最小多跳时延（MMD）以概率 1 接近无限（或等价地说，在这两个用户之间没有确定的路径），则我们说网络未建立连接。
- 如果两个随机选择的次用户之间的最小多跳时延（MMD）有限的概率是正概率，则我们说网络处于连通状态。

对于连通网络，我们将间歇性连接与瞬时连接区分开来：

- 当我们说认知无线电网络间歇性建立连接时，不存在无限的网络连通分支。然而，用于频谱恢复的消息可以等待一段时间，最终到达目标节点。

- 当我们说认知无线电网络瞬时建立连接时，网络中存在无限的连通分支。

为了更加精确，我们假定该时延仅取决于频谱机会的等待时间。我们用 $t(s, d)$ 表示从源节点 s 到目标节点 d 的最小多跳时延(MMD)，$h(s, d)$ 是源节点 s 和目标节点 d 之间的距离。于是，我们有

$$\lim_{h(s,d)\to\infty} \frac{t(s, d)}{h(s, d)} = \begin{cases} = 0, \text{如果网络瞬时建立连接} \\ > 0, \text{如果网络间歇性建立连接} \end{cases} \tag{11-71}$$

几乎必然成立。因此，如果我们忽略每个节点处的传播时延和处理时延，则认知无线电网络与传统 Ad Hoc 网络几乎相同，因为主用户不影响标度律。

11.6.3 认知无线电网络中的行为传播

在认知无线电网络中，每个节点都可以进行感知和计算，从而能够"观察"和"思考"。同时，它们也可以相互通信，即它们可以进行"交谈"。次用户的连接形成了一个复杂的社会网络，如图 11-20 所示。可以将频谱接入模式看作是可以在网络中传播的社会行为，因为次用户之间可以交换信息，且能够形成频谱接入模式以提高频谱利用率。

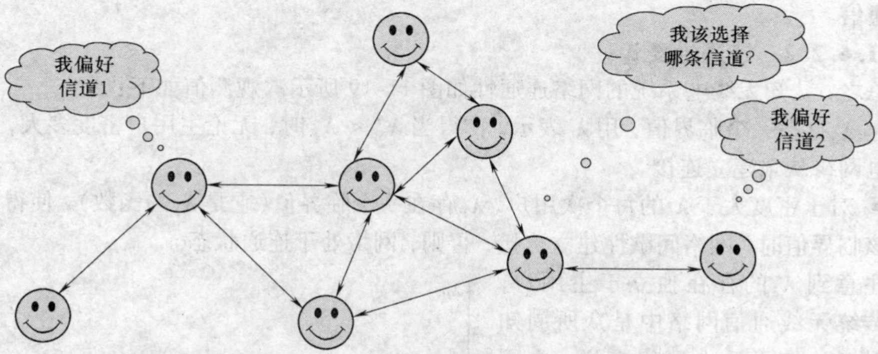

图 11-20 认知无线电中的社会网络实例

11.6.3.1 网络模型

我们考虑认知无线电中"偏好信道"的行为。我们假设认知无线电网络中存在 N 个次用户和 K 个授权信道。这 N 个次用户的位置记为 $X_1, \cdots, X_N$。该网络可以由包含多个节点和多条边的图来表示，图中每个节点代表一个次用户，每条边代表一条通信链路。图中相邻次用户可以相互进行通信。主用户可以在任何时隙出现在任何信道。

次用户无法在主用户正在使用的信道上传输数据。为便于分析，我们假设，次用户随机分布在平面内。我们假定 N 个次用户独立均匀分布在面积为 AN 的正方形 S 中，即每个次用户平均获得面积为 A 的区域[⊖]。从形式上看，这意味着对于任意区域 $R \in \mathbb{R}^2$ 来说，给定次用户 n 落在区域 R 的概率可表示为

$$P(X_n \in R) = \frac{|R \cap S|}{AN} \tag{11-72}$$

⊖ 很容易将其扩展到非均匀分布的一般情况。

当 $N \to \infty$ 时，度数分布收敛于数学期望为 λ 的泊松分布，λ 可以表示为

$$\lambda = \frac{\pi d_{\max}^2}{A} \tag{11-73}$$

正如我们在介绍流行病传播的 SIS 模型时所讨论的，得到节点度数的条件分布 $P(k'|k)$（即当节点的某个邻居度数为 k 时，节点度数为 k' 的概率）是非常重要的。我们已经解释过，对于小世界和无标度网络，$P(k'|k)$ 是独立于 $k(k>0)$。然而，在节点随机分布在一个平面内的情形中，这种独立性不再成立。原因是非常直观的。假设节点 1 的度数为 k，且它的一个邻居——节点 2 的度数为 k'。当 k 值较大时，节点 1 周围存在许多节点。然后，这些节点落入节点 2 领域的概率非常大。k' 值较大的概率很大。为了在数学上更加精确，当度数为 k 的节点给定时，其任意一个邻居度数为 k' 的概率可以表示为

$$P(k' \mid k) = \int_0^{d_{\max}} P(k' \mid r) \frac{2r}{d_{\max}^2} dr \tag{11-74}$$

其中，$P(k'|r)$ 是两个独立随机变量 r_1 和 r_2+1 之和的分布。随机变量 r_1 服从二项分布 $B(n, \rho(r))$，其中 $n=k-1$，且

$$\rho(r) = \frac{2d_{\max}^2 \cos^{-1}\left(\dfrac{r}{2d_{\max}}\right) + \dfrac{r}{2}\sqrt{d_{\max}^2 - \left(\dfrac{r}{2}\right)^2}}{\pi d_{\max}^2} \tag{11-75}$$

随机变量 r_2 服从期望为 $\lambda'(r)$ 的泊松分布，$\lambda'(r)$ 可表示为

$$\lambda'(r) = \frac{d_{\max}^2\left(\pi - 2\cos^{-1}\left(\dfrac{r}{2d_{\max}}\right)\right) - \dfrac{r}{2}\sqrt{d_{\max}^2 - \left(\dfrac{r}{2}\right)^2}}{A} \tag{11-76}$$

11.6.3.2　偏好信道

现在，我们考虑次用户的社会行为。我们考虑某条特定信道（如信道 1）。每个次用户占用一条它喜欢感知的信道，我们称之为偏好信道。每个次用户必须在两条可能信道中的一条信道中，即 0（该次用户偏好信道不是信道 1）和 1（该次用户偏好信道是信道 1）。次用户可以向邻居推荐自己偏好的信道。开始时，一小部分次用户偏好信道是信道 1。

在随后的时间内，可以将处于状态 1 的次用户变换为状态 0。原因可能是附近的主用户出现在信道 1 或信道 1 的信道质量恶化。我们假设这种状态变换的概率为 $\mu\delta$，其中 μ 为变化速率，δt 为充分小的时间间隔。也有可能将处于状态 0 的次用户变换为状态 1，即它将信道 1 作为其最喜欢的信道。原因可能是：

- 次用户接收到一个处于状态 1 的邻居的推荐。当处于状态 1 的邻居给定时，这一概率是 $\lambda\delta t$。
- 次用户自己发现信道 1 较好。这一概率是 $\phi\delta t$。

需要注意的是，流行病传播和信道偏好传播之间的关键区别是：

- 信道偏好是在一个平面内传播的，而流行病是在抽象网络中传播的。
- 可以将次用户从状态 0 变换到状态到 1，即使它的邻居都不处于状态 1，而易感人不会被感染，如果他的朋友未被感染。

11.6.3.3 社会行为的动态特性

要分析偏好信道选择在认知无线电网络中是如何传播的，我们考虑连续时间的情况，并用 $x_k(t)$ 表示度数为 k、处于状态 1 的次用户所占比例。$x_k(t)$ 的动态特性可以表示为

$$\dot{x}_k(t) = -\lambda x_k(t) + \mu(1 - x_k(t))\left(\phi + \sum_{n=1}^{\infty} x_n(t)P(m \mid k)\right) \tag{11-77}$$

$k=1, 2, \cdots$。右边第 1 项是度数为 k、将其偏好信道从信道 1 变换为其他信道的次用户所占比例，而第 2 项是度数为 k 的次用户开始将信道 1 作为其偏好信道的次用户所占比例，变换原因可能是由于来自其他次用户的建议和该次用户自发发现该信道。

下面的命题为差分方程收敛性提供了一个充分条件。

命题 11.2 假设每个次用户最多有两个邻居，且 $\phi=0$，则当 $t\to\infty$ 时，式(11-77)中的差分方程收敛到一个固定点，如果

$$\lambda > \mu \max\{P(1 \mid 1), P(2 \mid 2)\} \tag{11-78}$$

和

$$\sqrt{(\lambda - \mu P(1 \mid 1))(\lambda - \mu P(2 \mid 2))} > \frac{\mu(P(2 \mid 1) + P(1 \mid 2))}{2} \tag{11-79}$$

我们假定式(11-77)中的微分方程收敛，许多数值结果可以证明这一点。在稳态下，我们有 $\dot{x}_k = 0$，$k = 1, 2, \cdots$，它表示比例不再发生变化。与针对 SIS 模型的讨论类似，我们定义

$$\theta_k = \sum_{n=1}^{\infty} x_n P(m \mid k) \tag{11-80}$$

这表示度数为 k 的次用户的任意一个邻居将信道 1 设为其偏好信道的概率。于是，稳态条件 $\dot{x}_k=0$ 意味着

$$x_k = \frac{\mu(\theta_k + \phi)}{\lambda + \mu(\theta_k + \phi)} \tag{11-81}$$

以及

$$\theta_k = \sum_{m=1}^{\infty} \frac{\mu(\theta_k + \phi)}{\lambda + \mu(\theta_m + \phi)} P(m \mid k) \tag{11-82}$$

于是，信道偏好传播的稳态是由式(11-81)和式(11-82)确定的。

下面的命题为处于状态 1(即把信道 1 设为其偏好信道)的次用户所占比例提供了一个上限。

命题 11.3 式(11-82)的解总是存在的。此外，稳定比例的上界约束条件为

$$x_k \leqslant \frac{\mu(\theta_\infty + \phi)}{\lambda + \mu(\theta_\infty + \phi)}, \ \forall k \tag{11-83}$$

其中

$$\theta_\infty = \frac{-(\lambda + \mu\phi - \mu) + \sqrt{(\lambda + \mu\phi - \mu)^2 + 4\mu\phi}}{2} \tag{11-84}$$

第12章 认知无线电传感器网络

认知无线电传感器网络是一个新举措，它试图探索基于认知无线电网络的军民两用传感/通信系统的愿景[1331~1333]。认知无线电传感器网络的目的是推动传感系统和通信系统融合成统一的认知组网系统。认知无线电网络是一种集成了控制、通信和计算能力的信息物理系统。认知无线电网络可以为下一代情报、监视和侦察系统提供信息高速公路和强有力的支撑。

文献[1334~1337]研究了针对雷达和通信的多功能软件无线电(SDR)，探讨了正交频分复用(OFDM)波形。正交频分复用(OFDM)是宽带通信的核心技术。3GPP LTE、WLAN、电力线通信、认知无线电以及不对称数字用户线(Asymmetric Digital Subscriber Line, ADSL)和甚高速数字用户线(Very High Speed Digital Subscriber Line, VDSL)都采用了OFDM技术[1263]。OFDM波形也已经被应用于雷达领域[1338~1341]。OFDM波形的主要特征是能够同时以正交方式使用多个频率。同时，可以对OFDM波形中所有频率的无线资源进行动态调整。文献[1342]还归纳了在雷达领域使用OFDM的优势。数字产生、实现成本低、脉冲到脉冲的形状变化、干扰抑制、低截获概率(Low Probability of Intercept, LPI)/低检测概率(Low Probability of Detection, LPD)的类噪声波形等都是OFDM波形的优势[1342]。

同样，德国卡尔斯鲁厄技术研究所开展了基于OFDM的雷达和通信联合系统研究[1343~1347]，特别是针对未来的智能交通系统。距离估计、角估计和多普勒估计得到了广泛的研究。此外，文献[1348]提出了一种针对雷达的通信波形。OFDM波形可用于解决单一传输中明确的径向速度问题，并可提高信号与背景的对比度[1348]。

在电信领域，直接序列扩频(Direct Sequence Spread Spectrum, DSSS)是一种调制技术。文献[1349]讨论了一种基于DSSS的雷达通信集成方案。通过使用不同的伪随机(Pseudo Random, PN)码，集成了雷达和通信功能的多功能射频系统能够避免相互干扰[1349]。也可应用直接序列UWB信号[1350, 1351]。奥珀曼序列可用于为雷达和通信集成系统产生加权脉冲序列[1352]。文献分析了包含奥珀曼序列的加权脉冲序列的模糊函数。奥珀曼序列可为雷达应用和多址通信提供便利。

通过波形分集，可以将通信信息嵌入到雷达系统中[1353, 1354]。同时，在雷达网络中，可以将通信信息(如与被检测目标有关的报告)嵌入到OFDM雷达波形中[1355]。文献[1356]提出了一种独特隐蔽的机会频谱接入解决方案，它支持基于OFDM的数据通信与UWB噪声雷达的共存。通过将OFDM信号嵌入到具有频谱缺口的UWB随机噪声波形中，文献[1356]设计出一种多功能波形。在S波段扫脉冲雷达存在的前提下，文献[1357]研究了认知WiMAX系统的性能。只要能够避免干扰雷达系统，WiMAX仍然可以采用机会传输进行工作[1357]。

在认知无线电领域中，由Ettus研究机构开发的USRP(通用软件无线电外设)产品系列已经广泛应用于硬件平台[1358~1361]。USRP 的一个主要优点是，它与 GNU 无线电(一种包含大量资源的开源软件)协同工作，从而简化了 USRP，并使得 USRP 的使用变得容易。USRP 产品系列还可应用于完成传感任务，如合成孔径雷达(Synthetic Aperture Radar, SAR)[1362]、无源雷达[1363~1365]、多站雷达[1366]、气象雷达等[1367]。此外，Path Intelligence 有限公司通过接收由行人手机发送的信号，使用 USRP 来跟踪行人流量。USRP 所采集的数据可以为零售商、市场营销、广告等提供信息。例如，这些信息可以帮助零售商更好地理解其商店中的客户行为，并检验其营销策略的有效性。

我们将与认知无线电传感器网络类似的理念称为认知传感器网络[1368~1373]。虽然认知无线电网络可以提供一条信息高速公路，并为完成传感任务提供支撑，但是应当始终将资源限制条件考虑在内。文献[1374]提到了资源限制条件。

可以采用优化理论、机器学习、实时自适应信号处理和图形理论。一个传感/通信集成认知网络应当具备认知、波形分集、网络资源管理、动态网络拓扑、多级同步和网络安全等各种能力。在认知无线电传感器网络中，应当支持如下功能：

- 干扰抑制。
- 检测和估计。
- 分类、区别和识别。
- 跟踪。
- 传感和成像。

12.1 采用机器学习的入侵检测

可以将认知无线电网络设计为能够最佳地使用无线电频谱的下一代无线通信网络。同时，认知无线电传感器网络也是未来无线传感器网络的一个实际发展趋势，因为它在充分利用认知无线电网络的丰富通信和计算能力的同时，节省了基础设施成本。

由于认知无线电网络中频谱感知的嵌入式功能，因而可以获得与无线电环境有关的更多信息。这些宝贵信息可用于检测、显示、识别或跟踪认知无线电网络覆盖区域内的目标或入侵者。与此类信息有关的数据本质上是高维和随机的。

被动目标入侵检测是认知无线电传感器网络的一项非常重要的应用。目标是不需要设备的。执行的是主动传感。主要是通过评估入侵对无线环境的影响来对入侵者进行检测和定位。到达角(Angle of Arrival, AOA)[1375, 1376]、到达时间(Time of Arrival, TOA)[1377, 1378]和到达时间差(TDOA)[1379, 1380]是最常用的定位方法。然而，对于多径环境来说，很难得到 AOA，TOA 或 TDOA 的准确信息。基于物理方法的检测或定位性能会退化。因此，我们想借助于认知无线电网络中的机器学习和频谱感知的海量数据，可以将被动目标入侵检测看作是一个多类分类问题。不同入侵者的位置对应于不同类型。可采用多类支持向量机(SVM)。这种想法与位置指纹[1378]类似。位置指纹是指将与位置相关的信号指纹或一组特征进行匹配的方法[1378]。

12.2 联合频谱感知和定位

文献[1381]讨论了认知无线电网络中的联合频谱感知和主用户定位问题。这里使用了压缩感知，并假设主用户数非常小。为了找到主用户位置，必须对主用户的覆盖区域进行离散化处理，假设主用户只位于这些离散网格点上。定位分辨率在很大程度上与离散化粒度有关。稀疏贝叶斯学习方法也可用于联合频谱感知和主用户定位[1382]。

12.3 分布式方位合成孔径雷达

可以将静态认知无线电网络扩展为动态认知无线电网络。可以将无人机融合到认知无线电网络中，如图12-1所示。采取这种方式，传感器的认知无线电网络能力可以大大提高。无人机系统的开发引起了世界各地人们的广泛关注。在航空活动中，这种系统的重要性和意义不断提高，特别是用于军事和侦察目的[1383]。此外，在作战中，在任务危险、繁琐且飞行员无法到达的地方，无人机系统往往是首选。文献[1384]提出了一种由协同无人机团队实现的无线源定位方案。可以将源定位看作是一种随机分布式估计问题。可使用无人机来提高相应估计问题的Fisher信息矩阵的可观测性[1384]。人们开发了一种利用网络移动性并支持自治无人机团队协作反应的自动飞行控制算法，来确定无线电发射机的位置[1384]。文献[1385]考虑了由3个无人机组成的编队实施的近距离目标侦察问题。整个近距离目标侦察包括避免障碍或禁飞区、避免主体间碰撞、达到指定目标位置附近区域、在目标周围形成一个等边三角形等任务[1385]。文献[1386]提出了一些利用多个移动传感器节点的搜索算法。目标是实现给定搜索区域内的搜索总时间最小化，同时在这些移动传感器节点之间建立协同关系，并容忍一个或多个节点可能发生的故障[1386]。如果需要执行类似的搜索任务，则这些搜索方法可以直接应用在无人机的控制算法中。文献[1383]提出了用于地面侦察的、手抛小型无人机的工程设计、指导策略、控制设计和来自实际飞行测试的真实数据给定。此项研究工作的主要目标是实现一个用于地面侦察的低成本、便携式、可靠的空中平台[1383]。在文献[1387]中，无人机应用于地面线程识别。基于贝叶斯网络，文献[1388]提出了一种改进型直接推理算法。文献[1388]提出了一种用于无人机编队侦察应用的移动性模型。短期目标是解决无人机网络协同的具体要求，来完成共同任务[1388]。长期目标是研究算法和协议，来提供与资源利用有关的优化性能，在攻击和干扰存在的情况下表现出鲁棒性[1388]。

SAR[1389]是成像雷达的一种形式。近年来，SAR已经变得非常流行，因为它在军事和民用领域得到了广泛的应用。最常见的是，将SAR安装在飞机或卫星上。这些机动设备的轨迹是预定和陈旧的。然而，如果将SAR安装在无人机上，会出现一些紧迫的挑战和有趣的机会，从而引发了许多相关研究课题。由于无人机灵活的机动性，且容易控制，因而可以部署基于动态认知无线电网络的分布式方位SAR。无人机编队能在任何情况下随时飞往任何地方，来形成兴趣目标的图像。同时，使用任意轨迹的SAR和针对SAR的无人机轨迹设计是关键问题。无人机沿着优化轨迹飞行，为SAR成像获取

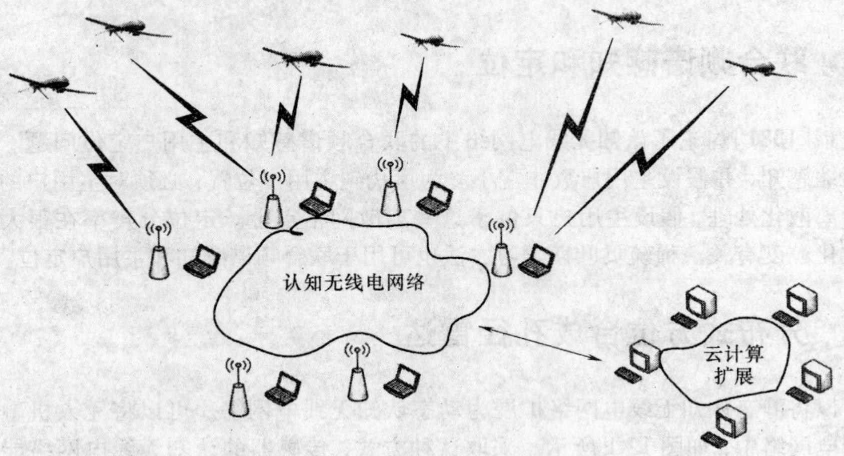

图 12-1 分布式方位 SAR

更多有用的信息。

粒子群优化（PSO）可用于路径规划[1390]，且需要对空中飞行路线重新进行规划[1391]。可以应用多约束条件下的多目标优化[1391]。应当实现每个目标的图像质量最大化，以及约束条件下的路由长度最小化。在考虑图像质量、路径长度和专家系统提供风险的前提下，可以利用模糊选择从帕累托非惯用路由集中选择最优路由[1391]。空军研究实验室的研究人员提出将具有扰动的无人机轨迹应用于智能圆形 SAR 应用的理念，尤其适用于检测缓慢移动的目标[1392]。基本思路是在给定的局部轨迹集上采集数据的子孔径，并基于局部无人机轨迹和运动点目标集合的子集之间的时变角估计，对采集到的数据进行智能分析[1392]。文献[1393]提出针对任意飞行轨迹的双站 SAR 的近似分析反演方法。文献[1394]分析了多站雷达中无人机轨迹的性能合成问题。多个无人机编队协同运行于兴趣场景上或兴趣场景附近。当测量噪声存在时，SAR 测量过程中的层析成像模型可用作提供轨迹优化指导性测度的基础。早在 1983 年，可以将聚光灯模式的 SAR 解释为层析成像重建问题，并使用来自于计算机辅助层析成像分析中的投影切片定理进行分析[1395]。使用无人机的双站 SAR 和多站 SAR，可使无人机灵活的网络架构来执行成像任务。

分布式方位 SAR 也提供了一种使用完整圆形孔径来执行三维 SAR 成像的潜力。空军研究实验室 GOTCHA 项目组已经做了类似的实验工作。实验数据中包含了使用机载全极化 SAR 传感器在海拔 25000ft 和 45° 仰角采集的 8 个完整圆形孔径[1396]。文献[1396～1398]给出了一些三维 SAR 成像方法和结果。这些方法具有应用于分布式方位 SAR 中的潜力。

由于存在大气湍流、飞机性能和控制偏差，无人机的稳定性或预先确定的飞行轨迹无法得到严格保证。对于安装在无人机上的 SAR 传感器来说，运动误差可能相当高。这种非理想运动可能会严重降低 SAR 图像质量。因此，应当对无人机 SAR 的运动补偿进行研究。文献[1399]给出了基于原始雷达数据的运动补偿。主要思路是基于瞬时多普勒速率估计，从雷达原始数据中提取必要的运动参数（如前进速度和视线方向的位移）[1399]。文献[1400]提出了针对线性调频（Linear Frequency Modulated，LFM）连续波（Continuous Wave，CW）SAR的运动补偿理论和应用。文献推导出非理想运动对SAR的影响，并提出了运动修正的新方法，它可以在脉冲期间对运动进行纠正[1400]。文献[1401]分析了一种基于无人机SAR的运动误差实时粗补偿算法。该算法基于机载SAR运动误差和回声相位之间的关系[1401]。

获得SAR图像后，我们仍然需要提取信息、知识和情报。有时，这种情报比纯SAR图像更加有用。情报提取的基本策略之一是变化检测。SAR变化检测通过对不同时刻的SAR图像进行比较来发现差异[1402]，来说明是否已经发生改变，或者是否可能会发生一些变化，甚至识别任何这种变化发生的时间。这些差异可能意味着移动目标和地形变形等。因此，对于国土安全、军事任务以及环境对地观测来说，SAR变化检测是一种非常重要的技术。

一般情况下，变化检测方法都有两种基本类型：

- 相干方法；
- 非相干方法。

相干方法需要SAR图像中的相位信息，而非相干方法仅使用振幅信息。文献[1403]研究了两基线SAR变化检测问题，给出了相干变化检测的性能。相干变化检测的缺点是当将其应用于城市场景时，虚警率较高[1403]。一种用于降低误报率的潜在算法称为杂波位置、估计和否定（Clutter Location，Estimation and Negation，CLEAN）方法[1404]。采用这种方法，多种类型的虚警都可以被去除。文献[1405]还对重复孔径SAR变化检测进行了研究。可以将检测问题看作是一个假设检验问题，这会导致一种新的对数似然变化统计[1405]。我们对复杂相干性进行了估计。文献[1406]针对变化检测，提出了一种新型统计相似性测度，它使用了两个共同注册的SAR强度图像。作者们对局部统计量进行估计，它近似等于图像中每个像素的邻域中的概率密度函数。局部统计量的变化程度可以使用Kullback-Leibler散度来衡量[1406]。文献[1407]提出了一种基于小波变换的变化检测技术，它考虑了两个共同注册的SAR强度图像。此方法利用不同标度的信息，这可以通过将对数比图像的基于小波变换进行恰当多尺度分解得到[1407]。采用这种方式，斑点抑制和几何细节保存可能会受到威胁[1407]。文献[1408]探讨了使用熵图像而不是相干图来进行变化检测的问题。在相干区域和高相干性区域，变化检测性能可以得到改善[1408]。类似的讨论可参阅文献[1409]。文献[1410]探讨了主成分分析应用于变化检测的问题。然而，对于没有变化存在的情况，尚未明确使用嵌入式特征或特性。

由于SAR数据采集技术的改进和SAR传感器部署的灵活性，可以轻易获得多基线SAR影像。因此，可以从SAR影像中提取更多的信息、知识和情报。为了解决多基线SAR变化检测面临的挑战性问题，可以对当前最先进的、基于主成分分析（PCA）的两种方法进行探讨。一种方法是鲁棒的主成分分析（PCA），另一种方法是模板匹配加阈值。这两种方法都对局部统计量进行了探讨，并提取某些独特特征用于变化检测。基于鲁棒主成分分析的方法试图找到对应于潜在变化的稀疏矩阵。稀疏矩阵的矩阵Frobenius

范数值越大，意味着变化发生的机会越多。传统上，模板匹配是一种应用于数字图像处理领域的技术，可用于发现匹配模板图像的一小部分图像。模板匹配可用于计算机辅助诊断[1411]、图像水印[1412]、移动机器人导航[1413]等领域。对于多基线 SAR 变化检测来说，当变化不存在时，我们应当找到一种特定模板或特征。对每个像素来说，模板匹配加阈值通常逐个像素执行。计算每个像素的协方差矩阵，并提取协方差矩阵的主特征向量作为特征。计算出特征和模板之间的内积。如果内积值大于预定阈值，则对于每个像素来说，没有发生变化；否则，变化将被识别出来。

12.4 无线层析成像

随着智能手机的广泛使用，将存在世界各地大规模部署通信网络的潜力。可以将遥感嵌入到这种大规模通信网络中去。然而，不专门针对遥感设计通信组件或通信节点。这些组件不符合遥感的高精度要求。例如，射频层析成像与逆散射需要精确的相位信息来执行成像任务。使用通信组件很难获得精确的相位信息，特别是当噪声存在时。同时，噪声的非线性运行使得噪声效应比预期更为严重。因此，从嘈杂的观测值中得到精确相位信息是一个根本性问题。

文献[1414]首次提出无线层析成像的概念。综合了无线通信和射频层析成像的无线层析成像，为遥感提供了一种新方法。基于相位信息的利用，存在 3 种类型的层析成像：[1414]

- 非相干层析成像。非相干层析成像只使用衰减，不需要相位信息。同时，不提取散射场的相位信息。可以将犹他州立大学所执行的射频层析成像看作是非相干层析成像[1415~1417]。不进行相位测量，非相干层析成像设备非常便宜。因此，大规模部署非相干层析成像是适用的。虽然相干层析成像的分辨率和性能并不如预期的好，但是它仍然可以在安全系统中用于跟踪人员和车辆、在灾难发生的情况下定位受害者等。

- 相干层析成像。在相干层析成像中，衰减信息和散射场的相位旋转信息是必需的。知名的衍射层析成像[1418,1419]是相干层析成像。衍射层析成像的 3 种基本方法是过滤反向传播[1420~1422]、对比源反演方法[1423~1426]和玻恩迭代方法[1427~1429]。时间反转成像也是一种相干层析成像方法[1430~1433]。

- 自相干层析成像。在自相干层析成像中，我们并不需要测量全部或散射场的相位信息。然而，当入射场的数据完全给定后，应当重构散射场的相位信息[1434~1437]。然后，执行相干层析成像。同时，一旦入射场已知，则单步法也可应用于纯强度逆散射[1436]。针对逆散射问题，文献[1438]利用无段数据，开发出一种基于子空间的优化方法。散射体的介电常数分布仅使用不包含相位信息的总场纯强度数据来重构[1438]。利用无段数据的扭曲利托夫迭代方法可用于层析成像重构[1439]。不需要进行相位恢复。

与深入研究的层析成像技术（如计算机层析成像[1440]或逆散射技术）不同，无线层析成像始于系统工程的角度[1441]，且可应用于复杂、动态、恶劣的无线环境中，如低目标信噪比（SNR）情况或严重的有色干扰。毫无疑问，无线层析成像将广泛、有效地在许多关键领域中得到应用。

12.5　移动群体传感

在移动群体传感中，具有传感和计算设备的个体共同分享数据，并提取信息来测量和映射共同利益的现象[1442]。这些设备可以是智能手机、音乐播放器和车载传感装置[1442]。因此，可以为移动群体传感生成大量的数据。

移动群体传感可应用于环境、基础设施和社会领域[1442]。这些应用包括环境监控、城市交通流量测量、人类活动模式提取、运动目标跟踪等[1442]。在雷达领域，运动目标显示已经得到了广泛研究。运动目标显示试图将目标与杂波区分开来。运动目标检测利用目标运动与平稳杂波有关的事实。因此，可以探讨多普勒效应[1443]。如果应用了滤波技术，则可以将运动目标显示扩展为运动目标跟踪。随着无线通信网络（如 3G 蜂窝网络、Wi-Fi 网络等）变得随处可见，重用无线通信网络来执行移动群体传感将是一种发展趋势。通过这种方式，我们并不需要重建基础设施。

移动群体传感具有几个独特特性[1442]：

- 当前移动设备的计算、通信和存储资源比以前移动设备要多；
- 在用的移动设备数以百万计；
- 移动设备的动态架构；
- 数据重用；
- 人类智慧的参与；
- 人类参与的激励机制。

由于移动群体传感的独特特性，因而应当对移动群体传感框架内的局部分析、汇总分析、资源问题、隐私、安全、负载均衡等问题进行研究[1442]。

12.6　3S 集成

认知无线电传感器网络也反映了遥感、地理信息系统（Geographic Information System，GIS）、全球定位系统（GPS）等概念的集成[1444]。地理信息系统（GIS）中试图采集、存储，分析并提供所有类型的地理相关数据[1445]。近年来，随着计算和数据存储技术的发展，地理信息系统变得越来越有用。地理信息系统的数据可以在认知无线电网络进行存储和处理，以供空间参考使用。同时，空间统计量是一种用于分析各种检测任务数据的强大工具[1446]。基于卫星信号，全球定位系统（GPS）[1447]能够在各种天气条件下，提供位置和时间信息。GPS 能够实现不同位置处的认知无线电同步，并为传感数据增加时间参考和位置参考。遥感是一种传感任务，它在不接触目标的情况下，来获取目标或现象的信息。SAR 是一种遥感技术。3S 的集成可用于军事和民用领域，如国土安全、执法、城市规划、环境监控、交通、物流、金融、电信、医疗保健等。人们已经开始探讨将遥感和地理信息系统（GIS）技术应用于人口估计，而人口可用于对于科学决策资源分配、市场区域划分、新设施/运输发展、环境和社会经济评估[1448, 1449]。

12.7 信息物理系统

术语“信息物理系统”是指能够实现计算和物理资源之间的紧密结合和协调的复杂工程系统[1450]。信息物理系统的物化可应用于航空航天、汽车、通信、土木基础设施、能源、制造、交通运输、娱乐和国土安全等领域[1450]。

在信息物理系统中，数据采集和数据处理是同等重要的。计算和数据支撑科学与工程将在信息物理系统中发挥重要的作用。美国国家科学基金会已经在计算和数据支撑科学与工程领域确定了若干个研究实例。

- 在计算密集型和数据密集型科学问题中，用于仿真、预测和评估的新型计算或统计建模。
- 从大规模、复杂、动态的数据集中进行统计推理和统计学习所涉及的新型工具和理论。
- 具有特定计算难度的大规模问题，如较强的异构性和各向异性、多物理场耦合、多尺度行为、随机强迫、不确定参数或动态数据以及长期行为。
- 不确定性量化的数学和统计挑战。
- 大规模数据采集、数据处理、数据管理、数据传播和数据安全性。

随机矩阵理论是一种用于推导和分析大规模数据处理算法的强大工具[18, 1451, 1452]。随机矩阵理论在无线通信中的应用包括检测、估计、多天线系统的性能分析、多跳系统的性能分析等[1452]。随机矩阵理论也可用于认知无线电网络中的频谱感知[255, 258, 260]，可以将其轻松扩展到用于完成一般传感任务的认知无线电传感器网络。

此外，随机矩阵理论还可应用于大维系统的局部故障定位。这些故障包括传感器故障、链路故障等。很容易通过扰动矩阵及其特征向量特性来确定这些故障。文献[12, 27]已经给出了高斯样本协方差矩阵的尖峰模型中最大特征向量的极限分布。同时，文献[1453]研究了矩阵扰动对奇异向量的影响。

我们还可以监视大规模认知无线电网络中参数的突变。可以通过随机矩阵理论对这些参数的突变进行分析。我们可以从参数的突变中推断并提取信息，用于入侵检测、异常检测、运动目标跟踪、网络层析成像等领域。对于入侵检测或运动目标跟踪来说，由于兴趣目标的位置不同和目标的移动性，因而接收信号矩阵的扰动是不同的。使用随机矩阵理论，我们可以检测到不同的扰动，并提取可用于识别和定位目标的相应特征。在同构网络中，参数的突变可能会导致极特征值振幅类似[12]。因此，对于变化和扰动，主特征向量或主子空间可能要比极特征值更加敏感。网络层析成像是使用从外部观测值推导的信息，来研究网络内部特征的技术。认知无线电网络是一种大型复杂系统，包含诸多节点。来自所有节点的连续测量数据流可用于构建大型随机矩阵，从中我们可以推断出认知无线电网络中的属性和流量。这些属性包括数据丢失、链路延迟、路由状态和网络故障。

12.8 计算

计算将永远是认知无线电传感器网络或信息物理系统中的主要问题。包括硬件和软件的计算，能够为数据支撑科学、工程和技术提供强有力的支持。计算的形式包括：

- 高性能计算；
- 云计算[1454, 1455]；
- 网格计算；
- 分布式计算；
- 并行计算[1456, 1457]；
- 集群计算；
- 移动计算[1458]；
- 无线分布式计算[1459]。

云存储是从云计算发展而来的新概念。云存储表示流行在线服务族，包括文件的归档、备份，甚至是主存储[1460, 1461]。认知无线电传感器网络需要类似云存储的数据存储。应当安全存储认知无线电网络中的大规模数据。安全和接入问题面临两个主要的挑战。

12.8.1 图形处理器单元

具有图形处理器单元(Graphics Processor Unit, GPU)的计算机主机可用作计算引擎。最近，一种称为通用计算图形处理器(General Purpose computing on Graphics Processing Unit, GPGPU)的计算增强技术出现在个人计算机(Personal Computer, PC)行业中。GPGPU是指一种相对较新的方法，采用这种方法，图形处理器单元(GPU)的各种核心可用于通用并行计算[1462]。将 GPU 应用于非图形领域的思想在 2003 年开始流行，但受到成功编写这些程序所需知识量的限制。2008 年 11 月，Nvidia 公司的 G80 架构引入，它通过 C 计算机语言的支持，带来了更大的灵活性以及更一般的、程序员友好的硬件结构[1463]。

统一计算设备架构(Compute Unified Device Architecture, CUDA)是由 Nvidia 开发的硬件和软件架构，它实际上支持 GPU 运行使用 C、C ++ 和 Fortran 等语言编写的程序。它通过执行跨多个并行线程的内核来开展工作[1463]。GPUmat 允许标准的 MATLAB 代码在 GPU 上运行。此外，CULA 是一种设计使用 NVidia 的 CUDA 架构来加速计算的线性代数库。该库的设计模式使得那些缺乏或根本没有 GPGPU 编程经验的程序员，能够充分利用由 GPGPU 提供的并行计算能力。

CULA 库兼容 Python、C/C ++ 、Fortran 和 MATLAB。当使用 C/C ++ 时，该库的设计模式使得用户可以简单地使用库中的函数来替换程序中的现有函数。CULA 的设计模式能够使其自动处理 GPGPU 编程所需的内存分配。这是该软件最具吸引力的特征，因为它允许没有 GPGPU 编程经验的用户，充分利用它提供的加速功能。代码也是足够灵活的，使得更多有经验的程序员可以手动调整 GPU 的内存分配。

12.8.2 任务分配和负载均衡

对于需要处理庞大工作量的计算系统来说，任务分配和负载均衡是特别重要的。此功能主要集中在如何为工作量分配资源，以提高系统的效率和效益。负载均衡通常的实现形式为一个调度器加上多个任务池。当大规模问题被分解成许多子问题之后，这些子问题应当以并行、分布式的方式进行处理。同时，当我们执行负载均衡时，需要考虑时间成本和资源成本。时间成本与不同任务之间同步的等待时间和任务间的通信延迟有关，资源成本对应于处理任务的机器周期。

从理论上看，博弈论是一种用于负载均衡的流行方法[1464, 1465]。基于任务属于同一用户或不同用户，来决定采用合作博弈或非合作博弈。基于系统瞬时状态是否可用于负载均衡，来决定采用动态博弈或静态博弈。在实现方面，文献[1466]讨论了单 GPU 系统和多 GPU 系统的动态负载均衡问题。实验结果表明，使用合适粒度的负载均衡，可以显著改善性能，特别是对于不规则、不平衡的工作量。同样，文献[1467]提出了对异构多核和多 GPU 架构上矩阵计算的高效支持，以实现 4 个目标：高度并行、同步最小化、通信最小化和负载均衡。主要思路是开发包含两种不同芯片大小的异构矩形芯片算法，以应对处理器的异构性[1467]。文献[1468]研究了在图形处理器单元(GPU)上设计具有动态工作分配和平衡的高效递归算法的问题。同时，在 CUDA 架构上实现并行遗传算法，说明了 GPU 具有简单数值函数优化加速的巨大潜力[1469]。

12.9 安全和隐私

对认知无线电网络和认知无线电传感器网络来说，安全性与任何其他感兴趣的性能一样重要，甚至比任何其他感兴趣的性能更为重要。为了实现安全的系统，安全性应当贯穿于系统设计的各个方面，并将其集成到每个系统组件中去[1470]。对于认知无线电传感器网络来说，安全(尤其是信息安全)应当包括[1470, 1471]：数据的机密性、真实性、完整性、新鲜度，密钥生成和分发基础设施，安全通信和路由，可信计算、可信存储，攻击检测，鲁棒性和攻击生存能力，隐私。

12.10 小结

认知无线电传感器网络是一个新举措，旨在探索基于认知无线电网络的军民两用传感/通信系统[1331~1333]。认知无线电网络是一种集成了控制、通信和计算能力的信息物理系统。认知无线电网络可以为下一代情报、监视和侦察系统提供信息高速公路和强有力的支撑。数据支撑科学与工程、计算和安全性等都是认知无线电传感器网络中的开放性问题。此外，采用机器学习的入侵检测、联合频谱感知和定位、分布式方位 SAR、无线层析成像、移动群体传感等都是认知无线电传感器网络的潜在应用。

附　录

附录 A　矩阵分析

A.1　向量空间和希尔伯特空间

有限维随机向量是许多应用的基本构成模块。Halmos 于 1958 年出版的专著[1472]是标准参考书。我们只从其专著中摘录最基本的材料。

定义 A.1(向量空间) 向量空间是一个称为向量的元素集合 $\boldsymbol{\Omega}$。它满足下列公理：

1) 对 $\boldsymbol{\Omega}$ 中的每对向量 $\boldsymbol{x}$ 和 $\boldsymbol{y}$，对应一个向量 $\boldsymbol{x}+\boldsymbol{y}$(称为 $\boldsymbol{x}$ 和 $\boldsymbol{y}$ 之和)，满足

- 加法是可交换的，$\boldsymbol{x}+\boldsymbol{y}=\boldsymbol{y}+\boldsymbol{x}$；
- 加法是可结合的，$\boldsymbol{x}+(\boldsymbol{y}+\boldsymbol{z})=(\boldsymbol{x}+\boldsymbol{y})+\boldsymbol{z}$；
- $\boldsymbol{\Omega}$ 中存在唯一向量(称为原点)使得对于每个 $\boldsymbol{x}$ 来说，有 $\boldsymbol{x}+\boldsymbol{0}=\boldsymbol{x}$；
- 对于 $\boldsymbol{\Omega}$ 中的每个向量来说，存在唯一对应向量 $-\boldsymbol{x}$，使得 $\boldsymbol{x}(-\boldsymbol{x})=0$。

2) 对于每一对 α 和 $\boldsymbol{x}$ 来说，其中，α 是一个标量，$\boldsymbol{x}$ 是 $\boldsymbol{\Omega}$ 中的一个向量，对应 $\boldsymbol{\Omega}$ 中的一个向量 $\alpha\boldsymbol{x}$，称为 α 和 $\boldsymbol{x}$ 的积，满足

① 与标量相乘是可结合的，即 $\alpha(\beta\boldsymbol{x})=(\alpha\beta\boldsymbol{x})$；

② $1\boldsymbol{x}=\boldsymbol{x}$。

3)

① 对于向量加法来说，与标量相乘是可分配的，即 $\alpha(\boldsymbol{x}+\boldsymbol{y})=\alpha\boldsymbol{x}+\alpha\boldsymbol{y}$；

② 对于标量加法来说，与向量相乘是可分配的，即$(\alpha+\beta)\boldsymbol{x}=\alpha\boldsymbol{x}+\beta\boldsymbol{x}$。

这些公理在逻辑上不是独立的。

例 A.1

1. 令$\mathcal{C}^1(=\mathcal{C})$是所有复数的集合；如果我们将 $\boldsymbol{x}+\boldsymbol{y}$ 和 $\alpha\boldsymbol{x}$ 看作是普通复数的加法和乘法，则$\mathcal{C}^1$ 变成一个复向量空间。

2. 令$\mathcal{C}^n$，$(n=1, 2, \cdots)$ 是复数的所有 n 元组的集合。如果

$$\boldsymbol{x}=(\zeta_1, \cdots, \zeta_n)$$

和

$$\boldsymbol{y}=(\eta_1, \cdots, \eta_n)$$

是$\mathcal{C}^n$的元素，根据定义，我们记

$$\boldsymbol{x}+\boldsymbol{y}=(\zeta_1+\eta_1, \cdots, \zeta_n+\eta_n)$$

$\mathcal{C}^n$是一个向量空间，因为它满足我们公理的所有部分，我们将其称为 n 维复坐标空间。

定义 A.2(线性相关和线性无关) 向量的有限集 $\boldsymbol{x}_i$是线性相关的，如果存在标量的

对应集合 α_i（并非所有标量为零），满足

$$\sum \alpha_i \boldsymbol{x}_i = 0$$

另一方面，如果 $\sum \alpha_i \boldsymbol{x}_i = 0$，则意味着对每个 i 的 α_i 来说，集合 $\boldsymbol{x}_i$ 是线性无关的。

定理 A.1（线性组合） 一组非零向量 $\boldsymbol{x}_1, \cdots, \boldsymbol{x}_n$ 是线性相关的，当且仅当某个 $\boldsymbol{x}_k$ $(2 \leqslant k \leqslant n)$ 是前面向量的线性组合。

定义 A.3（有限维） 向量空间 $\boldsymbol{\Omega}$ 中的（线性）基（或坐标系）是线性无关向量的集合 $\boldsymbol{\Xi}$，使得 $\boldsymbol{\Omega}$ 中的每个向量都是 $\boldsymbol{\Xi}$ 元素的线性组合。如果向量空间 $\boldsymbol{\Omega}$ 拥有一个有限基，则称它是有限维的。

回想一下，“大数据”的基本构造块是一个定义在有限维向量空间中的随机向量。维度很高，但仍然是有限维的。维数据的处理是许多现代应用的关键。

定理 A.2（基） 如果 $\boldsymbol{\Omega}$ 是有限维向量空间，且 $\{\boldsymbol{y}_1, \cdots, \boldsymbol{y}_m\}$ 是 $\boldsymbol{\Omega}$ 中的任何一组线性无关向量，则除非 $\boldsymbol{y}$ 已经形成了一个基，否则我们可以找到向量 $\{\boldsymbol{y}_{m+1}, \cdots, \boldsymbol{y}_{m+p}\}$，使得 $\boldsymbol{y}$ 的总体（即 $\{\boldsymbol{y}_1, \cdots \boldsymbol{y}_m, \boldsymbol{y}_{m+1}, \cdots, \boldsymbol{y}_{m+p}\}$）是一个基。换言之，可以将每个线性无关的集合扩展为一个基。

定理 A.3（维度） 在有限维向量空间 $\boldsymbol{\Omega}$ 任意基中的元素数与任何其他基中的元素数相同。

定义 A.4（同构） 两个向量空间 $\mathcal{U}$ 和 $\mathcal{V}$（在相同域上）是同构的，如果在 $\mathcal{U}$ 的向量 $\boldsymbol{x}$ 和 $\mathcal{V}$ 的向量 $\boldsymbol{y}$ 之间存在一一对应关系（即 $\boldsymbol{y} = \boldsymbol{T}(\boldsymbol{x})$），使得

$$\boldsymbol{y} = \boldsymbol{T}(\alpha_1 x_1 + \alpha_2 x_2) = \alpha_1 \boldsymbol{T}\boldsymbol{x}_1 + \alpha_2 \boldsymbol{T}\boldsymbol{x}_2$$

换言之，如果在它们之间存在一种同构关系（如 $\boldsymbol{T}$），则 $\mathcal{U}$ 和 $\mathcal{V}$ 是同构的。这里，同构关系是指能够保持所有线性关系的一一对应关系。

定义 A.5（子空间） 向量空间 $\boldsymbol{\Omega}$ 的非空子集 $\triangle$ 是一个子空间或线性流形，如果每对向量都包含在 $\triangle$ 中，则每个线性组合 $\alpha\boldsymbol{x} + \beta\boldsymbol{y}$ 也包含在 $\triangle$ 中。

定理 A.4（子空间的交集） 任何相交子空间集合的交集仍是一个子空间。

定理 A.5（子空间的维数） n 维向量空间 $\boldsymbol{\Omega}$ 的子空间 $\triangle$ 是一个维数 $\leqslant n$ 的向量空间。

定义 A.6（线性函数） 向量空间 $\boldsymbol{\Omega}$ 上的线性函数是一个针对每个向量 $\boldsymbol{x}$ 定义的标量值函数 $\boldsymbol{y}$，具有如下性质（在向量 $\boldsymbol{x}_1$、$\boldsymbol{x}_2$ 和标量 α_1、α_2 中是相同的）

$$y(\alpha_1 \boldsymbol{x}_1 + \alpha_2 \boldsymbol{x}_2) = \alpha_1 y(\boldsymbol{x}_1) + \alpha_2 y(\boldsymbol{x}_2)$$

如果 y_1 和 y_2 是 $\boldsymbol{\Omega}$ 上的线性函数，α_1 和 α_2 是标量，我们将函数定义为

$$y(\boldsymbol{x}) = \alpha_1 y_1(\boldsymbol{x}) + \alpha_2 y_2(\boldsymbol{x})$$

很容易看出，y 也是一个线性函数；我们将其表示为 $\alpha_1 y_1 + \alpha_2 y_2$。使用线性概念的这些定义（零、加法、标量乘法），集合 $\boldsymbol{\Omega}'$ 形成一个向量空间（$\boldsymbol{\Omega}$ 的对偶空间）。

A.2　变换

定义 A.7（线性变换） 向量空间 $\boldsymbol{\Omega}$ 上的线性变换（或运算）$\boldsymbol{A}$ 是分配给 $\boldsymbol{\Omega}$ 中的每个向量 $\boldsymbol{x}$ 和 $\boldsymbol{\Omega}$ 中的每个向量 $\boldsymbol{A}\boldsymbol{x}$ 之间的一种对应关系，满足

$$\boldsymbol{A}(\alpha\boldsymbol{x} + \beta\boldsymbol{y}) = \alpha\boldsymbol{A}\boldsymbol{x} + \beta\boldsymbol{A}\boldsymbol{y}$$

在向量 $\boldsymbol{x}_1$、$\boldsymbol{x}_2$ 和标量 α_1、α_2 中是相同的。

定理 A.6（线性变换） 向量空间上所有线性变换的集合本身就是一个向量空间。

可以将线性变换看作是向量。

定义 A.8（矩阵） 令 $\boldsymbol{\Omega}$ 为一个 n 维向量空间，$\mathcal{X}=\{\boldsymbol{x}_1,\cdots,\boldsymbol{x}_n\}$ 是 $\boldsymbol{\Omega}$ 的任意基，$\boldsymbol{A}$ 是 $\boldsymbol{\Omega}$ 上的一个线性变换。由于每个向量是 $\boldsymbol{x}_i$ 的一个线性组合，我们特别有

$$\boldsymbol{AX}_j = \sum_i \alpha_{ij}\boldsymbol{x}_i,\ j = 1,\ \cdots,\ n$$

使用双下标 i 和 j 进行索引的 n^2 个标量的集合，是坐标系 $\mathcal{X}$ 中 $\boldsymbol{A}$ 的矩阵，矩阵 α_{ij} 通常以方阵的形式表示

$$[\boldsymbol{A}] = \begin{bmatrix} \alpha_{11} & \alpha_{12} & \cdots & \alpha_{1n} \\ \alpha_{21} & \alpha_{22} & \cdots & \alpha_{2n} \\ \vdots & \vdots & & \vdots \\ \alpha_{11} & \alpha_{12} & \cdots & \alpha_{1n} \end{bmatrix}$$

标量（α_{i1}，…，α_{in}）形成 $\boldsymbol{A}$ 的一列，（α_{1j}，…，α_{nj}）形成 $\boldsymbol{A}$ 的一行。

A.3　迹

对于矩阵 $\boldsymbol{A}$、$\boldsymbol{B}$、$\boldsymbol{C}$、$\boldsymbol{D}$、$\boldsymbol{X}$ 和标量 α 来说，迹函数 $\mathrm{Tr}\boldsymbol{A} = \sum_i a_{ii}$ 满足如下性质：

$$\mathrm{Tr}\alpha = \alpha,\ \mathrm{Tr}(\boldsymbol{A} \pm \boldsymbol{B}) = \mathrm{Tr}\boldsymbol{A} \pm \mathrm{Tr}\boldsymbol{B},\ \mathrm{Tr}\alpha\boldsymbol{A} = \alpha\mathrm{Tr}\boldsymbol{A}$$

$$\mathrm{Tr}\boldsymbol{CD} = \mathrm{Tr}\boldsymbol{DC} = \sum_{i,j} c_{ij}d_{ji}$$

$$\mathrm{Tr}\sum_{k=0}^{K-1}\boldsymbol{x}_k^*\boldsymbol{A}\boldsymbol{x}_k = \mathrm{Tr}(\boldsymbol{AX}),\ 其中\ \boldsymbol{X} = \sum_{k=0}^{K-1}\boldsymbol{x}_k^*\boldsymbol{x}_k \tag{A-1}$$

为了证明最后一条性质，需要注意的是，$\boldsymbol{x}_k^*\boldsymbol{A}\boldsymbol{x}_k$ 是一个标量，式（A-1）的左侧为

$$\mathrm{Tr}\sum_{k=0}^{K-1}\boldsymbol{x}_k^*\boldsymbol{A}_k\boldsymbol{x}_k = \sum_{k=0}^{K-1}\mathrm{Tr}(\boldsymbol{x}_k^*\boldsymbol{A}_k\boldsymbol{x}_k) = \sum_{k=0}^{K-1}\mathrm{Tr}(\boldsymbol{A}_k\boldsymbol{x}_k\boldsymbol{x}_k^*)$$

$$= \mathrm{Tr}\boldsymbol{Ax},\ 其中\ \boldsymbol{X} = \sum_{k=0}^{K-1}\boldsymbol{x}_k^*\boldsymbol{x}_k\boldsymbol{A}_k = \boldsymbol{A}$$

$$\mathrm{Tr}\boldsymbol{CC}^* = \mathrm{Tr}\boldsymbol{C}^*\boldsymbol{C} = \sum_{i,j}|c_{ij}|^2$$

A.4　C^* 代数基础

C^* 代数是函数分析中的一个重要研究领域。C^* 代数的典型实例是复希尔伯特空间上线性算子的复代数 $\mathcal{A}$，它具有两个附加属性：

1. 在算子的范数拓扑中，$\mathcal{A}$ 是拓扑闭合的集合。
2. 在对算子取伴随运算中，$\mathcal{A}$ 是闭合的。

目前，在局部紧群的酉表示理论中，C^* 代数[138, 1473]是一种非常重要的工具，可以应用于量子力学的代数表示。另一个活跃的研究领域是获取分类的程序或确定可能是何种分类的程度。它是通过后一个研究领域，来确定它与我们所感兴趣的假设检验之间的关系。

A.5 非交换矩阵值随机变量

在本节中，我们主要参照文献[11]，但为了编写方便，我们使用不同的符号。随机变量是定义在测度空间上的函数，通常由概率论中的分布来确定[11]。在最简单的情形中，随机变量是实值的，分布是实直线上的一种概率测度。在本附录中，概率分布也可以用线性希尔伯特空间算子来表示（在本附录中，算子是一种无限维矩阵）。这一看法与量子力学一样古老，它涉及量子力学表示形式的标准概率解释。

在广义代数中，可以将典型非交换代数元素与代数上的线性函数一起看作是非交换随机变量，它可用于所选元素的幂，从而得到非交换随机变量的矩。当两个随机变量的矩相同时，我们无法将其区分开来。当这些非交换随机变量真正无法相互交换时，就会出现一种非常新的特征。于是，在经典概率论意义上，非交换随机变量不拥有联合分布，但是非交换不确定多项式的代数函数可作为联合分布的抽象概念[11]。与随机矩阵迹的期望值有关的随机矩阵是天然"不可交换式"非交换（矩阵值）随机变量。

概率空间上的随机变量形成一种代数。事实上，他们是定义在集合 $\boldsymbol{\Omega}$ 上的可测函数，两个随机变量之积（即 $\boldsymbol{AB}$）以及两个随机变量之和（即 $\boldsymbol{A}+\boldsymbol{B}$）也是如此。如前所述，期望值 $\mathbb{E}\boldsymbol{A}$ 是该代数上的一个线性函数。概率的代数方法强调了这一点。某个域上的代数是一种具有双线性向量积的一个向量空间。也就是说，它是由向量空间和运算构成的一种向量空间，该运算通常为乘法，它通过合并两个向量，形成第三个向量；要成为代数，这种乘法运算必须满足某些具有给定向量空间结构（如分配性）的相容性公理。换言之，域上的一个代数是一个集合以及域中元素的乘法、加法、标量乘法运算。

如果$\mathcal{A}$是复数上的一个酉代数（上面定义的一个向量空间），且 φ 是$\mathcal{A}$的一个线性函数，使得

$$\varphi \boldsymbol{1} = 1$$

于是，我们将$(\mathcal{A}, \varphi)$称为非交换概率空间，并将$\mathcal{A}$的元素 $\boldsymbol{A}$ 称为非交换随机变量。当然，随机矩阵就是这样的随机变量。我们将 $\varphi(\boldsymbol{A}^k)$ 称为非交换随机变量的第 n 阶矩。

例 A.2（有界算子[11]）

设$\mathcal{B}(\mathcal{H})$表示作用于 Hilhert 空间上的所有有界算子代数。如果线性函数 $\phi: \mathcal{B}(\mathcal{H}) \to \mathbb{C}$ 由单位向量 $\boldsymbol{U} \in \mathcal{H}$定义为

$$\varphi(\boldsymbol{A}) = (\boldsymbol{AU}, \boldsymbol{U})$$

则$\mathcal{B}(\mathcal{H})$的任意元素都是一个非交换随机变量。

如上所述，如果 $\boldsymbol{A} \in \mathcal{B}(\mathcal{H})$进一步是自共轭（或在有限维的情形中是厄米特矩阵），则概率测度与 $\boldsymbol{A}$ 和 φ 有关。非交换随机变量中使用的代数通常由*代数来替代。事实上，$\mathcal{B}(\mathcal{H})$是一种*代数，如果算子 $\boldsymbol{A}^*$ 表示 $\boldsymbol{A}$ 的伴随矩阵。我们最熟悉的*代数实例是复数 C 的域，其中*表示复共轭。另一个实例是 C 上的 $n \times n$ 矩阵的矩阵代数，$*$ 是由共轭转置矩阵给定的。它的推广——希尔伯特空间上线性算子的厄米特伴随矩阵，也是一种 $*$ 代数（或星代数）。

*代数是一种复数上的酉代数，它拥有对合 $*$。对合调用希尔伯特空间中的算子伴随运算如下：

1. $\boldsymbol{A} \mapsto \boldsymbol{A}$ 是共轭线性的。

2. $(\boldsymbol{AB})^* = (\boldsymbol{BA})^*$。

3. $\boldsymbol{A}^{**} = \boldsymbol{A}$。

当$(\mathcal{A}, \varphi)$是 * 代数$\mathcal{A}$上的一个非交换概率空间，总是将 φ 假定为$\mathcal{A}$上的一个状态，一个满足如下条件的线性函数

1. $\varphi(\boldsymbol{I}) = 1$。

2. 对于每个 $\boldsymbol{A} \in \mathcal{A}$来说，$\varphi(\boldsymbol{A}^*) = \overline{\varphi}(\boldsymbol{A})$，$\varphi(\boldsymbol{A}^*\boldsymbol{A}) \geqslant 0$。

如果矩阵 $\boldsymbol{X}$ 的项是(古典)概率空间上的(古典)随机变量，我们将矩阵 $\boldsymbol{X}$ 称为随机矩阵，如样本协方差矩阵 $\boldsymbol{XX}^{\boldsymbol{H}}$。这里，$\boldsymbol{H}$ 表示复矩阵的共轭转置(厄米特矩阵)。

随机矩阵形成了一个 * 代数。例如，考虑 X_{11}、X_{12}、X_{21}、X_{22} 是概率空间上的 4 个有界(古典)标量随机变量。于是

$$\boldsymbol{X} = \begin{pmatrix} \boldsymbol{X}_{11} & \boldsymbol{X}_{12} \\ \boldsymbol{X}_{21} & \boldsymbol{X}_{22} \end{pmatrix}$$

是一个有界的 2 ×2 随机矩阵。当考虑单位矩阵运算时，所有此类矩阵的集合 $\boldsymbol{X}$ 具有 * 代数结构，且当

$$\varphi(\boldsymbol{X}) = \mathbb{E}(X_{11})$$

C^* 代数是一种被赋予了范数的 * 代数，对于每个 $\boldsymbol{A}, \boldsymbol{B} \in \mathcal{A}$来说

$\|\boldsymbol{A}^*\boldsymbol{A}\| = \|\boldsymbol{A}^2\|$，$\|\boldsymbol{AB}\| \leqslant \|\boldsymbol{A}\|\|\boldsymbol{B}\|$，且 $\|\boldsymbol{I}\| = 1$

此外，$\mathcal{A}$是一种与该范数有关的巴拿赫空间。

Gelfand 和 Naimark 给出了关于 C^* 代数表示的两个重要定理，。

1. 如果函数空间具有上确界范数和逐点共轭对合，则可交换的酉 C^* 代数与特定紧豪斯多夫空间上的连续复函数代数是等距同构的。

2. 如果函数空间具有算子范数和伴随共轭对合。一般的 C^* 代数与希尔伯特空间上的算子代数是等距同构的。

将上述两个定理进行合并，会得到谱定理的一种形式。对于 C^* 代数的线性函数 φ 来说

$$\|\varphi\| = \varphi(1)$$

等价于

$$\varphi(\boldsymbol{A}^*\boldsymbol{A}) \geqslant 0, \boldsymbol{A} \in \mathcal{A}$$

当$\mathcal{A}$是一个 C^* 代数，且 φ 是$\mathcal{A}$上的一个状态时，我们将非交换概率空间$(\mathcal{A}, \varphi)$称为 C^* 概率空间。

可以将所有实有界古典的标量随机变量看作是非交换随机变量。

A.6　距离和投影

对于投影问题，我们自由使用文献[1475]的内容。令$\mathcal{B}(\mathcal{H})$表示作用于有限维希尔伯特空间$\mathcal{H}$上的线性算子代数。状态 ρ 的冯 · 诺伊曼熵(即$\mathcal{B}(\mathcal{H})$中单位迹的正算子)是由 $S(\rho) = -\mathrm{Tr}\rho\log\rho$ 给出的。

对于 $\boldsymbol{A}\in M_n(\mathcal{C})$，绝对值 $|\boldsymbol{A}|$ 可定义为 $(\boldsymbol{A}^*\boldsymbol{A})^{\frac{1}{2}}$，这是一个正矩阵。$\boldsymbol{A}-\boldsymbol{B}$ 的迹范数可定义为

$$\|\boldsymbol{A}-\boldsymbol{B}\|_1=\mathrm{Tr}|\boldsymbol{A}-\boldsymbol{B}|$$

迹范数 $\|\boldsymbol{A}-\boldsymbol{B}\|_1$ 是 $n\times n$ 复矩阵 $\boldsymbol{A}$ 和 $\boldsymbol{B}$ 之间的自然距离，$\boldsymbol{A},\boldsymbol{B}\in M_n(\mathbb{C})$。同样

$$\|\boldsymbol{A}-\boldsymbol{B}\|_2=\left(\sum_{i,j}|A_{ij}-B_{ij}|^2\right)^{1/2}$$

也是一种自然距离。我们将 p-范数定义为

$$\|\boldsymbol{X}\|_p=(\mathrm{Tr}(\boldsymbol{X}^*\boldsymbol{X})^{2/p})^{1/p},\ 1\leqslant p,\ \boldsymbol{X}\in M_n(\mathbb{C})$$

冯·诺依曼首次证明了 Hoelder 不等式在矩阵环境中仍然成立

$$\|\boldsymbol{AB}\|\leqslant\|\boldsymbol{A}\|_p\|\boldsymbol{B}\|_q,\ \frac{1}{p}+\frac{1}{q}=1$$

如果 $\boldsymbol{A}$ 是自伴随矩阵，且可以记为

$$\boldsymbol{A}=\sum_i\lambda_i\boldsymbol{e}_i\boldsymbol{e}_i^*$$

其中，向量 $\boldsymbol{e}_i$ 形成一个标准正交基，于是可以将它定义为

$$\{\boldsymbol{A}\geqslant 0\}=\boldsymbol{A}_+=\sum_{i:\lambda_i\geqslant 0}\lambda_i\boldsymbol{e}_i\boldsymbol{e}_i^*$$

$$\{\boldsymbol{A}<0\}=\boldsymbol{A}_-=\sum_{i:\lambda_i<0}\lambda_i\boldsymbol{e}_i\boldsymbol{e}_i^*$$

于是

$$\boldsymbol{A}=\{\boldsymbol{A}\geqslant 0\}+\{\boldsymbol{A}<0\}=\boldsymbol{A}_++\boldsymbol{A}_-$$

$$|\boldsymbol{A}|=\{\boldsymbol{A}\geqslant 0\}-\{\boldsymbol{A}<0\}=\boldsymbol{A}_+-\boldsymbol{A}_-$$

我们将该分解称为 $\boldsymbol{A}$ 的乔丹分解。对应定义可应用于其他谱投影 $\{\boldsymbol{A}<0\}$、$\{\boldsymbol{A}>0\}$ 和 $\{\boldsymbol{A}\leqslant 0\}$。对于两个算子来说，$\{\boldsymbol{A}<\boldsymbol{B}\}$、$\{\boldsymbol{A}>\boldsymbol{B}\}$ 和 $\{\boldsymbol{A}\leqslant\boldsymbol{B}\}$。

对于自伴随算子 $\boldsymbol{A}$、$\boldsymbol{B}$ 和任意正算子 $0\leqslant\boldsymbol{P}\leqslant\boldsymbol{I}$，我们有

$$\mathrm{Tr}[\boldsymbol{P}(\boldsymbol{A}-\boldsymbol{B})]\leqslant\mathrm{Tr}[\{\boldsymbol{A}\geqslant\boldsymbol{B}\}(\boldsymbol{A}-\boldsymbol{B})]$$

$$\mathrm{Tr}[\boldsymbol{P}(\boldsymbol{A}-\boldsymbol{B})]\geqslant\mathrm{Tr}[\{\boldsymbol{A}\leqslant\boldsymbol{B}\}(\boldsymbol{A}-\boldsymbol{B})]$$

在谱投影 $\{\boldsymbol{A}<\boldsymbol{B}\}$ 和 $\{\boldsymbol{A}>\boldsymbol{B}\}$ 中，对于严格的不等式来说，相同的条件成立。

算子 $\boldsymbol{A}$ 和 $\boldsymbol{B}$ 之间的迹距离可表示为

$$\|\boldsymbol{A}-\boldsymbol{B}\|_1=\mathrm{Tr}[\{\boldsymbol{A}\geqslant\boldsymbol{B}\}(\boldsymbol{A}-\boldsymbol{B})]-\mathrm{Tr}[\{\boldsymbol{A}<\boldsymbol{B}\}(\boldsymbol{A}-\boldsymbol{B})]$$

状态 ρ 和 ρ' 的保真度可定义为

$$F(\rho,\rho')=\mathrm{Tr}\sqrt{\rho^{\frac{1}{2}}\rho'\rho^{\frac{1}{2}}}$$

两个状态之间的迹距离与保真度有关，可表示如下

$$\frac{1}{2}\|\rho-\rho'\|_1\leqslant\sqrt{1-F(\rho,\rho')^2}\leqslant\sqrt{2(1-F(\rho,\rho')^2)}$$

对于自伴随算子 $\boldsymbol{A}$、$\boldsymbol{B}$ 和任意正算子 $\boldsymbol{0}\leqslant\boldsymbol{P}\leqslant\boldsymbol{I}$ 来说，当 $\varepsilon>\boldsymbol{0}$ 时，不等式

$$\|\boldsymbol{A}-\boldsymbol{B}\|_1\leqslant\varepsilon$$

意味着

$$\mathrm{Tr}[\boldsymbol{P}(\boldsymbol{A}-\boldsymbol{B})]\leqslant\varepsilon$$

这里给出“温柔的测量”引理：对于状态 ρ 和任意正算子 $\boldsymbol{0}\leqslant\boldsymbol{P}\leqslant\boldsymbol{I}$，如果 $\mathrm{Tr}(\rho\boldsymbol{P}\geqslant 1-$

δ，则

$$\| \rho - \sqrt{P}\rho \sqrt{P} \|_1 \leqslant 2\sqrt{\delta}$$

如果 ρ 仅是一个亚归一化密度算子（即 $\mathrm{Tr}\rho \leqslant 1$），上述结论同样成立。

如果 ρ 是一种状态，P 是一个投影算子，且对于任意给定的 $\delta > 0$ 来说，$\mathrm{Tr}(P\rho) > 1-\delta$，则有

$$\tilde{\rho} = \sqrt{P}\rho \sqrt{P} \in B^{\varepsilon}(\rho)$$

其中

$$B^{\varepsilon}(\rho) = \{\tilde{\rho} \geqslant 0 : \| \rho - \tilde{\rho} \|_1 \leqslant \varepsilon,\ \mathrm{Tr}\,\tilde{\rho} \leqslant \mathrm{Tr}\rho\}$$

且 $\varepsilon = 2\sqrt{\delta}$。

对于某个 $\varepsilon > 0$ 来说，考虑状态 ρ 和正算子 $\sigma \in B^{\varepsilon}(\rho)$。如果 π_σ 表示 σ 支持上的投影，于是

$$\mathrm{Tr}(\pi_\sigma \rho) \geqslant 1 - 2\varepsilon$$

引理 A.1 (Hoffman-Wielandt)[16, 34] 令 A 和 B 是 $N \times N$ 自伴随矩阵，特征值分别为 $\lambda_1^A \leqslant \lambda_2^A \leqslant \cdots \leqslant \lambda_N^A$，$\lambda_1^B \leqslant \lambda_2^B \leqslant \cdots \leqslant \lambda_N^B$。于是

$$\sum_{i=1}^{N} |\lambda_i^A - \lambda_i^B| \leqslant \mathrm{Tr}(A - B)^2$$

矩阵 $A \in M_n$ 的奇异值是其绝对值 $|A| = (A * A)^{\frac{1}{2}}$ 的特征值，我们有固定的符号 $s(A) = (s_1(A), \cdots, s_n(A))$，其中 $s_1(A) \geqslant, \cdots, \geqslant s_n(A)$。奇异值与酉不变范数密切相关。从以下意义上讲，对于所有酉不变范数来说，奇异值不等式比 Lowner 偏序不等式弱，但比酉不变范数不等式强[133]

$$|A| \leqslant |B| \Rightarrow s_i(A \leqslant s_i(B) \Rightarrow \| A \| \leqslant \| B \|$$

范数 $\| A \|_1 = \mathrm{Tr}\,\| A \|$ 是酉不变的。对于每个 A 和所有酉矩阵 U、V 来说，奇异值是酉不变的：$s(UAV) = s(A)$。我们称范数 $\| \cdot \|$ 是酉不变的，如果

$$\| UAV \| = \| A \| \tag{A-2}$$

对于所有酉不变范数来说，$\| A \| \leqslant \| B \|$，当且仅当 $s(A) \prec_{\omega} s(B)$，即

$$s(A) \prec_{\omega} s(B) \Rightarrow \| A \| \leqslant \| B \| \tag{A-3}$$

经常会遇到两个半正定矩阵 $A, B \in M_n$ 之差。将块对角矩阵用 $A \oplus B$ 表示为

$$A \oplus B \stackrel{def}{=\!=\!=} \begin{pmatrix} A & 0 \\ 0 & B \end{pmatrix}$$

于是[133]

1. $s_i(A - B) \leqslant s_i(A \oplus B)$，$i = 1, 2, \cdots, n$。
2. 对于所有酉不变范数来说，$\| A - B \| \leqslant \| A \oplus B \|$。
3. $s(A - |z|B) \prec_{w\log} s(A - zB) \prec_{w\log} s(A + |z|B)$。
4. 对于任何复数 z 来说，$\| A - |z|B \| \leqslant \| A + zB \| \leqslant \| A + |z|B \|$。

需要注意的是，弱对数优化 $\prec_{w\log}$ 强于弱优化 $\prec_{w}$。

A.6.1 矩阵不等式

令 $\alpha: \mathcal{B}(\mathbb{H}) \to \mathcal{B}(\mathbb{K})$ 是来自有限维希尔伯特空间 $\mathbb{H}$ 和 $\mathbb{K}$ 的线性映射。我们将 α 称

为是正的，如果它向正定（半正定）算子发送正定（半正定）算子。令 $\alpha: M_n(\mathbb{C}) \to M_k(\mathbb{C})$ 是正的酉线性映射，$f:\mathbb{R} \to \mathbb{R}$ 是凸函数。于是，参照文献[34]第189页，对于每个 $\boldsymbol{A} \in M_n(\mathbb{C})^{sa}$（这里 sa 表示自伴随情形）来说，有

$$\mathrm{Tr}f(\alpha(\boldsymbol{A})) \leqslant \mathrm{Tr}\alpha(f(\boldsymbol{A})) \tag{A-4}$$

令 $\boldsymbol{A}$ 和 $\boldsymbol{B}$ 是正算子，则对于 $0 \leqslant s \leqslant 1$，有

$$\mathrm{Tr}(\boldsymbol{A}^s\boldsymbol{B}^{1-s}) \geqslant \mathrm{Tr}(\boldsymbol{A}+\boldsymbol{B}-|\boldsymbol{A}-\boldsymbol{B}|)/2$$

矩阵 $\boldsymbol{A}^*\boldsymbol{A}^{\frac{1}{2}}$ 的三角不等式为（参见文献[114]第237页）

$$|\boldsymbol{A}+\boldsymbol{B}| \leqslant \boldsymbol{U}^*|\boldsymbol{A}|\boldsymbol{U}+\boldsymbol{V}^*|\boldsymbol{B}|\boldsymbol{V} \tag{A-5}$$

其中，$\boldsymbol{A}$ 和 $\boldsymbol{B}$ 是大小相同的任意复方阵，$\boldsymbol{U}$ 和 $\boldsymbol{V}$ 是酉矩阵。对式（A-5）进行迹运算，得到下式

$$\mathrm{Tr}|\boldsymbol{A}+\boldsymbol{B}| \leqslant \mathrm{Tr}|\boldsymbol{A}|+\mathrm{Tr}|\boldsymbol{B}| \tag{A-6}$$

使用 $\boldsymbol{B}+\boldsymbol{C}$ 来替代式（A-6）中的 $\boldsymbol{B}$，可以得到

$$\mathrm{Tr}|\boldsymbol{A}+\boldsymbol{B}+\boldsymbol{C}| \leqslant \mathrm{Tr}|\boldsymbol{A}|+\mathrm{Tr}|\boldsymbol{B}+\boldsymbol{C}| \leqslant \mathrm{Tr}|\boldsymbol{A}|+\mathrm{Tr}|\boldsymbol{B}|+\mathrm{Tr}|\boldsymbol{C}|$$

同样，我们有

$$\mathrm{Tr}|\boldsymbol{A}_1+\boldsymbol{A}_2+\cdots+\boldsymbol{A}_K\boldsymbol{C}| \leqslant \mathrm{Tr}|\boldsymbol{A}_1|+\mathrm{Tr}|\boldsymbol{A}_2|+\cdots+\mathrm{Tr}|\boldsymbol{A}_K| \tag{A-7}$$

对于正算子 $\boldsymbol{A}$ 和 $\boldsymbol{B}$ 来说，我们有

$$\|\boldsymbol{A}-\boldsymbol{B}\|_1^2+4(\mathrm{Tr}(\boldsymbol{A}^{1/2}\boldsymbol{B}^{1/2}))^2 \leqslant (\mathrm{Tr}(\boldsymbol{A}+\boldsymbol{B}))^2$$

可以将实数系数的 n 元组看作是对角矩阵，并将优化扩展到自伴随矩阵。假设 $\boldsymbol{A}$，$\boldsymbol{B} \in M_n$ 也是如此。于是，$\boldsymbol{A} \prec \boldsymbol{B}$ 意味着 $\boldsymbol{A}$ 的特征值的 n 元组被 $\boldsymbol{A}$ 的特征值的 n 元组优化。对于弱优化来说，情况类似。由于优化只与频谱有关，因而对于某些酉矩阵 $\boldsymbol{U}$ 和 $\boldsymbol{V}$ 来说，当且仅当 $\boldsymbol{UAU}^* \prec \boldsymbol{VBV}^*$ 时，$\boldsymbol{A}$，$\boldsymbol{B} \in M_n$ 成立。它遵循伯克霍夫定理[34]，即对于某些 $p_i>0$（满足 $\sum_i p_i = 1$）和某些酉矩阵来说，$\boldsymbol{A} \prec \boldsymbol{B}$ 意味着

$$\boldsymbol{A} = \sum_{i=1}^{n} p_i\boldsymbol{U}_i\boldsymbol{A}\boldsymbol{U}_i^*$$

定理 A.7 令 ρ_1 和 ρ_2 是状态。则下面的陈述是等价的。

1. $\rho_1 \prec \rho_2$。
2. ρ_1 比 ρ_2 更加混合。
3. 对于某些凸组合 λ_i 和某些酉矩阵 $\boldsymbol{U}_i$ 来说，$\rho_1 = \sum_{i=1}^{n} \lambda_i\boldsymbol{U}_i\rho_2\boldsymbol{U}_i^*$。
4. 对于任意凸函数 $f:\mathcal{R} \to \mathcal{R}$ 来说，$\mathrm{Tr}f(\rho_1) \leqslant \mathrm{Tr}f(\rho_2)$。

A.6.2 半正定矩阵的偏序

设 $\boldsymbol{A} \geqslant 0$ 和 $\boldsymbol{B} \geqslant 0$ 大小相同。则

1. $\boldsymbol{A}+\boldsymbol{B} \geqslant \boldsymbol{B}$。
2. $\boldsymbol{A}^{\frac{1}{2}}\boldsymbol{B}\boldsymbol{A}^{\frac{1}{2}} \geqslant 0$。
3. $\mathrm{Tr}(\boldsymbol{AB}) \leqslant \mathrm{Tr}(\boldsymbol{A})\mathrm{Tr}(\boldsymbol{B})$。
4. 当 $n>1$ 时，$(\det(\boldsymbol{A}+\boldsymbol{B}))^{\frac{1}{n}} \geqslant (\det(\boldsymbol{A}))^{\frac{1}{n}}+(\det(\boldsymbol{B}))^{\frac{1}{n}}$。
5. $\boldsymbol{AB}$ 的特征值都是非负的，即 $\lambda_i(\boldsymbol{AB}) \geqslant 0$。
6. $\boldsymbol{AB}$ 是半正定的，当且仅当 $\boldsymbol{AB}=\boldsymbol{BA}$。$\boldsymbol{AB}$ 甚至不一定是厄米特矩阵。

如果 $\boldsymbol{A} \geqslant \boldsymbol{B} \geqslant 0$，则

1. $\operatorname{rank}(\boldsymbol{A}) \geqslant \operatorname{rank}(\boldsymbol{B})$。
2. $\det\boldsymbol{A} \geqslant \det\boldsymbol{B}$。
3. 如果 $\boldsymbol{A}$ 和 $\boldsymbol{B}$ 是非奇异矩阵，则 $\boldsymbol{B}^{-1} \geqslant \boldsymbol{A}^{-1}$。
4. $\mathrm{Tr}\boldsymbol{A} \geqslant \mathrm{Tr}\boldsymbol{B}$。

令 $\boldsymbol{A}, \boldsymbol{B} \in M_n$ 是半正定矩阵。于是，对于任何复数和任何酉不变范数[133]，有

$$\| \boldsymbol{A} - |z| \boldsymbol{B} \| \leqslant \| \boldsymbol{A} + z\boldsymbol{B} \| \leqslant \| \boldsymbol{A} + |z| \boldsymbol{B} \|$$

A.6.3　厄米特矩阵的偏序

我们参照文献[126]第 273 页进行简短的回顾。文献[115]提供了最详尽的集合。正定和半正定矩阵是非常重要的，因为协方差矩阵和样本协方差矩阵（在实践中使用的）是半正定的。如果对于所有非零 $\boldsymbol{x} \in \mathcal{C}^{n \times n}$ 来说，有

$$\boldsymbol{x}^H \boldsymbol{A} \boldsymbol{x} > 0$$

则我们称厄米特矩阵 $\boldsymbol{A} \in \mathcal{C}^{n \times n}$ 为正定的，且如果

$$\boldsymbol{x}^H \boldsymbol{A} \boldsymbol{x} \geqslant 0$$

成立，则我们称厄米特矩阵 $\boldsymbol{A} \in \mathcal{C}^{n \times n}$ 为半正定的。厄米特矩阵是正定的，当且仅当它的所有特征值都是正的；厄米特矩阵是半正定的，当且仅当它的所有特征值都是非负的。对于 $\boldsymbol{A}, \boldsymbol{B} \in \mathcal{C}^{n \times n}$，当 $\boldsymbol{A} - \boldsymbol{B}$ 是正定的时，我们记 $\boldsymbol{A} > \boldsymbol{B}$；当 $\boldsymbol{B} - \boldsymbol{A}$ 是正定的时，我们记 $\boldsymbol{A} \leqslant \boldsymbol{B}$。这是 $n \times n$ 厄米特矩阵的一个偏序集。之所以说它是偏序的，是因为我们可能有 $\boldsymbol{A} \ngeq \boldsymbol{B}$ 或 $\boldsymbol{B} \ngeq \boldsymbol{A}$。

令 $\boldsymbol{A} \geqslant 0$，$\boldsymbol{B} \geqslant 0$ 大小相同，且 $\boldsymbol{C}$ 是非奇异矩阵。我们有

1. $\boldsymbol{C}^H \boldsymbol{A} \boldsymbol{C} > 0$。
2. $\boldsymbol{C}^H \boldsymbol{B} \boldsymbol{C} > 0$。
3. $\boldsymbol{A}^{-1} > 0$。
4. $\boldsymbol{A} + \boldsymbol{B} \geqslant \boldsymbol{B}$。
5. $\boldsymbol{A}^{\frac{1}{2}} \boldsymbol{B} \boldsymbol{A}^{\frac{1}{2}} \geqslant 0$。
6. $\mathrm{Tr}(\boldsymbol{A}\boldsymbol{B} \leqslant \mathrm{Tr}\boldsymbol{A}\,\mathrm{Tr}\boldsymbol{B})$。
7. $\boldsymbol{A} \geqslant \boldsymbol{B} \Rightarrow \lambda_i, (\boldsymbol{A}) \geqslant \lambda_i(\boldsymbol{B})$ 其中，λ_i 是特征值（按降序排列）。
8. $\det(\boldsymbol{A}) \geqslant \det(\boldsymbol{B})$ 和 $\mathrm{Tr}\boldsymbol{A} \geqslant \mathrm{Tr}\boldsymbol{B}$。
9. $\boldsymbol{A}\boldsymbol{B}$ 的特征值都是非负的。此外，当且仅当 $\boldsymbol{A}\boldsymbol{B} = \boldsymbol{B}\boldsymbol{A}$ 时，$\boldsymbol{A}\boldsymbol{B}$ 是半正定的。

包含方块 $\boldsymbol{A}$ 和 $\boldsymbol{D}$ 的分块厄米特矩阵

$$\mathcal{A} = \begin{pmatrix} \boldsymbol{A} & \boldsymbol{B} \\ \boldsymbol{B}^* & \boldsymbol{D} \end{pmatrix}$$

是正定的，当且仅当 $\boldsymbol{A} > 0$ 及其舒尔补 $\boldsymbol{D} - \boldsymbol{B}^H \boldsymbol{A}^{-1} \boldsymbol{B} > 0$（或 $\boldsymbol{D} > \boldsymbol{B}^H \boldsymbol{A}^{-1} \boldsymbol{B}$）。

正定矩阵 $\boldsymbol{A}, \boldsymbol{B} \in \mathcal{C}^{n \times n}$ 的阿达玛行列式不等式为

$$\det \mathcal{A} \leqslant \det\boldsymbol{A} \det\boldsymbol{D}$$

正定矩阵 $\boldsymbol{A}, \boldsymbol{B} \in \mathcal{C}^{n \times n}$ 的闵可夫斯基行列式不等式是

$$\det^{1/n}(\boldsymbol{A} + \boldsymbol{B}) \geqslant \det^{1/n}\boldsymbol{A} + \det^{1/n}\boldsymbol{B}$$

对于某个 c 来说，当且仅当 $\boldsymbol{B} = c\boldsymbol{A}$ 时，等式成立。

如果f是凸函数，则

$$f(x)-f(y)-(x-y)f'(y)\geqslant 0$$

和

$$\mathrm{Tr}f(\boldsymbol{B})\geqslant \mathrm{Tr}f(\boldsymbol{A})+\mathrm{Tr}(\boldsymbol{B}-\boldsymbol{Z})f'(\boldsymbol{B}) \quad (A-8)$$

附录B 缩略语中英文对照

2G	Second Generation	第二代
3G	Third Generation	第三代
4G	Fourth Generation	第四代
ACI	Adjacent Channel Interference	邻信道干扰
ACK	Acknowledgement	确认
ACO	Ant Colony Optimization	蚁群优化
ADC	Analog to Digital Converter	模拟/数字转换器
ADSL	Asymmetric Digital Subscriber Line	不对称数字用户线
AGM	Arithmetic-to-Geometric Mean	算术几何平均
AM	Amplitude Modulation	调幅
ANN	Artificial Neural Network	人工神经网络
AOA	Angle of Arrival	到达角
ARQ	Automatic Repeat Request	自动请求重传
AWG	Arbitrary Waveform Generator	任意波形发生器
AWGN	Additive White Gaussian Noise	加性高斯白噪声
BER	Bit Error Rate	误码率
BLAST	Bell Laboratories Layered Space Time	贝尔实验室分层空时
BPSK	Binary Phase Shift Keying	二进制相移键控
BS	Base Station	基站
CBD	Central Business District	中央商务区
CCA	Canonical Correlation Analysis	典型相关分析
CCDF	Complementary Cumulative Distribution Function	互补累积分布函数
CDF	Cumulative Distribution Function	累积分布函数
CDMA	Code Division Multiple Access	码分多址
CE	Cognitive Engine	认知引擎
CLEAN	Clutter Location, Estimation and Negation	杂波位置、估计和否定
CLT	Center Limit Theorem	中心极限定理
CNC	Cognitive Network Control	认知网络控制

（续）

CPTP	Completely Positive Trace Preserving	完全正的保迹
CPU	Central Processing Unit	中央处理器
CR	Cognitive Radio	认知无线电
CRN	Cognitive Radio Network	认知无线电网络
CRP	Cognitive Radio Routing Protocol	认知无线电路由协议
CS	Compressive Sensing	压缩感知
CSMA	Carrier Sense Multiple Access	载波侦听多路访问
CTS	Clear to Send	取消发送
CUDA	Compute Unified Device Architecture	统一计算设备架构
CVX	Concurrent Versions System	并发版本系统
CW	Continuous Wave	连续波
CWGN	Complex White Gaussian Noise	复高斯白噪声
DA	Data Archive	数据档案
DC	Direct Current	直流
DFT	Discrete Fourier Transform	离散傅里叶变换
DKLT	Discrete Karhunen-Loeve Transform	离散 Karhunen-Loeve 变换
DNA	Deoxyribonucleic Acid	脱氧核糖核酸
DOA	Direction of Arrival	到达方向
DoF	Degrees of Freedom	自由度
DSA	Dynamic Spectrum Access	动态频谱接入
DSSS	Direct Sequence Spread Spectrum	直接序列扩频
DTV	Digital TV	数字电视
EC	Estimation Correlator	估计相关器
ECE	Electrical and Computer Engineering	电子与计算机工程
ECN	Explicit Congestion Notification	显式拥塞通知
EOF	Empirical Orthogonal Function	经验正交函数
EPN	Explicit Pause Notification	显式暂停通知
ESD	Empirical Spectrum Distribution	经验谱分布
FCC	Federal Communications Commission	美国通信委员会
FDMA	Frequency Division Multiple Access	频分多址
FFT	Fast Fourier Transform	快速傅里叶变换
FIR	Finite Impulse Response	有限冲激响应
FMD	Function of Matrix Detection	矩阵检测函数
FPGA	Field Programmable Gate Array	现场可编程门阵列

（续）

FSK	Frequency Shift Keying	频移键控
FTM	Feature Template Matching	特征模板匹配
GBM	Geometric Brownian Motion	几何布朗运动
GIS	Geographic Information System	地理信息系统
GLRT	Generalized Likelihood Ratio Test	广义似然比检验
GPGPU	General Purpose computing on Graphics Processing Unit	通用计算图形处理器
GPS	Global Positioning System	全球定位系统
GPU	Graphics Processor Unit	图形处理器单元
GSM	Global System for Mobile Communication	全球移动通信系统
GUE	Gaussian Unitary Ensemble	高斯酉系综
HARQ	Hybrid Automatic Repeat Request	混合自动请求重传
HDSL	High Bit Rate Digital Subscriber Line	高比特率数字用户线
HMM	Hidden Markov Model	隐马尔可夫模型
HTTP	Hypertext Transfer Protocol	超文本传输协议
IC	Integrated Circuit	集成电路
ICA	Independent Component Analysis	独立成分分析
ICI	Inter-carrier Interference	载波间干扰
ID	Identity	标识
IDFT	Inverse Discrete Fourier Transform	反向离散傅里叶变换
IFFT	Inverse Fast Fourier Transform	反向快速傅里叶变换
IID	Independent and Identically Distributed	独立同分布
IoT	Internet of Things	物联网
IP	Internet Protocol	互联网协议
ISI	Inter-Symbol Interference	符号间干扰
ISM	Industrial Scientific Medical	工业、科学和医疗
ISO	International Organization for Standardization	国际标准化组织
JDP	Jump Diffusion Process	跳跃扩散过程
KKT	Karush-Kuhn-Tucker	卡罗需-库恩-塔克
KLD	Karhunen-Loeve Decomposition	Karhunen-Loeve 分解
KPCA	Kernel Principal Component Analysis	核主成分分析
LAN	Local Area Networks	局域网
LDA	linear Discriminant Analysis	线性判别分析
LDPC	Low Density Parity Check	低密度奇偶校验
LFM	Linear Frequency Modulated	线性调频

（续）

LLE	Locally Linear Embedding	局部线性嵌入
LMI	Linear Matrix Inequality	线性矩阵不等式
LMVU	Landmark Maximum Variance Unfolding	地标最大方差展开
LPD	Low Probability of Detection	低检测概率
LPI	Low Probability of Intercept	低截获概率
LRT	Likelihood Ratio Test	似然比检验
LSD	Limiting Spectral Distribution	极限谱分布
LTE	Long Term Evolution	长期演进
LTI	Linear Time Invariant	线性时不变系统
LUT	Look-up Table	查找表
MA	Moving Average	移动平均
MAC	Media Access Control	媒体访问控制
MAP	Maximum A Posteriori	最大后验
MCMC	Markov Chain Monte Carlo	马尔可夫链蒙特卡罗
MDP	Markov Decision Process	马尔可夫决策过程
MDS	Multi-Dimensional Scaling	多维标度
MEG	Magnetoencephalography	脑磁图
MIMO	Multiple Input Multiple Output	多输入多输出
MISO	Multiple Input Single Output	多输入单输出
ML	Maximum Likelihood	最大似然
MLE	Maximum Likelihood Estimation	最大似然估计
MMD	Minimum Multihop Delay	最小多跳时延
MME	Maximum Minimum Eigenvalue	最大最小特征值
MMSE	Minimum Mean Square Error	最小均方误差
MS	Master Student	硕士生
MSE	Robust Mean square Error	均方误差
MSK	Minimum Shift Keying	最小移频键控
MUI	Multiuser Interference	多用户干扰
MUSIC	Multiple Signal Classification	多信号分类
MVN	Multivariate Normal	多元正态
MVU	Maximum Variance Unfolding	最大方差展开
MWM	Maximum Weight Match	最大权重匹配
NC-OFDM	Non-continuous Orthogonal Frequency Division Multiplexing	非连续正交频分复用
NACK	Non-acknowledgement	非确认

(续)

NUM	Network Utility Maximization	网络效用最大化
OFDM	Orthogonal Frequency Division Multiplexing	正交频分复用
OFDMA	Orthogonal Frequency Division Multiplexing Access	正交频分复用多址
ONR	Office of Naval Research	海军研究办公室
OOK	On-Off Keying	开关键控
OSI	Open Systems Interconnection	开放系统互连
PAPR	Peak to Average Power Ratio	峰均功率比
PCA	Principal Component Analysis	主成分分析
PCP	Principal Component Pursuit	主成分寻踪
PDF	Probability Density Function	概率密度函数
PER	Packet Error Rate	分组差错率
PhD	Doctor of Philosophy	博士
PN	Pseudo Random	伪随机
POD	Proper Orthogonal Decomposition	本征正交分解
POMDP	Partially Observable Markov Decision Process	部分可观测马尔可夫决策过程
POVM	Positive Operator Valued Measurement	正算子值测量
PSD	Power Spectral Density	功率谱密度
PSO	Particle Swarm Optimization	粒子群优化
PU	Primary User	主用户
PUE	Primary User Emulation	主用户模仿
QCQP	Quadratically Constrained Quadratic Programming	二次约束二次规划
QoS	Quality of Service	服务质量
QPSK	Quadrature Phase Shift Keying	正交相移键控
RF	Radio Frequency	射频
ROSA	Routing and Spectrum Allocation	路由和频谱分配
RRQE	Route Request	路由请求
RT-NUM	Real Time Network Utility Maximization	实时网络效用最大化
RTS	Request to Send	请求发送
SAR	Synthetic Aperture Radar	合成孔径雷达
SCM	Sample Covariance Matrix	样本协方差矩阵
SDE	Semidefinite Embedding	半定嵌入
SDE	Stochastic Differential Equation	随机微分方程
SDP	Semidefinite Programming	半定规划

（续）

SDR	Software Defined Radio	软件无线电
SINR	Signal-to-Interference and Noise Ratio	信干噪比
SI	Susceptible-Infected	易感-感染
SIR	Susceptible-Infected-Recovered	易感-感染-恢复
SIS	Susceptible-Infected-Susceptible	易感-感染-易感
SNR	Signal to Noise Ratio	信噪比
SOCP	Second Order Cone Programming	二阶锥规划
SOM	Self-Organizing Map	自组织映射
SSP	Sum of Squares and Products	平方和与乘积和
ST	Subject to	受……的约束
SU	Secondary User	次用户
SVD	Singular Value Decomposition	奇异值分解
SVM	Support Vector Machine	支持向量机
SYN	Synchronization	同步
TCP	Transmission Control Protocol	传输控制协议
TDMA	Time Division Multiple Access	时分多址
TDOA	Time Difference of Arrival	到达时间差
TOA	Time of Arrival	到达时间
TTU	Tennessee Tech University	田纳西理工大学
UAV	Unmanned Aerial Vehicle	无人机
UDP	User Datagram Protocol	用户数据报协议
ULA	Uniform Linear Array	均匀线阵
USRP	Universal Software Radio Peripheral	通用软件无线电外设
UWB	Ultra-Wideband	超宽带
VDSL	Very High Speed Digital Subscriber Line	甚高速数字用户线
VIVO	Vector In Vector Out	向量进向量出
WCDMA	Wideband Code Division Multiple Access	宽带码分多址
WGN	White Gaussian Noise	高斯白噪声
Wi-Fi	Wireless Fidelity	无线保真
WiMAX	Worldwide Interoperability for Microwave Access	全球微波接入互操作性
WLAN	Wireless Local Area Network	无线局域网
WRAN	Wireless Regional Area Network	无线区域网
WRT	With Regard To	与……有关
WSS	Wide Sense Stationary	广义稳态
ZF	Zero-Forcing	迫零